2025

전기기능사

필기 3주완성

전기이론강의

기출문제강의

무료강의 100% 제공

- **주교재** 핵심이론 및 10개년 CBT기출문제
- **별책** 마법의 포켓북

책 속에 답이 있다!

이승원 교수
김승철 교수
윤종식 교수

핵심으로 시작하여
기출 & CBT 복원기출문제로
3주완성 합격

한솔아카데미

핵심이론으로 시작하여
마법의 포켓북으로 끝낸다!
2025 합격 솔루션

전기이론
샘플강의

- 70점 목표 3주학습
- CBT 복원 기출문제
- CBT시험 동일 환경 **CBT모의고사**
- 동영상 강의 저자 직강

이승원 교수
김승철 교수
윤종식 교수

전기기능사
한솔아카데미가 답이다!

합격! 한솔아카데미가 답이다
본 도서를 구입시 드리는 통~큰 혜택!

전과목 무료동영상

핵심이론·유형문제·기출문제 마법의 포켓북 963
① 핵심정리와 관련된 핵심유형문제
② 단원별 출제예상문제
③ CBT대비 과년도 기출문제
※ 위 내용의 무료동영상 강좌의 수강기간은 5개월입니다.

기출문제 무료동영상

10개년 기출문제
① 최근 10개년(2014~2024) 기출문제 분석과 변경된 출제기준(21년 시행)에 맞추어 교재를 구성하고 상세한 해설 강의제공 (2017년은 복원되지 않았으므로 제외)
② 특히 2021년 시험부터 KSC 개정으로 출제된 강의제공
③ 기출문제 간단명료하게 해설강의
※ 위 내용의 무료동영상 강좌의 수강기간은 5개월입니다.

CBT 온라인 실전테스트

CBT 온라인 실전테스트
① 큐넷(Q-net)홈페이지 실제 컴퓨터 환경과 동일한 시험
② 자가학습진단 모의고사를 통한 실력 향상
③ 장소, 시간에 관계없이 언제든 모바일 접속 이용 가능
※ 베스트북 홈페이지(www.bestbook.co.kr) → 로그인 → [CBT 모의고사]-[전기기능사] 메뉴에서 쿠폰번호 입력 → [내가 신청한 모의고사] 메뉴에서 모의고사 응시가 가능합니다.

2025 복원기출문제 상시제공

Q-net 시험 일정에 따라 가장 빠르게 시험문제를 복원하여 수강회원에게 제공해 드리겠습니다.

학습내용 질의응답

한솔아카데미 홈페이지(www.inup.co.kr)

전기기능사 게시판에 질문을 하실 수 있으며 함께 공부하시는 분들의 공통적인 질의응답을 통해 보다 효과적인 학습이 되도록 합니다.

교재 인증번호 등록을 통한 학습관리 시스템

❶ 도서 전 과목 무료동영상　❷ 최근 기출문제 무료동영상
❸ CBT 온라인 실전모의고사　❹ 2025년 복원 기출문제 상시 제공

무료쿠폰번호　5STG-SS8S-37MQ

 ▶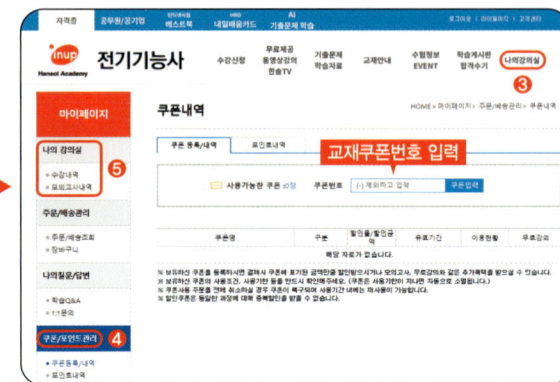

01 사이트 접속
인터넷 주소창에 https://www.inup.co.kr 을 입력하여 한솔아카데미 홈페이지에 접속합니다.

02 회원가입 로그인
홈페이지 우측 상단에 있는 **회원가입** 또는 아이디로 **로그인**을 한 후, **전기기능사** 사이트로 접속을 합니다.

03 나의 강의실
나의강의실로 접속하여 왼쪽 메뉴에 있는 [쿠폰/포인트관리]-[쿠폰등록/내역]을 클릭합니다.

04 쿠폰 등록
도서에 기입된 **인증번호 12자리** 입력(-표시 제외)이 완료되면 [나의강의실]에서 학습가이드 관련 응시가 가능합니다.

■ 모바일 동영상 수강방법 안내

❶ QR코드 이미지를 모바일로 촬영합니다.
❷ 회원가입 및 로그인 후, 쿠폰 인증번호를 입력합니다.
❸ 인증번호 입력이 완료되면 [나의강의실]에서 강의 수강이 가능합니다.

※ QR코드를 찍을 수 있는 앱을 다운받으신 후 진행하시길 바랍니다.

머리말

급변하는 현대 과학기술에 발맞춰 전기기술도 이론과 실무가 골고루 갖춰진 진정한 전기기술자 양성에 Focus를 맞춰야 한다. 저자는 전기기술자 양성에 그 첫 번째가 전기기능사 자격증 취득이라 생각하며 전기기능사 자격증을 준비하면서 전기이론에 대한 기초를 다지고 또한 꼭 알아야 할 전공 용어에 대한 정의와 전공 상식, 그리고 여러 가지 이론에 관한 전공 공식들을 접하면서 그 첫 발을 내디뎌야 한다고 생각한다.

전기기능사 자격증은 기술직 공무원, 공기업, 대기업 및 중소기업뿐만 아니라 전기설비 안전관리 및 전기설비 시공분야로 진로를 정할 때 모든 분야에서 포괄적으로 필요로 하는 자격증이다.

본 교재의 구성
1. 단원 별 핵심정리
2. 핵심정리와 관련된 핵심유형문제
3. 핵심정리와 관련된 예제문제
4. 단원 별 출제예상문제
5. 과년도 기출문제 수록

본 교재의 특징
1. 단원 별 핵심정리를 출제기준에 맞춰 중요한 사항만 자세히 정리되었다.
2. 모든 문제마다 자세한 풀이가 되어 있어 문제를 이해하는데 큰 도움이 된다.
3. 핵심유형문제와 출제예상문제를 통하여 완전학습이 이루어지도록 하였다.
4. 출제기준에 맞춰 KEC(한국전기설비규정)와 관련된 문제는 새롭게 변경된 규정으로 문제를 변형하여 수록하였으며 또한 출제예상되는 문제를 신규문제로 수록하여 철저한 시험 준비가 되도록 하였다.
5. 최근 과년도 기출문제를 수록하여 출제경향 분석이 가능하도록 하였다.
6. 문번호 위에 출제년도와 출제횟수를 제시하여 문제 중요도 파악이 되도록 하였다.
7. CBT 프로그램을 통한 반복적인 모의 TEST로 실력 향상에 도움이 되도록 하였다.

Introduction

전기기능사 자격증을 취득하기 위한 합격 전략!!

제1과목 전기이론

전기회로이론과 전자기 이론이 혼합된 가장 까다로운 과목이다. 계산문제가 많이 출제되는 것이 특징이기 때문에 많은 공식을 암기해야 하고 많은 문제들을 풀어야 하는 과목으로서 다소 많은 시간을 필요로 한다. 따라서 어려운 문제는 답을 암기하고 풀 수 있는 문제 위주로 학습하면서 목표 점수를 20문항 중 13문항 정도로 학습하면 효과적인 학습법이 될 것이다.

제2과목 전기기기

단원이 많지 않고 또한 문제도 계산문제보다 서술형 문제가 많이 출제되기 때문에 짧은 시간동안 반복적인 학습이 가능한 과목이다. 따라서 계산문제와 서술형 문제들을 골고루 학습하여 목표 점수를 20문항 중 15문항 정도로 학습하면 효과적인 학습법이 될 것이다.

제3과목 전기설비

거의 100% 단답형 문제이기 때문에 반복적으로 학습하여 고득점을 득해야 하는 과목이다. 따라서 본 만큼 점수를 득할 수 있다는 생각을 가지고 20번을 볼 각오로 학습하여 만점에 도전해 보는 것도 기분 좋은 계획이 되지 않을까 생각한다.

끝으로 이 책을 선택해 주신 전기기능사 수험생 분들에게 자격증 합격의 영광이 함께 하시길 바라며 전기기능사 교재 출판에 힘써주신 출판사 관계자 분들과 한병천 이사장님께 깊은 감사를 드린다.

저자 드림

CBT 필기 자격시험 안내

CBT 시험이란?
(컴퓨터 이용 시험, computer based testing)

컴퓨터를 이용하여 시험 평가(testing)하는 것입니다.
2016년 5회부터 전기기능사를 포함한
정기 및 상시 기능사 전 종목이 CBT를 이용하여 필기시험 평가를 합니다.
CBT시험은 수험자가 답안을 제출하면 바로 합격여부를 확인할 수 있습니다.

01 CBT 철저한 준비 (웹체험 서비스 안내)

한국산업인력공단에서 운영하는 큐넷(Q-net) 홈페이지에서는 실제 컴퓨터 자격시험 환경과 동일하게 구성하여 누구나 쉽게 CBT(컴퓨터 기반 시험)을 이용해볼 수 있도록 가상 체험 서비스를 운영합니다. (http://www.q-net.or.kr)

❶ 신분 확인절차

시험 시작 전 수험자에게 배정된 좌석에 앉아 있으면 신분 확인 절차가 진행됩니다. 시험장 감독위원이 컴퓨터에 나온 수험자 정보과 신분증이 일치하는지를 확인하는 단계입니다.

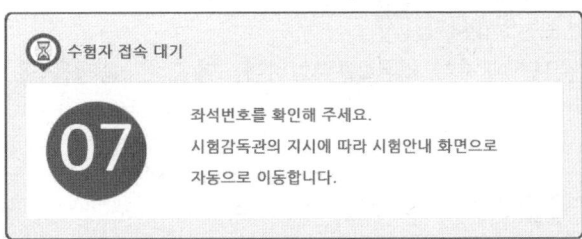

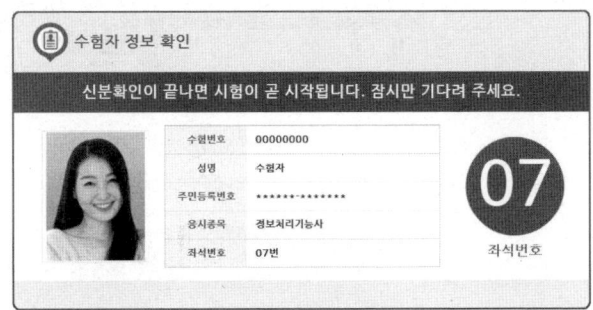

CBT 필기 자격시험 안내

❷ 시험안내 진행

좌석배정과 신분증 확인 단계가 끝난 후 시험안내가 진행됩니다.
시험 안내사항, 유의사항, 메뉴설명, 문제풀이 연습, 시험준비완료 항목을 확인하고 실제 시험과 동일한 방식의 문제풀이 연습을 통해 CBT 시험을 준비합니다.

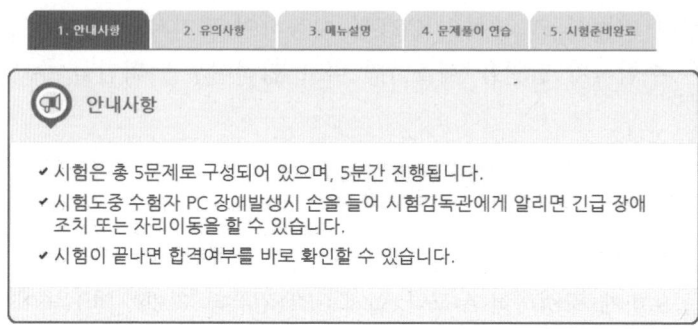

02 CBT 확인 점검 (웹체험 서비스 진행)

① CBT 시험 문제 화면의 기본 글자 크기는 150%입니다. 글자가 크거나 작을 경우 크기를 변경하실 수 있습니다.
② 화면 배치는 1단 배치가 기본 설정입니다. 더 많은 문제를 볼 수 있는 2단 배치와 한 문제씩 보기 설정이 가능합니다.

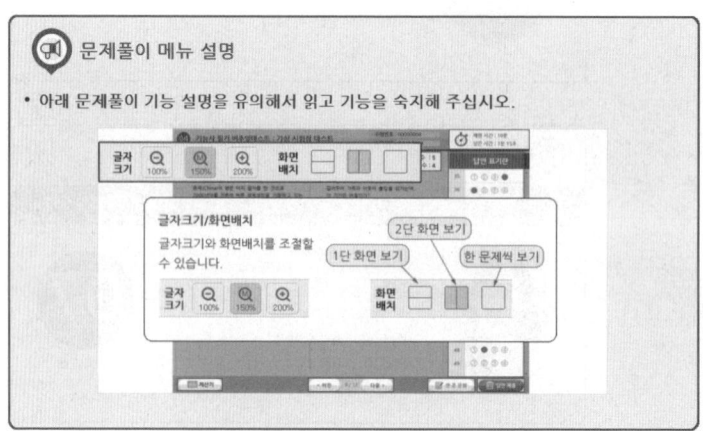

③ 답안은 문제의 보기 번호를 클릭하거나 답안표기란의 번호를 클릭하여 입력하실 수 있습니다.
④ 입력된 답안은 문제화면 또는 답안 표기란의 보기 번호를 클릭하여 변경하실 수 있습니다.

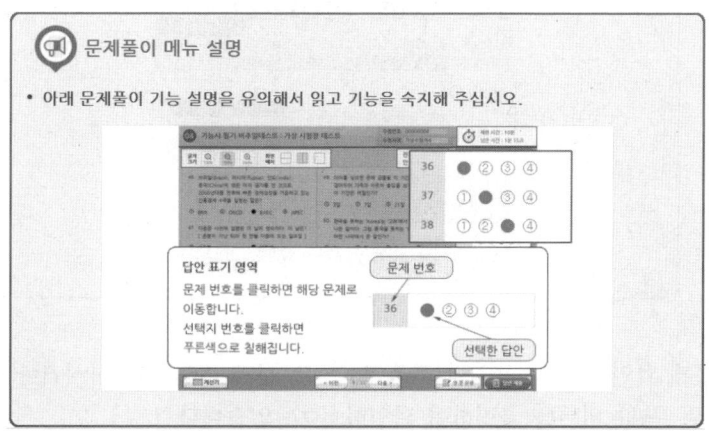

⑤ 페이지 이동은 아래의 페이지 이동 버튼(이전, 다음) 또는 답안 표기란의 문제번호를 클릭하여 이동할 수 있습니다.

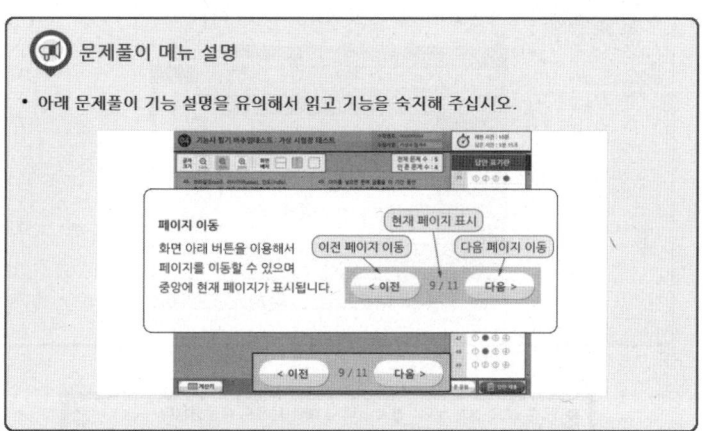

CBT 필기 자격시험 안내

⑥ 응시종목에 계산문제가 있을 경우 좌측 하단의 계산기 기능을 이용하실 수 있습니다.

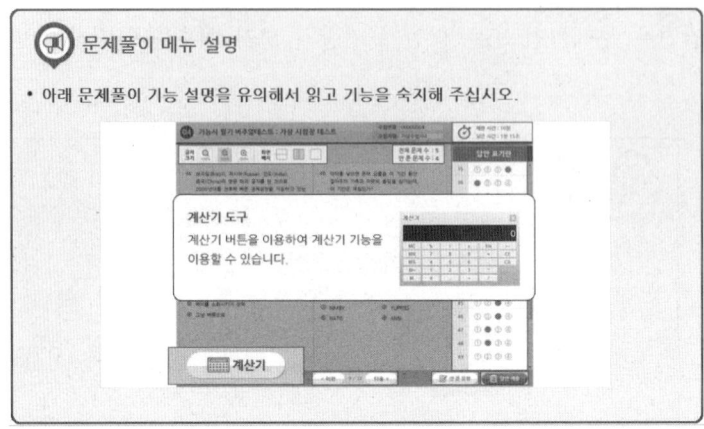

⑦ 안 푼 문제 확인은 답안 표기란 좌측에 안 푼 문제 수를 확인하시거나 답안 표기란 하단 [안 푼 문제] 버튼을 클릭하여 확인하실 수 있습니다.
⑧ 안 푼 문제 번호 보기 팝업창에 안 푼 문제 번호가 표시됩니다. 번호를 클릭하시면 해당 문제로 이동합니다.

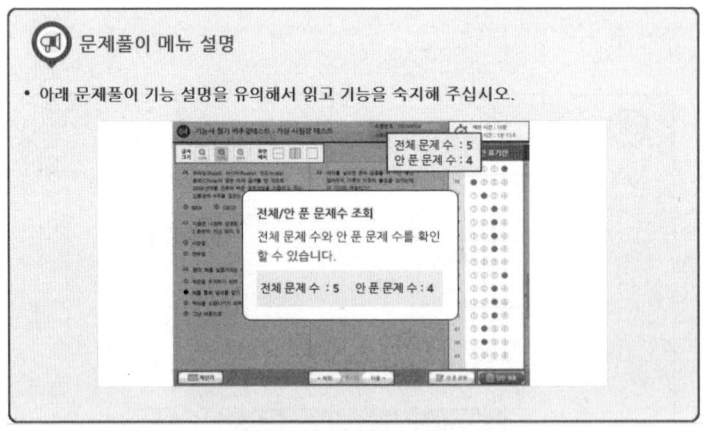

⑨ 시험 문제를 다 푸신 후 답안 제출을 하시거나 시험시간이 모두 경과되었을 경우 시험이 종료되며 시험결과를 바로 확인하실 수 있습니다.

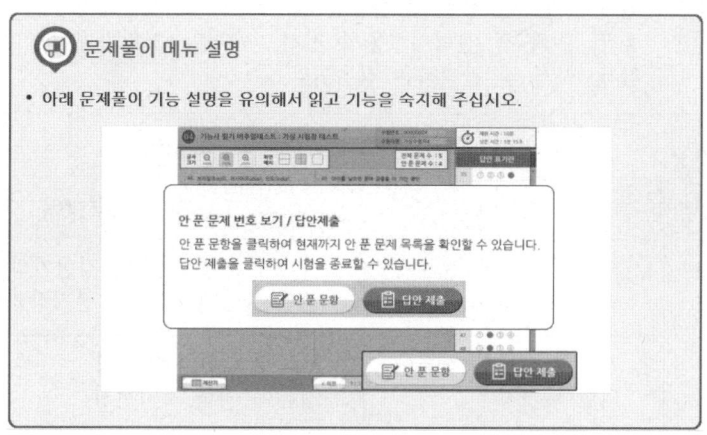

⑩ 상단 우측 [남은 시간 표시]란에서 현재 남은 시간을 확인할 수 있습니다.

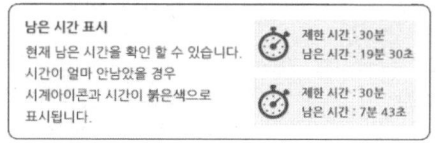

⑪ [답안 제출] 버튼을 클릭하면 답안제출 승인 알림창이 나옵니다. 시험을 마치려면 [예] 버튼을 클릭하고 시험을 계속 진행하려면 [아니오] 버튼을 클릭하면 됩니다.
⑫ 답안제출은 실수 방지를 위해 두 번의 확인 과정을 거칩니다.

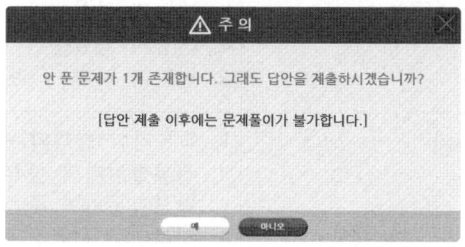

⑬ 시험 안내사항 및 문제풀이 연습까지 모두 마친 수험자는 [시험 준비 완료] 버튼을 클릭한 후 잠시 대기합니다.
⑭ 시험 시행 후 답안지를 제출하면 바로 합격여부를 확인할 수 있습니다.

출제기준

중직무분야	전기·전자	자격종목	전기기능사	적용기간	2024.1.1.~2026.12.31.

○ 직무내용 : 전기에 필요한 장비 및 공구를 사용하여 회전기, 정지기, 제어장치 또는 빌딩, 공장, 주택 및 전력시설물의 전선, 케이블, 전기기계 및 기구를 설치, 보수, 검사, 시험 및 관리하는 직무이다.

필기검정방법	객관식	문제수	60	시험시간	1시간

필기과목명	주요항목	세부항목
전기이론, 전기기기, 전기설비	1. 전기의 성질과 전하에 의한 자기장	1. 전기의 본질 2. 정전기의 성질 및 특수현상 3. 콘덴서(커패시터) 4. 전기장과 전위
	2. 자기의 성질과 전류에 의한 자기장	1. 자석에 의한 자기현상 2. 전류에 의한 자기현상 3. 자기회로
	3. 전자력과 전자유도	1. 전자력 2. 전자유도
	4. 직류회로	1. 전압과 전류 2. 전기저항
	5. 교류회로	1. 정현파 교류회로 2. 3상 교류회로 3. 비정현파 교류회로
	6. 전류의 열작용과 화학작용	1. 전류의 열작용 2. 전류의 화학작용
	7. 변압기	1. 변압기의 구조와 원리 2. 변압기 이론 및 특성 3. 변압기 결선 4. 변압기 병렬운전 5. 변압기 시험 및 보수
	8. 직류기	1. 직류기의 원리와 구조 2. 직류발전기의 종류 및 특성 3. 직류전동기의 종류 및 특성 4. 직류전동기의 이론 및 용도 5. 직류기의 시험법
	9. 유도전동기	1. 유도전동기의 원리와 구조 2. 유도전동기의 속도제어 및 용도

필기과목명	주요항목	세부항목
전기이론, 전기기기, 전기설비	10. 동기기	1. 동기기의 원리와 구조 2. 동기발전기의 이론 및 특성 3. 동기발전기의 병렬운전 4. 동기발전기의 운전
	11. 정류기 및 제어기기	1. 정류용 반도체 소자 2. 정류회로의 특성 3. 제어 정류기 4. 사이리스터의 응용회로 5. 제어기 및 제어장치
	12. 보호계전기	1. 보호계전기의 종류 및 특성
	13. 배선재료 및 공구	1. 전선 및 케이블　　2. 배선재료 3. 전기설비에 관련된 공구
	14. 전선접속	1. 전선의 피복 벗기기 2. 전선의 각종 접속방법 3. 전선과 기구단자와의 접속
	15. 배선설비공사 및 　　전선허용전류 계산	1. 전선관시스템 2. 케이블트렁킹시스템 3. 케이블덕팅시스템 4. 케이블트레이시스템 5. 케이블공사 6. 저압 옥내배선 공사 7. 특고압 옥내배선 공사 8. 전선 허용전류
	16. 전선 및 기계기구의 　　보안공사	1. 전선 및 전선로의 보안 2. 과전류 차단기 설치공사 3. 각종 전기기기 설치 및 보안공사 4. 접지공사 5. 피뢰설비 설치공사
	17. 가공인입선 및 　　배전선 공사	1. 가공인입선 공사 2. 배전선로용 재료와 기구 3. 장주, 건주(전주세움) 및 가선(전선설치) 4. 주상기기의 설치
	18. 고압 및 저압 배전반 공사	1. 배전반 공사　　2. 분전반 공사
	19. 특수장소 공사	1. 먼지가 많은 장소의 공사 2. 위험물이 있는 곳의 공사 3. 가연성 가스가 있는 곳의 공사 4. 부식성 가스가 있는 곳의 공사 5. 흥행장, 광산, 기타 위험 장소의 공사
	20. 전기응용시설 공사	1. 조명배선　　　2. 동력배선 3. 제어배선　　　4. 신호배선 5. 전기응용기기 설치공사

1편 핵심이론 및 적중예상문제 (무료강의 제공)

01 전기이론

01	정전기와 콘덴서	2
	적중예상문제	10
02	자기의 성질과 전류에 의한 자기장	21
	적중예상문제	29
03	전자유도와 인덕턴스	42
	적중예상문제	45
04	직류회로	49
	적중예상문제	57
05	교류회로	73
	적중예상문제	83
06	3상 교류회로와 비정현파	104
	적중예상문제	109
07	전류의 열작용과 화학작용	117
	적중예상문제	121

02 전기기기

01	직류기	130
	적중예상문제	148
02	동기기	165
	적중예상문제	176
03	변압기	192
	적중예상문제	201
04	유도기	215
	적중예상문제	224
05	반도체	238
	적중예상문제	246

03 전기설비

01	배선재료 및 공구	262
	적중예상문제	274
02	전선접속	284
	적중예상문제	287
03	배선설비공사 및 전선허용전류 계산	292
	적중예상문제	302
04	전로의 절연 및 과전류차단기와 접지공사	316
	적중예상문제	328
05	가공전선로와 지중전선로	339
	적중예상문제	348
06	고압 및 저압 배전반 공사	359
	적중예상문제	363
07	특수장소 공사 및 특수시설	369
	적중예상문제	374
08	보호계전기 및 전기응용시설공사	379
	적중예상문제	384

2편 복원기출문제 및 포켓북 (무료강의 제공)

01 복원기출문제 | 본권수록 |

2020년 제1회 복원기출문제	2
2020년 제3회 복원기출문제	14
2021년 제1회 복원기출문제	25
2021년 제3회 복원기출문제	37
2022년 제1회 복원기출문제	49
2022년 제3회 복원기출문제	60
2023년 제1회 복원기출문제	72
2023년 제3회 복원기출문제	85
2024년 제1회 복원기출문제	99
2024년 제3회 복원기출문제	113

02 마법의 포켓북 963제 | 별책부록 |

제1과목 전기이론 (1~241문)	2
제2과목 전기기기 (242~601문)	64
제3과목 전기설비 (602~963문)	154

· 옳은 것은 옳은 그대로 암기
· 틀린 것도 틀린 그대로 암기
· 책 속에 답이 있다.

03 기출문제 다운로드 | 온라인 PDF |

2014년 제1회 시행	2018년 제1회 시행
2014년 제3회 시행	2018년 제3회 시행
2015년 제1회 시행	2019년 제1회 시행
2015년 제3회 시행	2019년 제3회 시행
2016년 제1회 시행	
2016년 제2회 시행	

04 CBT 17회 실전테스트 | 온라인 TEST |

2014년 제2회 시행	2020년 제2회 시행
2014년 제4회 시행	2021년 제2회 시행
2015년 제2회 시행	2021년 제4회 시행
2015년 제4회 시행	2022년 제2회 시행
2018년 제2회 시행	2022년 제4회 시행
2018년 제4회 시행	2023년 제2회 시행
2019년 제2회 시행	2023년 제4회 시행
2019년 제4회 시행	2024년 제2회 시행
	2024년 제4회 시행

홈페이지(www.inup.co.kr) – 나의 강의실
· 2014~2019년 기출문제를 다운로드
· CBT 온라인 실전모의고사로 응시

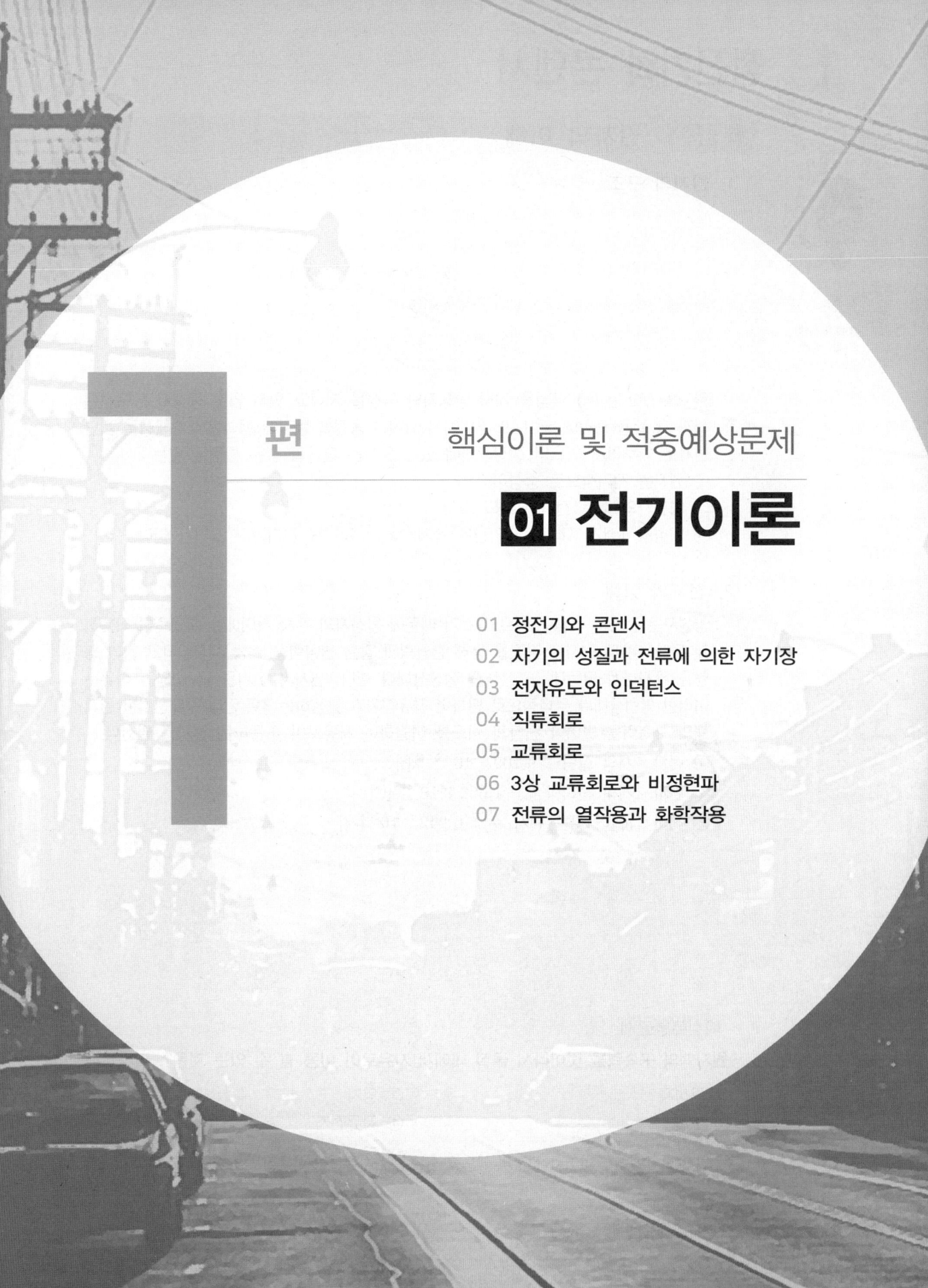

01 정전기와 콘덴서

중요도 ★
출제빈도
총44회 시행
총 5문 출제

핵심01 원자의 이해

1. 원자의 구조

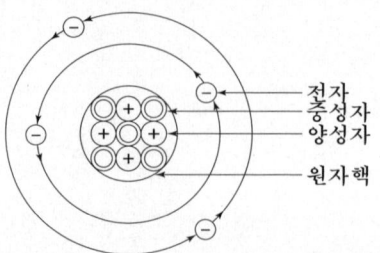

원자의 구조는 (+) 극성을 지닌 양성자와 극성을 지니고 있지 않은 중성자로 구성된 핵과 그 핵을 중심에 두고 그 주위에서 자전과 공전을 동시에 행하는 (−) 극성을 지닌 전자로 이루어져 있으며 정상상태에 있는 원자는 다음과 같은 특징을 갖는다.
① 원자는 전기적으로 중성이다.
② 양성자의 수는 전자의 수와 같다.
③ 양성자 1개가 지니는 전기량은 전자 1개가 지니는 전기량과 크기가 같다.

2. 전자의 이해

양성자는 전자와 극성이 서로 다르기 때문에 양성자와 전자 사이에는 흡인력이 작용하게 된다. 이 때 전자는 공전을 통해 흡인력과 같은 원심력을 발생시키게 되고 힘의 평형을 유지하게 되는데 이 상태를 정상상태라 한다. 원자가 전기를 띠게 되는 이유는 이러한 평형상태가 무너짐으로 인하여 자유전자가 발생하는 경우인데 자유전자란 원자핵의 구속력을 벗어나 전자의 궤도를 이탈하여 자유로이 이동하는 전자를 말한다.
① 전자 1개의 질량 : 9.109×10^{-31}[kg]
② 전자 1개의 전하량 : -1.602×10^{-19}[C]
③ 전하 1[C]이 갖는 전자 수 : 6.242×10^{18}[개]

핵심유형문제 01

원자핵의 구속력을 벗어나서 물질 내에서 자유로이 이동 할 수 있는 것은?   [07, 15]
① 중성자　　　　　　　　　② 양자
③ 분자　　　　　　　　　　④ 자유전자

해설 원자의 구속력을 벗어나 전자의 궤도를 이탈하여 자유로이 이동하는 전자를 자유전자라 한다.

답 : ④

핵심02 대전 현상과 정전기 현상

1. 대전 현상
"어떤 물질이 정상 상태보다 전자의 수가 많거나 적어져서 전기를 띠는 현상" 또는 "절연체를 서로 마찰시키면 이들 물체가 전기를 띠는 현상"을 대전이라 한다. "(-) 대전 상태"란 물질 중의 자유전자가 과잉된 상태를 의미하며, " (+) 대전 상태"란 물질 중의 자유전자가 과부족 상태를 의미한다. 대지는 실질적으로 0[V]이기 때문에 충전된 대전체를 대지에 접속하면 충전 전하는 대지로 방전하게 된다.

중요도 ★★
출제빈도
총44회 시행
총11문 출제

2. 정전기의 원인
물질은 양성자와 전자로 구성되어 있으므로 정상상태에서는 양성자와 전자의 수가 같게 유지되어 전기적으로 중성을 띠게 된다. 하지만 서로 다른 물질들이 접촉하게 되면 물질이 갖는 전자는 서로 이동하게 되어 각 물질은 양성자와 전자의 불균형이 일어나면서 정전기가 발생하게 된다.

3. 정전기 유도

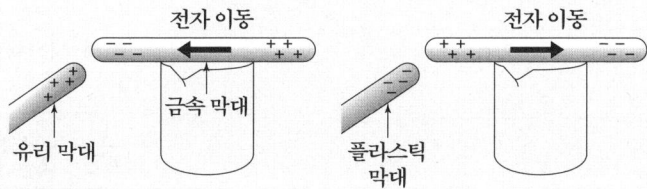

어떤 금속 막대에 대전체를 가까이 접근시키면 대전체와 가까운 곳의 금속 막대에는 대전체와 다른 종류의 극성을 갖는 전기가 유도되고, 대전체와 먼 곳의 금속 막대에는 대전체와 같은 종류의 극성을 갖는 전기가 유도되는데 이러한 현상을 정전기 유도라 한다. 정전기 유도로 인한 근접한 두 물체 사이에는 서로 다른 극성에 의한 정전 흡인력이 작용하게 된다.

4. 정전기 방지대책
공기 중의 상대습도를 70[%] 이상으로 유지하거나 공기를 이온화 한다. 또한 접지를 하거나 도체 물질을 사용하거나 배관 내의 액체 흐름 속도를 제한하는 방법이 있다.

핵심유형문제 02

어떤 물질이 정상 상태보다 전자의 수가 많거나 적어져서 전기를 띠는 현상을 무엇이라 하는가?
[07, 14, 18]

① 방전　　　　② 전기량　　　　③ 대전　　　　④ 하전

해설 "어떤 물질이 정상 상태보다 전자의 수가 많거나 적어져서 전기를 띠는 현상" 또는 "절연체를 서로 마찰시키면 이들 물체가 전기를 띠는 현상"을 대전이라 한다.

답 : ③

중요도 ★★★
출제빈도
총44회 시행
총36문 출제

핵심03 콘덴서와 단위계(Ⅰ)

1. 정전용량(C)

정전용량이란 전하를 축적하는 작용을 하기 위해 만들어진 것으로서 같은 의미로 "커패시턴스(capacitance)", "콘덴서(condenser)"라는 표현으로 나타내고 있다. 기호는 C로 하고 단위는 "[F]"라 하여 "패럿"이라 읽는다. 전위차(또는 전압) V와 전하량 Q에 의한 정전용량(C)의 표현식은 아래와 같다.

〈공식〉
$$C = \frac{Q}{V}[\text{F}], \quad Q = CV[\text{C}], \quad V = \frac{Q}{C}[\text{V}]$$

여기서, C : 정전용량, V : 전압, Q : 전하량

2. 합성 정전용량(C_0)

① 정전용량의 직렬접속

정전용량 C_1, C_2, C_3가 직렬로 접속된 경우 합성 정전용량을 구할 때에는 "각각의 정전용량의 역수의 합의 역수"로 구할 수 있다.

그림	합성 정전용량
C_1 C_2 C_3 직렬	$C_0 = \dfrac{1}{\dfrac{1}{C_1} + \dfrac{1}{C_2} + \dfrac{1}{C_3}}[\text{F}]$

② 정전용량의 병렬접속

정전용량 C_1, C_2, C_3가 병렬로 접속된 경우 합성 정전용량을 구할 때에는 "모든 정전용량의 합"으로 구할 수 있다.

그림	합성 정전용량
A — C_1, C_2, C_3 병렬 — B	$C_0 = C_1 + C_2 + C_3[\text{F}]$

핵심유형문제 03

1[μF], 3[μF], 6[μF]의 콘덴서 3개를 병렬로 연결할 때 합성 정전용량?

[06, 10, 18, 19, (유)11, 14, 16]

① 1.5[μF] ② 5[μF] ③ 10[μF] ④ 18[μF]

해설 콘덴서가 병렬로 연결된 경우 합성 정전용량은 $C_0 = C_1 + C_2 + C_3[\text{F}]$ 식에서
∴ $C_0 = C_1 + C_2 + C_3 = 1 + 3 + 6 = 10[\mu\text{F}]$

답 : ③

핵심04 콘덴서와 단위계(Ⅱ)

1. 정전 축적 에너지(W)

정전용량은 전하를 축적하는 소자로서 축적된 에너지의 크기를 "정전 축적 에너지" 또는 "정전에너지"라 한다.

〈공식〉
$$W = \frac{1}{2}QV = \frac{1}{2}CV^2 = \frac{Q^2}{2C}[J]$$

여기서, W : 에너지, Q : 전하, V : 전위, C : 정전용량

2. 콘덴서의 종류

① 전해콘덴서
전기분해하여 금속의 표면에 산화피막을 만들어 이것을 유전체로 이용한 것을 말하며, 극성을 가지고 있는 것이 특징이며 교류회로에서는 사용할 수가 없는 콘덴서이다.

② 세라믹콘덴서
비유전율이 큰 산화티탄 등을 유전체로 사용한 것으로 극성이 없으며 가격에 비해 성능이 우수하여 널리 사용되고 있는 콘덴서이다.

③ 바리콘덴서
가변용량 콘덴서로서 용량을 임의대로 변화시킬 수 있는 콘덴서이다.

3. SI 단위계

단위기호	단위값	단위기호	단위값
c(센티)	10^{-2}	K(킬로)	10^3
m(밀리)	10^{-3}	M(메가)	10^6
μ(마이크로)	10^{-6}	G(기가)	10^9
n(나노)	10^{-9}	T(테라)	10^{12}
p(피코)	10^{-12}	-	-

핵심유형문제 04

콘덴서에 V[V]의 전압을 가해서 Q[C]의 전하를 충전할 때 저장되는 에너지는 몇 [J]인가? [11, 14]

① $2QV$ ② $2QV^2$ ③ $\frac{1}{2}QV$ ④ $\frac{1}{2}QV^2$

해설 $W = \frac{1}{2}QV = \frac{1}{2}CV^2 = \frac{Q^2}{2C}[J]$

답 : ③

중요도 ★★
출제빈도
총44회 시행
총17문 출제

핵심05 전기장과 전위(Ⅰ)

1. 정전계 쿨롱의 법칙

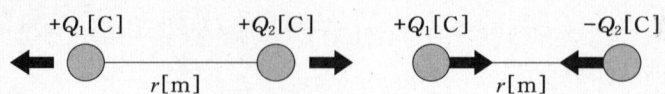

진공 또는 공기(보통의 "자유공간") 중에 각각 $Q_1[C]$, $Q_2[C]$의 두 점전하를 거리 r [m] 만큼 간격을 두고 놓았을 때 두 점전하 사이에서 서로 작용하는 힘을 쿨롱의 법칙 이라 한다. 쿨롱의 법칙에 의한 두 점전하 사이의 작용력 공식은 다음과 같다.

〈공식〉
$$F = \frac{Q_1 Q_2}{4\pi\epsilon_0 r^2} = 9 \times 10^9 \frac{Q_1 Q_2}{r^2} [N]$$

여기서, F : 작용력, Q_1, Q_2 : 점전하, r : 점전하 사이 거리
ϵ_0 : 진공 또는 공기 중의 유전율($= 8.855 \times 10^{-12}$)

① 힘의 크기는 두 전하의 곱에 비례한다.
② 힘의 크기는 두 전하 사이의 거리의 제곱에 반비례한다.
③ 힘의 크기는 주위 공간의 매질에 따라 다르다.
④ 힘의 방향은 두 전하를 연결한 연결선상에 있다.

2. 전하의 성질

① 같은 종류의 전하끼리는 반발력이 작용하고, 다른 종류의 전하끼리는 흡인력이 작용한다.
② 전하는 가장 안정한 상태를 유지하려는 성질이 있다.
③ 대전체에 들어있는 전하를 없애려면 접지를 시킨다.
④ 대전체의 영향으로 비대전체에 전기가 유도된다.
⑤ 낙뢰는 구름과 지면 사이에 모인 전기가 한꺼번에 방전되는 현상이다.

핵심유형문제 05

공기 중에 10[μC]과 20[μC]를 1[m] 간격으로 놓을 때 발생되는 정전력[N]은?

[09, 16②, 19]

① 1.8   ② 2.2   ③ 4.4   ④ 6.3

해설 $Q_1 = 10[\mu C]$, $Q_2 = 20[\mu C]$, $r = 1[m]$일 때

$F = 9 \times 10^9 \frac{Q_1 Q_2}{r^2} [N]$ 식에서

$F = 9 \times 10^9 \frac{Q_1 Q_2}{r^2} = 9 \times 10^9 \times \frac{10 \times 10^{-6} \times 20 \times 10^{-6}}{1^2} = 1.8[N]$

답 : ①

핵심 06 전기장과 전위(Ⅱ)

1. 전장의 세기(E)

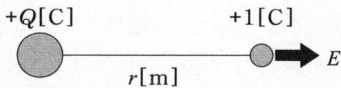

전장의 세기란 "전기장 중에 단위 전하를 놓았을 때 단위 전하에 작용하는 힘"이라 정의하며 "전계의 세기"라 표현하기도 한다. 또한 기호는 "E"로 표시하며 단위는 "[N/C]" 또는 "[V/m]"를 사용한다.

〈공식〉
$$E = \frac{F}{Q} = \frac{V}{r} \text{[V/m]}$$

여기서, E : 전장의 세기, F : 작용력, Q : 전하, V : 평행판 전극 사이의 전위,
r : 평행판 간격

2. 전기장의 성질

① 대전된 모든 도체(구도체 또는 원통도체 등) 내부에는 전하, 전기장, 전속밀도 모두 0이다.
② 대전된 도체 표면에서 전기장은 표면에 수직이다.

3. 전위(V)

자유공간 중에 점전하 Q[C]을 놓았을 때 점전하로부터 거리 r[m] 만큼 떨어진 지점의 전위의 공식은 다음과 같다.

〈공식〉
$$V = \frac{Q}{4\pi\epsilon_0 r} = 9 \times 10^9 \frac{Q}{r} \text{[V]}$$

여기서, V : 전위, Q : 점전하, r : 점전하로부터의 거리,
ϵ_0 : 진공 또는 공기 중의 유전율($= 8.855 \times 10^{-12}$)

중요도 ★★
출제빈도
총44회 시행
총18문 출제

핵심유형문제 06

전장의 세기에 대한 단위로 맞는 것은? [07, 13, 15, 18]

① [m/V] ② [V/m²] ③ [V/m] ④ [m²/V]

해설 전기장 중에 단위 전하(1[C])를 놓았을 때 그 단위 전하에 작용하는 힘을 "전장의 세기" 또는 "전계의 세기"라 하며 기호는 E로 표현하고 단위는 [V/m] 또는 [N/C]을 사용한다.

답 : ③

핵심07 유전율과 전기력선

1. 유전율(ϵ)

외부 전기장(E)을 유전체 내에 가하면 유전체 내부에는 분극현상이 일어나 외부 전기장과 반대 방향으로 분극에 의한 전기장이 생긴다. 그러므로 유전체 내에서는 전기장의 세기가 작아지게 된다. 이 때 분극에 의한 유전체 내부의 전기장을 전기변위 또는 전속밀도(D)라 하며 유전율(ϵ)은 전기장의 세기(E)에 의한 전속밀도(D)의 비율로 정의하고 있다. 단위는 [F/m]를 사용한다.

〈공식〉

$$\epsilon = \epsilon_0 \epsilon_s = \frac{D}{E} [\text{F/m}]$$

여기서, ϵ : 유전체 내의 유전율, ϵ_0 : 공기 또는 진공의 유전율($= 8.855 \times 10^{-12}$),
ϵ_s : 비유전율, D : 전속밀도, E : 전장의 세기

2. 비유전율(ϵ_s)

공기 유전율에 대한 유전체 유전율의 비율로서 물질에 대한 비유전율은 다음과 같다.

유전체 종류	비유전율	유전체 종류	비유전율
산화티탄자기	100	수정	3.8
염화비닐	9	종이, 고무	2.5
운모	5.4	진공, 공기	1

3. 전기력선의 성질

① 전기력선은 양전하에서 나와 음전하에서 끝난다.
② 전기력선은 도체 표면(등위면)과 수직으로 만난다.
③ 전기력선은 서로 반발하여 교차하지 않는다.
④ 전기력선의 밀도는 그 점의 전장의 세기와 같고 전기력선의 접선 방향은 전장의 방향과 같다.
⑤ 전기력선의 수는 진공 중에서 $\frac{Q}{\epsilon_0}$개, 유전체 내에서 $\frac{Q}{\epsilon}$개다.
⑥ 대전 도체 내부에는 전하가 없으므로 전기력선이 존재하지 않는다.

핵심유형문제 07

유전율 ϵ의 유전체 내에 있는 전하 Q[C]에서 나오는 전기력선수는 얼마인가?

[06, 08, 18, 19]

① Q ② $\frac{Q}{\epsilon_0}$ ③ $\frac{Q^2}{\epsilon}$ ④ $\frac{Q}{\epsilon}$

해설 전기력선의 수는 진공 중에서 $\frac{Q}{\epsilon_0}$개, 유전체 내에서 $\frac{Q}{\epsilon}$개다.

답 : ④

핵심08 평행판 콘덴서와 각종 전기효과

1. 평행판 콘덴서

(1) 평행판 콘덴서의 정전용량

$$C = \frac{\epsilon_0 S}{d} [F]$$

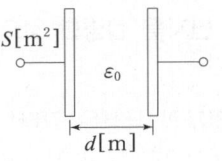

여기서, C : 정전용량, ϵ_0 : 공기 또는 진공의 유전율($= 8.855 \times 10^{-12}$),
S : 극판 면적, d : 극판 간격

(2) 정전 흡인력

──〈공식〉──

$$F = \frac{Q^2}{2\epsilon_0 S} = \frac{1}{2}\epsilon_0 \left(\frac{V}{d}\right)^2 S [N]$$

여기서, F : 정전 흡인력, Q : 전하량, ϵ_0 : 공기 또는 진공의 유전율($= 8.855 \times 10^{-12}$),
S : 극판 면적, V : 극판 사이의 전위, d : 극판 간격

2. 각종 전기효과

① 제벡 효과(Seebeck effect)
두 종류의 금속을 서로 접속하여 접속점에 온도차를 주게 되면 열기전력이 발생하여 전류가 흐르는 현상으로서 열기전력의 크기와 방향은 두 금속 사이의 온도차에 의해 정해진다. 또한 "제벡 효과"는 두 종류 금속의 열전대를 조합한 장치로서 "열전효과"라고도 하며 열전온도계나 태양열발전 등에 응용된다.

② 펠티에 효과(Peltier effect)
두 종류의 금속을 서로 접속하여 여기에 전류를 흘리면 접속점에서 열의 발생 또는 흡수가 일어나는 현상으로 전류의 방향에 따라 열의 발생 또는 흡수가 다르게 나타나는 현상이다. 또한 "펠티에 효과"는 "전열효과"라고도 하며 전자냉동기나 전자온풍기 등에 응용된다.

③ 톰슨 효과(Thomson effect)
동일한 금속체의 접합점에 온도차가 있을 때 여기에 전류를 흘리면 열의 발생 또는 흡수가 일어나는 현상이다.

중요도 ★★
출제빈도
총44회 시행
총17문 출제

핵심유형문제 08

서로 다른 종류의 안티몬과 비스무트의 두 금속을 접속하여 여기에 전류를 통하면, 그 접점에서 열의 발생 또는 흡수가 일어난다. 줄열과 달리 전류의 방향에 따라 열의 흡수와 발생이 다르게 나타나는 이 현상은?   [10, 11, 14, 18]

① 펠티에 효과   ② 제벡 효과   ③ 제3금속의 법칙   ④ 열전 효과

해설 펠티에 효과에 대한 설명이다.

답 : ①

적중예상문제

01
정상상태에서의 원자를 설명한 것으로 틀린 것은? [16]

① 양성자와 전자의 극성은 같다.
② 원자는 전체적으로 보면 전기적으로 중성이다.
③ 원자를 이루고 있는 양성자의 수는 전자의 수와 같다.
④ 양성자 1개가 지니는 전기량은 전자 1개가 지니는 전기량과 크기가 같다.

양성자의 극성은 (+), 전자의 극성은 (-)로서 양성자는 전자와 극성이 서로 다르다.

02
다음 중 가장 무거운 것은? [13]

① 양성자의 질량과 중성자의 질량의 합
② 양성자의 질량과 전자의 질량의 합
③ 중성자의 질량과 전자의 질량의 합
④ 원자핵의 질량과 전자의 질량의 합

양성자와 중성자로 구성된 원자핵과 전자의 질량을 합한 무게가 가장 무겁다.

03
1개의 전자 질량은 약 몇 [kg]인가? [13]

① 1.679×10^{-31} ② 9.109×10^{-31}
③ 1.679×10^{-27} ④ 9.109×10^{-27}

전자 1개의 질량은 9.109×10^{-31}[kg]이다.

04
일반적으로 절연체를 서로 마찰시키면 이들 물체는 전기를 띠게 된다. 이와 같은 현상은? [09, 14, 18]

① 분극(polarization) ② 대전(electrification)
③ 정전(electrostatic) ④ 코로나(corona)

"어떤 물질이 정상 상태보다 전자의 수가 많거나 적어져서 전기를 띠는 현상" 또는 "절연체를 서로 마찰시키면 이들 물체가 전기를 띠는 현상"을 대전이라 한다.

05
"물질 중의 자유전자가 과잉된 상태"란? [10, 12]

① (-) 대전 상태   ② 발열 상태
③ 중성 상태   ④ (+) 대전 상태

"(-) 대전 상태"란 물질 중의 자유전자가 과잉된 상태를 의미하며, "(+) 대전 상태"란 물질 중의 자유전자가 과부족 상태를 의미한다.

06
충전된 대전체를 대지(大地)에 연결하면 대전체는 어떻게 되는가? [16]

① 방전한다.
② 반발한다.
③ 충전이 계속된다.
④ 반발과 흡인을 반복한다.

대지는 실질적으로 0[V]이기 때문에 충전된 대전체를 대지에 접속하면 충전 전하는 대지로 방전하게 된다.

해답 01 ① 02 ④ 03 ② 04 ② 05 ① 06 ①

07

다음 설명 중 틀린 것은? [16]

① 같은 부호의 전하끼리는 반발력이 생긴다.
② 정전유도에 의하여 작용하는 힘은 반발력이다.
③ 정전용량이란 콘덴서가 전하를 축적하는 능력을 말한다.
④ 콘덴서는 전압을 가하는 순간은 콘덴서는 단락 상태가 된다.

정전유도로 인한 근접한 두 물체 사이에 작용하는 힘은 서로 다른 극성에 의한 정전 흡인력이 작용한다.

08

정전기 발생 방지책으로 틀린 것은? [13]

① 배관 내 액체의 흐름 속도 제한
② 대기의 습도를 30[%] 이하로 하여 건조함을 유지
③ 대전 방지제의 사용
④ 접지 및 보호구의 착용

정전기를 방지하기 위해서는 공기 중의 상대습도를 70[%] 이상으로 유지하여야 한다.

09

전하를 축적하는 작용을 하기 위해 만들어진 전기 소자는? [09]

① free electron   ② resistance
③ condenser   ④ magnet

정전용량이란 전하를 축적하는 작용을 하기 위해 만들어진 것으로서 같은 의미로 "커패시턴스(capacitance)", "콘덴서(condenser)"라는 표현으로 나타내고 있다.

10

어떤 콘덴서에 1,000[V]의 전압을 가하였더니 5×10^{-3}[C]의 전하가 축적되었다. 이 콘덴서의 용량은? [11, (유)08]

① 2.5[μF]   ② 5[μF]
③ 250[μF]   ④ 5,000[μF]

$V=1,000$[V], $Q=5\times 10^{-3}$[C]일 때 정전용량은
$C=\dfrac{Q}{V}$[F] 식에서
$\therefore C=\dfrac{Q}{V}=\dfrac{5\times 10^{-3}}{1,000}=5\times 10^{-6}$[F]$=5$[$\mu$F]

11

0.02[μF]의 콘덴서에 12[μC]의 전하를 공급하면 몇 [V]의 전위차를 나타내는가? [08]

① 600   ② 900
③ 1,200   ④ 2,400

$C=0.02$[μF], $Q=12$[μC]일 때 전위차는
$V=\dfrac{Q}{C}$[V] 식에서
$\therefore V=\dfrac{Q}{C}=\dfrac{12}{0.02}=600$[V]

12

2[μF]의 콘덴서에 100[V]의 전압을 가할 때 충전 전하량은 몇 [C]인가? [07②]

① 2×10^{-4} ② 2×10^{-5}
③ 2×10^{-8} ④ 2×10^{-9}

$C=2$[μF], $V=100$[V]일 때 전하량은
$Q=CV$[C] 식에서
$\therefore Q=CV=2\times 10^{-6}\times 100=2\times 10^{-4}$[C]

13

그림에서 $C_1 = 1[\mu F]$, $C_2 = 2[\mu F]$, $C_3 = 2[\mu F]$일 때 합성 정전용량은 몇 $[\mu F]$인가? [14, (유)06, 07]

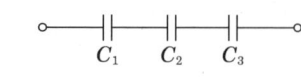

① $\dfrac{1}{2}$ ② $\dfrac{1}{5}$
③ 3 ④ 5

$C_0 = \dfrac{1}{\dfrac{1}{C_1} + \dfrac{1}{C_2} + \dfrac{1}{C_3}} [\mu F]$ 식에서

$\therefore C_0 = \dfrac{1}{\dfrac{1}{1} + \dfrac{1}{2} + \dfrac{1}{2}} [\mu F] = \dfrac{1}{2}[\mu F]$

14

두 콘덴서 C_1, C_2가 병렬로 접속되어 있을 때의 합성 정전용량은? [08, 12, 13, (유)07, 09]

① $C_1 + C_2$ ② $\dfrac{1}{C_1} + \dfrac{1}{C_2}$
③ $\dfrac{C_1 C_2}{C_1 + C_2}$ ④ $\dfrac{C_1 + C_2}{C_1 C_2}$

$C_0 = C_1 + C_2 [F]$이다.

15

정전용량이 같은 콘덴서 10개가 있다. 이것을 병렬 접속할 때의 값은 직렬 접속할 때의 값보다 어떻게 되는가? [13, (유)13, 14]

① $\dfrac{1}{10}$로 감소한다. ② $\dfrac{1}{100}$로 감소한다.
③ 10배로 증가한다. ④ 100배로 증가한다.

정전용량 C가 n개 직렬일 때 합성 정전용량 C_s와 병렬일 때 합성 정전용량 C_p는 각각
$C_s = \dfrac{C}{n}$, $C_p = nC$이므로 $n = 10$인 경우
$C_s = \dfrac{C}{10}$, $C_p = 10C$이다.
$C_p = 10C = 10 \times 10 C_s = 100 C_s$
$\therefore$ 100배로 증가한다.

16

그림과 같이 $C = 2[\mu F]$의 콘덴서가 연결되어 있다. A점과 B점 사이의 합성 정전용량은 얼마인가? [12, 19]

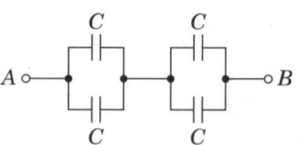

① $1[\mu F]$ ② $2[\mu F]$
③ $4[\mu F]$ ④ $8[\mu F]$

병렬로 접속된 정전용량의 합성 정전용량을 각각 C_1, C_2라 하면
$C_1 = 2C = 2 \times 2 = 4[\mu F]$,
$C_2 = 2C = 2 \times 2 = 4[\mu F]$이다.
$C_1 = C_2 = 4[\mu F]$이며 직렬로 접속되어 있으므로 전체 합성한 정전용량 C_0는
$\therefore C_0 = \dfrac{C_1}{2} = \dfrac{C_2}{2} = \dfrac{4}{2} = 2[\mu F]$

17

다음 중 콘덴서 접속법에 대한 설명으로 알맞은 것은? [09, 18, (유)11, 15]

① 직렬로 접속하면 용량이 커진다.
② 병렬로 접속하면 용량이 적어진다.
③ 콘덴서는 직렬 접속만 가능하다.
④ 직렬로 접속하면 용량이 적어진다.

정전용량 C가 n개 직렬일 때 합성 정전용량 C_s와 병렬일 때 합성 정전용량 C_p는 각각
$C_s = \dfrac{C}{n}$, $C_p = nC$ 이므로
$\therefore$ 정전용량은 직렬로 접속하면 감소하고 병렬로 접속하면 증가한다.

18

A-B 사이 콘덴서의 합성 정전용량은 얼마인가?

[08, (유)13]

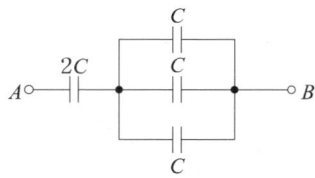

① 1C ② 1.2C
③ 2C ④ 2.4C

병렬 접속된 정전용량의 합성 정전용량을 C_1이라 하고 직렬 접속된 $2C$를 C_2라 하면
$C_1 = 3C$ 이므로 합성 정전용량 C_0는

$$C_0 = \frac{1}{\frac{1}{C_1}+\frac{1}{C_2}} = \frac{C_1 C_2}{C_1 + C_2} \text{ 식에서}$$

$$\therefore C_0 = \frac{C_1 C_2}{C_1 + C_2} = \frac{3C \times 2C}{3C + 2C} = 1.2C$$

19

다음 회로의 합성 정전용량은 몇 $[\mu F]$인가? [15]

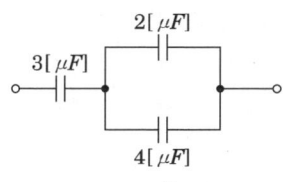

① 5 ② 4
③ 3 ④ 2

병렬 접속된 $2[\mu F]$, $4[\mu F]$의 합성 정전용량을 C_1이라 하고 직렬 접속된 $3[\mu F]$을 C_2라 하면
$C_1 = 2 + 4 = 6[\mu F]$ 이므로 합성 정전용량 C_0는

$$C_0 = \frac{1}{\frac{1}{C_1}+\frac{1}{C_2}} = \frac{C_1 C_2}{C_1 + C_2}[\mu F] \text{ 식에서}$$

$$\therefore C_0 = \frac{C_1 C_2}{C_1 + C_2} = \frac{6 \times 3}{6 + 3} = 2[\mu F]$$

20

그림과 같은 4개의 콘덴서를 직·병렬로 접속한 회로가 있다. 이 회로의 합성 정전용량은?(단, $C_1 = 2[\mu F]$, $C_2 = 4[\mu F]$, $C_3 = 3[\mu F]$, $C_4 = 1[\mu F]$) [08]

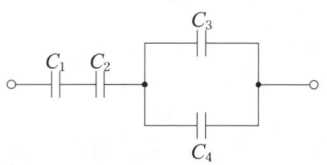

① $1[\mu F]$ ② $2[\mu F]$
③ $3[\mu F]$ ④ $4[\mu F]$

병렬 접속된 C_3과 C_4의 합성 정전용량을 C_{34}라 하고 합성 정전용량을 C_0라 하면
$C_{34} = C_3 + C_4 = 3 + 1 = 4[\mu F]$ 이므로

$$C_0 = \frac{1}{\frac{1}{C_1}+\frac{1}{C_2}+\frac{1}{C_{34}}}[\mu F] \text{ 식에서}$$

$$\therefore C_0 = \frac{1}{\frac{1}{C_1}+\frac{1}{C_2}+\frac{1}{C_{34}}} = \frac{1}{\frac{1}{2}+\frac{1}{4}+\frac{1}{4}}$$

$$= 1[\mu F]$$

21

C_1, C_2를 직렬로 접속한 회로에 C_3를 병렬로 접속하였다. 이 회로의 합성 정전용량[F]은? [12]

① $C_3 + \dfrac{1}{\frac{1}{C_1}+\frac{1}{C_2}}$ ② $C_1 + \dfrac{1}{\frac{1}{C_2}+\frac{1}{C_3}}$

③ $\dfrac{C_1 + C_2}{C_3}$ ④ $C_1 + C_2 + \dfrac{1}{C_3}$

직렬로 접속된 정전용량의 합성 정전용량을 C_{12}라 하면

$$C_{12} = \frac{1}{\frac{1}{C_1}+\frac{1}{C_2}}[F] \text{이다.}$$

여기에 C_3를 병렬로 접속하여 합성 정전용량 C_0를 구하면
$C_0 = C_{12} + C_3[F]$ 식에서

$$\therefore C_0 = C_{12} + C_3 = C_3 + \frac{1}{\frac{1}{C_1}+\frac{1}{C_2}}[F]$$

22

그림에서 a-b간의 합성 정전용량은 $10[\mu F]$이다. C_x의 정전용량은? [10]

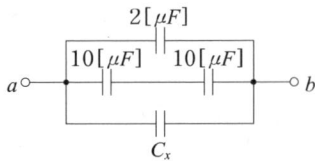

① $3[\mu F]$
② $4[\mu F]$
③ $5[\mu F]$
④ $6[\mu F]$

직렬로 접속된 정전용량 $10[\mu F]$의 합성 정전용량을 C_1이라 하면
$C_1 = \dfrac{10}{2} = 5[\mu F]$이다.
그리고 $2[\mu F]$, $C_1[\mu F]$, $C_X[\mu F]$의 합성 정전용량을 C_0라 하면
$C_0 = 2 + C_1 + C_X[\mu F]$ 식에서
$C_0 = 2 + C_1 + C_X = 2 + 5 + C_X = 10[\mu F]$이다.
∴ $C_X = 10 - 2 - 5 = 3[\mu F]$

23

정전에너지 $W[J]$를 구하는 식으로 옳은 것은?(단, C는 콘덴서용량$[\mu F]$, V는 공급전압$[V]$이다.) [15]

① $W = \dfrac{1}{2}CV^2$
② $W = \dfrac{1}{2}CV$
③ $W = \dfrac{1}{2}C^2V$
④ $W = 2CV^2$

정전에너지는 $W = \dfrac{1}{2}QV = \dfrac{1}{2}CV^2 = \dfrac{Q^2}{2C}[J]$이다.

24

$5[\mu F]$의 콘덴서를 $1,000[V]$로 충전하면 축적되는 에너지는 몇 $[J]$인가? [08, (유)12, 18]

① 2.5
② 4
③ 5
④ 10

$C = 5[\mu F]$, $V = 1,000[V]$일 때 축적에너지는
$W = \dfrac{1}{2}CV^2[J]$ 식에서
∴ $W = \dfrac{1}{2}CV^2 = \dfrac{1}{2} \times 5 \times 10^{-6} \times 1,000^2$
$= 2.5[J]$

25

$10[\mu F]$의 콘덴서에 $45[J]$의 에너지를 축적하기 위하여 필요한 충전 전압$[V]$은? [06, (유)08]

① 3×10^2
② 3×10^3
③ 3×10^4
④ 3×10^5

$C = 10[\mu F]$, $W = 45[J]$일 때 충전 전압은
$V = \sqrt{\dfrac{2W}{C}}[V]$ 식에서
∴ $V = \sqrt{\dfrac{2W}{C}} = \sqrt{\dfrac{2 \times 45}{10 \times 10^{-6}}} = 3 \times 10^3[V]$

26

$2[kV]$의 전압으로 충전하여 $2[J]$의 에너지를 축적하는 콘덴서의 정전용량은? [10②]

① $0.5[\mu F]$
② $1[\mu F]$
③ $2[\mu F]$
④ $4[\mu F]$

$V = 2[kV]$, $W = 2[J]$일 때 정전용량은
$C = \dfrac{2W}{V^2}[F]$ 식에서
∴ $C = \dfrac{2W}{V^2} = \dfrac{2 \times 2}{(2 \times 10^3)^2} = 10^{-6}[F] = 1[\mu F]$

27
콘덴서 중 극성을 가지고 있는 콘덴서로서 교류 회로에 사용할 수 없는 것은? [06, 19]

① 마일러 콘덴서   ② 마이카 콘덴서
③ 세라믹 콘덴서   ④ 전해 콘덴서

전해콘덴서는 전기분해하여 금속의 표면에 산화피막을 만들어 이것을 유전체로 이용한 것을 말하며, 극성을 가지고 있는 것이 특징이며 교류회로에서는 사용할 수가 없는 콘덴서이다.

28
전기분해하여 금속의 표면에 산화피막을 만들어 이것을 유전체로 이용한 것은? [08]

① 마일러 콘덴서   ② 마이카 콘덴서
③ 전해 콘덴서   ④ 세라믹 콘덴서

전해콘덴서는 전기분해하여 금속의 표면에 산화피막을 만들어 이것을 유전체로 이용한 것을 말하며, 극성을 가지고 있는 것이 특징이며 교류회로에서는 사용할 수가 없는 콘덴서이다.

29
비유전율이 큰 산화티탄 등을 유전체로 사용한 것으로 극성이 없으며 가격에 비해 성능이 우수하여 널리 사용되고 있는 콘덴서의 종류는? [09, 15]

① 마일러 콘덴서   ② 마이카 콘덴서
③ 전해 콘덴서   ④ 세라믹 콘덴서

세라믹콘덴서는 비유전율이 큰 산화티탄 등을 유전체로 사용한 것으로 극성이 없으며 가격에 비해 성능이 우수하여 널리 사용되고 있는 콘덴서이다.

30
용량을 변화시킬 수 있는 콘덴서는? [11, 12, 19]

① 바리콘   ② 마일러 콘덴서
③ 전해 콘덴서   ④ 세라믹 콘덴서

바리콘콘덴서는 가변용량 콘덴서로서 용량을 임의대로 변화시킬 수 있는 콘덴서이다.

31
$+Q_1$[C]과 $-Q_2$[C]의 전하가 진공 중에서 r[m]의 거리에 있을 때 이들 사이에 작용하는 정전기력 F[N]는? [11, 14, 16]

① $F = 9 \times 10^{-7} \times \dfrac{Q_1 Q_2}{r^2}$

② $F = 9 \times 10^{-9} \times \dfrac{Q_1 Q_2}{r^2}$

③ $F = 9 \times 10^{9} \times \dfrac{Q_1 Q_2}{r^2}$

④ $F = 9 \times 10^{10} \times \dfrac{Q_1 Q_2}{r^2}$

쿨롱의 법칙에 의한 두 전하 사이에 작용하는 힘은
$$\therefore F = \frac{Q_1 Q_2}{4\pi\epsilon_0 r^2} = 9 \times 10^9 \times \frac{Q_1 Q_2}{r^2} \text{[N]}$$

32
쿨롱의 법칙에서 2개의 점전하 사이에 작용하는 정전력의 크기는? [15]

① 두 전하의 곱에 비례하고 거리에 반비례한다.
② 두 전하의 곱에 반비례하고 거리에 비례한다.
③ 두 전하의 곱에 비례하고 거리의 제곱에 비례한다.
④ 두 전하의 곱에 비례하고 거리의 제곱에 반비례한다.

쿨롱의 법칙에 의한 두 전하 사이에 작용하는 힘은 두 전하의 곱에 비례하고 거리의 제곱에 반비례한다.

해답 27 ④ 28 ③ 29 ④ 30 ① 31 ③ 32 ④

33
진공 중에 $10^{-6}[\text{C}]$, $10^{-4}[\text{C}]$의 두 점전하가 1[m]의 간격을 두고 놓여있다. 두 전하 사이에 작용하는 힘은?

[10, (유)10, 14]

① $9 \times 10^{-2}[\text{N}]$ ② $18 \times 10^{-2}[\text{N}]$
③ $9 \times 10^{-1}[\text{N}]$ ④ $18 \times 10^{-1}[\text{N}]$

$Q_1 = 10^{-6}[\text{C}]$, $Q_2 = 10^{-4}[\text{C}]$, $r = 1[\text{m}]$일 때
$F = 9 \times 10^9 \dfrac{Q_1 Q_2}{r^2}[\text{N}]$ 식에서
$\therefore F = 9 \times 10^9 \dfrac{Q_1 Q_2}{r^2} = 9 \times 10^9 \times \dfrac{10^{-6} \times 10^{-4}}{1^2}$
$= 9 \times 10^{-1}[\text{N}]$

34
$4 \times 10^{-5}[\text{C}]$과 $6 \times 10^{-5}[\text{C}]$의 두 전하가 자유공간에 2[m]의 거리에 있을 때 그 사이에 작용하는 힘은?

[14]

① 5.4[N], 흡입력이 작용한다.
② 5.4[N], 반발력이 작용한다.
③ $\dfrac{7}{9}$[N], 흡인력이 작용한다.
④ $\dfrac{7}{9}$[N], 반발력이 작용한다.

$Q_1 = 4 \times 10^{-5}[\text{C}]$, $Q_2 = 6 \times 10^{-5}[\text{C}]$, $r = 2[\text{m}]$일 때
$F = 9 \times 10^9 \dfrac{Q_1 Q_2}{r^2}[\text{N}]$ 식에서
$\therefore F = 9 \times 10^9 \dfrac{Q_1 Q_2}{r^2}$
$= 9 \times 10^9 \times \dfrac{4 \times 10^{-5} \times 6 \times 10^{-5}}{2^2} = 5.4[\text{N}]$
$\therefore$ 두 전하는 모두 (+) 전하이므로 반발력이 작용한다.

35
전하의 성질에 대한 설명 중 옳지 않은 것은?

[07, 08, 11, 18, 19]

① 전하는 가장 안정한 상태를 유지하려는 성질이 있다.
② 같은 종류의 전하끼리는 흡인하고 다른 종류의 전하끼리는 반발한다.
③ 낙뢰는 구름과 지면 사이에 모인 전기가 한꺼번에 방전되는 현상이다.
④ 대전체의 영향으로 비대전체에 전기가 유도된다.

전하의 성질은 같은 종류의 전하끼리는 반발력이 작용하고, 다른 종류의 전하끼리는 흡인력이 작용한다.

36
전기장 중에 단위 전하를 놓았을 때 그것이 작용하는 힘은 어느 값과 같은가?

[11, 14, 18]

① 전장의 세기 ② 전하
③ 전위 ④ 전위차

전장의 세기란 "전기장 중에 단위 전하를 놓았을 때 단위 전하에 작용하는 힘"이라 정의하며 "전계의 세기"라 표현하기도 한다.

37
10[V/m]의 전장에 어떤 전하를 놓으면 0.1[N]의 힘이 작용한다. 전하의 양은 몇 [C]인가?

[07, 18]

① 10^2 ② 10^{-4}
③ 10^{-2} ④ 10^4

$E = 10[\text{V/m}]$, $F = 0.1[\text{N}]$일 때
$E = \dfrac{F}{Q}[\text{V/m}]$ 식에서 전하 Q는
$\therefore Q = \dfrac{F}{E} = \dfrac{0.1}{10} = 0.01 = 10^{-2}[\text{C}]$

해답 33 ③ 34 ② 35 ② 36 ① 37 ③

38
전기장(電氣場)에 대한 설명으로 옳지 않은 것은?
[08, 09, 12]

① 대전(帶電)된 무한장 원통의 내부 전기장은 0이다.
② 대전된 구(球)의 내부 전기장은 0이다.
③ 대전된 도체 내부의 전하(電荷) 및 전기장은 모두 0이다.
④ 도체 표면의 전기장은 그 표면에 평행이다.

전기장의 성질
(1) 대전된 모든 도체(구도체 또는 원통도체 등) 내부에는 전하, 전기장, 전속밀도 모두 0이다.
(2) 대전된 도체 표면에서 전기장은 표면에 수직이다.

39
표면전하밀도로 대전된 도체 내부의 전속밀도는 몇 $[C/m^2]$인가?
[09, 11]

① $\epsilon_0 E$
② 0
③ σ
④ $\dfrac{E}{\epsilon_0}$

전기장의 성질
(1) 대전된 모든 도체(구도체 또는 원통도체 등) 내부에는 전하, 전기장, 전속밀도 모두 0이다.
(2) 대전된 도체 표면에서 전기장은 표면에 수직이다.

40
평행판 전극에 일정 전압을 가하면서 극판의 간격을 2배로 하면 내부 전기장의 세기는 어떻게 되는가?
[09, (유)06]

① 4배로 커진다.
② $\dfrac{1}{2}$배로 작아진다.
③ 2배로 커진다.
④ $\dfrac{1}{4}$배로 작아진다.

$E = \dfrac{V}{r}$ [V/m] 식에서
전압이 일정할 때 전장의 세기(E)는 극판 간격(r)에 반비례 하므로
∴ 간격을 2배로 하면 전장의 세기는 $\dfrac{1}{2}$배로 된다.

41
그림과 같이 공기 중에 놓인 2×10^{-8}[C]의 전하에서 2[m] 떨어진 점 P와 1[m] 떨어진 점 Q와의 전위차는?
[13, 14]

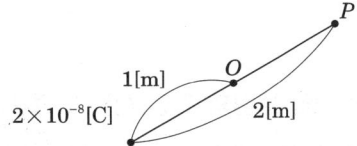

① 80[V]
② 90[V]
③ 100[V]
④ 110[V]

$Q = 2 \times 10^{-8}$[C], $R_Q = 1$[m], $R_P = 2$[m]일 때
$V = 9 \times 10^9 \dfrac{Q}{R}$ [V] 식에서
$V_Q = 9 \times 10^9 \dfrac{Q}{R_Q} = 9 \times 10^9 \times \dfrac{2 \times 10^{-8}}{1} = 180$[V]
$V_P = 9 \times 10^9 \dfrac{Q}{R_P} = 9 \times 10^9 \times \dfrac{2 \times 10^{-8}}{2} = 90$[V]
두 점의 전위차는 $V_Q - V_P$를 의미하므로
∴ $V_Q - V_P = 180 - 90 = 90$[V]

42
절연체 중에서 플라스틱, 고무, 종이, 운모 등과 같이 전기적으로 분극 현상이 일어나는 물체를 특히 무엇이라 하는가?
[13]

① 도체
② 유전체
③ 도전체
④ 반도체

전기적으로 분극 현상이 나타나는 물질을 유전체라 한다.

43
유전율의 단위는? [08]

① [F/m]　　② [V/m]
③ [C/m²]　　④ [H/m]

유전율의 단위는 [F/m]로 표현한다.

참고 단위
② 전장의 세기의 단위이다.
③ 전속밀도의 단위이다.
④ 투자율의 단위이다.

44
비유전율이 9인 물질의 유전율은 약 얼마인가? [09]

① 80×10^{-12}[F/m]　　② 80×10^{-6}[F/m]
③ 1×10^{-12}[F/m]　　④ 1×10^{-6}[F/m]

$\epsilon_s = 9$일 때 $\epsilon = \epsilon_0 \epsilon_s$[F/m] 식에서
∴ $\epsilon = \epsilon_0 \epsilon_s = 8.855 \times 10^{-12} \times 9 = 80 \times 10^{-12}$[F/m]

45
비유전율 2.5의 유전체 내부의 전속밀도가 2×10^{-6} [C/m²]되는 점의 전기장의 세기는? [10, 16]

① 18×10^4[V/m]　　② 9×10^4[V/m]
③ 6×10^4[V/m]　　④ 3.6×10^4[V/m]

$\epsilon_s = 2.5$일 때 $D = 2 \times 10^{-6}$[C/m²]일 때
$\epsilon = \epsilon_0 \epsilon_s = \dfrac{D}{E}$[F/m] 식에서 전자의 세기 E는
∴ $E = \dfrac{D}{\epsilon_0 \epsilon_s} = \dfrac{2 \times 10^{-6}}{8.855 \times 10^{-12} \times 2.5}$
$= 9 \times 10^4$[V/m]

46
다음 중 비유전율이 가장 큰 것은? [14]

① 종이　　② 염화비닐
③ 운모　　④ 산화티탄 자기

비유전율의 크기는 산화티탄자기＞염화비닐＞운모＞수정＞종이(고무)＞진공(공기) 순이다.

47
유전체 중 유전율이 가장 큰 것은? [08, 18]

① 공기　　② 수정
③ 운모　　④ 고무

비유전율의 크기는 산화티탄자기＞염화비닐＞운모＞수정＞종이(고무)＞진공(공기) 순이다.

48
진공 중에서 비유전율 ϵ_r의 값은? [10]

① 1　　② 6.33×10^4
③ 8.855×10^{-12}　　④ 9×10^9

진공 또는 공기 중에서 비유전율은 1이다.

49
다음 중 전기력선의 성질로 틀린 것은? [08, 19, (유)08]

① 전기력선은 양전하에서 나와 음전하에서 끝난다.
② 전기력선의 접선 방향이 그 점의 전장의 방향이다.
③ 전기력선의 밀도는 전기장의 크기를 나타낸다.
④ 전기력선은 서로 교차한다.

전기력선은 서로 반발하여 교차하지 않는다.

해답　43 ①　44 ①　45 ②　46 ④　47 ③　48 ①　49 ④

50
등전위면은 전기력선과 어떤 관계가 있는가?

[06, 10, 15, 18]

① 평행한다.
② 주기적으로 교차한다.
③ 직각으로 교차한다.
④ sin 30°의 각으로 교차한다.

전기력선은 도체 표면(등전위면)과 수직으로 만난다.

51
전기력선의 성질 중 맞지 않는 것은? [13, 19]

① 전기력선은 등전위면과 교차하지 않는다.
② 전기력선의 접선방향이 전장의 방향이다.
③ 전기력선은 도중에 만나거나 끊어지지 않는다.
④ 전기력선은 양(+)전하에서 나와 음(-)전하에서 끝난다.

전기력선은 도체 표면(등전위면)과 수직으로 만난다.

52
전기력선의 성질을 설명한 것으로 옳지 않은 것은?

[11]

① 전기력선의 방향은 전기장의 방향과 같으며, 전기력선의 밀도는 전기장의 크기와 같다.
② 전기력선은 도체의 내부에 존재한다.
③ 전기력선은 등전위면에 수직으로 출입한다.
④ 전기력선은 양전하에서 음전하로 이동한다.

대전 도체 내부에는 전하가 존재하지 않기 때문에 전기력선도 존재하지 않는다.

53
다음은 전기력선의 성질이다. 틀린 것은? [11, (유)16]

① 전기력선은 서로 교차하지 않는다.
② 전기력선은 도체의 표면에 수직이다.
③ 전기력선의 밀도는 전기장의 크기를 나타낸다.
④ 전기력선은 서로 끌어당긴다.

전기력선은 서로 반발하여 교차하지 않는다.

54
콘덴서의 정전용량에 대한 설명으로 틀린 것은? [15]

① 전압에 반비례한다.
② 이동 전하량에 비례한다.
③ 극판의 넓이에 비례한다.
④ 극판의 간격에 비례한다.

$C = \dfrac{Q}{V}$ [F]과 $C = \dfrac{\epsilon_0 S}{d}$ [F] 식에서 콘덴서의 정전용량(C)는 극판의 간격(d)에 반비례한다.

55
다음은 정전 흡인력에 대한 설명이다. 옳은 것은?

[06, 10, 12]

① 정전 흡인력은 전압의 제곱에 비례한다.
② 정전 흡인력은 극판 간격에 비례한다.
③ 정전 흡인력은 극판 면적의 제곱에 비례한다.
④ 정전 흡인력은 쿨롱의 법칙으로 직접 계산한다.

$F = \dfrac{Q^2}{2\epsilon_0 S} = \dfrac{1}{2}\epsilon_0 \left(\dfrac{V}{d}\right)^2 S$ [N] 식에서 정전 흡인력(F)은 전압(V)의 제곱에 비례한다.

해답 50 ③ 51 ① 52 ② 53 ④ 54 ④ 55 ①

56

종류가 다른 두 금속을 접합하여 폐회로를 만들고 두 접합점의 온도를 다르게 하면 이 폐회로에 기전력이 발생하여 전류가 흐르게 되는 현상을 지칭하는 것은? [10, 18, (유)12, 19]

① 줄의 법칙(Jpule's law)
② 톰슨 효과(Thomson effect)
③ 펠티어 효과(Peltier effect)
④ 지벡 효과(seebeck effect)

제벡 효과(Seebeck effect)란 두 종류의 금속을 서로 접속하여 접속점에 온도차를 주게 되면 열기전력이 발생하여 전류가 흐르는 현상으로서 열기전력의 크기와 방향은 두 금속 사이의 온도차에 의해 정해진다. 또한 "제벡 효과"는 두 종류 금속의 열전대를 조합한 장치로서 "열전 효과"라고도 하며 열전온도계나 태양열발전 등에 응용된다.

57

제벡 효과에 대한 설명으로 틀린 것은? [13]

① 두 종류의 금속을 접속하여 폐회로를 만들고, 두 접속점에 온도의 차이를 주면 기전력이 발생하여 전류가 흐른다.
② 열기전력의 크기와 방향은 두 금속 점의 온도차에 따라서 정해진다.
③ 열전쌍(열전대)은 두 종류의 금속을 조합한 장치이다.
④ 전자 냉동기, 전자 온풍기에 응용된다.

보기 ④는 펠티에 효과를 설명한 것이다.

58

두 금속을 접속하여 여기에 전류를 통하면, 줄열 외에 그 접점에서 열의 발생 또는 흡수가 일어나는 현상은? [10, 15, 16]

① 펠티에 효과
② 지벡 효과
③ 홀 효과
④ 줄 효과

펠티에 효과(Peltier effect)란 두 종류의 금속을 서로 접속하여 여기에 전류를 흘리면 접속점에서 열의 발생 또는 흡수가 일어나는 현상으로 전류의 방향에 따라 열의 발생 또는 흡수가 다르게 나타나는 현상이다. 또한 "펠티에 효과"는 "전열 효과"라고도 하며 전자냉동기나 전자온풍기 등에 응용된다.

59

전자 냉동기는 어떤 효과를 응용한 것인가? [16]

① 제벡 효과
② 톰슨 효과
③ 펠티어 효과
④ 주울 효과

"펠티에 효과"는 "전열효과"라고도 하며 전자냉동기나 전자온풍기 등에 응용된다.

해답 56 ④ 57 ④ 58 ① 59 ③

02 자기의 성질과 전류에 의한 자기장

핵심09 자석

자기적인 성질을 갖는 물질로서 외부 자기장이 없어도 자성을 갖는 영구자석과 전기를 이용하여 인공적으로 자성을 갖도록 만든 전자석으로 나눠진다. 다음은 자석의 성질에 대한 설명이다.

중요도 ★
출제빈도
총44회 시행
총 6문 출제

1. 자석의 성질
① 자석은 항상 N극과 S극인 두 종류의 극성이 있다.
② 자력선은 자석 외부에서는 N극에서 S극으로 향하고, 자석 내부에서는 S극에서 N극으로 향한다.
③ 자력이 강할수록 자기력선의 수가 많다.
④ 자극은 자석의 양 끝에서 가장 강하고 자극이 가지는 자기량은 N극과 S극에서 같다.
⑤ 자석은 고온이 되면 자력이 약해진다.
⑥ 같은 극성의 자석은 서로 반발하고, 다른 극성은 서로 흡인한다.
⑦ 자력선은 자성체와 비자성체를 모두 투과하며 고무줄과 같은 장력이 존재한다.

2. 영구자석의 성질
① 강자성체일 것
② 잔류자기와 보자력이 모두 클 것
③ 히스테리시스 곡선의 면적이 클 것

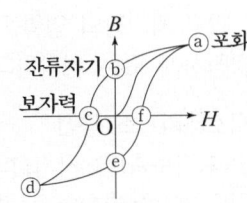

3. 전자석의 성질
① 전류의 방향에 의해 극성이 정해지며 전류 방향이 바뀌면 극성도 바뀐다.
② 코일의 감은 수를 많게 하면 강한 전자석이 된다.
③ 같은 전류일지라도 코일 속에 철심을 넣으면 강한 전자석이 된다.
④ 전류를 많이 증가하더라도 포화점 이후에서는 자력의 변화는 없다.
⑤ 잔류자기는 크고 보자력과 히스테리시스 곡선의 면적은 작아야 한다.

핵심유형문제 09

다음 중에서 자석의 일반적인 성질에 대한 설명으로 틀린 것은? [08, 12]

① N극과 S극이 있다.
② 자력선은 N극에서 나와 S극으로 향한다.
③ 자력이 강할수록 자기력선의 수가 많다.
④ 자석은 고온이 되면 자력이 증가한다.

해설 자석은 고온이 되면 자력이 약해진다.

답 : ④

핵심10 자성체와 히스테리시스 곡선

1. 자성체의 종류 및 특징

① 강자성체

물질의 비투자율(μ_s)과 자화율(χ)이 매우 크기 때문에 자기장 내에서 강한 자성을 띠는 물질이다. 대표적인 강자성체로는 철, 니켈, 코발트, 망간이 이에 속한다. ($\mu_s \gg 1$, $\chi \gg 0$) 적용 자기차폐에 가장 좋은 재료이다.

② 상자성체

자기장 내에서 매우 약한 자성을 띠는 물질로서 대표적인 상자성체로는 텅스텐, 산소, 백금, 알루미늄 등이 이에 속한다.($\mu_s > 1$, $\chi > 0$)

③ 반자성체

외부 자기장에 대해서 반대되는 방향으로 자화되는 물질로서 대표적인 반자성체로는 수소, 구리, 탄소, 안티몬, 비스무드 등이 이에 속한다.($\mu_s < 1$, $\chi < 0$)

2. 히스테리시스 곡선

히스테리시스 현상은 자성체 내부 공간에 자속이 포화되어 더 이상 외부 자기장의 영향을 받지 않고 자성체 내의 자속밀도가 일정하게 되는 현상이다.

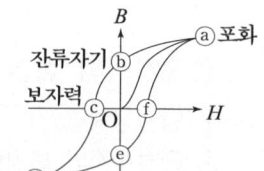

① 히스테리시스 곡선

횡축(가로축)을 자기장의 세기(H), 종축(세로축)을 자속밀도(B)로 취하여 자기장의 세기의 증감에 따라 자성체 내부에서 생기는 자속밀도의 포화특성을 그리는 곡선을 말한다. 이 곡선에서 종축과 만나는 점을 잔류자기, 횡축과 만나는 점을 보자력이라 한다.

② 히스테리시스 손실(P_h)

〈공식〉

$$P_h = k_h f B_m^{1.6} [\text{W/m}^3]$$

여기서 P_h : 히스테리시스손, k_h : 히스테리시스 손실계수, f : 주파수, B_m : 최대자속밀도

핵심유형문제 10

히스테리시스 곡선이 횡축과 만나는 점의 값은 무엇을 나타내는가? [06, 07②, 18, 19]

① 보자력　　　② 잔류자기　　　③ 자속밀도　　　④ 자장의 세기

해설 히스테리시스 곡선에서 종축과 만나는 점을 잔류자기, 횡축과 만나는 점을 보자력이라 한다.

답 : ①

핵심11 자기에 관한 쿨롱의 법칙과 자장의 세기

중요도 ★★
출제빈도
총44회 시행
총17문 출제

1. 자기에 관한 쿨롱의 법칙

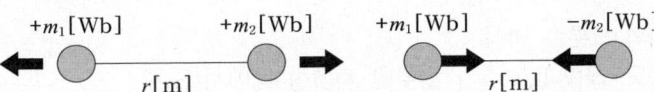

진공 또는 공기(보통의 "자유공간") 중에 각각 m_1[Wb], m_2[Wb]의 두 자극을 거리 r[m] 만큼 간격을 두고 놓았을 때 두 자극 사이에서 서로 작용하는 힘을 쿨롱의 법칙이라 한다. 쿨롱의 법칙에 의한 두 자극 사이의 작용력 공식은 다음과 같다.

〈공식〉
$$F = \frac{m_1 m_2}{4\pi \mu_0 r^2} = 6.33 \times 10^4 \frac{m_1 m_2}{r^2} [N]$$

여기서, F : 작용력, m_1, m_2 : 자극의 세기, r : 두 자극 사이의 거리,
μ_0 : 진공 또는 공기 중의 투자율($= 4\pi \times 10^{-7}$)

① 힘의 크기는 두 자극의 곱에 비례한다.
② 힘의 크기는 두 자극 사이의 거리의 제곱에 반비례한다.
③ 두 자극의 극성이 같으면 반발력이 작용하고, 극성이 다른 경우에는 흡인력이 작용한다.

참고 투자율의 단위는 [H/m]를 사용한다.

2. 자장의 세기

자장의 세기란 "자기장 중에 단위 자극을 놓았을 때 단위 자극에 작용하는 힘"이라 정의하며 자기장의 세기 또는 자계의 세기라 표현하기도 한다. 또한 기호는 "H"로 표시하며 단위는 "[N/Wb]" 또는 "[AT/m]"를 사용한다. 자장의 세기에 대한 공식은 다음과 같다.

〈공식〉
$$H = \frac{m}{4\pi \mu_0 r^2} = 6.33 \times 10^4 \frac{m}{r^2} = \frac{F}{m} [AT/m]$$

여기서, H : 자장의 세기, m : 자극의 세기, r : 점자극과 단위 자극 사이의 거리,
μ_0 : 진공 또는 공기 중의 투자율($= 4\pi \times 10^{-7}$), F : 작용력

핵심유형문제 11

공기 중 자장의 세기가 20[AT/m]인 곳에 8×10^{-3}[Wb]의 자극을 놓으면 작용하는 힘[N]은?   [06, 08, 15, (유)10]

① 0.16   ② 0.32   ③ 0.43   ④ 0.56

해설 $H = 20$[AT/m], $m = 8 \times 10^{-3}$[Wb]일 때 $H = \dfrac{F}{m}$[AT/m] 식에서 힘 F는

∴ $F = mH = 8 \times 10^{-3} \times 20 = 0.16$[N]

답 : ①

중요도 ★★★
출제빈도
총44회 시행
총37문 출제

핵심12 플레밍의 법칙과 평행 도선 사이의 작용력

1. 플레밍의 법칙

   (1) 플레밍의 오른손 법칙

   자속밀도 $B[\text{Wb/m}^2]$가 균일한 자기장 내에서 도체가 속도 $v[\text{m/s}]$로 운동하는 경우 도체에 발생하는 유기기전력 $e[\text{V}]$의 크기를 구하기 위한 법칙으로서 발전기의 원리에 적용된다.

   $$e = \int (v \times B) \cdot dl = vBl\sin\theta [\text{V}]$$

   여기서 e : 유기기전력(중지 손가락), v : 도체의 운동속도(엄지 손가락),
   B : 자속밀도(검지 손가락), l : 도체의 길이

   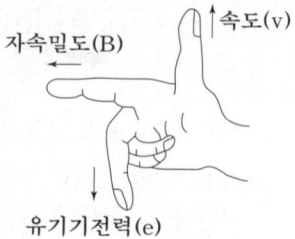

   [그림] 플레밍의 오른손법칙

   (2) 플레밍의 왼손 법칙

   자속밀도 $B[\text{Wb/m}^2]$가 균일한 자기장 내에 있는 어떤 도체에 전류(I)를 흘리면 그 도체에는 전자력(또는 힘) $F[\text{N}]$이 작용하게 되는데 이 힘을 구하기 위한 법칙으로서 전동기의 원리에 적용된다.

   $$F = \int (I \times B) \cdot dl = IBl\sin\theta [\text{N}]$$

   여기서 F : 도체에 작용하는 힘(엄지 손가락), I : 전류(중지 손가락),
   B : 자속밀도(검지 손가락), l : 도체의 길이

   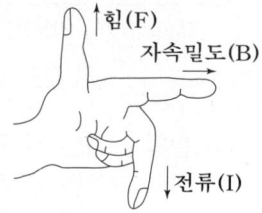

   [그림] 플레밍의 왼손법칙

2. 평행 도선 사이의 작용력

   평행한 두 도선 간에 단위 길이당 작용하는 힘은 두 도선에 흐르는 전류의 곱에 비례하고 거리에 반비례하며 두 도선에 흐르는 전류 방향이 서로 같으면 흡인력이 작용하고 서로 반대로 흐르면 반발력이 작용한다.

   $$F = \frac{\mu_o I_1 I_2}{2\pi d} = \frac{2I_1 I_2}{d} \times 10^{-7} [\text{N/m}]$$

   여기서, F : 작용력, μ_o : 진공중의 투자율, I_1, I_2 : 전류,
   d : 두 도선간 거리

   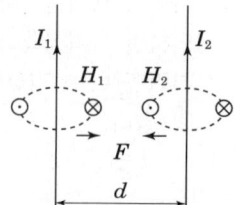

핵심유형문제 12

자속밀도 2[Wb/m²]의 평등 자장 안에 길이 20[cm]의 도선을 자장과 60°의 각도로 놓고 5[A]의 전류를 흘리면 도선에 작용하는 힘은 몇 [N]인가? [06, 18, 19, (유)10, 16]

① 0.1   ② 0.75   ③ 1.732   ④ 3.46

해설 $B = 2[\text{Wb/m}^2]$, $l = 20[\text{cm}]$, $\theta = 60°$, $I = 5[\text{A}]$일 때 $F = IBl\sin\theta[\text{N}]$ 식에서

∴ $F = IBl\sin\theta = 2 \times 5 \times 20 \times 10^{-2} \times \sin 60° = 1.732[\text{N}]$

답 : ③

핵심13 전류에 의한 자기장(Ⅰ)

1. 앙페르(=암페어)의 법칙

(1) 암페어의 주회적분 법칙

직선 도체 주위를 회전하는 자장(H)의 선적분은 도체에 흐르는 전류(I)와 같다.

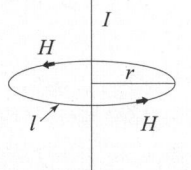

$\oint H \cdot dl = H \cdot l = NI$ [AT]식에서

$H = \dfrac{NI}{l} = \dfrac{NI}{2\pi r}$ [AT/m]

여기서, H : 자장의 세기, l : 자장의 길이, I : 전류,
N : 도체 수 또는 코일 권수

(2) 암페어의 오른나사 법칙

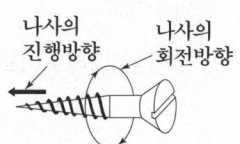

나사의 회전방향과 그 방향에 따른 나사의 진행방향을 전류와 자장의 방향으로 표현한 법칙으로서 그림에서와 같이 "전류가 직선 운동을 하는 경우 전류 주위를 회전하는 것은 자장이다." 또는 "전류가 원운동을 하는 경우 원주 내부를 균일하게 흐르는 것이 자장이다."라는 표현이 모두 가능하다.

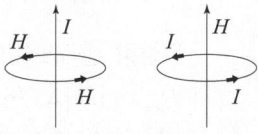

2. 비오-사바르의 법칙

전류에 의해 발생되는 자장의 크기는 도체 내에 전류가 흐르는 미소 부분 Δl[m]와 도체에 흐르는 전류 I[A], 그리고 자계가 발생한 임의의 점 P까지의 거리 r[m]와 오른쪽 그림에서 표현하고 있는 각에 대한 $\sin\theta$에 대해서 다음과 같은 식으로 정의한다.

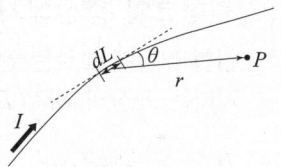

$dH = \dfrac{IdL\sin\theta}{4\pi r^2}$ [A/m]

여기서, H : 자장의 세기, I : 전류, dL : 도체 미소 길이, r : dL에서 P점까지 거리,
θ : dL의 접선과 r이 이루는 각도

핵심유형문제 13

전류에 의해 만들어지는 자기장의 자기력선 방향을 간단하게 알아내는 법칙은?

[08, 09, 12, 15, (유)07, 13]

① 플레밍의 왼손법칙　　　　　② 플레밍의 오른손법칙
③ 앙페르의 오른나사법칙　　　④ 렌쯔의 법칙

해설 도체에 흐르는 전류에 의해 만들어지는 자기장의 방향을 알 수 있는 법칙은 암페르의 오른나사의 법칙이다.

답 : ③

핵심14 전류에 의한 자기장(Ⅱ)

1. 솔레노이드에 의한 자장의 세기

(1) 환상 솔레노이드에 의한 자장의 세기

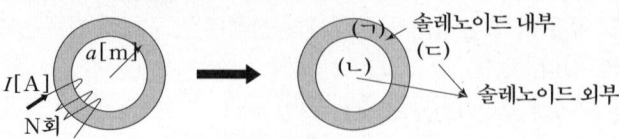

환상 솔레노이드의 내부(ㄱ) 자장(H_{in})과 외부(ㄴ, ㄷ) 자장(H_{out})은 다음과 같다.

$$H_{in} = \frac{NI}{2\pi a} [\text{AT/m}], \quad H_{out} = 0 [\text{AT/m}]$$

여기서, N : 코일 권수, I : 전류, a : 솔레노이드의 평균 반지름

(2) 무한장 솔레노이드에 의한 자장의 세기

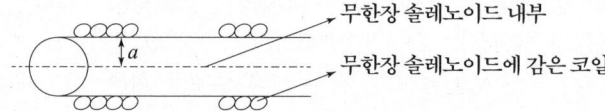

무한장 솔레노이드의 내부 자장(H_{in})과 외부 자장(H_{out})은 다음과 같다.

$$H_{in} = nI [\text{AT/m}], \quad H_{out} = 0 [\text{AT/m}]$$

여기서, n : 단위 길이에 대한 코일 권수, I : 전류

2. 원형코일 중심에서의 자장의 세기

원형 코일에 흐르는 전류(I)에 의해 원형 코일 중심 O점을 지나는 자장의 세기(H_0)는 다음과 같다.

$$H_0 = \frac{NI}{2a} [\text{AT/m}]$$

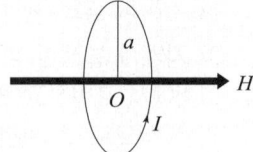

여기서, N : 코일 권수, I : 전류, a : 원형코일의 반지름

핵심유형문제 14

반지름 5[cm], 권수 100회인 원형 코일에 15[A]의 전류가 흐르면 코일 중심의 자장의 세기는 몇 [AT/m]인가? [09, 11, (유)07, 09, 11, 13, 16]

① 750 ② 3,000 ③ 15,000 ④ 22,500

해설 $a = 5[\text{cm}]$, $N = 100$, $I = 15[\text{A}]$일 때 원형코일 중심에서의 자장의 세기 H_0는

$H_0 = \frac{NI}{2a} [\text{AT/m}]$ 식에서

$\therefore H_0 = \frac{NI}{2a} = \frac{100 \times 15}{2 \times 5 \times 10^{-2}} = 15,000 [\text{AT/m}]$

답 : ③

핵심15 자기력선과 막대자석의 회전력

1. 자기력선의 성질

① 자기력선은 자석의 외부에서는 N극에서 시작하여 S극에서 끝나며 자석의 내부에서는 S극에서 시작하여 N극에서 끝난다.
② 자기력선의 방향은 자장의 방향과 같고, 자기력선의 밀도는 자장의 세기와 같다.
③ 자기력선은 서로 반발하여 교차하지 않는다.
④ 자기력선이 조밀할수록 자기력이 더 세진다.
⑤ 자기력선의 수는 공기 또는 진공 중에서 $\dfrac{m}{\mu_0}$ 이고, 자성체 내에서는 $\dfrac{m}{\mu}$ 이다.

중요도 ★★
출제빈도
총44회 시행
총15문 출제

2. 막대자석의 회전력

막대자석은 두 개의 쌍극자를 이루고 있으므로 자체 자기쌍극자 모멘트를 지니고 있다. 이 때 막대자석 주위 공간에 자기장이 존재하면 자기쌍극자는 자장으로부터 힘을 받게 되고 그 힘에 의해 막대자석은 회전을 하게 된다. 자기쌍극자 모멘트와 토크 공식은 다음과 같다.

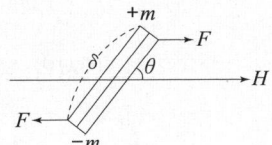

① 자기쌍극자 모멘트(M)

〈공식〉
$$M = m\delta\,[\text{Wb}\cdot\text{m}]$$

여기서, M : 자기쌍극자 모멘트, m : 자극의 세기, δ : 막대자석의 길이

② 토크(τ)

〈공식〉
$$\tau = MH\sin\theta = m\delta H\sin\theta\,[\text{N}\cdot\text{m}]$$

여기서, τ : 토크(또는 회전력), M : 자기쌍극자 모멘트, H : 자장의 세기,
m : 자극의 세기, δ : 막대자석의 길이

핵심유형문제 15

자기력선의 설명 중 맞는 것은? [06, 08, 18]

① 자기력선은 자석의 N극에서 시작하여 S극에서 끝난다.
② 자기력선은 상호간에 교차한다.
③ 자기력선은 자석의 S극에서 시작하여 N극에서 끝난다.
④ 자기력선은 가시적으로 보인다.

해설 자기력선은 자석의 N극에서 시작하여 S극에서 끝난다.

답 : ①

핵심16 자기회로

1. 자기저항과 자기회로에서의 옴의 법칙

자기회로는 자속이 흐르는 통로로서 강자성체를 이용하게 되는데 그 이유는 자기저항을 감소시키고 또한 누설자속의 발생을 억제하기 위함이다. 자기저항과 자기회로에서의 옴의 법칙은 다음과 같다.

① 자기저항(R_m)

〈공식〉
$$R_m = \frac{l}{\mu S} [\text{AT/Wb}]$$

여기서, R_m : 자기저항, l : 자로의 길이, μ : 투자율, S : 자로의 단면적

② 자기회로에서의 옴의 법칙

〈공식〉
$$F = NI = R_m \phi = \frac{l\phi}{\mu S} [\text{AT}]$$

여기서, F : 기자력, N : 코일 권수, I : 전류, R_m : 자기저항, ϕ : 자속,
l : 자로의 길이, μ : 투자율, S : 자로의 단면적

③ 자기회로의 누설계수

〈공식〉
$$누설계수 = \frac{누설자속 + 유효자속}{유효자속}$$

참고 누설자속이란 자기회로 이외의 부분을 통과하는 자속으로 공극이 있는 경우, 자속밀도가 높은 경우, 자기포화가 있는 경우, 자기저항이 큰 경우에 발생한다.

2. 자속밀도

〈공식〉
$$B = \frac{\phi}{S} = \mu H = \mu_0 \mu_s H [\text{Wb/m}^2]$$

여기서, B : 자속밀도, ϕ : 자속, S : 자속이 흐르는 단면적, μ : 투자율,
μ_0 : 진공 또는 공기 중의 투자율($= 4\pi \times 10^{-7}$), μ_s : 비투자율, H : 자장의 세기

핵심유형문제 16

자기저항의 단위는 어느 것인가? [06②, 07, 08②, 10, 11, 13, 19]

① [H/m] ② [AT/Wb] ③ [AT/m] ④ [Wb/m]

해설 자기회로 내의 자기저항은 $R_m = \frac{l}{\mu S} = \frac{NI}{\phi}$ [AT/Wb]이다.

답 : ②

적중예상문제

01
자석의 성질로 옳은 것은? [13]
① 자력선은 자석 내부에서도 N극에서 S극으로 이동한다.
② 자석은 고온이 되면 자력이 증가한다.
③ 자기력선에는 고무줄과 같은 장력이 존재한다.
④ 자력선은 자성체는 투과하고, 비자성체는 투과하지 못한다.

자석의 성질
(1) 자력선은 자석 외부에서는 N극에서 S극으로 향하고, 자석 내부에서는 S극에서 N극으로 향한다.
(2) 자석은 고온이 되면 자력이 약해진다.
(3) 자력선은 자성체와 비자성체를 모두 투과하며 고무줄과 같은 장력이 존재한다.
(4) 자극은 자석의 양 끝에서 가장 강하고 자극이 가지는 자기량은 N극과 S극에서 같다.

02
자석에 대한 성질을 설명한 것으로 옳지 못한 것은? [13]
① 자극은 자석의 양 끝에서 가장 강하다.
② 자극이 가지는 자기량은 항상 N극이 강하다.
③ 자석에는 언제나 두 종류의 극성이 있다.
④ 같은 극성의 자석은 서로 반발하고, 다른 극성은 서로 흡인한다.

자극은 자석의 양 끝에서 가장 강하고 자극이 가지는 자기량은 N극과 S극에서 같다.

03
영구자석의 재료로서 적당한 것은? [16]
① 잔류자기가 적고 보자력이 큰 것
② 잔류자기와 보자력이 모두 큰 것
③ 잔류자기와 보자력이 모두 작은 것
④ 잔류자기가 크고 보자력이 작은 것

영구자석의 성질
(1) 강자성체일 것
(2) 잔류자기와 보자력이 모두 클 것
(3) 히스테리시스 곡선의 면적이 클 것

04
전자석의 특징으로 옳지 않은 것은? [14]
① 전류의 방향이 바뀌면 전자석의 극도 바뀐다.
② 코일을 감은 횟수가 많을수록 강한 전자석이 된다.
③ 전류를 많이 공급하면 무한정 자력이 강해진다.
④ 같은 전류라도 코일 속에 철심을 넣으면 더 강한 전자석이 된다.

전자석의 성질
(1) 전류의 방향에 의해 극성이 정해지며 전류 방향이 바뀌면 극성도 바뀐다.
(2) 코일의 감은 수를 많게 하면 강한 전자석이 된다.
(3) 같은 전류일지라도 코일 속에 철심을 넣으면 강한 전자석이 된다.
(4) 전류를 많이 증가하더라도 포화점 이후에서는 자력의 변화는 없다.

05
다음 물질 중 강자성체로만 짝지어진 것은? [14, (유)06]
① 철, 니켈, 아연, 망간
② 구리, 비스무트, 코발트, 망간
③ 철, 구리, 니켈, 아연
④ 철, 니켈, 코발트

대표적인 강자성체로는 철, 니켈, 코발트, 망간이 이에 속한다.

06
다음 중 자기차폐와 가장 관계가 깊은 것은? [07, 18]
① 상자성체
② 강자성체
③ 반자성체
④ 비투자율이 1인 자성체

자기차폐란 강자성체로 둘러싸인 물질은 외부의 자기장이 차폐되어 외부 자기장의 영향을 받지 않게 되는 현상을 말한다. 따라서 강자성체는 자기차폐에 가장 좋은 재료이다.

해답 01 ③ 02 ② 03 ② 04 ③ 05 ④ 06 ②

07
다음 중 상자성체는 어느 것인가? [13]

① 니켈　　② 텅스텐
③ 철　　　④ 코발트

대표적인 상자성체로는 텅스텐, 산소, 백금, 알루미늄 등이 이에 속한다.

08
물질에 따라 자석에 반발하는 물체를 무엇이라 하는가? [09, 15]

① 비자성체　　② 상자성체
③ 반자성체　　④ 가역자성체

반자성체는 외부 자기장에 대해서 반대되는 방향으로 자화되는 물질이다.

09
자극 가까이에 물체를 두었을 때 자화되는 물체와 자석이 그림과 같은 방향으로 자화되는 자성체는? [16, 18]

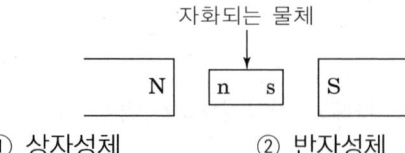

① 상자성체　　② 반자성체
③ 강자성체　　④ 비자성체

반자성체는 외부 자기장에 대해서 반대되는 방향으로 자화되는 물질이다.

10
다음 중 반자성체는? [10]

① 안티몬　　② 알루미늄
③ 코발트　　④ 니켈

대표적인 반자성체로는 수소, 구리, 탄소, 안티몬, 비스무드 등이 이에 속한다.

11
반자성체 물질의 특징을 나타낸 것은?(단, μ_s는 비투자율이다.) [16]

① $\mu_s > 1$　　② $\mu_s \gg 1$
③ $\mu_s = 1$　　④ $\mu_s < 1$

자성체의 특징
(1) 강자성체 : $\mu_s \gg 1$, $\chi \gg 0$
(2) 상자성체 : $\mu_s > 1$, $\chi > 0$
(3) 반자성체 : $\mu_s < 1$, $\chi < 0$

12
히스테리시스 곡선의 (ㄱ)가로축(횡축)과 (ㄴ)세로축(종축)은 무엇을 나타내는가? [10, (유)08]

① (ㄱ) 자속 밀도,　　(ㄴ) 투자율
② (ㄱ) 자기장의 세기,　　(ㄴ) 자속 밀도
③ (ㄱ) 자화의 세기,　　(ㄴ) 자기장의 세기
④ (ㄱ) 자기장의 세기,　　(ㄴ) 투자율

횡축(가로축)을 자기장의 세기(H), 종축(세로축)을 자속밀도(B)로 취하여 자기장의 세기의 증감에 따라 자성체 내부에서 생기는 자속밀도의 포화 특성을 그리는 곡선을 말한다.

07 ②　08 ③　09 ②　10 ①　11 ④　12 ②

13

다음 설명의 (ㄱ), (ㄴ)에 들어갈 내용으로 옳은 것은?

> 히스테리시스 곡선에서 종축과 만나는 점은 (ㄱ)이고, 횡축과 만나는 점은 (ㄴ)이다.

① (ㄱ) 보자력, (ㄴ) 잔류자기
② (ㄱ) 잔류자기, (ㄴ) 보자력
③ (ㄱ) 자속밀도, (ㄴ) 자기저항
④ (ㄱ) 자기저항, (ㄴ) 자속밀도

히스테리시스 곡선에서 종축과 만나는 점을 잔류자기, 횡축과 만나는 점을 보자력이라 한다.

14

히스테리시스손은 최대자속밀도 및 주파수의 각각 몇 승에 비례하는가?

① 최대자속밀도: 1.6, 주파수: 1.0
② 최대자속밀도: 1.0, 주파수: 1.6
③ 최대자속밀도: 1.0, 주파수: 1.0
④ 최대자속밀도: 1.6, 주파수: 1.6

히스테리시스 손실 공식은 $P_h = k_h f B_m^{1.6} [\text{W/m}^3]$ 으로서 최대자속밀도(B_m)의 1.6승에 비례하고, 주파수(f)에 비례한다.

15

진공 중에 두 자극 m_1, m_2를 r[m]의 거리에 놓았을 때 작용하는 힘 F[N]의 식으로 옳은 것은?

① $F = \dfrac{1}{4\pi\mu_0} \times \dfrac{m_1 m_2}{r}$

② $F = \dfrac{1}{4\pi\mu_0} \times \dfrac{m_1 m_2}{r^2}$

③ $F = 4\pi\mu_0 \times \dfrac{m_1 m_2}{r}$

④ $F = 4\pi\mu_0 \times \dfrac{m_1 m_2}{r^2}$

쿨롱의 법칙에 의한 두 자극 사이에 작용하는 힘은

$\therefore F = \dfrac{m_1 m_2}{4\pi\mu_0 r^2} = 6.33 \times 10^4 \dfrac{m_1 m_2}{r^2} [\text{N}]$

16

2개의 자극 사이에 작용하는 힘의 세기는 무엇에 반비례 하는가?

① 전류의 크기
② 자극 간의 거리의 제곱
③ 자극의 세기
④ 전압의 크기

쿨롱의 법칙에 의한 두 자극 사이에 작용하는 힘은 두 자극의 곱에 비례하고 거리의 제곱에 반비례한다.

17

진공 속에서 1[m]의 거리를 두고 10^{-3}[Wb]와 10^{-5}[Wb]의 자극이 놓여 있다면 그 사이에 작용하는 힘[N]은?

① $4\pi \times 10^{-5}$
② $4\pi \times 10^{-4}$
③ 6.33×10^{-5}
④ 6.33×10^{-4}

$r = 1$[m], $m_1 = 10^{-3}$[Wb], $m_2 = 10^{-5}$[Wb]일 때

$F = 6.33 \times 10^4 \dfrac{m_1 m_2}{r^2}$ [N] 식에서

$\therefore F = 6.33 \times 10^4 \dfrac{m_1 m_2}{r^2}$

$= 6.33 \times 10^4 \times \dfrac{10^{-3} \times 10^{-5}}{1^2}$

$= 6.33 \times 10^{-4}$ [N]

해답 13 ② 14 ① 15 ② 16 ② 17 ④

18

진공 중에서 같은 크기의 두 자극을 1[m] 거리에 놓았을 때 작용하는 힘이 6.33×10^4[N]이 되는 자극의 세기는? [14, 15, 18]

① 1[N]　　　② 1[J]
③ 1[Wb]　　④ 1[C]

$m_1 = m_2 = m$[Wb], $r = 1$[m],
$F = 6.33 \times 10^4$[N]일 때
$F = 6.33 \times 10^4 \dfrac{m_1 m_2}{r^2} = 6.33 \times 10^4 \dfrac{m^2}{r^2}$[N] 식에서
$\therefore m = \sqrt{\dfrac{Fr^2}{6.33 \times 10^4}} = \sqrt{\dfrac{6.33 \times 10^4 \times 1^2}{6.33 \times 10^4}}$
$= 1$[Wb]

19

어느 자기장에 의하여 생기는 자기장의 세기를 $\dfrac{1}{2}$로 하려면 자극으로부터의 거리를 몇 배로 하여야 하는가? [10]

① $\sqrt{2}$ 배　　② $\sqrt{3}$ 배
③ 2배　　　　④ 3배

$H = \dfrac{m}{4\pi\mu_0 r^2} = 6.33 \times 10^4 \dfrac{m}{r^2} = \dfrac{F}{m}$[AT/m] 식에서
자기장의 세기(H)는 거리(r)의 제곱에 반비례하기 때문에 $H \propto \dfrac{1}{r^2}$ 또는 $r \propto \sqrt{\dfrac{1}{H}}$ 관계가 성립한다.
이 때 H를 $\dfrac{1}{2}$로 하려면 거리 r은
$\therefore \sqrt{2}$ 배로 하여야 한다.

20

진공의 투자율 μ_0[H/m]는? [08]

① 6.33×10^4　　② 8.55×10^{-12}
③ $4\pi \times 10^{-7}$　　④ 9×10^9

진공 또는 공기 중의 투자율인 μ_0는
$\mu_0 = 4\pi \times 10^{-7} = 12.57 \times 10^{-7}$[H/m]이다.

21

투자율 μ의 단위는? [07]

① [AT/m]　　② [Wb/m^2]
③ [AT/Wb]　　④ [H/m]

투자율의 단위는 [H/m]이다.

22

어떤 평등 자장 안에 세기 1.5×10^{-3}[Wb]의 자극이 있을 때 그 자극에 3[N]의 힘이 작용한다고 한다. 자장의 세기[AT/m]는 얼마인가? [19]

① 2×10^3　　② 4.5×10^{-3}
③ 5×10^{-3}　　④ 4.6×10^3

$m = 1.5 \times 10^{-3}$[Wb], $F = 3$[N]일 때
$H = \dfrac{F}{m}$[AT/m] 식에서
$\therefore H = \dfrac{F}{m} = \dfrac{3}{1.5 \times 10^{-3}} = 2 \times 10^3$[AT/m]

23

자장의 세기 10[AT/m]인 점에 자극을 놓았을 때 50[N]의 힘이 작용하였다. 이 자극의 세기는 몇 [Wb]인가? [06]

① 5　　　② 10
③ 15　　　④ 25

$H = 10$[AT/m], $F = 50$[N]일 때
$H = \dfrac{F}{m}$[AT/m] 식에서
$\therefore m = \dfrac{F}{H} = \dfrac{50}{10} = 5$[Wb]

해답　18 ③　19 ①　20 ③　21 ④　22 ①　23 ①

24

도체가 운동하는 경우 유도 기전력의 방향을 알고자 할 때 유용한 법칙은? [10, (유)09, 13, 14]

① 렌쯔의 법칙
② 플레밍의 오른손 법칙
③ 플레밍의 왼손 법칙
④ 비오-사바르의 법칙

플레밍의 오른손 법칙은 자속밀도 $B\,[\text{Wb/m}^2]$가 균일한 자기장 내에서 도체가 속도 $v\,[\text{m/s}]$로 운동하는 경우 도체에 발생하는 유기기전력 $e\,[\text{V}]$의 크기를 구하기 위한 법칙으로서 발전기의 원리에 적용된다.

25

플레밍(Fleming)의 오른손 법칙에 따르는 기전력이 발생하는 기기는? [07, 08]

① 교류발전기   ② 교류전동기
③ 교류정류기   ④ 교류용접기

플레밍의 오른손 법칙은 유기기전력 $e\,[\text{V}]$의 크기를 구하기 위한 법칙으로서 발전기의 원리에 적용된다.

26

플레밍의 오른손 법칙에서 셋째 손가락의 방향은? [06, 12]

① 운동 방향   ② 자속밀도의 방향
③ 유도기전력의 방향   ④ 자력선의 방향

(1) 엄지 : 운동 방향인 속도(v)를 의미한다.
(2) 검지 : 자기장의 방향인 자속밀도(B)를 의미한다.
(3) 중지 : 유도기전력(e)의 방향을 의미한다.

27

자속밀도 0.8[Wb/m²]인 자계에서 길이 50[cm]인 도체가 30[m/s]로 회전할 때 유기되는 기전력[V]은? [14]

① 8   ② 12
③ 15   ④ 24

$B = 0.8\,[\text{Wb/m}^2]$, $l = 50\,[\text{cm}]$, $v = 30\,[\text{m/s}]$이며 $\theta = 90°$로 놓으면
$e = vBl\sin\theta\,[\text{V}]$ 식에서
$\therefore\ e = vBl\sin\theta$
$= 30 \times 0.8 \times 50 \times 10^{-2} \times \sin 90° = 12\,[\text{V}]$

28

길이 10[cm]의 도선이 자속밀도 1[Wb/m²]의 평등자장 안에서 자속과 수직방향으로 3[sec] 동안에 12[m] 이동하였다. 이 때 유도되는 기전력은 몇 [V]인가? [08]

① 0.1[V]   ② 0.2[V]
③ 0.3[V]   ④ 0.4[V]

$l = 10\,[\text{cm}]$, $B = 1\,[\text{Wb/m}^2]$, $\theta = 90°$, $t = 3\,[\text{sec}]$, $x = 12\,[\text{m}]$일 때 속도 v는 $v = \dfrac{x}{t}\,[\text{m/s}]$ 식에서
$v = \dfrac{x}{t} = \dfrac{12}{3} = 4\,[\text{m/s}]$이다.
$e = vBl\sin\theta\,[\text{V}]$ 식에서
$\therefore\ e = vBl\sin\theta$
$= 4 \times 1 \times 10 \times 10^{-2} \times \sin 90° = 0.4\,[\text{V}]$

29

자속밀도 $B\,[\text{Wb/m}^2]$되는 균등한 자계 내에서 길이 $l\,[\text{m}]$의 도선을 자계에 수직인 방향으로 운동시킬 때 도선에 $e\,[\text{V}]$의 기전력이 발생한다면 이 도선의 속도[m/s]는? [13]

① $\dfrac{Bl\sin\theta}{e}$ ② $\dfrac{e}{Bl\sin\theta}$
③ $Ble\sin\theta$ ④ $Ble\cos\theta$

$e = vBl\sin\theta\,[\text{V}]$ 식에서 속도 v는
$\therefore\ v = \dfrac{e}{Bl\sin\theta}\,[\text{m/s}]$

30
자장 내에 있는 도체에 전류를 흘리면 힘(전자력)이 작용하는데, 이 힘의 방향은 어떤 법칙으로 정하는가?
[07]

① 플레밍의 오른손 법칙
② 플레밍의 왼손 법칙
③ 렌츠의 법칙
④ 앙페르의 오른나사 법칙

플레밍의 왼손 법칙은 자속밀도 $B[\text{Wb/m}^2]$가 균일한 자기장 내에 있는 어떤 도체에 전류(I)를 흘리면 그 도체에는 전자력(또는 힘) $F[\text{N}]$이 작용하게 되는데 이 힘을 구하기 위한 법칙으로서 전동기의 원리에 적용된다.

31
다음 중 전자력 작용을 응용한 대표적인 것은? [07]

① 전동기
② 전열기
③ 축전기
④ 전등

플레밍의 왼손 법칙은 전자력(또는 힘) $F[\text{N}]$을 구하기 위한 법칙으로서 전동기의 원리에 적용된다.

32
다음 중 전동기의 원리에 적용되는 법칙은? [12, 15, 19]

① 렌츠의 법칙
② 플레밍의 오른손 법칙
③ 플레밍의 왼손 법칙
④ 옴의 법칙

플레밍의 왼손 법칙은 전자력(또는 힘) $F[\text{N}]$을 구하기 위한 법칙으로서 전동기의 원리에 적용된다.

33
플레밍의 왼손법칙에서 엄지손가락이 뜻하는 것은?
[09, 10]

① 자기력선속의 방향
② 힘의 방향
③ 기전력의 방향
④ 전류의 방향

(1) 엄지 : 운동 방향인 힘(F)을 의미한다.
(2) 검지 : 자기장의 방향인 자속밀도(B)를 의미한다.
(3) 중지 : 전류(I)의 방향을 의미한다.

34
플레밍의 왼손법칙에서 전류의 방향을 나타내는 손가락은? [10, 12, 16]

① 약지
② 중지
③ 검지
④ 엄지

(1) 엄지 : 운동 방향인 힘(F)을 의미한다.
(2) 검지 : 자기장의 방향인 자속밀도(B)를 의미한다.
(3) 중지 : 전류(I)의 방향을 의미한다.

35
도체가 자기장에서 받는 힘의 관계 중 틀린 것은?
[13]

① 자기력선속 밀도에 비례
② 도체의 길이에 반비례
③ 흐르는 전류에 비례
④ 도체가 자기장과 이루는 각도에 비례(0° ~ 90°)

$F = \int (I \times B) \cdot dl = IBl\sin\theta[\text{N}]$ 식에서
∴ 힘은 도체의 길이에 비례한다.

해답 30 ② 31 ① 32 ③ 33 ② 34 ② 35 ②

36

공기 중에서 자속밀도가 $3[\text{Wb/m}^2]$의 평등자장 속에 길이 $10[\text{cm}]$의 직선 도선을 자장의 방향과 직각으로 놓고 여기에 $4[\text{A}]$의 전류를 흐르게 하면 이 도선이 받는 힘은 몇 $[\text{N}]$인가? [15]

① 0.5 ② 1.2
③ 2.8 ④ 4.2

$B=3[\text{Wb/m}^2]$, $l=10[\text{cm}]$, $\theta=90°$, $I=4[\text{A}]$일 때
$F=IBl\sin\theta[\text{N}]$ 식에서
∴ $F=IBl\sin\theta$
$=4\times 3\times 10\times 10^{-2}\times \sin 90°=1.2[\text{N}]$

37

평등자장 내에 있는 도선에 전류가 흐를 때 자장의 방향과 어떤 각도로 되어 있으면 작용하는 힘이 최대가 되는가? [13]

① 30° ② 45°
③ 60° ④ 90°

$F=IBl\sin\theta[\text{N}]$ 식에서
∴ 힘이 최대가 되기 위한 각도는 $\sin\theta=1$이기 위한 90°이다.

38

그림과 같은 자극 사이에 있는 도체에 전류(I)가 흐를 때 힘은 어느 방향으로 작용하는가? [14]

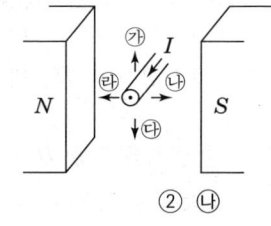

① ㉮ ② ㉯
③ ㉰ ④ ㉱

플레밍의 왼손 법칙에 의해

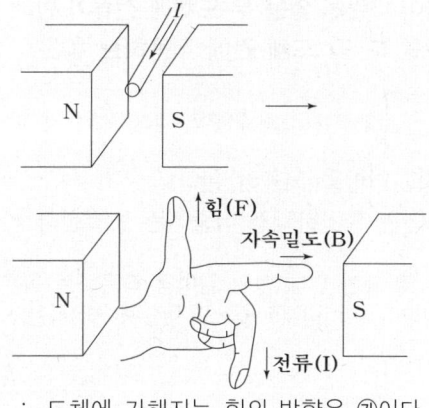

∴ 도체에 가해지는 힘의 방향은 ㉮이다.

39

평행한 두 도선 간의 전자력은? [14]

① 거리 r에 비례한다.
② 거리 r에 반비례한다.
③ 거리 r^2에 비례한다.
④ 거리 r^2에 반비례한다.

평행한 두 도선 간에 단위 길이당 작용하는 힘은 두 도선에 흐르는 전류의 곱에 비례하고 거리에 반비례하며 두 도선에 흐르는 전류 방향이 서로 같으면 흡인력이 작용하고 서로 반대로 흐르면 반발력이 작용한다.

40

무한히 긴 평행 2직선이 있다. 이들 도선에 같은 방향으로 일정한 전류가 흐를 때 상호간에 작용하는 힘은?(단, r은 두 도선 간의 거리이다.) [08, (유)07]

① 흡인력이며 r이 클수록 작아진다.
② 반발력이며 r이 클수록 작아진다.
③ 흡인력이며 r이 클수록 커진다.
④ 반발력이며 r이 클수록 커진다.

평행한 두 도선 간에 단위 길이당 작용하는 힘은 전류 방향이 서로 같으므로 흡인력이 작용하고 거리에 반비례하기 때문에 r이 클수록 작아진다.

41

서로 가까이 나란히 있는 두 도체에 전류가 반대 방향으로 흐를 때 각 도체 간에 작용하는 힘은? [11]

① 흡인한다.
② 반발한다.
③ 흡인과 반발을 되풀이 한다.
④ 처음에는 흡인하다가 나중에는 반발한다.

평행한 두 도선 간에 단위 길이당 작용하는 힘은 전류 방향이 서로 반대로 흐르면 반발력이 작용한다.

42

평행한 왕복 도체에 흐르는 전류에 의한 작용은? [15]

① 흡인력
② 반발력
③ 회전력
④ 작용력이 없다.

왕복 도체에 흐르는 전류 방향은 서로 반대이기 때문에 반발력이 작용한다.

43

평행한 두 개의 도선이 아래 그림과 같이 설치되어 있을 때 두 도선 사이에 작용하는 힘은 어떠한가? [18]

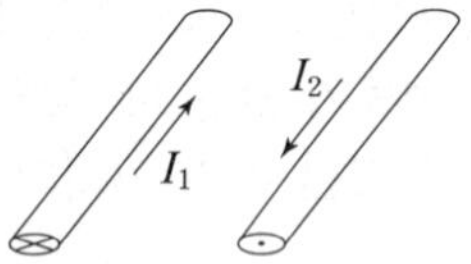

① 흡인력이 작용한다.
② 반발력이 작용한다.
③ 힘의 합이 0이 된다.
④ 흡인력과 반발력이 주기적으로 나타난다.

평행한 두 도선 간에 단위 길이당 작용하는 힘은 전류 방향이 서로 반대로 흐르면 반발력이 작용한다.

44

공기 중에서 5[cm] 간격을 유지하고 있는 2개의 평행 도선에 각각 10[A]의 전류가 동일한 방향으로 흐를 때 도선 1[m]당 발생하는 힘의 크기[N]는? [14]

① 4×10^{-4}
② 2×10^{-5}
③ 4×10^{-5}
④ 2×10^{-4}

$d = 5[\text{cm}]$, $I_1 = I_2 = 10[\text{A}]$일 때

$F = \dfrac{2I_1 I_2}{d} \times 10^{-7}[\text{N/m}]$ 식에서

$\therefore F = \dfrac{2I_1 I_2}{d} \times 10^{-7} = \dfrac{2 \times 10^2}{5 \times 10^{-2}} \times 10^{-7}$
$= 4 \times 10^{-4}[\text{N/m}]$

45

자화력(자기장의 세기)을 표시하는 식과 관계가 되는 것은? [12]

① NI
② $\mu I l$
③ $\dfrac{NI}{\mu}$
④ $\dfrac{NI}{l}$

암페어의 주회적분 법칙에 의해 자장의 세기는
$\therefore H = \dfrac{NI}{l} = \dfrac{NI}{2\pi r}[\text{AT/m}]$이다.

46

긴 직선 도선에 I의 전류가 흐를 때 이 도선으로부터 r만큼 떨어진 곳의 자장의 세기는? [06, 18, 19]

① 전류 I에 반비례하고 r에 비례한다.
② 전류 I에 비례하고 r에 반비례한다.
③ 전류 I의 제곱에 반비례하고 r에 반비례한다.
④ 전류 I에 반비례하고 r의 제곱에 반비례한다.

암페어의 주회적분 법칙에 의해 $H = \dfrac{NI}{l} = \dfrac{NI}{2\pi r}$
[AT/m] 식에서 자장의 세기(H)는 전류 I에 비례하고 거리 r에 반비례한다.

해답 41 ② 42 ② 43 ② 44 ① 45 ④ 46 ②

47
무한장 직선 도체에 전류를 통했을 때 10[cm] 떨어진 점의 자계의 세기가 2[AT/m]라면 전류의 크기는 약 몇 [A] 인가?   [07, 19②]

① 1.26 ② 2.16
③ 2.84 ④ 3.14

$N=1$, $r=10$[cm], $H=2$[AT/m]일 때
$H = \dfrac{NI}{2\pi r}$ [AT/m] 식에서 전류 I는

$\therefore I = \dfrac{2\pi rH}{N} = \dfrac{2\pi \times 10 \times 10^{-2} \times 2}{1}$
$= 1.26$[A]

48
"전류의 방향과 자장의 방향은 각각 나사의 진행방향과 회전 방향에 일치한다."와 관계가 있는 법칙은?
[15]

① 플레밍의 왼손법칙
② 앙페르의 오른나사법칙
③ 플레밍의 오른손법칙
④ 키르히호프의 법칙

암페어의 오른나사 법칙은 나사의 회전방향과 그 방향에 따른 나사의 진행방향을 전류와 자장의 방향으로 표현한 법칙이다.

49
그림과 같이 I[A]의 전류가 흐르고 있는 도체의 미소부분 Δl 의 전류에 의해 이 부분이 r[m] 떨어진 지점 P의 자기장 ΔH [A/m]는?   [12, (유)14]

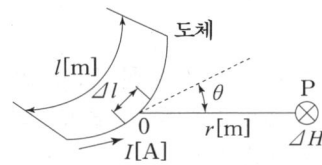

① $\Delta H = \dfrac{I^2 \Delta l \sin\theta}{4\pi r^2}$ ② $\Delta H = \dfrac{I \Delta l^2 \sin\theta}{4\pi r}$

③ $\Delta H = \dfrac{I^2 \Delta l \sin\theta}{4\pi r}$ ④ $\Delta H = \dfrac{I \Delta l \sin\theta}{4\pi r^2}$

비오-사바르의 법칙을 설명한 것으로서 공식은
$dH = \dfrac{IdL\sin\theta}{4\pi r^2}$ [A/m]로 표현한다.

50
전류에 의해 발생되는 자장의 크기는 전류의 크기와 전류가 흐르고 있는 도체와 고찰하려는 점까지의 거리에 의해 결정된다. 이러한 관계를 무슨 법칙이라 하는가?   [08]

① 비오-사바르의 법칙 ② 플레밍의 왼손법칙
③ 쿨롱의 법칙   ④ 패러데이의 법칙

비오-사바르의 법칙에 의한 자장의 크기가 도체 내에 전류가 흐르는 미소 부분 Δl[m]와 도체에 흐르는 전류 I[A]의 곱에 비례하고 $\sin\theta$에 비례하며, 자계가 발생한 임의의 점 P까지의 거리 r[m]의 제곱에 반비례한다.

51
비오-사바르의 법칙과 가장 관계가 깊은 것은?
[06, 13, 18, (유)06, 09, 19]

① 전류가 만드는 자장의 세기
② 전류와 전압의 관계
③ 기전력과 자계의 세기
④ 기전력과 자속의 변화

비오-사바르의 법칙은 전류가 만드는 자장의 세기와 관련된 법칙이다.

52
다음 중 전류와 자장의 세기와의 관계는 어떤 법칙과 관계가 있는가?   [07, 11]

① 패러데이의 법칙
② 플레밍의 왼손법칙
③ 비오-사바르의 법칙
④ 앙페르의 오른나사의 법칙

비오-사바르의 법칙은 전류가 만드는 자장의 세기와 관련된 법칙이다.

해답 47 ① 48 ② 49 ④ 50 ① 51 ① 52 ③

53
전류와 자속에 관한 설명 중 옳은 것은? [11]

① 전류와 자속은 항상 폐회로를 이룬다.
② 전류와 자속은 항상 폐회로를 이루지 않는다.
③ 전류는 폐회로이나 자속은 아니다.
④ 자속은 폐회로이나 전류는 아니다.

전류는 폐회로 내에서만 흐를 수 있으며 자속 또한 독립된 극을 갖지 못하기 때문에 항상 폐회로를 이룬다.

54
반지름 r[m], 권수 N회의 환상 솔레노이드에 I[A]의 전류가 흐를 때, 그 내부의 자장의 세기 H [AT/m]는 얼마인가? [14, 15]

① $\dfrac{NI}{r^2}$ ② $\dfrac{NI}{2\pi}$
③ $\dfrac{NI}{4\pi r^2}$ ④ $\dfrac{NI}{2\pi r}$

환상 솔레노이드의 내부 자장 H_{in}은
∴ $H_{in} = \dfrac{NI}{2\pi r}$ [A/m]이다.

55
환상 솔레노이드 내부의 자기장의 세기에 관한 설명으로 옳은 것은? [09]

① 자장의 세기는 권수에 반비례한다.
② 자장의 세기는 권수, 전류, 평균 반지름과는 관계가 없다.
③ 자장의 세기는 평균 반지름에 비례한다.
④ 자장의 세기는 전류에 비례한다.

환상 솔레노이드의 내부 자장은 $H_{in} = \dfrac{NI}{2\pi r}$ [A/m] 이므로
∴ 자장의 세기는 전류에 비례한다.

56
길이 5[cm]의 균일한 자로에 10회의 도선을 감고 1[A]의 전류를 흘릴 때 자로의 자장의 세기[AT/m]는? [10, 19, (유)06, 08, 10]

① 5 ② 50
③ 200 ④ 500

$l = 5$[cm], $N = 10$, $I = 1$[A]일 때
자로(환상 솔레노이드 내부)의 자장의 세기는
$H_{in} = \dfrac{NI}{l}$ [A/m] 식에서
∴ $H_{in} = \dfrac{NI}{l} = \dfrac{10 \times 1}{5 \times 10^{-2}} = 200$ [A/m]

57
평균 반지름 r[m]의 환상 솔레노이드에 I[A]의 전류가 흐를 때, 내부 자계가 H[AT/m]이었다. 권수 N은? [11]

① $\dfrac{HI}{2\pi r}$ ② $\dfrac{2\pi r}{HI}$
③ $\dfrac{2\pi r H}{I}$ ④ $\dfrac{I}{2\pi r H}$

$H = \dfrac{NI}{2\pi r}$ [A/m] 식에서
∴ $N = \dfrac{2\pi r H}{I}$

58
1[cm]당 권선수가 10인 무한 길이 솔레노이드에 1[A]의 전류가 흐르고 있을 때 솔레노이드 외부 자계의 세기 [AT/m]는? [12, 15]

① 0 ② 10
③ 100 ④ 1,000

무한장 솔레노이드 외부의 자장은 0이다.

해답 53 ① 54 ④ 55 ④ 56 ③ 57 ③ 58 ①

59

반지름 r, 권수 N인 원형 코일에 전류 I[A]가 흐를 때 그 중심의 자장의 세기의 식은? [06]

① $\dfrac{NI}{2r}$ ② $\dfrac{I}{N}$

③ $\dfrac{NI}{4r}$ ④ $\dfrac{NI}{2\pi r}$

원형코일 중심에서의 자장의 세기는

∴ $H_0 = \dfrac{NI}{2r}$ [A/m]이다.

60

공기 중에서 반지름 10[cm]인 원형 도체에 1[A]의 전류가 흐르면 원의 중심에서 자기장의 크기는 몇 [AT/m]인가? [09]

① 5 ② 10
③ 15 ④ 20

$a = 10$[cm], $I = 1$[A], $N = 1$일 때

$H_0 = \dfrac{NI}{2r}$ [A/m] 식에서

∴ $H_0 = \dfrac{NI}{2r} = \dfrac{1 \times 1}{2 \times 10 \times 10^{-2}} = 5$ [A/m]

61

반지름 0.2[m], 권수 50회의 원형 코일이 있다. 코일 중심의 자기장의 세기가 850[AT/m] 이었다면 코일에 흐르는 전류의 크기는? [13]

① 0.68[A] ② 6.8[A]
③ 10[A]   ④ 20[A]

$a = 0.2$[m], $N = 50$, $H_0 = 850$[AT/m] 일 때

$H_0 = \dfrac{NI}{2r}$ [A/m] 식에서

∴ $I = \dfrac{2aH_0}{N} = \dfrac{2 \times 0.2 \times 850}{50} = 6.8$ [A]

62

다음 중 자기력선(line of magnetic force)에 대한 설명으로 옳지 않은 것은? [09, 12, (유)14]

① 자석의 N극에서 시작하여 S극에서 끝난다.
② 자기장의 방향은 그 점을 통과하는 자기력선의 방향으로 표시한다.
③ 자기력선은 상호간에 교차한다.
④ 자기장의 크기는 그 점에 있어서의 자기력선의 밀도를 나타낸다.

자기력선은 서로 반발하여 교차할 수 없다.

63

자력선의 성질을 설명한 것이다. 옳지 않은 것은? [13]

① 자력선은 서로 교차하지 않는다.
② 자력선은 N극에서 나와 S극으로 향한다.
③ 진공 중에서 나오는 자력선의 수는 m개이다.
④ 한 점의 자력선 밀도는 그 점의 자장의 세기를 나타낸다.

진공 또는 공기 중에서 나오는 자기력선의 수는 $\dfrac{m}{\mu_0}$이다.

64

공기 중에서 m[Wb]로부터 나오는 자력선의 총 수는? [06, 14, 16, (유)14, 18]

① $\dfrac{\mu_0}{m}$ ② $\dfrac{m}{\mu}$

③ $\dfrac{m}{\mu_0}$ ④ $\mu_0 m$

진공 또는 공기 중에서 나오는 자기력선의 수는 $\dfrac{m}{\mu_0}$이다.

65

공기 중 +1[Wb]의 자극에서 나오는 자력선의 수는 몇 개인가? [11]

① 6.33×10^4 ② 7.958×10^5
③ 8.855×10^3 ④ 1.256×10^6

$m = 1$[Wb]일 때
자기력선의 수 $= \dfrac{m}{\mu_0}$ 식에서
$\therefore \dfrac{m}{\mu_0} = \dfrac{1}{4\pi \times 10^{-7}} = 7.958 \times 10^5$

66

자극의 세기가 20[Wb]인 길이 15[cm]의 막대자석의 자기모멘트는 몇 [Wb·m]인가? [08]

① 0.45   ② 1.5
③ 3.0   ④ 6.0

$m = 20$[Wb], $\delta = 15$[cm]일 때 자기모멘트 M은
$M = m\delta$[Wb · m] 식에서
$\therefore M = m\delta = 20 \times 15 \times 10^{-2} = 3$[Wb · m]

67

자극의 세기 4[Wb], 자축의 길이 10[cm]의 막대자석이 100[AT/m]의 평등자장 내에서 20[N·m]의 회전력을 받았다면 이 때 막대자석과 자장과의 이루는 각도는? [11]

① 0°   ② 30°
③ 60°   ④ 90°

$m = 20$[Wb], $\delta = 10$[cm], $H = 100$[AT/m], $\tau = 20$[N · m]일 때
$\tau = m\delta H \sin\theta$[N · m] 식에서
$\sin\theta = \dfrac{\tau}{m\delta H} = \dfrac{20}{4 \times 10 \times 10^{-2} \times 100} = 0.5$이므로
$\therefore \theta = \sin^{-1}(0.5) = 30°$

68

자기회로에 강자성체를 사용하는 이유는? [15]

① 자기저항을 감소시키기 위하여
② 자기저항을 증가시키기 위하여
③ 공극을 크게 하기 위하여
④ 주자속을 감소시키기 위하여

자기회로는 자속이 흐르는 통로로서 강자성체를 이용하게 되는데 그 이유는 자기저항을 감소시키고 또한 누설자속의 발생을 억제하기 위함이다.

69

자기회로의 길이 l [m], 단면적 A [m²], 투자율 μ [H/m]일 때 자기저항 R [AT/Wb]을 나타내는 것은? [12]

① $R = \dfrac{\mu l}{A}$ ② $R = \dfrac{A}{\mu l}$
③ $R = \dfrac{\mu A}{l}$ ④ $R = \dfrac{l}{\mu A}$

$S = A$[m²]일 때
자기저항은 $R_m = \dfrac{l}{\mu S} = \dfrac{l}{\mu A}$ [AT/Wb]이다.

70

"자기저항은 자기회로의 길이에 (ㄱ) 하고 자로의 단면적과 투자율의 곱에 (ㄴ)한다." ( )에 들어갈 말은? [06]

① (ㄱ) 비례   (ㄴ) 반비례
② (ㄱ) 반비례 (ㄴ) 비례
③ (ㄱ) 비례   (ㄴ) 비례
④ (ㄱ) 반비례 (ㄴ) 반비례

$R_m = \dfrac{l}{\mu S}$ [AT/Wb] 식에서
∴ 자기저항은 자기회로의 길이에 비례하고 단면적과 투자율의 곱에 반비례한다.

해답 65 ② 66 ③ 67 ② 68 ① 69 ④ 70 ①

71
자기저항의 단위는 어느 것인가?

[06②, 07, 08②, 10, 11, 13, 19]

① [H/m] ② [AT/Wb]
③ [AT/m] ④ [Wb/m]

자기저항의 단위는 [AT/Wb]이다.

72
단면적 5[cm²], 길이 1[m], 비투자율 10^3인 환상 철심에 600회의 권선을 감고 이것에 0.5[A]의 전류를 흐르게 한 경우 기자력[AT]은? [14]

① 100[AT] ② 200[AT]
③ 300[AT] ④ 400[AT]

$S = 5[\text{cm}^2]$, $l = 1[\text{m}]$, $\mu_s = 10^3$, $N = 600$,
$I = 0.5[\text{A}]$일 때
$F = NI[\text{AT}]$ 식에서
∴ $F = NI = 600 \times 0.5 = 300[\text{AT}]$

73
MKS 단위계에서 기자력의 단위는? [19]

① [Wb] ② [AT/m]
③ [AT] ④ [Wb/m²]

기자력의 단위는 [AT]이다.

74
다음 중 자기작용에 관한 설명으로 틀린 것은? [14]

① 기자력의 단위는 [AT]를 사용한다.
② 자기회로의 자기저항이 작은 경우는 누설 자속이 거의 발생되지 않는다.
③ 자기장 내에 있는 도체에 전류를 흘리면 힘이 작용하는데, 이 힘을 기전력이라 한다.
④ 평행한 두 도체 사이에 전류가 동일한 방향으로 흐르면 흡인력이 작용한다.

자기장 내에 있는 도체에 전류를 흘릴 때 작용하는 힘을 기자력이라 한다.

75
비투자율이 1인 환상철심 중의 자장의 세기가 H[AT/m]이었다. 이 때 비투자율이 10인 물질로 바꾸면 철심의 자속밀도[Wb/m²]는? [10]

① $\frac{1}{10}$ 배로 줄어든다.
② 10배 커진다.
③ 50배 커진다.
④ 100배 커진다.

$\mu_s = 1$일 때의 자장의 세기가 $H[\text{AT/m}]$인 경우
$\mu_s' = 10$일 때의 자장의 세기 $H'[\text{AT/m}]$는
$B = \frac{\phi}{S} = \mu H = \mu_0 \mu_s H [\text{Wb/m}^2]$ 식에서
자속밀도는 투자율에 비례함을 알 수 있다.
∴ $B' = \frac{\mu_s'}{\mu_s} B = \frac{10}{1} B = 10B [\text{Wb/m}^2]$

03 전자유도와 인덕턴스

중요도 ★★
출제빈도
총44회 시행
총18문 출제

핵심17 전자유도

코일과 쇄교하는 자속이 변화할 때 코일에는 기전력이 발생하게 되는데 이 현상을 전자유도현상이라 하며 패러데이 법칙과 렌츠 법칙이 전자유도현상의 대표적인 법칙이라 할 수 있다.

1. 패러데이의 법칙

"코일에 발생하는 유기기전력은 자속 쇄교수의 시간에 대한 감쇠율에 비례한다."는 것을 의미하며 이 법칙은 "유기기전력의 크기"를 구하는데 적용되는 법칙이다. 패러데이 법칙의 공식은 다음과 같다.

〈공식〉
$$e = -N\frac{d\phi}{dt} = -L\frac{di}{dt}\,[\text{V}]$$

여기서, e : 유기기전력, N : 코일 권수, $d\phi$; 자속의 변화량, dt : 시간의 변화, L : 코일의 인덕턴스, di ; 전류의 변화량

2. 렌츠의 법칙

"코일에 쇄교하는 자속이 시간에 따라 변화할 때 코일에 발생하는 유기기전력의 방향은 자속의 변화를 방해하는 방향으로 유도된다."는 것을 의미하며 이 법칙은 "유기기전력의 방향"을 알 수 있는 법칙이다. 렌츠 법칙의 공식은 다음과 같다.

〈공식〉
$$e = -N\frac{d\phi}{dt} = -L\frac{di}{dt}\,[\text{V}]$$

여기서, e : 유기기전력, N : 코일 권수, $d\phi$; 자속의 변화량, dt : 시간의 변화, L : 코일의 인덕턴스, di ; 전류의 변화량

핵심유형문제 17

유도기전력은 자신의 발생 원인이 되는 자속의 변화를 방해하려는 방향으로 발생한다. 이 것을 유도기전력에 관한 무슨 법칙이라 하는가?   [06, 08, 18, (유)16, 19]

① 옴의 법칙　② 렌츠의 법칙　③ 쿨롱의 법칙　④ 앙페르의 법칙

해설 렌츠의 법칙은 코일에 유도되는 기전력의 방향이 자속의 변화를 방해하는 방향으로 유도된다는 것을 정의하는 법칙이다.

답 : ②

핵심18 자기 인덕턴스

1. 정의

$LI = N\phi$ 식에서 알 수 있듯이 1[A]의 전류에 의해서 코일과 쇄교하는 전체 자속이 1[Wb]일 때 1[H]의 크기를 갖는 회로소자로서 공식은 다음과 같다.

〈공식〉

$$L = \frac{N\phi}{I} [\text{H}]$$

여기서, L : 자기 인덕턴스, N : 코일 권수, ϕ : 자속, I : 전류

참고 자기 인덕턴스의 단위

$L = \frac{N\phi}{I}[\text{H}]$ 식과 $L = e\frac{dt}{di}[\text{H}]$ 식에서 [H]와 같은 의미의 단위를 표현할 수 있다.

$$\therefore [\text{H}] = \frac{[\text{Wb}]}{[\text{A}]} = \frac{[\text{V}][\text{s}]}{[\text{A}]} = [\Omega \cdot \text{s}]$$

2. 자기회로 내에서의 자기 인덕턴스

환상 철심이나 환상 솔레노이드와 같은 자기회로 내에서 자기 인덕턴스는 다음과 같이 표현된다.

〈공식〉

$$L = \frac{N^2}{R_m} = \frac{\mu A N^2}{l} = \frac{\mu_0 \mu_s A N^2}{l} [\text{H}]$$

여기서, L : 자기 인덕턴스, N : 코일 권수, R_m : 자기저항, μ : 투자율,
A : 자기회로의 단면적, l : 자기회로의 길이,
μ_0 : 진공 또는 공기 중의 투자율($= 4\pi \times 10^{-7}$), μ_s : 비투자율

중요도 ★★
출제빈도
총44회 시행
총16문 출제

핵심유형문제 18

권수 200회의 코일에 5[A]의 전류가 흘러서 0.025[Wb]의 자속이 코일을 지난다고 하면, 이 코일의 자체 인덕턴스는 몇 [H]인가?   [07, 18, 19, (유)14, 16]

① 2   ② 1   ③ 0.5   ④ 0.1

해설 $N = 200$, $I = 5[\text{A}]$, $\phi = 0.025[\text{Wb}]$일 때 $LI = N\phi$ 식에서

$\therefore L = \frac{N\phi}{I} = \frac{200 \times 0.025}{5} = 1[\text{H}]$

답 : ②

핵심19   상호 인덕턴스

1. 정의

1차, 2차로 구별되는 2개의 코일을 서로 근접시켰을 때 1차 코일의 전류가 변화하면 2차 코일에 유도기전력이 발생하는 상호유도현상에 의한 인덕턴스를 의미하며 공식은 다음과 같다.

〈공식〉

$$e_2 = M \frac{di_1}{dt} [\text{V}]$$

여기서, e_2 : 2차 유도기전력, M : 상호 인덕턴스, di_1 : 1차 전류 변화, dt : 시간 변화

2. 자기회로 내에서의 상호 인덕턴스

〈공식〉

$$M = \frac{N_1 N_2}{R_m} = \frac{\mu S N_1 N_2}{l} = \frac{\mu_0 \mu_s S N_1 N_2}{l} [\text{H}]$$

$$\text{또는 } M = \frac{L_1 N_2}{N_1} = \frac{L_2 N_1}{N_2} [\text{H}]$$

여기서, M : 상호 인덕턴스, N_1 : 1차 코일 권수, N_2 : 2차 코일 권수, R_m : 자기저항, μ : 투자율, S : 자기회로의 단면적, l : 자기회로의 길이, μ_0 : 진공 또는 공기 중의 투자율($=4\pi \times 10^{-7}$), μ_s : 비투자율

핵심유형문제 19

감은 횟수 200회의 코일 P와 300회의 코일 S를 가까이 놓고 P에 1[A]의 전류를 흘릴 때 S와 쇄교하는 자속이 4×10^{-4}[Wb]이었다면 이들 코일 사이의 상호 인덕턴스는?

[07, 12, 19]

① 0.12[H]   ② 0.12[mH]   ③ 1.2×10^{-4}[H]   ④ 1.2×10^{-4}[mH]

해설 $N_P = 200$, $N_S = 300$, $I_P = 1$[A], $\phi = 4 \times 10^{-4}$[Wb]일 때

$N_P I_P = R_m \phi$, $M = \dfrac{N_P N_S}{R_m}$ 식에서

$R_m = \dfrac{N_P I_P}{\phi} = \dfrac{200 \times 1}{4 \times 10^{-4}} = 500,000$[AT/Wb]이다.

$\therefore M = \dfrac{N_P N_S}{R_m} = \dfrac{200 \times 300}{500,000} = 0.12$[H]

답 : ①

적중예상문제

01

유도기전력에 관계되는 사항으로 옳은 것은? [07]

① 쇄교 자속의 1.6승에 비례한다.
② 쇄교 자속의 시간의 변화에 비례한다.
③ 쇄교 자속에 반비례한다.
④ 쇄교 자속에 비례한다.

패러데이의 법칙이란 "코일에 발생하는 유기기전력은 자속 쇄교수의 시간에 대한 감쇠율에 비례한다."는 것을 의미한다.

02

권수가 200인 코일에서 0.1초 사이에 0.4[Wb]의 자속이 변화한다면, 코일에 발생되는 기전력은? [11, (유)15]

① 8[V]   ② 200[V]
③ 800[V]   ④ 2,000[V]

$N=200$, $dt=0.1[\sec]$, $d\phi=0.4[Wb]$일 때
$e=-N\dfrac{d\phi}{dt}[V]$ 또는 $e=N\dfrac{d\phi}{dt}[V]$ 식에서
$\therefore e=N\dfrac{d\phi}{dt}=200\times\dfrac{0.4}{0.1}=800[V]$

주의 부호에 대한 설명
전자유도 법칙에 따른 공식에는 (-) 부호가 적용되지만 계산문제에서는 보통 절대값으로 표현한다는 것을 이해하셔야 합니다. 문제에서는 부호에 크게 의미를 두지 않는다는 것을 의미합니다.

03

1회 감은 코일에 지나가는 자속이 1/100[sec] 동안에 0.3[Wb]에서 0.5[Wb]로 증가하였다면 유도기전력 [V]은? [08, (유)13]

① 5   ② 10
③ 20   ④ 40

$N=1$, $dt=\dfrac{1}{100}=0.01[\sec]$,
$d\phi=0.5-0.3=0.2[Wb]$일 때
$e=-N\dfrac{d\phi}{dt}[V]$ 또는 $e=N\dfrac{d\phi}{dt}[V]$ 식에서
$\therefore e=N\dfrac{d\phi}{dt}=1\times\dfrac{0.2}{0.01}=20[V]$이다.

04

자체 인덕턴스 40[mH]의 코일에서 0.2초 동안에 10[A]의 전류가 변화하였다. 코일에 유도되는 기전력은 몇 [V]인가? [07, 19, (유)06, 07, 12, 14]

① 1   ② 2
③ 3   ④ 4

$L=40[mH]$, $dt=0.2[\sec]$, $di=10[A]$일 때
$e=-L\dfrac{di}{dt}[V]$ 또는 $e=L\dfrac{di}{dt}[V]$ 식에서
$\therefore e=L\dfrac{di}{dt}=40\times10^{-3}\times\dfrac{10}{0.2}=2[V]$

05

매초 1[A]의 비율로 전류가 변하여 10[V]를 유도하는 코일의 인덕턴스는 몇 [H]인가? [06]

① 0.01[H]   ② 0.1[H]
③ 1.0[H]   ④ 10[H]

$dt=1[\sec]$, $di=1[A]$, $e=10[V]$일 때
$e=-L\dfrac{di}{dt}[V]$ 또는 $e=L\dfrac{di}{dt}[V]$ 식에서
$\therefore L=e\dfrac{dt}{di}=10\times\dfrac{1}{1}=10[H]$

해답 01 ② 02 ③ 03 ③ 04 ② 05 ④

06

다음 ( ) 안에 들어갈 알맞은 내용은? [15]

자기 인덕턴스 1[H]는 전류의 변화율이 1[A/s]일 때, ( )가(이) 발생할 때의 값이다.

① 1[N]의 힘
② 1[J]의 에너지
③ 1[V]의 기전력
④ 1[Hz]의 주파수

$L=1[H]$, $\dfrac{di}{dt}=1[A/s]$일 때

$e=L\dfrac{di}{dt}[V]$ 식에서

$e=L\dfrac{di}{dt}=1\times 1=1[V]$ 이므로

∴ 1[H]의 자기 인덕턴스는 전류의 변화율이 1[A/s]일 때 1[V]가 발생하는 값이다.

07

권수 N[T]인 코일에 I[A]의 전류가 흘러 자속 ϕ[Wb]가 발생할 때의 인덕턴스는 몇 [H]인가? [06]

① $\dfrac{N\phi}{I}$
② $\dfrac{I\phi}{N}$
③ $\dfrac{I}{N\phi}$
④ $\dfrac{\phi}{NI}$

자기 인덕턴스는 $L=\dfrac{N\phi}{I}$[H]이다.

08

권선수 50인 코일에 5[A]의 전류가 흘렀을 때 10^{-3}[Wb]의 자속이 코일 전체를 쇄교 하였다면 이 코일의 자체 인덕턴스는 몇 [mH]인가? [06, 08]

① 10
② 20
③ 30
④ 40

$N=50$, $I=5[A]$, $\phi=10^{-3}[Wb]$일 때

$L=\dfrac{N\phi}{I}[H]$ 식에서

∴ $L=\dfrac{N\phi}{I}=\dfrac{50\times 10^{-3}}{5}=10\times 10^{-3}[H]$
$=10[mH]$

09

자체 인덕턴스의 단위[H]와 같은 단위를 나타낸 것은? [06]

① [H]=[Ω/S]
② [H]=[Wb/V]
③ [H]=[A/Wb]
④ [H]=$\dfrac{[V][S]}{[A]}$

$L=\dfrac{N\phi}{I}[H]$ 식과 $L=e\dfrac{dt}{di}[H]$ 식에서 [H]와 같은 의미의 단위를 표현할 수 있다.

∴ $[H]=\dfrac{[Wb]}{[A]}=\dfrac{[V][s]}{[A]}=[\Omega\cdot s]$

10

단면적 A[m²], 자로의 길이 l[m], 투자율 μ, 권수 N 회인 환상 철심의 자체 인덕턴스[H]는? [15]

① $\dfrac{\mu AN^2}{l}$
② $\dfrac{AlN^2}{4\pi\mu}$
③ $\dfrac{4\pi AN^2}{l}$
④ $\dfrac{\mu lN^2}{A}$

$S=A[m^2]$일 때

∴ $L=\dfrac{\mu SN^2}{l}=\dfrac{\mu AN^2}{l}[H]$

11

코일의 자체 인덕턴스(L)와 권수(N)의 관계로 옳은 것은? [14]

① $L\propto N$
② $L\propto N^2$
③ $L\propto N^3$
④ $L\propto \dfrac{1}{N}$

$L=\dfrac{\mu SN^2}{l}[H]$ 식에서 자기 인덕턴스는 코일 권수의 제곱에 비례한다.

∴ $L\propto N^2$

해답 06 ③ 07 ① 08 ① 09 ④ 10 ① 11 ②

12

환상 솔레노이드에 감겨진 코일에 권회수를 3배로 늘리면 자체 인덕턴스는 몇 배로 되는가? [16, 18]

① 3 ② 9
③ $\frac{1}{3}$ ④ $\frac{1}{9}$

$L = \frac{\mu S N^2}{l}$ [H] 식에서 자기 인덕턴스는 코일 권수의 제곱에 비례하므로
∴ 권수를 3배 늘리면 자기 인덕턴스는 9배로 된다.

13

환상 솔레노이드에 10회를 감았을 때의 자체 인덕턴스는 100회 감았을 때의 몇 배인가? [19]

① 10 ② 100
③ $\frac{1}{10}$ ④ $\frac{1}{100}$

$L = \frac{\mu S N^2}{l}$ [H] 식에서 자기 인덕턴스는 코일 권수의 제곱에 비례하므로 100회 감았을 때에 비해 10회 감았을 경우 코일 권수는 $\frac{1}{10}$ 배 감소 되었으므로
∴ 자기 인덕턴스는 $\frac{1}{100}$ 배로 된다.

14

코일의 자체 인덕턴스는 어느 것에 따라 변화하는가? [08]

① 투자율 ② 유전율
③ 도전율 ④ 저항율

$L = \frac{\mu S N^2}{l}$ [H] 식에서
∴ 자기 인덕턴스는 투자율(μ)에 따라 변화한다.

15

단면적 4[cm²], 자기 통로의 평균 길이 50[cm], 코일 감은 횟수 1,000회, 비투자율 2,000인 환상 솔레노이드가 있다. 이 솔레노이드의 자체 인덕턴스는?(단, 진공 중의 투자율 $\mu_0 = 4\pi \times 10^{-7}$임) [10]

① 약 2[H]
② 약 20[H]
③ 약 200[H]
④ 약 2,000[H]

$S = 4[\text{cm}^2]$, $l = 50[\text{cm}]$, $N = 1,000$, $\mu_s = 2,000$ 일 때
$L = \frac{\mu S N^2}{l} = \frac{\mu_0 \mu_s S N^2}{l}$ [H] 식에서
∴ $L = \frac{\mu_0 \mu_s S N^2}{l}$
$= \frac{4\pi \times 10^{-7} \times 2,000 \times 4 \times 10^{-4} \times 1,000^2}{50 \times 10^{-2}}$
$= 2[\text{H}]$

16

2개의 코일을 서로 근접시켰을 때 한 쪽 코일의 전류가 변화하면 다른 쪽 코일에 유도 기전력이 발생하는 현상을 무엇이라고 하는가? [12]

① 상호 결합
② 자체 유도
③ 상호 유도
④ 자체 결합

1차, 2차로 구별되는 2개의 코일을 서로 근접시켰을 때 1차 코일의 전류가 변화하면 2차 코일에 유도기전력이 발생하는 현상을 상호유도라 한다.

해답 12 ② 13 ④ 14 ① 15 ① 16 ③

17

두 코일이 있다. 한 코일에 매초 전류가 150[A]의 비율로 변할 때 다른 코일에 60[V]의 기전력이 발생하였다면, 두 코일의 상호 인덕턴스는 몇[H]인가? [09]

① 0.4[H] ② 2.5[H]
③ 4.0[H] ④ 25[H]

$\dfrac{di_1}{dt} = 150[\text{A/s}]$, $e_2 = 60[\text{V}]$일 때

$e_2 = M\dfrac{di_1}{dt}$ [V] 식에서

$\therefore M = e_2\dfrac{dt}{di_1} = 60 \times \dfrac{1}{150} = 0.4[\text{H}]$

18

환상철심의 평균자로길이 l[m], 단면적 A[m²], 비투자율 μ_s, 권선수 N_1, N_2인 두 코일의 상호 인덕턴스는? [13]

① $\dfrac{2\pi\mu_s l N_1 N_2}{A} \times 10^{-7}$

② $\dfrac{A N_1 N_2}{2\pi\mu_s l} \times 10^{-7}$

③ $\dfrac{4\pi\mu_s A N_1 N_2}{l} \times 10^{-7}$

④ $\dfrac{4\pi\mu_s N_1 N_2}{A l} \times 10^{-7}$

$S = A[\text{m}^2]$, $\mu_0 = 4\pi \times 10^{-7}[\text{H/m}]$일 때

$M = \dfrac{\mu_0 \mu_s S N_1 N_2}{l}$ [H] 식에서

$\therefore M = \dfrac{\mu_0 \mu_s S N_1 N_2}{l} = \dfrac{4\pi\mu_s A N_1 N_2}{l} \times 10^{-7}$ [H]

해답 17 ① 18 ③

04 직류회로

핵심20 전압과 전류

1. 전위차

어떤 점에 위치한 전하량 $Q[C]$이 임의의 점까지 이동하여 $W[J]$ 만큼의 일을 할 수 있도록 두 점이 갖는 전위의 차를 의미하며 이를 일반적으로 전압 또는 기전력이라 표현한다. 기호는 V 또는 E로 표시하며 단위는 "[V]"로 쓰고 "볼트"라 읽는다.

〈공식〉

$$V = \frac{W}{Q}[V], \qquad W = QV[J], \qquad Q = \frac{W}{V}[C]$$

여기서, V : 전위 또는 전압(기전력), W : 일 또는 에너지, Q : 전하량

참고
(1) "기전력"이란 전류를 계속 흐르게 하기 위해 전압을 연속적으로 공급하는 능력을 말한다.
(2) 단위 [V]는 [J/C]과 같다.

2. 전류(I)

어떤 도선의 양 지점에 전위차(V)가 있을 때 도선 내에는 전하량(Q)이 흘러 이동하게 되는데 이 때 도선의 어떤 지점을 임의의 시간(t)에 대해 이동한 총 전기량의 수를 "전류"라 한다. 기호는 I로 표시하며 단위는 "[A]"로 쓰고 "암페어"라 읽는다.

〈공식〉

$$I = \frac{Q}{t}[A], \qquad Q = It[C], \qquad t = \frac{Q}{I}[sec]$$

여기서, I : 전류, Q : 전하량, t : 시간

참고
(1) 양전하를 많이 가진 물질은 전위가 높다
(2) 전류의 방향은 전자의 이동방향과 반대 방향이다.
(3) 단위 [A]는 [C/sec]와 같다.

중요도 ★★★
출제빈도
총44회 시행
총30문 출제

핵심유형문제 20

2[C]의 전기량이 두 점 사이를 이동하여 48[J]의 일을 하였다면 이 두 점 사이의 전위차는 몇 [V]인가?

[07, 09, 18, 19, (유)08, 12, 14]

① 12 ② 24 ③ 48 ④ 64

해설 $Q = 2[C]$, $W = 48[J]$일 때 $V = \frac{W}{Q}[V]$ 식에서

∴ $V = \frac{W}{Q} = \frac{48}{2} = 24[V]$

답 : ②

핵심21 도체의 저항

1. 도체의 저항

전류가 흐르는 도체는 일반적으로 원통 모양으로 된 동선(구리선)을 사용하게 되는데 이 때 도체의 단면적(A)과 도체의 길이(l), 도체가 가지고 있는 고유저항(ρ)과 전도율(k)에 대해서 도체의 저항(R)을 아래와 같은 식으로 표현할 수 있다.

〈공식〉
$$R = \rho \frac{l}{A} [\Omega], \qquad R = \frac{l}{kA} [\Omega]$$

여기서, R : 저항, ρ : 고유저항, l : 도체의 길이, A : 도체의 단면적, k : 전도율
① 도체의 저항은 도체의 길이에 비례한다.
② 도체의 저항은 도체의 단면적에 반비례하며, 도체의 반지름의 제곱에 반비례하고 또한 도체의 지름의 제곱에 반비례한다.
③ 도체의 저항은 고유저항에 비례하고 전도율에 반비례한다.

참고 도체의 반지름(r)과 지름(D)에 대한 원통 도체의 단면적 A 는
$$A = \pi r^2 = \frac{\pi D^2}{4} [\text{m}^2] \text{이다.}$$

2. 고유저항(ρ)

고유저항의 단위는 [Ω·m]로 표현하는데 같은 의미를 갖는 단위로 아래와 같이 표현하기도 한다.
∴ [Ω·m] = 10^2 [Ω·cm] = 10^3 [Ω·mm] = 10^6 [Ω·mm²/m]

3. 전도율(k)

고유저항의 역수로서 $k = \dfrac{1}{\rho} [\mho/\text{m}]$로 표현되는 계수이다.

참고 물질의 전기 전도도가 큰 값에서 작은 값으로 나열하면 아래와 같다.
∴ 은 → 구리 → 금 → 알루미늄 → 텅스텐 → 니켈 → 철

핵심유형문제 21

전선의 길이를 2배로 늘리면 저항은 몇 배가 되는가?(단, 동선의 체적은 일정하다.)

[08②, 10, 18]

① 1 ② 2 ③ 4 ④ 8

해설 체적이 일정하다는 것은 전선의 길이(l)가 2배 늘어날 경우 전선의 단면적(A)은 2배 감소되어야 한다는 것을 의미하기 때문에 $R = \rho \dfrac{l}{A} [\Omega]$ 식에서

∴ $R' = \rho \dfrac{l'}{A'} = \rho \dfrac{2l}{(1/2)A} = 4\rho \dfrac{l}{A} = 4R [\Omega]$

답 : ③

핵심22 옴의 법칙과 키르히호프의 법칙

1. 옴의 법칙

어떤 회로에 공급된 전압(V)에 의해서 흐르는 전류(I)의 크기는 회로 내의 저항(R)에 반비례하여 흐르고 회로에 공급된 전압에 비례하여 흐르는 성질을 전기회로의 "옴의 법칙"이라 한다.

〈공식〉
$$I = \frac{V}{R}[\text{A}], \qquad V = IR[\text{V}], \qquad R = \frac{V}{I}[\Omega]$$

여기서, I : 전류, V : 전압, R : 저항

중요도 ★★
출제빈도
총44회 시행
총17문 출제

2. 키르히호프의 법칙

(1) 제1법칙 : KCL(Kirchhoff Current Law-전류법칙)
키르히호프의 제1법칙은 "하나의 절점에서 유입하는 전류(I_{in})의 총합과 유출하는 전류(I_{out})의 총합은 서로 같아야 한다."는 것을 말하며 하나의 절점에서의 전류의 합은 반드시 0이 되어야 한다는 것을 의미한다.

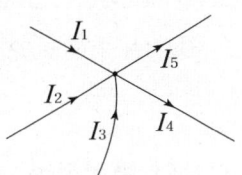

〈공식〉
$$\sum I_{in} = \sum I_{out}, \text{ 또는 } \sum I = 0 \;\rightarrow\; I_1 + I_2 + I_3 = I_4 + I_5$$

(2) 제2법칙 : KVL(Kirchhoff Valtage Law-전압법칙)
키르히호프의 제2법칙은 "하나의 루프에서 공급하는 기전력의 총합과 루프 내의 전압강하의 총합은 서로 같아야 한다."는 것을 말하며 하나의 루프 내에서의 전압의 합은 반드시 0이 되어야 한다는 것을 의미한다.

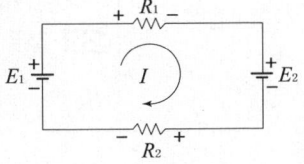

〈공식〉
$$\sum 기전력 = \sum 전압강하, \text{ 또는 } \sum V = 0 \;\rightarrow\; E_1 - E_2 = R_1 I + R_2 I$$

참고 계산결과에서 전류값이 (+)이면 처음에 가정했던 전류방향과 같은 방향이며, (-)이면 처음에 가정했던 전류방향과 반대 방향임을 의미한다.

핵심유형문제 22

전류가 전압에 비례하고 저항에 반비례한다. 다음 중 어느 것과 가장 관계가 있는가?

[07, 19]

① 키르히호프의 제1법칙 ② 키르히호프의 제2법칙
③ 옴의 법칙 ④ 중첩의 원리

해설 전류가 전압에 비례하고 저항에 반비례한다는 것은 옴의 법칙을 설명한 것이다.

답 : ③

핵심23 저항의 접속

1. 저항의 직렬접속

구분	내용
합성저항	$R_0 = R_1 + R_2 [\Omega]$ 참고 같은 저항이 n개 접속 $R_0 = nR[\Omega]$
전체전류	$I = \dfrac{V_1}{R_1} = \dfrac{V_2}{R_2} = \dfrac{V}{R_0} = \dfrac{V}{R_1 + R_2}[A]$
분압법칙	$V_1 = R_1 I = \dfrac{R_1 V}{R_1 + R_2}[V]$, $\quad V_2 = R_2 I = \dfrac{R_2 V}{R_1 + R_2}[V]$
전체전압	$V = R_0 I = (R_1 + R_2)I = \dfrac{(R_1+R_2)V_1}{R_1} = \dfrac{(R_1+R_2)V_2}{R_2}[V]$

2. 저항의 병렬접속

구분	내용
합성저항	$R_0 = \dfrac{1}{\dfrac{1}{R_1} + \dfrac{1}{R_2}} = \dfrac{R_1 R_2}{R_1 + R_2}[\Omega]$ 참고 같은 저항이 n개 접속 $R_0 = \dfrac{R}{n}[\Omega]$
전체전압	$V = R_1 I_1 = R_2 I_2 = R_0 I = \dfrac{R_1 R_2}{R_1 + R_2}I[V]$
분류법칙	$I_1 = \dfrac{V}{R_1} = \dfrac{R_2 I}{R_1 + R_2}[A]$, $\quad I_2 = \dfrac{V}{R_2} = \dfrac{R_1 I}{R_1 + R_2}[A]$
전체전류	$I = \dfrac{V}{R_0} = \dfrac{R_1 + R_2}{R_1 R_2}V = \dfrac{(R_1+R_2)I_1}{R_2} = \dfrac{(R_1+R_2)I_2}{R_1}[A]$

핵심유형문제 23

3[Ω]의 저항 5개, 4[Ω]의 저항 5개, 5[Ω]의 저항 3개가 있다. 이들을 모두 직렬 접속할 때 합성저항[Ω]은?

[06, (유)08, 18]

① 75   ② 50   ③ 45   ④ 35

해설 $R = 3 \times 5 + 4 \times 5 + 5 \times 3 = 50[\Omega]$이다.

답 : ②

핵심24 콘덕턴스의 접속

콘덕턴스는 저항과 역의 성질을 지니고 있는 것으로 다음과 같이 정의한다.

$G = \dfrac{1}{R} = \dfrac{I}{V}$ [S] → 단위는 [S] 또는 [℧]로 표현한다.

　　　여기서, G : 콘덕턴스, R : 저항, I : 전류, V : 전압

중요도 ★
출제빈도
총44회 시행
총 8문 출제

1. 콘덕턴스의 직렬접속

구분	내용	
합성 콘덕턴스	$G_0 = \dfrac{1}{\dfrac{1}{G_1}+\dfrac{1}{G_2}} = \dfrac{G_1 G_2}{G_1+G_2}$ [S]	(회로도)
전체전류	$I = G_1 V_1 = G_2 V_2 = G_0 V = \dfrac{G_1 G_2}{G_1+G_2} V$ [A]	
분압법칙	$V_1 = \dfrac{I}{G_1} = \dfrac{G_2 V}{G_1+G_2}$ [V],　　$V_2 = \dfrac{I}{G_2} = \dfrac{G_1 V}{G_1+G_2}$ [V]	

2. 콘덕턴스의 병렬접속

구분	내용	
합성 콘덕턴스	$G_0 = G_1 + G_2$ [S]	(회로도)
전체전압	$V = \dfrac{I_1}{G_1} = \dfrac{I_2}{G_2} = \dfrac{I}{G_0} = \dfrac{I}{G_1+G_2}$ [V]	
분류법칙	$I_1 = G_1 V = \dfrac{G_1 I}{G_1+G_2}$ [A],　　$I_2 = G_2 V = \dfrac{G_2 I}{G_1+G_2}$ [A]	

핵심유형문제 24

2[Ω]의 저항과 3[Ω]의 저항을 직렬로 접속할 때 합성 컨덕턴스는 몇 [℧]인가? [09, 10]

① 5　　　② 2.5　　　③ 1.5　　　④ 0.2

해설 2[Ω]과 3[Ω]이 직렬일 때 합성저항은 $R_0 = 2+3 = 5$[Ω] 이므로 합성 콘덕턴스 G_0는

∴ $G_0 = \dfrac{1}{R_0} = \dfrac{1}{5} = 0.2$[℧]

답 : ④

핵심25 전지의 접속

1. 전지만 접속된 회로인 경우

내부저항 $r[\Omega]$을 갖는 기전력 $E[V]$인 전지를 n개 직렬로 접속하고 또한 같은 전지 m개를 병렬로 접속한 경우 전체 전지가 갖는 합성저항(r_0)과 전체 기전력(E_0)은 다음과 같다.

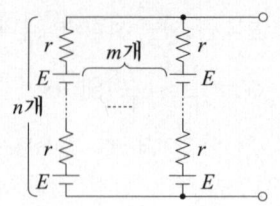

〈공식〉

$$r_0 = \frac{nr}{m}[\Omega], \qquad E_0 = nE[V]$$

여기서, r_0 : 전지의 합성 내부저항, n : 전지의 직렬 개수, m : 전지의 병렬 개수, r : 전지의 내부저항, E_0 : 전지의 합성 기전력, E : 전지의 기전력

2. 전지와 부하가 접속된 회로인 경우

위에서 설명한 직·병렬 접속된 전지 회로에 부하가 접속된 회로는 전체 전지가 갖는 합성저항(r_0)과 전체 기전력(E_0)을 이용하여 부하저항(R)에 흐르는 전류(I)를 구할 수 있다.

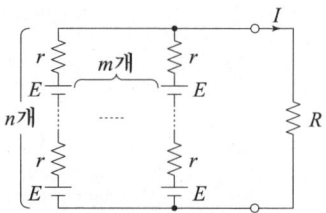

〈공식〉

$$I = \frac{E_0}{r_0 + R} = \frac{nE}{\frac{nr}{m} + R}[A]$$

여기서, I : 부하전류, E_0 : 전지의 합성 기전력, r_0 : 전지의 합성 내부저항, R : 부하저항
n : 전지의 직렬 개수, m : 전지의 병렬 개수, r : 전지의 내부저항,
E : 전지의 기전력

핵심유형문제 25

기전력이 1.5[V], 내부저항 0.1[Ω]인 전지 10개를 직렬로 연결하고 2[Ω]의 저항을 가진 전구에 연결할 때 전구에 흐르는 전류는 몇 [A]인가?

[07②, (유)06, 09]

① 2   ② 3   ③ 4   ④ 5

해설 $E = 1.5[V]$, $r = 0.1[\Omega]$, $n = 10$인 전지를 직렬 접속하고 $R = 2[\Omega]$인 저항을 부하로 접속한 경우 회로에 흐르는 전류 I는

$I = \dfrac{nE}{nr + R}[A]$ 식에서

$\therefore I = \dfrac{nE}{nr + R} = \dfrac{10 \times 1.5}{10 \times 0.1 + 2} = 5[A]$

답 : ④

핵심26 배율기와 분류기

1. 배율기

배율기란 "전압계의 측정범위를 넓히기 위하여 전압계와 직렬로 접속하는 저항기"로서 전압계의 내부저항 $r_v[\Omega]$, 전압계의 최대눈금 $V_v[V]$, 피측정 전압 $V_0[V]$일 때 배율기의 배율 m과 배율기 저항 r_m의 값은 다음과 같다.

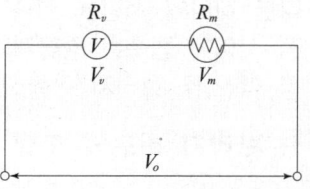

중요도 ★★
출제빈도
총44회 시행
총11문 출제

배율(m)	배율기 저항(r_m)
$m = \dfrac{V_0}{V_v} = 1 + \dfrac{r_m}{r_v}$	$r_m = (m-1)r_v\,[\Omega]$

여기서, m : 배율, V_0 : 피측정 전압, V_v : 전압계의 최대눈금, r_m : 배율기 저항, r_v : 전압계의 내부저항

2. 분류기

분류기란 "전류계의 측정범위를 넓히기 위하여 전류계와 병렬로 접속하는 저항기"로서 전류계의 내부저항 $r_a[\Omega]$, 전류계의 최대눈금 $I_a[A]$, 피측정 전류 $I_0[A]$일 때 분류기의 배율 m과 분류기 저항 r_m의 값은 다음과 같다.

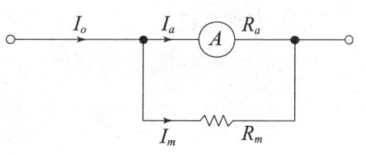

배율(m)	분류기 저항(r_m)
$m = \dfrac{I_0}{I_a} = 1 + \dfrac{r_a}{r_m}$	$r_m = \dfrac{r_a}{m-1}\,[\Omega]$

여기서, m : 배율, I_0 : 피측정 전류, I_a : 전류계의 최대눈금, r_a : 전류계의 내부저항, r_m : 분류기 저항

핵심유형문제 26

전압계의 측정 범위를 넓히는데 사용되는 기기는? [09, 12, (유)07, 19]

① 배율기 ② 분류기 ③ 정압기 ④ 정류기

해설 배율기란 전압계의 측정범위를 넓히기 위하여 전압계와 직렬로 접속하는 저항기이다.

답 : ①

핵심27 휘스톤 브리지 평형조건

브리지 회로란 아래 그림과 같이 직렬로 접속된 저항 중심점 사이를 검류계나 또 다른 하나의 저항을 접속한 회로를 의미하며, 이 브리지 회로에서 각 저항의 중심점 사이에 접속된 검류계와 또 다른 하나의 저항에 전류가 흐르지 않게 되는 회로를 "휘스톤 브리지 평형회로"라 한다.

1. 브리지 회로의 모델

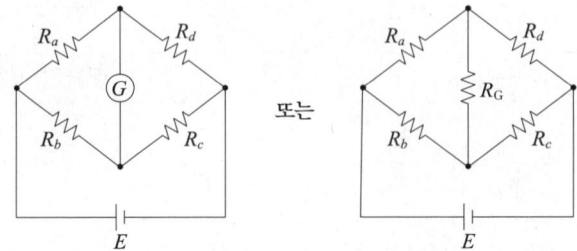

2. 휘스톤 브리지 평형회로 조건

브리지 회로가 아래와 같은 평형조건을 만족하게 되면 회로의 합성저항은 다음과 같이 두 가지 방법으로 구할 수 있게 된다.

① 평형조건

〈공식〉
$$R_a \times R_c = R_b \times R_d$$

② 합성저항

〈공식〉
$$R_0 = \frac{(R_a + R_d) \times (R_b + R_c)}{(R_a + R_d) + (R_b + R_c)} = \frac{R_a \times R_b}{R_a + R_b} + \frac{R_d \times R_c}{R_d + R_c} [\Omega]$$

핵심유형문제 27

회로에서 검류계의 지시기가 0일 때 저항 X는 몇 [Ω]인가?   [12]

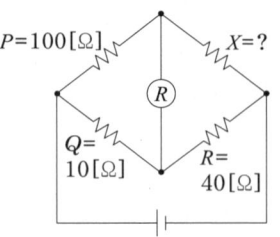

① 10   ② 40   ③ 100   ④ 400

해설 브리지 회로가 평형이 되기 위해서는 $PR = XQ$ 식을 만족해야 한다.

$$\therefore X = \frac{P}{Q}R = \frac{100}{10} \times 40 = 400[\Omega]$$

답 : ④

적중예상문제

01
Q[C]의 전기량이 도체를 이동하면서 한 일을 W[J]이라 했을 때 전위차 V[V]를 나타내는 관계식으로 옳은 것은? [15]

① $V = QW$
② $V = \dfrac{W}{Q}$
③ $V = \dfrac{Q}{W}$
④ $V = \dfrac{1}{QW}$

전위차는 $V = \dfrac{W}{Q}$[V]이다.

02
14[C]의 전기량이 이동해서 560[J]의 일을 했을 때 기전력은 얼마인가? [13]

① 40[V]
② 140[V]
③ 200[V]
④ 240[V]

$Q = 14$[C], $W = 560$[J]일 때
$V = \dfrac{W}{Q}$[V] 식에서
∴ $V = \dfrac{W}{Q} = \dfrac{560}{14} = 40$[V]

03
다음 중 1[V]와 같은 값을 갖는 것은? [15, 18]

① 1[J/C]
② 1[Wb/m]
③ 1[Ω/m]
④ 1[A·sec]

$V = \dfrac{W}{Q}$[V] 식에서
∴ 1[V]는 1[J/C]과 같다.

04
전류를 계속 흐르게 하려면 전압을 연속적으로 만들어 주는 어떤 힘이 필요하게 되는데, 이 힘을 무엇이라 하는가? [09]

① 자기력
② 전자력
③ 기전력
④ 전기장

전류를 계속 흐르게 하기 위해 전압을 연속적으로 공급하는 능력을 기전력이라 한다.

05
3[V]의 기전력으로 300[C]의 전기량이 이동할 때 몇 [J]의 일을 하게 되는가? [16, (유)19]

① 1,200
② 900
③ 600
④ 100

$V = 3$[V], $Q = 300$[C]일 때
$V = \dfrac{W}{Q}$[V] 식에서 일 W는
∴ $W = QV = 300 \times 3 = 900$[J]

06
100[V]의 전위차로 가속된 전자의 운동 에너지는 몇 [J]인가? [13]

① 1.6×10^{-20}[J]
② 1.6×10^{-19}[J]
③ 1.6×10^{-18}[J]
④ 1.6×10^{-17}[J]

$V = 100$[V], $e = -1.602 \times 10^{-19}$[C]일 때
$W = QV = eV$[J] 식에서
$W = eV = -1.602 \times 10^{-19} \times 100$
$ = -1.602 \times 10^{-17}$[J]
∴ 1.6×10^{-17}[J]

해답 01 ② 02 ① 03 ① 04 ③ 05 ② 06 ④

07

1[eV]는 몇 [J]인가?   [15, 18]

① 1
② 1×10^{-10}
③ 1.16×10^4
④ 1.602×10^{-19}

1[eV]는 1[V]를 갖는 전자 1개 e[C]의 에너지를 의미하므로
$V = 1$[V], $e = -1.602 \times 10^{-19}$[C]일 때
$W = QV = eV$[J] 식에서
$W = eV = -1.602 \times 10^{-19} \times 1$
$\quad\quad = -1.602 \times 10^{-19}$[J]
$\therefore\ 1.602 \times 10^{-19}$[J]

08

어떤 도체에 t초 동안에 Q[C]의 전기량이 이동하면 이때 흐르는 전류[A]는?   [08]

① $I = Qt$[A]
② $I = Q^2 t$[A]
③ $I = \dfrac{t}{Q}$[A]
④ $I = \dfrac{Q}{t}$[A]

전류는 $I = \dfrac{Q}{t}$[A]이다.

09

어떤 도체에 5초간 4[C]의 전하가 이동했다면 이 도체에 흐르는 전류는?   [12]

① 0.12×10^3[mA]
② 0.8×10^3[mA]
③ 1.25×10^3[mA]
④ 8×10^3[mA]

$t = 5$[sec], $Q = 4$[C]일 때
$I = \dfrac{Q}{t}$[A] 식에서
$\therefore\ I = \dfrac{Q}{t} = \dfrac{4}{5} = 0.8$[A] $= 0.8 \times 10^3$[mA]

10

어떤 전지에 5[A]의 전류가 10분 흘렀다. 이 때 도체를 통과한 전기량은 얼마인가?   [06, 10, 12, (유)10]

① 500[C]
② 5,000[C]
③ 300[C]
④ 3,000[C]

$I = 5$[A], $t = 10$[min] $= 10 \times 60$[sec]일 때
$I = \dfrac{Q}{t}$[A] 식에서
$\therefore\ Q = It = 5 \times 10 \times 60 = 3,000$[C]

11

1[AH]는 몇 [C]인가?   [09, 11, 13]

① 7,200
② 3,600
③ 120
④ 60

1[AH]는 전류 1[A]가 1시간동안 흘렀다는 것을 의미하므로
$I = 1$[A], $t = 1$[hour] $= 1 \times 3,600$[sec]일 때
$I = \dfrac{Q}{t}$[A] 식에서
$\therefore\ Q = It = 1 \times 3,600 = 3,600$[C]

12

1.5[V]의 전위차로 3[A]의 전류가 3분 동안 흘렀을 때 한 일은?   [10]

① 1.5[J]
② 13.5[J]
③ 810[J]
④ 2430[J]

$V = 1.5$[V], $I = 3$[A], $t = 3$[min] $= 3 \times 60$[sec]일 때
$Q = It$[C], $W = QV$[J] 식에서
$Q = It = 3 \times 3 \times 60 = 540$[C]
$\therefore\ W = QV = 540 \times 1.5 = 810$[J]

해답 07 ④ 08 ④ 09 ② 10 ④ 11 ② 12 ③

13

다음 설명 중 잘못된 것은? [06, 18, 19]

① 양전하를 많이 가진 물질은 전위가 낮다.
② 1초 동안에 1[C]의 전기량이 이동하면 전류는 1[A]이다.
③ 전위차가 높으면 높을수록 전류는 잘 흐른다.
④ 전류의 방향은 전자의 이동방향과는 반대방향으로 정한다.

양전하를 많이 가지 물질은 전위가 높다.

14

도체의 전기저항에 대한 설명으로 옳은 것은? [10]

① 길이와 단면적에 비례한다.
② 길이와 단면적에 반비례한다.
③ 길이에 비례하고 단면적에 반비례한다.
④ 길이에 반비례하고 단면적에 비례한다.

$R = \rho \dfrac{l}{A}[\Omega]$ 식에서 도체의 저항은 길이에 비례하고 단면적에 반비례한다.

15

어떤 도체의 길이를 n 배로 하고 단면적을 $\dfrac{1}{n}$ 로 하였을 때의 저항은 원래 저항보다 어떻게 되는가? [12]

① n 배로 된다.
② n^2 배로 된다.
③ $\sqrt{n}$ 배로 된다.
④ $\dfrac{1}{n}$ 배로 된다.

$l' = nl[\text{m}]$, $A' = \dfrac{1}{n}A[\text{m}^2]$일 때 $R = \rho\dfrac{l}{A}[\Omega]$ 식에서
$\therefore R' = \rho\dfrac{l'}{A'} = \rho\dfrac{nl}{\frac{1}{n}A} = n^2\rho\dfrac{l}{A} = n^2 R[\Omega]$

16

구리선의 길이를 2배, 반지름을 $\dfrac{1}{2}$ 배로 할 때 저항은 몇 배가 되는가? [07, (유)15]

① 2
② 4
③ 6
④ 8

$l' = 2l[\text{m}]$, $A = \pi r^2 [\text{m}^2]$일 때 단면적의 변화는
$A' = \pi(r')^2 = \pi(\dfrac{1}{2}r)^2 = \dfrac{1}{4}\pi r^2 = \dfrac{1}{4}A[\text{m}^2]$
이므로
$R = \rho\dfrac{l}{A}[\Omega]$ 식에서
$\therefore R' = \rho\dfrac{l'}{A'} = \rho\dfrac{2l}{\frac{1}{4}A} = 8 \cdot \rho\dfrac{l}{A} = 8R[\Omega]$

17

20[Ω]의 저항을 갖는 전선의 길이를 2배로 늘리면 저항은 몇 배가 되는가?(단, 체적은 일정하다.) [10, 18]

① 40
② 60
③ 80
④ 100

체적이 일정하다는 것은 전선의 길이(l)가 2배 늘어날 경우 전선의 단면적(A)은 2배 감소되어야 한다는 것을 의미하기 때문에
$R = 20[\Omega]$, $l' = 2l[\text{m}]$, $A' = \dfrac{1}{2}A[\text{m}^2]$일 때
$R = \rho\dfrac{l}{A}[\Omega]$ 식에서
$R' = \rho\dfrac{l'}{A'} = \rho\dfrac{2l}{\frac{1}{2}A} = 4 \cdot \rho\dfrac{l}{A} = 4R[\Omega]$이 된다.
$\therefore R' = 4R = 4 \times 20 = 80[\Omega]$

해답 13 ① 14 ③ 15 ② 16 ④ 17 ③

18

전선의 길이를 4배로 늘렸을 때, 처음의 저항 값을 유지하기 위해서는 도선의 반지름을 어떻게 해야 하는가? [13]

① $\frac{1}{4}$로 줄인다. ② $\frac{1}{2}$로 줄인다.
③ 2배로 늘인다. ④ 4배로 늘인다.

$R = \rho \frac{l}{A} = \rho \frac{l}{\pi r^2}$ [Ω] 식에서 저항값이 일정할 때 도선의 길이(l)은 도선의 반지름(r)의 제곱에 비례하므로 $r \propto \sqrt{l}$ 관계가 성립된다.
∴ $r = \sqrt{4} = 2$배로 늘린다.

19

고유저항의 단위로 맞는 것은? [06, 08]

① [Ω] ② [Ω·m]
③ [AT/Wb] ④ [Ω^{-1}]

고유저항의 단위는 [Ω·m]이다.

20

1[Ω·m]는? [10, (유), 11, 16]

① 10^3[Ω·cm] ② 10^6[Ω·cm]
③ 10^3[Ω·mm²/m] ④ 10^6[Ω·mm²/m]

1[Ω·m] = 10^2[Ω·cm] = 10^3[Ω·mm]
= 10^6[Ω·mm²/m]

21

전선에서 길이 1[m], 단면적 1[mm²]를 기준으로 고유저항은 어떻게 나타내는가? [08]

① [Ω] ② [Ω·m²]
③ [Ω/m] ④ [Ω·mm²/m]

길이 1[m], 단면적 1[mm²]를 기준으로 한 전선의 고유저항은 1[Ω·mm²/m]이다.

22

전도도(conductivity)의 단위는? [09, 10, (유)14]

① [Ω·m] ② [℧·m]
③ [Ω/m] ④ [℧/m]

전도율 또는 도전율의 단위는 [℧/m] 또는 [S/m]이다.

23

전기 전도도가 좋은 순서대로 도체를 나열한 것은? [15]

① 은 → 구리 → 금 → 알루미늄
② 구리 → 금 → 은 → 알루미늄
③ 금 → 구리 → 알루미늄 → 은
④ 알루미늄 → 금 → 은 → 구리

물질의 전기 전도도가 큰 값에서 작은 값으로 나열하면
∴ 은 → 구리 → 금 → 알루미늄 → 텅스텐 → 니켈 → 철

24

다음 ( )안의 알맞은 내용으로 옳은 것은? [12, 16, (유)08]

> 회로에 흐르는 전류의 크기는 저항에 (ㄱ)하고, 가해진 전압에 (ㄴ)한다.

① (ㄱ) 비례, (ㄴ) 비례
② (ㄱ) 비례, (ㄴ) 반비례
③ (ㄱ) 반비례, (ㄴ) 비례
④ (ㄱ) 반비례, (ㄴ) 반비례

$I = \frac{V}{R}$ [A] 식에서 회로에 흐르는 전류의 크기는 저항에 반비례하고 전압에 비례한다. 이를 옴의 법칙이라 한다.

25

10[Ω]의 저항에 2[A]의 전류가 흐를 때 저항의 단자 전압은 얼마인가? [08]

① 5[V]   ② 10[V]
③ 15[V]   ④ 20[V]

$R=10[\Omega]$, $I=2[A]$일 때 $V=RI[V]$ 식에서
∴ $V=RI=10\times 2=20[V]$

26

100[V]에서 5[A] 흐르는 전열기에 120[V]를 가하면 흐르는 전류는? [10]

① 4.1[A]   ② 6.0[A]
③ 7.2[A]   ④ 8.4[A]

$V=100[V]$, $I=5[A]$인 전열기의 저항 R은
$R=\dfrac{V}{I}=\dfrac{100}{5}=20[\Omega]$임을 알 수 있다.
이 전열기에 $V'=120[V]$를 가할 때 전류 I'는
∴ $I'=\dfrac{V'}{R}=\dfrac{120}{20}=6[A]$

27

어떤 저항(R)에 전압(V)을 가하니 전류(I)가 흘렀다. 이 회로의 저항(R)을 20[%] 줄이면 전류(I)는 처음의 몇 배가 되는가? [14]

① 0.8   ② 0.88
③ 1.25   ④ 2.04

$I=\dfrac{V}{R}[A]$인 저항은 20[%] 줄일 때의 저항 R'는
$R'=0.8R[\Omega]$이 되기 때문에 이 저항에서의 전류 I'는
∴ $I'=\dfrac{V}{R'}=\dfrac{V}{0.8R}=1.25\dfrac{V}{R}=1.25I[A]$

28

"회로의 접속점에서 볼 때, 접속점에 흘러 들어오는 전류의 합은 흘러 나가는 전류의 합과 같다."라고 정의되는 법칙은? [09, 16]

① 키르히호프의 제1법칙
② 키르히호프의 제2법칙
③ 플레밍의 오른손 법칙
④ 앙페르의 오른나사 법칙

키르히호프의 전류법칙으로서 키르히호프의 제1법칙이다.

29

회로망의 임의의 접속점에 유입되는 전류는 $\sum I=0$ 라는 회로의 법칙은? [15]

① 쿨롱의 법칙
② 패러데이의 법칙
③ 키르히호프의 제1법칙
④ 키르히호프의 제2법칙

키르히호프의 전류법칙으로서 키르히호프의 제1법칙이다.

30

임의의 폐회로에서 키르히호프의 제2법칙을 가장 잘 나타낸 것은? [14]

① 기전력의 합 = 합성 저항의 합
② 기전력의 합 = 전압 강하의 합
③ 전압 강하의 합 = 합성 저항의 합
④ 합성 저항의 합 = 회로 전류의 합

키르히호프의 전압법칙으로서 키르히호프의 제2법칙은 폐회로 내에서 기전력의 합은 전압강하의 합과 같다는 것을 의미한다.

해답 25 ④ 26 ② 27 ③ 28 ① 29 ③ 30 ②

31

그림에서 단자 A-B 사이의 전압은 몇 [V]인가?

[06, 14]

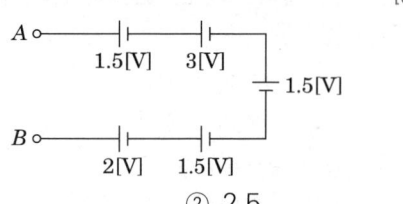

① 1.5   ② 2.5
③ 6.5   ④ 9.5

A단자에서 차례대로 기전력 1.5[V], 3[V], 1.5[V]는 순방향으로 접속되어 있고, 그 다음에 접속된 기전력 1.5[V]와 2[V]는 방향이 반대인 역방향으로 접속되어 있으므로 A-B 사이의 기전력의 합 V_{AB}는
∴ $V_{AB} = 1.5 + 3 + 1.5 - 1.5 - 2 = 2.5[V]$

32

그림에서 폐회로에 흐르는 전류는 몇 [A]인가? [14]

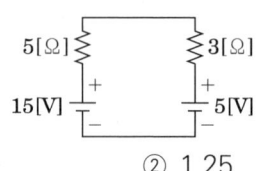

① 1   ② 1.25
③ 2   ④ 2.5

전위가 높은 기전력 15[V]를 기준으로 하면 기전력 5[V]는 역방향으로 접속되어 있어 전류 I를 대입하여 키르히호프 제2법칙에 대한 식을 전개하면 $15 - 5 = 5I + 3I$ 임을 알 수 있다.
∴ $I = \dfrac{15-5}{8} = 1.25[A]$

33

키르히호프의 법칙을 이용하여 방정식을 세우는 방법으로 잘못된 것은? [13]

① 키르히호프의 제1법칙은 회로망의 임의의 한 점에 적용한다.
② 각 폐회로에서 키르히호프의 제2법칙을 적용한다.
③ 각 회로의 전류를 문자로 나타내고 방향을 가정한다.
④ 계산결과 전류가 +로 표시된 것은 처음에 정한 방향과 반대방향임을 나타낸다.

계산결과 전류가 +로 표시된 것은 처음에 정한 전류의 방향과 같은 방향이라는 것을 의미한다.

34

키르히호프의 법칙을 맞게 설명한 것은? [08]

① 제1법칙은 전압에 관한 법칙이다.
② 제1법칙은 전류에 관한 법칙이다.
③ 제1법칙은 회로망의 임의의 한 폐회로 중의 전압 강하의 대수합과 기전력의 대수합은 같다.
④ 제2법칙은 회로망에 유입하는 전류의 합은 유출하는 전류의 합과 같다.

키르히호프의 제1법칙은 전류에 관한 법칙이며, 키르히호프의 제2법칙은 전압에 관한 법칙이다.

35

R_1, R_2, R_3의 저항 3개를 직렬 접속했을 때의 합성저항 값은? [12, 16]

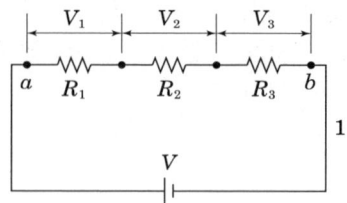

① $R = R_1 + R_2 R_3$ ② $R = R_1 R_2 + R_3$
③ $R = R_1 R_2 R_3$ ④ $R = R_1 + R_2 + R_3$

저항이 직렬접속인 경우 합성저항은 저항을 모두 더해서 구할 수 있다.
∴ $R = R_1 + R_2 + R_3 [\Omega]$

36

다음 회로에서 10[Ω]에 걸리는 전압은 몇 [V]인가?

[08, 19]

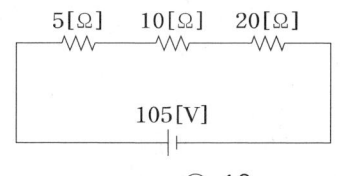

① 2 ② 10
③ 20 ④ 30

합성저항 $R = 5+10+20 = 35[\Omega]$ 이므로
$V = 105[V]$일 때 전류 I는
$I = \dfrac{V}{R} = \dfrac{105}{35} = 3[A]$ 임을 알 수 있다.
따라서 10[Ω]에 걸리는 전압을 V_{10}이라 하면
$\therefore V_{10} = 10I = 10 \times 3 = 30[V]$

별해 전압 분배법칙을 이용하면
$V_{10} = \dfrac{10}{5+10+20} V = \dfrac{10}{5+10+20} \times 105 = 30[V]$

37

5[Ω], 10[Ω], 15[Ω]의 저항을 직렬로 접속하고 전압을 가하였더니 10[Ω]의 저항 양단에 30[V]의 전압이 측정 되었다. 이 회로에 공급되는 전전압은 몇 [V]인가?

[12]

① 30[V] ② 60[V]
③ 90[V] ④ 120[V]

10[Ω]의 양단에 30[V]의 전압이 측정되었다면 회로에 흐르는 전류 I는
$I = \dfrac{30}{10} = 3[A]$가 흐른다는 것을 알 수 있다.
따라서 합성저항 $R = 5+10+15 = 30[\Omega]$이므로 회로에 공급되는 전전압 V는
$\therefore V = RI = 30 \times 3 = 90[V]$

별해 전압 분배법칙을 이용하면
$V_{10} = \dfrac{10}{5+10+15} V$ 식에서 $V_{10} = 30[V]$ 이므로
$V = 30 \times \dfrac{5+10+15}{10} = 90[V]$

38

저항 R_1, R_2를 병렬로 접속하면 합성저항은?

[07, 14]

① $R_1 + R_2$ ② $\dfrac{1}{R_1 + R_2}$

③ $\dfrac{R_1 \cdot R_2}{R_1 + R_2}$ ④ $\dfrac{R_1 + R_2}{R_1 \cdot R_2}$

$R = \dfrac{1}{\dfrac{1}{R_1} + \dfrac{1}{R_2}} = \dfrac{R_1 \cdot R_2}{R_1 + R_2} [\Omega]$이다.

39

4[Ω], 6[Ω], 8[Ω]의 3개 저항을 병렬 접속할 때 합성저항은 약 몇 [Ω]인가?

[07, 09]

① 1.8 ② 2.5
③ 3.6 ④ 4.5

$R = \dfrac{1}{\dfrac{1}{R_1} + \dfrac{1}{R_2} + \dfrac{1}{R_3}} [\Omega]$ 식에서

$\therefore R = \dfrac{1}{\dfrac{1}{4} + \dfrac{1}{6} + \dfrac{1}{8}} = 1.8[\Omega]$

40

20[Ω], 30[Ω], 60[Ω]의 저항 3개를 병렬로 접속하고 여기에 60[V]의 전압을 가했을 때, 이 회로에 흐르는 전체 전류는 몇 [A]인가?

[13, 18]

① 3[A] ② 6[A]
③ 30[A] ④ 60[A]

합성저항을 R이라 하면
$R = \dfrac{1}{\dfrac{1}{20} + \dfrac{1}{30} + \dfrac{1}{60}} = 10[\Omega]$ 이므로
$V = 60[V]$일 때 회로에 흐르는 전체 전류 I는
$\therefore I = \dfrac{V}{R} = \dfrac{60}{10} = 6[A]$

41

저항의 병렬접속에서 합성저항을 구하는 설명으로 옳은 것은? [13]

① 각 저항값을 모두 합하고 저항 숫자로 나누면 된다.
② 저항값의 역수에 대한 합을 구하고 다시 그 역수를 취하면 된다.
③ 연결된 저항을 모두 합하면 된다.
④ 각 저항값의 역수에 대한 합을 구하면 된다.

저항의 병렬접속에서의 합성저항 구하는 방법은
$R = \dfrac{1}{\dfrac{1}{R_1}+\dfrac{1}{R_2}+\dfrac{1}{R_3}}[\Omega]$ 이므로 이 식을 한글로 풀어서 해석하면
∴ 각 저항의 역수의 합을 구하고 다시 그 값을 역수로 취하면 된다.

43

그림에서 2[Ω]의 저항에 흐르는 전류는 몇 [A]인가? [07, 19]

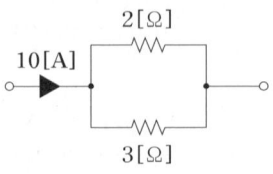

① 3   ② 4
③ 5   ④ 6

$R_2 = 2[\Omega]$, $R_3 = 3[\Omega]$, $I = 10[A]$라 하면 2[Ω]에 흐르는 전류 I_2는
$I_2 = \dfrac{R_3}{R_2+R_3}I\,[A]$ 식에서
∴ $I_2 = \dfrac{R_3}{R_2+R_3}I = \dfrac{3}{2+3}\times 10 = 6[A]$

42

그림과 같은 회로에서 저항 R_1에 흐르는 전류는? [16]

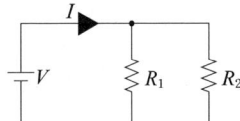

① $(R_1+R_2)I$ ② $\dfrac{R_2}{R_1+R_2}I$
③ $\dfrac{R_1}{R_1+R_2}I$ ④ $\dfrac{R_1 R_2}{R_1+R_2}I$

R_1에 흐르는 전류를 I_1, R_2에 흐르는 전류를 I_2라 하면
∴ $I_1 = \dfrac{R_2}{R_1+R_2}I[A]$, $I_2 = \dfrac{R_1}{R_1+R_2}I[A]$이다.

44

저항 R_1, R_2의 병렬회로에서 R_2에 흐르는 전류가 I일 때 전 전류는? [12]

① $\dfrac{R_1+R_2}{R_1}I$ ② $\dfrac{R_1+R_2}{R_2}I$
③ $\dfrac{R_1}{R_1+R_2}I$ ④ $\dfrac{R_2}{R_1+R_2}I$

전전류를 I_0라 하면 R_2에 흐르는 전류 I는
$I = \dfrac{R_1}{R_1+R_2}I_0[A]$ 이므로 전전류 I_0는
∴ $I_0 = \dfrac{R_1+R_2}{R_1}I[A]$

45

10[Ω]과 15[Ω]의 병렬 회로에서 10[Ω]에 흐르는 전류가 3[A]이라면 전체 전류[A]는? [08]

① 2 ② 3
③ 4 ④ 5

$R_{10} = 10[\Omega]$, $R_{15} = 15[\Omega]$, $I_{10} = 3[A]$라 하면 10[Ω]에 흐르는 전류 I_{10}는

$I_{10} = \dfrac{R_{15}}{R_{10}+R_{15}} I [A]$ 식에서 전류 I는

$\therefore I = \dfrac{R_{10}+R_{15}}{R_{15}} I_{10} = \dfrac{10+15}{15} \times 3 = 5[A]$

46

10[Ω]의 저항과 $R[\Omega]$의 저항이 병렬로 접속되고 10[Ω]의 전류가 5[A], $R[\Omega]$의 전류가 2[A]이면 저항 $R[\Omega]$은? [15]

① 10 ② 20
③ 25 ④ 30

10[Ω] 저항과 $R[\Omega]$ 저항이 병렬인 경우 각 저항에 나타나는 전압은 같아야 하므로 10[Ω]에 흐르는 전류를 5[A], $R[\Omega]$에 흐르는 전류는 2[A]라 할 때 각 저항에 나타나는 전압 V는

$V = 10 \times 5 = R \times 2 [V]$ 이므로

$\therefore R = \dfrac{10 \times 5}{2} = 25[\Omega]$

47

$R_1 = 3[\Omega]$, $R_2 = 5[\Omega]$, $R_3 = 6[\Omega]$의 저항 3개를 그림과 같이 병렬로 접속한 회로에 30[V]의 전압을 가하였다면 이 때 R_2 저항에 흐르는 전류[A]는 얼마인가? [08]

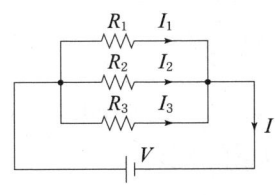

① 6 ② 10
③ 15 ④ 20

저항이 병렬로만 접속된 경우에는 각 저항에 걸리는 전압은 전원전압이 일정하게 나타나기 때문에 R_2 저항에 30[V]가 걸리는 것을 알 수 있다. 따라서 R_2 저항에 흐르는 전류 I_2는

$\therefore I_2 = \dfrac{V}{R_2} = \dfrac{30}{5} = 6[A]$

48

10[Ω] 저항 5개를 가지고 얻을 수 있는 가장 작은 합성저항 값은? [11]

① 1[Ω] ② 2[Ω]
③ 4[Ω] ④ 5[Ω]

저항이 직렬 접속일 경우에는 합성 저항값이 증가되고 저항이 병렬 접속일 경우에는 합성 저항값이 감소되기 때문에 가장 작은 저항값을 얻기 위해서는 저항 5개를 모두 병렬로 접속하여야 한다. 저항 n개가 병렬일 때 합성 저항 R_0는

$R_0 = \dfrac{R}{n}[\Omega]$ 이므로

$\therefore R_0 = \dfrac{R}{n} = \dfrac{10}{5} = 2[\Omega]$

49

동일한 저항 4개를 접속하여 얻을 수 있는 최대 저항값은 최소 저항값의 몇 배인가? [16]

① 2 ② 4
③ 8 ④ 16

같은 저항 $R[\Omega]$ n개를 직렬 접속할 때의 합성 저항을 R_s, 병렬 접속할 때의 합성 저항을 R_p라 하면

$R_s = nR[\Omega]$, $R_p = \dfrac{R}{n}[\Omega]$ 식에서

$R_s = nR = 4 \times R = 4R[\Omega]$

$R_p = \dfrac{R}{n} = \dfrac{R}{4}[\Omega]$

따라서 최대 저항은 직렬 접속일 때, 그리고 최소 저항은 병렬 접속일 때 나타남을 알 수 있다.

$\therefore \dfrac{R_s}{R_p} = \dfrac{4R}{\dfrac{R}{4}} = 16$배가 된다.

50

그림과 같은 회로에서 합성저항은 몇 [Ω]인가?

[07, 09]

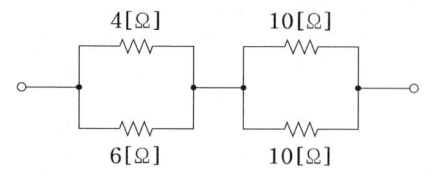

① 6.6[Ω] ② 7.4[Ω]
③ 8.7[Ω] ④ 9.4[Ω]

저항 4[Ω]과 6[Ω]의 병렬 합성저항을 R_1이라 하고, 저항 10[Ω]과 10[Ω]의 병렬 합성저항을 R_2라 할 때

$R_1 = \dfrac{4 \times 6}{4+6} = 2.4[Ω]$, $R_2 = \dfrac{10}{2} = 5[Ω]$ 이다.

그리고 R_1과 R_2는 직렬 접속이므로 회로의 합성 저항 R_0는

∴ $R_0 = R_1 + R_2 = 2.4 + 5 = 7.4[Ω]$

52

그림과 같은 회로의 저항값이 $R_1 > R_2 > R_3 > R_4$일 때, 전류가 최소로 흐르는 저항은?

[15]

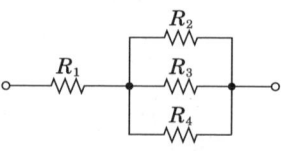

① R_1 ② R_2
③ R_3 ④ R_4

먼저 직렬 접속된 저항 R_1에 흐르는 전류는 전체 전류이기 때문에 최대전류가 흐른다는 것을 알 수 있다. 그리고 병렬로 접속된 저항 R_2, R_3, R_4에는 전류가 분배되어 흐르게 되는데 이 때 전류는 저항에 반비례하여 저항이 가장 큰 쪽으로 전류는 최소로 흐르게 된다.

∴ 병렬로 접속된 저항 중 R_2저항이 가장 크기 때문에 저항 R_2에 흐르는 전류가 최소이다.

51

다음 회로에서 a, b 간의 합성 저항은?

[11]

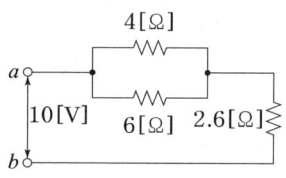

① 1[Ω] ② 2[Ω]
③ 3[Ω] ④ 4[Ω]

1[Ω]의 저항을 R_1, 저항 2[Ω]과 2[Ω]의 병렬 합성저항을 R_2라 하고, 저항 3[Ω] 3개의 병렬 합성 저항을 R_3라 할 때

$R_2 = \dfrac{2}{2} = 1[Ω]$, $R_3 = \dfrac{3}{3} = 1[Ω]$ 이다.

그리고 R_1, R_2, R_3는 모두 직렬 접속이므로 회로의 합성저항 R_0는

∴ $R_0 = R_1 + R_2 + R_3 = 1 + 1 + 1 = 3[Ω]$

53

그림과 같은 회로에서 4[Ω]에 흐르는 전류[A] 값은?

[11]

① 0.6 ② 0.8
③ 1.0 ④ 1.2

$V = 10[V]$, 합성저항 R_0, 전체 전류 I_0라 하면

$R_0 = \dfrac{4 \times 6}{4+6} + 2.6 = 5[Ω]$

$I_0 = \dfrac{V}{R_0} = \dfrac{10}{5} = 2[A]$

4[Ω]에 흐르는 전류를 I_1이라 하면

$I_1 = \dfrac{6}{4+6} I_0$ [A] 식에서

∴ $I_1 = \dfrac{6}{4+6} I_0 = \dfrac{6}{4+6} \times 2 = 1.2[A]$

54

그림과 같은 회로 AB에서 본 합성저항은 몇 [Ω]인가?

[09]

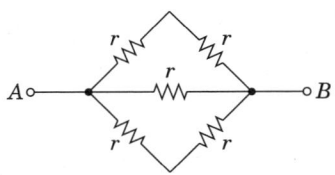

① $\dfrac{r}{2}$　　② r

③ $\dfrac{3r}{2}$　　④ $2r$

회로에서 A, B 수평선을 기준으로 위쪽에 접속된 2개의 저항 r은 직렬 접속되어 있어 $2r[Ω]$이 되고, 또한 아래쪽에 접속된 2개의 저항 r도 직렬 접속되어 있어 $2r[Ω]$이 된다. $2r$과 r, 그리고 $2r$이 모두 병렬로 접속되어 있기 때문에 AB에서 본 합성저항 R_{AB}는

$$\therefore R_{AB} = \dfrac{1}{\dfrac{1}{2r}+\dfrac{1}{r}+\dfrac{1}{2r}} = \dfrac{r}{2}[Ω]$$

55

그림과 같이 R_1, R_2, R_3의 저항 3개를 직병렬 접속 되었을 때 합성저항은?

[14]

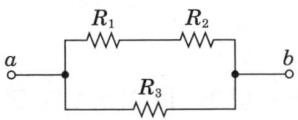

① $R = \dfrac{(R_1+R_2)R_3}{R_1+R_2+R_3}$

② $R = \dfrac{(R_2+R_2)R_1}{R_1+R_2+R_3}$

③ $R = \dfrac{(R_1+R_3)R_2}{R_1+R_2+R_3}$

④ $R = \dfrac{R_1R_2R_3}{R_1+R_2+R_3}$

직렬 접속된 저항 R_1과 R_2의 합성저항을 R_{12}라 하면
$R_{12} = R_1+R_2[Ω]$임을 알 수 있다.
그리고 R_{12}와 R_3는 병렬 접속되어 있으므로 a, b 단자의 합성저항 R_{ab}는

$$\therefore R_{ab} = \dfrac{R_{12}\cdot R_3}{R_{12}+R_3} = \dfrac{(R_1+R_2)\cdot R_3}{R_1+R_2+R_3}[Ω]$$

56

그림의 회로에서 모든 저항값은 2[Ω]이고, 전체전류 I는 6[A]이다. I_1에 흐르는 전류는?

[12, 19]

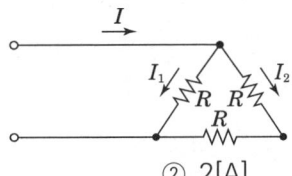

① 1[A]　　② 2[A]
③ 3[A]　　④ 4[A]

등가회로를 그려보면 오른쪽 그림과 같으므로 저항의 병렬접속의 전류분배공식을 적용하면

$$I_1 = \dfrac{2R}{R+2R}I$$
$$= \dfrac{2}{3}I[A] \text{ 이다.}$$

$R = 2[Ω]$, $I = 6[A]$일 때
$$\therefore I_1 = \dfrac{2}{3}I = \dfrac{2}{3}\times 6 = 4[A]$$

57

그림과 같은 회로에서 a-b간에 E[V]의 전압을 가하여 일정하게 하고, 스위치 S를 닫았을 때의 전전류 I[A]가 닫기전 전류의 3배가 되었다면 저항 R_X의 값은 약 몇 [Ω]인가? [11, 12, 16]

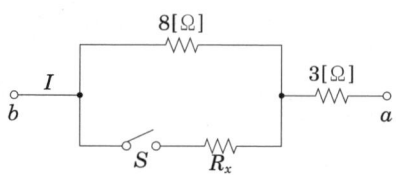

① 0.73 ② 1.44
③ 2.16 ④ 2.88

스위치를 닫았을 때의 전류 I, 스위치를 닫기 전의 전류를 I'라 하면 $I = 3I'$인 조건이므로
$$\frac{E}{3+\frac{8R_x}{8+R_x}} = 3 \times \frac{E}{8+3}$$ 이다.

$3 + \frac{8R_x}{8+R_x} = \frac{11}{3}$ 일 때

양 변에 $3(8+R_x)$를 곱하여 전개하면
$9(8+R_x) + 24R_x = 11(8+R_x)$
$(9+24-11)R_x = 88-72$
$\therefore R_x = \frac{16}{22} = 0.73[\Omega]$

58

1[Ω], 2[Ω], 3[Ω]의 저항 3개를 이용하여 합성 저항을 2.2[Ω]으로 만들고자 할 때 접속 방법을 옳게 설명한 것은? [11]

① 저항 3개를 직렬로 접속한다.
② 저항 3개를 병렬로 접속한다.
③ 2[Ω]과 3[Ω]의 저항을 병렬로 연결한 다음 1[Ω]의 저항을 직렬로 접속한다.
④ 1[Ω]과 2[Ω]의 저항을 병렬로 연결한 다음 3[Ω]의 저항을 직렬로 접속한다.

보기에서 주어진 조건에 대한 합성저항을 각각 구해보면
① $R = 1+2+3 = 6[\Omega]$
② $R = \frac{1}{\frac{1}{1}+\frac{1}{2}+\frac{1}{3}} = \frac{6}{11} = 0.55[\Omega]$
③ $R = \frac{2 \times 3}{2+3} + 1 = 2.2[\Omega]$
④ $R = \frac{1 \times 2}{1+2} + 3 = \frac{11}{3} = 3.67[\Omega]$
∴ 합성저항이 2.2[Ω]인 경우는 ③번이다.

59

컨덕턴스 G[℧], 저항 R[Ω], 전압 V[V], 전류를 I[A]라 할 때 G와의 관계가 옳은 것은? [11]

① $G = \frac{R}{V}$ ② $G = \frac{I}{V}$
③ $G = \frac{V}{R}$ ④ $G = \frac{V}{I}$

콘덕턴스는 저항의 역 성질을 지니고 있기 때문에 옴의 법칙 공식도 역수로 표현된다.
$\therefore G = \frac{1}{R} = \frac{I}{V}[℧]$

60

24[V]의 전원 전압에 의하여 6[A]의 전류가 흐르는 전기 회로의 컨덕턴스[℧]는? [06]

① 0.25[℧] ② 0.4[℧]
③ 2.5[℧]   ④ 4[℧]

$V = 24$[V], $I = 6$[A]일 때 콘덕턴스 G는
$G = \frac{I}{V}[℧]$ 식에서
$\therefore G = \frac{I}{V} = \frac{6}{24} = 0.25[℧]$

61

0.2[℧]의 컨덕턴스를 가진 저항체에 3[A]의 전류를 흘리려면 몇 [V]의 전압을 가하면 되겠는가? [06]

① 5 ② 10
③ 15 ④ 20

$G=0.2[℧]$, $I=3[A]$일 때 전압 V는
$V=\dfrac{I}{G}[V]$ 식에서
$\therefore V=\dfrac{I}{G}=\dfrac{3}{0.2}=15[V]$

62

0.2[℧]의 컨덕턴스 2개를 직렬로 연결하여 3[A]의 전류를 흘리려면 몇 [V]의 전압을 인가하면 되는가? [09, 16]

① 1.2[V] ② 7.5[V]
③ 30[V] ④ 60[V]

$G_1=G_2=0.2[℧]$, $I=3[A]$일 때
합성 콘덕턴스 G_0와 전압 V는
$G_0=\dfrac{G_1 G_2}{G_1+G_2}[℧]$, $V=\dfrac{I}{G_0}[V]$ 식에서
$G_0=\dfrac{0.2\times 0.2}{0.2+0.2}=0.1[℧]$
$\therefore V=\dfrac{I}{G_0}=\dfrac{3}{0.1}=30[V]$

63

3[S]과 4[S]의 컨덕턴스를 병렬로 접속할 때의 합성 값은 얼마인가? [06]

① 2[℧] ② 5[℧]
③ 7[℧] ④ 9[℧]

$G_1=3[S]$, $G_2=4[S]$일 때
$G_0=G_1+G_2[℧]$ 식에서
$\therefore G_0=G_1+G_2=3+4=7[℧]$

64

전압 1.5[V], 내부저항 0.2[Ω]의 전지 5개를 직렬로 접속하면 전 전압은 몇 [V]인가? [06, 07]

① 5.7 ② 0.2
③ 1.0 ④ 7.5

$E=1.5[V]$, $r=0.2[Ω]$, $n=5$일 때
전체 기전력 E_0, 합성저항 r_0는
$E_0=nE[V]$, $r_0=nr[Ω]$ 식에서
$\therefore E_0=nE=5\times 1.5=7.5[V]$

65

기전력이 V_0, 내부저항이 $r[Ω]$인 n개의 전지를 직렬 연결하였다. 전체 내부저항은 얼마인가? [12, 15]

① $\dfrac{r}{n}$ ② nr
③ $\dfrac{r}{n^2}$ ④ nr^2

전체 기전력 V, 합성저항 r_0는
$V=nV_0[V]$, $r_0=nr[Ω]$ 식에서
$\therefore r_0=nr[Ω]$

66

내부저항이 0.1[Ω]인 전지 10개를 병렬 연결하면, 전체 내부저항은? [10, 12]

① 0.01[Ω] ② 0.05[Ω]
③ 0.1[Ω] ④ 1[Ω]

$r=0.1[Ω]$, $m=10$일 때 병렬 접속인 합성저항 r_0는
$r_0=\dfrac{r}{m}[Ω]$ 식에서
$\therefore r_0=\dfrac{r}{m}=\dfrac{0.1}{10}=0.01[Ω]$

해답 61 ③ 62 ③ 63 ③ 64 ④ 65 ② 66 ①

67

기전력 1.5[V], 내부저항 0.2[Ω]인 전지 5개를 직렬로 접속하여 단락시켰을 때의 전류[A]는?

[07, 12, 14, (유)14]

① 1.5[A] ② 2.5[A]
③ 6.5[A] ④ 7.5[A]

$E = 1.5[V]$, $r = 0.2[\Omega]$, $n = 5$일 때 전류 I는

$I = \dfrac{nE}{nr}$ [A] 식에서

∴ $I = \dfrac{nE}{nr} = \dfrac{5 \times 1.5}{5 \times 0.2} = 7.5[A]$

68

기전력 E, 내부저항 r인 전지 n개를 직렬로 연결하여 이것에 외부저항 R을 직렬 연결하였을 때 흐르는 전류 I[A]는?

[09]

① $I = \dfrac{E}{nr + R}$ ② $I = \dfrac{nE}{r + R}$

③ $I = \dfrac{nE}{r + nR}$ ④ $I = \dfrac{nE}{nr + R}$

$I = \dfrac{nE}{nr + R}$ [A]이다.

69

동일 전압의 전지 3개를 접속하여 각각 다른 전압을 얻고자 한다. 접속방법에 따라 몇 가지의 전압을 얻을 수 있는가?(단, 극성은 같은 방향으로 설정한다.)

[14]

① 1가지 전압 ② 2가지 전압
③ 3가지 전압 ④ 4가지 전압

전지의 기전력을 E[V]라 할 때 이 전지 3개를 접속하여 각각 다른 전압을 얻을 수 있는 방법은 다음과 같다.
(1) 모두 직렬로 접속한 경우 $3E$[V]를 얻을 수 있다.
(2) 모두 병렬로 접속한 경우 E[V]를 얻을 수 있다.

(3) 두 개를 병렬 접속하고 한 개를 직렬로 접속한 경우 $2E$[V]를 얻을 수 있다. – 두 전지가 병렬일 때 전지의 기전력은 변함없이 E[V]이며 여기에 전지 한 개가 직렬로 접속된 경우 $2E$[V]가 된다.

∴ 3가지 방법이다.

참고 전지 2개를 직렬로 접속한 후에 전지 한 개를 병렬로 접속한 회로는 구성할 수 없다. 기전력이 $2E$[V]와 E[V]로 서로 다른 전압이 병렬회로에 나타나기 때문에 전지가 파괴될 우려가 있다.

70

전류계의 측정범위를 확대시키기 위하여 전류계와 병렬로 접속하는 것은?

[13, 18]

① 분류기 ② 배율기
③ 검류계 ④ 전위차계

분류기란 전류계의 측정범위를 넓히기 위하여 전류계와 병렬로 접속하는 저항기이다.

71

전압계 및 전류계의 측정 범위를 넓히기 위하여 사용하는 배율기와 분류기의 접속 방법은?

[11, 18]

① 배율기는 전압계와 병렬접속, 분류기는 전류계와 직렬접속
② 배율기는 전압계와 직렬접속, 분류기는 전류계와 병렬접속
③ 배율기 및 분류기 모두 전압계와 전류계에 직렬접속
④ 배율기 및 분류기 모두 전압계와 전류계에 병렬접속

배율기는 전압계와 직렬 접속, 분류기는 전류계와 병렬로 접속한다.

해답 67 ④ 68 ④ 69 ③ 70 ① 71 ②

72

어떤 전압계의 측정 범위를 10배로 하자면 배율기의 저항을 전압계 내부저항의 몇 배로 하여야 하는가?

[08]

① 10 ② $\frac{1}{10}$
③ 9   ④ $\frac{1}{9}$

$m=10$, 배율기의 저항 r_m, 전압계의 내부저항 r_v라 할 때

$m = 1 + \frac{r_m}{r_v}$ 식에서

∴ $r_m = (m-1)r_v = (10-1)r_v = 9r_v[\Omega]$

73

100[V]의 전압계가 있다. 이 전압계를 써서 200[V]의 전압을 측정하려면 최소 몇 [Ω]의 저항을 외부에 접속해야 하는가?(단, 전압계의 내부저항은 5,000[Ω]이다.)

[13]

① 1,000   ② 2,500
③ 5,000   ④ 10,000

$V_v = 100[V]$, $V_0 = 200[V]$, $r_v = 5,000[\Omega]$일 때

$\frac{V_0}{V_v} = 1 + \frac{r_m}{r_v}$ 식에서 배율기의 저항 r_m은

∴ $r_m = \left(\frac{V_0}{V_v} - 1\right)r_v = \left(\frac{200}{100} - 1\right) \times 5,000$
$= 5,000[\Omega]$

74

최대눈금 1[A], 내부저항 10[Ω]의 전류계로 최대 101[A]까지 측정하려면 몇 [Ω]의 분류기가 필요한가?

[16]

① 0.01   ② 0.02
③ 0.05   ④ 0.1

$I_a = 1[A]$, $r_a = 10[\Omega]$, $I_0 = 101[A]$일 때
$\frac{I_0}{I_a} = 1 + \frac{r_a}{r_m}$ 식에서 분류기의 저항 r_m은

∴ $r_m = \frac{r_a}{\frac{I_0}{I_a} - 1} = \frac{10}{\frac{101}{1} - 1} = 0.1[\Omega]$

75

그림의 휘트스톤브리지의 평형조건은?

[09]

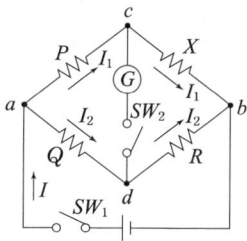

① $X = \frac{Q}{P}R$ ② $X = \frac{P}{Q}R$
③ $X = \frac{Q}{R}P$ ④ $X = \frac{P^2}{R}Q$

$PR = XQ$ 식에서
∴ $X = \frac{P}{Q}R[\Omega]$

76

그림에서 a-b간의 합성저항은 c-d간의 합성저항 보다 몇 배인가? [15]

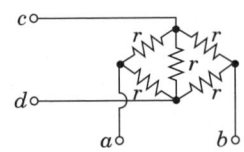

① 1배 ② 2배
③ 3배 ④ 4배

$a-b$ 단자의 합성저항을 구할 경우에는 휘스톤브리지 평형조건을 만족하기 때문에
$R_{ab} = \dfrac{2r \times 2r}{2r + 2r} = r[\Omega]$이 된다.

$c-d$ 단자의 합성저항을 구할 경우에는 $2r$, r, $2r$ 세 개의 저항이 병렬이므로

$R_{cd} = \dfrac{1}{\dfrac{1}{2r} + \dfrac{1}{r} + \dfrac{1}{2r}} = \dfrac{r}{2}[\Omega]$이 된다.

$\therefore \dfrac{R_{ab}}{R_{cd}} = \dfrac{r}{\dfrac{r}{2}} = 2$배이다.

77

회로에서 a-b 단자간의 합성저항[Ω] 값은? [14]

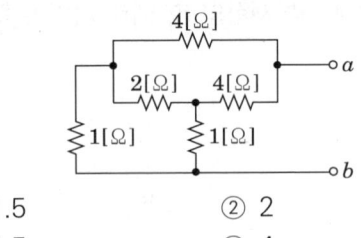

① 1.5 ② 2
③ 2.5 ④ 4

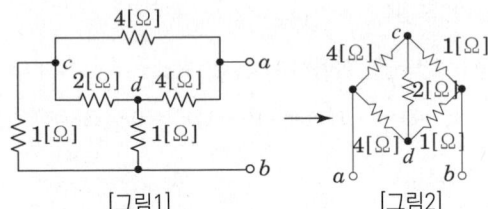

[그림1]   [그림2]

[그림1]과 [그림2]는 서로 등가회로이며 [그림2]에서 휘스톤브리지 평형회로 조건을 만족하므로 c, d 사이의 저항 2[Ω]은 개방시킬 수 있다. 따라서 $a-c-b$ 사이의 저항 4[Ω], 1[Ω]은 직렬회로이며 또한 $a-d-b$ 사이의 4[Ω], 1[Ω]도 직렬회로이다. 그리고 두 회로는 전체적으로 병렬회로를 이루고 있으므로 a, b 합성저항 R_{ab}는

$\therefore R_{ab} = \dfrac{(4+1) \times (4+1)}{(4+1) + (4+1)} = 2.5[\Omega]$

05 교류회로

핵심28 정현파 교류회로

교류의 순시값이란 교류의 여러 표현 중 하나로서 "파형으로 나타내는 교류의 표현"으로 정의할 수 있다. 즉, 파형을 정현파로 두었을 때 그 파형의 진폭을 결정하기 위한 최대값, 그리고 파형의 진행 속도를 알 수 있는 각주파수에 의해서 표현되는 교류값을 의미한다.

1. 전압, 전류의 순시값 표현

① 파형이 위상각 0°에서 출발하는 경우
$v(t) = V_m \sin\omega t [V]$, $i(t) = I_m \sin\omega t [A]$

② 파형이 위상각 θ에서 출발하는 경우
$v(t) = V_m \sin(\omega t \pm \theta)[V]$, $i(t) = I_m \sin(\omega t \pm \theta)[A]$

여기서, $v(t)$, $i(t)$: 순시값, V_m, I_m : 최대값, ω : 각주파수, θ : 초기위상

2. 각주파수 또는 각속도

$\omega = \dfrac{2\pi}{T} = 2\pi f = 2 \times 3.14 \times f \, [\text{rad/s}]$

여기서, ω : 각주파수, T : 주기, f : 주파수, $f = \dfrac{1}{T}$

참고 주기와 주파수는 서로 역수 관계임.

3. 위상차

위상차란 두 파형이 갖는 각각의 위상을 "-"로 계산하여 얻는 값으로서 기준이 주어진 경우에는 기준위상에서 비교위상을 "-"로 계산하고 기준이 주어지지 않는 경우에는 큰 위상에서 작은 위상을 "-"로 계산한다.

핵심유형문제 28

$e = 100\sin\left(377t - \dfrac{\pi}{5}\right)[V]$의 파형의 주파수는 약 몇 [Hz]인가? [07, 14, (유)06, 15]

① 50　　② 60　　③ 80　　④ 100

해설 $\omega = 377[\text{rad/s}]$일 때 $\omega = 2\pi f[\text{rad/s}]$ 식에서 주파수 f는

∴ $f = \dfrac{\omega}{2\pi} = \dfrac{377}{2\pi} = 60[\text{Hz}]$

답 : ②

중요도 ★★★
출제빈도
총44회 시행
총41문 출제

핵심29 교류의 실효값과 평균값 및 파고율과 파형률

1. 실효값과 평균값

교류의 실효값이란 순시값의 파형으로는 교류의 크기를 결정하기 어렵기 때문에 "교류를 일정한 크기로 표현하기 위하여 특정한 숫자로 표현되는 교류값"을 의미한다. 일반적으로 표현하는 모든 교류의 크기는 실효값을 지시한다. 가령 우리가 표현하는 110[V], 220[V], 380[V], 6,600[V], 22,900[V] 등과 같은 표현들은 모두 실효값을 지시한다. 그리고 평균값이란 "교류가 정류작용에 의해 직류로 변환될 때 나타나는 직류분"을 의미한다. 각 파형에 따른 실효값과 평균값은 다음과 같다.

파형	실효값	평균값
정현파	$V = \dfrac{V_m}{\sqrt{2}} = 0.707\,V_m$	$V = \dfrac{2\,V_m}{\pi} = 0.637\,V_m$
삼각파 또는 톱니파	$V = \dfrac{V_m}{\sqrt{3}} = 0.577\,V_m$	$V = \dfrac{V_m}{2} = 0.5\,V_m$
구형파	$V = V_m$	$V = V_m$

여기서, V_m : 최대값 전압

2. 파고율과 파형률

교류를 표현할 때 사용되는 최대값과 실효값 및 평균값을 서로 비교할 때 표현하는 계수로서 공식과 표현값은 아래와 같다.

〈공식〉

$$파고율 = \dfrac{최대값}{실효값}, \quad 파형률 = \dfrac{실효값}{평균값}$$

파형	파고율	파형률
정현파	$\sqrt{2} = 1.414$	$\dfrac{\pi}{2\sqrt{2}} = 1.11$
삼각파 또는 톱니파	$\sqrt{3} = 1.732$	$\dfrac{2}{\sqrt{3}} = 1.155$
구형파	1	1

핵심유형문제 29

최대값 10[A]인 교류 전류의 평균값은 약 몇 [A]인가? [07, 08, (유)10, 12, 13]

① 0.2   ② 0.5   ③ 3.14   ④ 6.37

해설 $I_m = 10$[A]일 때 평균값 I_a는 $I_a = 0.637 I_m$[A] 식에서
∴ $I_a = 0.637 I_m = 0.637 \times 10 = 6.37$[A]

답 : ④

핵심30 교류회로에서 R, L, C의 특성(Ⅰ)

중요도 ★★★
출제빈도
총44회 시행
총30문 출제

1. 저항(R) 소자

전등과 전열기와 같은 저항부하 자신만의 위상은 0°이기 때문에 교류회로에서 전압의 위상과 전류의 위상이 동상이 되는 특징을 갖는다. 따라서 전압의 순시값이 $v(t) = V_m \sin\omega t$[V]일 때 저항에 흐르는 전류의 순시값 $i(t)$는 다음과 같다.

$$\therefore i(t) = I_m \sin\omega t = \frac{V_m}{R} \sin\omega t \text{[A]}$$

여기서, $i(t)$: 순시값, I_m, V_m : 최대값, R : 저항, ω : 각주파수

2. 인덕턴스(L) 소자

① 리액턴스(X_L)

흔히 코일이라 칭하는 인덕턴스의 단위 [H]를 [Ω] 단위로 환산한 값을 유도성 리액턴스라 표현하며 "$+j$" 기호를 붙여 허수부로 취급한다. 보통 리액턴스만 구하는 경우 허수부 기호를 무시하는 경우가 많다.

$$\therefore +jX_L = +j\omega L = +j2\pi f L \text{[Ω]}$$

여기서, X_L : 리액턴스, ω : 각주파수, L : 인덕턴스, f : 주파수

② 전류(I_L)

인덕턴스에 흐르는 전류는 전압보다 90° 늦은 "지상전류"가 흐르므로 허수부 기호 "$-j$"를 붙인다. 보통 지상전류만 구하는 경우 허수부 기호를 무시하는 경우가 많다.

$$\therefore -jI_L = -j\frac{V}{X_L} = -j\frac{V}{\omega L} = -j\frac{V}{2\pi f L} \text{[A]}$$

여기서, I_L : 전류, V : 전압, X_L : 리액턴스, ω : 각주파수, L : 인덕턴스, f : 주파수

③ 자기 축적 에너지(W)

$$\therefore W = \frac{1}{2}LI^2 \text{[J]}$$

여기서, W : 자기 축적 에너지, L : 인덕턴스, I : 전류

핵심유형문제 30

자기 인덕턴스 10[mH]의 코일에 50[Hz], 314[V]의 교류전압을 가했을 때 몇 [A]의 전류가 흐르는가?(단, 코일의 저항은 없는 것으로 하며, $\pi = 3.14$로 계산한다.)

[07, 09, 18, 19②]

① 10 ② 31.4 ③ 62.8 ④ 100

해설 $L = 10$[mH], $f = 50$[Hz], $V = 314$[V]일 때 $I_L = \frac{V}{X_L} = \frac{V}{\omega L} = \frac{V}{2\pi f L}$[A] 식에서

$$\therefore I_L = \frac{V}{2\pi f L} = \frac{314}{2 \times 3.14 \times 50 \times 10 \times 10^{-3}} = 100 \text{[A]}$$

답 : ④

핵심31 교류회로에서 R, L, C의 특성(Ⅱ)

1. 정전용량(콘덴서 : C) 소자

① 리액턴스(X_L)

콘덴서 정전용량의 단위 [F]을 [Ω] 단위로 환산한 값을 용량성 리액턴스라 표현하며 "$-j$"를 붙여 허수부로 취급한다.

$$\therefore -jX_C = -j\frac{1}{\omega C} = -j\frac{1}{2\pi f C}[\Omega]$$

여기서, X_C : 리액턴스, ω : 각주파수, C : 정전용량, f : 주파수

② 전류(I_C)

정전용량에 흐르는 전류는 전압보다 90° 앞서는 "진상전류"가 흐르므로 허수부 기호 "$+j$"를 붙인다.

$$\therefore +jI_C = +j\frac{V}{X_C} = +j\omega CV = +j2\pi f CV[A]$$

여기서, I_C : 전류, V : 전압, X_C : 리액턴스, ω : 각주파수, C : 정전용량, f : 주파수

2. 콘덴서의 직·병렬

(1) 콘덴서의 직렬접속

① 합성 전기량

$$Q = C_1 V_1 = C_2 V_2 = C_0 V = \frac{C_1 C_2 V}{C_1 + C_2}[C]$$

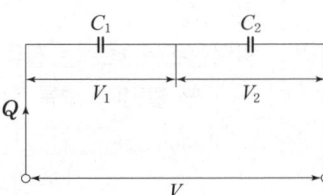

② 콘덴서 단자전압

$$V_1 = \frac{Q}{C_1} = \frac{C_2 V}{C_1 + C_2}[V], \quad V_2 = \frac{Q}{C_2} = \frac{C_1 V}{C_1 + C_2}[V]$$

(2) 콘덴서의 병렬접속

① 전체 전압

$$V = \frac{Q_1}{C_1} = \frac{Q_2}{C_2} = \frac{Q}{C_0} = \frac{Q}{C_1 + C_2}[V]$$

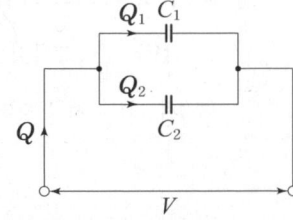

② 분배 전기량

$$Q_1 = C_1 V = \frac{C_1 Q}{C_1 + C_2}[C], \quad Q_2 = C_2 V = \frac{C_2 Q}{C_1 + C_2}[C]$$

핵심유형문제 31

콘덴서의 정전용량이 커질수록 용량리액턴스의 값은 어떻게 되는가? [07, 19]

① 무한대로 접근한다. ② 커진다.
③ 작아진다. ④ 변화하지 않는다.

해설 정전용량과 용량 리액턴스는 반비례하므로 정전용량이 커질수록 용량 리액턴스는 작아진다.

답 : ③

핵심32 복소수의 특성과 연산

1. 복소수의 특성

① 복소수는 실수부와 허수부로 이루어져 있다. 이 때 실수부와 허수부를 전기(電氣)적으로 각각 실수부는 유효분, 허수부는 무효분으로 표현한다.

② 허수부에 허수의 기호 "j"를 사용하며 허수를 제곱하면 음(-)수가 된다.

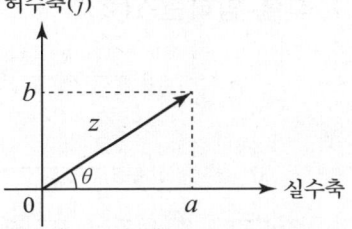

③ 복소수는 $a+jb$와 같은 표현과 $z\angle\theta = \sqrt{a^2+b^2}\angle\tan^{-1}\left(\dfrac{b}{a}\right)$와 같은 표현을 함께 사용한다.

참고 $z=\sqrt{a^2+b^2}$ 을 복소수의 절대값이라 한다.

④ 복소수는 크기와 방향을 함께 표현할 수 있는 벡터량으로 표시한다.

⑤ 허수의 기호 "j"는 위상각 "90°"로 표현할 수 있다.

2. 복소수의 연산

복소수가 $A = a_1 + ja_2 = |A|\angle\theta_A$, $B = b_1 + jb_2 = |B|\angle\theta_B$라 할 때 복소수의 4칙 연산은 다음과 같이 정의한다.

(1) 복소수의 합(+)과 차(-)
 ① $A+B = (a_1+b_1) + j(a_2+b_2)$
 ② $A-B = (a_1-b_1) + j(a_2-b_2)$

예) $Z_1 = 2+j11$, $Z_2 = 4-j3$의 합과 차
 ① $Z_1 + Z_2 = (2+4) + j(11-3) = 6+j8$
 ② $Z_1 - Z_2 = (2-4) + j(11+3) = -2+j14$

(2) 복소수의 곱
 ∴ $AB = |A||B|\angle(\theta_A + \theta_B)$

여기서, $|A|=\sqrt{a_1^2+a_2^2}$, $|B|=\sqrt{b_1^2+b_2^2}$, $\theta_A = \tan^{-1}\left(\dfrac{a_2}{a_1}\right)$, $\theta_B = \tan^{-1}\left(\dfrac{b_2}{b_1}\right)$이다.

(3) 복소수의 나누기
 ∴ $\dfrac{A}{B} = \dfrac{|A|}{|B|}\angle(\theta_A - \theta_B)$

여기서, $|A|=\sqrt{a_1^2+a_2^2}$, $|B|=\sqrt{b_1^2+b_2^2}$, $\theta_A = \tan^{-1}\left(\dfrac{a_2}{a_1}\right)$, $\theta_B = \tan^{-1}\left(\dfrac{b_2}{b_1}\right)$이다.

중요도 ★★
출제빈도
총44회 시행
총10문 출제

핵심유형문제 32

복소수 $3+j4$의 절대값은 얼마인가? [07]

① 2 ② 4 ③ 5 ④ 7

해설 복소수 $a+jb$의 절대값은 $\sqrt{a^2+b^2}$ 이므로
∴ $\sqrt{3^2+4^2} = 5$

답 : ③

중요도 ★★★
출제빈도
총44회 시행
총35문 출제

핵심33 R-L-C 직렬연결

1. 직렬 임피던스(Z)

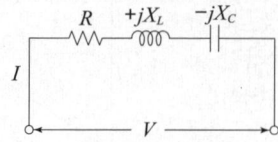 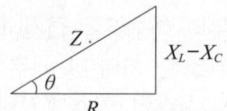

$$Z = Z_1 + Z_2 + Z_3 = R + j(X_L - X_C)$$
$$= \sqrt{R^2 + (X_L - X_C)^2} \angle \tan^{-1} \frac{X_L - X_C}{R} \, [\Omega]$$

여기서 Z ; 임피던스, R : 저항, X_L : 유도 리액턴스, X_C : 용량 리액턴스

참고 리액턴스

$$X_L = \omega L = 2\pi f L \, [\Omega], \quad X_C = \frac{1}{\omega C} = \frac{1}{2\pi f C} \, [\Omega]$$

2. 전류(I)

$$I = \frac{V}{Z} = \frac{V}{\sqrt{R^2 + (X_L - X_C)^2}} \angle -\tan^{-1} \frac{X_L - X_C}{R} \, [A]$$

3. 역률($\cos\theta$)

$$\cos\theta = \frac{R}{Z} = \frac{R}{\sqrt{R^2 + (X_L - X_C)^2}}$$

4. 직렬공진

$Z = R + j(X_L - X_C) ≒ R[\Omega]$이 되기 위한 조건을 공진조건이라 하며 공진시 저항만의 회로가 되기 때문에 전압과 전류는 동위상이 된다.

$X_L - X_C = 0$이므로 $X_L = X_C$ 또는 $\omega L = \frac{1}{\omega C}$ 이다.

① 최소 임피던스로 되고 최대전류가 흐른다.

② 공진주파수는 $f = \frac{1}{2\pi\sqrt{LC}}$ [Hz]이다.

핵심유형문제 33

저항 9[Ω], 용량 리액턴스 12[Ω]의 직렬 회로의 임피던스는 몇 [Ω]인가?   [09, 13]

① 2　　② 15　　③ 21　　④ 32

해설 $R = 9[\Omega]$, $X_C = 12[\Omega]$일 때 $Z = \sqrt{R^2 + X_C^2} \, [\Omega]$ 식에서

∴ $Z = \sqrt{R^2 + X_C^2} = \sqrt{9^2 + 12^2} = 15[\Omega]$

답 : ②

핵심34 R-L-C 병렬연결

1. 병렬어드미턴스(Y)

$$Y = Y_1 + Y_2 + Y_3 = \frac{1}{R} + j\left(\frac{1}{X_C} - \frac{1}{X_L}\right) = G + j(B_C - B_L)$$

$$= \sqrt{G^2 + (B_C - B_L)^2} \angle \tan^{-1} \frac{B_C - B_L}{G} \ [\mho]$$

여기서 Y : 어드미턴스, G : 콘덕턴스, B_C : 용량 서셉턴스, B_L : 유도 서셉턴스

2. 전류(I)

$$I = YV = \frac{V}{R} - j\frac{V}{X_L} + j\frac{V}{X_C} = I_R - jI_L + jI_C \ [A]$$

3. 역률($\cos\theta$)

$$\cos\theta = \frac{G}{Y} = \frac{G}{\sqrt{\left(\frac{1}{R}\right)^2 + \left(\frac{1}{X_C} - \frac{1}{X_L}\right)^2}} = \frac{X_0}{\sqrt{R^2 + X_0^2}}$$

↳ $R.L.C$ 병렬 회로에서 적용   ↳ $R.L$ 병렬 또는 $R.C$ 병렬 회로에서 적용

4. 병렬공진

$Y = \frac{1}{R} + j\left(\frac{1}{X_C} - \frac{1}{X_L}\right) ≒ \frac{1}{R}[\mho]$ 이 되기 위한 조건을 공진조건이라 하며

$\frac{1}{X_C} - \frac{1}{X_L} = 0$ 이므로 $X_L = X_C$ 또는 $\omega L = \frac{1}{\omega C}$ 이다.

① 최소 어드미턴스로 되고 최소전류가 흐른다.

② 공진주파수는 $f = \frac{1}{2\pi\sqrt{LC}}[Hz]$이다.

중요도 ★★
출제빈도
총44회 시행
총15문 출제

핵심유형문제 34

$R = 10[\Omega]$, $C = 318[\mu F]$의 병렬 회로에 주파수 $f = 60[Hz]$, 크기 $V = 200[V]$의 사인파 전압을 가할 때 콘덴서에 흐르는 전류 I_C 값은 약 몇 [A]인가?   [07, 18, 19]

① 24   ② 31   ③ 41   ④ 55

해설 병렬회로에서는 전압이 일정하기 때문에 콘덴서에 흐르는 전류는 $I_C = \frac{V}{X_C}[A]$이다.

$X_C = \frac{1}{\omega C}[\Omega]$ 이므로 $I_C = \frac{V}{X_C} = \omega CV = 2\pi fCV[A]$이다.

∴ $I_C = 2\pi fCV = 2\pi \times 60 \times 318 \times 10^{-6} \times 200 = 24[A]$

답 : ①

중요도 ★★
출제빈도
총44회 시행
총18문 출제

핵심35 교류전력(Ⅰ)

1. 피상전력(S)

교류회로의 피상전력은 일반적으로 전기기기의 정격 용량을 표시하는데 사용되는 값으로 간단히 전압(V)과 전류(I)의 곱으로 표현된다. 그리고 단위는 [VA]를 사용한다.

∴ $S = VI$ [VA]

여기서, S : 피상전력, V : 전압, I : 전류

2. 유효전력(P)

유효전력은 소비전력이라 표현하기도 하며 피상전력(S)에 역률($\cos\theta$)을 곱하여 표현한다. 그리고 단위는 [W]를 사용한다.

∴ $P = VI\cos\theta$ [W]

여기서, P : 유효전력, V : 전압, I : 전류, $\cos\theta$: 역률, θ : 전압과 전류의 위상차

참고 $R-X$ 직렬 회로인 경우에는 다음 공식을 적용한다.

$$P = I^2 R = \frac{V^2 R}{R^2 + X^2} \text{[W]}$$

여기서, P : 유효전력, V : 전압, I : 전류, R : 저항, X : 리액턴스

3. 무효전력(Q)

무효전력은 전원과 부하 사이를 왕복하기만 하고 부하에서 유효하게 소모되지 않는 전력으로서 피상전력(S)에 무효율($\sin\theta$)을 곱하여 표현한다. 그리고 단위는 [VAR]를 사용한다.

∴ $Q = VI\sin\theta$ [VAR]

여기서, Q : 무효전력, V : 전압, I : 전류, $\sin\theta$: 무효율($\sin\theta = \sqrt{1-\cos^2\theta}$)

참고 $R-X$ 직렬 회로인 경우에는 다음 공식을 적용한다.

$$Q = I^2 X = \frac{V^2 X}{R^2 + X^2} \text{[VAR]}$$

여기서, Q : 무효전력, V : 전압, I : 전류, R : 저항, X : 리액턴스

핵심유형문제 35

교류 회로에서 전압과 전류의 위상차를 θ[rad]이라 할 때 $\cos\theta$는 회로의 무엇인가?

[08, 10, 19]

① 전압 변동률 ② 파형률
③ 효율   ④ 역률

해설 교류회로에서 θ는 전압과 전류의 위상차를 의미하며 $\cos\theta$는 회로의 역률이라 표현한다.

답 : ④

핵심36 교류전력(Ⅱ)

1. 역률($\cos\theta$)
부하의 역률은 피상전력에 대한 유효전력의 비율로서 공급전력에 대해서 부하의 전력 소비능력이 어느 정도인지를 정하는 지수로 사용된다.

〈공식〉
$$\cos\theta = \frac{P}{S} = \frac{P}{VI}$$

여기서, $\cos\theta$: 역률, S : 피상전력, P : 유효전력, V : 전압, I : 전류

2. 최대전력전송
내부저항을 갖는 전원 전압이 부하저항에 최대전력을 공급할 수 조건은 내부저항과 부하저항이 서로 같을 때 만족할 수 있게 된다. 따라서 최대전력전송 조건과 그에 따른 최대전력은 다음과 같이 정의할 수 있다.

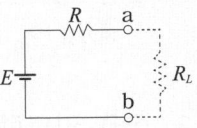

① 조건
$$R_L = R\,[\Omega]$$
여기서, R_L : 부하저항, R : 전원의 내부저항

② 최대전력
$$P_m = \frac{E^2}{4R} = \frac{E^2}{4R_L}\,[\text{W}]$$
여기서, P_m : 최대전력, E : 전원 전압, R : 전원의 내부저항, R_L : 부하저항

핵심유형문제 36

100[V]의 교류 전원에 선풍기를 접속하고 입력과 전류를 측정하였더니 500[W], 7[A]였다. 이 선풍기의 역률은?   [13, 14, (유)12]

① 0.61   ② 0.71   ③ 0.81   ④ 0.91

해설 $V=100[\text{V}]$, $P=500[\text{W}]$, $I=7[\text{A}]$일 때 역률 $\cos\theta$는
$$\cos\theta = \frac{P}{P_a} = \frac{P}{VI}\ \text{식에서}$$
$$\therefore\ \cos\theta = \frac{P}{VI} = \frac{500}{100 \times 7} = 0.71$$

답 : ②

핵심37 결합회로

1. 합성 인덕턴스(L_0)

두 코일 L_1과 L_2가 하나의 자기회로에 의해서 결합하고 있을 때 서로 주고받는 자속에 의한 상호 인덕턴스를 M이라 하면 두 코일에 의한 합성 인덕턴스는 결합상태에 따라 두 가지로 구분할 수 있다.

구분 내용	가동결합	차동결합
회로도		
합성 인덕턴스	$L = L_1 + L_2 + 2M$[H]	$L = L_1 + L_2 - 2M$[H]

여기서, L_0 : 합성 인덕턴스, L_1, L_2 : 두 코일의 자기 인덕턴스, M : 상호 인덕턴스

2. 상호 인덕턴스(M)와 결합계수(k)

① 상호 인덕턴스(M)

〈공식〉
$$M = k\sqrt{L_1 L_2}\,[\text{H}]$$

여기서, k : 결합계수, L_1, L_2 : 두 코일의 자기 인덕턴스

② 결합계수(k)

〈공식〉
$$k = \frac{M}{\sqrt{L_1 L_2}}$$

여기서, M : 상호 인덕턴스, L_1, L_2 : 두 코일의 자기 인덕턴스스

참고 두 코일이 이상결합 또는 완전결합인 경우에는 누설자속이 없으므로 $k=1$이며, 두 코일이 직교하거나 서로 결합하지 않을 경우에는 $k=0$이다.

핵심유형문제 37

자체 인덕턴스 L_1, L_2, 상호 인덕턴스 M인 두 코일의 결합 계수가 1이면 어떤 관계가 되는가?

[06, 13, 15, 18, 19]

① $M = L_1 \times L_2$
② $M = \sqrt{L_1 \times L_2}$
③ $M = L_1 \sqrt{L_2}$
④ $M > \sqrt{L_1 \times L_2}$

해설 결합계수가 1이면 $k=1$ 이므로 $M = k\sqrt{L_1 L_2}\,[\text{H}]$ 식에서
∴ $M = \sqrt{L_1 L_2}\,[\text{H}]$이다.

답 : ②

적중예상문제

01

사인파 교류전압을 표시한 것으로 잘못된 것은?(단, θ 는 회전각이며, ω 는 각속도이다.) [15]

① $v = V_m \sin\theta$ ② $v = V_m \sin\omega t$
③ $v = V_m \sin 2\pi t$ ④ $v = V_m \sin\dfrac{2\pi}{T}t$

$\omega = 2\pi f [\text{rad/s}]$ 이므로
∴ $v = V_m \sin 2\pi ft [\text{V}]$ 이다.

02

$e = 200\sin(100\pi t)[\text{V}]$의 교류 전압에서 $t = \dfrac{1}{600}$ 초 일 때, 순시값은? [14]

① 100[V] ② 173[V]
③ 200[V] ④ 346[V]

$t = \dfrac{1}{600}$ 일 때
$\omega t = 100\pi t = 100\pi \times \dfrac{1}{600} = \dfrac{\pi}{6}[\text{rad}] = 30°$ 이므로
$e = 200\sin\omega t[\text{V}]$ 식에서
∴ $e = 200\sin 30° = 100[\text{V}]$

03

정현파 전압이 $v = V_m\sin\left(\omega t + \dfrac{\pi}{6}\right)[\text{V}]$일 때 전압의 순시값이 전압의 최대값과 같아지는 순간의 ωt는 몇 [rad]인가? [18]

① $\dfrac{\pi}{2}$ ② $\dfrac{\pi}{3}$
③ $\dfrac{\pi}{4}$ ④ $\dfrac{\pi}{6}$

순시값과 최대값이 같아지기 위해서는
$\sin\left(\omega t + \dfrac{\pi}{6}\right) = 1$이 되어야 하기 때문에
$\omega t + \dfrac{\pi}{6} = \dfrac{\pi}{2}$가 되어야 한다.
∴ $\omega t = \dfrac{\pi}{2} - \dfrac{\pi}{6} = \dfrac{\pi}{3}[\text{rad}]$

04

$e = 141\sin\left(120\pi t - \dfrac{\pi}{3}\right)[\text{V}]$인 파형의 주파수는 몇 [Hz]인가? [08, 11, (유)12]

① 120 ② 60
③ 30   ④ 15

$\omega = 2\pi f = 120\pi [\text{rad/s}]$ 이므로
∴ $f = \dfrac{120\pi}{2\pi} = 60[\text{Hz}]$

05

각속도 $\omega = 377[\text{rad/sec}]$인 사인파 교류의 주파수는 약 몇 [Hz]인가? [08, (유)12]

① 30 ② 60
③ 90 ④ 120

$\omega = 2\pi f = 377[\text{rad/s}]$ 이므로
∴ $f = \dfrac{377}{2\pi} = 60[\text{Hz}]$

06

각주파수 $100\pi[\text{rad/s}]$일 때 주파수 $f[\text{Hz}]$는? [10]

① 50[Hz]   ② 60[Hz]
③ 300[Hz] ④ 360[Hz]

$\omega = 2\pi f = 100\pi[\text{rad/s}]$ 이므로
∴ $f = \dfrac{100\pi}{2\pi} = 50[\text{Hz}]$

07

회전자가 1초에 30회전을 하면 각속도는? [11]

① $30\pi[\text{rad/s}]$ ② $60\pi[\text{rad/s}]$
③ $90\pi[\text{rad/s}]$ ④ $120\pi[\text{rad/s}]$

회전자가 1초에 30회전을 할 때 주파수는 $f = 30[\text{Hz}]$이므로 각속도 ω는
∴ $\omega = 2\pi f = 2\pi \times 30 = 60\pi[\text{rad/s}]$

해답 01 ③ 02 ① 03 ② 04 ② 05 ② 06 ① 07 ②

08
주파수 100[Hz]의 주기는 몇 초인가? [08, 10]

① 0.05 ② 0.02
③ 0.01 ④ 0.1

$f=100[\text{Hz}]$일 때
$T=\dfrac{1}{f}$ 식에서 주기 T 는
$\therefore\ T=\dfrac{1}{f}=\dfrac{1}{100}=0.01[\text{sec}]$

09
$\dfrac{\pi}{6}[\text{rad}]$는 몇 도인가? [14]

① 30° ② 45°
③ 60° ④ 90°

$\pi=3.14[\text{rad}]=180°$ 이므로 [rad]을 각도로 표현하면
$\therefore\ \dfrac{\pi}{6}=\dfrac{180°}{6}=30°$

10
[보기]에서 전압을 기준으로 할 때 전류의 위상차는? [06, 11]

[보기]
$v=V_m\sin(\omega t+30°)[\text{V}],$
$i=I_m\sin(\omega t-30°)[\text{A}]$

① 60° 뒤진다. ② 60° 앞선다.
③ 30° 뒤진다. ④ 30° 앞선다.

$\theta_v=30°,\ \theta_i=-30°$일 때
전압을 기준으로 놓고 전류의 위상차를 구하면
$\theta_{iv}=\theta_i-\theta_v$ 식에서
$\theta_{iv}=\theta_i-\theta_v=-30°-30°=-60°$ 이므로
$\therefore$ 전류의 위상은 전압보다 60° 뒤진다.

참고 부호의 의미
(+) 부호는 앞선다는 의미이고 (−) 부호는 뒤진다는 의미이다.

11
$v=100\sqrt{2}\sin\left(120\pi t+\dfrac{\pi}{4}\right)[\text{V}],$
$i=100\sin\left(120\pi t+\dfrac{\pi}{2}\right)[\text{A}]$인 경우 전류는 전압보다 위상이 어떻게 되는가? [06, (유)12]

① $\dfrac{\pi}{2}$[rad] 만큼 앞선다.

② $\dfrac{\pi}{2}$[rad] 만큼 뒤진다.

③ $\dfrac{\pi}{4}$[rad] 만큼 앞선다.

④ $\dfrac{\pi}{4}$[rad] 만큼 뒤진다.

$\theta_v=\dfrac{\pi}{4}=45°,\ \theta_i=\dfrac{\pi}{2}=90°$일 때
전압을 기준으로 위상차를 구하면
$\theta_{iv}=\theta_i-\theta_v=90°-45°=45°=\dfrac{\pi}{4}[\text{rad}]$이다.
$\therefore$ 전류의 위상은 전압보다 $\dfrac{\pi}{4}$만큼 앞선다.

12
전압이 $v=V_m\cos\left(\omega t-\dfrac{\pi}{6}\right)[\text{V}]$일 때 전압보다 위상이 $\dfrac{\pi}{3}[\text{rad}]$만큼 뒤진 전류의 순시값은 어떻게 표현되는가? [18]

① $I_m\cos\left(\omega t-\dfrac{\pi}{6}\right)$ ② $I_m\cos\left(\omega t-\dfrac{\pi}{3}\right)$

③ $I_m\sin\omega t$ ④ $I_m\sin\left(\omega t-\dfrac{\pi}{3}\right)$

전압보다 $\dfrac{\pi}{3}[\text{rad}]$만큼 뒤진 전류의 순시값은
$i=I_m\cos\left(\omega t-\dfrac{\pi}{6}-\dfrac{\pi}{3}\right)=I_m\cos\left(\omega t-\dfrac{\pi}{2}\right)[\text{A}]$이다.
$\cos\left(\omega t-\dfrac{\pi}{2}\right)=\sin\left(\omega t-\dfrac{\pi}{2}+\dfrac{\pi}{2}\right)=\sin\omega t$ 이므로
$\therefore\ i=I_m\cos\left(\omega t-\dfrac{\pi}{2}\right)=I_m\sin\omega t[\text{A}]$

참고 $\sin\omega t$와 $\cos\omega t$의 비교
$\cos\omega t=\sin(\omega t+90°)$

13
일반적으로 교류전압계의 지시값은? [11]

① 최대값 ② 순시값
③ 평균값 ④ 실효값

교류전압계의 지시값은 실제 교류의 크기를 지시해주는 값으로서 실효값을 의미한다.

14
$i(t) = I_m \sin\omega t$[A]인 교류의 실효값은? [07]

① $\dfrac{I_m}{\sqrt{2}}$ ② $\dfrac{2}{\pi}I_m$
③ I_m ④ $\sqrt{2}\,I_m$

교류의 실효값 I는
$\therefore I = \dfrac{I_m}{\sqrt{2}}$ [A]이다.

15
$e = 141.4\sin(100\pi t)$[V]의 교류전압이 있다. 이 교류의 실효값은 몇 [V]인가? [06, 08, (유)09]

① 100 ② 110
③ 141 ④ 282

$E_m = 141.4$[V]일 때 실효값 E는
$E = \dfrac{E_m}{\sqrt{2}}$ [V] 식에서
$\therefore E = \dfrac{E_m}{\sqrt{2}} = \dfrac{141.4}{\sqrt{2}} = 100$[V]

16
교류 100[V]의 최대값은 약 몇 [V]인가? [07, 18, 19]

① 90 ② 100
③ 111 ④ 141

$V = 100$[V]일 때 최대값 V_m은
$V_m = \sqrt{2}\,V$ [V] 식에서
$\therefore V_m = \sqrt{2}\,V = \sqrt{2} \times 100 = 141$[V]

17
가정용 전등 전압이 200[V]이다. 이 교류의 최댓값은 몇 [V]인가? [15, 19]

① 70.7 ② 86.7
③ 141.4 ④ 282.8

가정용 전등에 공급되는 전압 200[V]는 교류의 실효값 이므로 $V = 200$[V]일 때 최대값 V_m은
$V_m = \sqrt{2}\,V$ [V] 식에서
$\therefore V_m = \sqrt{2}\,V = \sqrt{2} \times 200 = 282.8$[V]

18
$i = I_m \sin\omega t$[A]인 정현파 교류에서 ωt가 몇 [°]일 때 순시값과 실효값이 같게 되는가? [13, 15]

① 0° ② 45°
③ 60° ④ 90°

순시값과 실효값이 같게 된다는 것은 $i = I$[A]이기 때문에
정현파의 실효값 $I = \dfrac{I_m}{\sqrt{2}}$ [A] 식에서
$i = I_m \sin\omega t = \dfrac{I_m}{\sqrt{2}}$ [A]가 되어야 한다.
$\sin\omega t = \dfrac{1}{\sqrt{2}}$ 이기 위한 ωt 값은
$\therefore \omega t = \sin^{-1}\left(\dfrac{1}{\sqrt{2}}\right) = 45°$

해답 13 ④ 14 ① 15 ① 16 ④ 17 ④ 18 ②

19

$v = 100\sin\omega t + 100\cos\omega t$[V]의 실효값[V]은? [09]

① 100[V]　　② 141[V]
③ 172[V]　　④ 200[V]

$\sin\omega t$와 $\cos\omega t$는 서로 간에 위상차 90° 관계에 있으므로 최댓값 100[V]를 피타고라스 정리를 이용하여 벡터적으로 합성하면
$V_m = \sqrt{100^2 + 100^2} = 100\sqrt{2}$ [V]이다.
따라서 실효값 V는
$V = \dfrac{V_m}{\sqrt{2}}$ [V] 식에서
$\therefore V = \dfrac{V_m}{\sqrt{2}} = \dfrac{100\sqrt{2}}{\sqrt{2}} = 100$[V]

참고 피타고라스 정리
크기 A와 B가 서로 각도(위상차)가 90°를 이루고 있을 때 A와 B의 합성은 $\sqrt{A^2 + B^2}$ 이다.

참고
$\sqrt{2} \times \sqrt{2} = 2$ 이므로 분모와 분자에 각각 $\sqrt{2}$를 곱하여 식을 전개하면
$\dfrac{200}{\sqrt{2}} = \dfrac{200 \times \sqrt{2}}{\sqrt{2} \times \sqrt{2}} = \dfrac{200 \times \sqrt{2}}{2} = 100\sqrt{2}$ 이다.

21

삼각파 전압의 최댓값이 V_m일 때 실효값은? [15]

① V_m　　② $\dfrac{V_m}{\sqrt{2}}$
③ $\dfrac{2V_m}{\pi}$　　④ $\dfrac{V_m}{\sqrt{3}}$

삼각파의 실효값 V는
$\therefore V = \dfrac{V_m}{\sqrt{3}}$ [V]이다.

20

어떤 교류회로의 순시값이 $v = \sqrt{2}\,V_m \sin\omega t$[V]인 전압에서 $\omega t = \dfrac{\pi}{6}$[rad]일 때 $100\sqrt{2}$[V]이면 이 전압의 실효값[V]은? [16]

① 100　　② $100\sqrt{2}$
③ 200　　④ $200\sqrt{2}$

$\omega t = \dfrac{\pi}{6} = 30°$, $v = 100\sqrt{2}$ [V]일 때 순시값은
$v = \sqrt{2}\,V_m \sin\omega t = \sqrt{2}\,V_m \sin 30°$
$= \dfrac{\sqrt{2}}{2} V_m$ [V] 이므로
$v = \dfrac{\sqrt{2}}{2} V_m = 100\sqrt{2}$ 조건에서
$V_m = 200$[V] 임을 알 수 있다.
따라서 최댓값은 $\sqrt{2}\,V_m$이므로 실효값 V는
$V = \dfrac{\sqrt{2}\,V_m}{\sqrt{2}}$ [V] 식에서
$\therefore V = \dfrac{\sqrt{2}\,V_m}{\sqrt{2}} = \dfrac{200\sqrt{2}}{\sqrt{2}} = 200$[V]

22

최댓값이 V_m[V]인 사인파 교류에서 평균값 V_a[V]의 값은? [09]

① $0.577\,V_m$　　② $0.637\,V_m$
③ $0.707\,V_m$　　④ $0.866\,V_m$

정현파(사인파)의 평균값 V_a는
$\therefore V_a = \dfrac{2V_m}{\pi} = 0.637\,V_m$ [V]이다.

23

최댓값 10[A]인 교류 전류의 평균값은 약 몇 [A]인가? [07, 08, (유)10, 12, 13]

① 0.2　　② 0.5
③ 3.14　　④ 6.37

$I_m = 10$[A]일 때 평균값 I_a는
$I_a = 0.637 I_m$[A] 식에서
$\therefore I_a = 0.637 I_m = 0.637 \times 10 = 6.37$[A]

24

어떤 사인파 교류전압의 평균값이 191[V]이면 최대값은? [13, 19, (유)09]

① 150[V] ② 250[V]
③ 300[V] ④ 400[V]

$V_a = 191$[V]일 때 최대값 V_m은
$V_a = 0.637 V_m$[V] 식에서
$\therefore V_m = \dfrac{V_a}{0.637} = \dfrac{191}{0.637} = 300$[V]

25

$i_1 = 8\sqrt{2}\sin\omega t$ [A], $i_2 = 4\sqrt{2}\sin(\omega t + 180°)$ [A]과의 차에 상당한 전류의 실효값은? [13, 19]

① 4[A] ② 6[A]
③ 8[A] ④ 12[A]

순시값 전류 i_1, i_2의 실효값 전류를 각각 I_1, I_2라 하고 위상을 θ_1, θ_2라 할 때 복소수 극형식의 표현은

$I_1 \angle \theta_1 = \dfrac{I_{m1}}{\sqrt{2}} \angle 0° = \dfrac{8\sqrt{2}}{\sqrt{2}} \angle 0° = 8$[A]

$I_2 \angle \theta_2 = \dfrac{I_{m2}}{\sqrt{2}} \angle 180° = \dfrac{4\sqrt{2}}{\sqrt{2}} \angle 180° = -4$[A]

전류의 차 $I_1 - I_2$는
$\therefore I_1 - I_2 = 8 - (-4) = 12$[A]

26

실효값 5[A], 주파수 f[Hz], 위상 60°인 전류의 순시값 i [A]를 수식으로 옳게 표현한 것은? [15]

① $i = 5\sqrt{2}\sin\left(2\pi ft + \dfrac{\pi}{2}\right)$
② $i = 5\sqrt{2}\sin\left(2\pi ft + \dfrac{\pi}{3}\right)$
③ $i = 5\sin\left(2\pi ft + \dfrac{\pi}{2}\right)$
④ $i = 5\sin\left(2\pi ft + \dfrac{\pi}{3}\right)$

$I = 5$[A], $\theta = 60° = \dfrac{\pi}{3}$[rad]일 때
$I_m = \sqrt{2} I$[A], $\omega = 2\pi f$[rad/s]이므로
$i = I_m \sin(\omega t + \theta)$[A] 식에 의해서
$\therefore i = 5\sqrt{2}\sin\left(2\pi ft + \dfrac{\pi}{3}\right)$[A]

27

교류의 파형률이란? [06, 09, 12, 13]

① $\dfrac{최대값}{실효값}$ ② $\dfrac{평균값}{실효값}$
③ $\dfrac{실효값}{평균값}$ ④ $\dfrac{실효값}{최대값}$

파고율과 파형률은 각각
파고율 $= \dfrac{최대값}{실효값}$, 파형률 $= \dfrac{실효값}{평균값}$ 이다.

28

다음 중 삼각파의 파형률은 약 얼마인가? [08, 18, 19]

① 1 ② 1.155
③ 1.414 ④ 1.732

삼각파의 파형률은 $\dfrac{2}{\sqrt{3}} = 1.155$ 이다.

29

파형률과 파고율이 모두 1인 파형은? [06, 16]

① 삼각파 ② 정현파
③ 구형파 ④ 반원파

파고율과 파형률이 모두 1인 파형은 구형파이다.

30

일반적인 경우 교류를 사용하는 전기난로의 전압과 전류의 위상에 대한 설명으로 옳은 것은? [07, 19]

① 전압과 전류는 동상이다.
② 전압이 전류보다 90도 앞선다.
③ 전류가 전압보다 90도 앞선다.
④ 전류가 전압보다 60도 앞선다.

전등과 전열기와 같은 저항부하 자신만의 위상은 0°이기 때문에 교류회로에서 전압의 위상과 전류의 위상이 동상이 되는 특징을 갖는다.

31

저항 $50[\Omega]$인 전구에 $e = 100\sqrt{2}\sin\omega t[V]$의 전압을 가할 때 순시전류[A]의 값은? [15, 18②, 19]

① $\sqrt{2}\sin\omega t$　　② $2\sqrt{2}\sin\omega t$
③ $5\sqrt{2}\sin\omega t$　　④ $10\sqrt{2}\sin\omega t$

$R = 50[\Omega]$일 때 순시전류는
$i = \dfrac{e}{R}[A]$ 식에서
$\therefore i = \dfrac{e}{R} = \dfrac{100\sqrt{2}}{50}\sin\omega t = 2\sqrt{2}\sin\omega t[A]$

32

$10[\Omega]$의 저항회로에 $e = 100\sin\left(377t + \dfrac{\pi}{3}\right)[V]$의 전압을 가했을 때 $t = 0$에서의 순시전류는 몇 [A] 인가? [08, 10]

① $5\sqrt{3}$　　② 5
③ $5\sqrt{2}$　　④ 10

$R = 10[\Omega]$, $t = 0$일 때 순시전류는
$i = \dfrac{e}{R}[A]$ 식에서
$\therefore i = \dfrac{e}{R} = \dfrac{100}{10}\sin\left(0 + \dfrac{\pi}{3}\right) = 10\sin 60°$
$= 5\sqrt{3}[A]$

33

전기저항 $25[\Omega]$에 $50[V]$의 사인파 전압을 가할 때 전류의 순시값은?(단, 각속도 $\omega = 377[\text{rad/s}]$임) [10]

① $2\sin 377t[A]$　　② $2\sqrt{2}\sin 377t[A]$
③ $4\sin 377t[A]$　　④ $4\sqrt{2}\sin 377t[A]$

$R = 25[\Omega]$, $V = 50[V]$일 때 순시전류는
$i = \dfrac{V_m}{R}\sin\omega t = \dfrac{\sqrt{2}\,V}{R}\sin\omega t[A]$ 식에서
$\therefore i = \dfrac{\sqrt{2}\,V}{R}\sin 377t = \dfrac{\sqrt{2}\times 50}{25}\sin 377t$
$= 2\sqrt{2}\sin 377t[A]$

34

자체 인덕턴스가 $1[H]$인 코일에 $200[V]$, $60[Hz]$의 사인파 교류 전압을 가했을 때 전류와 전압의 위상차는?(단, 저항성분은 모두 무시한다.) [16]

① 전류는 전압보다 위상이 $\dfrac{\pi}{2}[\text{rad}]$만큼 뒤진다.
② 전류는 전압보다 위상이 $\pi[\text{rad}]$만큼 뒤진다.
③ 전류는 전압보다 위상이 $\dfrac{\pi}{2}[\text{rad}]$만큼 앞선다.
④ 전류는 전압보다 위상이 $\pi[\text{rad}]$만큼 앞선다.

인덕턴스에 흐르는 전류는 전압보다 위상이 90° 또는 $\dfrac{\pi}{2}[\text{rad}]$만큼 뒤진다.

35

자체 인덕턴스가 $0.01[H]$인 코일에 $100[V]$, $60[Hz]$의 사인파 전압을 가할 때 유도 리액턴스는 약 몇 $[\Omega]$인가? [11]

① 3.77　　② 6.28
③ 12.28　　④ 37.68

$L = 0.01[H]$, $V = 100[V]$, $f = 60[Hz]$일 때
$X_L = \omega L = 2\pi f L[\Omega]$ 식에서
$\therefore X_L = 2\pi f L = 2\times\pi\times 60\times 0.01 = 3.77[\Omega]$

해답　30 ①　31 ②　32 ①　33 ②　34 ①　35 ①

36

5[mH]의 코일에 220[V], 60[Hz]의 교류를 가할 때 전류는 약 몇 [A]인가?　　　　　　　　[15, (유)14]

① 43[A]　　　② 58[A]
③ 87[A]　　　④ 117[A]

$L = 5[\text{mH}]$, $V = 220[\text{V}]$, $f = 60[\text{Hz}]$일 때
$I_L = \dfrac{V}{X_L} = \dfrac{V}{\omega L} = \dfrac{V}{2\pi f L}[\text{A}]$ 식에서

$\therefore I_L = \dfrac{V}{2\pi f L} = \dfrac{220}{2 \times \pi \times 60 \times 5 \times 10^{-3}}$
$= 117[\text{A}]$

37

어떤 회로의 소자에 일정한 크기의 전압으로 주파수를 2배로 증가시켰더니 흐르는 전류의 크기가 $\dfrac{1}{2}$로 되었다. 이 소자의 종류는?　　[14]

① 저항　　　② 코일
③ 콘덴서　　④ 다이오드

코일에 흐르는 전류 I는
$I_L = \dfrac{V}{X_L} = \dfrac{V}{\omega L} = \dfrac{V}{2\pi f L}[\text{A}]$ 식에서 주파수에 반비례하는 특징을 지니고 있다.

$\therefore$ 주파수를 2배로 할 때 전류가 $\dfrac{1}{2}$로 되는 소자는 코일이다.

38

$L[\text{H}]$의 코일에 $I[\text{A}]$의 전류가 흐를 때 저축되는 에너지[J]를 나타내는 것은?　　　　　　　　[06②]

① $\dfrac{1}{2}LI$　　　② LI^2
③ LI　　　　④ $\dfrac{1}{2}LI^2$

코일에 축적되는 자기 에너지 W는
$\therefore W = \dfrac{1}{2}LI^2[\text{J}]$이다.

39

자기 인덕턴스에 축적되는 에너지에 대한 설명으로 가장 옳은 것은?　　　　　　　　　　　　[11, 16]

① 자기 인덕턴스 및 전류에 비례한다.
② 자기 인덕턴스 및 전류에 반비례한다.
③ 자기 인덕턴스에 비례하고 전류의 제곱에 비례한다.
④ 자기 인덕턴스에 반비례하고 전류의 제곱에 반비례한다.

인덕턴스에 축적되는 자기에너지는 자기 인덕턴스에 비례하고 전류의 제곱에 비례한다.

40

자체 인덕턴스 20[mH]의 코일에 20[A]의 전류를 흘릴 때 저장 에너지는 몇 [J]인가?　[07, 10, (유)11②, 15]

① 2　　　② 4
③ 6　　　④ 8

$L = 20[\text{mH}]$, $I = 20[\text{A}]$일 때 축적에너지는
$W = \dfrac{1}{2}LI^2[\text{J}]$ 식에서
$\therefore W = \dfrac{1}{2}LI^2 = \dfrac{1}{2} \times 20 \times 10^{-3} \times 20^2 = 4[\text{J}]$

41

자체 인덕턴스 4[H]의 코일에 18[J]의 에너지가 저장되어 있다. 이 때 코일에 흐르는 전류는 몇 [A]인가?
　　　　　　　　　　　　　　　　　　[09, (유)12]

① 1　　　② 2
③ 3　　　④ 6

$L = 4[\text{H}]$, $W = 18[\text{J}]$일 때
$W = \dfrac{1}{2}LI^2[\text{J}]$ 식에서
$\therefore I = \sqrt{\dfrac{2W}{L}} = \sqrt{\dfrac{2 \times 18}{4}} = 3[\text{A}]$

해답　36 ④　37 ②　38 ④　39 ③　40 ②　41 ③

42

다음 중 용량 리액턴스 X_c와 반비례 하는 것은?

[06, 18]

① 전류 ② 전압
③ 저항 ④ 주파수

$X_C = \dfrac{1}{\omega C} = \dfrac{1}{2\pi f C}[\Omega]$, $I_C = \dfrac{V}{X_C}[A]$ 식에서
용량 리액턴스 X_C와 반비례하는 것은
∴ 주파수, 정전용량, 전류이다.

43

어느 회로 소자에 일정한 크기의 전압으로 주파수를 증가 시키면서 흐르는 전류를 관찰하였다. 주파수를 2배로 하였더니 전류의 크기가 2배로 되었다. 이 회로 소자는?

[10]

① 저항 ② 코일
③ 콘덴서 ④ 다이오드

콘덴서에 흐르는 전류 I는
$I_C = \dfrac{V}{X_C} = \omega CV = 2\pi f CV[A]$ 식에서
주파수에 비례하는 특징을 지니고 있다.
∴ 주파수를 2배로 할 때 전류가 2배로 되는 소자는 콘덴서이다.

44

어떤 회로에 $v = 200\sin\omega t[V]$의 전압을 가했더니 $i = 50\sin\left(\omega t + \dfrac{\pi}{2}\right)[A]$의 전류가 흘렀다. 이 회로는?

[10]

① 저항 회로 ② 유도성 회로
③ 용량성 회로 ④ 임피던스 회로

전압 파형의 위상은 0°, 전류의 위상은 90°이기 때문에 전류의 위상이 90° 앞선다는 것을 알 수 있다.
∴ 전류의 위상이 90° 앞선 회로는 용량성 회로이다.

45

두 콘덴서 C_1, C_2를 직렬접속하고 양단에 $V[V]$의 전압을 가할 때 C_1에 걸리는 전압은?

[07, 18]

① $\dfrac{C_1}{C_1 + C_2} V[V]$ ② $\dfrac{C_2}{C_1 + C_2} V[V]$
③ $\dfrac{C_1 + C_2}{C_1} V[V]$ ④ $\dfrac{C_1 + C_2}{C_2} V[V]$

C_1에 걸리는 전압을 V_1이라 하면
∴ $V_1 = \dfrac{C_2}{C_1 + C_2} V[V]$

46

$C_1 = 5[\mu F]$, $C_2 = 10[\mu F]$의 콘덴서를 직렬로 접속하고 직류 30[V]를 가했을 때, C_1 양단의 전압[V]은?

[16]

① 5 ② 10
③ 20 ④ 30

$V = 30[V]$ 이므로 C_1에 걸리는 전압을 V_1은
$V_1 = \dfrac{C_2}{C_1 + C_2} V[V]$ 식에서
∴ $V_1 = \dfrac{C_2}{C_1 + C_2} V = \dfrac{10}{5 + 10} \times 30 = 20[V]$

47

$2[\mu F]$과 $3[\mu F]$의 직렬회로에서 $3[\mu F]$의 양단에 60[V]의 전압이 가해졌다면 이 회로의 전 전기량은 몇 $[\mu C]$인가?

[08]

① 60 ② 180
③ 240 ④ 360

$C_1 = 2[\mu F]$, $C_2 = 3[\mu F]$, 각 정전용량의 단자전압을 V_1, V_2라 하면 전기량 Q는
$Q = C_1 V_1 = C_2 V_2 [C]$ 식에서
$V_2 = 60[V]$ 이므로
∴ $Q = C_2 V_2 = 3 \times 10^{-6} \times 60$
$= 180 \times 10^{-6}[C] = 180[\mu C]$

해답 42 ①, ④ 43 ③ 44 ③ 45 ② 46 ③ 47 ②

48

30[μF]과 40[μF]의 콘덴서를 병렬로 접속한 다음 100[V]전압을 가했을 때 전 전하량은 몇[C]인가?

[09, 14, 18, (유)15]

① 17×10^{-4}[C]   ② 34×10^{-4}[C]
③ 56×10^{-4}[C]   ④ 70×10^{-4}[C]

$C_1 = 30[\mu F]$, $C_2 = 40[\mu F]$라 할 때 정전용량이 병렬이라면 합성 정전용량 C_0는
$C_0 = C_1 + C_2 = 30 + 40 = 70[\mu F]$이다.
$V = 100$[V]일 때 전 전하량 Q는
$Q = C_0 V$[C] 식에서
$\therefore Q = C_0 V = 70 \times 10^{-6} \times 100 = 70 \times 10^{-4}$[C]

49

$V = 200$[V], $C_1 = 10[\mu F]$, $C_2 = 5[\mu F]$인 2개의 콘덴서가 병렬로 접속되어 있다. 콘덴서 C_1에 축적되는 전하[μF]는?

[13, (유)08]

① 100[μC]   ② 200[μC]
③ 1,000[μC]   ④ 2,000[μC]

정전용량이 병렬일 때 C_1에 축적되는 전하량 Q_1은
$Q_1 = C_1 V = \dfrac{C_2}{C_1 + C_2} Q$[C] 식에서
$\therefore Q_1 = C_1 V = 10 \times 10^{-6} \times 200$
$= 2{,}000 \times 10^{-6}$[C]$= 2{,}000[\mu C]$

50

Q_1으로 대전된 용량 C_1의 콘덴서에 용량 C_2를 병렬 연결할 경우 C_2가 분배 받는 전기량은? [13]

① $\dfrac{C_1 + C_2}{C_2} Q_1$ ② $\dfrac{C_1 + C_2}{C_1} Q_1$
③ $\dfrac{C_1 + C_2}{C_1} Q_1$ ④ $\dfrac{C_2}{C_1 + C_2} Q_1$

C_1과 C_2가 병렬 접속일 때 각 콘덴서에 분배되는 전기량을 Q_1', Q_2라 하면
$Q_1' = \dfrac{C_1}{C_1 + C_2} Q_1$[C], $Q_2 = \dfrac{C_2}{C_1 + C_2} Q_1$[C]이다.
$\therefore Q_2 = \dfrac{C_2}{C_1 + C_2} Q_1$[C]

51

규격이 같은 축전지 2개를 병렬로 연결하였다. 다음 설명 중 옳은 것은? [09]

① 용량과 전압이 모두 2배가 된다.
② 용량과 전압이 모두 $\dfrac{1}{2}$배가 된다.
③ 용량은 불변이고 전압은 2배가 된다.
④ 용량은 2배가 되고 전압은 불변이다.

축전지 용량을 C라 할 때 축전지 2개를 병렬로 접속하면 합성 정전용량은 $2C$가 되어 2배로 증가된다. 또한 병렬회로에서는 전위가 일정하기 때문에 전압은 불변이다.
∴ 용량은 2배가 되고 전압은 불변이다.

52

복소수에 대한 설명으로 틀린 것은? [15]

① 실수부와 허수부로 구성된다.
② 허수를 제곱하면 음수가 된다.
③ 복소수는 $A = a + jb$의 형태로 표시한다.
④ 거리와 방향을 나타내는 스칼라 양으로 표시한다.

복소수는 크기와 방향을 함께 표현할 수 있는 벡터량으로 표시한다.

해답 48 ④ 49 ④ 50 ④ 51 ④ 52 ④

53

$A_1 = a_1 + jb_1$, $A_2 = a_2 + jb_2$인 두 벡터의 차 A를 구하는 식은? [09]

① $(a_1 - a_2) + j(b_1 - b_2)$
② $(a_1 + a_2) - j(b_1 + b_2)$
③ $(a_1 - b_1) + j(a_2 - b_2)$
④ $(a_1 - b_1) - j(a_2 - b_2)$

$A = A_1 - A_2 = (a_1 + jb_1) - (a_2 + jb_2)$
$= (a_1 - a_2) + j(b_1 - b_2)$

54

다음 중 복소수의 값이 다른 것은? [12]

① $-1 + j$
② $-j(1+j)$
③ $\dfrac{-1-j}{j}$
④ $j(1+j)$

각 보기의 복소수를 전개하여 비교해 보면
① $-1 + j$
② $-j(1+j) = -j - j^2 = -j - (-1) = 1 - j$
③ $\dfrac{-1-j}{j} = \dfrac{(-1-j)j}{j^2} = \dfrac{-j-j^2}{-1}$
$= \dfrac{-j+1}{-1} = -1 + j$
④ $j(1+j) = j + j^2 = j - 1 = -1 + j$
∴ 복소수 값이 다른 것은 보기 ②항이다.

참고
허수의 제곱은 -1이 된다.
즉, $j^2 = -1$이다.

55

$i = 8 + j6$[A]로 표시되는 전류의 크기 I는 몇 [A]인가? [06, 15]

① 6
② 8
③ 10
④ 14

$i = 8 + j6$[A]인 전류의 크기는
∴ $I = \sqrt{8^2 + 6^2} = 10$[A]

56

어떤 회로의 부하전류가 10[A], 역률이 0.8일 때 부하의 유효 전류는 몇 [A]인가? [06, 18, 19]

① 6
② 8
③ 10
④ 12

임의의 복소수를 $A \angle \theta$라 할 때 이것을 실수부와 허수부로 구분하여 전개하면
$A \angle \theta = A(\cos\theta + j\sin\theta)$로 표현한다.
여기서 실수부는 $A\cos\theta$, 허수부는 $A\sin\theta$로 표현하며 실수부는 유효분, 허수부는 무효분이라 한다.
$I = 10$[A], 역률 $\cos\theta = 0.8$일 때 유효 전류는 $I\cos\theta$[A] 이므로
∴ $I\cos\theta = 10 \times 0.8 = 8$[A]

57

$\dot{A}_1 = A_1 \angle \theta_1$, $\dot{A}_2 = A_2 \angle \theta_2$일 때 두 벡터의 곱 $\dot{A}$를 구하는 식은? [06]

① $A_1 A_2 \angle \theta_1 \theta_2$
② $A_1 A_2 \angle \theta_1 + \theta_2$
③ $A_1 + A_2 \angle \theta_1 \theta_2$
④ $A_1 + A_2 \angle \theta_1 + \theta_2$

∴ $\dot{A}_1 \dot{A}_2 = A_1 A_2 \angle \theta_1 + \theta_2$

58

$R = 3[\Omega]$, $\omega L = 8[\Omega]$, $\dfrac{1}{\omega C} = 4[\Omega]$인 RLC 직렬 회로의 임피던스는 몇 [Ω]인가? [07]

① 5
② 8.5
③ 12.4
④ 15

$Z = \sqrt{R^2 + (X_L - X_C)^2}$
$= \sqrt{R^2 + \left(\omega L - \dfrac{1}{\omega C}\right)^2}$ [Ω] 식에서
∴ $Z = \sqrt{R^2 + \left(\omega L - \dfrac{1}{\omega C}\right)^2} = \sqrt{3^2 + (8-4)^2}$
$= 5[\Omega]$

해답 53 ① 54 ② 55 ③ 56 ② 57 ② 58 ①

59

RL 직렬회로에서 임피던스(Z)의 크기를 나타내는 식은? [06, 14]

① $R^2 + X_L^2$ ② $R^2 - X_L^2$
③ $\sqrt{R^2 + X_L^2}$ ④ $\sqrt{R^2 - X_L^2}$

RL 직렬회로의 임피던스 Z는
∴ $Z = \sqrt{R^2 + X_L^2}$ [Ω]이다.

60

저항 9[Ω], 용량 리액턴스 12[Ω]의 직렬 회로의 임피던스는 몇 [Ω]인가? [09, 13]

① 2   ② 15
③ 21   ④ 32

$R = 9[\Omega]$, $X_C = 12[\Omega]$일 때
$Z = \sqrt{R^2 + X_C^2}$ [Ω] 식에서
∴ $Z = \sqrt{R^2 + X_C^2} = \sqrt{9^2 + 12^2} = 15[\Omega]$

61

$R = 6[\Omega]$, $X_c = 8[\Omega]$일 때 임피던스 $Z = 6 - j8$ [Ω]으로 표시되는 것은 일반적으로 어떤 회로인가? [07, 15]

① RC 직렬회로   ② RL 직렬회로
③ RC 병렬회로   ④ RL 병렬회로

$R-C$ 직렬 회로일 때 임피던스 Z는
$Z = R - jX_C[\Omega]$로 표현되기 때문에
$Z = 6 - j8[\Omega]$으로 표현되는 것은
∴ $R-C$ 직렬 회로이다.

62

$R = 4[\Omega]$, $X_L = 15[\Omega]$, $X_C = 12[\Omega]$의 RLC 직렬 회로에 100[V]의 교류전압을 가할 때 전류와 전압의 위상차는 약 얼마인가? [13]

① 0°   ② 37°
③ 53°   ④ 90°

직렬 회로에서 전류와 전압의 위상차는 임피던스의 위상각과 같으므로
$\theta = \tan^{-1}\left(\dfrac{X_L - X_C}{R}\right)$ 식에서
∴ $\theta = \tan^{-1}\left(\dfrac{X_L - X_C}{R}\right) = \tan^{-1}\left(\dfrac{15 - 12}{4}\right)$
$= 37°$

63

$R-L$ 직렬회로에서 전압과 전류의 위상차 $\tan\theta$는? [09]

① $\dfrac{L}{R}$ ② ωRL
③ $\dfrac{\omega L}{R}$ ④ $\dfrac{R}{\omega L}$

RL 직렬회로의 전압과 전류의 위상차 $\tan\theta$는
∴ $\tan\theta = \dfrac{X_L}{R} = \dfrac{\omega L}{R}$ 이다.

64

저항 5[Ω], 유도 리액턴스 30[Ω], 용량 리액턴스 18[Ω]인 RLC 직렬회로에 130[V]의 교류를 가할 때 흐르는 전류[A]는? [08, 18, (유)10, 11]

① 10[A], 유도성   ② 10[A], 용량성
③ 5.9[A], 유도성   ④ 5.9[A], 용량성

$R = 5[\Omega]$, $X_L = 30[\Omega]$, $X_C = 18[\Omega]$, $V = 130$ [V]일 때
$I = \dfrac{V}{Z} = \dfrac{V}{\sqrt{R^2 + (X_L - X_C)^2}}$ [A] 식에서
$I = \dfrac{V}{\sqrt{R^2 + (X_L - X_C)^2}}$
$= \dfrac{130}{\sqrt{5^2 + (30-18)^2}} = 10[A]$이다.
그리고 $X_L > X_C$인 회로를 유도성 회로라 한다.
∴ $I = 10[A]$, 유도성

해답 59 ③ 60 ② 61 ① 62 ② 63 ③ 64 ①

65

$R = 5[\Omega]$, $L = 30[\text{mH}]$의 RL 직렬회로에 $V = 200[\text{V}]$, $f = 60[\text{Hz}]$의 교류전압을 가할 때 전류의 크기는 약 몇 [A]인가? [15]

① 8.67
② 11.42
③ 16.17
④ 21.25

$X_L = \omega L = 2\pi f L [\Omega],$
$I = \dfrac{V}{Z} = \dfrac{V}{\sqrt{R^2 + X_L^2}} [\text{A}]$ 식에서
$X_L = 2\pi f L = 2\pi \times 60 \times 30 \times 10^{-3}$
$= 11.31[\Omega]$
$\therefore I = \dfrac{V}{\sqrt{R^2 + X_L^2}} = \dfrac{200}{\sqrt{5^2 + 11.31^2}}$
$= 16.17[\text{A}]$

66

저항 3[Ω], 유도리액턴스 4[Ω]의 직렬회로에 교류 100[V]를 가할 때 흐르는 전류와 위상각은 얼마인가? [08]

① 14.3[A], 37°
② 14.3[A], 53°
③ 20[A], 37°
④ 20[A], 53°

$R = 5[\Omega]$, $X_L = 4[\Omega]$, $V = 100[\text{V}]$일 때
$I = \dfrac{V}{Z} = \dfrac{V}{\sqrt{R^2 + X_L^2}} [\text{A}],$
$\theta = \tan^{-1}\left(\dfrac{X_L}{R}\right) = \tan^{-1}\left(\dfrac{\omega L}{R}\right)$ 식에서
$I = \dfrac{V}{\sqrt{R^2 + X_L^2}} = \dfrac{100}{\sqrt{3^2 + 4^2}} = 20[\text{A}]$
$\theta = \tan^{-1}\left(\dfrac{X_L}{R}\right) = \tan^{-1}\left(\dfrac{4}{3}\right) = 53°$
$\therefore I = 20[\text{A}], \theta = 53°$

67

$R = 4[\Omega]$, $X = 3[\Omega]$인 $R-L$ 직렬회로에 5[A]의 전류가 흘렀다면 이 때의 전압은? [10]

① 15[V]
② 20[V]
③ 25[V]
④ 125[V]

전류 $I = 5[\text{A}]$일 때
$I = \dfrac{V}{Z} = \dfrac{V}{\sqrt{R^2 + X_L^2}}[\text{A}]$ 식에서 전압 V는
$\therefore V = \sqrt{R^2 + X^2} \cdot I = \sqrt{4^2 + 3^2} \times 5$
$= 25[\text{V}]$

68

$R = 6[\Omega]$, $X_c = 8[\Omega]$이 직렬로 접속된 회로에 $I = 10[\text{A}]$의 전류가 흐른다면 전압[V]은? [12, 19]

① $60 + j80$
② $60 - j80$
③ $100 + j150$
④ $100 - j150$

$Z = R - jX_C[\Omega]$, $I = \dfrac{V}{Z}[\text{A}]$ 식에서
$Z = R - jX_C = 6 - j8[\Omega]$ 이므로
$\therefore V = ZI = (6 - j8) \times 10 = 60 - j80[\text{V}]$

69

$R = 8[\Omega]$, $L = 19.1[\text{mH}]$의 직렬회로에 5[A]가 흐르고 있을 때 인덕턴스(L)에 걸리는 단자전압의 크기는 약 몇 [V]인가?(단, 주파수는 60[Hz]이다.) [15]

① 12
② 25
③ 29
④ 36

전류 $I = 5[\text{A}]$일 때
$X_L = \omega L = 2\pi f L [\Omega],$
인덕턴스의 단자전압 $V_L = X_L I [\text{V}]$ 식에서
$X_L = 2\pi f L = 2\pi \times 60 \times 19.1 \times 10^{-3}$
$= 7.2[\Omega]$
$\therefore V_L = X_L I = 7.2 \times 5 = 36[\text{V}]$

해답 65 ③ 66 ④ 67 ③ 68 ② 69 ④

70

저항 8[Ω]과 코일이 직렬로 접속된 회로에 200[V]의 교류 전압을 가하면 20[A]의 전류가 흐른다. 코일의 리액턴스는 몇 [Ω]인가? [15]

① 2
② 4
③ 6
④ 8

$R = 8[\Omega]$, $V = 200[V]$, $I = 20[A]$일 때
$Z = \dfrac{V}{I} = \sqrt{R^2 + X_L^2}\,[\Omega]$ 식에서
$Z = \dfrac{V}{I} = \dfrac{200}{20} = 10[\Omega]$ 이므로
∴ $X_L = \sqrt{Z^2 - R^2} = \sqrt{10^2 - 8^2} = 6[\Omega]$

참고 피타고라스 정리
$A = \sqrt{a^2 + b^2}$ 일 때
∴ $a = \sqrt{A^2 - b^2}$ 또는 $b = \sqrt{A^2 - a^2}$ 이다.

71

$R = 15[\Omega]$인 RC 직렬 회로에 60[Hz], 100[V]의 전압을 가하니 4[A]의 전류가 흘렀다면 용량 리액턴스[Ω]는? [13]

① 10
② 15
③ 20
④ 25

$R = 15[\Omega]$, $V = 100[V]$, $I = 4[A]$일 때
$Z = \dfrac{V}{I} = \sqrt{R^2 + X_C^2}\,[\Omega]$ 식에서
$Z = \dfrac{V}{I} = \dfrac{100}{4} = 25[\Omega]$ 이므로
∴ $X_C = \sqrt{Z^2 - R^2} = \sqrt{25^2 - 15^2} = 20[\Omega]$

72

저항 4[Ω], 유도 리액턴스 8[Ω], 용량 리액턴스 5[Ω]이 직렬로 된 회로에서의 역률은 얼마인가? [07, 19]

① 0.8
② 0.7
③ 0.6
④ 0.5

$R = 4[\Omega]$, $X_L = 8[\Omega]$, $X_C = 5[\Omega]$ 직렬 회로일 때 역률 $\cos\theta$ 는
$\cos\theta = \dfrac{R}{Z} = \dfrac{R}{\sqrt{R^2 + (X_L - X_C^2)}}$ 식에서
∴ $\cos\theta = \dfrac{R}{\sqrt{R^2 + (X_L - X_C^2)}}$
$= \dfrac{4}{\sqrt{4^2 + (8-5)^2}} = 0.8$

73

저항 8[Ω]과 유도 리액턴스 6[Ω]이 직렬로 접속된 회로에 200[V]의 교류 전압을 인가하는 경우 흐르는 전류[A]와 역률[%]은 각각 얼마인가? [18]

① 20[A], 80[%]
② 10[A], 80[%]
③ 20[A], 60[%]
④ 10[A], 80[%]

$R = 8[\Omega]$, $X_L = 6[\Omega]$, $V = 200[V]$일 때
$I = \dfrac{V}{Z} = \dfrac{V}{\sqrt{R^2 + X_L^2}}\,[A]$,
$\cos\theta = \dfrac{R}{Z} = \dfrac{R}{\sqrt{R^2 + X_L^2}}$ 식에서
$I = \dfrac{V}{\sqrt{R^2 + X_L^2}} = \dfrac{200}{\sqrt{8^2 + 6^2}} = 20[A]$
$\cos\theta = \dfrac{R}{\sqrt{R^2 + X_L^2}} = \dfrac{8}{\sqrt{8^2 + 6^2}}$
$= 0.8[pu] = 80[\%]$
∴ $I = 20[A]$, $\cos\theta = 80[\%]$

해답 70 ③ 71 ③ 72 ① 73 ①

74

그림과 같은 회로에 흐르는 유효분 전류[A]는? [09]

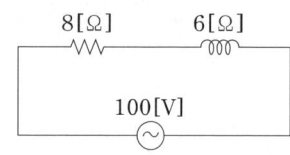

① 4[A]　　　② 6[A]
③ 8[A]　　　④ 10[A]

$R=8[\Omega]$, $X_L=6[\Omega]$, $V=100[V]$일 때
전류 $I=\dfrac{V}{Z}[A]$ 식에서
$I=\dfrac{V}{Z}=\dfrac{100}{8+j6}=\dfrac{100(8-j6)}{(8+j6)(8-j6)}$
$=\dfrac{800-j600}{8^2+6^2}=8-j6[A]$
여기서 유효분 전류란 전류의 실수부를 의미하므로
∴ 8[A]이다.

참고 분모 유리화 방법
$(a+jb)(a-jb)=a^2+b^2$ 이므로
$\dfrac{1}{a+jb}=\dfrac{a-jb}{(a+jb)(a-jb)}=\dfrac{a-jb}{a^2+b^2}$

75

$R-L-C$ 직렬공진 회로에서 최소가 되는 것은?

[11]

① 저항값　　　② 임피던스값
③ 전류값　　　④ 전압값

직렬 공진회로에서 최소는 임피던스, 최대는 전류이다.

76

직렬 공진회로에서 그 값이 최대가 되는 것은? [06③]

① 전류　　　② 임피던스
③ 리액턴스　　④ 저항

직렬 공진회로에서 최소는 임피던스, 최대는 전류이다.

77

RLC 직렬회로에서 전압과 전류가 동상이 되기 위한 조건은?　　　[13, 18]

① $L=C$　　　② $\omega LC=1$
③ $\omega^2 LC=1$　　　④ $(\omega LC)^2=1$

전압과 전류가 동상이 되는 조건은 공진 조건이므로 $\omega^2 LC=1$이다.

78

$R-L-C$ 직렬 공진시의 주파수 f_r[Hz]는? [06]

① $\dfrac{1}{2\pi LC}$　　　② $\dfrac{1}{2\pi\sqrt{LC}}$
③ $2\pi fLC$　　　④ $2\pi\sqrt{LC}$

RLC 직렬 공진주파수 f는
∴ $f=\dfrac{1}{2\pi\sqrt{LC}}$[Hz]이다.

79

저항 $R=15[\Omega]$, 자체 인덕턴스 $L=35[mH]$, 정전용량 $C=300[\mu F]$의 직렬회로에서 공진주파수 f_r는 약 몇 [Hz]인가?　　　[11]

① 40　　　② 50
③ 60　　　④ 70

$f=\dfrac{1}{2\pi\sqrt{LC}}$[Hz] 식에서
∴ $f=\dfrac{1}{2\pi\sqrt{LC}}$
$=\dfrac{1}{2\pi\sqrt{35\times 10^{-3}\times 300\times 10^{-6}}}$
$=50$[Hz]

해답　74 ③　75 ②　76 ①　77 ③　78 ②　79 ②

80

저항 $\frac{1}{3}[\Omega]$, 유도 리액턴스 $\frac{1}{4}[\Omega]$인 $R-L$ 병렬 회로에서 합성 어드미턴스를 구하면 얼마인가? [18]

① $\dot{Y} = \frac{1}{3} + j\frac{1}{4}$ ② $\dot{Y} = \frac{1}{3} - j\frac{1}{4}$

③ $\dot{Y} = 3 - j4$ ④ $\dot{Y} = 3 + j4$

$R = \frac{1}{3}[\Omega]$, $X_L = \frac{1}{4}[\Omega]$일 때

$Y = \frac{1}{R} - j\frac{1}{X_L}[\mho]$ 식에서

$\therefore Y = \frac{1}{R} - j\frac{1}{X_L} = 3 - j4[\mho]$

81

그림과 같은 RC 병렬회로의 위상각 θ는? [16]

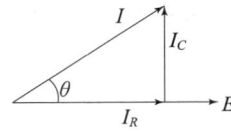

① $\tan^{-1}\frac{\omega C}{R}$ ② $\tan^{-1}\omega CR$

③ $\tan^{-1}\frac{R}{\omega C}$ ④ $\tan^{-1}\frac{1}{\omega CR}$

RC 병렬회로의 위상각 θ는

$\therefore \theta = \tan^{-1}\left(\frac{R}{X_C}\right) = \tan^{-1}(\omega CR)$이다.

82

$R = 10[\Omega]$, $C = 220[\mu F]$의 병렬 회로에 $f = 60$ [Hz], $V = 100[V]$의 사인파 전압을 가할 때 저항 R에 흐르는 전류[A]는? [10]

① 0.45[A]   ② 6[A]
③ 10[A]   ④ 22[A]

병렬회로에서는 전압이 일정하기 때문에 저항에 흐르는 전류는 $I_R = \frac{V}{R}[A]$이다.

$\therefore I_R = \frac{V}{R} = \frac{100}{10} = 10[A]$

83

그림과 같은 RL 병렬회로에서 $R = 25[\Omega]$, $\omega L = \frac{100}{3}[\Omega]$일 때, 200[V]의 전압을 가하면 코일에 흐르는 전류 $I_L[A]$은? [15]

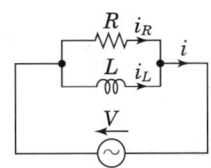

① 3.0   ② 4.8
③ 6.0   ④ 8.2

병렬 회로에서는 전압이 일정하기 때문에 저항과 코일의 전압은 각각 $V = 200[V]$가 가해진다.
따라서 코일에 흐르는 전류는

$I_L = \frac{V}{X_L} = \frac{V}{\omega L}[A]$ 식에서

$\therefore I_L = \frac{V}{\omega L} = \frac{200}{\frac{100}{3}} = 6[A]$

84

교류회로에서 코일과 콘덴서를 병렬로 연결한 상태에서 주파수가 증가하면 어느 쪽이 전류가 잘 흐르는가? [11]

① 코일
② 콘덴서
③ 코일과 콘덴서에 같이 흐른다.
④ 모두 흐르지 않는다.

$X_L = \omega L = 2\pi f L[\Omega]$, $X_C = \frac{1}{\omega C} = \frac{1}{2\pi f C}[\Omega]$ 식에서 주파수 f가 증가하면 리액턴스는 X_L이 증가하고 X_C는 감소하게 된다.
이 때 L과 C에 흐르는 전류를 각각 I_L, I_C라 하면
$I_L = \frac{V}{X_L}[A]$, $I_C = \frac{V}{X_C}[A]$ 이므로 이 중에서 전류가 잘 흐르는 쪽은 리액턴스가 작은 쪽이기 때문에
$\therefore$ 리액턴스가 감소하는 콘덴서에 전류가 잘 흐르게 된다.

85
RL 병렬회로에서 합성 임피던스는 어떻게 표현되는가? [06]

① $\dfrac{R}{R^2+X_L^2}$
② $\dfrac{X_L}{\sqrt{R^2-X_L^2}}$
③ $\dfrac{R+X_L}{R^2+X_L^2}$
④ $\dfrac{R \cdot X_L}{\sqrt{R^2+X_L^2}}$

$R-L$ 병렬 회로에서 임피던스 Z는
$Z=\dfrac{R \cdot (jX_L)}{R+jX_L}=\dfrac{jRX_L}{R+jX_L}[\Omega]$이다.
∴ $Z=\dfrac{RX_L}{\sqrt{R^2+X_L^2}}[\Omega]$

86
6[Ω]의 저항과 8[Ω]의 용량성 리액턴스의 병렬회로가 있다. 이 병렬회로의 임피던스는 몇 [Ω]인가? [15]

① 1.5
② 2.6
③ 3.8
④ 4.8

$R=6[\Omega]$, $X_C=6[\Omega]$일 때
병렬회로의 임피던스 Z는
$Z=\dfrac{RX_L}{\sqrt{R^2+X_L^2}}[\Omega]$ 식에서
∴ $Z=\dfrac{RX_C}{\sqrt{R^2+X_C^2}}=\dfrac{6 \times 8}{\sqrt{6^2+8^2}}=4.8[\Omega]$

87
RLC 병렬공진 회로에서 공진주파수는? [15, 19]

① $\dfrac{1}{\pi\sqrt{LC}}$
② $\dfrac{1}{\sqrt{LC}}$
③ $\dfrac{2\pi}{\sqrt{LC}}$
④ $\dfrac{1}{2\pi\sqrt{LC}}$

RLC 병렬 공진주파수 f는
∴ $f=\dfrac{1}{2\pi\sqrt{LC}}$[Hz]이다.

88
L[H], C[F]를 병렬로 결선하고 전압 V[V]를 가할 때 전류가 0이 되려면 주파수 f는 몇 [Hz] 이어야 하는가? [07, 18, 19]

① $f=2\pi\sqrt{LC}$
② $f=\dfrac{2\pi}{\sqrt{LC}}$
③ $f=\dfrac{\sqrt{LC}}{2\pi}$
④ $f=\dfrac{1}{2\pi\sqrt{LC}}$

L, C 병렬회로에서 전체 전류가 0이 되는 회로는 공진회로 이므로
∴ $f=\dfrac{1}{2\pi\sqrt{LC}}$[Hz]이다.

89
교류 전력에서 일반적으로 전기기기의 용량을 표시하는데 쓰이는 전력은? [14]

① 피상전력
② 유효전력
③ 무효전력
④ 기전력

교류회로의 피상전력은 일반적으로 전기기기의 정격 용량을 표시하는데 사용되는 값이다.

90
[VA]는 무엇의 단위인가? [13]

① 피상전력
② 무효전력
③ 유효전력
④ 역률

피상전력의 단위는 [VA]이다.

91
유효전력의 식으로 맞는 것은?(단, 전압은 E, 전류는 I, 역률은 $\cos\theta$이다.) [06, 15]

① $EI\cos\theta$
② $EI\sin\theta$
③ $EI\tan\theta$
④ EI

유효전력은 $P=EI\cos\theta$[W]이다.

92

단상 전압 220[V]에 소형 전동기를 접속하였더니 2.5[A]의 전류가 흘렀다. 이 때의 역률이 75[%]이었다. 이 전동기의 소비전력[W]은? [11, (유)06]

① 187.5[W] ② 412.5[W]
③ 545.5[W] ④ 714.5[W]

$V=220[V]$, $I=2.5[A]$, $\cos\theta=0.75$일 때
$P=VI\cos\theta[W]$ 식에서
∴ $P=VI\cos\theta=220\times2.5\times0.75=412.5[W]$

93

그림의 회로에서 전압 100[V]의 교류전압을 가했을 때 전력은? [13]

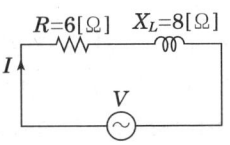

① 10[W] ② 60[W]
③ 100[W] ④ 600[W]

$R-X$ 직렬 회로에서
$R=6[\Omega]$, $X_L=8[\Omega]$, $V=100[V]$일 때
$P=I^2R=\dfrac{V^2R}{R^2+X_L^2}[W]$ 이므로
∴ $P=\dfrac{V^2R}{R^2+X_L^2}=\dfrac{100^2\times6}{6^2+8^2}=600[W]$

94

리액턴스가 10[Ω]인 코일에 직류전압 100[V]를 인가 하였더니 전력 500[W]를 소비하였다. 이 코일의 저항은 얼마인가? [13]

① 5[Ω] ② 10[Ω]
③ 20[Ω] ④ 25[Ω]

R, L 직렬 회로에서 소비전력 P는
$P=I^2R=\dfrac{V^2R}{R^2+X_L^2}[W]$일 때

직류전압을 인가한 경우 주파수 $f=0[Hz]$이 되어 리액턴스 $X_L=\omega L=2\pi fL=0[\Omega]$이 됨을 알 수 있다.

따라서 $P=I^2R=\dfrac{V^2}{R}[W]$ 이므로
$V=100[V]$, $P=500[W]$일 때 저항 R은
∴ $R=\dfrac{V^2}{P}=\dfrac{100^2}{500}=20[\Omega]$

95

교류에서 무효전력 P_r[VAR]은? [06]

① VI ② $VI\cos\theta$
③ $VI\sin\theta$ ④ $VI\tan\theta$

무효전력은 $P_r=VI\sin\theta$[VAR]이다.

96

다음 중 무효전력의 단위는 어느 것인가? [07, 18]

① [W] ② [Var]
③ [kW] ④ [VA]

무효전력의 단위는 [Var]이다.

97

무효전력에 대한 설명으로 틀린 것은? [15]

① $P=VI\cos\theta$로 계산된다.
② 부하에서 소모되지 않는다.
③ 단위로는 [Var]를 사용한다.
④ 전원과 부하 사이를 왕복하기만 하고 부하에 유효하게 사용되지 않는 에너지이다.

$P=VI\cos\theta[W]$는 유효전력이다.

98

교류 기기나 교류 전원의 용량을 나타낼 때 사용되는 것과 그 단위가 바르게 나열된 것은? [11]

① 유효전력 - [VAh] ② 무효전력 - [W]
③ 피상전력 - [VA]   ④ 최대전력 - [Wh]

피상전력이며 단위는 [VA]이다.

99

단상 100[V], 800[W], 역률 80[%]인 회로의 리액턴스는 몇 [Ω]인가? [06, 14]

① 10   ② 8
③ 6   ④ 2

$V=100[\text{V}]$, $P=800[\text{W}]$, $\cos\theta=0.8$일 때
$P=VI\cos\theta[\text{W}]$ 식에서 전류 I는
$I=\dfrac{P}{V\cos\theta}=\dfrac{800}{100\times 0.8}=10[\text{A}]$이다.
$S=VI=100\times 10=1,000[\text{VA}]$,
$\sin\theta=\sqrt{1-0.8^2}=0.6$ 이므로
$Q=VI\sin\theta=I^2X[\text{Var}]$ 식에서
$\therefore X=\dfrac{V\sin\theta}{I}=\dfrac{100\times 0.6}{10}=6[\Omega]$

100

교류회로에서 유효전력을 (P), 무효전력을 (P_r), 피상전력을 (P_a)이라 하면 역율($\cos\theta$)을 구하는 식은? [09]

① $\dfrac{P}{P_a}$ ② $\dfrac{P_a}{P}$
③ $\dfrac{P}{P_r}$ ④ $\dfrac{P_r}{P}$

역률이란 피상전력에 대한 유효전력의 비로서
$\therefore \cos\theta=\dfrac{P}{P_a}$ 이다.

101

기전력 120[V], 내부저항(r)이 15[Ω]인 전원이 있다. 여기에 부하저항(R)을 연결하여 얻을 수 있는 최대전력[W]은?(단, 최대전력 전달조건은 $r=R$ 이다.) [16, 19, (유)08, 10]

① 100   ② 140
③ 200   ④ 240

$E=120[\text{V}]$, $r=R=15[\Omega]$일 때
$P_m=\dfrac{E^2}{4R}[\text{W}]$ 식에서
$\therefore P_m=\dfrac{E^2}{4R}=\dfrac{120^2}{4\times 15}=240[\text{W}]$

102

자체 인덕턴스가 L_1, L_2인 두 코일을 직렬로 접속하였을 때 합성 인덕턴스를 나타내는 식은?(단, 두 코일간의 상호 인덕턴스는 M 이다) [06, 14, 18]

① $L_1+L_2\pm M$ ② $L_1-L_2\pm M$
③ $L_1+L_2\pm 2M$ ④ $L_1-L_2\pm 2M$

결합상태에 따라 가동결합 또는 차동결합일 수 있으므로
$\therefore L_0=L_1+L_2\pm 2M[\text{H}]$

103

자기 인덕턴스가 각각 L_1 과 L_2인 2개의 코일이 직렬로 가동접속 되었을 때, 합성 인덕턴스는?(단, 자기력선에 의한 영향을 서로 받는 경우이다.) [15]

① $L=L_1+L_2-M$ ② $L=L_1+L_2-2M$
③ $L=L_1+L_2+M$ ④ $L=L_1+L_2+2M$

두 코일이 가동결합일 때
$\therefore L_0=L_1+L_2+2M[\text{H}]$이다.

104

자체 인덕턴스 L_1, L_2, 상호 인덕턴스 M 의 코일을 같은 방향으로 직렬 연결한 경우 합성인덕턴스는?

[09, 13, 19]

① $L_1 + L_2 + M$ ② $L_1 + L_2 - M$
③ $L_1 + L_2 - 2M$ ④ $L_1 + L_2 + 2M$

코일을 같은 방향으로 감는 경우 가동결합이 되므로
∴ $L_0 = L_1 + L_2 + 2M$[H]이다.

105

그림과 같은 회로를 고주파 브리지로 인덕턴스를 측정하였더니 그림 (a)는 40[mH], 그림 (b)는 24[mH]이었다. 이 회로상의 상호 인덕턴스 M은? [10, (유)10]

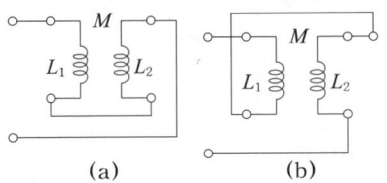

① 2[mH] ② 4[mH]
③ 6[mH] ④ 8[mH]

그림 (a)와 (b) 중 큰 값이 가동결합이고 작은 값이 차동결합 이므로
가동결합 : $L_{01} = L_1 + L_2 + 2M = 40$[mH],
차동결합 : $L_{02} = L_1 + L_2 - 2M = 24$[mH]이다.
$L_{01} - L_{02} = 4M = 40 - 24$일 때
상호 인덕턴스 M은
∴ $M = \dfrac{40-24}{4} = 4$[mH]

106

두 코일의 자체 인덕턴스를 L_1[H], L_2[H]라 하고 상호 인덕턴스를 M이라 할 때, 두 코일을 자속이 동일한 방향과 역방향이 되도록 하여 직렬로 각각 연결하였을 경우, 합성 인덕턴스의 큰 쪽과 작은 쪽의 차는?

[14]

① M ② $2M$
③ $4M$ ④ $8M$

둘 중 큰 값이 가동결합이고 작은 값이 차동결합이므로
가동결합 : $L_{01} = L_1 + L_2 + 2M$[H],
차동결합 : $L_{02} = L_1 + L_2 - 2M$[H]이다.
합성 인덕턴스의 차는
∴ $L_{01} - L_{02} = 4M$[H]

107

자체 인덕턴스 40[mH]와 90[mH]인 두 개의 코일이 있다. 양 코일 사이에 누설자속이 없다고 하면 상호 인덕턴스는 몇 [mH]인가?

[08, 10]

① 20 ② 40
③ 50 ④ 60

$L_1 = 40$[mH], $L_2 = 90$[mH]이고 누설자속이 없다는 것은 결합계수가 $k = 1$이기 때문에
$M = k\sqrt{L_1 L_2}$[mH] 식에서
∴ $M = k\sqrt{L_1 L_2} = \sqrt{40 \times 90} = 60$[mH]

108

상호 유도회로에서 결합계수 k는?(단, M은 상호 인덕턴스, L_1, L_2는 자기 인덕턴스이다.)

[11]

① $k = M\sqrt{L_1 L_2}$ ② $k = \sqrt{ML_1 L_2}$
③ $k = \dfrac{M}{\sqrt{L_1 L_2}}$ ④ $k = \sqrt{\dfrac{L_1 L_2}{M}}$

$k = \dfrac{M}{\sqrt{L_1 L_2}}$ 이다.

109
자기 인덕턴스 200[mH], 450[mH]인 두 코일의 상호 인덕턴스는 60[mH]이다. 두 코일의 결합계수는?

[12, 19, (유)15]

① 0.1   ② 0.2
③ 0.3   ④ 0.4

$L_1 = 200[\text{mH}]$, $L_2 = 450[\text{mH}]$, $M = 60[\text{mH}]$일 때
$k = \dfrac{M}{\sqrt{L_1 L_2}}$ 식에서

∴ $k = \dfrac{M}{\sqrt{L_1 L_2}} = \dfrac{60}{\sqrt{200 \times 450}} = 0.2$

110
0.25[H]와 0.23[H]의 자체 인덕턴스를 직렬로 접속할 때 합성 인덕턴스의 최대값은 몇 [H]인가? [09]

① 0.48[H]   ② 0.96[H]
③ 4.8[H]   ④ 9.6[H]

$L_1 = 0.25[\text{H}]$, $L_2 = 0.23[\text{H}]$일 때 합성 인덕턴스의 최대값은 가동결합임과 동시에 결합계수가 $k = 1$인 조건을 만족해야 한다.
$L_{0m} = L_1 + L_2 + 2M$
$= L_1 + L_2 + 2k\sqrt{L_1 L_2}\,[\text{H}]$ 식에서
∴ $L_{0m} = L_1 + L_2 + 2k\sqrt{L_1 L_2}$
$= 0.25 + 0.23 + 2 \times 1 \times \sqrt{0.25 \times 0.23}$
$= 0.96[\text{H}]$

111
자기 인덕턴스가 각각 L_1, L_2[H]의 두 원통 코일이 서로 직교하고 있다. 두 코일간의 상호 인덕턴스는?

[06, 12]

① $L_1 + L_2$ ② $L_1 \times L_2$
③ 0   ④ $\sqrt{L_1 L_2}$

두 코일이 서로 직교하고 있는 경우에는 $k = 0$이므로
$M = k\sqrt{L_1 L_2}\,[\text{H}]$ 식에서
∴ $M = 0$이다.

112
서로 인접한 두 개의 코일 L_1, L_2를 직렬로 접속하여 합성 인덕턴스를 구하면 어떻게 되는가?(단, 두 개의 코일은 자속을 서로 주고 받지 않는다고 한다.) [18]

① $L_1 \cdot L_2$ ② $L_1 + L_2$
③ $\dfrac{L_1}{L_2}$ ④ $L_1^2 \cdot L_2^2$

두 코일이 자속을 서로 주고받지 않는다는 것은 미결합 상태를 의미하므로 $k = 0$, $M = 0$이 된다.
$L_0 = L_1 + L_2 \pm 2M[\text{H}]$ 식에서
∴ $L_0 = L_1 + L_2[\text{H}]$

113
브리지 회로에서 미지의 인덕턴스 L_X를 구하면?

[06, 12]

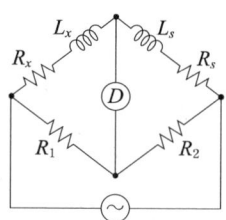

① $L_X = \dfrac{R_2}{R_1} L_S$ ② $L_X = \dfrac{R_1}{R_2} L_S$

③ $L_X = \dfrac{R_S}{R_1} L_S$ ④ $L_X = \dfrac{R_1}{R_S} L_S$

교류 회로에서의 브리지 평형 조건은 직류 회로에서 해했던 방법과 동일하다. 따라서 검류계 D를 기준으로 대각선끼리 서로 마주보는 임피던스의 곱이 서로 같다는 조건식을 세워 결과 식을 전개한다.
$Z_1 = R_1[\Omega]$, $Z_2 = R_2[\Omega]$, $Z_3 = R_X + j\omega L_X[\Omega]$,
$Z_4 = R_S + j\omega L_S[\Omega]$라 할 때
이 회로가 평형이 되기 위해서는 $Z_1 Z_4 = Z_2 Z_3$ 식을 만족하여야 하기 때문에
$R_1(R_S + j\omega L_S) = R_2(R_X + j\omega L_X)$ 식에서
$R_1 R_S + j R_1 \omega L_S = R_2 R_X + j R_2 \omega L_X$ 이므로
$R_1 R_S = R_2 R_X$, $R_1 \omega L_S = R_2 \omega L_X$ 이다.
∴ $L_X = \dfrac{R_1 \omega L_S}{R_2 \omega} = \dfrac{R_1}{R_2} L_S$

114

그림에서 평형 조건이 맞는 식은? [14, 18]

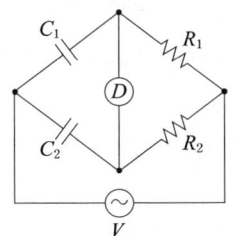

① $C_1 R_1 = C_2 R_2$ ② $C_1 R_2 = C_2 R_1$

③ $C_1 C_2 = R_1 R_2$ ④ $\dfrac{1}{C_1 C_2} = R_1 R_2$

$Z_1 = \dfrac{1}{j\omega C_1}$, $Z_2 = R_1$, $Z_3 = \dfrac{1}{j\omega C_2}$, $Z_4 = R_2$
일 때 휘스톤브리지 평형조건은 $Z_1 Z_4 = Z_2 Z_3$
이므로
$\dfrac{1}{j\omega C_1} \times R_2 = R_1 \times \dfrac{1}{j\omega C_2}$ 식에서
$\therefore \dfrac{R_2}{C_1} = \dfrac{R_1}{C_2}$ 또는 $C_1 R_1 = C_2 R_2$

115

그림의 브리지 회로에서 평형이 되었을 때의 C_X는? [12, 14]

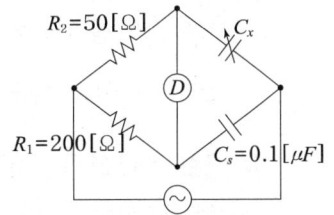

① $0.1[\mu F]$ ② $0.2[\mu F]$
③ $0.3[\mu F]$ ④ $0.4[\mu F]$

$R_1 \cdot \left(\dfrac{1}{j\omega C_X}\right) = R_2 \cdot \left(\dfrac{1}{j\omega C_S}\right)$ 이므로

$\dfrac{R_1}{C_X} = \dfrac{R_2}{C_S}$ 식에서

$\therefore C_X = \dfrac{R_1}{R_2} \cdot C_S = \dfrac{200}{50} \times 0.1 = 0.4[\mu F]$

06 3상 교류회로와 비정현파

중요도 ★★★
출제빈도
총44회 시행
총64문 출제

핵심38 대칭 3상 교류의 특징

1. 대칭 3상 교류의 특징

발전기나 변압기 및 전동기를 3개의 상으로 분할하여 3상 교류 전기기기를 만드는데 3상의 각 상간의 위상차를 $120°$(또는 $\frac{2\pi}{3}$[rad])로 하여 각 상의 크기 및 주파수를 동일하게 하는 교류를 대칭 3상 교류라 한다.

2. 3상 Y결선과 3상 △결선의 특징

구분 종류	Y 결선	△ 결선
선간전압(V_L)과 상전압(V_P) 관계	$V_L = \sqrt{3}\,V_P$ [V]	$V_L = V_P$ [V]
선전류(I_L)와 상전류(I_P) 관계	$I_L = I_P = \dfrac{V_L}{\sqrt{3}\,Z}$ [A]	$I_L = \sqrt{3}\,I_P = \dfrac{\sqrt{3}\,V_L}{Z}$ [A]
소비전력(P)	$P = \sqrt{3}\,V_L I_L \cos\theta = \dfrac{V_L^{\,2} R}{R^2 + X^2}$ [W]	$P = \sqrt{3}\,V_L I_L \cos\theta = \dfrac{3V_L^{\,2} R}{R^2 + X^2}$ [W]

참고 ① 선전류 및 소비전력은 모두 △결선일 때가 Y결선일 때보다 3배 크다.
② Y결선에서는 선간전압이 상전압보다 위상 30°가 빠르고, △결선에서는 선전류가 상전류보다 위상 30°가 느리다.
③ 1상의 소비전력이 P[W]인 경우 3상 전체의 소비전력은 $3P$[W]이다.
④ Y결선을 △결선으로 등가 변환하면 각 상의 임피던스는 3배 된다.

2. 3상 V결선의 특징

3상 △결선으로 운전 중 변압기 1대(또는 한 상) 고장으로 인하여 나머지 변압기 2대로 3상 운전이 가능한 변압기 결선이다.
① 출력 $P = \sqrt{3} \times$ 변압기 1대분 용량 [VA]
② 출력비 $= \dfrac{1}{\sqrt{3}} = 0.577$ [pu] $= 57.7$ [%]
③ 이용률 $= \dfrac{\sqrt{3}}{2} = 0.866$ [pu] $= 86.6$ [%]

핵심유형문제 38

Y-Y 결선 회로에서 선간 전압이 200[V]일 때 상전압은 얼마인가? [06, 07, 08, 13, 18, 19]

① 100[V]   ② 115[V]   ③ 120[V]   ④ 135[V]

해설 $V_L = 200$[V]일 때 상전압 V_P은 $V_L = \sqrt{3}\,V_P$[V] 식에서
∴ $V_P = \dfrac{V_L}{\sqrt{3}} = \dfrac{200}{\sqrt{3}} = 115$[V]

답 : ②

핵심39 2전력계법과 비정현파 기본 이론

1. 2전력계법

① 3상 소비전력

$$P = W_1 + W_2 = \sqrt{3}\, VI\cos\theta\,[\text{W}]$$

여기서, P : 소비전력, W_1, W_2 : 전력계 지시값, V : 전압, I : 전류

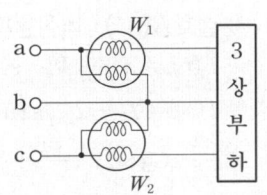

중요도 ★★★
출제빈도
총44회 시행
총22문 출제

② 3상 피상전력

$$S = 2\sqrt{W_1^2 + W_2^2 - W_1 W_2} = \sqrt{3}\, VI\,[\text{VA}]$$

여기서, S : 피상전력, W_1, W_2 : 전력계 지시값, V : 전압, I : 전류

③ 역률

$$\cos\theta = \frac{P}{\sqrt{3}\, VI} \times 100 = \frac{W_1 + W_2}{2\sqrt{W_1^2 + W_2^2 - W_1 W_2}} \times 100\,[\%]$$

여기서, $\cos\theta$: 역률, P : 소비전력, V : 전압, I : 전류, W_1, W_2 : 전력계 지시값

2. 비정현파 기본 이론

비정현파는 "푸리에 급수"(또는 "푸리에 분석")에 의해 표현되며 일반적으로 "직류분+기본파+고조파" 성분으로 구성된다. 교류발전기에서 발생하는 교류 전압 및 전류는 주파수 $f = 60[\text{Hz}]$에 의한 정현파로서 이 파형을 "기본파"로 둔다. 또한 기본파의 3배인 $3f = 180[\text{Hz}]$, 5배인 $5f = 300[\text{Hz}]$, 7배인 $7f = 420[\text{Hz}]$, … 등과 같이 홀수 배수의 주파수로 전개되는 여러 개의 파형을 포함하게 되는데 이들을 모두 "고조파"라 일컫는다. 이들의 파형을 모두 합성하면 주기적인 구형파 신호가 얻어지는데 결국 비정현파란 구형파 신호로서 "무수히 많은 주파수 성분들의 합성"이라 표현할 수 있다. 푸리에 급수의 일반식은 다음과 같다.

〈공식〉

$$f(t) = a_0 + \sum_{n=1}^{\infty} a_n \cos n\omega t + \sum_{n=1}^{\infty} b_n \sin n\omega t$$

핵심유형문제 39

비사인파 교류의 일반적인 구성이 아닌 것은? [07, 09②, 10, 11, 18, 19, (유)14]

① 기본파   ② 직류분   ③ 삼각파   ④ 고조파

해설 비정현파의 일반적인 구성은 "직류분+기본파+고조파"로 이루어져 있다.

답 : ③

핵심40 비정현파의 실효값과 왜형률

1. 비정현파의 실효값

비정현파 전압 $v(t)$, 비정현파 전류 $i(t)$를 아래와 같이 표현할 때 비정현파 전압의 실효값(V), 비정현파 전류의 실효값(I)는 다음과 같이 정의할 수 있다.

$$v(t) = V_0 + V_{m1}\sin\omega t + V_{m3}\sin 3\omega t + V_{m5}\sin 5\omega t + \cdots [V]$$
$$i(t) = I_0 + I_{m1}\sin\omega t + I_{m3}\sin 3\omega t + I_{m5}\sin 5\omega t + \cdots [A]$$

〈공식〉
$$V = \sqrt{V_0^2 + \left(\frac{V_{m1}}{\sqrt{2}}\right)^2 + \left(\frac{V_{m3}}{\sqrt{2}}\right)^2 + \left(\frac{V_{m5}}{\sqrt{2}}\right)^2 + \cdots}\,[V]$$

$$I = \sqrt{I_0^2 + \left(\frac{I_{m1}}{\sqrt{2}}\right)^2 + \left(\frac{I_{m3}}{\sqrt{2}}\right)^2 + \left(\frac{I_{m5}}{\sqrt{2}}\right)^2 + \cdots}\,[A]$$

여기서, V, I : 전압과 전류의 실효값, V_0, I_0 : 전압과 전류의 직류분,
V_{m1}, I_{m1} : 전압과 전류의 기본파 최대값, V_{m3}, I_{m3} : 전압과 전류의 3고조파 최대값,
V_{m5}, I_{m5} : 전압과 전류의 5고조파 최대값

2. 비정현파의 왜형률

비정현파는 고조파로 인해 정현파형이 일그러지게 되는 파형으로 이 때 파형의 일그러짐의 정도를 왜형률이라 하며 공식은 다음과 같다.

〈공식〉
$$\epsilon = \frac{\text{전 고조파의 실효값}}{\text{기본파의 실효값}} \times 100[\%] \quad \text{또는} \quad \epsilon = \sqrt{\epsilon_3^2 + \epsilon_5^2 + \epsilon_7^2 + \cdots}\,[\%]$$

여기서, ϵ_3 : 3고조파 왜형률, ϵ_5 : 5고조파 왜형률, ϵ_7 : 7고조파 왜형률

핵심유형문제 40

어느 회로의 전류가 다음과 같을 때, 이 회로에 대한 전류의 실효값은? [13, 16, 18]

$$i = 3 + 10\sqrt{2}\sin\left(\omega t - \frac{\pi}{6}\right) + 5\sqrt{2}\sin\left(3\omega t - \frac{\pi}{3}\right)[A]$$

① 11.6[A] ② 23.2[A] ③ 32.2[A] ④ 48.3[A]

해설 $I_0 = 3[A]$, $I_{m1} = 10\sqrt{2}\,[A]$, $I_{m3} = 5\sqrt{2}\,[A]$일 때 전류의 실효값 I는

$I = \sqrt{I_0^2 + \left(\frac{I_{m1}}{\sqrt{2}}\right)^2 + \left(\frac{I_{m3}}{\sqrt{2}}\right)^2}\,[A]$ 식에서

$\therefore I = \sqrt{I_0^2 + \left(\frac{I_{m1}}{\sqrt{2}}\right)^2 + \left(\frac{I_{m3}}{\sqrt{2}}\right)^2} = \sqrt{3^3 + \left(\frac{10\sqrt{2}}{\sqrt{2}}\right)^2 + \left(\frac{5\sqrt{2}}{\sqrt{2}}\right)^2} = 11.6[A]$

답 : ①

핵심41 비정현파의 소비전력과 테브낭 정리

1. 비정현파의 소비전력

① 비정현파 전압과 전류로 주어진 경우

$$P = \frac{1}{2}\sum_{n=1}^{\infty} V_{mn}I_{mn}\cos\theta_n \text{[W]}$$

여기서, V_{mn} : n 고조파 전압의 최대값, I_{mn} : n 고조파 전류의 최대값,
$\cos\theta_n$: n 고조파 역률, θ_n : n 고조파 전압과 전류의 위상차

② $R-L$ 직렬회로로 주어진 경우

$$P = \frac{1}{2}\sum_{n=1}^{\infty} \frac{V_{mn}^2 R}{R^2+(nX_L)^2}\text{[W]}$$

여기서, V_{mn} : n 고조파 전압의 최대값, R : 저항, nX_L : n 고조파 리액턴스

중요도 ★
출제빈도
총44회 시행
총 6문 출제

2. 테브낭 정리

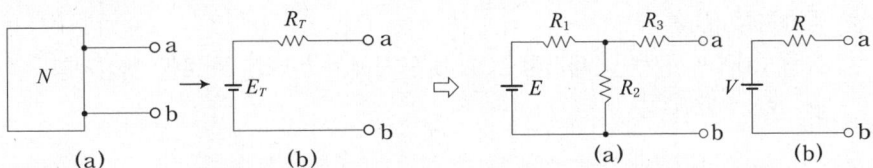

(a) 회로망을 (b)회로망으로 등가 변환하는 이론으로서 회로망에서 등가전압(E_T)과 등가저항(R_T)을 구하는 방법은 다음과 같다.

① 등가전압(E_T)

그림 (a)에서 개방단자에 나타난 전압 → $E_T = \dfrac{R_2}{R_1+R_2}E$ [V]

② 등가저항(R_T)

그림 (a)에서 전원을 제거하고 a, b 단자에서 바라본 회로망 합성저항

→ $R_T = R_3 + \dfrac{R_1 R_2}{R_1+R_2}$ [Ω]

핵심유형문제 41

$R=4[\Omega]$, $\omega L=3[\Omega]$의 직렬회로에 $v=100\sqrt{2}\sin\omega t + 20\sqrt{2}\sin3\omega t$[V]의 전압을 가할 때 전력은 약 몇 [W]인가? [12, 18]

① 1,170 ② 1,563 ③ 1,616 ④ 2,116

해설 $V_{m1}=100\sqrt{2}$ [V], $V_{m3}=20\sqrt{2}$ [V]일 때 $P=\dfrac{1}{2}\sum_{n=1}^{\infty}\dfrac{V_{mn}^2 R}{R^2+(nX_L)^2}$[W]

$\therefore P = \dfrac{1}{2}\sum_{n=1}^{\infty}\dfrac{V_{mn}^2 R}{R^2+(nX_L)^2} = \dfrac{1}{2}\left(\dfrac{(100\sqrt{2})^2 \times 4}{4^2+3^2} + \dfrac{(20\sqrt{2})^2 \times 4}{4^2+(3\times 3)^2}\right) = 1,616\text{[W]}$

답 : ③

핵심42 노튼의 정리와 중첩의 원리 및 시정수

1. 노튼의 정리

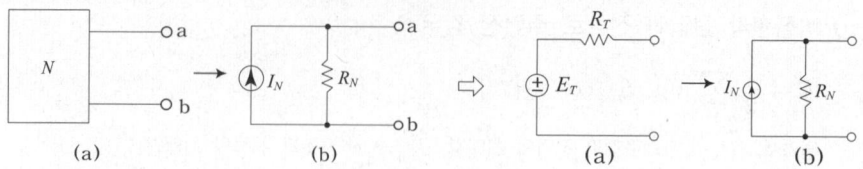

(a) 회로망을 (b)회로망으로 등가 변환하는 이론으로서 회로망에서 등가전류(I_N)와 등가저항(R_N)을 구하는 방법은 다음과 같다.

① 등가전류(I_N)
그림 (a)에서 단자 a와 b를 단락시켰을 때 단락된 회로에 흐르는 전류
→ $I_N = \dfrac{E_T}{R_T}$ [A]

② 등가저항(R_N)
그림 (a)에서 전원을 제거하고 a, b 단자에서 바라본 회로망 합성저항
→ $R_N = R_T$ [Ω]

2. 중첩의 원리

"여러 개의 전압원과 전류원을 포함하는 선형 회로망 내의 전류 분포는 각 전압원이나 전류원이 각각 단독으로 그 위치에 있을 때 흐르는 전류 분포의 대수의 합과 같다."는 것을 표현하는 원리를 말한다.

3. 시정수 또는 시상수(τ)

$R-L$ 직렬회로 또는 $R-C$ 직렬회로에 직류전압을 인가할 때 전류의 시간적인 변화 특성을 결정하는 시간계수로서 각각의 시정수는 다음과 같이 표현할 수 있다.

〈공식〉

$$\tau = \dfrac{L}{R}[\sec] \ \ \text{또는} \ \ \tau = RC[\sec]$$

여기서, τ : 시정수 또는 시상수, R : 저항, L : 인덕턴스, C : 콘덴서 정전용량

핵심유형문제 42

$R-L$ 직렬 회로의 시정수 $T[s]$ 는 어떻게 되는가?   [07, 10, 18, 19]

① $\dfrac{R}{L}$ ② $\dfrac{L}{R}$ ③ RL ④ $\dfrac{1}{RL}$

해설 $R-L$ 직렬회로의 시정수 τ는
∴ $\tau = \dfrac{L}{R}[\sec]$이다.

답 : ②

적중예상문제

01

대칭 3상 교류에서 기전력 및 주파수가 같을 경우 각 상간의 위상차는 얼마인가? [06]

① π
② $\dfrac{\pi}{2}$
③ $\dfrac{2\pi}{3}$
④ 2π

발전기나 변압기 및 전동기를 3개의 상으로 분할하여 3상 교류 전기기기를 만드는데 3상의 각 상간의 위상차를 120° (또는 $\dfrac{2\pi}{3}$ [rad])로 하여 각 상의 크기 및 주파수를 동일하게 하는 교류를 대칭 3상 교류라 한다.

02

대칭 3상 교류를 올바르게 설명한 것은? [10]

① 3상의 크기 및 주파수가 같고 상차가 60°의 간격을 가진 교류
② 3상의 크기 및 주파수가 각각 다르고 상차가 60°의 간격을 가진 교류
③ 동시에 존재하는 3상의 크기 및 주파수가 같고 상차가 120°의 간격을 가진 교류
④ 동시에 존재하는 3상의 크기 및 주파수가 같고 상차가 90°의 간격을 가진 교류

발전기나 변압기 및 전동기를 3개의 상으로 분할하여 3상 교류 전기기기를 만드는데 3상의 각 상간의 위상차를 120° (또는 $\dfrac{2\pi}{3}$ [rad])로 하여 각 상의 크기 및 주파수를 동일하게 하는 교류를 대칭 3상 교류라 한다.

03

평형 3상 성형 결선에 있어서 선간전압(V_L)과 상전압(V_p)의 관계는? [09, 14, 15, 19, (유)12]

① $V_L = V_p$
② $V_L = \dfrac{1}{\sqrt{3}} V_p$
③ $V_L = \sqrt{2} V_p$
④ $V_L = \sqrt{3} V_p$

성형결선(Y결선)에서 선간전압과 상전압의 관계는
∴ $V_L = \sqrt{3} V_P$ [V]이다.

04

Y결선에서 상전압이 220[V]이면 선간전압은 약 몇 [V]인가? [06, 09, 19, (유)10, 15]

① 110
② 220
③ 380
④ 440

Y결선에서 $V_P = 220$[V]일 때
$V_L = \sqrt{3} V_P$[V] 이므로
∴ $V_L = \sqrt{3} V_P = \sqrt{3} \times 220 = 380$[V]

05

평형 3상 Y결선에서 상전류 I_P와 선전류 I_L과의 관계는? [12]

① $I_L = 3I_P$
② $I_L = \sqrt{3} I_P$
③ $I_L = I_P$
④ $I_L = \dfrac{1}{3} I_P$

Y결선에서 선전류과 상전류의 관계는
∴ $I_L = I_P$[A]이다.

06

선간전압 210[V], 선전류 10[A]의 Y-Y 회로가 있다. 상전압과 상전류는 각각 얼마인가? [07, 14]

① 약 121[V], 5.77[A]
② 약 121[V], 10[A]
③ 약 210[V], 5.77[A]
④ 약 210[V], 10[A]

Y결선에서 $V_L = 210$[V], $I_L = 10$[A]일 때
$V_L = \sqrt{3} V_P$[V], $I_L = I_P$[A] 이므로
∴ $V_P = \dfrac{V_L}{\sqrt{3}} = \dfrac{210}{\sqrt{3}} = 121$[A]
∴ $I_P = I_L = 10$[A]

해답 01 ③ 02 ③ 03 ④ 04 ③ 05 ③ 06 ②

07

△결선일 때 V_L(선간전압), V_P(상전압), I_L(선전류), I_P(상전류)의 관계식으로 옳은 것은?

[13, 18, (유)07, 12, 18]

① $V_L = \sqrt{3}\,V_P$, $I_L = I_P$
② $V_L = V_P$, $I_L = \sqrt{3}\,I_P$
③ $V_L = \dfrac{1}{\sqrt{3}}V_P$, $I_L = I_P$
④ $V_L = V_P$, $I_L = \dfrac{1}{\sqrt{3}}I_P$

△결선에서 선간전압과 상전압, 선전류와 상전류의 관계는
∴ $V_L = V_P[V]$, $I_L = \sqrt{3}\,I_P[A]$이다.

08

△결선인 3상 유도전동기의 상전압(V_p)과 상전류(I_p)를 측정하였더니 각각 200[V], 30[A]이었다. 이 3상 유도전동기의 선간전압(V_L)과 선전류(I_L)의 크기는 각각 얼마인가?

[12]

① $V_L = 200[V]$, $I_L = 30[A]$
② $V_L = 200\sqrt{3}\,[V]$, $I_L = 30[A]$
③ $V_L = 200\sqrt{3}\,[V]$, $I_L = 30\sqrt{3}\,[A]$
④ $V_L = 200[V]$, $I_L = 30\sqrt{3}\,[A]$

△결선에서 $V_P = 200[V]$, $I_P = 30[A]$일 때
$V_L = V_P[V]$, $I_L = \sqrt{3}\,I_P[A]$ 이므로
∴ $V_L = V_P = 200[V]$
∴ $I_L = \sqrt{3}\,I_P = 30\sqrt{3}\,[A]$

09

△결선의 전원에서 선전류가 40[A]이고, 선간전압이 220[V]일 때의 상전류는?

[10, (유)14]

① 13[A] ② 23[A]
③ 69[A] ④ 120[A]

△결선에서 $I_L = 40[A]$, $V_L = 220[V]$일 때
$I_L = \sqrt{3}\,I_P[A]$ 이므로
∴ $I_P = \dfrac{I_L}{\sqrt{3}} = \dfrac{40}{\sqrt{3}} = 23[A]$

10

선간 전압이 380[V]인 전원에 $Z = 8 + j6[\Omega]$의 부하를 Y결선으로 접속했을 때 선전류는 약 몇 [A]인가?

[07, (유)13]

① 12 ② 22
③ 28 ④ 38

Y결선에서 $V_L = 380[V]$일 때
$I_L = \dfrac{V_L}{\sqrt{3}\,Z}[A]$ 식에서
∴ $I_L = \dfrac{V_L}{\sqrt{3}\,Z} = \dfrac{380}{\sqrt{3} \times \sqrt{8^2 + 6^2}} = 22[A]$

11

전압 220[V], 1상 부하 $Z = 8 + j6[\Omega]$인 △회로의 선전류는 약 몇 [A]인가?

[08, 16, 18, (유)15]

① 22 ② $22\sqrt{3}$
③ 11 ④ $\dfrac{22}{\sqrt{3}}$

△결선에서 $V_L = 220[V]$일 때
$I_L = \dfrac{\sqrt{3}\,V_L}{Z}[A]$ 식에서
∴ $I_L = \dfrac{\sqrt{3}\,V_L}{Z} = \dfrac{\sqrt{3} \times 220}{\sqrt{8^2 + 6^2}} = 22\sqrt{3}\,[A]$

해답 07 ② 08 ④ 09 ② 10 ② 11 ②

12

3상 교류회로의 선간전압이 13,200[V], 선전류가 800[A], 역률 80[%]의 부하의 소비전력은 약 몇 [MW]인가? [16, (유)10, 11]

① 4.88
② 8.45
③ 14.63
④ 25.34

$V_L = 13,200$[V], $I_L = 800$[A], $\cos\theta = 0.8$일 때
$P = \sqrt{3}\, V_L I_L \cos\theta$[W] 식에서
∴ $P = \sqrt{3}\, V_L I_L \cos\theta$
$= \sqrt{3} \times 13,200 \times 800 \times 0.8$
$= 14.63 \times 10^6$[W] $= 14.63$[MW]

13

어떤 3상 회로에서 선간전압이 200[V], 선전류 25[A], 3상 전력이 7[kW]이었다. 이 때의 역률은 약 얼마인가? [11, 16]

① 0.65
② 0.73
③ 0.81
④ 0.97

$V_L = 200$[V], $I_L = 25$[A], $P = 7$[kW]일 때
$P = \sqrt{3}\, V_L I_L \cos\theta$[W] 식에서
∴ $\cos\theta = \dfrac{P}{\sqrt{3}\, VI} = \dfrac{7 \times 10^3}{\sqrt{3} \times 200 \times 25} = 0.81$

14

부하의 결선방식에서 Y결선에서 △결선으로 변환하였을 때의 임피던스는? [11]

① $Z_\Delta = \sqrt{3}\, Z_Y$
② $Z_\Delta = \dfrac{1}{\sqrt{3}} Z_Y$
③ $Z_\Delta = 3 Z_Y$
④ $Z_\Delta = \dfrac{1}{3} Z_Y$

Y결선을 △결선으로 등가 변환하면 각 상의 임피던스는 3배 된다.
∴ $Z_\Delta = 3 Z_Y$

15

평형 3상 교류회로의 Y회로로부터 △회로로 등가 변환하기 위해서는 어떻게 하여야 하는가? [08, 09]

① 각 상의 임피던스를 3배로 한다.
② 각 상의 임피던스를 $\sqrt{3}$ 배로 한다.
③ 각 상의 임피던스를 $\dfrac{1}{\sqrt{3}}$ 로 한다.
④ 각 상의 임피던스를 $\dfrac{1}{3}$ 로 한다.

Y결선을 △결선으로 등가 변환하면 각 상의 임피던스는 3배 된다.

16

세변의 저항 $R_a = R_b = R_c = 15$[Ω]인 Y결선 회로가 있다. 이것과 등가인 △결선 회로의 각 변의 저항은 몇 [Ω]인가? [07, 10, 18, 19]

① 5
② 10
③ 25
④ 45

Y결선을 △결선으로 등가 변환하면 각 상의 임피던스는 3배 된다.
∴ $R_\Delta = 3 R_Y = 3 \times 15 = 45$[Ω]

17

평형 3상 교류 회로에서 △부하의 한 상의 임피던스가 Z_Δ일 때, 등가 변환한 Y부하의 한 상의 임피던스 Z_Y는 얼마인가? [15]

① $Z_Y = \sqrt{3}\, Z_\Delta$
② $Z_Y = 3 Z_\Delta$
③ $Z_Y = \dfrac{1}{\sqrt{3}} Z_\Delta$
④ $Z_Y = \dfrac{1}{3} Z_\Delta$

△결선을 Y결선으로 등가 변환하면 각 상의 임피던스는 $\dfrac{1}{3}$ 배 된다.
∴ $Z_Y = \dfrac{1}{3} Z_\Delta$

해답 12 ③ 13 ③ 14 ③ 15 ① 16 ④ 17 ④

18

$R[\Omega]$인 저항 3개가 △결선으로 되어 있는 것을 Y결선으로 환산하면 1상의 저항[Ω]은? [13, 14]

① R
② $3R$
③ $\frac{1}{3}R$
④ $\frac{1}{3R}$

△결선을 Y결선으로 등가 변환하면 각 상의 임피던스는 $\frac{1}{3}$배 된다.
∴ $R_Y = \frac{1}{3}R_\Delta$

19

그림과 같은 평형 3상 △회로를 등가 Y결선으로 환산하면 각 상의 임피던스는 몇 [Ω]이 되는가?(단, Z는 12[Ω]이다.) [12]

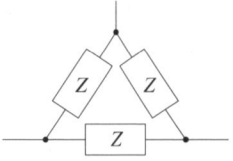

① 48[Ω]
② 36[Ω]
③ 4[Ω]
④ 3[Ω]

$Z_\Delta = 12[\Omega]$일 때
$Z_Y = \frac{1}{3}Z_\Delta [\Omega]$ 식에서
∴ $Z_Y = \frac{1}{3}Z_\Delta = \frac{1}{3} \times 12 = 4[\Omega]$

20

대칭 3상 △결선에서 선전류와 상전류와의 위상 관계는? [11, 15]

① 상전류가 $\frac{\pi}{6}$[rad] 앞선다.
② 상전류가 $\frac{\pi}{6}$[rad] 뒤진다.
③ 상전류가 $\frac{\pi}{3}$[rad] 앞선다.
④ 상전류가 $\frac{\pi}{3}$[rad] 뒤진다.

Y결선에서는 선간전압이 상전압보다 위상 30°가 빠르고, △결선에서는 선전류가 상전류보다 위상 30°가 느리다.
∴ △결선에서 상전류가 30° 또는 $\frac{\pi}{6}$[rad] 앞선다.

21

평형 3상 회로에서 1상의 소비전력이 P[W]라면, 3상 회로 전체 소비전력[W]은? [11, 16]

① P
② $\sqrt{2}P$
③ $3P$
④ $\sqrt{3}P$

1상의 소비전력이 P[W]인 경우 3상 전체의 소비전력은 $3P$[W]이다.

22

3상 전원에서 한 상에 고장이 발생하였다. 이 때 3상 부하에 3상 전력을 공급할 수 있는 결선 방법은? [09]

① Y결선
② △결선
③ 단상결선
④ V결선

V결선이란 3상 △결선으로 운전 중 변압기 1대(또는 한 상) 고장으로 인하여 나머지 변압기 2대로 3상 운전이 가능한 변압기 결선이다.

23

출력 P[KVA]의 단상 변압기 2대를 V결선할 때의 3상 출력[KVA]은? [09, 14]

① P
② $\sqrt{3}P$
③ $2P$
④ $3P$

V결선의 출력은
$P = \sqrt{3} \times$ 변압기 1대분 용량 [kVA] 식에서
∴ $P = \sqrt{3} \times$ 변압기 1대분 용량 $= \sqrt{3}P$ [kVA]

해답 18 ③ 19 ③ 20 ① 21 ③ 22 ④ 23 ②

24

100[kVA] 단상변압기 2대를 V결선하여 3상 전력을 공급할 때의 출력은? [12, 19, (유)10]

① 17.3[kVA] ② 86.6[kVA]
③ 173.2[kVA] ④ 346.8[kVA]

변압기 1대분 용량=100[kVA]일 때
$P = \sqrt{3} \times$변압기 1대분 용량 [kVA] 식에서
∴ $P = \sqrt{3} \times$변압기 1대분 용량
$= 100\sqrt{3} = 173.2$ [kVA]

25

변압기 2대를 V결선 했을 때의 이용률은 몇 [%]인가? [13, 18, 19]

① 57.7[%] ② 70.7[%]
③ 86.6[%] ④ 100[%]

V결선의 출력비와 이용률은
(1) 출력비 = $\dfrac{1}{\sqrt{3}} = 0.577$[pu] = 57.7[%]
(2) 이용율 = $\dfrac{\sqrt{3}}{2} = 0.866$[pu] = 86.6[%]

26

3상 교류 회로에 2개의 전력계 W_1, W_2로 측정해서 W_1의 지시값이 P_1, W_2의 지시값이 P_2라고 하면 3상 전력은 어떻게 표현되는가? [08, 09, 11, 14, 18, 19]

① $P_1 - P_2$ ② $3(P_1 - P_2)$
③ $P_1 + P_2$ ④ $3(P_1 + P_2)$

2전력계법에서 3상 전력은
$P = W_1 + W_2 = \sqrt{3} \, VI\cos\theta$ [W] 식에서
$W_1 = P_1$, $W_2 = P_2$이므로
∴ $P = P_1 + P_2$ [W]

27

2전력계법에 의해 평형 3상 전력을 측정하였더니 전력계가 각각 800[W], 400[W]를 지시하였다면, 이 부하의 전력은 몇 [W]인가? [13, (유)11, 15, 16]

① 600[W] ② 800[W]
③ 1,200[W] ④ 1,600[W]

$W_1 = 800$[W], $W_2 = 400$[W]일 때
3상 소비전력= $W_1 + W_2 = \sqrt{3} \, VI\cos\theta$ [W] 식에서
∴ $W_1 + W_2 = 800 + 400 = 1,200$ [W]

28

비정현파를 여러 개의 정현파의 합으로 표시하는 방법은? [08, 09]

① 중첩의 원리 ② 노튼의 정리
③ 푸리에 분석 ④ 테일러의 분석

비정현파는 "푸리에 급수"(또는 "푸리에 분석")에 의해 표현되며 일반적으로 "직류분+기본파+고조파" 성분으로 구성된다. 또한 구형파 신호로서 "무수히 많은 주파수 성분들의 합성"이라 표현할 수 있다.

29

주기적인 구형파 신호의 성분은 어떻게 되는가? [08, 18]

① 성분 분석이 불가능하다.
② 직류분 만으로 합성된다.
③ 무수히 많은 주파수의 합성이다.
④ 교류 합성을 갖지 않는다.

비정현파는 "푸리에 급수"(또는 "푸리에 분석")에 의해 표현되며 일반적으로 "직류분+기본파+고조파" 성분으로 구성된다. 또한 구형파 신호로서 "무수히 많은 주파수 성분들의 합성"이라 표현할 수 있다.

30

$i = 3\sin\omega t + 4\sin(3\omega t - \theta)$[A]로 표시되는 전류의 등가 사인파 최대값은? [14]

① 2[A] ② 3[A]
③ 4[A] ④ 5[A]

$I_{m1} = 3$[A], $I_{m3} = 4$[A]일 때
비정현파의 최대값은
$I_m = \sqrt{I_{m1}^2 + I_{m3}^2}$ [A] 식에서
∴ $I_m = \sqrt{I_{m1}^2 + I_{m3}^2} = \sqrt{3^2 + 4^2} = 5$[A]

31

정현파 교류의 왜형률(distortion factor)은? [11]

① 0   ② 0.1212
③ 0.2273   ④ 0.4834

왜형률은 기본파 실효값에 대한 전체 고조파의 실효값의 비율로서 정현파 교류는 고조파가 없는 기본파만의 교류이기 때문에 왜형률이 0이다.

32

기본파의 3[%]인 제3고조파와 4[%]인 제5고조파, 1[%]인 제7고조파를 포함하는 전압파의 왜형율은? [11]

① 약 2.7[%]   ② 약 5.1[%]
③ 약 7.7[%]   ④ 약 14.1[%]

3고조파의 왜형률 $\epsilon_3 = 3$[%],
5고조파의 왜형률 $\epsilon_5 = 4$[%],
7고조파의 왜형률 $\epsilon_7 = 1$[%]일 때
$\epsilon = \sqrt{\epsilon_3^2 + \epsilon_5^2 + \epsilon_7^2}$ 식에서
∴ $\epsilon = \sqrt{\epsilon_3^2 + \epsilon_5^2 + \epsilon_7^2} = \sqrt{3^2 + 4^2 + 1^2} = 5.1$[%]

33

그림과 같은 비사인파의 제3고조파 주파수는?(단, $V = 20$[V], $T = 10$[ms]이다.) [13]

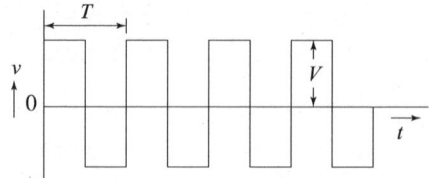

① 100[Hz]   ② 200[Hz]
③ 300[Hz]   ④ 400[Hz]

기본파 주파수를 f_1이라 하면
$f_1 = \dfrac{1}{T} = \dfrac{1}{10 \times 10^{-3}} = 100$[Hz]이다.
따라서 제3고조파 주파수는 $f_3 = 3f_1$[Hz] 이므로
∴ $f_3 = 3f_1 = 3 \times 100 = 300$[Hz]

참고 주파수는 주기와 역수 관계에 있다.

34

비사인파 교류회로의 전력에 대한 설명으로 옳은 것은? [16]

① 전압의 제3고조파와 전류의 제3고조파 성분 사이에서 소비전력이 발생한다.
② 전압의 제2고조파와 전류의 제3고조파 성분 사이에서 소비전력이 발생한다.
③ 전압의 제3고조파와 전류의 제5고조파 성분 사이에서 소비전력이 발생한다.
④ 전압의 제5고조파와 전류의 제7고조파 성분 사이에서 소비전력이 발생한다.

비정현파에서 발생하는 소비전력은 전압과 전류의 주파수 성분이 일치하는 고조파 성분에 대해서만 나타난다.
∴ 제3고조파 전압과 제3고조파 전류에 의한 소비전력이 발생하게 된다.

35

그림을 테브낭 등가회로로 고칠 때 개방전압 V 와 저항 R 은? [08]

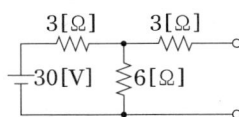

① 20[V], 5[Ω] ② 30[V], 8[Ω]
③ 15[V], 12[Ω] ④ 10[V], 1.2[Ω]

$E=30[V]$, $R_1=3[\Omega]$, $R_2=6[\Omega]$, $R_3=3[\Omega]$이라 하면 테브낭의 등가전압(V)과 등가저항(R)은
$V=\dfrac{R_2}{R_1+R_2}E[V]$, $R=R_3+\dfrac{R_1R_2}{R_1+R_2}[\Omega]$ 식에서

∴ $V=\dfrac{R_2}{R_1+R_2}E=\dfrac{6}{3+6}\times30=20[V]$

∴ $R=R_3+\dfrac{R_1R_2}{R_1+R_2}=3+\dfrac{2\times3}{2+3}=5[\Omega]$

36

그림의 단자 1-2에서 본 노튼 등가회로의 개방단 컨덕턴스는 몇 [℧]인가? [15, 19]

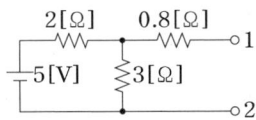

① 0.5   ② 1
③ 2   ④ 5.8

$E=5[V]$, $R_1=2[\Omega]$, $R_2=3[\Omega]$, $R_3=0.8[\Omega]$이라 하면 테브낭의 등가전압(V)과 등가저항(R)은
$V=\dfrac{R_2}{R_1+R_2}E[V]$, $R=R_3+\dfrac{R_1R_2}{R_1+R_2}[\Omega]$ 식에서

$V=\dfrac{R_2}{R_1+R_2}E=\dfrac{3}{2+3}\times5=3[V]$

$R=R_3+\dfrac{R_1R_2}{R_1+R_2}=0.8+\dfrac{2\times3}{2+3}=2[\Omega]$

따라서 컨덕턴스는 $G=\dfrac{1}{R}[℧]$ 식에서

∴ $G=\dfrac{1}{R}=\dfrac{1}{2}=0.5[℧]$

37

여러 개의 기전력을 포함하는 선형 회로망 내의 전류 분포는 각 기전력이 단독으로 그 위치에 있을 때 흐르는 전류 분포의 합과 같다는 것은? [18]

① 키르히호프(Kirchhoff) 법칙이다.
② 중첩의 원리이다.
③ 테브난(Thevenin)의 정리이다.
④ 노오튼(Norton)의 정리이다.

"여러 개의 전압원과 전류원을 포함하는 선형 회로망 내의 전류 분포는 각 전압원이나 전류원이 각각 단독으로 그 위치에 있을 때 흐르는 전류 분포의 대수의 합과 같다."는 것을 표현하는 원리를 말한다.

38

$R-L$ 직렬 회로의 시정수 $T[s]$는 어떻게 되는가? [07, 10, 18, 19]

① $\dfrac{R}{L}$ ② $\dfrac{L}{R}$
③ RL ④ $\dfrac{1}{RL}$

(1) RL 회로의 시정수는 $\tau=\dfrac{L}{R}[sec]$이다.
(2) RC 회로의 시정수는 $\tau=RC[sec]$이다.

39

$R=5[\Omega]$, $L=2[H]$인 직렬 회로의 시상수는 몇 [sec]인가? [07, 10, 19]

① 0.1   ② 0.2
③ 0.3   ④ 0.4

$\tau=\dfrac{L}{R}[sec]$ 식에서

∴ $\tau=\dfrac{L}{R}=\dfrac{2}{5}=0.4[sec]$

해답 35 ① 36 ① 37 ② 38 ② 39 ④

40

$R = 10[\text{K}\Omega]$, $C = 5[\mu\text{F}]$의 직렬 회로에 110[V]의 직류전압을 인가했을 때 시상수(τ)는? [07]

① 5[ms] ② 50[ms]
③ 1[sec] ④ 2[sec]

$\tau = RC[\text{sec}]$ 식에서
∴ $\tau = RC = 10 \times 10^3 \times 5 \times 10^{-6}$
$= 50 \times 10^{-3}[\text{s}] = 50[\text{ms}]$

07 전류의 열작용과 화학작용

핵심43 전류의 열작용

전류의 열작용이란 "저항이 있는 도선에 전류가 흐르면 도선에서 열이 발생되는 현상"을 말하며 "줄의 법칙"에 의해서 설명된다. 또한 전류의 열작용은 전력량과 열량의 관계로 해석될 수 있다.

중요도 ★★★
출제빈도
총44회 시행
총45문 출제

1. 전력(P)과 전력량(W)

저항에 전기에너지가 공급되면 저항에서는 전력이 발생하게 되는데 이 전력을 임의의 시간동안 지속하여 사용한 값을 전력량이라 한다. 공식은 다음과 같다.

$$\therefore P = VI = I^2 R = \frac{V^2}{R} \text{ [W]}$$

$$\therefore W = Pt = VIt = I^2 Rt = \frac{V^2}{R} t \text{ [J]}$$

여기서, P : 전력, W : 전력량, t : 시간, V : 전압, I : 전류, R : 저항

2. 열량(H)

저항의 발열에 의해 전력량이 발생한 경우 이는 곧 열량으로 환산할 수 있으며 이 때 열량으로 환산된 공식은 다음과 같다.

$$\therefore H = 0.24W = 0.24Pt = 0.24VIt = 0.24I^2 Rt = 0.24 \frac{V^2}{R} t \text{ [cal]}$$

여기서, H : 열량[cal], W : 전력량[J], P : 전력[W], t : 시간[s], V : 전압, I : 전류, R : 저항

[참고] (1) 1[J]=0.239[cal]≒0.24[cal], 1[cal]=4.186[J]≒4.2[J]
(2) 단위에 주의하여야 한다.

3. 전력량과 열량의 상호 관계식

$$\therefore H = 860 P T \eta = Cm\theta \text{ [kcal]}$$

여기서, H : 열량[kcal], P : 전력[kW], T : 시간[h], η : 효율, C : 비열, m : 질량[L], θ : 온도차

[참고] (1) 물의 비열은 1로 적용한다.
(2) 단위에 특히 주의하여야 한다.

핵심유형문제 43

전류의 발열작용과 관계가 있는 것은?　　　　　　　　　　[06, 07, 10, 14, 18, 19]

① 옴의 법칙　　　　　　　　② 키르히호프의 법칙
③ 줄의 법칙　　　　　　　　④ 플레밍의 법칙

[해설] 전류의 열작용이란 "저항이 있는 도선에 전류가 흐르면 도선에서 열이 발생되는 현상"을 말하며 "줄의 법칙"에 의해서 설명된다.

답 : ③

중요도 ★
출제빈도
총44회 시행
총 7문 출제

핵심44 온도와 저항 관계 및 열의 전달 방법

1. 온도와 전기저항의 관계

일반적으로 전기 계통에 사용되는 동도체로 만들어진 전선 또는 권선은 온도계수가 (+)인 값을 갖기 때문에 전선 주위의 온도가 상승하거나 전선에 전류가 흘러 전선 자체의 온도가 상승하게 되면 전선의 저항 값도 함께 상승하게 된다. 이 때 온도 변화에 따른 저항 값은 다음과 같다.

〈공식〉

$$R_T = \{1 + \alpha_t(T-t)\}R_t = \frac{234.5+T}{234.5+t}R_t\,[\Omega]$$

여기서, R_T : 온도 변화 후 저항, α_t : 온도 t일 때의 저항온도계수, T : 변화 후 온도, t : 변화 전 온도, R_t : 온도 변화 전 저항

참고 0[℃]에서의 저항온도계수는 $\alpha_0 = \frac{1}{234.5} = 4.3 \times 10^{-3}$ 이다.

2. 열의 전달 방법

열은 어느 한 곳에 머물러 있으려 하지 않고 움직이거나 이동하려는 성질을 갖는데 이 때 열이 이동하여 전달되는 방법을 3가지로 표현하고 있다. 그 3가지는 전도, 대류, 복사인데 의미하는 바가 다음과 같다.

① 전도
고체에서 일어나는 열전달 방법으로 분자가 직접 이동하지 않고 인접한 분자로 열을 넘겨주는 방식이다. 쇠막대기 한 쪽 끝을 가열하면 반대편 끝이 뜨거워지는 현상을 예로 들 수 있다.

② 대류
액체나 기체에서 일어나는 열전달 방법으로 분자가 열과 함께 직접 이동하면서 열을 전달하는 방식이다. 난로에 의해서 방 안 전체가 따뜻해지는 현상을 예로 들 수 있다.

③ 복사
어떤 물질의 도움 없이 열이 직접 이동하는 열전달 방법으로 열에너지가 전자기파로 방출되는 현상이다. 태양열이 지구 표면까지 도달하는 현상을 예로 들 수 있다.

핵심유형문제 44

열의 전달 방법이 아닌 것은? [12, 19]

① 복사   ② 대류   ③ 확산   ④ 전도

해설 열은 어느 한 곳에 머물러 있으려 하지 않고 움직이거나 이동하려는 성질을 갖는데 이 때 열이 이동하여 전달되는 방법을 3가지로 표현하면 전도, 대류, 복사이다.

답 : ③

핵심45 전기화학

1. 패러데이의 법칙

전기화학에서 패러데이의 법칙이란 "전기분해에 의해서 석출되는 물질의 양은 전해액을 통과하는 총 전기량과 같으며, 그 물질의 화학당량에 비례한다."는 것을 의미하며 석출된 물질의 양(W)은 다음과 같은 공식으로 표현할 수 있다.

〈공식〉

$$W = KQ = KIt \text{ [g]}$$

여기서, W : 전기분해에 의해 석출된 물질의 양, K : 전기화학당량, Q : 전기량, I : 전류, t : 시간

2. 전기화학당량

전기분해에 있어서 1[C]의 단위 전기량에 의해서 전극에 석출되는 물질의 이론적인 질량 값으로 다음과 같은 성질을 갖는다.
① 1[C]의 전기량으로 석출되는 물질의 양으로서 단위는 [g/C]이다.
② 화학당량을 패러데이 상수로 나눈 값으로서 화학당량에 비례한다.
③ 전기화학당량은 물질의 원자량과 원자가만으로 결정된다.

참고
(1) 원소의 화학당량
"수소 1원자량과 화합 또는 치환하는 다른 원소량"으로서 일반적으로 "원자량을 원자가로 나눈 값"을 말한다.
(2) 패러데이 상수
1[g] 당량의 물질을 석출하는데 필요한 전기량으로 96,487[C/mol]이다. 이 값은 물질의 종류에 관계없이 일정한 값을 지닌다.

핵심유형문제 45

전기분해에 의해서 석출되는 물질의 양은 전해액을 통과한 총 전기량과 같으며, 그 물질의 화학당량에 비례한다. 이것을 무슨 법칙이라 하는가? [06, 11, 15, 19]

① 줄의 법칙
② 플레밍의 법칙
③ 키르히호프의 법칙
④ 패러데이의 법칙

해설 전기화학에서 패러데이의 법칙이란 "전기분해에 의해서 석출되는 물질의 양은 전해액을 통과하는 총 전기량과 같으며, 그 물질의 화학당량에 비례한다."는 것을 의미한다.

답 : ④

중요도 ★★★
출제빈도
총44회 시행
총19문 출제

핵심46 전지

1. 전지의 종류

(1) 볼타전지

묽은 황산(H_2SO_4) 용액에 구리(Cu)와 아연(Zn)판을 넣으면 양극(+)은 구리(Cu)판이 되고 음극은 아연(Zn)판이 되어 전자의 이동이 생기고 극판 사이에는 기전력이 발생하게 된다. 이 때 구리판에서는 수소(H_2) 기체가 발생하며 화학반응이 조금씩 감소하는 분극작용이 일어나게 된다. 이러한 화학전지를 볼타전지라 부른다.

(2) 1차 전지

재생이 불가능하여 반복적인 충·방전을 할 수 없는 전지로서 망간건전지, 공기건전지, 표준전지, 물리전지, 수은전지 등이 있다.

(3) 2차 전지

재생이 가능하여 반복적인 충·방전을 할 수 있는 전지로서 대표적으로 연축전지와 알칼리축전지, 리튬 2차 전지가 있다.

2. 전지의 특징

(1) 망간건전지

가장 많이 사용되고 있는 1차 전지로서 양극은 탄소막대, 음극은 아연판으로 된 용기를 사용하고 있는 일반 건전지를 말한다.

(2) 연축전지(또는 납축전지)

① 충·방전 반응식

$$\underset{양}{PbO_2} + \underset{전해액}{2H_2SO_4} + \underset{음}{Pb} \underset{충}{\overset{방}{\rightleftharpoons}} \underset{양}{PbSO_4} + 2H_2O + \underset{음}{PbSO_4}$$

② 전해액은 묽은 황산(H_2SO_4) 용액으로 비중은 1.23 ~ 1.26 정도로 한다.
③ 방전전압의 한계는 1.8[V]로 하고 있다.
④ 축전지 용량은 방전전류×방전시간으로 표시한다.
  ∴ $C = It$[Ah]
  여기서, C : 축전지 용량, I : 방전전류, t : 방전시간

(3) 알칼리축전지

2차 전지로서 수명이 가장 길며, 양극은 수산화니켈, 음극은 카드뮴, 전해액으로는 수산화칼륨 수용액을 사용하는 니켈-카드뮴 전지가 대표적이다.

핵심유형문제 46

1차 전지로 가장 많이 사용되는 것은? [12, 13, 16, (유)19]

① 알칼리축전지   ② 연료전지   ③ 망간건전지   ④ 납축전지

해설 망간건전지는 가장 많이 사용되고 있는 1차 전지로서 양극은 탄소막대, 음극은 아연판으로 된 용기를 사용하고 있는 일반 건전지를 말한다.

답 : ③

적중예상문제

01

저항이 있는 도선에 전류가 흐르면 열이 발생한다. 이와 같이 전류의 열작용과 가장 관계가 깊은 법칙은?

[07, 11, 15]

① 패러데이의 법칙 ② 키르히호프의 법칙
③ 줄의 법칙 ④ 옴의 법칙

전류의 열작용이란 "저항이 있는 도선에 전류가 흐르면 도선에서 열이 발생되는 현상"을 말하며 "줄의 법칙"에 의해서 설명된다.

02

4[Ω]의 저항에 200[V]의 전압을 인가할 때 소비되는 전력은?

[15]

① 20[W] ② 400[W]
③ 2.5[kW] ④ 10[kW]

$R=4[\Omega]$, $V=200[V]$일 때
$P=VI=I^2R=\dfrac{V^2}{R}$ [W] 식에서
$\therefore P=\dfrac{V^2}{R}=\dfrac{200^2}{4}=10{,}000[W]=10[kW]$

03

100[V], 300[W]의 전열선의 저항값은? [13, 18, (유)07]

① 약 0.33[Ω] ② 약 3.33[Ω]
③ 약 33.3[Ω] ④ 약 333[Ω]

$V=100[V]$, $P=300[W]$일 때
$P=VI=I^2R=\dfrac{V^2}{R}$ [W] 식에서
$\therefore R=\dfrac{V^2}{P}=\dfrac{100^2}{300}=33.3[\Omega]$

04

저항 300[Ω]의 부하에서 90[kW]의 전력이 소비되었다면 이 때 흐르는 전류는?

[10, (유)07]

① 약 3.3[A] ② 약 17.3[A]
③ 약 30[A] ④ 약 300[A]

$R=300[\Omega]$, $P=90[kW]$일 때
$P=VI=I^2R=\dfrac{V^2}{R}$ [W] 식에서
$\therefore I=\sqrt{\dfrac{P}{R}}=\sqrt{\dfrac{90\times 10^3}{300}}=17.3[A]$

05

20[A]의 전류를 흘렸을 때 전력이 60[W]인 저항에 30[A]를 흘리면 전력은 몇 [W]가 되겠는가? [11]

① 80 ② 90
③ 120 ④ 135

$I=20[A]$에서 $P=60[W]$이라면 $I'=30[A]$일 때의 전력 P'는
$P=I^2R$ [W] 식에서
$R=\dfrac{P}{I^2}=\dfrac{60}{20^2}=0.15[\Omega]$ 이므로
$\therefore P'=(I')^2R=30^2\times 0.15=135[W]$

06

200[V]에서 1[kW]의 전력을 소비하는 전열기를 100[V]에서 사용하면 소비전력은 몇 [W]인가?

[08, 18, (유)14]

① 150 ② 250
③ 400 ④ 1,000

$V=200[V]$에서 $P=1[kW]$라면 $V'=100[V]$일 때의 전력 P'는
$P=\dfrac{V^2}{R}$ [W] 식에서
$R=\dfrac{V^2}{P}=\dfrac{200^2}{1{,}000}=40[\Omega]$ 이므로
$\therefore P'=\dfrac{(V')^2}{R}=\dfrac{100^2}{40}=250[W]$

해답 01 ③ 02 ④ 03 ③ 04 ② 05 ④ 06 ②

07

정격전압에서 1[kW]의 전력을 소비하는 저항에 정격의 90[%] 전압을 가했을 때, 전력은 몇 [W]가 되는가? [14, 19]

① 630[W] ② 780[W]
③ 810[W] ④ 900[W]

정격전압 V[V]일 때 저항 R[Ω]에서 소비되는 전력이 $P=1$[kW]라 하면
$P=\dfrac{V^2}{R}=1{,}000$[W]이다.
$V'=0.9V$[V]에서의 전력을 P'라 하면
$P'=\dfrac{(V')^2}{R}=\dfrac{(0.9)^2}{R}=0.9^2\dfrac{V^2}{R}$[W]가 된다.
$\therefore\ P'=0.9^2\dfrac{V^2}{R}=0.9^2\times1{,}000=810$[W]

08

200[V], 2[kW]의 전열선 2개를 같은 전압에서 직렬로 접속한 경우의 전력은 병렬로 접속한 경우의 전력보다 어떻게 되는가? [16]

① $\dfrac{1}{2}$로 줄어든다. ② $\dfrac{1}{4}$로 줄어든다.
③ 2배로 증가된다. ④ 4배로 증가된다.

$V=200$[V], $P=2$[kW], 전열선의 저항 R일 때
$P=\dfrac{V^2}{R}$ [W] 식에서 전열선의 저항 R은
$R=\dfrac{V^2}{R}=\dfrac{200^2}{2\times10^3}=20$[Ω]이다.
같은 전열선 2개를 직렬로 접속할 때의 합성저항과 전력을 R_S, P_S, 병렬로 접속할 때의 합성저항과 전력을 R_P, P_P라 하면
$R_S=20\times2=40$[Ω], $R_P=\dfrac{20}{2}=10$[Ω] 이므로
$P_S=\dfrac{V^2}{R_S}=\dfrac{200^2}{40}=1{,}000$[W],
$P_P=\dfrac{V^2}{R_P}=\dfrac{200^2}{10}=4{,}000$[W]이다.
$\therefore\ P_S=\dfrac{1}{4}P_P$ 이므로 $\dfrac{1}{4}$로 줄어든다.

09

같은 저항 4개를 그림과 같이 연결하여 a–b간에 일정전압을 가했을 때 소비전력이 가장 큰 것은 어느 것인가? [13]

①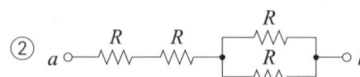

②

③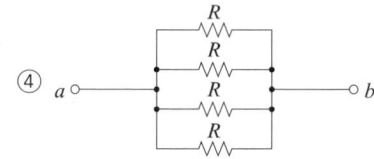

④
합성저항을 R_0라 할 때 일정전압(V)에서의 소비전력 P는 $P=\dfrac{V^2}{R_0}$[W]이므로 $P\propto\dfrac{1}{R_0}$임을 알 수 있다.
따라서 소비전력이 가장 큰 경우는 합성저항이 가장 작은 경우이다.
각 보기의 합성저항은 다음과 같다.
① $R_0=4R$ [Ω]
② $R_0=2R+\dfrac{R}{2}=2.5R$ [Ω]
③ $R_0=\dfrac{R}{2}+\dfrac{R}{2}=R$ [Ω]
④ $R_0=\dfrac{R}{4}=0.25R$ [Ω]
$\therefore$ 보기 ④번 회로의 소비전력이 가장 크다.

07 ③   08 ②   09 ④

10

220[V]용 100[W] 전구와 200[W] 전구를 직렬로 연결하여 220[V]의 전원에 연결하면? [12]

① 두 전구의 밝기가 같다.
② 100[W]의 전구가 더 밝다.
③ 200[W]의 전구가 더 밝다.
④ 두 전구 모두 안 켜진다.

100[W] 전구와 200[W] 전구의 저항값을 각각 R_{100}, R_{200}이라 하면 $P=\dfrac{V^2}{R}$[W] 식에 의해서
$R_{100}=\dfrac{V^2}{P_{100}}=\dfrac{220^2}{100}=484[\Omega]$,
$R_{200}=\dfrac{V^2}{P_{200}}=\dfrac{220^2}{200}=242[\Omega]$이다.
이 두 전구를 직렬로 연결하면 각 전구의 소비전력 $P_{100}{}'$, $P_{200}{}'$는 $P=I^2R$[W] 식에 의해서
$P_{100}{}'=\left(\dfrac{220}{484+242}\right)^2 \times 484 = 44.44$[W],
$P_{200}{}'=\left(\dfrac{220}{484+242}\right)^2 \times 242 = 22.22$[W]임을 알 수 있다.
∴ $P_{100}{}' > P_{200}{}'$이므로 100[W] 전구가 더 밝다.

11

5마력을 와트[W] 단위로 환산하면? [10]

① 4,300[W] ② 3,730[W]
③ 1,317[W] ④ 17[W]

∴ $P = 5$[HP] $= 5 \times 746 = 3,730$[W]

참고 단위 환산
1[HP] $= 746$[W]이다.

12

줄의 법칙에서 발열량 계산식을 옳게 표시한 것은? [12]

① $H = I^2 R$[J]   ② $H = I^2 R^2 t$[J]
③ $H = I^2 R^2$[J]   ④ $H = I^2 R t$[J]

$W = Pt = VIt = I^2 Rt = \dfrac{V^2}{R}t$[J]

주의 단위에 주의하여야 한다.
1[J]=0.24[cal] 이므로
$H = I^2 Rt$[J] $= 0.24 I^2 Rt$[cal]

13

줄의 법칙에서 발생하는 열량의 계산식이 옳은 것은? [08②, 18]

① $H = 0.24 R I^2 t$[cal]
② $H = 0.024 R I^2 t$[cal]
③ $H = 0.24 R I^2$[cal]
④ $H = 0.024 R I^2$[cal]

$H = 0.24 W = 0.24 Pt = 0.24 VIt$
$= 0.24 I^2 Rt = 0.24 \dfrac{V^2}{R}t$[cal]

14

500[Ω]의 저항에 1[A]의 전류가 1분 동안 흐를 때에 발생하는 열량은 몇 [cal]인가? [06, (유)12]

① 3,600   ② 5,000
③ 6,200   ④ 7,200

$R = 500[\Omega]$, $I = 1$[A], $t = 1$[min] $= 60$[sec]일 때
$H = 0.24 I^2 Rt$[cal] 식에서
∴ $H = 0.24 I^2 Rt = 0.24 \times 1^2 \times 500 \times 60$
$= 7,200$[cal]

해답 10 ② 11 ② 12 ④ 13 ① 14 ④

15

1[cal]는 약 몇 [J]인가? [07]

① 0.24   ② 0.4186
③ 2.4   ④ 4.186

1[J] = 0.24[cal],
1[cal] = 4.186[J]

16

1[kWh]는 몇 [kcal]인가? [09]

① 860   ② 2,400
③ 4,800 ④ 8,600

1[kWh] = 860[kcal]

17

3[kW]의 전열기를 1시간 동안 사용할 때 발생하는 열량[kcal]은? [16]

① 3   ② 180
③ 860   ④ 2,580

$P = 3[\text{kW}], \ T = 1[\text{h}]$ 일 때
$H = 860PT\eta = Cm\theta[\text{kcal}]$ 식에서
$\therefore H = 860PT\eta = 860 \times 3 \times 1 = 2,580[\text{kcal}]$

참고
(1) 단위에 주의하여야 한다.
(2) 조건에 주어지지 않는 값은 1로 적용한다.
   ($\eta = 1$)

18

3[kW]의 전열기를 정격 상태에서 20분간 사용하였을 때의 열량은 몇 [kcal]인가? [11, (유)15]

① 430   ② 520
③ 610   ④ 860

$P = 3[\text{kW}], \ T = 20[\text{min}] = \dfrac{20}{60}[\text{h}]$ 일 때
$H = 860PT\eta[\text{kcal}]$ 식에서
$\therefore H = 860PT\eta = 860 \times 3 \times \dfrac{20}{60} = 860[\text{kcal}]$

19

저항이 10[Ω]인 도체에 1[A]의 전류를 10분간 흘렸다면 발생하는 열량은 몇 [kcal]인가? [15]

① 0.5   ② 1.44
③ 4.46   ④ 6.24

$R = 10[\Omega], \ I = 1[\text{A}], \ T = 10[\text{min}] = \dfrac{10}{60}[\text{h}]$ 일 때
$P = I^2R = 1^2 \times 10 = 10[\text{W}] = 10^{-2}[\text{kW}]$ 이므로
$H = 860PT\eta[\text{kcal}]$ 식에서
$\therefore H = 860PT\eta = 860 \times 10^{-2} \times \dfrac{10}{60} = 1.44[\text{kcal}]$

20

20[°C]의 물 200[L]를 2시간 동안에 40[°C]로 올리기 위하여 사용할 전열기의 용량은 약 몇 [kW]이면 되겠는가? (이 때 전열기의 효율은 70[%]라 한다.) [09]

① 3.3[kW]   ② 3.8[kW]
③ 4.3[kW]   ④ 4.8[kW]

$\theta = 40° - 20° = 20°, \ m = 100[\text{L}], \ T = 2[\text{h}],$
$\eta = 0.7$ 일 때
$H = 860PT\eta = Cm\theta[\text{kcal}]$ 식에서
$P = \dfrac{Cm\theta}{860T\eta} = \dfrac{1 \times 200 \times 20}{860 \times 2 \times 0.7} = 3.3[\text{kW}]$

해답 15 ④ 16 ① 17 ④ 18 ④ 19 ② 20 ①

21

100[V], 5[A]의 전열기를 사용하여 2리터의 물을 20[°C]에서 100[°C]로 올리는데 필요한 시간[sec]은 약 얼마인가?(단, 열량은 전부 유효하게 사용됨) [08, 18]

① 1.33×10^3
② 1.33×10^4
③ 1.33×10^5
④ 1.33×10^6

$V=100[V]$, $I=5[A]$, $m=2[L]$,
$\theta=100°-20°=80°$, $\eta=1$일 때
$P=VI=100\times 5=500[W]=0.5[kW]$ 이므로
$H=860PT\eta=Cm\theta[kcal]$ 식에서
$T=\dfrac{Cm\theta}{860P\eta}=\dfrac{1\times 2\times 80}{860\times 0.5\times 1}=\dfrac{16}{43}$[h]이다.
$\therefore T=\dfrac{16}{43}\times 3,600=1.33\times 10^3[sec]$

참고
(1) 특히 단위에 주의하여야 한다.
(2) 열량이 전부 유효하게 사용되었다는 것은 효율이 100[%]라는 의미이다.($\eta=1$)

22

10[°C], 5,000[g]의 물을 40[°C]로 올리기 위하여 1[kW]의 전열기를 쓰면 몇 분이 걸리게 되는가?(단, 여기서 효율은 80[%]라고 한다.) [13, 18]

① 약 13분
② 약 15분
③ 약 25분
④ 약 50분

$\theta=40°-10°=30°$, $m=5,000[g]=5[L]$,
$P=1[kW]$, $\eta=0.8$일 때
$H=860PT\eta=Cm\theta[kcal]$ 식에서
$T=\dfrac{Cm\theta}{860P\eta}=\dfrac{1\times 5\times 30}{860\times 1\times 0.8}=\dfrac{75}{344}$[h]이다.
$\therefore T=\dfrac{75}{344}\times 60=13[min]$

23

전력과 전력량에 관한 설명으로 틀린 것은? [16, 19]

① 전력은 전력량과 다르다.
② 전력량은 와트로 환산된다.
③ 전력량은 칼로리 단위로 환산된다.
④ 전력은 칼로리 단위로 환산할 수 없다.

전력량의 단위는 [W·sec] 이므로
1[W·sec]=1[J]=0.24[cal]로 환산된다.
$\therefore$ 전력[W]의 단위는 전력량[W·sec]과는 다른 차원이므로 단위 환산이 되지 않는다.

24

100[μF]의 콘덴서에 1,000[V]의 전압을 가하여 충전한 뒤 저항을 통하여 방전시키면 저항에 발생하는 열량은 몇 [cal]인가? [07, 09, (유)18]

① 3
② 5
③ 12
④ 43

$C=100[\mu F]$, $V=1,000[V]$일 때 콘덴서에 충전된 정전에너지는 $W=\dfrac{1}{2}CV^2[J]$ 이므로 단위를 열량 단위로 환산하여 계산하면
$H=0.24W=0.24\times\dfrac{1}{2}CV^2[cal]$임을 알 수 있다.
$\therefore H=0.24\times\dfrac{1}{2}CV^2$
$=0.24\times\dfrac{1}{2}\times 100\times 10^{-6}\times 1,000^2$
$=12[cal]$

25

권선저항과 온도와의 관계는? [10, 13]

① 온도와는 무관하다.
② 온도가 상승함에 따라 권선저항은 감소한다.
③ 온도가 상승함에 따라 권선저항은 상승한다.
④ 온도가 상승함에 따라 권선의 저항은 증가와 감소를 반복한다.

일반적으로 전기 계통에 사용되는 동도체로 만들어진 전선 또는 권선은 온도계수가 (+)인 값을 갖기 때문에 전선 주위의 온도가 상승하거나 전선에 전류가 흘러 전선 자체의 온도가 상승하게 되면 전선의 저항 값도 함께 상승하게 된다.

해답 21 ① 22 ① 23 ② 24 ③ 25 ③

26

전구를 점등하기 전의 저항과 점등한 후의 저항을 비교하면 어떻게 되는가? [14]

① 점등 후의 저항이 크다.
② 점등 전의 저항이 크다.
③ 변동 없다.
④ 경우에 따라 다르다.

전구를 점등하게 되면 필라멘트의 온도가 상승하게 되어 저항은 더욱 커진다.

27

주위온도 0[°C]에서의 저항이 20[Ω]인 연동선이 있다. 주위온도가 50[°C]로 되는 경우 저항은?(단, 0[°C]에서 연동선의 온도계수는 $a_0 = 4.3 \times 10^{-3}$ 이다.) [10]

① 약 22.3[Ω]   ② 약 23.3[Ω]
③ 약 24.3[Ω]   ④ 약 25.3[Ω]

$t=0°$, $R_t = 20[\Omega]$, $T=50°$일 때 R_T는
$R_T = \{1 + \alpha_t(T-t)\}R_t[\Omega]$ 식에서
∴ $R_T = \{1 + \alpha_t(T-t)\}R_t$
$= \{1 + 4.3 \times 10^{-3}(50-0)\} \times 20$
$= 24.3[\Omega]$

28

다음 중에서 일반적으로 온도가 높아지게 되면 전도율이 커져서 온도계수가 부(-)의 값을 가지는 것이 아닌 것은? [09]

① 구리   ② 반도체
③ 탄소   ④ 전해액

일반적으로 동도체(구리)는 온도가 상승하게 되면 전도율이 커져서 저항 값도 함께 증가하는 성질을 갖는다. 이러한 성질을 (+) 온도계수라 한다.

참고
전기분해에 사용되는 전해액이나 반도체의 재료로 사용되는 탄소, 규소 등은 온도가 상승하면 저항이 감소하게 되는 성질을 갖는데 이를 부성저항 특성 또는 (-) 온도계수라 한다.

29

묽은 황산 (H_2SO_4) 용액에 구리(Cu)와 아연(Zn)판을 넣으면 전지가 된다. 이 때 양극(+)에 대한 설명으로 옳은 것은? [09, 13]

① 구리판이며 수소 기체가 발생한다.
② 구리판이며 산소 기체가 발생한다.
③ 아연판이며 산소 기체가 발생한다.
④ 아연판이며 수소 기체가 발생한다.

묽은 황산(H_2SO_4) 용액에 구리(Cu)와 아연(Zn)판을 넣으면 양극(+)은 구리(Cu)판이 되고 음극은 아연(Zn)판이 되어 전자의 이동이 생기고 극판 사이에는 기전력이 발생하게 된다. 이 때 구리판에서는 수소(H_2) 기체가 발생하며 화학반응이 조금씩 감소하는 분극작용이 일어나게 된다. 이러한 화학전지를 볼타전지라 부른다.

30

묽은황산(H_2SO_4)용액에 구리(Cu)와 아연(Zn)판을 넣었을 때 아연판은? [14]

① 음극이 된다.
② 수소기체를 발생한다.
③ 양극이 된다.
④ 황산아연으로 변한다.

묽은 황산(H_2SO_4) 용액에 구리(Cu)와 아연(Zn)판을 넣으면 양극(+)은 구리(Cu)판이 되고 음극은 아연(Zn)판이 된다.

해답 26 ① 27 ③ 28 ① 29 ① 30 ①

31
망간건전지의 양극으로 무엇을 사용하는가? [08]

① 아연판 ② 구리판
③ 탄소막대 ④ 묽은 황산

망간건전지는 가장 많이 사용되고 있는 1차 전지로서 양극은 탄소막대, 음극은 아연판으로 된 용기를 사용하고 있는 일반 건전지를 말한다.

32
다음은 연축전지에 대한 설명이다. 옳지 않은 것은? [07, 18, 19]

① 전해액은 황산을 물에 섞어서 비중을 1.2~1.3 정도로 하여 사용한다.
② 충전시 양극은 PbO로 되고 음극은 PbSO로 된다.
③ 방전전압의 한계는 1.8[V]로 하고 있다.
④ 용량은 방전전류×방전시간으로 표시하고 있다.

연축전지(또는 납축전지)는 충전시 양극이 PbO_2, 음극이 Pb가 되고 방전시 양극과 음극이 모두 $PbSO_4$가 된다.

33
납축전지가 완전히 방전되면 음극과 양극은 무엇으로 변하는가? [14]

① $PbSO_4$ ② PbO_2
③ H_2SO_4 ④ Pb

연축전지(또는 납축전지)는 충전시 양극이 PbO_2, 음극이 Pb가 되고 방전시 양극과 음극이 모두 $PbSO_4$가 된다.

34
납축전지의 전해액으로 사용되는 것은? [10, 13]

① H_2SO_4 ② H_2O
③ PbO_2 ④ $PbSO_4$

연축전지(또는 납축전지)의 전해액은 묽은 황산(H_2SO_4) 용액으로 비중은 1.23 ~ 1.26 정도로 한다.

35
"2차 전지의 대표적인 것으로 납축전지가 있다. 전해액으로 비중 약 (ㄱ) 정도의 (ㄴ)을 사용한다." ㄱ과 ㄴ에 들어갈 내용으로 알맞은 것은? [13]

① 1.25~1.36, 질산
② 1.15~1.21, 묽은 황산
③ 1.01~1.15, 질산
④ 1.23~1.26, 묽은 황산

연축전지(또는 납축전지)의 전해액은 묽은 황산(H_2SO_4) 용액으로 비중은 1.23 ~ 1.26 정도로 한다.

36
10[A]의 전류로 6시간 방전할 수 있는 축전지의 용량은? [12]

① 2[Ah] ② 15[Ah]
③ 30[Ah] ④ 60[Ah]

$I = 10[A]$, $t = 6[h]$일 때
$C = It[Ah]$ 식에서
∴ $C = It = 10 \times 6 = 60[Ah]$

해답 31 ③ 32 ② 33 ① 34 ① 35 ④ 36 ④

37

용량 30[AH]의 전지는 2[A]의 전류로 몇 시간 사용할 수 있겠는가? [06, (유)09]

① 3　　　② 7
③ 15　　 ④ 30

$C=30\text{[AH]}$, $I=2\text{[A]}$일 때
$C=It\text{[Ah]}$ 식에서
$\therefore t=\dfrac{C}{I}=\dfrac{30}{2}=15\text{[h]}$

38

알카리 축전지의 대표적인 축전지로 널리 사용되고 있는 2차 전지는? [16]

① 망간전지　　② 산화은 전지
③ 페이퍼 전지　④ 니켈-카드뮴 전지

알칼리축전지
2차 전지로서 수명이 가장 길며, 양극은 수산화니켈, 음극은 카드뮴, 전해액으로는 수산화칼륨 수용액을 사용하는 니켈-카드뮴 전지가 대표적이다.

해답 37 ③　38 ④

1편 핵심이론 및 적중예상문제

02 전기기기

01 직류기
02 동기기
03 변압기
04 유도기
05 반도체

01 직류기

중요도 ★★★
출제빈도
총44회 시행
총23문 출제

핵심01 직류기의 구조

1. 직류기의 3요소
직류기의 3요소는 계자, 전기자, 정류자를 의미하며 브러시 또한 포함하고 있다.

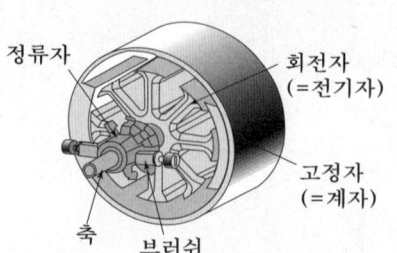

2. 계자
① 구성 : 계자 철심, 계자 권선, 자극편으로 구성된다.
② 역할 : 주자속(자기장)을 만든다.

3. 전기자
① 구성 : 전기자 철심, 전기자 권선, 축으로 구성된다.
② 역할 : 기전력을 유도한다.
③ 전기자 철심은 규소 강판을 사용하여 히스테리시스 손실을 줄이고 또한 성층하여 와류손(=맴돌이손)을 줄인다. 철심 내에서 발생하는 손실을 철손이라 하며 철손은 히스테리시스손과 와류손을 합한 값이다. 따라서 규소 강판을 성층하여 사용하기 때문에 철손이 줄어들게 된다.
④ 규소의 함량은 1~2[%] 정도이고 성층 철심의 두께는 0.35~0.5[mm] 정도이다.

> 참고 와전류 손실
> "와전류"란 맴돌이 전류 또는 와류로 표현하기도 하는데 전기기기 철심 단면에 흘러 손실이 발생되는 것을 와전류 손실이라 한다.

4. 정류자 및 브러시
① 정류자 : 전기자 권선에서 발생한 교류를 직류로 바꿔주는 부분이다.
② 브러시 : 정류자 면에 접촉하여 전기자 권선과 외부회로를 연결시켜주는 부분이다.

핵심유형문제 01

전기기기의 철심 재료로 규소강판을 많이 사용하는 이유로 가장 적당한 것은? [13, 16]

① 와류손을 줄이기 위해
② 맴돌이 전류를 없애기 위해
③ 히스테리시스손을 줄이기 위해
④ 구리손을 줄이기 위해

해설 전기자 철심은 규소 강판을 사용하여 히스테리시스 손실을 줄이고 또한 성층하여 와류손(=맴돌이손)을 줄인다.

답 : ③

핵심02 직류기의 전기자 권선법

1. 전기자 권선법

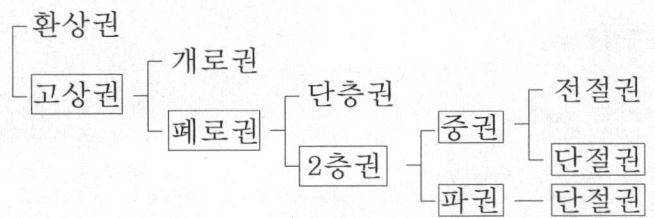

∴ 직류기의 전기자에 권선을 감는 방법에 따라 여러 가지가 있지만 주로 채용되고 있는 권선법으로는 폐로권, 고상권, 2층권이다. 그 외에도 개로권, 환상권, 단층권이 있지만 이 권선법은 거의 채택하지 않고 있다.

2. 중권과 파권의 비교

중권과 파권에 대한 권선법은 발전기의 사용 목적과 용도에 따라서 둘 중 하나의 권선법을 채용한다. 다음은 중권과 파권에 대한 차이점을 비교하는 표이다.

항목	중권(=병렬권)	파권(=직렬권)
병렬회로수(a)	$a = p$	$a = 2$
브러시 수(b)	$b = p$	$b = 2$
용도	저전압, 대전류용	고전압, 소전류용
균압접속	필요하다.	불필요하다.
다중도(m)	$a = pm$	$a = 2m$

여기서, p : 극수

참고 균압 고리
전기자 권선의 병렬 회로가 많은 중권에서는 전기자 권선의 전압 불균형으로 인하여 브러시에서 불꽃이 발생하게 된다. 이를 방지하기 위한 대책으로 균압 고리 또는 균압환을 설치한다.

중요도 ★
출제빈도
총44회 시행
총 7문 출제

핵심유형문제 02

단중 중권의 극수가 P 인 직류기에서 전기자 병렬회로수 a는 어떻게 되는가? [07, (유)07]

① 극수 P 와 무관하게 항상 2가 된다.
② 극수 P 와 같게 된다.
③ 극수 P 의 2배가 된다.
④ 극수 P 의 3배가 된다.

해설 직류발전기의 권선법을 중권으로 채용할 경우 병렬회로수(a)는 극수(p)와 같다.

답 : ②

핵심03 직류기의 전기자 반작용

1. 전기자 반작용의 원인

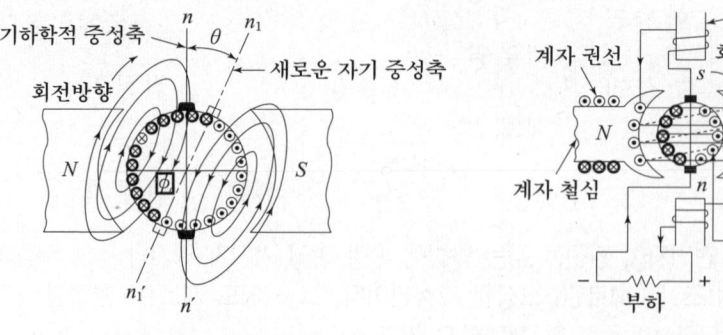

(a) 전기자 반작용에 의한 중성축   (b) 보상 권선과 보극

∴ 전기자 권선에 흐르는 전기자 전류에 의한 자속이 계자극에서 발생한 주자속에 영향을 주어 주자속의 분포가 찌그러지면서 주자속이 감소되는 현상을 말한다.

2. 전기자 반작용의 영향

① 주자속이 감소하여 직류 발전기에서는 유기기전력(또는 단자전압)이 감소하고 직류 전동기에서는 토크가 감소한다.
② 편자작용에 의하여 중성축이 직류 발전기에서는 회전방향으로 이동하고 직류 전동기에서는 회전방향의 반대방향으로 이동한다.
③ 기전력의 불균일에 의한 정류자 편간전압이 상승하여 브러시 부근의 도체에서 불꽃이 발생하며 정류불량의 원인이 된다.

3. 전기자 반작용에 대한 대책

① 계자극 표면에 보상권선을 설치하여 전기자 전류와 반대방향으로 전류를 흘린다.
② 보극을 설치하여 평균 리액턴스 전압을 없애고 정류작용을 양호하게 한다.
③ 브러시를 새로운 중성축으로 이동시킨다. 직류 발전기는 회전방향으로 이동시키고 직류 전동기는 회전방향의 반대방향으로 이동시킨다.

핵심유형문제 03

직류기에서 전기자 반작용을 방지하기 위한 보상권선의 전류 방향은 어떻게 되는가? [07, 19]

① 전기자 권선의 전류 방향과 같다.
② 전기자 권선의 전류 방향과 반대이다.
③ 계자 권선의 전류 방향과 같다.
④ 계자 권선의 전류 방향과 반대이다.

해설 직류기의 전기자 반작용을 방지하기 위해 계자극 표면에 보상권선을 설치하여 전기자 전류와 반대방향으로 전류를 흘린다.

답 : ②

핵심04 직류기의 정류작용

1. 정류란?
교류를 직류로 바꾸는 작용

2. 정류곡선

① 불꽃없는 정류(양호한 정류)
정류곡선 (d)는 직선정류로서 가장 이상적인 정류곡선이고 정류곡선 (c)는 정현파 정류로서 보극을 설치하여 전압정류가 되도록 한 양호한 정류곡선이다.

② 부족정류(정류 불량)
정류곡선 (a)와 (b)는 전류변화가 브러시 후반부에서 심해지고 평균 리액턴스 전압의 증가로 브러시 후반부에서 불꽃이 생긴다.

③ 과정류(정류 불량)
정류곡선 (e)와 (f)는 지나친 보극의 설치로 전류변화가 브러시 전반부에서 심해지고 브러시 전반부에서 불꽃이 생긴다.

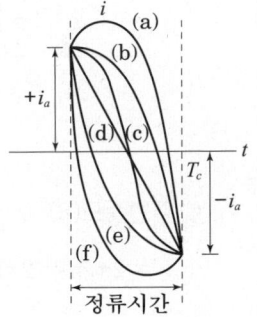

3. 정류개선책

① 전압정류 : 보극을 설치하여 평균 리액턴스 전압을 감소시킨다.
② 저항정류 : 코일의 자기 인덕턴스가 원인이므로 접촉저항이 큰 탄소브러시를 채용한다.
③ 브러시를 새로운 중성축으로 이동시킨다. : 발전기는 회전방향, 전동기는 회전방향의 반대방향으로 이동시킨다.
④ 보극 권선을 전기자 권선과 직렬로 접속한다.

> **참고**
> (1) 직류발전기의 정류작용을 양호하게 하는 가장 유효한 방법은 보극과 탄소브러시를 채용하는 것이다.
> (2) 보극은 전압정류 작용으로 정류를 개선시키는 것이 주된 목적이지만 전기자 반작용의 억제 대책이기도 하다.

핵심유형문제 04

직류기에서 정류를 좋게 하는 방법 중 전압정류의 역할은? [13, 14, 18, 19]

① 보극　　② 리액턴스 전압　　③ 보상권선　　④ 탄소

해설 전압정류는 보극을 설치하여 평균 리액턴스 전압을 감소시킴으로서 정류를 좋게 한다.

답 : ①

핵심05 직류기의 유기기전력

1. 주변속도와 자속밀도

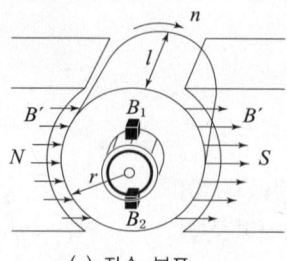
(a) 자속 분포

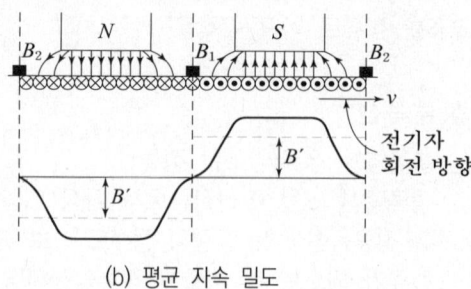
(b) 평균 자속 밀도

[그림] 자속 분포와 자속 밀도

① 주변속도(v)

$$v = 2\pi r n = 2\pi r \frac{N}{60} = \pi D \frac{N}{60} \text{[m/sec]}$$

② 자속밀도(B)

$$B = \frac{p\phi}{S} = \frac{p\phi}{\pi D l} \text{[Wb/m}^2\text{]}$$

여기서, r : 전기자 반지름[m], n : 초당 회전수[rps], N : 분당 회전수[rpm]
D : 전기자 지름[m], p : 극수, ϕ : 자속[Wb], S : 전기자 표면적[m²],
l : 전기자 도체의 길이[m]

2. 유기기전력

$$E = B l v \frac{Z}{a} = \frac{pZ\phi N}{60a} = k\phi N \text{[V]}$$

여기서 Blv : 전기자 도체 1개의 유기기전력, Z : 전기자 총 도체수, a : 병렬회로수,
p : 극수, ϕ : 자속[Wb], N : 회전수[rpm]

핵심유형문제 05

6극 직렬권 발전기의 전기자 도체수 300, 매극 자속 0.02[Wb], 회전수 900[rpm]일 때 유도 기전력[V]은?
[16, 19]

① 90　　② 110　　③ 220　　④ 270

해설 $p=6$, 직렬권은 파권이므로 $a=2$, $Z=300$, $\phi=0.02$[Wb], $N=900$[rpm]일 때
$E = Blv\frac{Z}{a} = \frac{pZ\phi N}{60a} = k\phi N\text{[V]}$ 식에서

∴ $E = \frac{pZ\phi N}{60a} = \frac{6 \times 300 \times 0.02 \times 900}{60 \times 2} = 270\text{[V]}$

답 : ④

핵심06 직류발전기의 종류 및 특징(Ⅰ)

1. 직류발전기의 종류

직류발전기는 여자 방식에 따라 크게 타여자 발전기와 자여자 발전기로 구분되며, 자여자 발전기는 또한 전기자 권선과 계자 권선의 접속 방법에 따라 분권 발전기, 직권 발전기, 복권 발전기로 나눠지고 있다.

중요도 ★★
출제빈도
총44회 시행
총10문 출제

2. 타여자 발전기

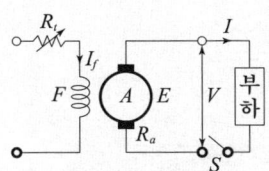 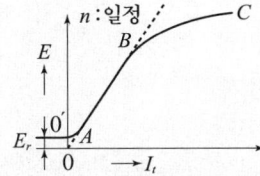 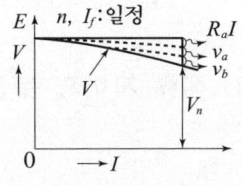

(a) 직류 타여자 발전기 　　　(b) 무부하 포화 곡선 　　　(c) 외부 특성 곡선

[그림] 직류 타여자 발전기의 특성

① 구조 : 계자 권선이 전기자 권선과 접속되어 있지 않고 독립된 여자회로를 구성하고 있다.
② 특징 : 계자 철심에 잔류자기가 없어도 발전이 가능한 직류발전기이다.
③ 관련 공식

구분	공식
유기기전력(E)	$E = V + R_a I_a + e$ [V]
전기자 전류(I_a)	$I = I_a = \dfrac{P}{V}$ [A]

여기서, E : 유기기전력, V : 단자전압, R_a : 전기자 저항, I_a : 전기자 전류, e : 전압강하, I : 부하전류, P : 정격출력

참고 직류발전기의 특성곡선
(1) 외부특성곡선 : 부하전류와 단자전압 관계 곡선
(2) 부하포화곡선 : 단자전압과 계자전류 관계 곡선
(3) 계자조정곡선 : 부하전류와 계자전류
(4) 무부하 포화곡선 : 계자전류와 유기기전력(단자전압)

핵심유형문제 06

계자 철심에 잔류자기가 없어도 발전되는 직류기는? 　　　　[06, 11, 19, (유)07, 09]

① 분권기　　② 직권기　　③ 복권기　　④ 타여자기

해설 직류 타여자 발전기는 계자회로가 전기자 회로로부터 독립되어 있으며 외부전원을 이용하여 여자를 확립하기 때문에 잔류자기가 없어도 발전할 수 있는 직류발전기이다.

답 : ④

핵심07 직류발전기의 종류 및 특징(Ⅱ)

1. 직류 자여자 발전기(분권기, 직권기, 복권기)

① 다른 여자기가 필요 없으며 잔류자속에 의해서 잔류전압을 만들고 이 때 여자 전류가 잔류자속을 증가시키는 방향으로 흐르면, 여자 전류가 점차 증가하면서 단자 전압이 상승하게 된다. 이것을 전압확립이라 한다.

② 회전방향을 반대로 하여 역회전하면 전기자전류와 계자전류의 방향이 바뀌게 되어 잔류자기가 소멸되고 더 이상 발전이 되지 않는다. 따라서 자여자 발전기는 역회전하면 안 된다.

중요도 ★★★
출제빈도
총44회 시행
총18문 출제

2. 직류 자여자 분권발전기

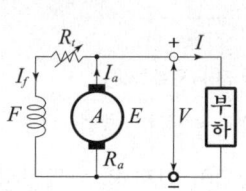

(a) 직류 분권발전기

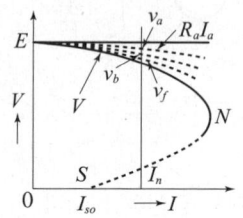

(b) 외부특성곡선

[그림] 직류 분권발전기의 특성

① 구조 : 계자 권선이 전기자 권선과 병렬로만 접속되어 있다.
② 특징 : 전압변동률이 적다.
③ 용도 : 전기화학용 전원, 전지의 충전용, 동기기의 여자용
④ 관련 공식

구분	공식
유기기전력(E)	$E = V + R_a I_a + e$ [V] 무부하 운전시 : $E = I_f(R_a + R_f)$ [V]
전기자 전류(I_a)	$I_a = I + I_f = \dfrac{P}{V} + \dfrac{V}{R_f}$ [A]
부하 전류(I)와 계자 전류(I_f)	$I = \dfrac{P}{V}$ [A], $I_f = \dfrac{V}{R_f}$ [A]

여기서, E : 유기기전력, V : 단자전압, R_a : 전기자 저항, I_a : 전기자 전류, e : 전압강하, I : 부하 전류, I_f : 계자 전류, P : 정격출력, R_f : 분권 계자 저항

핵심유형문제 07

계자권선이 전기자에 병렬로만 접속된 직류기는? [12, 18]

① 타여자기   ② 직권기   ③ 분권기   ④ 복권기

해설 직류 자여자 분권발전기는 계자권선이 전기자권선과 병렬로 접속되어 있다.

답 : ③

핵심08 직류발전기의 종류 및 특징(Ⅲ)

1. 직류 자여자 직권발전기

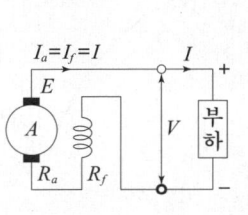
(a) 직류 직권발전기

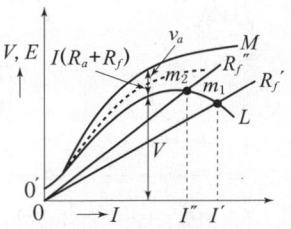
(b) 외부특성곡선

[그림] 직류 직권발전기의 특성

① 구조 : 계자 권선이 전기자 권선과 직렬로만 접속되어 있다.
② 특징 : 전압변동이 심하고 무부하 상태에서는 발전이 불가능하다.
③ 용도 : 승압기(수전전압을 일정하게 유지)
④ 관련 공식

구분	공식
유기기전력(E)	$E = V + (R_a + R_f)I_a + e$ [V]
전기자 전류(I_a)	$I_a = I = I_f = \dfrac{P}{V}$ [A]

여기서, E : 유기기전력, V : 단자전압, R_a : 전기자 저항, R_f : 직권 계자 저항,
I_a : 전기자 전류, e : 전압강하, I : 부하 전류, I_f : 계자 전류, P : 정격출력

핵심유형문제 08

유도기전력 110[V], 전기자 저항 및 계자 저항이 각각 0.05[Ω]인 직권발전기가 있다. 부하 전류가 100[A]이면, 단자 전압[V]은? [08]

① 95 ② 100 ③ 105 ④ 110

해설 $E = 110$[V], $R_a = 0.05$[Ω], $R_f = 0.05$[Ω], $I = 100$[A]일 때
$E = V + (R_a + R_f)I_a$[V], $I = I_a = I_f$[A] 식에서
∴ $V = E - (R_a + R_f)I = 110 - (0.05 + 0.05) \times 100 = 100$[V]

답 : ②

핵심09 직류발전기의 종류 및 특징(Ⅳ)

1. 직류 자여자 복권발전기

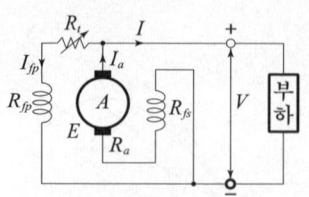

(a) 직류 외분권 복권발전기   (b) 외부특성곡선

[그림] 직류 복권발전기의 특성

① 구조 : 계자 권선이 전기자 권선과 직렬과 병렬로 접속되어 있으며 직권 계자 권선은 분권 계자 권선과 같은 철심에 설치된다.

② 용도

구분	용도
평복권 발전기(A)	부하에 관계없는 정전압 발전기
과복권 발전기(B)	장거리 급전선의 전압강하 보상용
차동 복권 발전기(C)	수하특성을 이용한 정전류 발전기 또는 전기 용접기용 발전기

③ 관련 공식

구분	공식
유기기전력(E)	$E = V + (R_a + R_{fs})I_a + e\,[\text{V}]$
전기자 전류(I_a)	$I_a = I + I_{fp} = \dfrac{P}{V} + \dfrac{V}{R_{fp}}\,[\text{A}]$

여기서, E : 유기기전력, V : 단자전압, R_a : 전기자 저항, R_{fs} : 직권 계자 저항, I_a : 전기자 전류, e : 전압강하, I : 부하 전류, I_{fp} : 분권 계자 전류, R_{fp} : 분권 계자 저항

핵심유형문제 09

다음 중 전기 용접기용 발전기로 가장 적당한 것은?   [08, 10, (유)08]

① 직류 분권형 발전기   ② 차동 복권형 발전기
③ 가동 복권형 발전기   ④ 직류 타여자식 발전기

해설 직류 자여자 복권발전기의 용도

구분	용도
평복권 발전기	부하에 관계없는 정전압 발전기
과복권 발전기	장거리 급전선의 전압강하 보상용
차동 복권 발전기	정전류 발전기 또는 전기 용접기용 발전기

답 : ②

핵심10 직류발전기의 전압 변동률과 병렬운전 조건

중요도 ★★★
출제빈도
총44회 시행
총20문 출제

1. 직류발전기의 전압 변동률(ϵ)

① 정의

직류발전기를 전부하 정격전압 V_n[V]으로 운전할 때와 무부하 단자전압 V_0[V]로 운전할 때 정격전압과 무부하 단자전압 사이에 생기는 전압차에 의해서 전압 변동률이 결정되며 이 때 전압 변동률과 무부하 단자전압은 다음과 같은 공식으로 표현할 수 있다.

〈공식〉
$$\epsilon = \frac{V_o - V_n}{V_n} \times 100[\%], \quad V_0 = (1+\epsilon) \times V_n [\text{V}]$$

여기서, ϵ : 전압 변동률, V_0 : 무부하시 단자전압, V_n : 전부하시 정격전압

② 직류발전기 종류에 따른 전압 변동률(ϵ)

구분	종류
$\epsilon > 0$인 발전기	타여자 발전기, 분권 발전기, 부족복권 발전기
$\epsilon = 0$인 발전기	평복권 발전기
$\epsilon < 0$인 발전기	직권 발전기, 과복권 발전기

2. 직류발전기의 병렬운전 조건

발전기 1대로 부하를 부담하기 어려운 경우에는 여러 대의 발전기를 병렬로 접속하여 각 발전기가 서로 부하를 부담할 수 있도록 시설할 수 있는데 이 때 직류발전기를 병렬로 운전하기 위해서는 다음과 같은 조건을 만족하여야 한다.
① 각 발전기의 극성이 같아야 한다.
② 각 발전기의 단자전압(정격전압)이 같아야 한다.
③ 각 발전기의 외부특성이 수하특성이어야 한다.
④ 직권 발전기, 과복권 발전기, 평복권 발전기는 병렬운전을 안전하게 하기 위해 반드시 균압선 또는 균압모선을 접속하여야 한다.
⑤ 여자가 증가되는 쪽 발전기의 유기기전력이 증가하여 부하전류가 증가한다.

핵심유형문제 10

복권발전기의 병렬운전을 안전하게 하기 위해서 두 발전기의 전기자와 직권 권선의 접촉점에 연결해야 하는 것은?
[07, 09, 13, 18]

① 균압선   ② 집전환   ③ 안정저항   ④ 브러시

해설 직류발전기의 병렬운전 조건 중 직권 발전기, 과복권 발전기, 평복권 발전기는 병렬운전을 안전하게 하기 위해 반드시 균압선 또는 균압모선을 접속하여야 한다.

답 : ①

중요도 ★★
출제빈도
총44회 시행
총13문 출제

핵심11 직류전동기의 토오크 특성

1. 직류 전동기의 출력(P)

$$P = EI_a = \omega\tau = 2\pi\frac{N}{60}\tau[\text{W}]$$

여기서, P : 전동기 출력, E : 역기전력, I_a : 전기자 전류, ω : 각속도, τ : 전동기의 토오크, N : 전동기의 회전수

2. 전동기의 출력(P)과 전동기의 회전수(N)에 의한 토오크 표현

$$\tau = 9.55\frac{P}{N}[\text{N}\cdot\text{m}] = 0.975\frac{P}{N}[\text{kg}\cdot\text{m}]$$

여기서, τ : 전동기의 토오크, P : 전동기 출력, N : 전동기의 회전수

3. 기계적 상수(k)에 의한 토오크 표현

$$\tau = \frac{EI_a}{\omega} = \frac{pZ\phi I_a}{2\pi a} = k\phi I_a[\text{N}\cdot\text{m}]$$

여기서, τ : 전동기의 토오크, E : 역기전력, I_a : 전기자 전류, ω : 각속도, p : 자극수, Z : 총도체수, ϕ : 1극당 자속수, a : 전기자 병렬회로수, k : 기계적 상수

4. 분권전동기와 직권전동기의 토크 특성

구분	특성
분권전동기	$\tau \propto I_a,\ \tau \propto \dfrac{1}{N}$
직권전동기	$\tau \propto I_a^2,\ \tau \propto \dfrac{1}{N^2}$

여기서, τ : 전동기의 토오크, I_a : 전기자 전류, N : 전동기의 회전수

참고 직류 전동기의 기동
직류 전동기는 기동시 기동 토오크가 커야 하므로 계자저항기를 0으로 한다. 계자저항이 0일 때 계자전류가 증가함으로써 자속이 증가하고 토오크 또한 증가하기 때문이다.

핵심유형문제 11

출력 15[kW], 1,500[rpm]으로 회전하는 전동기의 토크는 약 몇 [kg·m]인가?

[06, 18, 19②, (유)06, 08, 14]

① 6.54 ② 9.75 ③ 47.78 ④ 95.55

해설 $P = 15[\text{kW}],\ N = 1,500[\text{rpm}]$일 때 $\tau = 9.55\dfrac{P}{N}[\text{N}\cdot\text{m}] = 0.975\dfrac{P}{N}[\text{kg}\cdot\text{m}]$ 식에서

$\therefore \tau = 0.975\dfrac{P}{N} = 0.975 \times \dfrac{15\times 10^3}{1,500} = 9.75[\text{kg}\cdot\text{m}]$

답 : ②

핵심12 직류전동기의 속도 특성

1. 직류전동기의 속도(n)

직류 전동기의 속도 특성은 역기전력(E) 공식에 의해서 표현할 수 있으며 역기전력은 $E = V - R_a I_a = k\phi n$ [V] 이므로 다음과 같은 공식으로 표현된다.

$$n = \frac{E}{k\phi} = \frac{V - R_a I_a}{k\phi} = k' \frac{V - R_a I_a}{\phi} \text{[rps]}$$

여기서, n : 전동기의 속도, E : 역기전력, k : 기계적 상수, ϕ : 1극당 자속수, V : 단자전압, R_a : 전기자 저항, I_a : 전기자 전류

2. 직류전동기의 속도 특성

① 전압이 증가하면 속도가 증가한다.
② 전기자 저항이 증가하거나 자속이 증가하면 속도는 감소한다.
③ 자속이 증가한다는 것은 계자저항이 감소할 때 계자전류가 증가하기 때문이다.

참고 직류 전동기의 운전
직류 전동기가 운전될 때에는 계자저항을 증가시켜 계자전류와 자속을 감소시킴으로서 속도를 증가시켜야 한다.

3. 직류전동기의 토오크 특성 곡선과 속도 특성 곡선

① 토오크 특성 곡선   ② 속도 특성 곡선

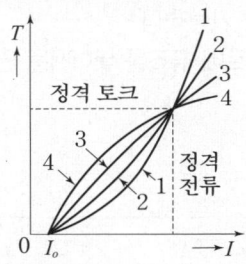
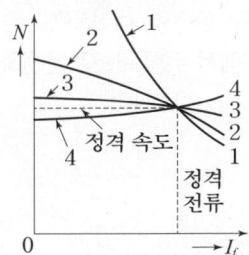

참고 직류 전동기의 토오크-속도 특성 곡선
기동 토오크가 큰 것부터 작은 것 순서 또는 속도변화가 큰 것부터 작은 것 순서는 다음과 같이 암기한다. ( ) 속의 수치는 그래프에서 곡선 번호를 표시한 것이다.

㉠ 권(1) → ㉮ 동복권(2) → ㉯ 권(3) → ㉰ 동복권(4) → ㉱ 여자

핵심유형문제 12

직류 분권전동기의 계자 저항을 운전 중에 증가시키면 회전 속도는? [06, 10②, 15]

① 증가한다. ② 감소한다. ③ 변화없다. ④ 정지한다.

해설 직류 전동기가 운전될 때 계자저항을 증가시키면 계자전류와 자속은 감소되어 속도는 증가한다.

답 : ①

중요도 ★★
출제빈도
총44회 시행
총13문 출제

핵심13 직류전동기의 종류 및 특징(Ⅰ)

직류전동기는 타여자 전동기, 분권 전동기, 직권 전동기, 복권 전동기로 나눠지며 기계적인 구조는 직류발전기와 동일하다.

1. 직류 타여자 전동기

① 특징 : 부하 변동에 대해서 속도 변화가 거의 없는 정속도 특성이 있으며 또한 속도를 광범위하게 조정할 수 있다.
② 용도 : 대형 압연기, 엘리베이터
③ 관련 공식

구분	공식
역기전력(E)	$E = V - R_a I_a - e$ [V]
전기자 전류(I_a)	$I = I_a = \dfrac{P}{E}$ [A]

여기서, E : 역기전력, V : 단자전압, R_a : 전기자 저항, I_a : 전기자 전류, e : 전압강하, I : 정격전류, P : 출력

2. 직류 분권전동기

① 특징
  (ㄱ) 부하전류에 따른 속도 변화가 거의 없는 정속도 특성뿐만 아니라 계자 저항기로 쉽게 속도를 조정할 수 있으므로 가변속도제어가 가능하다.
  (ㄴ) 무여자 상태에서 위험속도로 운전하기 때문에 계자회로에 퓨즈를 넣어서는 안 된다.
② 용도 : 공작기계, 콘베이어
③ 관련 공식

구분	공식
역기전력(E)	$E = V - R_a I_a - e$ [V]
전기자 전류(I_a)	$I_a = I - I_f$ [A]
계자 전류(I_f)	$I_f = \dfrac{V}{R_f}$ [A]

여기서, E : 역기전력, V : 단자전압, R_a : 전기자 저항, I_a : 전기자 전류, e : 전압강하, I : 정격전류, I_f : 계자 전류, R_f : 분권 계자 저항

핵심유형문제 13

정속도 및 가변속도 제어가 되는 전동기는? [09]

① 직권기   ② 가동 복권기   ③ 분권기   ④ 차동 복권기

해설 직류 분권전동기는 부하전류에 따른 속도 변화가 거의 없는 정속도 특성뿐만 아니라 계자 저항기로 쉽게 속도를 조정할 수 있으므로 가변속도제어가 가능하다.

답 : ③

핵심14 직류전동기의 종류 및 특징(Ⅱ)

1. 직류 직권전동기

① 특징
  ㉠ 부하전류가 증가하면 속도가 크게 감소하기 때문에 가변속도 전동기이다.
  ㉡ 직류전동기 중 기동토크가 가장 크다.
  ㉢ 무부하 운전은 과속이 되어 위험속도로 운전되기 때문에 직류 직권전동기로 벨트를 걸고 운전하면 안 된다.(벨트가 벗겨지면 위험속도로 운전되기 때문)

② 용도
  기동 토오크가 매우 크기 때문에 기중기, 전기 자동차, 전기 철도, 크레인, 권상기 등과 같이 부하 변동이 심하고 큰 기동 토오크가 요구되는 부하에 적합하다.

③ 관련 공식

구분	공식
역기전력(E)	$E = V - (R_a + R_{fs})I_a - e$ [V]
전기자 전류(I_a)	$I_a = I = I_f$ [A]

여기서, E : 역기전력, V : 단자전압, R_a : 전기자 저항, R_{fs} : 직권 계자 저항, I_a : 전기자 전류, e : 전압강하, I : 정격전류, I_f : 계자 전류

2. 직류 복권전동기

① 직류 복권전동기는 직권 계자권선과 분권 계자권선을 모두 포함하고 있으므로 직권 계자권선을 단락하면 분권전동기로 동작되고, 분권 계자권선을 개방하면 직권전동기로 동작된다.
② 차동 복권전동기는 기동시에 역회전 할 염려가 있다.

핵심유형문제 14

직류 직권전동기에서 벨트를 걸고 운전하면 안 되는 것은? [06, 09, (유)11②, 19]

① 벨트가 벗겨지면 위험속도로 도달하므로
② 손실이 많아지므로
③ 직결하지 않으면 속도 제어가 곤란하므로
④ 벨트의 마멸 보수가 곤란하므로

[해설] 직류 직권전동기는 무부하 운전은 과속이 되어 위험속도로 운전되기 때문에 직류 직권전동기로 벨트를 걸고 운전하면 안 된다.(벨트가 벗겨지면 위험속도로 운전되기 때문)

답 : ①

중요도 ★★★
출제빈도
총44회 시행
총20문 출제

핵심15 직류전동기의 속도제어법과 역회전 방법

1. 직류전동기의 속도제어법

직류전동기의 속도공식은 $N = k\frac{V - R_a I_a}{\phi}$ [rps] 이므로 공급전압(V)에 의한 제어, 자속(ϕ)에 의한 제어, 전기자저항(R_a)에 의한 제어 3가지 방법이 있다.

① 전압제어법은 정토크 제어로서 전동기의 공급전압 또는 단자전압을 변화시켜 속도를 제어하는 방법으로 광범위한 속도제어가 되고 제어가 원활하며 운전 효율이 좋은 특성을 지니고 있다. 종류는 다음과 같이 구분된다.
  (ㄱ) 워드 레오너드 방식 : 광범위한 속도제어가 되며 제철소의 압연기, 고속 엘리베이터 제어 등에 적용된다.
  (ㄴ) 일그너 방식 : 플라이 휠 효과를 이용하는 방법으로 부하변동이 심한 경우에 적용된다.
  (ㄷ) 정지 레오너드 방식 : 사이리스터를 이용하여 가변 직류전압을 제어하는 방식이다.
  (ㄹ) 초퍼방식 : 트랜지스터와 다이오드 등의 반도체 소자를 이용하여 속도를 제어하는 방식이다.
  (ㅁ) 직병렬제어법 : 직권전동기에서만 적용되는 방식으로 전차용 전동기의 속도제어에 적용된다.
② 계자제어법은 정출력 제어로서 계자전류를 조정하여 자속을 직접 제어하는 방식이다.
③ 저항제어법은 저항손실이 많아 효율이 저하하는 특징을 지닌다.

2. 직류전동기의 역회전 방법

직류전동기를 역회전시키기 위해서는 계자전류와 전기자 전류 중 어느 하나의 방향만 바꾸어야 한다.
① 타여자 전동기는 전원의 극성만 바꿈으로서 전동기의 회전방향을 바꿀 수 있다.
② 자여자 전동기(분권, 직권, 복권전동기)는 전원의 극성을 반대로 바꾸면 계전전류와 전기자 전류의 방향이 동시에 바뀌게 되어 회전방향이 변하지 않게 된다. 따라서 이 경우에는 계자회로의 접속 또는 전기자 권선의 접속 중 어느 하나만 바꾸어 준다.

핵심유형문제 15

직류전동기의 속도 제어 방법 중 속도 제어가 원활하고 정토크 제어가 되며 운전 효율이 좋은 것은?
[09, 12, 19]

① 계자제어 ② 저항제어 ③ 주파수제어 ④ 전압제어

해설 직류전동기의 속도제어 방법 중 전압제어법은 정토크 제어로서 전동기의 공급전압 또는 단자전압을 변화시켜 속도를 제어하는 방법으로 광범위한 속도제어가 되고 제어가 원활하며 운전 효율이 좋은 특성을 지니고 있다.

답 : ④

핵심16 직류전동기의 기동과 제동

1. 직류전동기의 기동
① 기동기 : 직류전동기를 기동할 때 전기자 전류를 제한하는 가감저항기
② 무전압계전기 : 직류전동기 운전 중에 있는 기동 저항기에서 정전이거나 전원 전압이 저하되었을 때 핸들을 정지 위치에 두는 역할
③ 전동발전기의 기동 : 직류 분권전동기와 직류 분권발전기를 직렬로 하여 전동발전기로 사용할 때 전동기는 기동토크를 크게 하기 위해 전동기 계자권선의 저항은 최소의 위치에 둔다. 이 때 전동기의 속도는 감소하고 발전기의 유기기전력도 함께 감소하여 발전기 측의 전기자 전류와 분권 계자전류는 감소하게 된다. 발전기의 단자전압을 일정하게 유지하기 위해 발전기 측의 계자권선의 저항은 최대의 위치에 두어야 한다.

> 참고 전동발전기의 계자저항
> (1) 전동기의 계자저항은 최소로 한다.
> (2) 발전기의 계자저항은 최대로 한다.

2. 직류전동기의 제동
직류전동기는 전원을 OFF 하면 무전압 상태로 공회전을 지속하게 된다. 이 때 전동기를 정지시키기 위한 방법을 제동이라 하며 다음과 같은 방법으로 구분된다.
① 역전제동 : 전동기를 제동할 때 역회전 토크를 공급하여 급정지 하는데 가장 좋은 제동법으로 "플러깅"이라고도 한다.
② 발전제동 : 전동기를 제동할 때 발전기로 운전하여 발생된 전기에너지를 저항열로 소비하여 제동하는 방법
③ 회생제동 : 전동기를 제동할 때 발전기로 운전하여 발생된 전기에너지를 전원으로 반환하여 제동하는 방법으로 권상기나 기중기 등으로 물건을 내릴 때 이용되는 방법이다.

핵심유형문제 16

각각 계자 저항기가 있는 직류 분권전동기와 직류 분권발전기가 있다. 이것을 직렬로 하여 전동 발전기로 사용하고자 한다. 이것을 가동할 때 계자 저항기의 저항은 각각 어떻게 조정하는 것이 가장 적합한가? [06, 07, 18]

① 전동기 : 최대, 발전기 : 최소
② 전동기 : 중간, 발전기 : 최소
③ 전동기 : 최소, 발전기 : 최대
④ 전동기 : 최소, 발전기 : 중간

해설 전동발전기의 계자저항
(1) 전동기의 계자저항은 최소로 한다.
(2) 발전기의 계자저항은 최대로 한다.

답 : ③

중요도 ★★
출제빈도
총44회 시행
총12문 출제

핵심17 직류기의 손실과 효율

1. 직류기의 손실

직류기의 손실은 크게 고정손과 가변손으로 구분된다. 이 때 고정손은 부하와 관계 없이 나타나는 손실로서 무부하손(P_0)이라고도 하며 가변손은 부하에 따라 값이 변화하는 손실로서 부하손(P_L)이라고도 한다.

(1) 고정손=무부하손(P_0)
  ① 철손(P_i) : 히스테리시스손과 와류손의 합으로 나타난다.
  ② 기계손(P_m) : 마찰손과 풍손의 합으로 나타난다.

(2) 가변손=부하손(P_L)
  ① 동손(P_c) : 전기자 저항에서 나타나기 때문에 저항손이라 표현하기도 한다.
  ② 표유부하손(P_s) : 측정이나 계산으로 구할 수 없는 손실로서 부하 전류가 흐를 때 도체 또는 철심 내부에서 생기는 손실이다.

2. 직류기의 효율(η)

① 실측효율

〈공식〉
$$\eta = \frac{출력}{입력} \times 100 = \frac{P_{out}}{P_{in}} \times 100 [\%]$$

여기서, P_{in} : 입력, P_{out} : 출력

② 규약효율

〈공식〉
$$직류\ 발전기 : \eta = \frac{출력}{출력+손실} \times 100 = \frac{P_{out}}{P_{out}+P_{loss}} \times 100[\%]$$
$$직류\ 전동기 : \eta = \frac{입력-손실}{입력} \times 100 = \frac{P_{in}-P_{loss}}{P_{in}} \times 100[\%]$$

여기서, P_{out} : 출력, P_{loss} : 손실, P_{in} : 입력

핵심유형문제 17

효율 80[%], 출력 10[kW]일 때 입력은 몇 [kW]인가?   [07, 19, (유)08, 10]

① 7.5   ② 10   ③ 12.5   ④ 20

해설 $\eta = 0.8$, $P_{out} = 10[kW]$일 때 $\eta = \frac{출력}{입력} \times 100 = \frac{P_{out}}{P_{in}} \times 100[\%]$ 식에서

∴ $P_{in} = \frac{P_{out}}{\eta} = \frac{10}{0.8} = 12.5$

답 : ③

핵심18 　직류전동기의 속도변동률

1. **직류전동기의 속도변동률(δ)**

   직류전동기의 속도변동률이란 전동기의 정격속도(N_n)에 대한 무부하속도(N_o)와 정격속도(N_n)의 속도차이 값을 서로 비교하여 무부하속도가 정격속도에서 어느 정도 상승하는지를 나타내는 비율이다. 다음은 속도변동률과 무부하속도에 대한 공식을 표현한 것이다.

   〈공식〉
   $$\delta = \frac{N_0 - N_n}{N_n} \times 100[\%],$$
   $$N_0 = (1+\delta)N_n [\text{rpm}]$$

   여기서, δ : 속도변동률, N_0 : 무부하속도, N_n : 정격속도

중요도 ★
출제빈도
총44회 시행
총 3문 출제

핵심유형문제 18

정격 전압 230[V], 정격 전류 28[A]에서 직류전동기의 속도가 1,680[rpm]이다. 무부하에서의 속도가 1,733[rpm]이라고 할 때 속도 변동률[%]은 약 얼마인가? ［08, (유)10］

① 6.1　　② 5.0　　③ 4.6　　④ 3.2

해설　$V_n = 230[\text{V}]$, $I_n = 28[\text{A}]$, $N_n = 1,680[\text{rpm}]$, $N_0 = 1,733[\text{rpm}]$일 때

$\delta = \dfrac{N_0 - N_n}{N_n} \times 100[\%]$ 식에서

∴ $\delta = \dfrac{N_0 - N_n}{N_n} \times 100 = \dfrac{1,733 - 1,680}{1,680} \times 100 = 3.2[\%]$

답 : ④

적중예상문제

01
직류기의 주요 구성 3요소가 아닌 것은? [06, 09]
① 전기자
② 정류자
③ 계자
④ 보극

직류기는 계자, 전기자, 정류자를 3요소로 하며, 브러시 또한 포함하고 있다.

02
철심에 권선을 감고 전류를 흘려서 공극(air gap)에 필요한 자속을 만드는 것은? [08, 14②]
① 정류자
② 계자
③ 회전자
④ 전기자

계자는 계자 철심과 계자 권선, 자극편으로 구성되고 주자속을 만든다.

03
직류발전기 전기자의 구성으로 옳은 것은? [12]
① 전기자 철심, 정류자
② 전기자 권선, 전기자 철심
③ 전기자 권선, 계자
④ 전기자 철심, 브러시

전기자는 전기자 철심과 전기자 권선, 그리고 축으로 이루어져 있으며 기전력을 유도하는 부분이다.

04
직류발전기 전기자의 주된 역할은? [13]
① 기전력을 유도한다.
② 자속을 만든다.
③ 정류작용을 한다.
④ 회전자와 외부회로를 접속한다.

전기자는 전기자는 전기자 철심과 전기자 권선으로 이루어져 있으며 기전력을 유도하는 부분이다.

05
전기기계의 철심을 성층하는 가장 적절한 이유는? [10]
① 기계손을 적게 하기 위하여
② 표유부하손을 적게 하기 위하여
③ 히스테리시스손을 적게 하기 위하여
④ 와류손을 적게 하기 위하여

전기자 철심을 규소강판으로 사용하는 것은 히스테리시스손실을 줄이기 위해서이고 철심을 성층하는 이유는 와류손을 줄이기 위해서이다.

06
직류발전기의 철심을 규소강판으로 성층하여 사용하는 주된 이유는? [11]
① 브러시에서의 불꽃방지 및 정류개선
② 맴돌이 전류손과 히스테리시스손의 감소
③ 전기자 반작용의 감소
④ 기계적 강도 개선

전기자 철심을 규소강판으로 성층하여 사용하면 히스테리시스손과 와류손(맴돌이 전류손)을 모두 줄일 수 있다.

07
직류기의 전기자 철심을 규소 강판으로 성층하여 만드는 이유는? [12, 14]
① 가공하기 쉽다.
② 가격이 염가이다.
③ 철손을 줄일 수 있다.
④ 기계손을 줄일 수 있다.

전기자 철심을 규소강판으로 성층하여 사용하면 히스테리시스손과 와류손을 모두 줄일 수 있으므로 결국 철손을 줄일 수 있다.

해답 01 ④ 02 ② 03 ② 04 ① 05 ④ 06 ② 07 ③

08

전기기계에 있어 와전류손(eddy current loss)을 감소하기 위한 적합한 방법은? [14, 18]

① 규소강판에 성층철심을 사용한다.
② 보상권선을 설치한다.
③ 교류전원을 사용한다.
④ 냉각 압연한다.

> 전기자 철심을 규소강판으로 사용하는 것은 히스테리시스손실을 줄이기 위해서이고 철심을 성층하는 이유는 와류손을 줄이기 위해서이다.

09

직류발전기에서 브러시와 접촉하여 전기자 권선에 유도되는 교류기전력을 정류해서 직류로 만드는 부분은? [12②]

① 계자   ② 정류자
③ 슬립링   ④ 전기자

> 정류자는 전기자 권선에 유도되는 교류 기전력을 정류해서 직류로 만드는 부분이다.

10

직류기에서 브러시의 역할은? [08, 09, 18]

① 기전력 유도
② 자속생성
③ 정류작용
④ 전기자 권선과 외부회로 접속

> 브러시는 정류자에 접촉되어 기전력에 의한 전기자 전류를 발전기 외부로 인출하는 부분으로 전기자 권선과 외부회로를 연결해 주는 부분이다.

11

정류자와 접촉하여 전기자 권선과 외부 회로를 연결시켜주는 것은? [09, 15, 18]

① 전기자   ② 계자
③ 브러시   ④ 공극

> 브러시는 정류자에 접촉되어 기전력에 의한 전기자 전류를 발전기 외부로 인출하는 부분으로 전기자 권선과 외부회로를 연결해 주는 부분이다.

12

8극 파권 직류발전기의 전기자 권선의 병렬회로수 a는 얼마로 하고 있는가? [07, 15, 18, (유)16]

① 1   ② 2
③ 6   ④ 8

구분	중권(병렬권)	파권(직렬권)
병렬 회로수(a)	극수(p)와 같다.	항상 2이다.
브러시 수(b)	극수(p)와 같다.	항상 2이다.
용도	저전압 대전류용	고전압 소전류용
균압 고리	필요하다.	불필요하다.

13

다극 중권 직류발전기의 전기자 권선에 균압 고리를 설치하는 이유는? [06]

① 브러시에서 불꽃을 방지하기 위하여
② 전기자 반작용을 방지하기 위하여
③ 정류 기전력을 높이기 위하여
④ 전압 강하를 방지하기 위하여

> 전기자 권선의 병렬 회로가 많은 중권에서는 전기자 권선의 전압 불균형으로 인하여 브러시에서 불꽃이 발생하게 된다. 이를 방지하기 위한 대책으로 균압 고리 또는 균압환을 설치한다.

해답 08 ① 09 ② 10 ④ 11 ③ 12 ② 13 ①

14

직류발전기에 있어서 전기자 반작용이 생기는 요인이 되는 전류는? [10]

① 동손에 의한 전류
② 전기자 권선에 의한 전류
③ 계자 권선의 전류
④ 규소 강판에 의한 전류

전기자 반작용이란 전기자 권선에 흐르는 전기자 전류에 의한 자속이 계자극에서 발생한 주자속에 영향을 주어 주자속의 분포가 찌그러지면서 주자속이 감소되는 현상을 말한다.

15

직류발전기의 전기자 반작용의 영향이 아닌 것은? [10]

① 절연 내력의 저하   ② 유도 기전력의 저하
③ 중성축의 이동   ④ 자속의 감소

직류기의 전기자 반작용의 영향은 다음과 같다.
(1) 주자속이 감소하여 직류 발전기에서는 유기기전력(또는 단자전압)이 감소하고 직류 전동기에서는 토크가 감소한다.
(2) 편자작용에 의하여 중성축이 직류 발전기에서는 회전방향으로 이동하고 직류 전동기에서는 회전방향의 반대방향으로 이동한다.
(3) 기전력의 불균일에 의한 정류자 편간전압이 상승하여 브러시 부근의 도체에서 불꽃이 발생하며 정류불량의 원인이 된다.

16

전기자 반작용이란 전기자 전류에 의해 발생한 기자력이 주자속에 영향을 주는 현상으로 다음 중 전기자반작용의 영향이 아닌 것은? [12]

① 전기적 중성축 이동에 의한 정류의 약화
② 기전력의 불균일에 의한 정류자 편간전압의 상승
③ 주자속 감소에 의한 기전력 감소
④ 자기포화현상에 의한 자속의 평균치 증가

직류기의 전기자 반작용에 의하여 주자속이 감소한다.

17

직류발전기 전기자 반작용의 영향에 대한 설명으로 틀린 것은? [15]

① 브러시 사이에 불꽃을 발생시킨다.
② 주자속이 찌그러지거나 감소된다.
③ 전기자 전류에 의한 자속이 주자속에 영향을 준다.
④ 회전방향과 반대방향으로 자기적 중성축이 이동된다.

편자작용에 의하여 중성축이 직류 발전기에서는 회전방향으로 이동하고 직류 전동기에서는 회전방향의 반대방향으로 이동한다.

18

직류발전기에서 전기자 반작용을 없애는 방법으로 옳은 것은? [14]

① 브러시 위치를 전기적 중성점이 아닌 곳으로 이동시킨다.
② 보극과 보상 권선을 설치한다.
③ 브러시의 압력을 조정한다.
④ 보극은 설치하되 보상 권선은 설치하지 않는다.

직류기의 전기자 반작용의 대책은 다음과 같다.
(1) 계자극 표면에 보상권선을 설치하여 전기자 전류와 반대방향으로 전류를 흘린다.
(2) 보극을 설치하여 평균 리액턴스 전압을 없애고 정류작용을 양호하게 한다.
(3) 브러시를 새로운 중성축으로 이동시킨다. 직류 발전기는 회전방향으로 이동시키고 직류 전동기는 회전방향의 반대방향으로 이동시킨다.

19
다음 중 직류발전기의 전기자 반작용을 없애는 방법으로 옳지 않은 것은? [11]

① 보상권선 설치
② 보극 설치
③ 브러시 위치를 전기적 중성점으로 이동
④ 균압환 설치

　직류기의 전기자 반작용과 균압환은 관계가 없다.

20
보극이 없는 직류기의 운전 중 중성점의 위치가 변하지 않는 경우는? [07, 08, 11, 14, 18]

① 무부하일 때　　② 전부하일 때
③ 중부하일 때　　④ 과부하일 때

　보극이 없는 직류기의 무부하 운전시 전기자 전류가 흐르지 않기 때문에 전기자 반작용이 일어나지 않아 중성축은 이동하지 않는다.

21
다음의 정류곡선 중 브러시의 후단에서 불꽃이 발생하기 쉬운 것은? [15]

① 직선정류　　② 정현파정류
③ 과정류　　　④ 부족정류

(1) 불꽃없는 정류(양호한 정류) : 정류곡선 중 직선정류와 정현파 정류는 양호한 특성의 정류곡선이다.
(2) 부족정류(정류 불량) : 정류곡선 중 부족정류는 전류변화가 브러시 후반부에서 심해지고 평균 리액턴스 전압의 증가로 브러시 후반부에서 불꽃이 생긴다.
(3) 과정류(정류 불량) : 정류곡선 중 과정류는 지나친 보극의 설치로 전류변화가 브러시 전반부에서 심해지고 브러시 전반부에서 불꽃이 생긴다.

22
직류기에 있어서 불꽃 없는 정류를 얻는데 가장 유효한 방법은? [10]

① 보극과 탄소브러시
② 탄소브러시와 보상권선
③ 보극과 보상권선
④ 자기포화와 브러시 이동

　직류발전기의 정류작용은 다음과 같다.
(1) 전압정류 : 보극을 설치하여 평균 리액턴스 전압을 감소시킨다.
(2) 저항정류 : 코일의 자기 인덕턴스가 원인이므로 접촉저항이 큰 탄소브러시를 채용한다.
(3) 브러시를 새로운 중성축으로 이동시킨다. : 발전기는 회전방향, 전동기는 회전방향의 반대방향으로 이동시킨다.
(4) 보극 권선을 전기자 권선과 직렬로 접속한다.

23
직류기에서 보극을 두는 가장 주된 목적은? [07, 09]

① 기동 특성을 좋게 한다.
② 전기자 반작용을 크게 한다.
③ 정류작용을 돕고 전기자 반작용을 약화시킨다.
④ 전기자 자속을 증가 시킨다.

　보극은 전압정류 작용으로 정류를 개선시키는 것이 주된 목적이지만 전기자 반작용의 억제 대책이기도 하다.

24
직류발전기의 정류를 개선하는 방법 중 틀린 것은? [13]

① 코일의 자기 인덕턴스가 원인이므로 접촉저항이 작은 브러시를 사용한다.
② 보극을 설치하여 리액턴스 전압을 감소시킨다.
③ 보극 권선은 전기자 권선과 직렬로 접속한다.
④ 브러시를 전기적 중성축을 지나서 회전방향으로 약간 이동 시킨다.

　정류를 개선하는 방법으로 저항정류는 코일의 자기 인덕턴스가 원인이므로 접촉저항이 큰 탄소브러시를 채용하는 것이다.

25
전기자 지름 0.2[m]의 직류 발전기가 1.5[kW]의 출력에서 1,800[rpm]으로 회전하고 있을 때 전기자 주변속도는 약 몇 [m/s]인가? [11]

① 9.42 ② 18.84
③ 21.43 ④ 42.86

$D = 0.2[\text{m}]$, $P = 1.5[\text{kW}]$, $N = 1,800[\text{rpm}]$일 때
$v = 2\pi r \dfrac{N}{60} = \pi D \dfrac{N}{60}[\text{m/sec}]$ 식에서
$\therefore v = \pi D \dfrac{N}{60} = \pi \times 0.2 \times \dfrac{1,800}{60} = 18.84[\text{m/sec}]$

26
2극의 직류발전기에서 코일변의 유효길이 l[m], 공극의 평균자속밀도 B[Wb/m^2], 주변속도 v[m/s]일 때 전기자 도체 1개에 유도되는 기전력의 평균값 e[V]는? [14]

① $e = Blv$[V] ② $e = \sin\omega t$[V]
③ $e = 2B\sin\omega t$[V] ④ $e = v^2 Bl$[V]

직류발전기의 유기기전력은 플레밍의 오른손 법칙에 의해 $e = vBl$[V]의 식에 의해서 구할 수 있다.

27
직류발전기가 있다. 자극 수는 6, 전기자 총 도체수 400, 매극 당 자속 0.01[Wb], 회전수는 600[rpm]일 때 전기자에 유기되는 기전력은 몇[V]인가?(단, 전기자 권선은 파권이다.) [07, 09, (유)07]

① 40[V] ② 120[V]
③ 160[V] ④ 180[V]

$p = 6$, $Z = 400$, $\phi = 0.01[\text{Wb}]$, $N = 600[\text{rpm}]$, $a = 2$(파권)일 때
$E = \dfrac{pZ\phi N}{60a} = k\phi N$[V] 식에서
$\therefore E = \dfrac{pZ\phi N}{60a} = \dfrac{6 \times 400 \times 0.01 \times 600}{60 \times 2} = 120[\text{V}]$

28
10극의 직류 중권 발전기의 전기자 도체수 400, 매극의 자속수 0.02[Wb], 회전수 600[rpm]일 때 기전력은 몇 [V]인가? [07]

① 80 ② 120
③ 280 ④ 300

$p = 10$, $Z = 400$, $\phi = 0.02[\text{Wb}]$, $N = 600[\text{rpm}]$, $a = p = 10$(중권)일 때
$E = \dfrac{pZ\phi N}{60a} = k\phi N$[V] 식에서
$\therefore E = \dfrac{pZ\phi N}{60a} = \dfrac{10 \times 400 \times 0.02 \times 600}{60 \times 10} = 80[\text{V}]$

29
직류발전기에서 유기기전력 E를 바르게 나타낸 것은?(단, 자속은 ϕ, 회전속도는 n이다) [11]

① $E \propto \phi n$ ② $E \propto \phi n^2$
③ $E \propto \dfrac{\phi}{n}$ ④ $E \propto \dfrac{n}{\phi}$

직류발전기의 유기기전력은 $E = k\phi N$[V] 식에서
$\therefore E \propto \phi n$ 이다.

30
계자 권선이 전기자와 접속되어 있지 않은 직류기는? [12, 16]

① 직권기 ② 분권기
③ 복권기 ④ 타여자기

타여자 발전기는 계자 권선이 전기자 권선과 접속되어 있지 않고 독립된 여자회로를 구성하고 있다.

해답 25 ② 26 ① 27 ② 28 ① 29 ① 30 ④

31
직류발전기의 무부하 특성 곡선은? [12, 19]

① 부하전류와 무부하 단자전압과의 관계이다.
② 계자전류와 부하전류와의 관계이다.
③ 계자전류와 무부하 단자전압과의 관계이다.
④ 계자전류와 회전력과의 관계이다.

> 직류발전기의 특성곡선은 다음과 같다.
> (1) 외부특성곡선 : 부하전류와 단자전압 관계 곡선
> (2) 부하포화곡선 : 단자전압과 계자전류 관계 곡선
> (3) 계자조정곡선 : 부하전류와 계자전류
> (4) 무부하 포화곡선 : 계자전류와 유기기전력(단자전압)

32
직류발전기의 부하포화곡선은 다음 어느 것의 관계인가? [08]

① 부하전류와 여자전류
② 단자전압과 부하전류
③ 단자전압과 계자전류
④ 부하전류와 유기기전력

> 직류발전기의 특성곡선은 다음과 같다.
> (1) 외부특성곡선 : 부하전류와 단자전압 관계 곡선
> (2) 부하포화곡선 : 단자전압과 계자전류 관계 곡선
> (3) 계자조정곡선 : 부하전류와 계자전류
> (4) 무부하 포화곡선 : 계자전류와 유기기전력(단자전압)

33
분권발전기는 잔류자속에 의해서 잔류전압을 만들고 이 때 여자 전류가 잔류자속을 증가시키는 방향으로 흐르면, 여자 전류가 점차 증가하면서 단자 전압이 상승하게 된다. 이 현상을 무엇이라 하는가? [07, 09, 18]

① 자기포화   ② 여자 조절
③ 보상 전압   ④ 전압 확립

> 직류 자여자 발전기는 다른 여자기가 필요 없으며 잔류자속에 의해서 잔류전압을 만들고 이 때 여자 전류가 잔류자속을 증가시키는 방향으로 흐르면, 여자 전류가 점차 증가하면서 단자 전압이 상승하게 된다. 이것을 전압확립이라 한다.

34
분권발전기의 회전 방향을 반대로 하면? [10, 18②]

① 전압이 유기된다.
② 발전기가 소손된다.
③ 고전압이 발생한다.
④ 잔류 자기가 소멸된다.

> 직류 자여자 발전기는 회전방향을 반대로 하여 역회전하면 전기자전류와 계자전류의 방향이 바뀌게 되어 잔류자기가 소멸되고 더 이상 발전이 되지 않는다. 따라서 자여자 발전기는 역회전하면 안 된다.

35
직류 분권발전기를 역회전하면 어떻게 되는가? [06, 18]

① 섬락이 일어난다.
② 과전압이 일어난다.
③ 정회전 때와 마찬가지이다.
④ 발전되지 않는다.

> 직류 자여자 발전기는 회전방향을 반대로 하여 역회전하면 전기자전류와 계자전류의 방향이 바뀌게 되어 잔류자기가 소멸되고 더 이상 발전이 되지 않는다. 따라서 자여자 발전기는 역회전하면 안 된다.

36
타여자 발전기와 같이 전압 변동률이 적고 자여자이므로 다른 여자 전원이 필요 없으며, 계자 저항기를 사용하여 전압 조정이 가능하므로 전기화학용 전원, 전지의 충전용, 동기기의 여자용으로 쓰이는 발전기는? [09, (유)14]

① 분권발전기   ② 직권발전기
③ 과복권발전기   ④ 차동 복권발전기

> 분권발전기는 전압변동률이 적고 전기화학용 전원, 전지의 충전용, 동기기의 여자용으로 쓰이고 있다.

해답 31 ③ 32 ③ 33 ④ 34 ④ 35 ④ 36 ①

37

전기자 저항 0.1[Ω], 전기자 전류 104[A], 유도기전력 110.4[V]인 직류 분권발전기의 단자 전압은 몇 [V]인가? [07, 08, 09, 12, 18]

① 98   ② 100
③ 102 ④ 105

$R_a = 0.1[\Omega]$, $I_a = 104[A]$, $E = 110.4[V]$일 때
$E = V + R_a I_a [V]$ 식에서 단자전압 V는
$\therefore V = E - R_a I_a = 110.4 - 0.1 \times 104 = 100[V]$

38

정격속도로 운전하는 무부하 분권발전기의 계자 저항이 60[Ω], 계자 전류가 1[A], 전기자 저항이 0.5[Ω]라 하면 유도 기전력은 약 몇 [V]인가? [15]

① 30.5   ② 50.5
③ 60.5   ④ 80.5

$R_f = 60[\Omega]$, $I_f = 1[A]$, $R_a = 0.5[\Omega]$일 때
$E = I_f(R_a + R_f)[V]$ 식에서
$\therefore E = I_f(R_a + R_f) = 1 \times (0.5 + 60) = 60.5[V]$

39

직권발전기의 설명 중 틀린 것은? [14]

① 계자권선과 전기자권선이 직렬로 접속되어 있다.
② 승압기로 사용되며 수전 전압을 일정하게 유지하고자 할 때 사용된다.
③ 단자전압을 V, 유기 기전력을 E, 부하전류를 I, 전기자 저항 및 직권 계자저항을 각각 r_a, r_s라 할 때 $V = E + I(r_a + r_s)[V]$이다.
④ 부하전류에 의해 여자 되므로 무부하시 자기여자에 의한 전압확립은 일어나지 않는다.

직류 자여자 직권발전기는
$E = V + I_a(r_a + r_s)[V]$, $I_a = I = I_s[A]$ 이므로
$\therefore V = E - I(r_a + r_s)[V]$이다.

40

다음 그림은 직류발전기의 분류 중 어느 것에 해당되는가? [15]

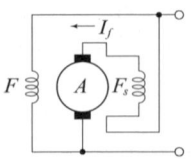

① 분권발전기   ② 직권발전기
③ 자석발전기   ④ 복권발전기

직류 자여자 복권발전기는 계자 권선이 전기자 권선과 직렬과 병렬로 접속되어 있으며 직권 계자 권선은 분권 계자 권선과 같은 철심에 설치된다.

41

직류 복권발전기의 직권 계자 권선은 어디에 설치되어 있는가? [13]

① 주자극 사이에 설치
② 분권 계자 권선과 같은 철심에 설치
③ 주자극 표면에 홈을 파고 설치
④ 보극 표면에 홈을 파고 설치

직류 자여자 복권발전기는 계자 권선이 전기자 권선과 직렬과 병렬로 접속되어 있으며 직권 계자 권선은 분권 계자 권선과 같은 철심에 설치된다.

42

직류발전기에서 급전선의 전압강하 보상용으로 사용되는 것은? [08, 14]

① 분권기   ② 직권기
③ 과복권기   ④ 차동복권기

직류 자여자 복권발전기의 용도

구분	용도
평복권 발전기	부하에 관계없는 정전압 발전기
과복권 발전기	장거리 급전선의 전압강하 보상용
차동 복권 발전기	수하특성을 이용한 정전류 발전기 또는 전기 용접기용 발전기

해답 37 ② 38 ③ 39 ③ 40 ④ 41 ② 42 ③

43

부하의 저항을 어느 정도 감소시켜도 전류는 일정하게 되는 수하특성을 이용하여 정전류를 만드는 곳이나 아크용접 등에 사용되는 직류발전기는? [15]

① 직권발전기　　② 분권발전기
③ 가동복권발전기　④ 차동복권발전기

직류 자여자 복권발전기의 용도

구분	용도
평복권 발전기	부하에 관계없는 정전압 발전기
과복권 발전기	장거리 급전선의 전압강하 보상용
차동 복권 발전기	수하특성을 이용한 정전류 발전기 또는 전기 용접기용 발전기

44

정격전압 250[V], 정격출력 50[kW]의 외분권 복권발전기가 있다. 분권계자 저항이 25[Ω]일 때 전기자 전류는? [10, 12, 18]

① 10[A]　　② 210[A]
③ 2,000[A]　④ 2,010[A]

$V = 250[V]$, $P = 50[kW]$, $R_{fp} = 25[\Omega]$일 때

$I_a = I + I_{fp} = \dfrac{P}{V} + \dfrac{V}{R_{fp}}$ [A] 식에서

$\therefore I_a = \dfrac{P}{V} + \dfrac{V}{R_{fp}} = \dfrac{50 \times 10^3}{250} + \dfrac{250}{25} = 210$ [A]

45

직류발전기를 정격속도, 정격부하전류에서 정격전압 V_n[V]를 발생하도록 한 다음, 계자 저항 및 회전 속도를 바꾸지 않고 무부하로 하였을 때 단자전압을 V_0[V]라 하면, 이 발전기의 전압 변동률[%]은? [09, 16]

① $\dfrac{V_0 - V_n}{V_0} \times 100$　② $\dfrac{V_0 + V_n}{V_0} \times 100$

③ $\dfrac{V_0 - V_n}{V_n} \times 100$　④ $\dfrac{V_0 + V_n}{V_n} \times 100$

전압 변동률 ϵ는

$\therefore \epsilon = \dfrac{V_o - V_n}{V_n} \times 100 [\%]$이다.

46

발전기의 전압변동률을 표시하는 식은?(단, V_0 : 무부하전압, V_n : 정격전압) [08]

① $\epsilon = \left(\dfrac{V_0}{V_n} - 1\right) \times 100$

② $\epsilon = \left(1 - \dfrac{V_0}{V_n}\right) \times 100$

③ $\epsilon = \left(\dfrac{V_n}{V_0} - 1\right) \times 100$

④ $\epsilon = \left(1 - \dfrac{V_n}{V_0}\right) \times 100$

전압 변동률 ϵ는

$\therefore \epsilon = \dfrac{V_o - V_n}{V_n} \times 100 = \left(\dfrac{V_o}{V_n} - 1\right) \times 100 [\%]$이다.

47

발전기를 정격전압 220[V]로 전부하 운전하다가 무부하로 운전 하였더니 단자전압이 242[V]가 되었다. 이 발전기의 전압변동률[%]은? [16, (유)09, 15]

① 10　　② 14
③ 20　　④ 25

$V_n = 220[V]$, $V_0 = 242[V]$일 때

$\epsilon = \dfrac{V_o - V_n}{V_n} \times 100 [\%]$ 식에서

$\therefore \epsilon = \dfrac{V_o - V_n}{V_n} \times 100 = \dfrac{242 - 220}{220} \times 100$
$= 10 [\%]$

해답　43 ④　44 ②　45 ③　46 ①　47 ①

48

무부하에서 119[V]되는 분권발전기의 전압 변동률이 6[%]이다. 정격 전부하 전압은 약 몇 [V]인가? [12]

① 110.2 ② 112.3
③ 122.5 ④ 125.3

$V_0 = 119[V]$, $\epsilon = 6[\%] = 0.06[pu]$일 때
$V_0 = (1+\epsilon) \times V_n [V]$ 식에서 정격전압 V_n은
$\therefore V_n = \dfrac{V_0}{1+\epsilon} = \dfrac{119}{1+0.06} = 112.3[V]$

49

직류발전기 중 무부하 전압과 전부하 전압이 같도록 설계된 직류발전기는? [13, (유)12]

① 분권 발전기 ② 직권 발전기
③ 평복권 발전기 ④ 차동복권 발전기

직류발전기 종류에 따른 전압 변동률(ϵ)

구분	종류
$\epsilon > 0$인 발전기	타여자 발전기, 분권 발전기, 부족복권 발전기
$\epsilon = 0$인 발전기	평복권 발전기
$\epsilon < 0$인 발전기	직권 발전기, 과복권 발전기

무부하 전압과 전부하 전압이 같다는 것은 전압 변동률이 0임을 의미한다.
$\therefore \epsilon = 0$인 발전기는 평복권 발전기이다.

50

부하의 변동에 대하여 단자전압의 변화가 가장 적은 직류발전기는? [15, 19]

① 직권 ② 분권
③ 평복권 ④ 과복권

부하 변동에 대한 단자전압의 변화가 가장 적은 것은 전압 변동률이 0이 되는 경우이므로
$\therefore \epsilon = 0$인 발전기는 평복권 발전기이다.

51

직류기에서 전압 변동률이 (-)값으로 표시되는 발전기는? [13]

① 분권 발전기 ② 과복권 발전기
③ 타여자 발전기 ④ 평복권 발전기

전압 변동률이 (-)값으로 표시되는 직류발전기는 직권 발전기와 과복권 발전기이다.

52

직류 분권발전기의 병렬운전의 조건에 해당되지 않는 것은? [13]

① 균압모선을 접속할 것
② 단자전압이 같을 것
③ 극성이 같을 것
④ 외부특성곡선이 수하특성일 것

직류발전기의 병렬운전 조건
① 각 발전기의 극성이 같아야 한다.
② 각 발전가의 단자전압 또는 정격전압이 같아야 한다.
③ 각 발전기의 외부특성이 수하특성이어야 한다.
④ 직권 발전기, 과복권 발전기, 평복권 발전기는 반드시 균압선 또는 균압모선을 접속하여야 한다.
⑤ 여자가 증가되는 쪽 발전기의 유기기전력이 증가하여 부하전류가 증가한다.

53

직류 복권발전기를 병렬 운전할 때 반드시 필요한 것은? [12]

① 과부하 계전기
② 균압선
③ 용량이 같을 것
④ 유기기전력이 일치 할 것

직류발전기의 병렬운전 조건에서 직권 발전기, 과복권 발전기, 평복권 발전기는 반드시 균압선 또는 균압모선을 접속하여야 한다.

해답 48 ② 49 ③ 50 ③ 51 ② 52 ① 53 ②

54

다음 중 병렬운전시 균압선을 설치해야 하는 직류 발전기는? [15]

① 분권 ② 차동복권
③ 평복권 ④ 부족복권

직류발전기의 병렬운전 조건에서 직권 발전기, 과복권 발전기, 평복권 발전기는 반드시 균압선 또는 균압모선을 접속하여야 한다.

55

직류발전기의 병렬운전 중 한쪽 발전기의 여자를 늘리면 그 발전기는? [16]

① 부하 전류는 불변, 전압은 증가
② 부하 전류는 줄고, 전압은 증가
③ 부하 전류는 늘고, 전압은 증가
④ 부하 전류는 늘고, 전압은 불변

직류발전기의 병렬운전 조건에서 여자가 증가되는 쪽 발전기의 유기기전력이 증가하여 부하전류가 증가한다.

56

다음 중 토크(회전력)의 단위는? [06, 08, 10]

① [rpm] ② [W]
③ [N·m] ④ [N]

전동기 토크의 단위는 [N·m] 또는 [kg·m]를 적용한다.

57

직류 직권전동기의 회전수(N)와 토크(τ)와의 관계는? [13]

① $\tau \propto \dfrac{1}{N}$ ② $\tau \propto \dfrac{1}{N^2}$
③ $\tau \propto N$ ④ $\tau \propto N^{\frac{3}{2}}$

분권전동기와 직권전동기의 토크 특성

구분	특성
분권전동기	$\tau \propto I_a,\ \tau \propto \dfrac{1}{N}$
직권전동기	$\tau \propto I_a^2,\ \tau \propto \dfrac{1}{N^2}$

58

직류 분권전동기의 기동방법 중 가장 적당한 것은? [08, 16]

① 기동저항기를 전기자와 병렬접속 한다.
② 기동 토크를 작게 한다.
③ 계자 저항기의 저항값을 크게 한다.
④ 계자 저항기의 저항값을 0으로 한다.

직류전동기는 기동시 기동 토오크가 커야하므로 계자저항기를 0으로 한다. 계자저항이 0일 때 계자전류가 증가함으로써 자속이 증가하고 토오크 또한 증가하기 때문이다.

59

직류전동기의 속도 제어에서 자속을 2배로 하면 회전수는? [13]

① $\dfrac{1}{2}$배로 줄어든다. ② 변함이 없다.
③ 2배로 증가한다. ④ 4배로 증가한다.

직류전동기의 속도 공식은
$n = \dfrac{E}{k\phi} = \dfrac{V-R_aI_a}{k\phi} = k'\dfrac{V-R_aI_a}{\phi}$ [rps] 이므로 속도(n)와 자속(ϕ)은 반비례 관계에 있음을 알 수 있다.

∴ 자속을 2배로 하면 속도는 $\dfrac{1}{2}$배로 줄어든다.

해답 54 ③ 55 ③ 56 ③ 57 ② 58 ④ 59 ①

60

직류 분권전동기의 계자 저항을 운전 중에 증가시키는 경우 일어나는 현상으로 옳은 것은? [06, 18, 19]

① 자속증가　　② 속도감소
③ 부하증가　　④ 속도증가

직류전동기가 운전 중 계자저항을 증가시키면 계자전류와 자속은 감소되어 속도는 증가한다.

61

직류 분권전동기의 계자 전류를 약하게 하면 회전수는? [11]

① 감소한다.　　② 정지한다.
③ 증가한다.　　④ 변화 없다.

직류전동기의 계자전류를 약하게 하면 자속이 감소하여 속도는 증가한다.

62

다음 그림에서 직류 분권전동기의 속도특성 곡선은? [10]

① A　　② B
③ C　　④ D

직류 분권전동기의 속도특성곡선은 속도변동이 작은 B곡선이다.

63

직류전동기의 속도특성곡선을 나타낸 것이다. 직권전동기의 속도특성을 나타낸 것은? [11]

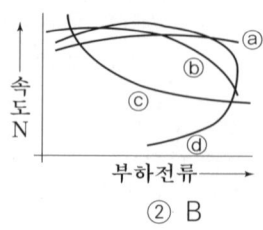

① A　　② B
③ C　　④ D

직류 직권전동기의 속도특성곡선은 속도변동이 큰 C곡선이다.

64

그림과 같은 접속은 어떤 직류전동기의 접속인가? [09]

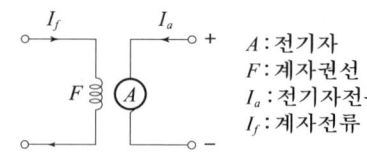

A : 전기자
F : 계자권선
I_a : 전기자전류
I_f : 계자전류

① 타여자 전동기　　② 분권 전동기
③ 직권 전동기　　　④ 복권 전동기

직류 타여자전동기는 계자권선이 전기자권선과 접속되어 있지 않고 독립된 여자회로를 구성하고 있다.

65

속도를 광범위하게 조정할 수 있으므로 압연기나 엘리베이터 등에 사용되는 직류전동기는? [12]

① 직권 전동기　　② 분권 전동기
③ 타여자 전동기　　④ 가동 복권 전동기

직류 타여자전동기는 부하변동에 대해서 속도변화가 거의 없는 정속도 특성이 있으며 또한 속도를 광범위하게 조정할 수 있어서 대형 압연기나 엘리베이터 등에 사용된다.

66

100[V], 10[A], 전기자저항 1[Ω], 회전수 1,800[rpm]인 전동기의 역기전력은 몇 [V]인가? [15]

① 90
② 100
③ 110
④ 186

$V=100[V]$, $I_a=10[A]$, $R_a=1[\Omega]$, $N=1,800[rpm]$일 때
$E=V-R_aI_a[V]$ 식에서
∴ $E=V-R_aI_a=100-1\times10=90[V]$

67

다음 그림의 직류전동기는 어떤 전동기인가? [08, 15, 19]

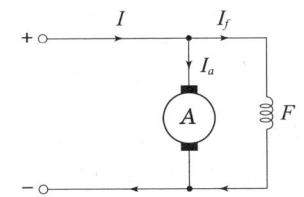

① 직권전동기
② 타여자전동기
③ 분권전동기
④ 복권전동기

직류 분권전동기는 계자권선이 전기자권선과 병렬로만 접속되어 있다.

68

정속도 전동기로 공작기계 등에 주로 사용되는 전동기는? [11, (유)14]

① 직류 분권전동기
② 직류 직권전동기
③ 직류 차동복권 동기
④ 단상 유도전동기

직류 분권전동기는 공작기계나 콘베이어 등에 사용된다.

69

분권전동기에 대한 설명으로 틀린 것은? [06, 10]

① 토크는 전기자 전류의 자승에 비례한다.
② 부하전류에 따른 속도 변화가 거의 없다.
③ 계자회로에 퓨즈를 넣어서는 안 된다.
④ 계자 권선과 전기자 권선이 전원에 병렬로 접속되어 있다.

직류 분권전동기의 토오크는 전기자 전류에 비례하며 직류 직권전동기의 토오크는 전기자 전류의 제곱에 비례한다.

70

전기자 저항이 0.2[Ω], 전류 100[A], 전압 120[V]일 때 분권전동기의 발생 동력[kW]은? [13]

① 5
② 10
③ 14
④ 20

$R_a=0.2[\Omega]$, $I_a=100[A]$, $V=120[V]$일 때
$P=EI_a[W]$, $E=V-R_aI_a[V]$ 식에서
$E=V-R_aI_a=120-0.2\times100$
$=100[V]$ 이므로
∴ $P=EI_a=100\times100=10,000[W]$
$=10[kW]$

71

정격 속도에 비하여 기동 회전력이 가장 큰 전동기는? [11]

① 타여자기
② 직권기
③ 분권기
④ 복권기

직류 직권전동기는 직류전동기 중 기동토크가 가장 크다.

72
직류 직권전동기의 특징에 대한 설명으로 틀린 것은? [06, 15]

① 부하전류가 증가하면 속도가 크게 감소된다.
② 기동토크가 작다.
③ 무부하 운전이나 벨트를 연결한 운전은 위험하다.
④ 계자권선과 전기자권선이 직렬로 접속되어 있다.

직류 직권전동기는 직류전동기 중 기동토크가 가장 크다.

73
직류전동기에서 무부하가 되면 속도가 대단히 높아져서 위험하기 때문에 무부하 운전이나 벨트를 연결한 운전을 해서는 안 되는 전동기는? [13]

① 직권전동기 ② 복권전동기
③ 타여자전동기 ④ 분권전동기

직류 직권전동기는 무부하 운전시 과속이 되어 위험속도로 운전되기 때문에 직류 직권전동기로 벨트를 걸고 운전하면 안 된다.(벨트가 벗겨지면 위험속도로 운전되기 때문)

74
기중기, 전기 자동차, 전기 철도와 같은 곳에 가장 많이 사용되는 전동기는? [14, (유)14]

① 가동 복권전동기 ② 차동 복권전동기
③ 분권전동기 ④ 직권전동기

직류 직권전동기는 기동 토오크가 매우 크기 때문에 기중기, 전기 자동차, 전기 철도, 크레인, 권상기 등과 같이 부하 변동이 심하고 큰 기동 토오크가 요구되는 부하에 적합하다.

75
직류 복권전동기를 분권 전동기로 사용하려면 어떻게 하여야 하는가? [08, 18, 19]

① 분권계자를 단락시킨다.
② 부하단자를 단락시킨다.
③ 직권계자를 단락시킨다.
④ 전기자를 단락시킨다.

직류 복권전동기는 직권 계자권선과 분권 계자권선을 모두 포함하고 있으므로 직권 계자권선을 단락하면 분권전동기로 동작되고, 분권 계자권선을 개방하면 직권전동기로 동작된다.

76
다음 직류전동기에 대한 설명으로 옳은 것은? [11]

① 전기철도용 전동기는 차동복권 전동기이다.
② 분권전동기는 계자 저항기로 쉽게 회전속도를 조정할 수 있다.
③ 직권전동기에서는 부하가 줄면 속도가 감소한다.
④ 분권전동기는 부하에 따라 속도가 현저하게 변한다.

직류 분권전동기는 부하전류에 따른 속도 변화가 거의 없는 정속도 특성뿐만 아니라 계자 저항기로 쉽게 속도를 조정할 수 있으므로 가변속도제어가 가능하다.

77
직류전동기의 특성에 대한 설명으로 틀린 것은? [14]

① 직권전동기는 가변 속도 전동기이다.
② 분권전동기에서는 계자 회로에 퓨즈를 사용하지 않는다.
③ 분권전동기는 정속도 전동기이다.
④ 가동 복권전동기는 기동시 역회전할 염려가 있다.

차동 복권전동기는 기동시에 역회전 할 염려가 있다.

78

직류전동기의 속도제어법 중 전압제어법으로써 제철소의 압연기, 고속 엘리베이터의 제어에 사용되는 방법은? [11]

① 워드 레오나드 방식 ② 정지 레오나드 방식
③ 일그너 방식   ④ 크래머 방식

직류전동기의 속도제어법 중 전압제어법
(1) 워드 레오나드 방식 : 광범위한 속도제어가 되며 제철소의 압연기, 고속 엘리베이터 제어 등에 적용된다.
(2) 일그너 방식 : 플라이 휠 효과를 이용하는 방법으로 부하변동이 심한 경우에 적용된다.
(3) 정지 레오나드 방식 : 사이리스터를 이용하여 가변 직류전압을 제어하는 방식이다.
(4) 초퍼방식 : 트랜지스터와 다이오드 등의 반도체 소자를 이용하여 속도를 제어하는 방식이다.
(5) 직병렬제어법 : 직권전동기에서만 적용되는 방식으로 전차용 전동기의 속도제어에 적용된다.

79

워드 레오나드 속도제어는? [08]

① 저항제어   ② 계자제어
③ 전압제어   ④ 직·병렬제어

워드 레오나드 방식은 직류전동기의 속도제어법 중 전압제어법에 해당되는 것이다.

80

그림은 트랜지스터의 스위칭 작용에 의한 직류전동기의 속도제어 회로이다. 전동기의 속도가 $N = k \cdot \dfrac{V - I_a R_a}{\phi}$ [rpm]이라고 할 때, 이 회로에서 사용한 전동기의 속도제어법은? [16]

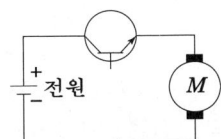

① 전압제어법   ② 계자제어법
③ 저항제어법   ④ 주파수제어법

초퍼방식은 직류전동기의 속도제어법 중 전압제어법에 해당되는 것으로 트랜지스터와 다이오드 등의 반도체 소자를 이용하여 속도를 제어하는 방식이다.

81

직류전동기의 전기자에 가해지는 단자전압을 변화하여 속도를 조정하는 제어법이 아닌 것은? [13, (유)07]

① 워드레오나드 방식
② 일그너 방식
③ 직·병렬 제어
④ 계자제어

직류전동기의 속도제어법 중 전압제어법
(1) 워드 레오나드 방식
(2) 일그너 방식
(3) 정지 레오나드 방식
(4) 초퍼방식
(5) 직병렬제어법
∴ 계자제어법은 정출력 제어로서 계자전류를 조정하여 자속을 직접 제어하는 방식이다.

82

직류전동기의 속도 제어법에서 정출력 제어에 속하는 것은? [08]

① 계자 제어법
② 저항 제어법
③ 전압 제어법
④ 워드레오나드 제어법

직류전동기의 속도제어법 중 계자제어법은 정출력 제어로서 계자전류를 조정하여 자속을 직접 제어하는 방식이다.

83

전기자 전압을 전원 전압으로 일정하게 유지하고, 계자 전류를 조정하여 자속 ϕ[Wb]를 변화시킴으로써 속도를 제어 하는 제어법은? [07, 18]

① 계자제어법
② 전기자 전압제어법
③ 저항제어법
④ 전압제어법

직류전동기의 속도제어법 중 계자제어법은 정출력 제어로서 계자전류를 조정하여 자속을 직접 제어하는 방식이다.

84

직류전동기의 속도제어 방법이 아닌 것은? [12, 17, (유)15]

① 전압제어
② 계자제어
③ 저항제어
④ 플러깅제어

직류전동기의 속도제어법에는 전압제어법, 계자제어법, 저항제어법이 있다.
∴ 플러깅제어는 전동기의 제동법 중 하나로 역전제동을 의미한다.

85

직류전동기의 회전방향을 바꾸기 위해서는 어떻게 하면 되는가? [07, (유)10]

① 전원의 극성을 바꾼다.
② 전기자 전류의 방향이나 계자의 극성을 바꾸면 된다.
③ 차동복권을 가동복권으로 한다.
④ 발전기로 운전한다.

직류전동기를 역회전시키기 위해서는 계자전류와 전기자 전류 중 어느 하나의 방향만 바뀌어야 한다.

86

직류전동기의 회전 방향을 바꾸는 방법으로 옳은 것은? [12]

① 전기자 회로의 저항을 바꾼다.
② 전기자 권선의 접속을 바꾼다.
③ 정류자의 접속을 바꾼다.
④ 브러시의 위치를 조정한다.

직류전동기를 역회전시키기 위해서는 계자전류와 전기자 전류 중 어느 하나의 방향만 바뀌어야 한다.

87

직류 직권전동기의 공급전압의 극성을 반대로 하면 회전방향은 어떻게 되는가? [12]

① 변하지 않는다.
② 반대로 된다.
③ 회전하지 않는다.
④ 발전기로 된다.

직류전동기 중 자여자 전동기(분권, 직권, 복권전동기)는 전원의 극성을 반대로 바꾸면 계전전류와 전기자 전류의 방향이 동시에 바뀌게 되어 회전방향이 변하지 않게 된다.

88

직류 분권발전기를 동일 극성의 전압을 단자에 인가하여 전동기로 사용하면? [14]

① 동일 방향으로 회전한다.
② 반대 방향으로 회전한다.
③ 회전하지 않는다.
④ 소손된다.

직류전동기 중 자여자 전동기(분권, 직권, 복권전동기)는 전원의 극성을 반대로 바꾸면 계전전류와 전기자 전류의 방향이 동시에 바뀌게 되어 회전방향이 변하지 않게 된다.

해답 83 ① 84 ④ 85 ② 86 ② 87 ① 88 ①

89
직류 분권전동기의 회전방향을 바꾸기 위해 일반적으로 무엇의 방향을 바꾸어야 하는가? [14]

① 전원 ② 주파수
③ 계자저항 ④ 전기자전류

직류전동기 중 자여자 전동기(분권, 직권, 복권전동기)는 전원의 극성을 반대로 바꾸면 계전전류와 전기자 전류의 방향이 동시에 바뀌게 되어 회전방향이 변하지 않게 된다. 따라서 이 경우에는 계자 전류 또는 전기자 전류 중 어느 하나의 방향만 바꾸어야 한다.

90
직류 전동기를 기동할 때 전기자 전류를 제한하는 가감 저항기를 무엇이라 하는가? [06, 08]

① 단속기 ② 제어기
③ 가속기 ④ 기동기

기동기란 직류전동기를 기동할 때 전기자 전류를 제한하는 가감저항기이다.

91
직류전동기 운전 중에 있는 기동 저항기에서 정전이거나 전원 전압이 저하되었을 때 핸들을 정지 위치에 두는 역할을 하는 것은? [09, 13]

① 무전압 계전기 ② 계자제어
③ 기동저항 ④ 과부하 개방기

무전압계전기는 직류전동기 운전 중에 있는 기동저항기에서 정전이거나 전원 전압이 저하되었을 때 핸들을 정지 위치에 두는 역할을 한다.

92
다음 제동 방법 중 급정지 하는데 가장 좋은 제동방법은? [07, 08, 19]

① 발전제동 ② 회생제동
③ 역전제동 ④ 단상제동

역전제동은 전동기를 제동할 때 역회전 토크를 공급하여 급정지 하는데 가장 좋은 제동법으로 "플러깅"이라고도 한다.

93
전동기의 제동에서 전동기가 가지는 운동 에너지를 전기에너지로 변화시키고 이것을 전원에 반환하여 전력을 회생시킴과 동시에 제동하는 방법은? [10, 14]

① 발전 제동 ② 역전 제동
③ 맴돌이전류 제동 ④ 회생 제동

회생제동은 전동기를 제동할 때 발전기로 운전하여 발생된 전기에너지를 전원으로 반환하여 제동하는 방법으로 권상기나 기중기 등으로 물건을 내릴 때 이용되는 방법이다.

94
권상기, 기중기 등으로 물건을 내일 때와 같이 전동기가 가지는 운동에너지를 발전기로 동작시켜 발생한 전력을 반환시켜서 제동하는 방식은? [12]

① 역전제동 ② 발전제동
③ 회생제동 ④ 와류제동

회생제동은 전동기를 제동할 때 발전기로 운전하여 발생된 전기에너지를 전원으로 반환하여 제동하는 방법으로 권상기나 기중기 등으로 물건을 내릴 때 이용되는 방법이다.

해답 89 ④ 90 ④ 91 ① 92 ③ 93 ④ 94 ③

95
직류전동기의 전기적 제동법이 아닌 것은? [13]

① 발전 제동 ② 회생 제동
③ 역전 제동 ④ 저항 제동

직류전동기의 전기적 제동법으로 역전제동, 발전제동, 회생제동이 있다.

96
측정이나 계산으로 구할 수 없는 손실로 부하 전류가 흐를 때 도체 또는 철심 내부에서 생기는 손실을 무엇이라 하는가? [11]

① 구리손 ② 히스테리시스손
③ 맴돌이 전류손 ④ 표유부하손

표유부하손은 측정이나 계산으로 구할 수 없는 손실로서 부하 전류가 흐를 때 도체 또는 철심 내부에서 생기는 손실이다.

97
직류기의 손실 중 기계손에 속하는 것은? [12]

① 풍손 ② 와전류손
③ 히스테리시스손 ④ 표유 부하손

기계손은 마찰손과 풍손의 합으로 나타난다.

98
전기기계의 효율 중 발전기의 규약효율 η_G는 몇 [%]인가?(단, P는 입력, Q는 출력, L은 손실이다.) [10, 16]

① $\eta_G = \dfrac{P-L}{P} \times 100$ ② $\eta_G = \dfrac{P-L}{P+L} \times 100$

③ $\eta_G = \dfrac{Q}{P} \times 100$ ④ $\eta_G = \dfrac{Q}{Q+L} \times 100$

규약효율
(1) 발전기 : $\eta_G = \dfrac{Q}{Q+L} \times 100 [\%]$
(2) 전동기 : $\eta_M = \dfrac{P-L}{P} \times 100 [\%]$

99
직류전동기의 규약효율을 표시하는 식은? [07, 15, 18]

① $\dfrac{출력}{출력+손실} \times 100$ ② $\dfrac{출력}{입력} \times 100$

③ $\dfrac{입력-손실}{입력} \times 100$ ④ $\dfrac{입력}{출력+손실} \times 100$

규약효율
(1) 발전기 : $\eta = \dfrac{출력}{출력+손실} \times 100 [\%]$
(2) 전동기 : $\eta = \dfrac{입력-손실}{입력} \times 100 [\%]$

100
입력이 12.5[kW], 출력 10[kW]일 때 기기의 손실은 몇[kW]인가? [09]

① 2.5 ② 3
③ 4 ④ 5.5

$P_{in} = 12.5[\text{kW}]$, $P_{out} = 10[\text{kW}]$일 때
$P_{loss} = P_{in} - P_{out} [\text{kW}]$ 식에서
∴ $P_{loss} = P_{in} - P_{out} = 12.5 - 10 = 2.5 [\text{kW}]$

101
직류전동기에서 전부하 속도가 1,500[rpm], 속도변동률이 3[%]일 때 무부하 회전 속도는 몇 [rpm]인가? [12]

① 1,455 ② 1,410
③ 1,545 ④ 1,590

$N_n = 1,500 [\text{rpm}]$, $\delta = 3[\%] = 0.03 [\text{pu}]$일 때
$N_0 = (1+\delta)N_n [\text{rpm}]$ 식에서
∴ $N_0 = (1+\delta)N_n = (1+0.03) \times 1,500$
$= 1,545 [\text{rpm}]$

02 동기기

핵심19 동기발전기의 종류 및 결선

1. 동기발전기의 종류
동기발전기를 회전자를 기준으로 구분하면 다음과 같다.
① 회전계자형 : 전기자를 고정자로 두고, 계자를 회전자로 한 것으로 대부분의 교류발전기(수차발전기와 터빈발전기)로 사용되고 있다.
② 회전전기자형 : 계자를 고정자로 두고, 전기자를 회전자로 한 것으로 소용량의 특수한 경우 외에는 거의 사용되지 않는다.
③ 유도자형 : 전기자와 계자를 모두 고정자로 두고, 유도자를 회전자로 한 것으로 고주파 발전기(100~20,000[Hz] 정도)에 사용된다.

참고 우산형 발전기
저속도 대용량의 교류 수차발전기로서 구조가 간단하고 가벼우며, 조립과 설치가 용이할 뿐만 아니라 경제적이다.

2. 동기발전기를 회전계자형으로 하는 이유
① 전기자 권선은 전압이 높아 고정자로 두는 것이 절연하기 용이하다.
② 전기자 권선에서 발생한 고전압을 슬립링 없이 간단하게 외부로 인가할 수 있다.
③ 계자극은 기계적으로 튼튼하게 만드는데 용이하다.
④ 계자 회로에는 직류 저압이 인가되므로 전기적으로 안전하다.

3. 동기발전기의 결선
동기발전기는 3상 교류발전기로서 3상 전기자의 결선을 Y결선으로 채용하고 있는데 그 이유는 다음과 같다.
① 중성점을 이용하여 지락계전기 등을 동작시키는데 용이하다.
② 선간전압이 상전압의 $\sqrt{3}$ 배 이므로 고전압 송전에 용이하다.
③ 상전압이 선간전압의 $\frac{1}{\sqrt{3}}$ 배 이므로 같은 선간전압의 결선에 비해 절연이 쉽다.
④ 고조파 순환전류 통로가 없어 3고조파가 선간전압에 나타나지 않는다.

핵심유형문제 19

우산형 발전기의 용도는? [06, 12, 18, 19]

① 저속도 대용량기　　　　② 고속도 소용량기
③ 저속도 소용량기　　　　④ 고속도 대용량기

해설 우산형 발전기는 저속도 대용량의 교류 수차발전기로서 구조가 간단하고 가벼우며, 조립과 설치가 용이할 뿐만 아니라 경제적이다.

답 : ①

핵심20 동기기의 전기자 권선법

1. 동기기의 전기자 권선법

동기기의 전기자 권선법은 고상권, 폐로권, 2층권, 중권과 파권, 그리고 단절권과 분포권을 주로 채용되고 있다. 이 외에 환상권과 개로권, 단층권과 전절권 및 집중권도 있지만 이 권선법은 사용되지 않는 권선법이다.

2. 단절권의 특징

① 권선이 절약되고 코일 길이가 단축되어 기기가 축소된다.
② 고조파가 제거되고 기전력의 파형이 좋아진다.
③ 유기기전력이 감소하고 발전기의 출력이 감소한다.
④ 단절권 계수 : $k_p = \sin\dfrac{n\beta\pi}{2}$

여기서, k_p : 단절권 계수, n : 고조파 차수, β : $\dfrac{코일\ 간격}{극\ 간격}$

3. 분포권의 특징

① 누설리액턴스가 감소한다.
② 고조파가 제거되고 기전력의 파형이 좋아진다.
③ 슬롯 내부와 전기자 권선의 열방산에 효과적이다.
④ 유기기전력이 감소하고 발전기의 출력이 감소한다.
⑤ 분포권 계수 : $k_d = \dfrac{\sin\dfrac{n\pi}{2m}}{q\sin\dfrac{n\pi}{2mq}}$

여기서, k_d : 분포권 계수, n : 고조파 차수, m : 상수, q : $\dfrac{슬롯수(z)}{극수(p)\times상수(m)}$

참고 단절권과 분포권의 공통적인 특징
(1) 고조파가 제거되고 기전력의 파형이 좋아진다.
(2) 유도기전력이 감소하고 출력이 감소한다.

핵심유형문제 20

동기기의 전기자 권선법이 아닌 것은? [08, 18②, (유)14, 19]

① 전절권　　② 분포권　　③ 2층권　　④ 중권

해설 동기기의 전기자 권선법은 고상권, 폐로권, 2층권, 중권과 파권, 그리고 단절권과 분포권을 주로 채용되고 있다. 이 외에 환상권과 개로권, 단층권과 전절권 및 집중권도 있지만 이 권선법은 사용되지 않는 권선법이다.

답 : ①

핵심21 동기기의 전기자 반작용

1. 동기발전기의 전기자 반작용

① 교차자화작용 : 전기자 전류에 의한 자기장의 축과 주자속의 축이 항상 수직이 되면서 자극편 왼쪽의 주자속은 증가되고, 오른쪽의 주자속은 감소하여 편자작용을 하는 전기자 반작용으로서 전기자 전류와 기전력은 위상이 서로 같아진다.-저항(R) 부하의 특성과 같다.

② 증자작용 : 전기자 전류에 의한 자기장의 축이 주자속의 자극축과 일치하며 주자속을 증가시켜 전기자 전류의 위상이 기전력의 위상보다 90°($\frac{\pi}{2}$[rad]) 앞선 진상전류가 흐르게 된다. 그리고 주자속의 증가로 유기기전력은 상승한다.-콘덴서(C)부하의 특성과 같다.

③ 감자작용 : 전기자 전류에 의한 자기장의 축이 주자속의 자극축과 일치하며 주자속을 감소시켜 전기자 전류의 위상이 기전력의 위상보다 90°($\frac{\pi}{2}$[rad]) 뒤진 지상전류가 흐르게 된다. 그리고 주자속의 감소로 유기기전력은 감소한다.-리액터(L)부하의 특성과 같다.

참고 자기여자현상이란 동기발전기의 전기자 반작용 중 증자작용에 의해 단자전압이 유기기전력보다 증가하게 되는 현상을 말한다. 이를 방지하기 위해 단락비를 증가시키고 발전기 또는 변압기의 병렬운전 및 분로리액터 등을 설치한다.

2. 동기전동기의 전기자 반작용

① 교차자화작용 : 전기자 전류와 기전력은 위상이 서로 같아진다.

② 증자작용 : 전기자 전류의 위상이 기전력의 위상보다 90°($\frac{\pi}{2}$[rad]) 뒤진 지상전류가 흐르게 된다.

③ 감자작용 : 전기자 전류의 위상이 기전력의 위상보다 90°($\frac{\pi}{2}$[rad]) 앞선 진상전류가 흐르게 된다.

핵심유형문제 21

동기발전기에서 전기자 전류가 무부하 유도 기전력보다 $\frac{\pi}{2}$[rad] 앞서 있는 경우에 나타나는 전기자 반작용은?   [11, 14, 18, (유)13]

① 증자작용   ② 감자작용   ③ 교차자화작용   ④ 직축반작용

해설 동기발전기의 증자작용이란 전기자 전류의 위상이 기전력의 위상보다 90°($\frac{\pi}{2}$[rad]) 앞선 진상전류가 흐르게 되는 경우이다.

답 : ①

중요도 ★★★
출제빈도
총44회 시행
총43문 출제

핵심22 동기발전기기의 단락비와 병렬운전

1. 동기발전기의 단락비가 큰 경우의 특징
① 안정도가 크고, 기계의 치수가 커지며 공극이 넓다.
② 철손이 증가하고, 효율이 감소한다.
③ 동기 임피던스가 감소하고 단락전류 및 단락용량이 증가한다.
④ 전압변동률이 작고, 전기자 반작용이 감소한다.
⑤ 여자전류가 크다.

> **참고** "단락비"란 기계적인 특징을 단적으로 표현하는 단어로서 "단락비가 크다"는 의미는 "기계적으로 튼튼하다"라는 표현과 같다.

2. 동기발전기의 병렬운전

(1) 병렬운전 조건
 ① 발전기 기전력의 크기가 같을 것.
 ② 발전기 기전력의 위상가 같을 것.
 ③ 발전기 기전력의 주파수가 같을 것.
 ④ 발전기 기전력의 파형이 같을 것.
 ⑤ 발전기 기전력의 상회전 방향이 같을 것.

(2) 병렬운전을 만족하지 못한 경우의 현상
 ① 기전력의 크기가 다른 경우 : 무효순환전류가 흘러 권선이 가열되고 감자작용이 생긴다.
 ② 기전력의 위상이 다른 경우 : 유효순환전류(또는 동기화전류)가 흘러 동기화력이 생기게 되고 두 기전력이 동상이 되도록 작용한다.
 ③ 기전력의 주파수가 다른 경우 : 난조가 발생하여 출력이 요동치고 권선이 가열된다.

> **참고**
> (1) 동기발전기의 병렬운전시 어느 한쪽 발전기의 여자전류를 증가시키면 그 발전기의 역률은 저하하고 다른쪽 발전기의 역률은 좋아진다.
> (2) 동기발전기의 병렬운전시 부하부담을 크게 하고자 하는 발전기의 속도를 증가시켜야 한다.

핵심유형문제 22

동기발전기의 병렬운전에 필요한 조건이 아닌 것은? [07, 08, 12, (유)10, 12, 16]

① 기전력의 주파수가 같을 것
② 기전력의 크기가 같을 것
③ 기전력의 용량이 같을 것
④ 기전력의 위상이 같을 것

해설 동기발전기의 병렬운전 조건은 기전력의 크기, 위상, 주파수, 파형 등이 같아야 하며, 용량이나 회전수, 전류와는 관계가 없다.

답 : ③

핵심23 동기기의 난조 현상과 안정도 증진법

1. 동기기의 난조 현상

(1) 난조의 원인

동기기의 난조란 주파수의 변동에 의해 동기속도가 일정하지 않고 동기화 조절이 어려워지는 현상으로 난조의 원인으로는 다음과 같다.
① 부하가 급격히 변하는 경우
② 조속기의 감도가 너무 예민하거나 둔감한 경우
③ 전기자 저항이 너무 큰 경우
④ 원동기에 고조파 토크가 포함된 경우
⑤ 회전자의 관성 모멘트 또는 플라이휠 효과가 작은 경우

(2) 난조 방지 대책
① 자극면에 제동권선을 설치한다. - 가장 유효한 대책임.
② 전기자 권선의 저항을 작게 한다.
③ 축세륜(플라이휠)을 붙인다.

참고

(1) 동기기의 탈조 : 난조의 정도가 너무 지나치게 발생하게 되면 조절 범위를 이탈하게 되는 동기 탈조가 일어나게 되는데 이로 인해 동기기는 사고를 유발하게 된다.
(2) 제동권선의 효과
    ① 난조방지
    ② 송전선의 불평형 부하시 이상전압 방지
    ③ 불평형 부하시 전압과 전류의 파형 개선
    ④ 동기전동기의 기동토크 발생

2. 동기기의 안정도 증진법

① 단락비를 크게 한다.
② 동기 임피던스(또는 전기자 저항) 및 정상 임피던스의 감소
③ 속응여자방식의 채용
④ 회전부의 관성 모멘트의 증대
⑤ 플라이휠 효과 증대
⑥ 역상 및 영상 임피던스의 증대

핵심유형문제 23

3상 동기기에 제동권선을 설치하는 주된 목적은? [06, 07, 08, 11, 18, 19, (유)06, 11, 15]

① 출력 증가   ② 효율 증가   ③ 역률 개선   ④ 난조 방지

해설 제동권선은 동기기의 난조 방지의 가장 유효한 대책이다.

답 : ④

핵심24 동기발전기의 특성곡선

1. 무부하 포화곡선

① 동기발전기의 무부하 포화곡선은 계자전류가 증가함에 따라 발전기의 유기기전력 또는 무부하 단자전압이 어느 순간부터 증가율이 감소되어 일정한 값으로 유지되는 성질을 표현하는 곡선으로 이 곡선은 직선으로 표현되는 공극선과 비교하여 포화율을 결정하기 위한 곡선이기도 하다.

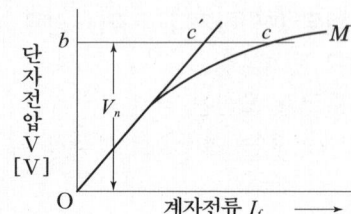

② 무부하 포화곡선의 포화율(σ)

$$\sigma = \frac{c'c}{bc'}$$

③ 동기발전기의 계자전류에 의한 주자속에 의해서 철심이 포화할 때 전기자 전류에 의한 전기자 반작용이 억제되고 이로써 전기자 반작용 리액턴스가 감소하게 되어 동기 임피던스는 결국 감소하게 된다.

2. 외부특성곡선

동기발전기의 역률과 계자전류가 일정할 때 부하전류가 증가함에 따라 단자전압이 저하하는 특성을 표현하여 부하전류에 대해서 단자전압의 변화의 특성을 알기 위한 곡선이다.

3. 3상 단락곡선

3상 동기발전기의 출력단 모두를 단락한 후 계자전류를 증가시킬 때 단락지점을 통하여 흐르는 단락전류의 변화를 표현하기 위한 곡선으로 단락전류는 포화하지 않고 계자전류 증가에 비례하여 계속 증가하는 직선으로 나타난다. 이는 단락전류에 의해서 전기자 반작용이 감자작용을 하여 주자속이 포화되지 않기 때문임을 알 수 있다.

핵심유형문제 24

동기발전기의 3상 단락곡선은 무엇과 무엇의 관계 곡선인가? [06, 18]

① 계자전류와 단락전류
② 정격전류와 계자전류
③ 여자전류와 계자전류
④ 정격전류와 단락전류

해설 3상 동기발전기의 출력단 모두를 단락한 후 계자전류를 증가시킬 때 단락지점을 통하여 흐르는 단락전류의 변화를 표현하기 위한 곡선이다.

답 : ①

핵심25 동기기의 계산(Ⅰ)

1. 동기속도(N_s)

$$N_s = \frac{120f}{p} \text{[rpm]} = \frac{2f}{p} \text{[rps]}$$

여기서, N_s : 동기속도, f : 주파수, p : 극수(2극 이상)

2. 비돌극형 동기기의 출력(P)

단상 출력	3상 출력
$P_1 = \dfrac{EV}{X_s}\sin\delta$ [W]	$P_3 = 3 \cdot \dfrac{EV}{X_s}\sin\delta$ [W]

여기서, P_1 : 동기기의 단상 출력, P_3 : 동기기의 3상 출력, E : 기전력, V : 공급전압,
X_s : 동기 리액턴스,
δ : 부하각(공급전압과 기전력 사이의 위상차로서 90°일 때 최대 출력을 갖는다.)

참고
(1) 비돌극형 동기발전기란 원통형 계자를 갖는 동기기로서 보통 극수를 2 또는 4로 한다.
(2) 부하각(δ)이란 동기발전기의 유기기전력 또는 동기전동기의 역기전력과 전원의 공급전압 사이의 위상차를 의미한다.
(3) 비돌극형 동기발전기는 부하각이 90°일 때 발전기 최대출력을 갖는다.

3. 단락비(k_s), 단락전류(I_s), 정격전류(I_n)

단락비(k_s)	단락전류(I_s)	정격전류(I_n)
$k_s = \dfrac{100}{\%Z_s} = \dfrac{I_s}{I_n}$	$I_s = \dfrac{100}{\%Z}I_n$ [A]	$I_n = \dfrac{P_n}{\sqrt{3}\,V}$ [A]

여기서, k_s : 단락비, $\%Z_s$: % 동기 임피던스, I_s : 단락전류, I_n : 정격전류, P_n : 정격용량,
V : 정격전압

참고 동기발전기의 돌발 단락전류는 순간 단락전류로서 단락된 순간 단시간동안 흐르는 대단히 큰 전류를 의미한다. 이 전류를 제한하는 값은 발전기의 내부 임피던스(또는 내부 리액턴스)로서 누설 임피던스(또는 누설 리액턴스)뿐이다.

핵심유형문제 25

동기발전기의 돌발단락전류를 주로 제한하는 것은? [06, 07, 08②, 09, 11, 18, 19②]

① 누설 리액턴스 ② 역상 리액턴스 ③ 동기 리액턴스 ④ 권선저항

해설 동기발전기의 돌발 단락전류는 순간 단락전류로서 단락된 순간 단시간동안 흐르는 대단히 큰 전류를 의미한다. 이 전류를 제한하는 값은 발전기의 내부 임피던스(또는 내부 리액턴스)로서 누설 임피던스(또는 누설 리액턴스)뿐이다.

답 : ①

핵심26 동기기의 계산(Ⅱ)

1. 순환전류(I_s)

무효순환전류	유효순환전류
$I_s = \dfrac{E_A - E_B}{2Z_s} = \dfrac{E_A - E_B}{2X_s}[A]$	$I_{s2} = \dfrac{E}{Z_s}\sin\dfrac{\delta}{2} = \dfrac{E}{X_s}\sin\dfrac{\delta}{2}[A]$

여기서, I_s : 순환전류, $E_A - E_B$: 기전력 차, Z_s : 동기 임피던스, X_s : 동기 리액턴스,
E : 유기기전력, δ : 부하각

2. 매극 매상당 슬롯수(q)

$$q = \frac{\text{슬롯수}(z)}{\text{극수}(p) \times \text{상수}(m)}$$

여기서, q : 매극 매상당 슬롯수, z : 총 슬롯수, p : 극수, m : 상수

3. 전압변동률(ϵ)

$$\epsilon = \frac{V_0 - V_n}{V_n} \times 100[\%]$$

여기서, ϵ : 전압변동률, V_0 : 무부하 단자전압, V_n : 정격전압

중요도 ★
출제빈도
총44회 시행
총 9문 출제

핵심유형문제 26

정격전압 220[V]의 동기발전기를 무부하로 운전하였을 때의 단자전압이 253[V]이었다. 이 발전기의 전압변동률은? [09, 10]

① 13[%]
② 15[%]
③ 20[%]
④ 33[%]

해설 $V_n = 220[V]$, $V_0 = 253[V]$일 때 $\epsilon = \dfrac{V_0 - V_n}{V_n} \times 100[\%]$ 식에서

∴ $\epsilon = \dfrac{V_0 - V_n}{V_n} \times 100 = \dfrac{253 - 220}{220} \times 100 = 15[\%]$

답 : ②

핵심27 동기발전기의 보호계전기와 효율

1. 동기발전기의 보호계전기

① 발전기 내부고장 검출 : 차동계전기, 비율차동계전기, 부흐홀츠계전기
② 과전압 검출 : 과전압계전기
③ 결상 또는 부하 불평형 및 상회전 반전 등을 검출 : 역상 과전류계전기

참고 차동계전기 또는 비율차동계전기
발전기 권선의 층간 단락보호에 가장 많이 사용되고 있다.

2. 동기발전기의 효율

동기발전기의 손실과 효율은 직류기의 내용과 동일하며 손실과 효율에 대한 내용은 다음과 같이 간단히 정리할 수 있다.

(1) 동기발전기의 손실

구분		종류
고정손 (=무부하손)	철손	히스테리시스손과 와류손의 합으로 나타난다.
	기계손	마찰손과 풍손의 합으로 나타난다.
가변손 (=부하손)	동손	전기자 저항에서 나타나기 때문에 저항손이라 표현하기도 한다.
	표유부하손	측정이나 계산으로 구할 수 없는 손실로서 부하 전류가 흐를 때 도체 또는 철심 내부에서 생기는 손실이다.

(2) 동기발전기의 효율

① 실측효율 : $\eta = \dfrac{출력}{입력} \times 100[\%]$

② 규약효율 : $\eta = \dfrac{출력}{출력 + 손실} \times 100[\%]$

핵심유형문제 27

발전기 권선의 층간 단락보호에 가장 적합한 계전기는? [16]

① 차동 계전기　② 방향 계전기　③ 온도 계전기　④ 접지 계전기

해설 동기발전기의 보호계전기 중 차동계전기 또는 비율차동계전기는 권선의 층간 단락보호에 가장 많이 사용되는 계전기이다.

답 : ①

중요도 ★★★
출제빈도
총44회 시행
총25문 출제

핵심28 동기전동기의 특징

1. 동기전동기의 장점
① 여자전류에 관계없이 일정한 속도로 운전할 수 있다.
② 진상 및 지상으로 역률조정이 쉽고 역률을 1로 운전할 수 있다.
③ 전부하 효율이 좋다.
④ 공극이 넓어 기계적으로 견고하다.

2. 동기전동기의 단점
① 속도조정이 어렵다.
② 난조가 발생하기 쉽다.
③ 기동토크가 작다.
④ 직류여자기가 필요하다.

3. 동기전동기의 용도
① 정속도 전동기로 비교적 회전수가 낮고 큰 출력이 요구되는 부하에 적합하다.
② 전력계통의 전류, 역률 등을 조정할 수 있는 동기조상기로 사용된다.
③ 가변 주파수에 의해 정밀 속도제어 전동기로 사용된다.
④ 시멘트 공장의 분쇄기, 압축기, 송풍기 등

4. 동기전동기의 기동특성
(1) 기동토크
동기전동기의 기동토크는 공급전압의 크기에 비례하고 기동시에는 거의 0에 가깝다.

(2) 자기기동법
① 동기전동기를 유도전동기로 기동하는 방법으로 기동시 저전압을 가하여 제동권선에 의해서 기동토크를 얻는다. 자기기동법은 기동토크가 작고, 전부하 토크의 40~60[%] 정도이다.
② 기동할 때 회전자속에 의해서 계자권선 안에는 고압이 유도되어 절연을 파괴할 우려가 있으므로 기동할 때에는 계자권선을 단락시킨다.

핵심유형문제 28

동기전동기의 용도로 적당하지 않는 것은? [08, 09, 10]

① 분쇄기   ② 압축기   ③ 송풍기   ④ 크레인

해설 동기전동기의 용도로는 시멘트 공장의 분쇄기, 압축기, 송풍기 등에 사용된다.

답 : ④

핵심29 동기전동기의 위상특성곡선과 동기조상기

1. 동기전동기의 위상특성곡선(V곡선)
① 가로축을 계자전류와 역률, 세로축을 전기자전류로 정하여 계자전류를 조정하면 역률과 전기자전류의 크기가 조정되는 특성이다.
② V곡선의 최소점은 역률이 1인 점으로써 전기자전류도 최소이다.
③ 역률이 1인 점을 기준으로 왼쪽은 부족여자로서 역률이 뒤지고 오른쪽은 과여자로서 역률이 앞선다.

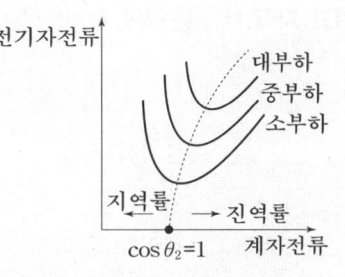

2. 동기조상기
① 동기전동기의 위상특성을 이용하여 전력계통 중간에 동기전동기를 무부하로 운전하는 위상조정 및 전압조정 목적으로 사용되는 조상설비 중 하나이다.
② 역률이 1인 점을 기준으로 왼쪽은 부족여자로서 지상 역률이 되어 리액터로 작용하고 오른쪽은 과여자로서 진상 역률이 되어 콘덴서로 작용한다.
③ 동기조상기는 전력용콘덴서(진상 조정용)와 분로리액터(지상 조정용)에 비해서 진상 및 지상 역률을 모두 얻을 수 있는 장점이 있다.

3. 특수 동기전동기
① 초 동기전동기는 회전계자형인 동기전동기에 고정자인 전기자 부분도 회전자의 주위를 회전할 수 있도록 2중 베어링 구조로 되어 있는 전동기로 부하를 건 상태에서 운전하는 전동기이다.
② 반동전동기는 속도가 일정하고 구조가 간단하여 동기이탈이 없는 전동기로서 전기시계, 오실로그래프 등에 많이 사용되는 전동기이다.

핵심유형문제 29

동기조상기를 부족여자로 운전하면 어떻게 되는가? [07②, 09, 10, 16]

① 콘덴서로 작용한다.
② 리액터로 작용한다.
③ 여자 전압의 이상 상승이 발생한다.
④ 일반 부하에 대하여 뒤진 역률을 보상한다.

해설 동기조상기는 역률이 1인 점을 기준으로 왼쪽은 부족여자로서 지상 역률이 되어 리액터로 작용하고 오른쪽은 과여자로서 진상 역률이 되어 콘덴서로 작용한다.

답 : ②

적중예상문제

01

전기자를 고정시키고 자극 N, S를 회전시키는 동기발전기는? [06]

① 회전 계자형　② 직렬 저항형
③ 회전 전기자형　④ 회전 정류자형

동기발전기의 종류
(1) 회전계자형 : 전기자를 고정자로 두고, 계자를 회전자로 한 것으로 대부분의 교류발전기(수차발전기와 터빈발전기)로 사용되고 있다.
(2) 회전전기자형 : 계자를 고정자로 두고, 전기자를 회전자로 한 것으로 소용량의 특수한 경우 외에는 거의 사용되지 않는다.
(3) 유도자형 : 전기자와 계자를 모두 고정자로 두고, 유도자를 회전자로 한 것으로 고주파 발전기(100~20,000[Hz] 정도)에 사용된다.

02

동기발전기를 회전계자형으로 하는 이유가 아닌 것은? [14]

① 고전압에 견딜 수 있게 전기자 권선을 절연하기가 쉽다.
② 전기자 단자에 발생한 고전압을 슬립링 없이 간단하게 외부회로에 인가할 수 있다.
③ 기계적으로 튼튼하게 만드는데 용이하다.
④ 전기자가 고정되어 있지 않아 제작비용이 저렴하다.

동기발전기를 회전계자형으로 하는 이유
(1) 전기자 권선은 전압이 높아 고정자로 두는 것이 절연하기 용이하다.
(2) 전기자 권선에서 발생한 고전압을 슬립링 없이 간단하게 외부로 인가할 수 있다.
(3) 계자극은 기계적으로 튼튼하게 만드는데 용이하다.
(4) 계자 회로에는 직류 저압이 인가되므로 전기적으로 안전하다.

03

3상 동기발전기의 상간 접속을 Y결선으로 하는 이유 중 틀린 것은? [16]

① 중성점을 이용할 수 있다.
② 선간전압이 상전압의 $\sqrt{3}$ 배가 된다.
③ 선간전압에 제3고조파가 나타나지 않는다.
④ 같은 선간전압의 결선에 비하여 절연이 어렵다.

동기발전기는 3상 교류발전기로서 3상 전기자의 결선을 Y결선으로 채용하는 이유는 상전압이 선간전압의 $\frac{1}{\sqrt{3}}$ 배 이므로 같은 선간전압의 결선에 비해 절연이 쉽기 때문이다.

04

동기발전기의 전기자 권선을 단절권으로 하면? [06, 15, 18]

① 고조파를 제거한다.　② 절연이 잘 된다.
③ 역률이 좋아진다.　④ 기전력을 높인다.

동기발전기의 단절권의 특징
(1) 권선이 절약되고 코일 길이가 단축되어 기기가 축소된다.
(2) 고조파가 제거되고 기전력의 파형이 좋아진다.
(3) 유기기전력이 감소하고 발전기의 출력이 감소한다.

05

동기발전기의 권선을 분포권으로 하면 어떻게 되는가? [07②]

① 권선의 리액턴스가 커진다.
② 파형이 좋아진다.
③ 난조를 방지한다.
④ 집중권에 비하여 합성 유도기전력이 높아진다.

동기발전기의 분포권의 특징
(1) 누설리액턴스가 감소한다.
(2) 고조파가 제거되고 기전력의 파형이 좋아진다.
(3) 슬롯 내부와 전기자 권선의 열방산에 효과적이다.
(4) 유기기전력이 감소하고 발전기의 출력이 감소한다.

해답　01 ①　02 ④　03 ④　04 ①　05 ②

06

동기발전기의 전기자 반작용 중에서 전기자 전류에 의한 자기장의 축이 항상 주자속의 축과 수직이 되면서 자극편 왼쪽에 있는 주자속은 증가시키고, 오른쪽에 있는 주자속은 감소시켜 편자 작용을 하는 전기자 반작용은? [08]

① 증자작용 ② 감자작용
③ 교차자화작용 ④ 직축반작용

동기발전기의 전기자 반작용 중 교차자화작용은 전기자 전류에 의한 자기장의 축과 주자속의 축이 항상 수직이 되면서 자극편 왼쪽의 주자속은 증가되고, 오른쪽의 주자속은 감소하여 편자작용을 하는 전기자 반작용으로서 전기자 전류와 기전력은 위상이 서로 같아진다.

07

3상 교류발전기의 기전력에 대하여 $\frac{\pi}{2}$[rad] 뒤진 전기자 전류가 흐르면 전기자 반작용은? [16, (유)07, 18]

① 횡축 반작용으로 기전력을 증가시킨다.
② 증자 작용을 하여 기전력을 증가시킨다.
③ 감자 작용을 하여 기전력을 감소시킨다.
④ 교차 자화작용으로 기전력을 감소시킨다.

동기발전기의 전기자 반작용 중 감자작용은 전기자 전류에 의한 자기장의 축이 주자속의 자극축과 일치하며 주자속을 감소시켜 전기자 전류의 위상이 기전력의 위상보다 90°($\frac{\pi}{2}$[rad]) 뒤진 지상전류가 흐르게 된다. 그리고 주자속의 감소로 유기기전력은 감소한다.

08

동기발전기에서 역률각이 90도 늦을 때의 전기자 반작용은? [15]

① 증자작용 ② 편자작용
③ 교차작용 ④ 감자작용

역률각이 90도 늦을 때의 의미는 전기자 전류의 위상이 전압보다 위상이 90도 늦다는 것을 의미하므로 동기발전기의 전기자 반작용 중 감자작용을 의미한다.

09

3상 교류발전기의 기전력에 대하여 90° 늦은 전류가 통할 때의 반작용 기자력은? [16]

① 자극축과 일치하고 감자작용
② 자극축보다 90° 빠른 증자작용
③ 자극축보다 90° 늦은 감자작용
④ 자극축과 직교하는 교차자화작용

동기발전기의 전기자 반작용 중 감자작용은 전기자 전류에 의한 자기장의 축이 주자속의 자극축과 일치하며 주자속을 감소시켜 전기자 전류의 위상이 기전력의 위상보다 90°($\frac{\pi}{2}$[rad]) 뒤진 지상전류가 흐르게 된다.

10

동기발전기의 전기자 반작용 현상이 아닌 것은? [12]

① 포화작용 ② 증자작용
③ 감자작용 ④ 교차자화작용

동기발전기의 전기자 반작용은 교차자화작용, 증자작용, 감자작용이다.

11

동기기의 자기여자현상의 방지법이 아닌 것은? [07]

① 단락비 증대 ② 리액턴스 접속
③ 발전기 직렬연결 ④ 변압기 접속

자기여자현상이란 동기발전기의 전기자 반작용 중 증자작용에 의해 단자전압이 유기기전력보다 증가하게 되는 현상을 말한다. 이를 방지하기 위해 단락비를 증가시키고 발전기 또는 변압기의 병렬운전 및 분로리액터 등을 설치한다.

해답 06 ③ 07 ③ 08 ④ 09 ① 10 ① 11 ③

12

동기전동기 전기자 반작용에 대한 설명이다. 공급전압에 대한 앞선 전류의 전기자 반작용은? [10, 14]

① 감자작용　　② 증자작용
③ 교차자화작용　　④ 편자작용

동기전동기의 전기자 반작용 중 감자작용은 전기자 전류의 위상이 기전력의 위상보다 $90°(\frac{\pi}{2}[rad])$ 앞선 진상전류가 흐르게 된다.

13

단락비가 큰 동기기는? [06, 08, 09, 12]

① 안정도가 높다.
② 기기가 소형이다.
③ 전압변동률이 크다.
④ 전기자 반작용이 크다.

동기발전기의 단락비가 큰 경우의 특징
(1) 안정도가 크고, 기계의 치수가 커지며 공극이 넓다.
(2) 철손이 증가하고, 효율이 감소한다.
(3) 동기 임피던스가 감소하고 단락전류 및 단락용량이 증가한다.
(4) 전압변동률이 작고, 전기자 반작용이 감소한다.
(5) 여자전류가 크다.

14

동기발전기의 단락비가 크다는 것은? [06]

① 기계가 작아진다.
② 효율이 좋아진다.
③ 전압 변동률이 나빠진다.
④ 전기자 반작용이 작아진다.

동기발전기의 단락비가 큰 경우에는 전기자 반작용이 작아진다.

15

다음 중 단락비가 큰 동기발전기를 설명하는 것으로 옳은 것은? [07]

① 동기 임피던스가 작다.
② 단락 전류가 작다.
③ 전기자 반작용이 크다.
④ 전압변동률이 크다.

동기발전기의 단락비가 큰 경우에는 동기 임피던스가 작다.

16

단락비가 큰 동기발전기를 설명하는 일 중 틀린 것은? [06, 07, 16, 18, 19]

① 동기 임피던스가 작다.
② 단락전류가 크다.
③ 전기자 반작용이 크다.
④ 공극이 크고 전압변동률이 작다.

동기발전기의 단락비가 큰 경우에는 전기자 반작용이 작아진다.

17

동기발전기의 공극이 넓을 때의 설명으로 잘못된 것은? [13]

① 안정도 증대　　② 단락비가 크다.
③ 여자전류가 크다.　　④ 전압변동이 크다.

동기발전기의 단락비가 큰 경우에는 공극이 넓어지고 전압변동률이 작아진다.

해답 12 ①　13 ①　14 ④　15 ①　16 ③　17 ④

18

3상 동기발전기를 병렬운전 시키는 경우 고려하지 않아도 되는 것은? [08, 10, 12, 14]

① 주파수가 같을 것
② 회전수가 같을 것
③ 위상이 같을 것
④ 전압 파형이 같을 것

동기발전기의 병렬운전 조건
(1) 발전기 기전력의 크기가 같을 것.
(2) 발전기 기전력의 위상가 같을 것.
(3) 발전기 기전력의 주파수가 같을 것.
(4) 발전기 기전력의 파형이 같을 것.
(5) 발전기 기전력의 상회전 방향이 같을 것.

19

동기발전기를 병렬 운전하는데 필요한 조건이 아닌 것은? [07, (유)08]

① 기전력의 파형이 작을 것
② 기전력의 위상이 같을 것
③ 기전력의 주파수가 같을 것
④ 기전력의 크기가 같을 것

동기발전기의 병렬운전 조건은 기전력의 파형이 같아야 한다.

20

동기발전기의 병렬운전에서 같지 않아도 되는 것은? [06, 18, (유)08, 11]

① 위상   ② 주파수
③ 용량   ④ 전압

동기발전기의 병렬운전 조건은 용량, 회전수, 전류와는 관계가 없다.

21

동기발전기의 병렬운전에서 기전력의 크기가 다를 경우 나타나는 현상은? [15]

① 주파수가 변한다.
② 동기화전류가 흐른다.
③ 난조 현상이 발생한다.
④ 무효순환전류가 흐른다.

동기발전기의 병렬운전 중 기전력의 크기가 다른 경우 무효순환전류가 흘러 권선이 가열되고 감자 작용이 생긴다.

22

동기발전기의 병렬 운전에서 한 쪽의 계자 전류를 증대시켜 유기기전력을 크게 하면 어떤 현상이 발생하는가? [08]

① 주파수가 변화되어 위상각이 달라진다.
② 두 발전기의 역률이 모두 낮아진다.
③ 속도 조정률이 변한다.
④ 무효순환전류가 흐른다.

동기발전기의 병렬운전 중 기전력의 크기가 다른 경우 무효순환전류가 흘러 권선이 가열되고 감자 작용이 생긴다.

23

다음 중 2대의 동기발전기가 병렬운전하고 있을 때 무효횡류(무효순환전류)가 흐르는 경우는? [09]

① 부하 분담에 차가 있을 때
② 기전력의 주파수에 차가 있을 때
③ 기전력의 위상에 차가 있을 때
④ 기전력의 크기에 차가 있을 때

동기발전기의 병렬운전 중 기전력의 크기가 다른 경우 무효순환전류가 흘러 권선이 가열되고 감자 작용이 생긴다.

해답 18 ② 19 ① 20 ③ 21 ④ 22 ④ 23 ④

24

동기발전기의 병렬운전 중 기전력의 크기가 다를 경우 나타나는 현상이 아닌 것은? [16]

① 권선이 가열된다.
② 동기화전력이 생긴다.
③ 무효순환전류가 흐른다.
④ 고압측에 감자작용이 생긴다.

> 동기발전기의 병렬운전 중 기전력의 크기가 다른 경우 무효순환전류가 흘러 권선이 가열되고 감자작용이 생긴다.

25

동기발전기의 병렬운전 중 기전력의 위상차가 생기면 어떤 현상이 나타나는가? [13, (유)18]

① 전기자반작용이 발생한다.
② 동기화 전류가 흐른다.
③ 단락사고가 발생한다.
④ 무효순환전류가 흐른다.

> 동기발전기의 병렬운전 중 기전력의 위상이 다른 경우 유효순환전류(또는 동기화전류)가 흘러 동기화력이 생기게 되고 두 기전력이 동상이 되도록 작용한다.

26

2대의 동기발전기가 병렬운전하고 있을 때 동기화 전류가 흐르는 경우는? [12]

① 기전력의 크기에 차가 있을 때
② 기전력의 위상에 차가 있을 때
③ 부하분담에 차가 있을 때
④ 기전력의 파형에 차가 있을 때

> 동기발전기의 병렬운전 중 기전력의 위상이 다른 경우 유효순환전류(또는 동기화전류)가 흘러 동기화력이 생기게 되고 두 기전력이 동상이 되도록 작용한다.

27

동기발전기의 병렬운전 중에 기전력의 위상차가 생기면? [11, 13, 19]

① 위상이 일치하는 경우보다 출력이 감소한다.
② 부하 분담이 변한다.
③ 무효순환전류가 흘러 전기자 권선이 과열된다.
④ 동기화력이 생겨 두 기전력의 위상이 동상이 되도록 작용한다.

> 동기발전기의 병렬운전 중 기전력의 위상이 다른 경우 유효순환전류(또는 동기화전류)가 흘러 동기화력이 생기게 되고 두 기전력이 동상이 되도록 작용한다.

28

동기발전기의 병렬운전 중 주파수가 틀리면 어떤 현상이 나타나는가? [15]

① 무효전력이 생긴다.
② 무효순환전류가 흐른다.
③ 유효순환전류가 흐른다.
④ 출력이 요동치고 권선이 가열된다.

> 동기발전기의 병렬운전 중 기전력의 주파수가 다른 경우 난조가 발생하여 출력이 요동치고 권선이 가열된다.

29

동기기를 병렬운전 할 때 순환전류가 흐르는 원인은? [12, 16]

① 기전력의 저항이 다른 경우
② 기전력의 위상이 다른 경우
③ 기전력의 전류가 다른 경우
④ 기전력의 역률이 다른 경우

> 동기발전기의 병렬운전에서 기전력의 크기가 다른 경우 무효순환전류가 흐르고 위상이 다른 경우 유효순환전류(또는 동기화전류)가 흐른다.

해답 24 ② 25 ② 26 ② 27 ④ 28 ④ 29 ②

30

2대의 동기발전기 A, B가 병렬운전하고 있을 때 A기의 여자전류를 증가시키면 어떻게 되는가? [15]

① A기의 역률은 낮아지고 B기의 역률은 높아진다.
② A기의 역률은 높아지고 B기의 역률은 낮아진다.
③ A, B 양 발전기의 역률이 높아진다.
④ A, B 양 발전기의 역률이 낮아진다.

> 동기발전기의 병렬운전시 어느 한쪽 발전기의 여자전류를 증가시키면 그 발전기의 역률은 저하하고 다른쪽 발전기의 역률은 좋아진다.
> ∴ A기 여자전류를 증가시키면 A기의 역률은 낮아지고, B기의 역률은 높아진다.

31

A, B의 동기발전기를 병렬 운전 중 A기의 부하 분담을 크게 하려면? [09]

① A기의 속도를 증가 ② A기의 계자를 증가
③ B기의 속도를 증가 ④ B기의 계자를 증가

> 동기발전기의 병렬운전시 부하부담을 크게 하고자 하는 발전기의 속도를 증가시켜야 한다.
> ∴ A기의 부하부담을 크게 하려면 A기의 속도를 증가시켜야 한다.

32

동기발전기의 난조를 방지하는 가장 유효한 방법은? [14, 19]

① 회전자의 관성을 크게 한다.
② 제동 권선을 자극면에 설치한다.
③ X_S를 작게 하고 동기화력을 크게 한다.
④ 자극 수를 적게 한다.

> 동기발전기의 난조 방지 대책
> (1) 자극면에 제동권선을 설치한다. - 가장 유효한 대책임.
> (2) 전기자 권선의 저항을 작게 한다.
> (3) 축세륜(플라이휠)을 붙인다.

33

동기전동기에서 난조를 방지하기 위하여 자극면에 설치하는 권선을 무엇이라 하는가? [07, (유)08, 13]

① 제동권선   ② 계자권선
③ 전기자권선   ④ 보상권선

> 동기발전기의 난조 방지 대책
> (1) 자극면에 제동권선을 설치한다. - 가장 유효한 대책임.
> (2) 전기자 권선의 저항을 작게 한다.
> (3) 축세륜(플라이휠)을 붙인다.

34

난조 방지와 관계가 없는 것은? [09]

① 제동 권선을 설치한다.
② 전기자 권선의 저항을 작게 한다.
③ 축 세륜을 붙인다.
④ 조속기의 감도를 예민하게 한다.

> 동기발전기의 난조 방지 대책
> (1) 자극면에 제동권선을 설치한다. - 가장 유효한 대책임.
> (2) 전기자 권선의 저항을 작게 한다.
> (3) 축세륜(플라이휠)을 붙인다.

35

동기발전기에서 난조 현상에 대한 설명으로 옳지 않은 것은? [08, 18]

① 부하가 급격히 변화하는 경우 발생할 수 있다.
② 제동 권선을 설치하여 난조 현상을 방지한다.
③ 난조 정도가 커지면 동기 이탈 또는 탈조라고 한다.
④ 난조가 생기면 바로 멈춰야 한다.

> 동기기의 난조란 주파수의 변동에 의해 동기속도가 일정하지 않고 동기화 조절이 어려워지는 현상으로 불안정한 상태로 발전기가 동작한다.

36
동기전동기 중 안정도 증진법으로 틀린 것은? [15]

① 전기자 저항 감소 ② 관성 효과 증대
③ 동기 임피던스 증대 ④ 속응 여자 채용

동기기의 안정도 증진법
(1) 단락비를 크게 한다.
(2) 동기 임피던스(또는 전기자 저항) 및 정상 임피던스의 감소
(3) 속응여자방식의 채용
(4) 회전부의 관성 모멘트의 증대
(5) 플라이휠 효과 증대
(6) 역상 및 영상 임피던스의 증대

37
동기기 운전 시 안정도 증진법이 아닌 것은? [14, 19]

① 단락비를 크게 한다.
② 회전부의 관성을 크게 한다.
③ 속응여자방식을 채용한다.
④ 역상 및 영상임피던스를 작게 한다.

동기기의 안정도를 증진시키는 방법은 동기 임피던스(또는 전기자 저항) 및 정상 임피던스의 감소시키고 역상 및 영상 임피던스는 증대시켜야 한다.

38
동기발전기의 무부하 포화곡선을 나타낸 것이다. 포화계수에 해당하는 것은? [11]

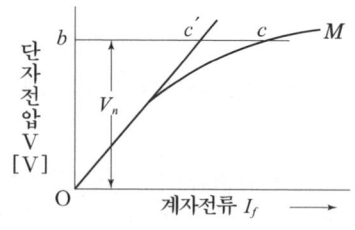

① $\dfrac{ob}{oc}$ ② $\dfrac{bc'}{bc}$

③ $\dfrac{cc'}{bc'}$ ④ $\dfrac{cc'}{bc}$

무부하 포화곡선의 포화율(σ)
$\sigma = \dfrac{c'c}{bc'}$

39
동기발전기의 무부하 포화곡선에 대한 설명으로 옳은 것은? [07, 09]

① 정격전류와 단자전압의 관계이다.
② 정격전류와 정격전압의 관계이다.
③ 계자전류와 정격전압의 관계이다.
④ 계자전류와 단자전압의 관계이다.

동기발전기의 무부하 포화곡선은 계자전류가 증가함에 따라 발전기의 유기기전력 또는 무부하 단자전압이 어느 순간부터 증가율이 감소되어 일정한 값으로 유지되는 성질을 표현하는 곡선이다.

40
교류발전기의 동기 임피던스는 철심이 포화하면? [09, 10]

① 증가한다. ② 진동한다.
③ 포화된다. ④ 감소한다.

동기발전기의 계자전류에 의한 주자속에 의해서 철심이 포화할 때 전기자 전류에 의한 전기자 반작용이 억제되고 이로써 전기자 반작용 리액턴스가 감소하게 되어 동기 임피던스는 결국 감소하게 된다.

41
동기발전기의 역률 및 계자전류가 일정할 때 단자전압과 부하전류와의 관계를 나타내는 곡선은? [10]

① 단락특성곡선 ② 외부특성곡선
③ 토크특성곡선 ④ 전압특성곡선

동기발전기의 외부특성곡선은 동기발전기의 역률과 계자전류가 일정할 때 부하전류가 증가함에 따라 단자전압이 저하하는 특성을 표현하여 부하전류에 대해서 단자전압의 변화의 특성을 알기 위한 곡선이다.

42
동기기의 3상 단락곡선이 직선이 되는 이유는? [06]

① 무부하 상태이므로
② 자기 포화가 있으므로
③ 전기자 반작용 때문에
④ 누설 리액턴스가 크므로

동기기의 3상 단락곡선이 포화되지 않고 직선이 되는 이유는 단락전류에 의해서 전기자 반작용이 감자작용을 하여 주자속이 감소하기 때문이다.

43
60[Hz]의 동기전동기가 2극일 때 동기속도는 몇 [rpm]인가? [06, 08, 19, (유)06, 10]

① 7,200　　② 4,800
③ 3,600　　④ 2,400

$f=60[\text{Hz}]$, $p=2$일 때
$N_s = \dfrac{120f}{p}[\text{rpm}] = \dfrac{2f}{p}[\text{rps}]$ 식에서
$\therefore N_s = \dfrac{120f}{p} = \dfrac{120 \times 60}{2} = 3,600[\text{rpm}]$

44
4극인 동기전동기가 1,800[rpm]으로 회전할 때 전원 주파수는 몇 [Hz]인가? [09, 19, (유)12, 16]

① 50[Hz]　　② 60[Hz]
③ 70[Hz]　　④ 80[Hz]

$p=4$, $N_s=1,800[\text{rpm}]$일 때
$N_s = \dfrac{120f}{p}[\text{rpm}]$ 식에서
$\therefore f = \dfrac{N_s p}{120} = \dfrac{1,800 \times 4}{120} = 60[\text{Hz}]$

45
동기속도 3,600[rpm], 주파수 60[Hz]의 동기발전기의 극수는? [09, 13, (유)07, 11, 15]

① 2극　　② 4극
③ 6극　　④ 8극

$N_s=3,600$, $f=60[\text{Hz}]$일 때
$N_s = \dfrac{120f}{p}[\text{rpm}]$ 식에서
$\therefore p = \dfrac{120f}{N_s} = \dfrac{120 \times 60}{3,600} = 2$

46
동기속도 30[rps]인 교류발전기 기전력의 주파수가 60[Hz]가 되려면 극수는? [13]

① 2　　② 4
③ 6　　④ 8

$N_s=30[\text{rps}]$, $f=60[\text{Hz}]$일 때
$N_s = \dfrac{2f}{p}[\text{rps}]$ 식에서
$\therefore p = \dfrac{2f}{N_s} = \dfrac{2 \times 60}{30} = 4$

47
주파수 60[Hz]를 내는 발전용 원동기인 터빈발전기의 최고 속도[rpm]는? [12, 16]

① 1,800　　② 2,400
③ 3,600　　④ 4,800

$f=60[\text{Hz}]$인 발전기의 최고속도는 극수가 2일 때 이므로
$N_s = \dfrac{120f}{p}[\text{rpm}]$ 식에서
$\therefore N_s = \dfrac{120f}{p} = \dfrac{120 \times 60}{2} = 3,600[\text{rpm}]$

해답 42 ③　43 ③　44 ②　45 ①　46 ②　47 ③

48

2극 3,600[rpm]인 동기발전기와 병렬 운전하려는 12극 발전기의 회전수는 몇 [rpm]인가?

[07, 12, 18, (유)09, 10, 11]

① 600　　② 1,200
③ 1,800　　④ 3,600

동기발전기를 병렬운전 하기 위해서는 주파수가 일치하여야 하기 때문에 $p=2$, $N_s=3,600[\text{rpm}]$인 발전기의 주파수와 $p'=12$인 발전기의 주파수는 서로 같아야 한다.

$N_s = \dfrac{120f}{p}[\text{rpm}]$ 식에서

$f = \dfrac{N_s p}{120} = \dfrac{3,600 \times 2}{120} = 60[\text{Hz}]$ 이므로

∴ $N_s' = \dfrac{120f}{p'} = \dfrac{120 \times 60}{12} = 600[\text{rpm}]$

49

비돌극형 동기발전기의 단자 전압을 V, 유기 기전력을 E, 동기 리액턴스를 X_s, 부하각을 δ 라 하면 1상의 출력은?

[09, 11]

① $\dfrac{E^2 V}{X_s}\sin\delta$　　② $\dfrac{E^2 V}{X_s}\cos\delta$

③ $\dfrac{EV}{X_s}\sin\delta$　　④ $\dfrac{E^2 V}{X_s}\cos\delta$

비돌극형 동기발전기의 1상의 출력 P_1은

∴ $P_1 = \dfrac{EV}{X_s}\sin\delta\,[\text{W}]$ 이다.

50

3상 동기전동기의 출력(P)을 부하각으로 나타낸 것은?(단, V는 1상 단자전압, E는 역기전력, X_S는 동기 리액턴스, δ는 부하각이다.)

[14]

① $P = 3VE\sin\delta[\text{W}]$

② $P = \dfrac{3VE\sin\delta}{X_S}[\text{W}]$

③ $P = \dfrac{3VE\cos\delta}{X_S}[\text{W}]$

④ $P = 3VE\cos\delta[\text{W}]$

비돌극형 동기발전기의 3상의 출력 P_3은

∴ $P_3 = 3 \cdot \dfrac{EV}{X_s}\sin\delta\,[\text{W}]$ 이다.

51

동기 발전기의 출력 $P = \dfrac{VE}{X_s}\sin\delta[\text{W}]$ 에서 각 항의 설명 중 잘못된 것은?

[06]

① V : 단자전압
② E : 유도 기전력
③ X_s : 동기 리액턴스
④ δ : 역률각

δ는 동기발전기의 유기기전력 또는 동기전동기의 역기전력과 전원의 공급전압 사이의 위상차를 의미하는 부하각이다.

52

동기전동기의 부하각(load angle)은?

[13, 18]

① 역기전력 E와 부하전류 I와의 위상각
② 공급전압 V와 부하전류 I와의 위상각
③ 3상 전압의 상전압과 선간 전압과의 위상각
④ 공급전압 V와 역기전력 E와의 위상각

δ는 동기발전기의 유기기전력 또는 동기전동기의 역기전력과 전원의 공급전압 사이의 위상차를 의미 부하각이다.

해답　48 ①　49 ③　50 ②　51 ④　52 ④

53

동기발전기에서 비돌극기의 출력이 최대가 되는 부하각(power angle)은? [14]

① 0°   ② 45°
③ 90° ④ 180°

비돌극형 동기발전기는 부하각이 90°일 때 발전기 최대출력을 갖는다.

54

단락비가 1.2인 동기발전기의 %동기 임피던스는 약 몇 [%]인가? [07, 09, 13, (유)08, 18]

① 68   ② 83
③ 100 ④ 120

$k_s = 1.2$일 때

$k_s = \dfrac{100}{\%Z_s} = \dfrac{I_s}{I_n}$ 식에서

$\therefore \%Z_s = \dfrac{100}{k_s} = \dfrac{100}{1.2} = 83[\%]$

55

정격이 10,000[V], 500[A], 역률 90[%]의 3상 동기발전기의 단락전류 I_s[A]는?(단, 단락비는 1.3으로 하고, 전기자 저항은 무시한다.) [15, 18]

① 450   ② 550
③ 650   ④ 750

$V = 10,000[V]$, $I_n = 500[A]$, $\cos\theta = 0.9$, $k_s = 1.3$일 때

$k_s = \dfrac{100}{\%Z_s} = \dfrac{I_s}{I_n}$ 식에서

$\therefore I_s = k_s I_n = 1.3 \times 500 = 650[A]$

56

3상 66,000[kVA], 22,900[V] 터빈발전기의 정격전류는 약 몇 [A]인가? [13]

① 8,764 ② 3,367
④ 2,882 ④ 1,664

$P_n = 66,000[kVA]$, $V = 22,900[V]$일 때

$I_n = \dfrac{P_n}{\sqrt{3}\,V}[A]$ 식에서

$\therefore I_n = \dfrac{P_n}{\sqrt{3}\,V} = \dfrac{66,000 \times 10^3}{\sqrt{3} \times 22,900} = 1,664[A]$

57

동기 임피던스 5[Ω]인 2대의 3상 동기발전기의 유도기전력에 100[V]의 전압 차이가 있다면 무효순환전류는? [10, 13, (유)14]

① 10[A] ② 15[A]
③ 20[A] ④ 25[A]

$Z_s = 5[\Omega]$, $E_A - E_B = 100[V]$일 때

$I_s = \dfrac{E_A - E_B}{2Z_s} = \dfrac{E_A - E_B}{2X_s}[A]$ 식에서

$\therefore I_s = \dfrac{E_A - E_B}{2Z_s} = \dfrac{100}{2 \times 5} = 10[A]$

58

병렬운전 중인 두 동기발전기의 유도 기전력이 2,000[V], 위상차 60°, 동기 리액턴스 100[Ω]이다. 유효순환전류[A]는? [14]

① 5   ② 10
③ 15   ④ 20

$E = 2,000[V]$, $\delta = 60°$, $X_s = 100[\Omega]$일 때

$I_s = \dfrac{E}{Z_s}\sin\dfrac{\delta}{2} = \dfrac{E}{X_s}\sin\dfrac{\delta}{2}[A]$ 식에서

$\therefore I_s = \dfrac{E}{X_s}\sin\dfrac{\delta}{2} = \dfrac{2,000}{100} \times \sin\left(\dfrac{60°}{2}\right) = 10[A]$

해답 53 ③   54 ②   55 ③   56 ④   57 ①   58 ②

59

6극 36슬롯 3상 동기발전기의 매극 매상당 슬롯 수는? [13, 16]

① 2   ② 3
③ 4   ④ 5

매극 매상당 슬롯수(q)
$p=6$, $z=36$, $m=3$일 때
$q = \dfrac{슬롯수(z)}{극수(p) \times 상수(m)}$ 식에서
$\therefore q = \dfrac{슬롯수(z)}{극수(p) \times 상수(m)} = \dfrac{36}{6 \times 3} = 2$

60

무부하 전압 137[V], 정격전압 100[V]인 발전기의 전압 변동률은 몇 [%]인가? [06]

① 21   ② 37
③ 54   ④ 63

$V_0 = 137[V]$, $V_n = 100[V]$, $V_0 = 253[V]$일 때
$\epsilon = \dfrac{V_0 - V_n}{V_n} \times 100[\%]$ 식에서
$\therefore \epsilon = \dfrac{V_0 - V_n}{V_n} \times 100 = \dfrac{137 - 100}{100} \times 100 = 37[\%]$

61

동기기의 손실에서 고정손에 해당되는 것은? [16]

① 계자철심의 철손
② 브러시의 전기손
③ 계자 권선의 저항손
④ 전기자 권선의 저항손

동기발전기의 손실

구분		종류
고정손 (=무부하손)	철손	히스테리시스손과 와류손의 합으로 나타난다.
	기계손	마찰손과 풍손의 합으로 나타난다.
가변손 (=부하손)	동손	전기자 저항에서 나타나기 때문에 저항손이라 표현하기도 한다.
	표유부하손	측정이나 계산으로 구할 수 없는 손실로서 부하 전류가 흐를 때 도체 또는 철심 내부에서 생기는 손실이다.

62

동기기 손실 중 무부하손(no load loss)이 아닌 것은? [16]

① 풍손   ② 와류손
③ 전기자 동손   ④ 베어링 마찰손

동기발전기의 손실

구분		종류
고정손 (=무부하손)	철손	히스테리시스손과 와류손의 합으로 나타난다.
	기계손	마찰손과 풍손의 합으로 나타난다.
가변손 (=부하손)	동손	전기자 저항에서 나타나기 때문에 저항손이라 표현하기도 한다.
	표유부하손	측정이나 계산으로 구할 수 없는 손실로서 부하 전류가 흐를 때 도체 또는 철심 내부에서 생기는 손실이다.

63

3상 4극 60[MVA], 역률 0.8, 60[Hz], 22.9[kV] 수차발전기의 전부하 손실이 1,600[kW]이면 전부하 효율[%]은? [15]

① 90   ② 95
③ 97   ④ 99

출력 = 60[MVA] = $60 \times 10^3 \times 0.8$[kW]
손실 = 1,600[kW]일 때
$\eta = \dfrac{출력}{출력 + 손실} \times 100[\%]$ 식에서
∴ $\eta = \dfrac{출력}{출력 + 손실} \times 100$
$= \dfrac{60 \times 10^3 \times 0.8}{60 \times 10^3 \times 0.8 + 1,600} \times 100 = 97[\%]$

64

동기전동기의 장점이 아닌 것은? [15]

① 직류 여자기가 필요하다.
② 전부하 효율이 양호하다.
③ 역률 1로 운전할 수 있다.
④ 동기 속도를 얻을 수 있다.

동기전동기의 장점
(1) 여자전류에 관계없이 일정한 속도로 운전할 수 있다.
(2) 진상 및 지상으로 역률조정이 쉽고 역률을 1로 운전할 수 있다.
(3) 전부하 효율이 좋다.
(4) 공극이 넓어 기계적으로 견고하다.
∴ 직류여자기가 필요하다는 것은 단점에 해당된다.

65

다음 중 역률이 가장 좋은 전동기는? [09]

① 반발기동 전동기   ② 동기전동기
③ 농형 유도전동기   ④ 교류 정류자전동기

동기전동기는 진상 및 지상으로 역률조정이 쉽고 역률을 항상 100[%]로 운전할 수 있다.

66

동기전동기에 관한 내용으로 틀린 것은? [15, (유)12]

① 기동토크가 작다.
② 역률을 조정할 수 없다.
③ 난조가 발생하기 쉽다.
④ 여자기가 필요하다.

동기전동기는 진상 및 지상으로 역률조정이 쉽고 역률을 항상 100[%]로 운전할 수 있다.

67

동기전동기에 대한 설명으로 틀린 것은? [11]

① 정속도 전동기이고, 저속도에서 특히 효율이 좋다.
② 역률을 조정할 수 있다.
③ 난조가 일어나기 쉽다.
④ 직류 여자기가 필요하지 않다.

동기전동기의 단점
(1) 속도조정이 어렵다.
(2) 난조가 발생하기 쉽다.
(3) 기동토크가 작다.
(4) 직류여자기가 필요하다.

68

3상 동기전동기의 특징이 아닌 것은? [12, (유)19]

① 부하의 변화로 속도가 변하지 않는다.
② 부하의 역률을 개선할 수 있다.
③ 전부하 효율이 양호하다.
④ 공극이 좁으므로 기계적으로 견고하다.

동기전동기는 공극이 넓어 기계적으로 견고하다.

해답 63 ③ 64 ① 65 ② 66 ② 67 ④ 68 ④

69
동기전동기의 여자전류를 변화시켜도 변하지 않는 것은?(단, 공급전압과 부하는 일정하다.) [11, (유)14]

① 역률　　　　② 역기전력
③ 속도　　　　④ 전기자전류

동기전동기는 일정한 속도로 운전되는 전동기로서 속도조정이 어렵다는 단점이 있다.

70
동기전동기의 특징과 용도에 대한 설명으로 잘못된 것은? [12]

① 진상, 지상의 역률 조정이 된다.
② 속도 제어가 원활하다.
③ 시멘트 공장의 분쇄기 등에 사용된다.
④ 난조가 발생하기 쉽다.

동기전동기는 일정한 속도로 운전되는 전동기로서 속도조정이 어렵다는 단점이 있다.

71
동기전동기에 대한 설명으로 옳지 않은 것은? [13]

① 정속도 전동기로 비교적 회전수가 낮고 큰 출력이 요구되는 부하에 이용된다.
② 난조가 발생하기 쉽고 속도제어가 간단하다.
③ 전력계통의 전류 세기, 역률 등을 조정할 수 있는 동기조상기로 사용된다.
④ 가변 주파수에 의해 정밀 속도제어 전동기로 사용된다.

동기전동기는 일정한 속도로 운전되는 전동기로서 속도조정이 어렵다는 단점이 있다.

72
3상 동기전동기의 토크에 대한 설명으로 옳은 것은? [10, 14]

① 공급전압 크기에 비례한다.
② 공급전압 크기의 제곱에 비례한다.
③ 부하각 크기에 반비례한다.
④ 부하각 크기의 제곱에 비례한다.

동기전동기의 기동토크는 공급전압의 크기에 비례하고 기동시에는 거의 0에 가깝다.

73
동기전동기의 기동 토크는 몇 [N·m]인가? [06]

① 0　　　　② 150
③ 100　　　④ 200

동기전동기의 기동토크는 공급전압의 크기에 비례하고 기동시에는 거의 0에 가깝다.

74
다음 중 제동권선에 의한 기동토크를 이용하여 동기전동기를 기동시키는 방법은? [13]

① 저주파 기동법　　② 고주파 기동법
③ 기동 전동기법　　④ 자기 기동법

동기전동기의 자기기동법이란 동기전동기를 유도전동기로 기동하는 방법으로 기동시 저전압을 가하여 제동권선에 의해서 기동토크를 얻는다. 자기기동법은 기동토크가 작고, 전부하 토크의 40~60[%] 정도이다.

75

3상 동기전동기 자기동법에 관한 사항 중 틀린 것은?
[11]

① 기동토크를 적당한 값으로 유지하기 위하여 변압기 탭에 의해 정격전압의 80[%] 정도로 저압을 가해 기동을 한다.
② 기동토크는 일반적으로 적고 전부하 토크의 40~60[%] 정도이다.
③ 제동권선에 의한 기동토크를 이용하는 것으로 제동권선은 2차 권선으로서 기동토크를 발생한다.
④ 기동할 때에는 회전자속에 의하여 계자권선 안에는 고압이 유도되어 절연을 파괴할 우려가 있다.

동기전동기의 자기기동법이란 동기전동기를 유도전동기로 기동하는 방법으로 기동시 저전압을 가하여 제동권선에 의해서 기동토크를 얻는 방법이다.

76

동기전동기를 자체 기동법으로 기동시킬 때 계자 회로는 어떻게 하여야 하는가?
[09, 12]

① 단락시킨다.
② 개방시킨다.
③ 직류를 공급한다.
④ 단상 교류를 공급한다.

동기전동기의 자기기동법에서 기동할 때 회전자속에 의해서 계자권선 안에는 고압이 유도되어 절연을 파괴할 우려가 있으므로 기동할 때에는 계자권선을 단락시킨다.

77

동기전동기의 자기기동에서 계자권선을 단락하는 이유는?
[11, 14, 18, (유)10]

① 기동이 쉽다.
② 기동권선으로 이용
③ 고전압 유도에 의한 절연파괴 위험 방지
④ 전기자 반작용을 방지한다.

동기전동기의 자기기동법에서 기동할 때 회전자속에 의해서 계자권선 안에는 고압이 유도되어 절연을 파괴할 우려가 있으므로 기동할 때에는 계자권선을 단락시킨다.

78

3상 동기전동기의 단자전압과 부하를 일정하게 유지하고, 회전자 여자전류의 크기를 변화시킬 때 옳은 것은?
[11, 19]

① 전기자 전류의 크기와 위상이 바뀐다.
② 전기자 권선의 역기전력은 변하지 않는다.
③ 동기전동기의 기계적 출력은 일정하다.
④ 회전속도가 바뀐다.

동기전동기의 위상특성곡선(V곡선)이란 가로축을 계자전류와 역률, 세로축을 전기자전류로 정하여 계자전류를 조정하면 역률과 전기자전류의 크기를 조정할 수 있는 특성을 말한다.

79

그림은 동기기의 위상특성곡선을 나타낸 것이다. 전기자전류가 가장 작게 흐를 때의 역률은?
[10, (유)12]

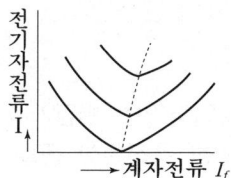

① 1
② 0.9[진상]
③ 0.9[지상]
④ 0

동기기의 위상특성곡선에서 V곡선의 최소점은 역률이 1인 점으로써 전기자전류도 최소이다.

80
동기전동기의 계자전류를 가로축에, 전기자전류를 세로축으로 하여 나타낸 V곡선에 관한 설명으로 옳지 않은 것은? [13]

① 위상특성곡선이라 한다.
② 곡선의 최저점은 역률 1에 해당한다.
③ 부하가 클수록 V곡선은 아래쪽으로 이동한다.
④ 계자전류를 조정하여 역률을 조정할 수 있다.

> 동기전동기의 V곡선은 부하가 클수록 위쪽으로 이동한다.

81
동기전동기의 직류 여자전류가 증가될 때의 현상으로 옳은 것은? [15]

① 진상 역률을 만든다.
② 지상 역률을 만든다.
③ 동상 역률을 만든다.
④ 진상·지상 역률을 만든다.

> 동기전동기의 위상특성에서 부족여자는 역률이 뒤지고 과여자는 역률이 앞선다. 이 때 여자전류가 증가하면 과여자되어 역률이 앞선 진상 역률을 만든다.

82
전력계통에 접속되어 있는 변압기나 장거리 송전시 정전용량으로 인한 충전특성 등을 보상하기 위한 기기는? [12, 15]

① 유도전동기   ② 동기발전기
③ 유도발전기   ④ 동기조상기

> 동기조상기란 동기전동기의 위상특성을 이용하여 전력계통 중간에 동기전동기를 무부하로 운전하는 위상조정 및 전압조정 목적으로 사용되는 조상설비 중 하나이다.

83
동기전동기를 송전선의 전압 조정 및 역률 개선에 사용한 것을 무엇이라 하는가? [07, 13, 16]

① 동기이탈   ② 동기조상기
③ 댐퍼   ④ 제동권선

> 동기조상기란 동기전동기의 위상특성을 이용하여 전력계통 중간에 동기전동기를 무부하로 운전하는 위상조정 및 전압조정 목적으로 사용되는 조상설비 중 하나이다.

84
동기조상기를 과여자로 사용하면? [14, 19]

① 리액터로 작용
② 저항손의 보상
③ 일반부하의 뒤진 전류 보상
④ 콘덴서로 작용

> 역률이 1인 점을 기준으로 왼쪽은 부족여자로서 지상 역률이 되어 리액터로 작용하고 오른쪽은 과여자로서 진상 역률이 되어 콘덴서로 작용한다.

85
동기조상기가 전력용 콘덴서보다 우수한 점은? [10]

① 손실이 적다.
② 보수가 쉽다.
③ 진상 및 지상 역률을 얻는다.
④ 가격이 싸다.

> 동기조상기는 전력용콘덴서(진상 조정용)와 분로 리액터(지상 조정용)에 비해서 진상 및 지상 역률을 모두 얻을 수 있는 장점이 있다.

해답 80 ③   81 ①   82 ④   83 ②   84 ④   85 ③

86

회전계자형인 동기전동기에 고정자인 전기자 부분도 회전자의 주위를 회전할 수 있도록 2중 베어링 구조로 되어 있는 전동기로 부하를 건 상태에서 운전하는 전동기는? [12]

① 초 동기전동기
② 반작용 전동기
③ 동기형 교류 서보전동기
④ 교류 동기전동기

> 초 동기전동기는 회전계자형인 동기전동기에 고정자인 전기자 부분도 회전자의 주위를 회전할 수 있도록 2중 베어링 구조로 되어 있는 전동기로 부하를 건 상태에서 운전하는 전동기이다.

87

속도가 일정하고 구조가 간단하여 동기이탈이 없는 전동기로서 전기시계, 오실로그래프 등에 많이 사용되는 전동기는? [08]

① 유도 동기전동기
② 초 동기전동기
③ 단상 동기전동기
④ 반동전동기

> 반동전동기는 속도가 일정하고 구조가 간단하여 동기이탈이 없는 전동기로서 전기시계, 오실로그래프 등에 많이 사용되는 전동기이다.

03 변압기

중요도 ★★★
출제빈도
총44회 시행
총35문 출제

핵심30 변압기 이론

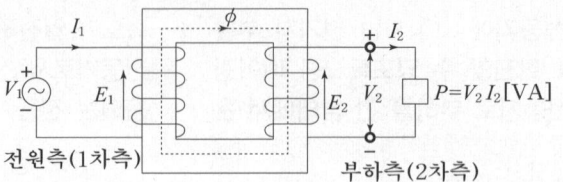

그림에서와 같이 환상철심을 자기회로로 사용하여 1차측(전원측)과 2차측(부하측)에 권선을 감고 1차측에 교류전원을 인가하면 전자유도작용에 의해서 2차측에 유기기전력이 발생하게 된다.

1. 변압기의 1차, 2차측 유기기전력(E_1, E_2)

$$E_1 = 4.44 f \phi N_1 k_{w1} [\text{V}], \quad E_2 = 4.44 f \phi N_2 k_{w2} [\text{V}]$$

여기서, E_1, E_2 : 변압기의 1차, 2차 유기기전력, f : 주파수, ϕ : 자속,
N_1, N_2 : 변압기의 1차, 2차 코일권수, k_{w1}, k_{w2} : 변압기의 1차, 2차 권선계수

2. 변압기 권수비(전압비 : N)

$$N = \frac{N_1}{N_2} = \frac{E_1}{E_2} = \frac{I_2}{I_1} = \sqrt{\frac{Z_1}{Z_2}} = \sqrt{\frac{R_1}{R_2}} = \sqrt{\frac{X_1}{X_2}}$$

여기서, N : 권수, E : 전압, I : 전류, Z : 임피던스, R : 저항, X : 리액턴스

3. 변압기의 등가회로

변압기는 권수비에 따라 전압, 전류, 임피던스, 저항, 리액턴스가 변하며 이러한 관계를 이용하여 복잡한 전기회로를 간단한 등가회로로 바꾸어 해석하는데 이용된다.

참고 점적률
변압기의 철심은 자속이 흐르는 공간으로 자기회로를 구성하는데 실제 철심의 단면적에 대한 자속이 통과하는 유효한 단면적과의 비율을 점적률이라 한다.

핵심유형문제 30

1차 전압 6,300[V], 2차 전압 210[V], 주파수 60[Hz]의 변압기가 있다. 이 변압기의 권수비는?

[16, (유)09, 18, 19]

① 30   ② 40   ③ 50   ④ 60

해설 $E_1 = 6,300[\text{V}]$, $E_2 = 210[\text{V}]$, $f = 60[\text{Hz}]$일 때 $N = \dfrac{N_1}{N_2} = \dfrac{E_1}{E_2} = \dfrac{I_2}{I_1} =$ 식에서

∴ $N = \dfrac{E_1}{E_2} = \dfrac{6,300}{210} = 30$

답 : ①

핵심31 변압기의 정격

1. 변압기 1차측과 2차측의 구분

변압기는 $N = \dfrac{E_1}{E_2} = \dfrac{I_2}{I_1}$ 식에서 $E_1 I_1 = E_2 I_2$를 만족하게 되므로 변압기의 정격용량은 $E_1 I_1$ 또는 $E_2 I_2$로 구할 수 있다. 하지만 변압기의 1차측은 전원측, 2차측은 부하측으로 구분하여 2차측을 출력으로 사용하기 때문에 변압기의 정격출력은 정격 2차 전압과 정격 2차 전류의 곱으로 표현하고 또한 단위도 [VA] 또는 [kVA]로 표기한다.

참고
(1) 전기기기의 정격은 정해진 규정에 적합한 범위 내에서 사용할 수 있는 한도로서 지정되는 값이다.
(2) 변압기의 정격과 단위 : 정격용량[kVA], 정격전압[V], 정격전류[A], 정격주파수[Hz]

2. 변압기의 정격전류 계산(3상 변압기)

① 1차 정격전류(I_1)

$$I_1 = \dfrac{P[\mathrm{VA}]}{\sqrt{3}\, V_1} = \dfrac{P[\mathrm{W}]}{\sqrt{3}\, V_1 \cos\theta} \,[\mathrm{A}]$$

여기서, $P[\mathrm{VA}]$: 변압기 정격용량(피상분), $P[\mathrm{W}]$: 부하용량(유효분),
V_1 : 변압기 1차 정격전압, $\cos\theta$: 부하역률

참고 단상 변압기인 경우에는 공식에서 $\sqrt{3}$을 적용하지 않는다.

② 2차 정격전류(I_2)

$$I_2 = \dfrac{P[\mathrm{VA}]}{\sqrt{3}\, V_2} = \dfrac{P[\mathrm{W}]}{\sqrt{3}\, V_2 \cos\theta} \,[\mathrm{A}]$$

여기서, $P[\mathrm{VA}]$: 변압기 정격용량(피상분), $P[\mathrm{W}]$: 부하용량(유효분),
V_2 : 변압기 2차 정격전압, $\cos\theta$: 부하역률

참고 단상 변압기인 경우에는 공식에서 $\sqrt{3}$을 적용하지 않는다.

핵심유형문제 31

변압기 명판에 나타내는 정격에 대한 설명이다. 틀린 것은? [06, 14, 18, 19②]

① 변압기의 정격출력 단위는 [kW]이다.
② 변압기 정격은 2차측을 기준으로 한다.
③ 변압기의 정격은 용량, 전류, 전압, 주파수 등으로 결정된다.
④ 정격이란 정해진 규정에 적합한 범위 내에서 사용할 수 있는 한도이다.

해설 변압기의 정격출력 단위는 [VA] 또는 [kVA]인 피상분으로 표현한다.

답 : ①

중요도 ★★★
출제빈도
총44회 시행
총18문 출제

핵심32 변압기 절연유의 특징

1. 변압기 절연유의 사용 목적
유입변압기는 변압기 권선의 절연을 위해 기름을 사용하는데 이를 절연유라 하며 절연유는 절연뿐만 아니라 냉각 및 열방산 효과도 좋게 하기 위해서 사용된다.

2. 절연유가 갖추어야 할 성질
① 절연내력이 커야 한다.
② 인화점은 높고 응고점은 낮아야 한다.
③ 비열이 커서 냉각효과가 커야 한다.
④ 점도가 낮아야 한다.
⑤ 절연재료 및 금속재료에 화학작용을 일으키지 않아야 한다.
⑥ 산화하지 않아야 한다.

3. 절연유의 열화 방지 대책
① 콘서베이터 방식 : 변압기 본체 탱크 위에 콘서베이터 탱크를 설치하여 사이를 가느다란 금속관으로 연결하는 방법으로 변압기의 뜨거운 기름을 직접 공기와 닿지 않도록 하는 방법
② 질소봉입 방식 : 절연유와 외기의 접촉을 완전히 차단하기 위해 불활성 질소를 봉입하는 방법
③ 브리더 방식 : 변압기의 호흡작용으로 유입되는 공기 중의 습기를 제거하는 방법

> 참고
> (1) 변압기 절연유 열화 원인
>   절연유 온도상승으로 인한 수축과 팽창에 따라 변압기 호흡작용에 의해 산소의 유입과 수분의 용해 등에 의해 절연유의 절연성능 저하가 원인이다.
> (2) 변압기 절연유의 열화정도 분석법
>   유전정접법, 유중가스분석법, 흡수전류나 잔류전류 측정법

4. 변압기의 건조법
변압기의 권선과 철심을 건조하고 그 안에 있는 습기를 제거하여 절연을 향상시키는 건조법으로 열풍법, 단락법, 진공법이 채용되고 있다.

핵심유형문제 32

변압기유가 구비해야 할 조건으로 틀린 것은? [13, 16, 19, (유)13]

① 응고점이 높을 것
② 절연내력이 클 것
③ 점도가 낮을 것
④ 인화점이 높을 것

해설 변압기의 절연유가 갖추어야 할 성질 중 응고점은 낮아야 한다.

답 : ①

핵심33 변압기의 전압변동률(δ)과 단락전류(I_s)

중요도 ★★★
출제빈도
총44회 시행
총17문 출제

1. 변압기의 전압변동률(δ)

(1) 변압기의 전압변동률

〈공식〉
$$\delta = p\cos\theta + q\sin\theta[\%] : 지상(뒤진) 역률$$
$$\delta = p\cos\theta - q\sin\theta[\%] : 진상(앞선) 역률$$

여기서, δ : 전압변동률, p : %저항강하, q : %리액턴스강하, $\cos\theta$: 역률, $\sin\theta$: 무효율

(2) 최대 전압변동률(δ_m)과 최대 전압변동률에서의 역률($\cos\theta_m$)

① 최대 전압변동률(δ_m)

〈공식〉
$$\delta_m = \%z = \sqrt{p^2 + q^2}[\%]$$

여기서, δ_m : 최대 전압변동률, $\%z$: %임피던스강하, p : %저항강하, q : %리액턴스강하

② 최대 전압변동률에서의 역률($\cos\theta_m$)

〈공식〉
$$\cos\theta_m = \frac{p}{\%z} \times 100 = \frac{p}{\sqrt{p^2 + q^2}} \times 100[\%]$$

여기서, $\cos\theta_m$: 전압변동률, $\%z$: %임피던스강하, p : %저항강하, q : %리액턴스강하

2. 변압기의 단락전류(I_s)

〈공식〉
$$I_s = \frac{100}{\%z} I_n[\%]$$

여기서, I_s : 단락전류, $\%z$: %임피던스강하, I_n : 정격전류

핵심유형문제 33

변압기의 퍼센트 저항 강하 2[%], 퍼센트 리액턴스 강하 3[%], 부하 역률 80[%](늦음)이 일어날 때 전압 변동률은 몇 [%]인가?   [06, 13, 18, 19, (유)07]

① 1.6[%] ② 2.0[%] ③ 3.4[%] ④ 4.6[%]

해설 $p = 2[\%]$, $q = 3[\%]$, $\cos\theta = 0.8$(지역률)일 때 $\delta = p\cos\theta + q\sin\theta[\%]$ 식에서
∴ $\delta = p\cos\theta + q\sin\theta = 2 \times 0.8 + 3 \times 0.6 = 3.4[\%]$

참고 $\sin\theta = \sqrt{1-\cos^2\theta}$ 이므로 $\cos\theta = 0.8$일 때 $\sin\theta = \sqrt{1-0.8^2} = 0.6$이다.

답 : ③

핵심34 변압기의 시험 및 특성

1. 무부하 시험

변압기 2차측 단자를 개방하고 행하는 시험으로 변압기 내부 여자회로에 의한 여자어드미턴스 또는 여자임피던스와 이 전류에 의해서 변압기 1차에 흐르는 여자전류, 그리고 그 밖에 철손과 같은 무부하 손실 등을 구할 수 있는 시험이다.

$$I_0 = Y_0 V_1 = \frac{P_i}{V_1} [A]$$

여기서, I_0 : 여자전류, Y_0 : 여자어드미턴스, V_1 : 변압기 1차측 정격전압, P_i : 철손

[참고] 변압기의 여자전류란 변압기 2차 회로를 개방한 무부하의 경우 변압기 1차측 권선에 흐르는 전류를 말한다. 변압기 여자전류는 무부하 포화특성에 의한 자기포화와 히스테리시스 현상으로 고조파 전류가 흐르게 되어 정현파전류가 되지 못하고 일그러지게 된다.

2. 단락시험

변압기 2차측 단자를 단락하고 행하는 시험으로 변압기 1차와 2차 권선의 내부 임피던스만의 회로로서 %임피던스강하를 이용한 전압변동률과 임피던스전압에 의한 임피던스와트(또는 동손)와 같은 부하손 등을 구할 수 있는 시험이다.

[참고] 변압기 임피던스 전압이란 단락시험에서 변압기 1차, 2차 권선에 의한 변압기 내부 임피던스와 정격전류와의 곱에 의한 변압기 내부 전압강하이다.

3. 변압기의 절연내력시험법

변압기의 권선과 권선 및 철심 등의 절연강도를 시험하기 위한 방법으로 유도시험법, 가압시험법, 충격전압시험법 등이 있으며 이 중에서 유도시험은 권선의 층간 절연시험에 사용된다.

4. 변압기의 온도상승시험법

변압기의 온도상승시험법은 실부하법, 단락시험법, 반환부하법이 있으며 이 중에서 주로 반환부하법과 단락시험법이 채용되고 있다.

핵심유형문제 34

변압기의 임피던스 전압에 대한 설명으로 옳은 것은? [06, 11, 15, 19]

① 여자전류가 흐를 때의 2차측 단자전압이다.
② 정격전류가 흐를 때의 2차측 단자전압이다.
③ 정격전류에 의한 변압기 내부 전압강하이다.
④ 2차 단락전류가 흐를 때의 변압기 내의 전압강하이다.

[해설] 변압기의 임피던스 전압이란 변압기 2차측을 단락한 상태에서 변압기 내부 임피던스와 정격전류의 곱에 의한 변압기 내부 전압강하이다.

답 : ③

핵심35 3상 변압기 결선의 종류 및 특징

중요도 ★★★
출제빈도
총44회 시행
총23문 출제

1. △-△ 결선의 특징
① 3고조파가 외부로 나오지 않으므로 통신장해의 염려가 없다.
② 단상 변압기 3대 중 1대의 고장이 생겼을 때 2대를 이용하여 V결선으로 운전하여 사용할 수 있다.
③ 중성점 접지를 할 수 없으며 주로 저전압 단거리 선로로서 30[kV] 이하의 계통에서 사용된다.

2. Y-Y 결선의 특징
① 3고조파를 발생시켜 통신선에 유도장해를 일으킨다.
② 송전계통에서 거의 사용되지 않는 방법이다.
③ 중성점 접지를 시설할 수 있다.

3. △-Y 결선과 Y-△ 결선의 특징
① △-Y 결선은 승압용(송전용), Y-△ 결선은 강압용(배전용)으로 채용된다.
② 1차측과 2차측은 위상차 각이 30° 발생한다.
③ 중성점 접지를 잡을 수 있으며 또한 3고조파의 영향이 나타나지 않는다.

4. V-V 결선의 특징
① 변압기 3대로 △결선 운전 중 변압기 1대 고장으로 2대만을 이용하여 고장 시 응급 처치 방법으로 사용할 수 있다.
② 단상 변압기 2대를 이용하여 3상 전력을 공급할 수 있다.
③ 부하 증설이 예상되는 지역에 주로 시설된다.
④ V결선의 출력은 변압기 1대 용량의 $\sqrt{3}$ 배이다.
⑤ V결선의 출력비는 57.7[%], 이용률은 86.6[%]이다.
  [참고] 3상 전원에서 2상 전원을 얻는 방법 : 스코트결선(T결선), 메이어결선, 우드브리지결선

핵심유형문제 35

변압기를 △—Y로 결선할 때 1, 2차 사이의 위상차는? [10, 15, 18, 19]

① 0°   ② 30°   ③ 60°   ④ 90°

해설 △-Y 결선과 Y-△ 결선의 특징
(1) △-Y 결선은 승압용(송전용), Y-△ 결선은 강압용(배전용)으로 채용된다.
(2) 1차측과 2차측은 위상차 각이 30° 발생한다.
(3) 중성점 접지를 잡을 수 있으며 또한 3고조파의 영향이 나타나지 않는다.

답 : ②

핵심36 변압기의 병렬운전 조건

부하용량이 변압기 용량보다 큰 경우에는 변압기를 추가하여 병렬로 운전할 수 있는데 이 때 변압기를 병렬로 운전하기 위한 조건을 만족하여야 순환전류로 인한 변압기 사고를 방지할 수 있게 된다.

1. 변압기 병렬운전 조건

(1) 단상 변압기와 3상 변압기 공통 사항
① 극성이 같아야 한다.
② 정격전압이 같고, 권수비가 같아야 한다.
③ %임피던스강하가 같아야 한다.
④ 저항과 리액턴스의 비가 같아야 한다.

(2) 3상 변압기에만 적용
⑤ 위상각 변위가 같아야 한다.
⑥ 상회전 방향이 같아야 한다.

참고 변압기의 극성
(1) 가극성 : 변압기 1차 권선과 2차 권선 사이에 접속된 전압계의 지시값이 변압기 1차 전압과 2차 전압의 합($V_1 + V_2$)으로 측정되는 극성
(2) 감극성 : 변압기 1차 권선과 2차 권선 사이에 접속된 전압계의 지시값이 변압기 1차 전압과 2차 전압의 차($V_1 - V_2$)로 측정되는 극성
(3) 우리나라의 변압기 극성은 감극성이 표준이다.

2. 변압기 병렬운전이 가능한 경우와 불가능한 경우의 결선

가능	불가능
Δ-Δ 와 Δ-Δ	Δ-Δ 와 Δ-Y
Δ-Δ 와 Y-Y	Δ-Δ 와 Y-Δ
Y-Y 와 Y-Y	Y-Y 와 Δ-Y
Y-Δ 와 Y-Δ	Y-Y 와 Y-Δ

핵심유형문제 36

3상 변압기의 병렬운전시 병렬운전이 불가능한 결선 조합은? [07, 08, 13, 19]

① Δ-Δ 와 Y-Y
② Δ-Δ 와 Δ-Y
③ Δ-Y 와 Δ-Y
④ Δ-Δ 와 Δ-Δ

해설 변압기 병렬운전이 불가능한 결선 조합
∴ Δ-Δ 와 Δ-Y, Δ-Δ 와 Y-Δ, Y-Y 와 Δ-Y, Y-Y 와 Y-Δ

답 : ②

핵심37 변압기의 손실과 효율

1. 변압기의 손실
① 부하손(가변손) : 동손, 표유부하손
② 무부하손(고정손) : 철손, 풍손
> 참고 부하손은 거의 대부분 동손이 차지하며, 무부하손은 거의 대부분 철손이 차지한다.

중요도 ★★★
출제빈도
총44회 시행
총18문 출제

2. 히스테리시스손과 와류손
① 히스테리시스손 : $P_h = k_h f B_m^{1.6} \fallingdotseq k_h \cdot \dfrac{E^2}{f}$ [W]

여기서, P_h : 히스테리시스손, k_h : 손실계수, f : 주파수, B_m : 최대자속밀도, E : 정격전압

② 와류손 : $P_e = k_e t^2 f^2 B_m^2 = k_e \cdot t^2 E^2$ [W]

여기서, P_e : 와류손, k_e : 손실계수, t : 철심두께, f : 주파수, B_m : 최대자속밀도, E : 정격전압

③ 철손 : 히스테리시스손이 거의 대부분을 차지하기 때문에 전압이 일정한 경우 철손은 주파수에 반비례 관계에 있다.

> 참고 규소강판
> 변압기는 히스테리시스손을 줄이기 위해 철심에 3~4[%] 정도의 규소를 함유한다. 또한 철심을 얇게 성층하여 사용하는 이유는 와류손을 줄이기 위함이다.

3. 효율(η)
① 실측효율과 규약효율

실측효율	규약효율
$\eta = \dfrac{출력}{입력} \times 100[\%]$	$\eta = \dfrac{출력}{출력 + 손실} \times 100[\%]$

② 최대효율 조건
변압기 효율이 최대가 되려면 무부하손과 부하손이 같거나 또는 철손과 동손이 같아야 한다.

핵심유형문제 37

변압기의 규약 효율은? [12, 14, 16, (유)07]

① $\dfrac{출력}{입력} \times 100[\%]$
② $\dfrac{출력}{출력 + 손실} \times 100[\%]$
③ $\dfrac{출력}{입력 + 손실} \times 100[\%]$
④ $\dfrac{입력 - 손실}{입력} \times 100[\%]$

해설 변압기의 규약효율은
∴ $\eta = \dfrac{출력}{출력 + 손실} \times 100[\%]$ 이다.

답 : ②

핵심38 변압기 보호계전기와 기타 변압기

1. 변압기 보호계전기

① 비율차동계전기 또는 차동계전기 : 변압기 내부의 층간단락 또는 상간 단락으로 인한 내부고장으로부터 변압기를 보호하기 위해 가장 많이 사용되는 계전기이다.
② 부흐홀츠계전기 : 변압기 내부고장시 발생하는 가스의 부력과 절연유의 유속을 이용하여 변압기 내부고장을 검출하는 계전기로서 변압기 본체(주 탱크)와 콘서베이터 사이에 설치되어 널리 이용되고 있다.
③ 과전류계전기 : 용량이 작은 변압기의 단락 보호용으로 주보호 방식에 사용되는 계전기이다.

2. 기타 변압기

① 주상변압기 : 지지물 위에 설치하는 배전용 변압기로서 고압측에 탭을 여러 개 만들어 선로의 전압을 조정할 수 있도록 하였다. 또한 냉각 방식은 유입자냉식을 채용한다.
② 몰드변압기 : 코일 주위에 전기적 특성이 큰 에폭시 수지를 고진공으로 침투시키고, 다시 그 주위를 기계적 강도가 큰 에폭시 수지로 몰딩한 변압기로서 주로 옥내용으로 사용된다.
③ 아크 용접용 변압기 : 일반 전력용 변압기에 비해 누설 리액턴스가 매우 크며 수하 특성을 지녀야 하므로 자기누설 변압기를 사용한다.
④ 계기용 변압기 : 수배전반에서 고압회로와 전압계 또는 과전압계전기 등을 연결하기 위해 중간에 접속하는 변성기로서 2차측 정격전압은 110[V]이다.

참고

(1) 변압기의 냉각방식 : 건식 자냉식, 유입 자냉식, 건식 풍냉식, 유입 풍냉식, 유입 수냉식, 유입 송유식이 있다. 이 중 유입 송유식은 변압기 함 내의 기름을 외부에서 냉각시켜 내부로 다시 넣어주는 방식으로 냉각효과가 크기 때문에 30[MVA] 이상의 대용량 변압기에 채용하고 있다.

(2) 단권변압기의 자기용량 = $\dfrac{\text{고압측 전압} - \text{저압측 전압}}{\text{고압측 전압}} \times \text{부하용량}$ 이다.

핵심유형문제 38

변압기 내부고장 보호에 쓰이는 계전기로서 가장 알맞은 것은? [06, 07, 10, 11, 15]

① 차동계전기 ② 접지계전기 ③ 과전류계전기 ④ 역상계전기

해설 비율차동계전기 또는 차동계전기 : 변압기 내부의 층간단락 또는 상간 단락으로 인한 내부고장으로부터 변압기를 보호하기 위해 가장 많이 사용되는 계전기이다.

답 : ①

적중예상문제

01
변압기의 원리는 어느 작용을 이용한 것인가? [06, 07, 14]

① 전자유도작용 ② 정류작용
③ 발열작용 ④ 화학작용

> 변압기는 1차측과 2차측의 코일 권수를 조정하여 전압을 변압하는 전기기기로서 전압과 전류가 함께 바뀌게 되며 이러한 현상은 전자유도작용의 원리에 의한 것이다.

02
변압기의 자속에 관한 설명으로 옳은 것은? [13]

① 전압과 주파수에 반비례한다.
② 전압과 주파수에 비례한다.
③ 전압에 반비례하고 주파수에 비례한다.
④ 전압에 비례하고 주파수에 반비례한다.

> 변압기의 유기기전력 E는
> $E = 4.44 f \phi N k_w$ [V] 식에서
> ∴ 자속(ϕ)은 전압(E)에 비례하고 주파수(f)에 반비례한다.

03
다음 중 변압기에서 자속과 비례하는 것은? [11]

① 권수 ② 주파수
③ 전압 ④ 전류

> 변압기의 유기기전력 E는
> $E = 4.44 f \phi N k_w$ [V] 식에서
> ∴ 자속(ϕ)은 전압(E)에 비례하고 주파수(f)에 반비례한다.

04
50[Hz]의 변압기에 60[Hz]의 같은 전압을 가했을 때 자속 밀도는 50[Hz] 때의 몇 배인가? [07]

① $\dfrac{6}{5}$ ② $\dfrac{5}{6}$
③ $\left(\dfrac{6}{5}\right)^2$ ④ $\left(\dfrac{6}{5}\right)^{1.6}$

> $E = 4.44 f \phi N k_w$ [V], $\phi = BS$ [Wb] 식에서
> $E = 4.44 f \phi N k_w = 4.44 f B S N k_w$ [V] 이므로 자속밀도는 주파수와 반비례 관계에 있다.
> $f = 50$ [Hz]일 때 자속밀도 B, $f' = 60$ [Hz]일 때 자속밀도 B'라 하면
> ∴ $B' = \dfrac{f}{f'} B = \dfrac{50}{60} B = \dfrac{5}{6} B$

05
1차 권수 3,000, 2차 권수 100인 변압기에서 이 변압기의 전압비는 얼마인가? [07, (유)07, 16]

① 20 ② 30
③ 40 ④ 50

> $N_1 = 3,000$, $N_2 = 100$일 때
> $N = \dfrac{N_1}{N_2} = \dfrac{E_1}{E_2} = \dfrac{I_2}{I_1} = \sqrt{\dfrac{Z_1}{Z_2}} = \sqrt{\dfrac{R_1}{R_2}} = \sqrt{\dfrac{X_1}{X_2}}$
> 식에서
> ∴ $N = \dfrac{N_1}{N_2} = \dfrac{3,000}{100} = 30$

06
변압기의 2차 저항이 0.1[Ω]일 때 1차로 환산하면 360[Ω]이 된다. 이 변압기의 권수비는? [12, 19]

① 30 ② 40
③ 50 ④ 60

> $R_2 = 0.1$ [Ω], $R_1 = 360$ [Ω]일 때
> $N = \dfrac{N_1}{N_2} = \dfrac{E_1}{E_2} = \dfrac{I_2}{I_1} = \sqrt{\dfrac{Z_1}{Z_2}} = \sqrt{\dfrac{R_1}{R_2}} = \sqrt{\dfrac{X_1}{X_2}}$
> 식에서
> ∴ $N = \sqrt{\dfrac{R_1}{R_2}} = \sqrt{\dfrac{360}{0.1}} = 60$

해답 01 ① 02 ④ 03 ③ 04 ② 05 ② 06 ④

07

변압기의 정격 1차 전압이란? [10]

① 정격 출력일 때의 1차 전압
② 무부하에 있어서의 1차 전압
③ 정격 2차 전압 × 권수비
④ 임피던스 전압 × 권수비

$N = \dfrac{E_1}{E_2}$ 식에서

∴ 정격 1차 전압 = 정격 2차 전압 × 권수비

08

변압기의 1차 권회수 80회, 2차 권회수 320회 일 때 2차측의 전압이 100[V]이면 1차 전압[V]은? [14]

① 15 ② 25
③ 50 ④ 100

$N_1 = 80$, $N_2 = 320$, $E_2 = 100[V]$일 때

$N = \dfrac{N_1}{N_2} = \dfrac{E_1}{E_2}$ 식에서

∴ $E_1 = \dfrac{N_1}{N_2} E_2 = \dfrac{80}{320} \times 100 = 25[V]$

09

권수비 30의 변압기의 1차에 6,600[V]를 가할 때 2차 전압은 몇 [V]인가? [07, 09]

① 220 ② 380
③ 420 ④ 660

$N = 30$, $E_1 = 6,600[V]$일 때

$N = \dfrac{N_1}{N_2} = \dfrac{E_1}{E_2}$ 식에서

∴ $E_2 = \dfrac{E_1}{N} = \dfrac{6,600}{30} = 220[V]$

10

6,600/220[V]인 변압기의 1차에 2,850[V]를 가하면 2차 전압[V]은? [13]

① 90 ② 95
③ 120 ④ 105

$N = \dfrac{6,600}{220} = 30$, $E_1 = 2,850[V]$일 때

$N = \dfrac{N_1}{N_2} = \dfrac{E_1}{E_2}$ 식에서

∴ $E_2 = \dfrac{E_1}{N} = \dfrac{2,850}{30} = 95[V]$

11

1차 전압이 13,200[V], 2차 전압 220[V]의 단상 변압기의 1차에 6,000[V]의 전압을 가하면 2차 전압은 몇 [V]인가? [06, 14, 18, 19]

① 100 ② 200
③ 1,000 ④ 2,000

$E_1 = 13,200[V]$, $E_2 = 220[V]$, $E_1' = 6,000[V]$ 일 때

$N = \dfrac{E_1}{E_2} = \dfrac{E_1'}{E_2'}$ 식에서

∴ $E_2' = \dfrac{E_2}{E_1} E_1' = \dfrac{220}{13,200} \times 6,000 = 100[V]$

12

권수비가 100의 변압기에 있어 2차측의 전류가 10^3 [A]일 때, 이것을 1차측으로 환산하면 얼마인가? [06, 10, 18]

① 16[A] ② 10[A]
③ 9[A] ④ 6[A]

$N = 100$, $I_2 = 10^3[A]$일 때

$N = \dfrac{N_1}{N_2} = \dfrac{E_1}{E_2} = \dfrac{I_2}{I_1}$ 식에서

∴ $I_1 = \dfrac{I_2}{N} = \dfrac{10^3}{100} = 10[A]$

13

3,300/220[V] 변압기의 1차에 20[A]의 전류가 흐르면 2차 전류는 몇 [A]인가? [06]

① $\dfrac{1}{30}$ ② $\dfrac{1}{3}$
③ 30   ④ 300

$N = \dfrac{3,300}{220} = 15$, $I_1 = 20[A]$일 때

$N = \dfrac{N_1}{N_2} = \dfrac{E_1}{E_2} = \dfrac{I_2}{I_1}$ 식에서

∴ $I_2 = NI_1 = 15 \times 20 = 300[A]$

14

변압기의 권수비가 60일 때 2차측 저항이 0.1[Ω]이다. 이것을 1차로 환산하면 몇 [Ω]인가? [16, (유)18]

① 310   ② 360
③ 390   ④ 410

$N = 60$, $R_2 = 0.1[Ω]$일 때

$N = \dfrac{N_1}{N_2} = \dfrac{E_1}{E_2} = \dfrac{I_2}{I_1} = \sqrt{\dfrac{Z_1}{Z_2}} = \sqrt{\dfrac{R_1}{R_2}} = \sqrt{\dfrac{X_1}{X_2}}$

식에서

$N^2 = \dfrac{R_1}{R_2}$ 이므로

∴ $R_1 = N^2 R_2 = 60^2 \times 0.1 = 360[Ω]$

15

권수비 2, 2차 전압 100[V], 2차 전류 5[A], 2차 임피던스 20[Ω]인 변압기의 (ㄱ) 1차 환산 전압 및 (ㄴ) 1차 환산 임피던스는? [11]

① (ㄱ) 200[V],   (ㄴ) 80[Ω]
② (ㄱ) 200[V],   (ㄴ) 40[Ω]
③ (ㄱ) 50[V],   (ㄴ) 10[Ω]
④ (ㄱ) 50[V],   (ㄴ) 5[Ω]

$N = 2$, $E_2 = 100[V]$, $I_2 = 5[A]$, $Z_2 = 20[Ω]$일 때

$N = \dfrac{N_1}{N_2} = \dfrac{E_1}{E_2} = \dfrac{I_2}{I_1} = \sqrt{\dfrac{Z_1}{Z_2}} = \sqrt{\dfrac{R_1}{R_2}} = \sqrt{\dfrac{X_1}{X_2}}$

식에서

∴ $E_1 = NE_2 = 2 \times 100 = 200$

∴ $Z_1 = N^2 Z_2 = 2^2 \times 20 = 80[Ω]$

16

변압기의 용도가 아닌 것은? [15]

① 교류 전압의 변환   ② 주파수의 변환
③ 임피던스의 변환   ④ 교류 전류의 변환

변압기는 권수비에 따라 전압, 전류, 임피던스, 저항, 리액턴스가 변한다. 하지만 자속, 자속밀도, 철심 단면적, 주파수 등은 변하지 않는다.

17

복잡한 전기회로를 등가 임피던스를 사용하여 간단히 변화시킨 회로는? [14, 19]

① 유도회로   ② 전개회로
③ 등가회로   ④ 단순회로

변압기의 등가회로는 권수비에 따라 전압, 전류, 임피던스, 저항, 리액턴스가 변하는 변압기의 특성을 이용하여 복잡한 전기회로를 간단한 등가회로로 바꾸어 해석하는데 이용된다.

18

변압기의 철심에서 실제 철의 단면적과 철심의 유효 면적과의 비를 무엇이라고 하는가? [16]

① 권수비   ② 변류비
③ 변동률   ④ 점적률

변압기의 철심은 자속이 흐르는 공간으로 자기회로를 구성하는데 실제 철심의 단면적에 대한 자속이 통과하는 유효한 단면적과의 비율을 점적률이라 한다.

해답 13 ④ 14 ② 15 ① 16 ② 17 ③ 18 ④

19

다음 중 변압기의 1차측이란? [06, 14]

① 고압측　　② 저압측
③ 전원측　　④ 부하측

변압기의 1차측은 전원측, 2차측은 부하측으로 구분하여 2차측을 출력으로 사용하기 때문에 변압기의 정격출력은 정격 2차 전압과 정격 2차 전류의 곱으로 표현한다.

20

변압기에서 2차측이란? [15]

① 부하측　　② 고압측
③ 전원측　　④ 저압측

변압기의 1차측은 전원측, 2차측은 부하측으로 구분하여 2차측을 출력으로 사용하기 때문에 변압기의 정격출력은 정격 2차 전압과 정격 2차 전류의 곱으로 표현한다.

21

변압기의 정격출력으로 맞는 것은? [14]

① 정격 1차 전압 × 정격 1차 전류
② 정격 1차 전압 × 정격 2차 전류
③ 정격 2차 전압 × 정격 1차 전류
④ 정격 2차 전압 × 정격 2차 전류

변압기의 1차측은 전원측, 2차측은 부하측으로 구분하여 2차측을 출력으로 사용하기 때문에 변압기의 정격출력은 정격 2차 전압과 정격 2차 전류의 곱으로 표현한다.

22

변압기에 대한 설명 중 틀린 것은? [15]

① 전압을 변성한다.
② 전력을 발생하지 않는다.
③ 정격출력은 1차측 단자를 기준으로 한다.
④ 변압기의 정격용량은 피상전력으로 표시한다.

변압기의 1차측은 전원측, 2차측은 부하측으로 구분하여 2차측을 출력으로 사용하기 때문에 변압기의 정격출력은 정격 2차 전압과 정격 2차 전류의 곱으로 표현한다.

23

변압기를 운전하는 경우 특성의 악화, 온도상승에 수반되는 수명의 저하, 기기의 소손 등의 이유 때문에 지켜야 할 정격이 아닌 것은? [13, 19]

① 정격 전류　　② 정격 전압
③ 정격 저항　　④ 정격 용량

변압기의 정격에는 정격용량, 정격전압, 정격전류, 정격주파수 등이 있다.

24

3상 100[kVA], 13,200/200[V] 변압기의 저압측 선전류의 유효분은 약 몇 [A]인가?(단, 역률은 80[%]이다.) [14]

① 100　　② 173
③ 230　　④ 260

$P = 100[\text{kVA}]$, $V_1 = 13,200[\text{V}]$, $V_2 = 200[\text{V}]$, $\cos\theta = 0.8$ 일 때
$P = \sqrt{3}\,V_1I_1 = \sqrt{3}\,V_2I_2[\text{VA}]$ 식에서 저압측 선전류는 $I_2[\text{A}]$를 의미하며 전류의 유효분은 $I_2\cos\theta$ [A]를 의미한다.
$I_2 = \dfrac{P}{\sqrt{3}\,V_2} = \dfrac{100 \times 10^3}{\sqrt{3} \times 200} = 288.68[\text{A}]$ 이므로
$\therefore\ I_2\cos\theta = 288.68 \times 0.8 = 230[\text{A}]$

해답　19 ③　20 ①　21 ④　22 ③　23 ③　24 ③

25
유입변압기에 기름을 사용하는 목적이 아닌 것은? [08]

① 열 방산을 좋게 하기 위하여
② 냉각을 좋게 하기 위하여
③ 절연을 좋게 하기 위하여
④ 효율을 좋게 하기 위하여

변압기 절연유의 사용목적은 절연뿐만 아니라 냉각 및 열방산 효과도 좋게 하기 위해서이다.

26
변압기유가 구비해야 할 조건은? [07, 15, (유)15]

① 절연 내력이 클 것 ② 인화점이 낮을 것
③ 응고점이 높을 것 ④ 비열이 작을 것

절연유가 갖추어야 할 성질
① 절연내력이 커야 한다.
② 인화점은 높고 응고점은 낮아야 한다.
③ 비열이 커서 냉각효과가 커야 한다.
④ 점도가 낮아야 한다.
⑤ 절연재료 및 금속재료에 화학작용을 일으키지 않아야 한다.
⑥ 산화하지 않아야 한다.

27
변압기유로 쓰이는 절연유에 요구되는 성질이 아닌 것은? [07, 08]

① 점도가 클 것
② 비열이 커 냉각 효과가 클 것
③ 절연재료 및 금속재료에 화학작용을 일으키지 않을 것
④ 인화점이 높고 응고점이 낮을 것

변압기 절연유의 점도는 낮아야 한다.

28
변압기유의 열화 방지를 위해 쓰이는 방법이 아닌 것은? [09, (유)07]

① 방열기   ② 브리이더
③ 컨서베이터   ④ 질소봉입

절연유의 열화 방지 대책
(1) 콘서베이터 방식
(2) 질소봉입 방식
(3) 브리더 방식

29
변압기유의 열화 방지를 위해 사용하는 장치는? [06]

① 부싱   ② 방열기
③ 주름 철판   ④ 콘서베이터

절연유의 열화 방지 대책
(1) 콘서베이터 방식
(2) 질소봉입 방식
(3) 브리더 방식

30
변압기에 콘서베이터(conservator)를 설치하는 목적은? [10, 08, (유)08]

① 열화 방지   ② 코로나 방지
③ 강제 순환   ④ 통풍 장치

절연유의 열화 방지 대책
(1) 콘서베이터 방식
(2) 질소봉입 방식
(3) 브리더 방식

해답 25 ④ 26 ① 27 ① 28 ① 29 ④ 30 ①

31
변압기 절연물의 열화 정도를 파악하는 방법으로서 적절하지 않은 것은? [14]

① 유전정접
② 유중가스분석
③ 접지저항측정
④ 흡수전류나 잔류전류측정

변압기 절연유의 열화정도 분석법
유전정접법, 유중가스분석법, 흡수전류나 잔류전류 측정법

32
변압기의 권선과 철심 사이의 습기를 제거하기 위하여 건조하는 방법이 아닌 것은? [09]

① 열풍법   ② 단락법
③ 진공법   ④ 가압법

변압기의 건조법
변압기의 권선과 철심을 건조하고 그 안에 있는 습기를 제거하여 절연을 향상시키는 건조법으로 열풍법, 단락법, 진공법이 채용되고 있다.

33
변압기에서 퍼센트 저항강하 3[%], 퍼센트 리액턴스강하 4[%]일 때 역률 0.8(지상)에서의 전압변동률은? [06, 10, 14, 18]

① 2.4[%]   ② 3.6[%]
③ 4.8[%]   ④ 6.0[%]

$p=3[\%]$, $q=4[\%]$, $\cos\theta=0.8$(지상)일 때
$\delta = p\cos\theta + q\sin\theta[\%]$ 식에서
∴ $\delta = p\cos\theta + q\sin\theta$
     $= 3\times 0.8 + 4\times 0.6 = 4.8[\%]$

참고
$\sin\theta = \sqrt{1-\cos^2\theta}$ 이므로 $\cos\theta = 0.8$일 때
$\sin\theta = \sqrt{1-0.8^2} = 0.6$이다.

34
퍼센트 저항강하 1.8[%] 및 퍼센트 리액턴스강하 2[%]인 변압기가 있다. 부하의 역률이 1일 때의 전압 변동률은? [10]

① 1.8[%]   ② 2.0[%]
③ 2.7[%]   ④ 3.8[%]

$p=1.8[\%]$, $q=2[\%]$, $\cos\theta=1$일 때
$\delta = p\cos\theta + q\sin\theta[\%]$ 식에서
∴ $\delta = p\cos\theta + q\sin\theta = 1.8\times 1 + 2\times 0 = 1.8[\%]$

참고
$\sin\theta = \sqrt{1-\cos^2\theta}$ 이므로 $\cos\theta = 1$일 때
$\sin\theta = \sqrt{1-1^2} = 0$이다.

35
퍼센트 저항강하 3[%], 퍼센트 리액턴스 강하 4[%]인 변압기의 최대 전압변동률[%]은? [06, 09, 16, 19]

① 1   ② 5
③ 7   ④ 12

$p=3[\%]$, $q=4[\%]$일 때
$\delta_m = \%z = \sqrt{p^2+q^2}\,[\%]$ 식에서
∴ $\delta_m = \%z = \sqrt{p^2+q^2} = \sqrt{3^2+4^2} = 5[\%]$

36
변압기에서 전압변동률이 최대가 되는 부하의 역률은? (단, p : 퍼센트 저항 강하, q : 퍼센트 리액턴스 강하, $\cos\theta_m$: 역률) [07]

① $\cos\theta_m = \dfrac{p}{\sqrt{p+q}}$

② $\cos\theta_m = \dfrac{p}{\sqrt{p^2+q^2}}$

③ $\cos\theta_m = \dfrac{p}{p^2+q^2}$

④ $\cos\theta_m = \dfrac{p}{p+q}$

최대 전압변동률에서의 역률은
∴ $\cos\theta_m = \dfrac{p}{\%z}\times 100 = \dfrac{p}{\sqrt{p^2+q^2}}\times 100[\%]$이다.

해답 31 ③ 32 ④ 33 ③ 34 ① 35 ② 36 ②

37

어떤 변압기에서 임피던스 강하가 5[%]인 변압기가 운전 중 단락되었을 때 그 단락전류는 정격전류의 몇 배인가? [14, (유)19]

① 5　　　　　② 20
③ 50　　　　 ④ 200

$\%z = 5[\%]$일 때
$I_s = \dfrac{100}{\%z} I_n$ [A] 식에서
$I_s = \dfrac{100}{\%z} I_n = \dfrac{100}{5} I_n = 20 I_n$ [A] 이므로
∴ 단락전류(I_s)는 정격전류(I_n)의 20배이다.

38

변압기의 무부하인 경우 1차 권선에 흐르는 전류는? [10]

① 정격전류　　　② 단락전류
③ 부하전류　　　④ 여자전류

변압기의 여자전류란 변압기 2차 회로를 개방한 무부하의 경우변압기 1차측 권선에 흐르는 전류를 말한다.

39

변압기의 2차측을 개방하였을 경우 1차측에 흐르는 전류는 무엇에 의하여 결정되는가? [15]

① 저항　　　　　② 임피던스
③ 누설 리액턴스　④ 여자 임피던스

변압기 2차측 단자를 개방하고 행하는 시험으로 변압기 내부 여자회로에 의한 여자어드미턴스 또는 여자임피던스와 이 전류에 의해서 변압기 1차에 흐르는 여자전류, 그리고 그 밖에 철손과 같은 무부하 손실 등을 구할 수 있는 시험이다.

40

1차 전압 13,200[V], 무부하 전류 0.2[A], 철손 100[W]일 때 여자 어드미턴스는 약 몇 [℧]인가? [10]

① 1.5×10^{-5}[℧]　② 3×10^{-5}[℧]
③ 1.5×10^{-3}[℧]　④ 3×10^{-3}[℧]

$V_1 = 13,200$[V], $I_0 = 0.2$[A], $P_i = 100$[W]일 때
$I_0 = Y_0 V_1 = \dfrac{P_i}{V_1}$ [A] 식에서
∴ $Y_0 = \dfrac{I_0}{V_1} = \dfrac{0.2}{13,200} = 1.5 \times 10^{-5}$ [℧]

41

변압기의 여자전류가 일그러지는 이유는 무엇 때문인가? [07, 09]

① 와류(맴돌이 전류) 때문에
② 자기 포화와 히스테리시스 현상 때문에
③ 누설 리액턴스 때문에
④ 선간 정전용량 때문에

변압기 여자전류는 무부하 포화특성에 의한 자기 포화와 히스테리시스 현상으로 고조파 전류가 흐르게 되어 정현파전류가 되지 못하고 일그러지게 된다.

42

변압기의 무부하 시험, 단락 시험에서 구할 수 없는 것은? [08, 16]

① 동손　　　　② 철손
③ 전압변동률　④ 절연 내력

변압기 시험으로부터 구할 수 있는 항목
(1) 무부하 시험 : 여자전류, 여자 어드미턴스, 철손
(2) 단락시험 : 동손, 전압변동률, 임피던스와트, 임피던스전압
(3) 무부하 시험과 단락시험 : 단락비

43

변압기 절연내력시험과 관계없는 것은? [11, (유)15]

① 가압시험　　② 유도시험
③ 충격시험　　④ 극성시험

변압기의 절연내력시험법
변압기의 권선과 권선 및 철심 등의 절연강도를 시험하기 위한 방법으로 유도시험법, 가압시험법, 충격전압시험법 등이 있으며 이 중에서 유도시험은 권선의 층간 절연시험에 사용된다.

44

변압기 절연내력시험 중 권선의 층간 절연시험은? [13]

① 충격전압 시험　　② 무부하 시험
③ 가압 시험　　　　④ 유도 시험

변압기의 절연내력시험법
변압기의 권선과 권선 및 철심 등의 절연강도를 시험하기 위한 방법으로 유도시험법, 가압시험법, 충격전압시험법 등이 있으며 이 중에서 유도시험은 권선의 층간 절연시험에 사용된다.

45

다음 중 변압기의 온도상승시험법으로 가장 널리 사용되는 것은? [08③]

① 무부하 시험법　　② 절연내력 시험법
③ 단락 시험법　　　④ 실 부하법

변압기의 온도상승시험법
변압기의 온도상승시험법은 실부하법, 단락시험법, 반환부하법이 있으며 이 중에서 주로 반환부하법과 단락시험법이 채용되고 있다.

46

변압기 결선 방식에서 Δ-Δ 결선방식에 대한 설명으로 틀린 것은? [06, 18, 19]

① 단상 변압기 3대중 1대의 고장이 생겼을 때 2대로 V결선하여 사용할 수 있다.
② 외부에 고조파 전압이 나오지 않으므로 통신장해의 염려가 없다.
③ 중성점 접지를 할 수 없다.
④ 100[kV] 이상 되는 계통에서 사용되고 있다.

Δ-Δ 결선은 주로 저전압 단거리 선로로서 30[kV] 이하의 계통에서 사용된다.

47

변압기의 결선에서 제3고조파를 발생시켜 통신선에 유도장해를 일으키는 3상 결선은? [16]

① Y-Y　　　　② Δ-Δ
③ Y-Δ　　　　④ Δ-Y

Y-Y 결선의 특징
(1) 3고조파를 발생시켜 통신선에 유도장해를 일으킨다.
(2) 송전계통에서 거의 사용되지 않는 방법이다.
(3) 중성점 접지를 시설할 수 있다.

48

송배전계통에 거의 사용되지 않는 변압기 3상 결선 방식은? [14]

① Y - Δ　　　　② Y - Y
③ Δ - Y　　　　④ Δ - Δ

Y-Y 결선의 특징
(1) 3고조파를 발생시켜 통신선에 유도장해를 일으킨다.
(2) 송전계통에서 거의 사용되지 않는 방법이다.
(3) 중성점 접지를 시설할 수 있다.

해답　43 ④　44 ④　45 ③　46 ④　47 ①　48 ②

49
낮은 전압을 높은 전압으로 승압할 때 일반적으로 사용되는 변압기의 3상 결선방식은? [15]
① △-△
② △-Y
③ Y-Y
④ Y-△

△-Y 결선과 Y-△ 결선의 특징
(1) △-Y 결선은 승압용(송전용), Y-△ 결선은 강압용(배전용)으로 채용된다.
(2) 1차측과 2차측은 위상차 각이 30° 발생한다.
(3) 중성점 접지를 잡을 수 있으며 또한 3고조파의 영향이 나타나지 않는다.

50
변압기를 △-Y 결선(delta-star connection)한 경우에 대한 설명으로 옳지 않은 것은? [09]
① 1차 선간전압 및 2차 선간전압의 위상차는 60°이다.
② 제3고조파에 의한 장해가 적다.
③ 1차 변전소의 승압용으로 사용된다.
④ Y결선의 중성점을 접지할 수 있다.

△-Y 결선과 Y-△ 결선은 1차측과 2차측은 위상차 각이 30° 발생한다.

51
수전단 발전소용 변압기 결선에 주로 사용하고 있으며 한쪽은 중성점을 접지할 수 있고 다른 한쪽은 제3고조파에 의한 영향을 없애주는 장점을 가지고 있는 3상 결선 방식은? [13, 18]
① Y-Y
② △-△
③ Y-△
④ V-V

△-Y 결선과 Y-△ 결선은 중성점 접지를 잡을 수 있으며 또한 3고조파의 영향이 나타나지 않는다.

52
1대의 출력이 100[kVA]인 단상 변압기 2대로 V결선하여 3상 전력를 공급할 수 있는 최대전력은 몇 [kVA]인가? [11, (유)16, 18]
① 100
② $100\sqrt{2}$
③ $100\sqrt{3}$
④ 200

V결선의 출력은 변압기 1대 용량의 $\sqrt{3}$ 배이므로
∴ $100\sqrt{3}$ [kVA]이다.

53
△결선된 변압기의 운전 중 한 대 고장으로 제거되어 V결선으로 공급할 때 공급할 수 있는 전력은 고장 전 전력에 대하여 약 몇 [%]인가? [09, 18]
① 57.7[%]
② 66.7[%]
③ 70.5[%]
④ 86.6[%]

V결선의 출력비는 57.7[%], 이용률은 86.6[%]이다.

54
변압기에서 V결선의 이용률은? [06]
① 0.577
② 0.707
③ 0.866
④ 0.977

V결선의 출력비는 57.7[%], 이용률은 86.6[%]이다.

55
변압기 V결선의 특징으로 틀린 것은? [12, 15]

① 고장시 응급처치 방법으로 쓰인다.
② 단상변압기 2대로 3상 전력을 공급한다.
③ 부하증가시 예상되는 지역에 시설한다.
④ V결선시 출력은 △결선시 출력과 그 크기가 같다.

V결선의 출력비란 △결선일 때에 대해서 V결선으로 운전할 경우의 변압기 출력을 비교한 값으로 △결선의 $\frac{1}{\sqrt{3}}$ 배에 해당하는 값이다.

56
3상 전원에서 2상 전력을 얻기 위한 변압기의 결선 방법은? [06, 11]

① V   ② △
③ Y   ④ T

3상 전원에서 2상 전원을 얻는 방법에는 스코트결선(T결선), 메이어결선, 우드브리지결선이 있다.

57
단상 변압기의 병렬운전에서 같지 않아도 되는 것은? [19]

① 극성   ② 정격전압
③ 상회전   ④ 권수비

단상 변압기와 3상 변압기의 공통사항
(1) 극성이 같아야 한다.
(2) 정격전압이 같고, 권수비가 같아야 한다.
(3) %임피던스강하가 같아야 한다.
(4) 저항과 리액턴스의 비가 같아야 한다.
∴ 상회전 방향이 같아야 하는 조건은 3상 변압기의 병렬운전 조건이다.

58
권수비 30인 변압기의 저압측 전압이 8[V]인 경우 극성시험에서 가극성과 감극성의 전압차는 몇 [V]인가? [14]

① 24   ② 16
③ 8   ④ 4

$N = 30$, $V_2 = 8[V]$일 때
$N = \frac{V_1}{V_2}$ 식에서
$V_1 = NV_2 = 30 \times 8 = 240[V]$이다.
이 때 가극성과 감극성일 때의 전압계의 지시값을 각각 V_+, V_-라 하면
$V_+ = V_1 + V_2 = 240 + 8 = 248[V]$,
$V_- = V_1 - V_2 = 240 - 8 = 232[V]$이다.
가극성과 감극성의 전압차는
∴ $V_+ - V_- = 248 - 232 = 16[V]$

59
다음 중 변압기 무부하손의 대부분을 차지하는 것은? [09]

① 유전체손   ② 동손
③ 철손   ④ 저항손

부하손은 거의 대부분 동손이 차지하며, 무부하손은 거의 대부분 철손이 차지한다.

60
변압기에서 철손은 부하전류와 어떤 관계인가? [13, 19]

① 부하전류에 비례한다.
② 부하전류에 반비례한다.
③ 부하전류의 자승에 비례한다.
④ 부하전류와 관계없다.

철손은 무부하 손실로서 부하와 관계가 없는 손실이기 때문에 철손은 부하전류와 무관하다.

해답 55 ④ 56 ④ 57 ③ 58 ② 59 ③ 60 ④

61
변압기의 손실에 해당되지 않는 것은? [11]

① 동손 ② 와전류손
③ 히스테리시스손 ④ 기계손

변압기 손실에는 기계손 또는 마찰손이 포함되지 않는다.

62
변압기에 철심의 두께를 2배로 하면 와류손은 약 몇 배가 되는가? [06, 18, 19]

① 2배로 증가한다. ② $\frac{1}{2}$배로 증가한다.
③ $\frac{1}{4}$배로 증가한다. ④ 4배로 증가한다.

와류손은 $P_e = k_e t^2 f^2 B_m^2 = k_e \cdot t^2 E^2$[W] 식에서 철심두께($t$)의 제곱에 비례하기 때문에 철심의 두께를 2배로 한 경우 와류손은
∴ 4배로 증가한다.

63
일정 전압 및 일정 파형에서 주파수가 상승하면 변압기 철손은 어떻게 변하는가? [07, 09]

① 증가한다.
② 감소한다.
③ 불변이다.
④ 어떤 기간 동안 증가한다.

변압기의 손실 중 철손은 히스테리시스손이 거의 대부분을 차지하기 때문에 전압이 일정한 경우 철손은 주파수에 반비례 관계에 있다.
∴ 주파수가 상승한 경우 철손은 감소한다.

64
변압기의 부하와 전압이 일정하고 주파수만 높아지면 어떻게 되는가? [11]

① 철손 감소 ② 철손 증가
③ 동손 증가 ④ 동손 감소

변압기의 손실 중 철손은 히스테리시스손이 거의 대부분을 차지하기 때문에 전압이 일정한 경우 철손은 주파수에 반비례 관계에 있다.
∴ 주파수가 상승한 경우 철손은 감소한다.

65
변압기의 부하전류 및 전압이 일정하고 주파수만 낮아지면? [10]

① 철손이 증가한다. ② 동손이 증가한다.
③ 철손이 감소한다. ④ 동손이 감소한다.

변압기의 손실 중 철손은 히스테리시스손이 거의 대부분을 차지하기 때문에 전압이 일정한 경우 철손은 주파수에 반비례 관계에 있다.
∴ 주파수가 낮아지면 철손은 증가한다.

66
변압기 철심에는 철손을 적게 하기 위하여 철이 몇 [%]인 강판을 사용하는가? [12]

① 약 50~55[%] ② 약 60~70[%]
③ 약 76~86[%] ④ 약 96~97[%]

변압기는 히스테리시스손을 줄이기 위해 철심에 3~4[%] 정도의 규소를 함유한다. 또한 철심을 얇게 성층하여 사용하는 이유는 와류손을 줄이기 위함이다.
∴ 철심의 철의 비중은 약 96~97[%]이다.

해답 61 ④ 62 ④ 63 ② 64 ① 65 ① 66 ④

67

출력에 대한 전부하 동손이 2[%], 철손이 1[%]인 변압기의 전부하 효율[%]은? [11]

① 95   ② 96
③ 97   ④ 98

입력을 100[%]라 가정할 때
출력 = 100 − 2 − 1 = 97[%] 이므로
전부하 효율 η는
∴ $\eta = \dfrac{출력}{입력} \times 100 = \dfrac{97}{100} \times 100 = 97[\%]$

68

변압기의 효율이 가장 좋을 때의 조건은? [15]

① 철손 = 동손   ② 철손 = $\dfrac{1}{2}$ 동손
③ 동손 = $\dfrac{1}{2}$ 철손   ④ 동손 = 2 × 철손

변압기 효율이 최대가 되려면 무부하손과 부하손이 같거나 또는 철손과 동손이 같아야 한다.

69

변압기 내부고장에 대한 보호용으로 가장 많이 사용되는 것은? [13]

① 과전류 계전기   ② 차동 임피던스
③ 비율차동 계전기   ④ 임피던스 계전기

비율차동계전기 또는 차동계전기는 변압기 내부의 층간단락 또는 상간 단락으로 인한 내부고장으로부터 변압기를 보호하기 위해 가장 많이 사용되는 계전기이다.

70

부흐홀쯔 계전기로 보호되는 기기는? [09, 15]

① 변압기   ② 유도전동기
③ 직류발전기   ④ 교류발전기

부흐홀츠계전기는 변압기 내부고장시 발생하는 가스의 부력과 절연유의 유속을 이용하여 변압기 내부고장을 검출하는 계전기로서 변압기 본체와 콘서베이터 사이에 설치되어 널리 이용되고 있다.

71

부흐홀쯔계전기의 설치 위치로 가장 적당한 것은? [07, 16, 18, 19, (유)12②, 14, 15]

① 변압기 주 탱크 내부
② 콘서베이터 내부
③ 변압기 고압측 부싱
④ 변압기 주 탱크와 콘서베이터 사이

부흐홀츠계전기는 변압기 본체(주 탱크)와 콘서베이터 사이에 설치되어 널리 이용되고 있다.

72

용량이 작은 변압기의 단락 보호용으로 주 보호방식으로 사용되는 계전기는? [08, 18, (유)19]

① 차동전류 계전방식
② 과전류 계전방식
③ 비율차동 계전방식
④ 기계적 계전방식

과전류계전기는 용량이 작은 변압기의 단락 보호용으로 주보호 방식에 사용되는 계전기이다.

73
주상변압기의 고압측에 탭을 여러 개 만드는 이유는? [14, 15]

① 역률 개선
② 단선 고장 대비
③ 선로 전류 조정
④ 선로 전압 조정

주상변압기는 지지물 위에 설치하는 배전용 변압기로서 고압측에 탭을 여러 개 만들어 선로의 전압을 조정할 수 있도록 하였다.

74
코일 주위에 전기적 특성이 큰 에폭시 수지를 고진공으로 침투시키고, 다시 그 주위를 기계적 강도가 큰 에폭시 수지로 몰딩한 변압기는? [10]

① 건식 변압기
② 유입 변압기
③ 몰드 변압기
④ 타이 변압기

몰드변압기는 코일 주위에 전기적 특성이 큰 에폭시 수지를 고진공으로 침투시키고, 다시 그 주위를 기계적 강도가 큰 에폭시 수지로 몰딩한 변압기로서 주로 옥내용으로 사용된다.

75
아크 용접용변압기가 일반 전력용변압기와 다른 점은? [13]

① 권선의 저항이 크다.
② 누설 리액턴스가 크다.
③ 효율이 높다.
④ 역률이 좋다.

아크 용접용 변압기는 일반 전력용 변압기에 비해 누설 리액턴스가 매우 크며 수하특성을 지녀야 하므로 자기누설 변압기를 사용한다.

76
다음 설명 중 틀린 것은? [11, 14]

① 3상 유도전압조정기의 회전자 권선은 분로권선이고, Y결선으로 되어 있다.
② 디프 슬롯형 전동기는 냉각효과가 좋아 기동정지가 빈번한 중·대형 저속기에 적당하다.
③ 누설 변압기가 네온사인이나 용접기의 전원으로 알맞은 이유는 수하특성 때문이다.
④ 계기용 변압기의 2차 표준은 110/220[V]로 되어 있다.

계기용 변압기는 수배전반에서 고압회로와 전압계 또는 과전압계전기 등을 연결하기 위해 중간에 접속하는 변성기로서 2차측 정격전압은 110[V]이다.

77
다음 변압기의 냉각방식 종류가 아닌 것은? [08]

① 건식 자냉식
② 유입 자냉식
③ 유입 예열식
④ 유입 송유식

유입 예열식은 변압기 냉각방식에 해당되지 않는다.

78
변압기 외함 내에 들어 있는 기름을 펌프를 이용하여 외부에 있는 냉각 장치로 보내서 냉각시킨 다음, 냉각된 기름을 다시 외함의 내부로 공급하는 방식으로, 냉각효과가 크기 때문에 30,000[kVA] 이상의 대용량 변압기에서 사용하는 냉각 방식은? [09]

① 건식풍냉식
② 유입자냉식
③ 유입풍냉식
④ 유입송유식

유입 송유식은 변압기 함 내의 기름을 외부에서 냉각시켜 내부로 다시 넣어주는 방식으로 냉각효과가 크기 때문에 30[MVA] 이상의 대용량 변압기에 채용하고 있다.

해답 73 ④ 74 ③ 75 ② 76 ④ 77 ③ 78 ④

79

3,000/3,300[V]인 단권변압기의 자기용량은 약 몇 [kVA]인가?(단, 부하는 1,000[kVA]이다.) [06]

① 90
② 70
③ 50
④ 30

3,000/3,300[V]의 의미는 저압측 전압이 3,000[V], 고압측 전압이 3,300[V]라는 것이다. 따라서 $V_H = 3,300[V]$, $V_L = 3,000[V]$, $P = 1,000[KVA]$ 일 때

단권변압기 자기용량 $= \dfrac{V_H - V_L}{V_H} P$ 식에서

$\therefore \dfrac{V_H - V_L}{V_H} P = \dfrac{3,300 - 3,000}{3,300} \times 1,000$
$\qquad\qquad = 90[KVA]$

해답 79 ①

04 유도기

핵심39 유도전동기의 개요

중요도 ★
출제빈도
총44회 시행
총 5문 출제

1. 3상 유도전동기의 회전 원리

3상 유도전동기의 고정자는 전원과 연결되어 3상 회전자계를 발생하며 이 회전자계에 의한 전자유도작용으로 회전자에 전자력이 발생됨에 따라 회전자가 회전하게 된다. 그 밖에 다음과 같은 성질을 지닌다.
① 회전자의 회전속도가 증가할수록 도체를 관통하는 자속수가 감소한다.
② 회전자의 회전속도가 증가할수록 슬립은 감소한다.
③ 부하를 회전시키기 위해서는 회전자의 속도는 동기속도 이하로 운전되어야 한다.

2. 유도전동기가 많이 사용되는 이유

① 전원을 쉽게 얻을 수 있고 취급이 간단하다.
② 구조가 간단하고 튼튼하며 값이 싸다.
③ 정속도 특성을 지니며 부하 변동에 대하여 속도의 변화가 적다.

3. 유도전동기의 종류

단상 유도전동기	3상 유도전동기

① 반발기동형
② 반발유도형
③ 콘덴서기동형
④ 분상기동형
⑤ 셰이딩코일형
	① 농형 유도전동기
	② 권선형 유도전동기
	   (2차 저항을 접속하기 위하여
	   슬립링이 사용된다.)

핵심유형문제 39

3상 유도전동기의 회전원리를 설명한 것 중 틀린 것은? [08, 14]

① 회전자의 회전속도가 증가하면 도체를 관통하는 자속수는 감소한다.
② 회전자의 회전속도가 증가하면 슬립도 증가한다.
③ 부하를 회전시키기 위해서는 회전자의 속도는 동기속도 이하로 운전되어야 한다.
④ 3상 교류전압을 고정자에 공급하면 고정자 내부에서 회전 자기장이 발생된다.

해설 3상 유도전동기의 회전 원리
(1) 회전자의 회전속도가 증가할수록 도체를 관통하는 자속수가 감소한다.
(2) 회전자의 회전속도가 증가할수록 슬립은 감소한다.
(3) 부하를 회전시키기 위해서는 회전자의 속도는 동기속도 이하로 운전되어야 한다.

답 : ②

중요도 ★★★
출제빈도
총44회 시행
총37문 출제

핵심40 유도전동기의 슬립과 속도

1. 슬립(s)과 동기속도(N_s)

고정자의 동기속도(N_s)에 대한 고정자의 동기속도와 회전자의 회전자 속도(N) 사이에 나타나는 속도차 상수를 슬립 "s"라 한다.

〈공식〉

$$s = \frac{N_s - N}{N_s}, \quad N_s = \frac{120f}{p}[\text{rpm}]$$

여기서, s : 슬립, N_s : 동기속도, N : 회전자 속도, f : 주파수, p : 극수

① 슬립이 1이면 회전자 속도가 $N=0[\text{rpm}]$일 때 이므로 유도전동기가 정지되어 있거나 또는 기동할 때 임을 의미한다.
② 슬립이 0이면 회전자 속도가 동기속도와 같은 $N=N_s[\text{rpm}]$일 때 이므로 유도전동기가 무부하 운전을 하거나 또는 정상속도에 도달하였음을 의미한다.

참고
(1) 정회전시 슬립의 범위 : $0 < s < 1$
(2) 10[kW] 이하의 용량이 작은 3상 유도전동기의 전부하 슬립은 5~10[%]이다.
(3) 유도전동기의 역회전 슬립 : $2-s$

2. 회전자 속도(N)

〈공식〉

$$N = (1-s)N_s = (1-s)\frac{120f}{p}[\text{rpm}]$$

여기서, N : 회전자 속도, s : 슬립, N_s : 동기속도, f : 주파수, p : 극수

참고 우리나라 3상 유도전동기의 최고속도는 1,800[rpm]이다.

핵심유형문제 40

4극 60[Hz], 슬립 5[%]인 유도전동기의 회전수는 몇 [rpm]인가? [07, 10, 18, (유)06, 08②, 14]

① 1,836   ② 1,710   ③ 1,540   ④ 1,200

해설 $p=4$, $f=60[\text{Hz}]$, $s=0.05$일 때 유도전동기의 회전자 속도 N은
$N = (1-s)N_s = (1-s)\frac{120f}{p}[\text{rpm}]$ 식에서
∴ $N = (1-s)\frac{120f}{p} = (1-0.05) \times \frac{120 \times 60}{4} = 1,710[\text{rpm}]$

답 : ②

핵심41 유도전동기의 유기기전력과 2차 전류 및 등가 부하저항

1. 유기기전력(E)

고정자 권선(1차 권선)에 전압을 인가하면 유기기전력 E_1이 발생하며, 전자유도에 의하여 회전자 권선(2차 권선)에 유기기전력 E_2가 발생한다.

〈공식〉
$$정지시: E_1 = 4.44 f_1 \phi N_1 k_{w1} [\text{V}], \quad E_2 = 4.44 f_2 \phi N_2 k_{w2} [\text{V}]$$
$$운전시: E_1 = 4.44 f_1 \phi N_1 k_{w1} [\text{V}], \quad E_{2s} = 4.44 f_{2s} \phi N_2 k_{w2} [\text{V}]$$

여기서, E: 유기기전력, f: 주파수, ϕ: 자속, N: 코일 권수, k_w: 권선계수,
E_{2s}: 슬립유도기전력(운전시 회전자 유기기전력),
f_{2s}: 슬립주파수(운전시 회전자 주파수), s: 슬립

① $f_1 = f_2$ [Hz]
② $f_{2s} = sf_2 = sf_1$ [Hz], $E_{2s} = sE_2$ [V]

2. 회전시 2차 전류(I_2)

$$I_2 = \frac{E_{2s}}{\sqrt{r_2^2 + (sx_2)^2}} = \frac{sE_2}{\sqrt{r_2^2 + (sx_2)^2}} [\text{A}]$$

여기서, E_{2s}: 슬립유도기전력(운전시 회전자 유기기전력), E_2: 2차 전압
r_2: 회전자 2차 저항, s: 슬립, x_2: 회전자 2차 리액턴스

3. 등가 부하저항(R)

〈공식〉
$$R = \left(\frac{1-s}{s}\right) r_2 = \left(\frac{1}{s} - 1\right) r_2 [\Omega]$$

여기서, s: 슬립, r_2: 회전자 2차 저항

참고 등가 부하저항이란 유도전동기가 정지되어 있을 때보다 운전시에 나타나는 회전자의 등가 합성저항값이다.

핵심유형문제 41

슬립 4[%]인 유도전동기의 등가 부하저항은 2차 저항의 몇 배인가? [07, 16]

① 5　　　② 19　　　③ 20　　　④ 24

해설 $s = 0.04$일 때 $R = \left(\frac{1-s}{s}\right) r_2 = \left(\frac{1}{s} - 1\right) r_2 [\Omega]$ 식에서

∴ $R = \left(\frac{1}{s} - 1\right) r_2 = \left(\frac{1}{0.04} - 1\right) r_2 = 24 r_2 [\Omega]$

답: ④

중요도 ★★★
출제빈도
총44회 시행
총23문 출제

핵심42 유도전동기의 전력변환식과 2차 효율

1. 전력변환식

구분	$\times P_2$	$\times P_{c2}$	$\times P_0$
$P_2 =$	1	$\dfrac{1}{s}$	$\dfrac{1}{1-s}$
$P_{c2} =$	s	1	$\dfrac{s}{1-s}$
$P_0 =$	$1-s$	$\dfrac{1-s}{s}$	1

여기서, P_2 : 2차 입력(동기와트), P_{c2} : 2차 동손(2차 저항손), P_0 : 기계적 출력, s : 슬립

① 2차 입력(P_2)

$$P_2 = \frac{1}{s}P_{c2} = \frac{1}{1-s}P_0 [\text{W}]$$

여기서, P_2 : 2차 입력, s : 슬립, P_{c2} : 2차 동손, P_0 : 기계적 출력

② 2차 동손(P_{c2})

$$P_{c2} = sP_2 = \frac{s}{1-s}P_0 [\text{W}]$$

여기서, P_{c2} : 2차 동손, s : 슬립, P_2 : 2차 입력, P_0 : 기계적 출력

③ 기계적 출력(P_0)

$$P_0 = (1-s)P_2 = \frac{1-s}{s}P_{c2} [\text{W}]$$

여기서, P_0 : 기계적 출력, s : 슬립, P_2 : 2차 입력, P_{c2} : 2차 동손

2. 2차 효율(η_2)

$$\eta_2 = \frac{P_0}{P_2} = 1-s = \frac{N}{N_s}$$

여기서, P_0 : 기계적 출력, P_2 : 2차 입력, s : 슬립, N : 회전자 속도, N_s : 동기속도

핵심유형문제 42

전부하 슬립 5[%], 2차 저항손 5.26[kW]인 3상 유도전동기의 2차 입력은 몇 [kW]인가?

[07, 09, 18②, 19②]

① 2.63   ② 5.26   ③ 105.2   ④ 226.5

해설 $s = 0.05$, $P_{c2} = 5.26[\text{kW}]$일 때 $P_2 = \dfrac{1}{s}P_{c2} = \dfrac{1}{1-s}P_0 [\text{W}]$ 식에서

$\therefore P_2 = \dfrac{1}{s}P_{c2} = \dfrac{1}{0.05} \times 5.26 = 105.2[\text{kW}]$

답 : ③

핵심43 유도전동기의 토크와 비례추이원리

1. 유도전동기의 토크(τ)

① 기계적 출력(P_0)과 회전자 속도(N)에 의한 토크

$$\tau = 9.55\frac{P_0}{N}[\text{N}\cdot\text{m}] = 0.975\frac{P_0}{N}[\text{kg}\cdot\text{m}]$$

여기서, τ : 토크, P_0 : 기계적 출력, N : 회전자 속도

② 2차 입력(P_2)과 동기속도(N_s)에 의한 토크

$$\tau = 9.55\frac{P_2}{N_s}[\text{N}\cdot\text{m}] = 0.975\frac{P_2}{N_s}[\text{kg}\cdot\text{m}]$$

여기서, τ : 토크, P_2 : 2차 입력, N_s : 동기속도

참고 토크와 전압 관계
유도전동기의 토크는 출력과 입력에 비례하고, 또한 출력과 입력은 전압의 제곱에 비례하기 때문에 토크는 전압의 제곱에 비례함을 알 수 있다.

2. 비례추이원리

① 특징
권선형 유도전동기는 회전자 권선에 외부 저항(2차 저항)을 접속하여 기동시 2차 저항이 최대일 때 기동전류를 제한하고 또한 최대토크를 발생하기 위한 슬립을 2차 저항에 비례 증가시켜 기동토크를 크게 할 수 있는 원리를 말한다. 하지만 최대토크는 변화하지 않는다.

② 비례추이를 할 수 있는 특성
토크, 1차 입력, 2차 입력(또는 동기와트), 1차 전류, 2차 전류, 역률

③ 비례추이를 할 수 없는 특성
출력, 효율, 2차 동손, 동기속도

참고 비례추이의 원리
(1) 2차 저항에 비례하여 변화시키는 값은 슬립이다.
(2) 기동전류를 억제하고 기동토크를 증대시키기는 것이 목적이다.

핵심유형문제 43

다음 중 유도전동기에서 비례추이를 할 수 있는 것은? [06, 14, 18, 19]

① 출력   ② 2차 동손   ③ 효율   ④ 역률

해설 비례추이를 할 수 없는 특성
출력, 효율, 2차 동손, 동기속도 등은 비례추이가 되지 않는 값이다.

답 : ④

중요도 ★★★
출제빈도
총44회 시행
총38문 출제

핵심44 유도전동기의 기동법과 속도제어법

1. 유도전동기의 기동법

(1) 농형 유도전동기의 기동법
   ① 전전압 기동법 : 5.5[kW] 이하의 소형에 적용
   ② Y-△ 기동법 : 5.5[kW]를 초과하고 15[kW] 이하에 적용하는 기동법으로 전전압 기동법에 비해 기동전류와 기동토크를 $\frac{1}{3}$배로 줄일 수 있다.
   ③ 리액터 기동법 : 15[kW]를 넘는 전동기에 적용하며 리액터 전압강하에 의한 감전압 제어를 이용한다.
   ④ 기동보상기법 : 15[kW]를 넘는 전동기에 적용하며 단권변압기를 이용하여 전압 조정을 이용한다.

(2) 권선형 유도전동기의 기동법
   ① 2차 저항 기동법 : 회전자 권선에 2차 저항을 접속하여 비례추이원리를 이용한 기동법이다.
   ② 2차 임피던스 기동법
   ③ 게르게스 기동법

2. 유도전동기의 속도제어법

(1) 농형 유도전동기의 속도제어법
   ① 주파수 제어법 : 주파수를 변환하기 위하여 인버터를 사용하고 인버터 장치로 VVVF(가변전압 가변주파수) 장치가 사용되고 있다. 전동기의 고속운전에 필요한 속도제어에 이용되며 선박의 추진모터나 인견공장의 포트모터 속도제어 방법이다.
   ② 전압 제어법
   ③ 극수 변환법

(2) 권선형 유도전동기의 속도제어법
   ① 2차 저항 제어법 : 회전자 권선에 2차 저항을 접속하여 비례추이원리를 이용한 속도 제어법이다.
   ② 2차 여자법 : 유도전동기의 회전자에 슬립 주파수와 슬립 전압을 공급하여 속도를 제어하는 방법
   ③ 종속법

핵심유형문제 44

농형 유도전동기의 기동법이 아닌 것은? [07, 08, 09, 10, 12, 15, 18, (유)12]

① 기동보상기에 의한 기동법
② 2차 저항 기동법
③ 리액터 기동법
④ Y - △ 기동법

해설 2차 저항을 이용하는 기동법이나 속도제어법은 모두 권선형 유도전동기에 해당된다.

답 : ②

핵심45 유도전동기의 역회전과 원선도

1. 유도전동기의 역회전
3상 유도전동기의 회전방향을 반대로 바꾸기 위해서는 3선 중 임의의 2선의 접속을 바꿔야 한다.

2. 유도전동기의 제동법
① 역상제동 : 정회전 하는 전동기에 전원을 끊고 역회전 토크를 공급하여 정방향의 공회전 운전을 급속히 정지시키기 위한 방법으로 역회전 방지를 위해 플러깅 릴레이를 이용하기 때문에 플러깅 제동이라 표현하기도 한다.
② 발전제동 : 유도전동기를 제동하는 동안 유도발전기로 동작시키고 발전된 전기에너지를 저항을 이용하여 열에너지로 소모시켜 제동하는 방법
③ 회생제동 : 유도전동기를 제동하는 동안 유도발전기로 동작시키고 발전된 전기에너지를 다시 전원으로 되돌려 보내줌으로서 제동하는 방법

참고 플러깅 릴레이
속도검출계전기라 하며 전동기가 정지된 상태에서 역회전을 할 수 없도록 하는 것을 목적으로 하는 계전기이다. 따라서 역회전 토크는 오직 제동하는 동안에만 공급이 된다.

중요도 ★★★
출제빈도
총44회 시행
총18문 출제

3. 유도전동기의 원선도
부하에 따라 변화하는 전류 벡터를 그린 궤적이 원으로 표현되는 선도를 말하며 이 원선도로부터 유도전동기의 여러 가지 특성값들을 구할 수 있게 된다.

(1) 원선도에 표현되는 특성값
1차 전전류, 1차 부하전류, 1차 입력, 1차 동손, 2차 입력(또는 동기 와트), 2차 동손, 철손, 2차 출력

(2) 원선도를 그리기 위한 시험
① 무부하시험
② 구속시험
③ 권선저항 측정시험

핵심유형문제 45

3상 유도전동기의 운전 중 급속 정지가 필요할 때 사용하는 제동방식은?

[06, 17, 18, 19, (유)15]

① 단상 제동　　　　② 회생 제동
③ 발전 제동　　　　④ 역상 제동

해설 3상 유도전동기의 제동법 중 역상제동은 정회전 하는 전동기에 전원을 끊고 역회전 토크를 공급하여 정방향의 공회전 운전을 급속히 정지시키기 위한 방법으로 역회전 방지를 위해 플러깅 릴레이를 이용하기 때문에 플러깅 제동이라 표현하기도 한다.

답 : ④

핵심46 단상 유도전동기

단상 유도전동기는 회전자계가 없으므로 회전력을 발생하지 않는다. 이 때문에 주권선(또는 운동권선) 외에 보조권선(또는 기동권선)을 삽입하여 보조권선으로 회전자기장을 발생시키고 또한 회전력을 얻는다. 주로 가정용으로서 선풍기, 드릴, 믹서, 재봉틀 등에 사용된다.

1. 단상 유도전동기의 종류 및 특징

(1) 반발 기동형 : 기동토크가 가장 크고 정류자와 브러시를 사용하기 때문에 보수가 불편한 특징이 있다.

(2) 반발 유도형 : 반발 기동형에 이어 기동토크가 크며 무부하에서 이상 고속도가 되지 않도록 보호한다.

(3) 콘덴서 기동형 : 분상 기동형이나 또는 영구 콘덴서 전동기에 기동 콘덴서를 병렬로 접속하여 역률과 효율을 개선할 뿐만 아니라 기동토크 또한 크게 할 수 있다.

(4) 분상 기동형 : 콘덴서가 접속되지 않는 일반적인 단상 유도전동기로서 보조권선으로 기동하고 동기속도의 80[%]에 가까워지면 보조권선에 접속된 원심력개폐기를 작동시켜 회전을 지속할 수 있도록 한다.

(5) 셰이딩 코일형 : 기동토크가 작고 출력이 수 십[W] 이하인 소형 전동기에 사용되며 구조는 간단하고 역률과 효율이 낮다. 또한 운전 중에도 셰이딩 코일에 전류가 계속 흐르고 속도변동률이 크다. 회전자는 농형이고 고정자의 성층철심은 몇 개의 돌극으로 되어 있으며 회전방향을 바꿀 수 없는 단상 유도전동기이다.

> **참고**
> (1) 영구 콘덴서 전동기는 보조권선에 직렬로 콘덴서를 접속시킨 전동기로 주로 가정용 선풍기나 세탁기 등에 사용된다.
> (2) 단상 유도전동기의 역회전 방법
> 주권선(또는 운동권선)이나 보조권선(또는 기동권선) 중 어느 한쪽의 단자 접속을 반대로 한다.

2. 단상 유도전동기의 기동토오크 순서

반발기동형 〉 반발유도형 〉 콘덴서기동형 〉 분상기동형 〉 셰이딩코일형

핵심유형문제 46

다음 단상 유도전동기에서 역률이 가장 좋은 것은? [06, 07, 08, 18, 19②]

① 콘덴서기동형   ② 분상기동형   ③ 반발기동형   ④ 셰이딩코일형

해설 콘덴서 기동형은 분상 기동형이나 또는 영구 콘덴서 전동기에 기동 콘덴서를 병렬로 접속하여 역률과 효율을 개선할 뿐만 아니라 기동토크 또한 크게 할 수 있다.

답 : ①

핵심47 특수전동기

1. 단상 유도전압조정기

유도전동기와 같이 회전자 권선(또는 분로권선)과 고정자 권선(또는 직렬권선)을 지니고 있으며 또한 분로권선과 직각으로 위치하는 단락권선으로 이루어져 있다. 분로권선은 입력측에 접속하고 직렬권선은 출력측에 접속하여 단권변압기의 원리에 의해 출력측의 전압을 조정하는 특수기기이다. 그리고 단락권선은 직렬권선의 누설리액턴스를 감소시켜 전압강하를 경감시키는 역할을 한다.

> 참고
> (1) 단상 유도전압조정기는 단권변압기의 원리를 이용한다.
> (2) 3상 유도전압조정기는 3상 유도전동기의 원리를 이용한다.

2. 직류 스테핑 모터(DC stepping motor)

① 교류 동기 서보모터에 비하여 효율이 좋고 기동토크 또한 크다.
② 입력되는 전기신호에 따라 규정된 각도 만큼씩만 회전한다.
③ 전동기의 출력으로 속도, 거리, 방향 등을 정확하게 제어할 수 있다.
④ 입력으로 펄스신호를 가해주고 속도를 입력 펄스의 주파수에 의해 조절한다.

> 참고 스테핑 모터와 서보 모터는 자동제어 장치의 특수 전동기이다.

3. 교류 정류자전동기

① 단상 직권 정류자전동기 ; 직류와 교류를 겸용할 수 있는 만능전동기
② 3상 직권 정류자전동기 : 기동 토오크가 매우 크고 효율과 역률이 저속에서는 좋지 않지만 동기속도 부근에서는 양호한 특성을 지니고 있다.
③ 반발전동기 : 브러시를 이동하여 연속적인 속도제어가 가능한 전동기
④ 3상 분권 정류자전동기 : 시라게 전동기가 대표적이다.

> 참고 반발전동기의 종류
> 애트킨슨 반발전동기, 톰슨 반발전동기, 데리 반발전동기, 보상 반발전동기

핵심유형문제 47

단상 유도전압조정기의 단락권선의 역할은? [06, 09, 10, 18]

① 철손 경감
② 절연보호
③ 전압조정 용이
④ 전압강하 경감

해설 단상 유도전압조정기
유도전동기와 같이 회전자 권선(또는 분로권선)과 고정자 권선(또는 직렬권선)을 지니고 있으며 또한 분로권선과 직각으로 위치하는 단락권선으로 이루어져 있다. 분로권선은 입력측에 접속하고 직렬권선은 출력측에 접속하여 단권변압기의 원리에 의해 출력측의 전압을 조정하는 특수기기이다. 그리고 단락권선은 직렬권선의 누설리액턴스를 감소시켜 전압강하를 경감시키는 역할을 한다.

답 : ④

적중예상문제

01
유도전동기가 많이 사용되는 이유가 아닌 것은? [15]
① 값이 저렴
② 취급이 어려움
③ 전원을 쉽게 얻음
④ 구조가 간단하고 튼튼함

유도전동기가 많이 사용되는 이유
(1) 전원을 쉽게 얻을 수 있고 취급이 간단하다.
(2) 구조가 간단하고 튼튼하며 값이 싸다.
(3) 정속도 특성을 지니며 부하 변동에 대하여 속도의 변화가 적다.

02
다음 중 3상 유도전동기는 어느 것인가? [19]
① 권선형 ② 분상기동형
③ 콘덴서기동형 ④ 세이딩코일형

유도전동기의 종류

단상 유도전동기	3상 유도전동기
① 반발기동형 ② 반발유도형 ③ 콘덴서기동형 ④ 분상기동형 ⑤ 세이딩코일형	① 농형 유도전동기 ② 권선형 유도전동기 (2차 저항을 접속하기 위하여 슬립링이 사용된다.)

03
슬립링이 있는 유도전동기는? [06]
① 농형 ② 권선형
③ 심홈형 ④ 2중 농형

유도전동기의 종류

단상 유도전동기	3상 유도전동기
① 반발기동형 ② 반발유도형 ③ 콘덴서기동형 ④ 분상기동형 ⑤ 세이딩코일형	① 농형 유도전동기 ② 권선형 유도전동기 (2차 저항을 접속하기 위하여 슬립링이 사용된다.)

04
유도전동기의 동기속도 N_s, 회전속도 N일 때 슬립은? [08, 13, 18②]

① $s = \dfrac{N_s - N}{N}$ ② $s = \dfrac{N - N_s}{N}$

③ $s = \dfrac{N_s - N}{N_s}$ ④ $s = \dfrac{N_s + N}{N_s}$

유도전동기의 슬립은
∴ $s = \dfrac{N_s - N}{N_s}$ 이다.

05
회전수 1,728[rpm]인 유도전동기의 슬립은 몇 [%]인가?(단, 동기속도는 1,800[rpm]이다.) [08, 14, (유)09, 10]
① 2 ② 3
③ 4 ④ 5

$N = 1,728$[rpm], $N_s = 1,800$[rpm]일 때
$s = \dfrac{N_s - N}{N_s} \times 100$[%] 식에서
∴ $s = \dfrac{N_s - N}{N_s} \times 100 = \dfrac{1,800 - 1,728}{1,800} \times 100$
$= 4$[%]

06
6극 60[Hz] 3상 유도전동기의 동기속도는 몇 [rpm]인가? [08]
① 200 ② 750
③ 1,200 ④ 1,800

$p = 6$, $f = 60$[Hz]일 때
$N_s = \dfrac{120f}{p}$[rpm] 식에서
∴ $N_s = \dfrac{120f}{p} = \dfrac{120 \times 60}{6} = 1,200$[rpm]

해답 01 ② 02 ① 03 ② 04 ③ 05 ③ 06 ③

07

60[Hz], 4극 유도전동기가 1,700[rpm]으로 회전하고 있다. 이 전동기의 슬립은 약 얼마인가? [16, (유)14②]

① 3.42[%] ② 4.56[%]
③ 5.56[%] ④ 6.64[%]

$f = 60[Hz]$, $p = 4$, $N = 1,700[rpm]$일 때
$s = \dfrac{N_s - N}{N_s}$, $N_s = \dfrac{120f}{p}[rpm]$ 식에서
$N_s = \dfrac{120f}{p} = \dfrac{120 \times 60}{4} = 1,800[rpm]$
∴ $s = \dfrac{N_s - N}{N_s} \times 100 = \dfrac{1,800 - 1,700}{1,800} \times 100$
$= 5.56[\%]$

08

유도전동기에서 슬립이 1이면 전동기의 속도 N은? [06, 19]

① 동기 속도보다 빠르다.
② 정지이다.
③ 불변이다.
④ 동기속도와 같다.

유도전동기의 슬립이 1이면 회전자 속도가 $N=0$[rpm]일 때 이므로 유도전동기가 정지되어 있거나 또는 기동할 때임을 의미한다.

09

정지상태에 있는 3상 유도전동기의 슬립 값은? [10]

① ∞   ② 0
③ 1   ④ -1

유도전동기의 슬립이 1이면 회전자 속도가 $N=0$[rpm]일 때 이므로 유도전동기가 정지되어 있거나 또는 기동할 때임을 의미한다.

10

유도전동기에서 슬립이 가장 큰 경우는? [06, 14]

① 기동시   ② 무부하 운전시
③ 정격부하 운전시   ④ 경부하 운전시

유도전동기의 슬립이 1이면 회전자 속도가 $N=0$[rpm]일 때 이므로 유도전동기가 정지되어 있거나 또는 기동할 때임을 의미한다.

11

유도전동기에서 슬립이 0이란 것은 어느 것과 같은가? [09]

① 유도전동기가 동기 속도로 회전한다.
② 유도전동기가 정지 상태이다.
③ 유도전동기가 전부하 운전 상태이다.
④ 유도제동기의 역할을 한다.

유도전동기의 슬립이 0이면 회전자 속도가 동기 속도와 같은 $N = N_s[rpm]$일 때 이므로 유도전동기가 무부하 운전을 하거나 또는 정상속도에 도달하였음을 의미한다.

12

유도전동기의 무부하시 슬립은 얼마인가? [08, 15]

① 4   ② 3
③ 1   ④ 0

유도전동기의 슬립이 0이면 회전자 속도가 동기 속도와 같은 $N = N_s[rpm]$일 때 이므로 유도전동기가 무부하 운전을 하거나 또는 정상속도에 도달하였음을 의미한다.

해답 07 ③ 08 ② 09 ③ 10 ① 11 ① 12 ④

13

슬립이 4[%]인 유도전동기에서 동기속도가 1,200[rpm]일 때 전동기의 회전속도[rpm]는? [15]

① 697   ② 1,051
③ 1,152   ④ 1,321

$s = 0.04$, $N = 1,200$[rpm]일 때
$N = (1-s)N_s = (1-s)\dfrac{120f}{p}$ [rpm] 식에서
∴ $N = (1-s)N_s = (1-0.04) \times 1,200$
   $= 1,152$ [rpm]

14

주파수 60[Hz]의 회로에 접속되어 슬립 3[%], 회전수 1,164[rpm]으로 회전하고 있는 유도전동기의 극수는? [11, 16, 18]

① 5극   ② 6극
③ 7극   ④ 10극

$f = 60$[Hz], $s = 0.03$, $N = 1,164$[rpm]일 때
$N = (1-s)N_s = (1-s)\dfrac{120f}{p}$ [rpm] 식에서
∴ $p = (1-s)\dfrac{120f}{N} = (1-0.03) \times \dfrac{120 \times 60}{1,164}$
   $= 6$극

15

3상 유도전동기의 슬립의 범위는? [12]

① 0 < S < 1   ② -1 < S < 0
③ 1 < S < 2   ④ 0 < S < 2

유도전동기의 정회전시 슬립의 범위는 $0 < s < 1$ 이다.

16

용량이 작은 유도전동기의 경우 전부하에서의 슬립[%]은? [11, 15]

① 1 ~ 2.5   ② 2.5 ~ 4
③ 5 ~ 10   ④ 10 ~ 20

10[kW] 이하의 용량이 작은 3상 유도전동기의 전부하 슬립은 5~10[%]이다.

17

단상 유도전동기의 정회전 슬립이 s 이면 역회전 슬립은? [10, 11]

① $1 - s$ ② $1 + s$
③ $2 - s$ ④ $2 + s$

유도전동기의 역회전이나 제동시 슬립은 $2 - s$ 이다.

18

3상 유도전동기의 최고 속도는 우리나라에서 몇 [rpm]인가? [11]

① 3,600   ② 3,000
③ 1,800   ④ 1,500

우리나라 3상 유도전동기의 최고속도는 3,600[rpm] 이다.

19

정지된 유도전동기가 있다. 1차 권선에서 1상의 직렬 권선 회수가 100회이고, 1극 당의 평균 자속이 0.02[Wb], 주파수가 60[Hz]이라고 하면, 1차 권선의 1상에 유도되는 기전력의 실효값은 약 몇 [V]인가? (단, 1차 권선 계수는 1로 한다.) [09]

① 377[V]   ② 533[V]
③ 635[V]   ④ 730[V]

$N_1 = 100$, $\phi = 0.02$[Wb], $f = 60$[Hz], $k_{w1} = 1$ 일 때
$E_1 = 4.44 f_1 \phi N_1 k_{w1}$ [V] 식에서
∴ $E_1 = 4.44 f_1 \phi N_1 k_{w1}$
   $= 4.44 \times 60 \times 0.02 \times 100 \times 1 = 533$ [V]

20

슬립이 0.05이고 전원 주파수가 60[Hz]인 유도전동기의 회전자 회로의 주파수[Hz]는? [14]

① 1　　　　　② 2
③ 3　　　　　④ 4

$s = 0.05$, $f_1 = 60[\text{Hz}]$일 때
$f_{2s} = sf_2 = sf_1[\text{Hz}]$ 식에서
∴ $f_{2s} = sf_1 = 0.05 \times 60 = 3[\text{Hz}]$

21

2차 전압 200[V], 2차 권선저항 0.03[Ω], 2차 리액턴스 0.04[Ω]인 유도전동기가 3[%]의 슬립으로 운전 중이라면 2차 전류[A]는? [13, (유)11]

① 20　　　　② 100
③ 200　　　　④ 254

$E_2 = 200[\text{V}]$, $r_2 = 0.03[\Omega]$, $x_2 = 0.04[\Omega]$, $s = 0.03$일 때

$I_2 = \dfrac{E_{2s}}{\sqrt{r_2^2 + (sx_2)^2}} = \dfrac{sE_2}{\sqrt{r_2^2 + (sx_2)^2}}$ [A] 식에서

∴ $I_2 = \dfrac{sE_2}{\sqrt{r_2^2 + (sx_2)^2}}$
$= \dfrac{0.03 \times 200}{\sqrt{0.03^2 + (0.03 \times 0.04)^2}} = 200[\text{A}]$

22

슬립 $s = 5[\%]$, 2차 저항 $r_2 = 0.1[\Omega]$인 유도전동기의 등가저항 $R[\Omega]$은 얼마인가? [15, 18]

① 0.4　　　　② 0.5
③ 1.9　　　　④ 2.0

$R = \left(\dfrac{1-s}{s}\right)r_2 = \left(\dfrac{1}{s} - 1\right)r_2[\Omega]$ 식에서

∴ $R = \left(\dfrac{1}{s} - 1\right)r_2 = \left(\dfrac{1}{0.05} - 1\right) \times 0.1 = 1.9[\Omega]$

23

슬립 4[%]인 3상 유도전동기의 2차 동손이 0.4[kW]일 때 회전자 입력[kW]은? [13]

① 6　　　　　② 8
③ 10　　　　　④ 12

$s = 0.04$, $P_{c2} = 0.4[\text{kW}]$일 때
$P_2 = \dfrac{1}{s}P_{c2} = \dfrac{1}{1-s}P_0$ 식에서

∴ $P_2 = \dfrac{1}{s}P_{c2} = \dfrac{1}{0.04} \times 0.4 = 10[\text{kW}]$

24

출력 12[kW], 회전수 1,140[rpm]인 유도전동기의 동기와트는 약 몇 [kW]인가?(단, 동기속도 N_s는 1,200[rpm]이다.) [12]

① 10.4　　　　② 11.5
③ 12.6　　　　④ 13.2

$P_0 = 12[\text{kW}]$, $N = 1,140[\text{rpm}]$, $N_s = 1,200[\text{rpm}]$일 때

$s = \dfrac{N_s - N}{N_s}$, $P_2 = \dfrac{1}{s}P_{c2} = \dfrac{1}{1-s}P_0$ 식에서

$s = \dfrac{N_s - N}{N_s} = \dfrac{1,200 - 1,140}{1,200} = 0.05$ 이므로

∴ $P_2 = \dfrac{1}{1-s}P_0 = \dfrac{1}{1-0.05} \times 12 = 12.6[\text{kW}]$

25

회전자 입력 10[kW], 슬립 4[%]인 3상 유도전동기의 2차 동손은 몇 [kW]인가? [06, 08, 09, (유)15, 19]

① 9.6　　　　② 4
③ 0.4　　　　④ 0.2

$P_2 = 10[\text{kW}]$, $s = 0.04$일 때
$P_{c2} = sP_2 = \dfrac{s}{1-s}P_0$ 식에서

∴ $P_{c2} = sP_2 = 0.04 \times 10 = 0.4[\text{kW}]$

해답　20 ③　21 ③　22 ③　23 ③　24 ③　25 ③

26

출력 10[kW], 슬립 4[%]로 운전되고 있는 3상 유도전동기의 2차 동손은 약 몇 [W]인가? [13]

① 250 ② 315
③ 417 ④ 620

$P_0 = 10[\text{kW}]$, $s = 0.04$일 때
$P_{c2} = sP_2 = \dfrac{s}{1-s}P_0$ 식에서
$\therefore P_{c2} = \dfrac{s}{1-s}P_0 = \dfrac{0.04}{1-0.04} \times 10 \times 10^3$
$= 417[\text{W}]$

27

15[kW], 60[Hz], 4극의 3상 유도전동기가 있다. 전부하가 걸렸을 때의 슬립이 4[%]라면 이 때의 2차(회전자)측 동손은 약 몇 [kW]인가? [13]

① 1.2 ② 1.0
③ 0.8 ④ 0.6

$P_0 = 15[\text{kW}]$, $f = 60[\text{Hz}]$, $p = 4$, $s = 0.04$일 때
$P_{c2} = sP_2 = \dfrac{s}{1-s}P_0$ 식에서
$\therefore P_{c2} = \dfrac{s}{1-s}P_0 = \dfrac{0.04}{1-0.04} \times 15 = 0.6[\text{kW}]$

28

회전자 입력을 P, 슬립을 s라 할 때 3상 유도전동기의 기계적 출력의 관계식은? [12]

① sP_2 ② $(1-s)P_2$
③ s^2P_2 ④ $\dfrac{P_2}{s}$

$P_2 = P$일 때
$P_0 = (1-s)P_2 = \dfrac{1-s}{s}P_{c2}$ 식에서
$\therefore P_0 = (1-s)P_2 = (1-s)P[\text{W}]$

29

3상 유도전동기의 1차 입력 60[kW], 1차 손실 1[kW], 슬립 3[%]일 때 기계적 출력[kW]은? [09, 13, 14]

① 62 ② 60
③ 59 ④ 57

$P_1 = 60[\text{kW}]$, $P_{l1} = 1[\text{kW}]$, $s = 0.03$일 때
1차 출력임과 동시에 2차 입력인 P_2는
$P_2 = P_1 - P_{l1} = 60 - 1 = 59[\text{kW}]$ 이므로
$P_0 = (1-s)P_2 = \dfrac{1-s}{s}P_{c2}$ 식에서
$\therefore P_0 = (1-s)P_2 = (1-0.03) \times 59 = 57[\text{kW}]$

30

동기와트 P_2, 출력 P_0, 슬립 s, 동기속도 N_s, 회전속도 N, 2차 동손 P_{2c}일 때 2차 효율 표기로 틀린 것은? [16]

① $1-s$ ② $\dfrac{P_{2c}}{P_2}$
③ $\dfrac{P_0}{P_2}$ ④ $\dfrac{N}{N_s}$

$\eta_2 = \dfrac{P_0}{P_2} = 1 - s = \dfrac{N}{N_s}$ 이다.

31

200[V], 50[Hz], 8극, 15[KW]의 3상 유도전동기에서 전부하 회전수가 720[rpm]이면 이 전동기의 2차 효율은 몇 [%]인가? [07, 09, 18]

① 86 ② 96
③ 98 ④ 100

$V = 200[\text{V}]$, $f = 50[\text{Hz}]$, $p = 8$, $P_0 = 15[\text{kW}]$,
$N = 720[\text{rpm}]$일 때
$N_s = \dfrac{120f}{p}[\text{rpm}]$, $\eta_2 = \dfrac{P_0}{P_2} = 1 - s = \dfrac{N}{N_s}$ 식에서
$N_s = \dfrac{120 \times 50}{8} = 750[\text{rpm}]$ 이므로
$\therefore \eta_2 = \dfrac{N}{N_s} = \dfrac{720}{750} = 0.96[\text{pu}] = 96[\%]$

32

3[kW], 1,500[rpm] 유도전동기의 토크 [N·m]는 약 얼마인가? [09]

① 1.91[N·m] ② 19.1[N·m]
③ 29.1[N·m] ④ 114.6[N·m]

$P_0 = 3[kW]$, $N = 1,500[rpm]$일 때
$\tau = 9.55 \dfrac{P_0}{N} [N \cdot m] = 0.975 \dfrac{P_0}{N} [kg \cdot m]$ 식에서
$\therefore \tau = 9.55 \dfrac{P_0}{N} = 9.55 \times \dfrac{3 \times 10^3}{1,500} = 19.1[N \cdot m]$

33

3상 유도전동기의 토크는? [11, 14]

① 2차 유도기전력의 2승에 비례한다.
② 2차 유도기전력에 비례한다.
③ 2차 유도기전력과 무관한다.
④ 2차 유도기전력의 0.5승에 비례한다.

유도전동기의 토크는 출력과 입력에 비례하고, 또한 출력과 입력은 전압의 제곱에 비례하기 때문에 토크는 전압의 제곱에 비례함을 알 수 있다.

34

슬립이 일정한 경우 유도전동기의 공급 전압이 50[%]로 감소되면 토크는 처음에 비해 어떻게 되는가? [15]

① 2배가 된다. ② 1배가 된다.
③ $\dfrac{1}{2}$로 줄어든다. ④ $\dfrac{1}{4}$로 줄어든다.

유도전동기의 토크는 전압의 제곱에 비례하므로 전압이 50[%], 즉 $\dfrac{1}{2}$배 감소할 때 토크는
$\therefore \left(\dfrac{1}{2}\right)^2 = \dfrac{1}{4}$배로 줄어든다.

35

일정한 주파수의 전원에서 운전하는 3상 유도전동기의 전원 전압이 80[%]가 되었다면 토크는 약 몇 [%]가 되는가?(단, 회전수는 변하지 않는 상태로 한다.) [11]

① 55 ② 64
③ 76 ④ 82

유도전동기의 토크는 전압의 제곱에 비례하므로 전압이 80[%]가 되었다면 토크는
$\therefore 0.8^2 = 0.64[pu] = 64[\%]$

36

3상 유도전동기의 2차 저항을 2배로 하면 그 값이 2배로 되는 것은? [15]

① 슬립 ② 토크
③ 전류 ④ 역률

비례추이원리의 특징
(1) 2차 저항에 비례하여 변화시키는 값은 슬립이다.
(2) 2차 저항을 변화시켜 기동전류를 억제하고 기동토크를 증대시키기는 것이 목적이다.
(3) 2차 저항이 변화하여도 최대토크는 변하지 않는다.

37

권선형 유도전동기 기동시 회전자 측에 저항을 넣는 이유는? [13]

① 기동전류 증가
② 기동전류 억제와 기동토크 증대
③ 기동토크 감소
④ 회전수 감소

비례추이원리의 특징
(1) 2차 저항에 비례하여 변화시키는 값은 슬립이다.
(2) 2차 저항을 변화시켜 기동전류를 억제하고 기동토크를 증대시키기는 것이 목적이다.
(3) 2차 저항이 변화하여도 최대토크는 변하지 않는다.

해답 32 ② 33 ① 34 ④ 35 ② 36 ① 37 ②

38

3상 권선형 유도전동기의 기동시 2차측에 저항을 접속하는 이유는? [11]

① 기동 토크를 크게 하기 위해
② 회전수를 감소시키기 위해
③ 기동 전류를 크게 하기 위해
④ 역률을 개선하기 위해

비례추이원리의 특징
(1) 2차 저항에 비례하여 변화시키는 값은 슬립이다.
(2) 2차 저항을 변화시켜 기동전류를 억제하고 기동토크를 증대시키기는 것이 목적이다.
(3) 2차 저항이 변화하여도 최대토크는 변하지 않는다.

39

3상 유도전동기에서 2차측 저항을 2배로 하면 그 최대토크는 어떻게 되는가? [06, 18]

① 변하지 않는다.   ② 2배로 된다.
③ $\sqrt{2}$ 배로 된다.   ④ $\frac{1}{2}$ 배로 된다.

비례추이원리의 특징
(1) 2차 저항에 비례하여 변화시키는 값은 슬립이다.
(2) 2차 저항을 변화시켜 기동전류를 억제하고 기동토크를 증대시키기는 것이 목적이다.
(3) 2차 저항이 변화하여도 최대토크는 변하지 않는다.

40

유도전동기에서 비례추이를 적용할 수 없는 것은? [07]

① 토크   ② 1차 전류
③ 효율   ④ 역률

(1) 비례추이를 할 수 있는 특성
  토크, 1차 입력, 2차 입력(또는 동기와트), 1차 전류, 2차 전류, 역률
(2) 비례추이를 할 수 없는 특성
  출력, 효율, 2차 동손, 동기속도

41

농형 유도전동기의 기동법이 아닌 것은? [14, 18, 19]

① 전전압 기동
② △-△ 기동
③ 기동보상기에 의한 기동
④ 리액터 기동

농형 유도전동기의 기동법
(1) 전전압 기동법 : 5.5[kW] 이하의 소형에 적용
(2) Y-△ 기동법 : 5.5[kW]를 초과하고 15[kW] 이하에 적용하는 기동법으로 전전압 기동법에 비해 기동전류와 기동토크를 $\frac{1}{3}$ 배로 줄일 수 있다.
(3) 리액터 기동법 : 15[kW]를 넘는 전동기에 적용하며 리액터 전압강하에 의한 감전압 제어를 이용한다.
(4) 기동보상기법 : 15[kW]를 넘는 전동기에 적용하며 단권변압기를 이용하여 전압 조정을 이용한다.

42

유도전동기의 Y-△ 기동시 기동토크와 기동전류는 전전압 기동시의 몇 배가 되는가? [06, 18, 19, (유)15]

① $\frac{1}{\sqrt{3}}$ ② $\sqrt{3}$
③ $\frac{1}{3}$ ④ 3

농형 유도전동기의 Y-△ 기동법은 5.5[kW]를 초과하고 15[kW] 이하에 적용하는 기동법으로 전전압 기동법에 비해 기동전류와 기동토크를 $\frac{1}{3}$ 배로 줄일 수 있다.

해답 38 ①   39 ①   40 ③   41 ②   42 ③

43

5.5[kW], 200[V] 유도전동기의 전전압 기동시의 기동 전류가 150[A]이었다. 여기에 Y-△ 기동시 기동 전류는 몇 [A]가 되는가? [12②]

① 50　　　　② 70
③ 87　　　　④ 95

농형 유도전동기의 Y-△ 기동법은 5.5[kW]를 초과하고 15[kW] 이하에 적용하는 기동법으로 전전압 기동법에 비해 기동전류와 기동토크를 $\frac{1}{3}$ 배로 줄일 수 있다.

∴ $150 \times \frac{1}{3} = 50[A]$

44

50[kW]의 농형 유도전동기를 기동하려고 할 때, 다음 중 가장 적당한 기동 방법은? [07, 14]

① 분상기동형　　　② 기동보상기법
③ 권선형기동법　　④ 슬립부하기동법

농형 유도전동기의 기동법 중 리액터 기동법과 기동보상기법은 전동기의 출력이 15[kW]를 넘는 경우에 적용하는 기동법이다.

45

권선형에서 비례추이를 이용한 기동법은? [08, 15, 18]

① 리액터 기동법　　② 기동 보상기법
③ 2차 저항 기동법　④ Y-△ 기동법

권선형 유도전동기의 기동법
(1) 2차 저항 기동법 : 회전자 권선에 2차 저항을 접속하여 비례추이원리를 이용한 기동법이다.
(2) 2차 임피던스 기동법
(3) 게르게스 기동법

46

3상 농형 유도전동기의 속도제어는 주로 어떤 제어를 사용하는가? [06, 09]

① 사이리스터 제어　② 2차 저항제어
③ 주파수제어　　　④ 계자제어

농형 유도전동기의 속도제어법
(1) 주파수 제어법은 주파수를 변환하기 위하여 인버터를 사용하고 인버터 장치로 VVVF(가변전압 가변주파수) 장치가 사용되고 있다. 전동기의 고속운전에 필요한 속도제어에 이용되며 선박의 추진모터나 인견공장의 포트모터 속도제어 방법이다.
(2) 전압 제어법
(3) 극수 변환법

47

3상 유도전동기의 속도제어 방법 중 인버터(inverter)를 이용한 속도 제어법은? [16]

① 극수 변환법　　② 전압 제어법
③ 초퍼 제어법　　④ 주파수 제어법

주파수 제어법은 주파수를 변환하기 위하여 인버터를 사용하고 인버터 장치로 VVVF(가변전압 가변주파수) 장치가 사용되고 있다. 전동기의 고속운전에 필요한 속도제어에 이용되며 선박의 추진모터나 인견공장의 포트모터 속도제어 방법이다.

48

반도체 사이리스터에 의한 전동기의 속도 제어 중 주파수 제어는? [07, 15]

① 초퍼제어　　　② 인버터제어
③ 컨버터제어　　④ 브리지 정류제어

주파수 제어법은 주파수를 변환하기 위하여 인버터를 사용하고 인버터 장치로 VVVF(가변전압 가변주파수) 장치가 사용되고 있다. 전동기의 고속운전에 필요한 속도제어에 이용되며 선박의 추진모터나 인견공장의 포트모터 속도제어 방법이다.

해답　43 ①　44 ②　45 ③　46 ③　47 ④　48 ②

49
다음 중 유도전동기의 속도 제어에 사용되는 인버터 장치의 약호는? [08, 09]

① CVCF
② VVVF
③ CVVF
④ VVCF

주파수 제어법은 주파수를 변환하기 위하여 인버터를 사용하고 인버터 장치로 VVVF(가변전압 가변주파수) 장치가 사용되고 있다. 전동기의 고속 운전에 필요한 속도제어에 이용되며 선박의 추진 모터나 인경공장의 포트모터 속도제어 방법이다.

50
인견 공업에 쓰여 지는 포트 전동기의 속도 제어는? [09, 12, 18, 19]

① 극수 변환
② 1차 회전에 의한 제어
③ 주파수 변환에 의한 제어
④ 저항에 의한 제어

주파수 제어법은 주파수를 변환하기 위하여 인버터를 사용하고 인버터 장치로 VVVF(가변전압 가변주파수) 장치가 사용되고 있다. 전동기의 고속 운전에 필요한 속도제어에 이용되며 선박의 추진 모터나 인경공장의 포트모터 속도제어 방법이다.

51
비례추이를 이용하여 속도제어가 되는 전동기는? [10, 19]

① 권선형 유도전동기
② 농형 유도전동기
③ 직류 분권전동기
④ 동기전동기

권선형 유도전동기의 속도제어법
(1) 2차 저항 제어법 : 회전자 권선에 2차 저항을 접속하여 비례추이원리를 이용한 속도 제어법이다.
(2) 2차 여자법 : 유도전동기의 회전자에 슬립 주파수와 슬립 전압을 공급하여 속도를 제어하는 방법
(3) 종속법

52
유도전동기의 회전자에 슬립 주파수의 전압을 공급하여 속도 제어를 하는 것은? [06, 10, 12]

① 2차 저항법
② 2차 여자법
③ 자극수 변환
④ 인버터 주파수 변환법

2차 여자법은 권선형 유도전동기의 회전자에 슬립 주파수와 슬립 전압을 공급하여 속도를 제어하는 방법

53
3상 유도전동기의 회전방향을 바꾸기 위한 방법으로 가장 옳은 것은? [07, 13, 16, 18]

① △-Y 결선으로 결선법을 바꾸어 준다.
② 전원의 전압과 주파수를 바꾸어 준다.
③ 전동기의 1차 권선에 있는 3개의 단자 중 어느 2개의 단자를 서로 바꾸어 준다.
④ 기동 보상기를 사용하여 권선을 바꾸어 준다.

3상 유도전동기의 회전방향을 반대로 바꾸기 위해서는 3선 중 임의의 2선의 접속을 바꿔야 한다.

54
3상 유도전동기의 회전방향을 바꾸기 위한 방법은? [11, (유)15]

① 3상의 3선 접속을 모두 바꾼다.
② 3상의 3선 중 2선의 접속을 바꾼다.
③ 3상의 3선 중 1선에 리액턴스를 연결한다.
④ 3상의 3선 중 2선에 같은 리액턴스를 연결한다.

3상 유도전동기의 회전방향을 반대로 바꾸기 위해서는 3선 중 임의의 2선의 접속을 바꿔야 한다.

해답 49 ② 50 ③ 51 ① 52 ② 53 ③ 54 ②

55
전동기의 회전 방향을 바꾸는 역회전의 원리를 이용한 제동 방법은? [11]

① 역상제동
② 유도제동
③ 발전제동
④ 회생제동

유도전동기의 제동법
(1) 역상제동 : 정회전 하는 전동기에 전원을 끊고 역회전 토크를 공급하여 정방향의 공회전 운전을 급속히 정지시키기 위한 방법으로 역회전 방지를 위해 플러깅 릴레이를 이용하기 때문에 플러깅 제동이라 표현하기도 한다.
(2) 발전제동 : 유도전동기를 제동하는 동안 유도발전기로 동작시키고 발전된 전기에너지를 저항을 이용하여 열에너지로 소모시켜 제동하는 방법
(3) 회생제동 : 유도전동기를 제동하는 동안 유도발전기로 동작시키고 발전된 전기에너지를 다시 전원으로 되돌려 보내줌으로서 제동하는 방법

56
유도전동기의 제동법이 아닌 것은? [15]

① 3상제동
② 발전제동
③ 회생제동
④ 역상제동

유도전동기의 제동법
(1) 역상제동
(2) 발전제동
(3) 회생제동

57
3상 유도전동기의 원선도를 그리는데 필요하지 않은 것은? [07②, 11, (유)10]

① 저항측정
② 무부하시험
③ 구속시험
④ 슬립측정

원선도를 그리기 위한 시험
(1) 무부하시험
(2) 구속시험
(3) 권선저항 측정시험

58
3상 유도전동기에서 원선도 작성에 필요한 시험은? [09]

① 전력시험
② 부하시험
③ 전압측정시험
④ 무부하시험

원선도를 그리기 위한 시험
(1) 무부하시험
(2) 구속시험
(3) 권선저항 측정시험

59
단상 유도전동기에 보조권선을 사용하는 주된 이유는? [13]

① 회전자장을 얻는다.
② 기동 전류를 줄인다.
③ 속도제어를 한다.
④ 역률개선을 한다.

단상 유도전동기는 회전자계가 없으므로 회전력을 발생하지 않는다. 이 때문에 주권선(또는 운동권선) 외에 보조권선(또는 기동권선)을 삽입하여 보조권선으로 회전자기장을 발생시키고 또한 회전력을 얻는다. 주로 가정용으로서 선풍기, 드릴, 믹서, 재봉틀 등에 사용된다.

60
선풍기, 드릴, 믹서, 재봉틀 등에 주로 사용되는 전동기는? [06, 15]

① 단상 유도전동기
② 권선형 유도전동기
③ 동기전동기
④ 직류 직권전동기

단상 유도전동기는 주로 가정용으로서 선풍기, 드릴, 믹서, 재봉틀 등에 사용된다.

해답 55 ① 56 ① 57 ④ 58 ④ 59 ① 60 ①

61

역률과 효율이 좋아서 가정용 선풍기, 전기세탁기, 냉장고 등에 주로 사용되는 것은? [06, 14, 16, 19]

① 분상 기동형 전동기
② 반발 기동형 전동기
③ 콘덴서 기동형 전동기
④ 셰이딩 코일형 전동기

콘덴서 기동형 단상 유도전동기는 분상 기동형이나 또는 영구 콘덴서 전동기에 기동 콘덴서를 병렬로 접속하여 역률과 효율을 개선할 뿐만 아니라 기동토크 또한 크게 할 수 있다.

62

가정용 선풍기나 세탁기 등에 많이 사용되는 단상 유도전동기는? [13]

① 분상 기동형
② 콘덴서 기동형
③ 영구 콘덴서 전동기
④ 반발 기동형

영구 콘덴서 전동기는 보조권선에 직렬로 콘덴서를 접속시킨 전동기로 주로 가정용 선풍기나 세탁기 등에 사용된다.

63

분상기동형 단상 유도전동기 원심개폐기의 작동 시기는 회전자 속도가 동기속도의 몇 [%] 정도인가? [12]

① 10~30[%]   ② 40~50[%]
③ 60~80[%]   ④ 90~100[%]

분상 기동형 단상 유도전동기는 콘덴서가 접속되지 않는 일반적인 단상 유도전동기로서 보조권선으로 기동하고 동기속도의 80[%]에 가까워지면 보조권선에 접속된 원심력개폐기를 작동시켜 회전을 지속할 수 있도록 한다.

64

세이딩코일형 유도전동기의 특징을 나타낸 것으로 틀린 것은? [13]

① 역률과 효율이 좋고 구조가 간단하여 세탁기 등 가정용 기기에 많이 쓰인다.
② 회전자는 농형이고 고정자의 성층철심은 몇 개의 돌극으로 되어있다.
③ 기동토크가 작고 출력이 수 10[W] 이하의 소형 전동기에 주로 사용된다.
④ 운전 중에서도 세이딩코일에 전류가 흐르고 속도변동률이 크다.

세이딩 코일형 단상 유도전동기는 기동토크가 작고 출력이 수 십[W] 이하인 소형 전동기에 사용되며 구조는 간단하고 역률과 효율이 낮다. 또한 운전 중에도 세이딩 코일에 전류가 계속 흐르고 속도변동률이 크다. 회전자는 농형이고 고정자의 성층철심은 몇 개의 돌극으로 되어 있으며 회전방향을 바꿀 수 없는 단상 유도전동기이다.

65

유도전동기에서 회전 방향을 바꿀 수 없고, 구조가 극히 단순하며, 기동 토크가 대단히 작아서 운전 중에도 코일에 전류가 계속 흐르므로 소형 선풍기 등 출력이 매우 작은 0.05 마력 이하의 소형 전동기에 사용되고 있는 것은? [06, (유)12]

① 셰이딩코일형 유도전동기
② 영구 콘덴서형 단상 유도전동기
③ 콘덴서기동형 단상 유도전동기
④ 분상기동형 단상 유도전동기

세이딩 코일형 단상 유도전동기는 기동토크가 작고 출력이 수 십[W] 이하인 소형 전동기에 사용되며 구조는 간단하고 역률과 효율이 낮다. 또한 운전 중에도 세이딩 코일에 전류가 계속 흐르고 속도변동률이 크다. 회전자는 농형이고 고정자의 성층철심은 몇 개의 돌극으로 되어 있으며 회전방향을 바꿀 수 없는 단상 유도전동기이다.

해답 61 ③ 62 ③ 63 ③ 64 ① 65 ①

66
그림과 같은 분상 기동형 단상 유도전동기를 역회전시키기 위한 방법이 아닌 것은? [12, 15]

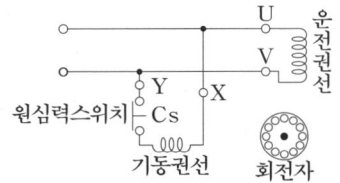

① 원심력 스위치를 개로 또는 폐로 한다.
② 기동권선이나 운전권선의 어느 한 권선의 단자 접속을 반대로 한다.
③ 기동권선의 단자 접속을 반대로 한다.
④ 운전권선의 단자 접속을 반대로 한다.

단상 유도전동기의 역회전 방법
주권선(또는 운동권선)이나 보조권선(또는 기동권선) 중 어느 한쪽의 단자 접속을 반대로 한다.

67
단상 유도전동기 기동장치에 의한 분류가 아닌 것은? [13, (유)08]

① 분상 기동형   ② 콘덴서 기동형
③ 세이딩 코일형 ④ 회전계자형

단상 유도전동기는 기동방법에 따라 반발기동형, 반발유도형, 콘덴서기동형, 분상기동형, 세이딩코일형으로 구분한다.

68
단상 유도전동기 중 (ㄱ) 반발기동형, (ㄴ) 콘덴서기동형, (ㄷ) 분상기동형, (ㄹ) 셰이딩코일형이라 할 때, 기동 토크가 큰 것부터 옳게 나열한 것은? [10, 11, 15]

① (ㄱ) > (ㄴ) > (ㄷ) > (ㄹ)
② (ㄱ) > (ㄹ) > (ㄴ) > (ㄷ)
③ (ㄱ) > (ㄷ) > (ㄹ) > (ㄴ)
④ (ㄱ) > (ㄴ) > (ㄹ) > (ㄷ)

단상 유도전동기의 기동토오크 순서
반발기동형 > 반발유도형 > 콘덴서기동형 > 분상기동형 > 세이딩코일형

69
다음 중 단상 유도전동기의 기동방법 중 기동 토크가 가장 큰 것은? [08, 10, 13, 16]

① 분상 기동형   ② 반발 유도형
③ 콘덴서 기동형 ④ 반발 기동형

단상 유도전동기의 기동토오크 순서
반발기동형 > 반발유도형 > 콘덴서기동형 > 분상기동형 > 세이딩코일형

70
단상 유도전동기의 기동법 중에서 기동 토크가 가장 작은 것은? [10]

① 반발 유도형   ② 반발 기동형
③ 콘덴서 기동형 ④ 분상 기동형

단상 유도전동기의 기동토오크 순서
반발기동형 > 반발유도형 > 콘덴서기동형 > 분상기동형 > 세이딩코일형

71
단상 유도전동기를 기동하려고 할 때 다음 중 기동 토크가 가장 작은 것은? [07]

① 셰이딩 코일형 ② 반발 기동형
③ 콘덴서 기동형 ④ 분상 기동형

단상 유도전동기의 기동토오크 순서
반발기동형 > 반발유도형 > 콘덴서기동형 > 분상기동형 > 세이딩코일형

72

직류 스테핑 모터(DC stepping motor)의 특징 설명 중 가장 옳은 것은? [06, 15]

① 교류 동기 서보모터에 비하여 효율이 나쁘고 토크 발생도 작다.
② 이 전동기는 입력되는 각 전기 신호에 따라 계속하여 회전한다.
③ 이 전동기는 일반적인 공작기계에 많이 사용된다.
④ 이 전동기의 출력을 이용하여 특수기계의 속도, 거리, 방향 등을 정확하게 제어가 가능하다.

직류 스테핑 모터(DC stepping motor)
(1) 교류 동기 서보모터에 비하여 효율이 좋고 기동토크 또한 크다.
(2) 입력되는 전기신호에 따라 규정된 각도 만큼씩만 회전한다.
(3) 전동기의 출력으로 속도, 거리, 방향 등을 정확하게 제어할 수 있다.
(4) 입력으로 펄스신호를 가해주고 속도를 입력 펄스의 주파수에 의해 조절한다.

참고 스테핑 모터와 서보 모터는 자동제어 장치의 특수 전동기이다.

73

교류 동기 서보모터에 비하여 효율이 훨씬 좋고 큰 토크를 발생하여 입력되는 각 전기 신호에 따라 규정된 각도만큼씩 회전하며 회전자는 축 방향으로 자화된 영구 자석으로서 보통 50개 정도의 톱니로 만들어져 있는 것은? [07]

① 전기동력계   ② 유도전동기
③ 직류 스테핑모터 ④ 동기전동기

직류 스테핑 모터는 교류 동기 서보모터에 비하여 효율이 좋고 기동토크 또한 크다. 그리고 입력되는 전기신호에 따라 규정된 각도 만큼씩만 회전한다.

74

입력으로 펄스신호를 가해주고 속도를 입력 펄스의 주파수에 의해 조절하는 전동기는? [15]

① 전기동력계   ② 서보전동기
③ 스테핑 전동기 ④ 권선형 유도전동기

직류 스테핑 모터는 입력으로 펄스신호를 가해주고 속도를 입력 펄스의 주파수에 의해 조절한다.

75

자동제어 장치의 특수 전기기기로 사용되는 전동기는? [08]

① 전기 동력계   ② 3상 유도전동기
③ 직류 스테핑 모터 ④ 초 동기전동기

스테핑 모터와 서보 모터는 자동제어 장치의 특수 전동기이다.

76

교류 정류자전동기가 아닌 것은? [08]

① 만능 전동기   ② 콘덴서 전동기
③ 시라게 전동기 ④ 반발 전동기

교류 정류자전동기
(1) 단상 직권 정류자전동기 : 직류와 교류를 겸용할 수 있는 만능전동기
(2) 3상 직권 정류자전동기 : 기동 토오크가 매우 크고 효율과 역률이 저속에서는 좋지 않지만 동기속도 부근에서는 양호한 특성을 지니고 있다.
(3) 반발전동기 : 브러시를 이동하여 연속적인 속도제어가 가능한 전동기
(4) 3상 분권 정류자전동기 : 시라게 전동기가 대표적이다.

해답 72 ④ 73 ③ 74 ③ 75 ③ 76 ②

77

용량이 작은 전동기로 직류와 교류를 겸용할 수 있는 전동기는? [13]

① 셰이딩전동기
② 단상 반발전동기
③ 단상 직권 정류자전동기
④ 리니어전동기

교류 정류자전동기 중 단상 직권 정류자전동기는 직류와 교류를 겸용할 수 있는 만능전동기이다.

해답 77 ③

05 반도체

중요도 ★★
출제빈도
총44회 시행
총10문 출제

핵심48 반도체의 개요

1. P형 반도체

진성반도체인 규소(Si)와 게르마늄(Ge)은 최외각 전자의 수가 4개인 4가 원소이다. 이 물질에 최외각 전자의 수가 3개인 붕소(B), 갈륨(Ga), 인듐(In)과 같은 3가 원소를 불순물로 첨가하면 전기 전도의 주된 역할을 하는 반송자가 정공(또는 양공)이 되는 P형 반도체가 된다. 정공은 반도체 내의 결합된 전자의 이탈에 의해 생성되며 불순물을 억셉터라 한다. P형 반도체의 특징을 간단히 정리하면 다음과 같다.
① 불순물은 3가 원소로서 억셉터라 한다.
② 전기 전도는 전공과 전자의 이동으로 발생되며 주반송자는 정공이다.
③ 정공의 생성 원리는 결합전자의 이탈이다.

2. N형 반도체

진성반도체인 규소(Si)와 게르마늄(Ge)에 최외각 전자의 수가 5개인 질소(N), 인(P), 비소(As), 안티몬(Sb)와 같은 5가 원소를 불순물로 첨가하면 전기 전도의 주된 역할을 하는 반송자가 전자가 되는 N형 반도체가 된다. 이 때 불순물을 도우너라 한다. N형 반도체의 특징을 간단히 정리하면 다음과 같다.
① 불순물은 5가 원소로서 도우너라 한다.
② 전기 전도의 주반송자는 전자이다.

3. 반도체의 특성

① 전기 전도성은 금속과 절연체의 중간적 성질을 갖는다.
② 온도에 대해서는 금속과는 달리 부성저항 특성을 지니기 때문에 온도가 증가되면 저항은 감소한다. 매우 낮은 온도에서 절연체가 된다.
③ 불순물을 첨가하면 도전성이 증가되어 저항이 감소한다.
  [참고] 구리 도체는 금속 도체로서 온도에 따른 정(+)특성을 갖기 때문에 온도가 증가하면 저항도 함께 증가한다.

핵심유형문제 48

P형 반도체의 전기 전도의 주된 역할을 하는 반송자는?   [09, 13]

① 전자   ② 가전자
③ 불순물   ④ 정공

[해설] P형 반도체의 전기 전도는 전공과 전자의 이동으로 발생되며 주반송자는 정공이다.

답 : ④

핵심49 반도체의 종류(Ⅰ)

1. P-N접합 다이오드

다이오드 소자는 P-N 접합이라는 구조로 되어 있어 P형 반도체의 단자를 애노드(Anode), N형 반도체의 단자를 캐소드(Cathode)라 한다. 순방향 전압은 P형에 (+), N형에 (-) 전압을 가한다는 것을 의미하므로 애노드에서 캐소드로 흐르는 전류를 순방향 전류라 하며 역방향 전압을 가하면 역방향 전류는 저지하여 극히 작은 전류(누설전류)만을 흐르게 한다. 따라서 다이오드는 순방향 전류가 흐르는 도통 상태에서 순방향 저항은 작고, 역방향 저항은 매우 크게 작용하기 때문에 교류를 직류로 변환하는 정류작용이 대표적인 응용 예이다.

2. P-N접합 다이오드의 특징

① 다이오드의 부성저항 특성에 의해 온도가 올라가면 저항이 감소하여 순방향 전류와 역방향 전류가 모두 증가한다.
② 순방향 도통시 다이오드 내부에는 약간의 전압강하가 발생한다.
③ 역방향 전압에서는 극히 작은 전류(또는 누설전류)만이 흐르게 된다.
④ 정류비가 클수록 정류특성은 좋아진다.
⑤ 애벌런치 항복전압은 온도가 증가함에 따라 증가한다.
⑥ 다이오드는 과전압 및 과전류에서 파괴될 우려가 있으므로 과전압으로부터 보호하기 위해서는 다이오드 여러 개를 직렬로 접속하고 과전류로부터 보호하기 위해서는 다이오드 여러 개를 병렬로 접속한다.

> 참고
> (1) 애벌런치 항복전압이란 역방향 전압이 과도하게 증가되어 역방향 전류가 급격히 증가하게 되는 역방향 전압을 말한다.
> (2) 다이오드의 정특성이란 직류전압을 걸었을 때 다이오드에 걸리는 전압과 전류의 관계를 말한다.

중요도 ★★★
출제빈도
총44회 시행
총16문 출제

핵심유형문제 49

다음 중 반도체로 만든 PN 접합은 주로 무슨 작용을 하는가? [07, 08, 11, 13, 19, (유)10, 16]

① 증폭작용 ② 발진작용
③ 정류작용 ④ 변조작용

해설 PN 접합 다이오드는 순방향 저항은 작고, 역방향 저항은 매우 크게 작용하여 대표적으로 교류를 직류로 변환하는 정류작용에 응용된다.

답 : ③

중요도 ★★★
출제빈도
총44회 시행
총29문 출제

핵심50 반도체의 종류(Ⅱ)

1. 다이오드의 종류 및 특징
① 제너 다이오드 : 전압을 일정하게 유지하는데 이용된다.
② 터널 다이오드 ; 발진, 증폭, 스위칭 작용으로 이용된다.
③ 버렉터 다이오드 : 가변 용량 다이오드로 이용된다.
④ 포토 다이오드 : 빛을 전기신로로 바꾸는데 이용된다.
⑤ 발광 다이오드(LED) : 전기신호를 빛으로 바꿔서 램프의 기능으로 사용하는 반도체 소자로서 전력제어용 소자로 사용되지 않는다.

2. 반도체 소자의 종류 및 특징(I)

(1) 실리콘 제어 정류기(SCR : silicon controlled rectifier)
   반도체를 이용한 정류소자의 종류에는 게르마늄 정류소자, 실리콘 정류소자, 산화구리 정류소자가 있으며 대부분 실리콘 정류소자가 이용된다. SCR은 보통 사이리스터라 일컬으며 종류는 단자수와 방향성에 따라 아래와 같이 여러 가지로 나눠진다.

단자수	단일방향성(역저지)	양방향성
2	Diode	SSS, DIAC
3	SCR, GTO, LASCR	TRIAC
4	SCS	-

(2) 사이리스터 종류에 따른 기호

명칭	기호	명칭	기호
SCR	Anode(A) —▷|— Cathode(K), Gate(G)	DIAC	T2(Terminal 2) —▷◁— T1(Terminal 1)
TRIAC	T2(Terminal 2) —▷◁— T1(Terminal 1), G(Gate)	IGBT	C, E
GTO	Anode(A) —▷|— Cathode(K), Gate(G)		

핵심유형문제 50

역저지 3단자에 속하는 것은? [06, 08, 18, 19]

① SCR ② SSS ③ SCS ④ TRIAC

해설 SCR의 종류 중 단일 방향성을 갖는 역저지 특성을 지니며 3단자 소자로 이루어진 4층 구조의 사이리스터이다.

답 : ①

핵심51 반도체의 종류(Ⅲ)

1. 반도체 소자의 종류 및 특징(Ⅱ)

(1) SCR
 ① 게이트(gate) 신호를 가해야만 동작(턴온 : Turn-On)할 수 있다.
 ② pnpn 접합의 4층 구조로서 3단자를 갖는다.
 ③ 정류 작용 및 스위칭 작용을 한다.
 ④ 역방향은 저지하고 정방향으로만 제어한다.
 ⑤ SCR의 애노드 전류가 흐르는 경우 게이트 전류 유무와 관계없이 애노드 전류는 변함이 없다.
 ⑥ SCR을 정지(턴오프 : Turn-Off) 시키려면 애노드 전류를 유지전류 이하로 감소시키거나 또는 전원의 극성을 반대로 공급한다.

(2) GTO(Gate Turn Off)
 ① 게이트 신호로도 정지(턴오프 : Turn-Off) 시킬 수 있다.
 ② 자기소호기능을 갖는다.

(3) TRIAC
 ① SCR 2개를 서로 역병렬로 접속시킨 구조이다.
 ② 양방향성 3단자 소자로서 5층 구조이다.

(4) IGBT(Insulated Gate Bipolar Transistor)
 절연 게이트 양극성 트랜지스터로서 MOSFET와 트랜지스터를 접합한 소자이다. 대전류, 고전압의 전기량을 제어할 수 있는 자기소호형 소자이다.

(5) 바리스터와 서미스터

종류	특징
바리스터	불꽃 아크 소거용으로 이용된다.
서미스터	온도보상용으로 이용된다.

핵심유형문제 51

양방향성 3단자 사이리스터의 대표적인 것은? [09, 11, (유)10]

① SCR   ② SSS
③ DIAC   ④ TRIAC

해설 양방향성 3단자 소자로서 5층 구조인 사이리스터는 RTIAC이다.

답 : ④

핵심52 정류회로(Ⅰ)

1. 단상 반파 정류회로

다이오드 1개를 단상 교류회로에 접속하면 반파 정류회로가 구성되며 다이오드를 통과한 부하측 전압 또는 전류는 단상 반파 정류된 직류 전압 또는 직류 전류를 얻을 수 있게 된다.

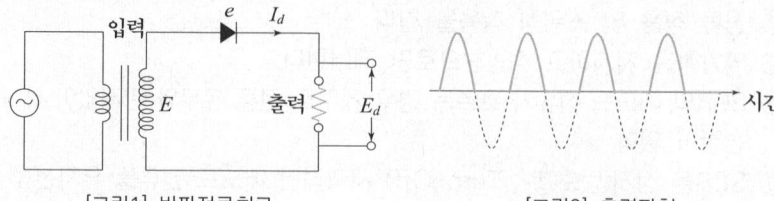

[그림1] 반파정류회로 [그림2] 출력파형

① 교류 실효값과 직류 평균값 관계

$$E_d = \frac{\sqrt{2}}{\pi}E - e = 0.45E - e \,[\text{V}]$$

여기서, E_d : 직류 평균값, E : 교류 실효값, e : 정류기 전압강하

② 부하전류

$$I_d = \frac{\frac{\sqrt{2}}{\pi}E - e}{R} = \frac{0.45E - e}{R} \,[\text{A}]$$

여기서, I_d : 부하전류, E : 교류 실효값, e : 정류기 전압강하, R : 부하저항

③ SCR을 이용한 정류회로
SCR의 위상제어를 이용한 정류회로는 점호각 α에 따라 값이 결정된다.

$$E_d = 0.45E\left(\frac{1+\cos\alpha}{2}\right)[\text{V}]$$

여기서, E_d : 직류 평균값, E : 교류 실효값, α : 점호각

참고
(1) 다이오드 입력단은 변압기 2차측 교류 전원이 공급되며 다이오드를 통한 출력단은 내부 전압 강하를 뺀 직류 성분이 부하에 나타난다.
(2) "점호각"이란 정류기의 동작이 개시하는 시점이 위상제어에 의해 지연되는 각도이다.

핵심유형문제 52

단상 반파 정류회로의 전원전압 200[V], 부하저항이 20[Ω]이면 부하 전류는 약 몇 [A]인가?

[12, 19, (유)07, 11]

① 4   ② 4.5   ③ 6   ④ 6.5

해설 $E = 200[\text{V}]$, $R = 20[\Omega]$일 때 $I_d = \dfrac{0.45E}{R}[\text{A}]$ 식에서

∴ $I_d = \dfrac{0.45E}{R} = \dfrac{0.45 \times 200}{20} = 4.5[\text{A}]$

답 : ②

핵심53 정류회로(Ⅱ)

1. 단상 전파 정류회로
다이오드 2개를 이용하는 방법과 다이오드 4개를 브리지 회로로 구성하는 방법이 있으며 정류회로는 아래와 같다.

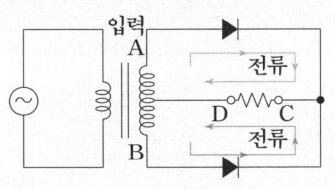

[그림1] 전파정류회로 [그림2] 브리지 전파정류회로

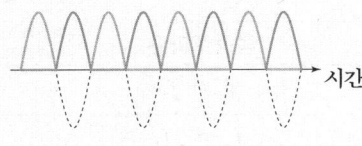

[그림3] 출력파형

① 교류 실효값과 직류 평균값 관계

$$E_d = \frac{2\sqrt{2}}{\pi}E - e = 0.9E - e \, [\text{V}]$$

여기서, E_d : 직류 평균값, E : 교류 실효값, e : 정류기 전압강하

② 부하전류

$$I_d = \frac{\frac{2\sqrt{2}}{\pi}E - e}{R} = \frac{0.9E - e}{R} \, [\text{A}]$$

여기서, I_d : 부하전류, E : 교류 실효값, e : 정류기 전압강하, R : 부하저항

③ SCR을 이용한 정류회로
SCR의 위상제어를 이용한 정류회로는 점호각 α에 따라 값이 결정된다.
$$E_d = 0.9E \cos\alpha \, [\text{V}]$$

여기서, E_d : 직류 평균값, E : 교류 실효값, α : 점호각

핵심유형문제 53

단상 전파 정류회로에서 $\alpha = 60°$일 때 정류전압은 약 몇 [V]인가? (단, 전원측 실효값 전압은 100[V]이다.) [08, 12②]

① 15   ② 22   ③ 35   ④ 45

해설 $E = 100[\text{V}]$, $\alpha = 60°$일 때 $E_d = 0.9E \cos\alpha \, [\text{V}]$ 식에서
∴ $E_d = 0.9E \cos\alpha = 0.9 \times 100 \times \cos 60° = 45[\text{V}]$

답 : ④

핵심54 정류회로(Ⅲ)

1. 3상 반파 정류회로

$E_{do} = 1.17E$ [V]

여기서, E_{do} : 직류전압, E : 교류전압

2. 3상 전파 정류회로

$E_d = 1.35V$ [V]

여기서, E_d : 직류전압, V : 교류 선간전압

3. 맥동주파수와 맥동률

구분	맥동주파수	맥동률
단상 반파 정류	$f_\tau = f$	121[%]
단상 전파 정류	$f_\tau = 2f$	48[%]
3상 반파 정류	$f_\tau = 3f$	17[%]
3상 전파 정류	$f_\tau = 6f$	4[%]

참고 정류회로 상수는 맥동주파수와 비례하며 맥동률과는 반비례한다.

4. 3상 반파 정류회로의 점호각

① R만의 회로인 경우 : $0° \leq \alpha \leq 30°$
② R-L 직렬 회로인 경우 : $30° \leq \alpha \leq 150°$

핵심유형문제 54

60[Hz] 3상 반파정류회로의 맥동주파수[Hz]는? [08, 10, 12, 19]

① 360 ② 180 ③ 120 ④ 60

해설 $f = 60$[Hz]일 때 3상 반파 정류회로의 맥동주파수는 $f_r = 3f$[Hz] 이므로
∴ $f_r = 3f = 3 \times 60 = 180$[Hz]

답 : ②

핵심55 전력변환기기 및 전동기 제어회로

1. 전력변환기기의 종류

구분	기능	용도
컨버터(순변환 장치)	교류를 직류로 변환	정류기
인버터(역변환장치)	직류를 교류로 변환	인버터
초퍼	직류를 직류로 변환	직류변압기
사이클로 컨버터	교류를 교류로 변환	주파수변환기

2. SCR을 이용한 직류전동기 제어회로

① 전파정류회로이다.
② 위상제어를 할 수 있다.
③ 직류전동기에 흐르는 전류는 항상 A에서 B로 흐른다.

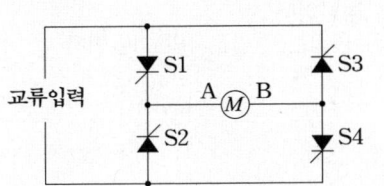

3. 트랜지스터를 이용한 단상 유도전동기 제어회로

트랜지스터의 컬렉터 전류 ⓐ가 TR1과 TR4를 통하여 흐를 때 컬렉터 전류 ⓑ는 TR2과 TR3을 통하여 흐르게 되고 또한 컬렉터 전류 ⓐ가 TR2와 TR3을 통하여 흐를 때 컬렉터 전류 ⓑ는 TR1과 TR4를 통하여 흐르게 되므로 전동기에는 정현파전류가 흐르게 된다.

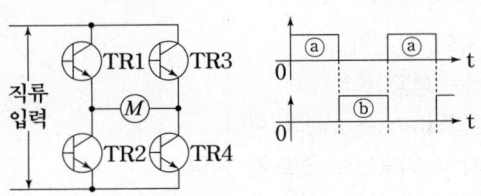

4. 위상제어를 이용한 전동기 속도 제어회로

① 전동기를 기동할 때에는 저항 R을 최대로 하고, 전동기를 운전할 때에는 저항 R을 최소로 한다.
② 부하에 최대 전력을 공급하기 위해서는 저항 R과 콘덴서 C를 모두 최소로 하여야 한다.

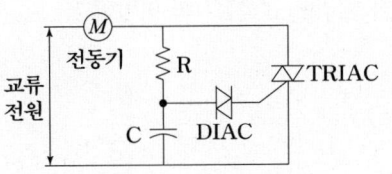

핵심유형문제 55

직류를 교류로 변환하는 장치는? [10, 11, 14, 19, (유)06]

① 컨버터　　② 초퍼　　③ 인버터　　④ 정류기

해설 전력변환기기의 종류 중 직류를 교류로 변환하는 장치를 역변환 장치라 하며 이를 인버터라 한다.

답 : ③

적중예상문제

01
반도체 내에서 정공은 어떻게 생성되는가? [08]

① 결합전자의 이탈 ② 자유전자의 이동
③ 접합불량 ④ 확산용량

P형 반도체
(1) 불순물은 3가 원소(붕소, 갈륨, 인듐)로서 억셉터라 한다.
(2) 전기 전도는 전공과 전자의 이동으로 발생되며 주반송자는 정공이다.
(3) 정공의 생성 원리는 결합전자의 이탈이다.

02
P형 반도체의 설명 중 틀린 것은? [08]

① 불순물은 4가의 원소이다.
② 다수 반송자는 정공이다.
③ 불순물을 억셉터(acceptor)라 한다.
④ 정공 및 전자의 이동으로 전도가 된다.

P형 반도체
(1) 불순물은 3가 원소(붕소, 갈륨, 인듐)로서 억셉터라 한다.
(2) 전기 전도는 전공과 전자의 이동으로 발생되며 주반송자는 정공이다.
(3) 정공의 생성 원리는 결합전자의 이탈이다.

03
N형 반도체의 주반송자는 어느 것인가? [13]

① 도우너 ② 정공
③ 억셉터 ④ 전자

N형 반도체
(1) 불순물은 5가 원소(질소, 인, 비소, 안티몬)로서 도우너라 한다.
(2) 전기 전도의 주반송자는 전자이다.

04
진성 반도체의 4가의 실리콘에 N형 반도체를 만들기 위하여 첨가하는 것은? [11, 19]

① 게르마늄 ② 갈륨
③ 인듐 ④ 안티몬

N형 반도체
(1) 불순물은 5가 원소(질소, 인, 비소, 안티몬)로서 도우너라 한다.
(2) 전기 전도의 주반송자는 전자이다.

05
반도체의 특성이 아닌 것은? [09]

① 전기적 전도성은 금속과 절연체의 중간적 성질을 가지고 있다.
② 일반적으로 온도가 상승함에 따라 저항은 감소한다.
③ 매우 낮은 온도에서 절연체가 된다.
④ 불순물이 섞이면 저항이 증가한다.

반도체의 특성
(1) 전기 전도성은 금속과 절연체의 중간적 성질을 갖는다.
(2) 온도에 대해서는 금속과는 달리 부성저항 특성을 지니기 때문에 온도가 증가되면 저항은 감소한다. 매우 낮은 온도에서 절연체가 된다.
(3) 불순물을 첨가하면 도전성이 증가되어 저항이 감소한다.

해답 01 ① 02 ① 03 ④ 04 ④ 05 ④

06

일반적으로 반도체의 저항값과 온도와의 관계가 바른 것은? [11]

① 저항값은 온도에 비례한다.
② 저항값은 온도에 반비례한다.
③ 저항값은 온도의 제곱에 반비례한다.
④ 저항값은 온도의 제곱에 비례한다.

반도체의 특성
(1) 전기 전도성은 금속과 절연체의 중간적 성질을 갖는다.
(2) 온도에 대해서는 금속과는 달리 부성저항 특성을 지니기 때문에 온도가 증가되면 저항은 감소한다. 매우 낮은 온도에서 절연체가 된다.
(3) 불순물을 첨가하면 도전성이 증가되어 저항이 감소한다.

07

일반적으로 온도가 높아지게 되면 전도율이 커져서 온도 계수가 부(-)의 값을 가지는 것이 아닌 것은? [14]

① 구리   ② 반도체
③ 탄소   ④ 전해액

구리 도체는 금속 도체로서 온도에 따른 정(+)특성을 갖기 때문에 온도가 증가하면 저항도 함께 증가한다.

08

PN접합 다이오드의 대표적인 작용으로 옳은 것은? [10, 16]

① 정류작용   ② 변조작용
③ 증폭작용   ④ 발진작용

PN 접합 다이오드는 순방향 전류가 흐르는 도통 상태에서 순방향 저항은 작고, 역방향 저항은 매우 크게 작용하기 때문에 교류를 직류로 변환하는 정류작용이 대표적인 응용 예이다.

09

PN 접합의 순방향 저항은(㉠), 역방향 저항은 매우 (㉡), 따라서 (㉢) 작용을 한다. ( )안에 들어갈 말로 옳은 것은? [12]

① ㉠ 크고, ㉡ 크다, ㉢ 정류
② ㉠ 작고, ㉡ 크다, ㉢ 정류
③ ㉠ 작고, ㉡ 작다, ㉢ 검파
④ ㉠ 작고, ㉡ 크다, ㉢ 검파

PN 접합 다이오드는 순방향 전류가 흐르는 도통 상태에서 순방향 저항은 작고, 역방향 저항은 매우 크게 작용하기 때문에 교류를 직류로 변환하는 정류작용이 대표적인 응용 예이다.

10

PN 접합 정류소자의 설명 중 틀린 것은?(단, 실리콘 정류소자인 경우이다.) [15]

① 온도가 높아지면 순방향 및 역방향 전류가 모두 감소한다.
② 순방향 전압은 P형에 (+), N형에 (-) 전압을 가함을 말한다.
③ 정류비가 클수록 정류특성은 좋다.
④ 역방향 전압에서는 극히 작은 전류만이 흐른다.

PN접합 다이오드는 부성저항 특성에 의해 온도가 올라가면 저항이 감소하여 순방향 전류와 역방향 전류가 모두 증가한다.

11

다음 회로도에 대한 설명으로 옳지 않은 것은? [11]

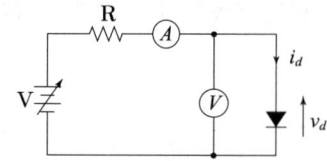

① 다이오드의 양극의 전압이 음극에 비하며 높을 때를 순방향 도통 상태라 한다.
② 다이오드의 양극의 전압이 음극에 비하여 낮을 때를 역방향 저지 상태라 한다.
③ 실제의 다이오드는 순방향 도통 시 양 단자 간의 전압 강하가 발생하지 않는다.
④ 역방향 저지 상태에서는 역방향으로(음극에서 양극으로) 약간의 전류가 흐르는데 이를 누설 전류라고 한다.

순방향 도통시 다이오드 내부에는 약간의 전압강하가 발생한다.

12

다이오드를 사용한 정류회로에서 다이오드를 여러 개 직렬로 연결하여 사용하는 경우의 설명으로 가장 옳은 것은? [10]

① 다이오드를 과전류로부터 보호할 수 있다.
② 다이오드를 과전압으로부터 보호할 수 있다.
③ 부하출력의 맥동률을 감소시킬 수 있다.
④ 낮은 전압 전류에 적합하다.

다이오드는 과전압 및 과전류에서 파괴될 우려가 있으므로 과전압으로부터 보호하기 위해서는 다이오드 여러 개를 직렬로 접속하고 과전류로부터 보호하기 위해서는 다이오드 여러 개를 병렬로 접속한다.

13

애벌런치 항복 전압은 온도 증가에 따라 어떻게 변화 하는가? [12, 15]

① 감소한다.   ② 증가한다.
③ 증가했다 감소한다.   ④ 무관하다.

다이오드의 특성 중 애벌런치 항복전압은 온도가 증가함에 따라 증가한다.

14

다이오드의 정특성이란 무엇을 말하는가? [16]

① PN 접합면에서의 반송자 이동 특성
② 소신호로 동작할 때의 전압과 전류의 관계
③ 다이오드를 움직이지 않고 저항률을 측정한 것
④ 직류전압을 걸었을 때 다이오드에 걸리는 전압과 전류의 관계

다이오드의 정특성이란 직류전압을 걸었을 때 다이오드에 걸리는 전압과 전류의 관계를 말한다.

15

전압을 일정하게 유지하기 위해서 이용되는 다이오드는? [13, 16, (유)10]

① 발광 다이오드
② 포토 다이오드
③ 제너 다이오드
④ 바리스터 다이오드

다이오드의 종류 및 특징
(1) 제너 다이오드 : 전압을 일정하게 유지하는데 이용된다.
(2) 터널 다이오드 ; 발진, 증폭, 스위칭 작용으로 이용된다.
(3) 버랙터 다이오드 : 가변 용량 다이오드로 이용된다.
(4) 포토 다이오드 : 빛을 전기신로로 바꾸는데 이용된다.
(5) 발광 다이오드(LED) : 전기신호를 빛으로 바꿔서 램프의 기능으로 사용하는 반도체 소자로서 전력제어용 소자로 사용되지 않는다.

16
다음 중 전력 제어용 반도체 소자가 아닌 것은?

[13, 08②]

① LED ② TRIAC
③ GTO ④ IGBT

발광 다이오드(LED) : 전기신호를 빛으로 바꿔서 램프의 기능으로 사용하는 반도체 소자로서 전력 제어용 소자로 사용되지 않는다.

17
다음 중 반도체 정류 소자로 사용할 수 없는 것은?

[09, 12]

① 게르마늄 ② 비스무트
③ 실리콘   ④ 산화구리

반도체를 이용한 정류소자의 종류에는 게르마늄 정류소자, 실리콘 정류소자, 산화구리 정류소자가 있으며 대부분 실리콘 정류소자가 이용된다.

18
다음 중 2단자 사이리스터가 아닌 것은? [13]

① SCR   ② DIAC
③ SSS   ④ Diode

실리콘 제어 정류기(SCR : silicon controlled rectifier)

단자수	단일방향성(역저지)	양방향성
2	Diode	SSS, DIAC
3	SCR, GTO, LASCR	TRIAC
4	SCS	−

19
다음 사이리스터 중 3단자 형식이 아닌 것은? [14]

① SCR   ② GTO
③ DIAC ④ TRIAC

실리콘 제어 정류기(SCR : silicon controlled rectifier)

단자수	단일방향성(역저지)	양방향성
2	Diode	SSS, DIAC
3	SCR, GTO, LASCR	TRIAC
4	SCS	−

20
3단자 사이리스터가 아닌 것은? [15, 18]

① SCS   ② SCR
③ TRIAC ④ GTO

실리콘 제어 정류기(SCR : silicon controlled rectifier)

단자수	단일방향성(역저지)	양방향성
2	Diode	SSS, DIAC
3	SCR, GTO, LASCR	TRIAC
4	SCS	−

21
양방향성 3단자 사이리스터의 대표적인 것은? [09]

① SCR   ② SSS
③ DIAC ④ TRIAC

실리콘 제어 정류기(SCR : silicon controlled rectifier)

단자수	단일방향성(역저지)	양방향성
2	Diode	SSS, DIAC
3	SCR, GTO, LASCR	TRIAC
4	SCS	−

22

양방향으로 전류를 흘릴 수 있는 양방향 소자는?

[11]

① SCR
② GTO
③ TRIAC
④ MOSFET

실리콘 제어 정류기(SCR : silicon controlled rectifier)

단자수	단일방향성(역저지)	양방향성
2	Diode	SSS, DIAC
3	SCR, GTO, LASCR	TRIAC
4	SCS	–

24

그림과 같은 기호가 나타내는 소자는? [10]

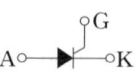

① SCR
② TRIAC
③ IGBT
④ Diode

사이리스터 종류에 따른 기호

명칭	기호
SCR	Anode(A) —▶|— Cathode(K), Gate(G)
TRIAC	T2(Terminal 2) —◆— T1(Terminal 1), G(Gate)
GTO	Anode(A) —▶|— Cathode(K), Gate(G)
DIAC	T2(Terminal 2) —◆— T1(Terminal 1)
IGBT	C, E

23

교류회로에서 양방향 점호(ON) 및 소호(OFF)를 이용하여 위상제어를 할 수 있는 소자는? [10]

① TRIAC
② SCR
③ GTO
④ IGBT

실리콘 제어 정류기(SCR : silicon controlled rectifier)

단자수	단일방향성(역저지)	양방향성
2	Diode	SSS, DIAC
3	SCR, GTO, LASCR	TRIAC
4	SCS	–

25

다음 중 SCR의 기호는? [12, (유)08]

사이리스터 종류에 따른 기호

명칭	기호
SCR	Anode(A) —▶|— Cathode(K), Gate(G)

26

SCR 2개를 역병렬로 접속한 그림과 같은 기호의 명칭은? [07, 09]

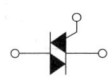

① SCR
② TRIAC
③ GTO
④ UJT

사이리스터 종류에 따른 기호

명칭	기호
TRIAC	T2 (Terminal 2) ─┤◁▷├─ T1 (Terminal 1), G (Gate)

27

트라이액(TRIAC)의 기호는? [06, 11]

사이리스터 종류에 따른 기호

명칭	기호
TRIAC	T2 (Terminal 2) ─┤◁▷├─ T1 (Terminal 1), G (Gate)

28

다음 기호 중 DIAC의 기호는? [06]

사이리스터 종류에 따른 기호

명칭	기호
DIAC	T2 (Terminal 2) ─┤◁▷├─ T1 (Terminal 1)

29

다음 그림과 같은 기호의 소자 명칭은? [07, 10]

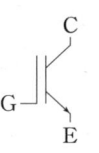

① SCR
② TRIAC
③ IGBT
④ GTO

사이리스터 종류에 따른 기호

명칭	기호
IGBT	(IGBT 기호)

30

게이트(gate)에 신호를 가해야만 동작되는 소자는? [08, 09]

① SCR
② MPS
③ UJT
④ DIAC

SCR의 성질
(1) 게이트(gate) 신호를 가해야만 동작(턴온 : Turn-On)할 수 있다.
(2) pnpn 접합의 4층 구조로서 3단자를 갖는다.
(3) 정류 작용 및 스위칭 작용을 한다.
(4) 역방향은 저지하고 정방향으로만 제어한다.
(5) SCR의 애노드 전류가 흐르는 경우 게이트 전류 유무와 관계없이 애노드 전류는 변함이 없다.
(6) SCR을 정지(턴오프 : Turn-Off) 시키려면 애노드 전류를 유지전류 이하로 감소시키거나 또는 전원의 극성을 반대로 공급한다.

31

SCR의 특성 중 적합하지 않은 것은? [06, 09, 12, 19]

① pnpn 구조로 되어있다.
② 정류 작용을 할 수 있다.
③ 정방향 및 역방향의 제어 특성이 있다.
④ 고속도의 스위칭 작용을 할 수 있다.

SCR은 역방향은 저지하고 정방향으로만 제어한다.

32

SCR의 애노드 전류가 20[A]로 흐르고 있었을 때 게이트 전류를 반으로 줄이면 애노드 전류는? [10]

① 5[A]   ② 10[A]
③ 20[A] ④ 40[A]

SCR은 애노드 전류가 흐르는 경우 게이트 전류 유무와 관계없이 애노드 전류는 변함이 없다.

33

통전 중인 사이리스터를 턴-오프(turn-off) 하려면? [14]

① 순방향 Anode 전류를 유지전류 이하로 한다.
② 순방향 Anode 전류를 증가시킨다.
③ 게이트 전압을 0 또는 -로 한다.
④ 역방향 Anode 전류를 통전한다.

SCR을 정지(턴오프 : Turn-Off) 시키려면 애노드 전류를 유지전류 이하로 감소시키거나 또는 전원의 극성을 반대로 공급한다.

34

다음 중 게이트로 턴오프(소호)가 가능한 소자는? [14]

① GTO   ② TRIAC
③ SCR   ④ LASCR

GTO(Gate Turn Off)의 성질
(1) 게이트 신호로도 정지(턴오프 : Turn-Off) 시킬 수 있다.
(2) 자기소호기능을 갖는다.

35

다음 중 자기소호기능이 가장 좋은 소자는? [06, 16, 19]

① SCR   ② GTO
③ TRIAC ④ LASCR

GTO(Gate Turn Off)의 성질
(1) 게이트 신호로도 정지(턴오프 : Turn-Off) 시킬 수 있다.
(2) 자기소호기능을 갖는다.

36

다음 중 자기소호제어용 소자는? [07, 08, 19]

① SCR   ② TRIAC
③ DIAC   ④ GTO

GTO(Gate Turn Off)의 성질
(1) 게이트 신호로도 정지(턴오프 : Turn-Off) 시킬 수 있다.
(2) 자기소호기능을 갖는다.

37

역병렬 결합의 SCR의 특성과 같은 반도체 소자는? [16]

① PUT   ② UJT
③ DIAC   ④ TRIAC

TRIAC의 성질
(1) SCR 2개를 서로 역병렬로 접속시킨 구조이다.
(2) 양방향성 3단자 소자로서 5층 구조이다.

해답 32 ③ 33 ① 34 ① 35 ② 36 ④ 37 ④

38

대전류, 고전압의 전기량을 제어할 수 있는 자기소호형 소자는? [16]

① FET
② Diode
③ Triac
④ IGBT

IGBT(Insulated Gate Bipolar Transistor) 절연 게이트 양극성 트랜지스터로서 MOSFET와 트랜지스터를 접합한 소자이다. 대전류, 고전압의 전기량을 제어할 수 있는 자기소호형 소자이다.

39

계전기 접점의 불꽃 소거용 등으로 사용되는 것은? [10]

① 서미스터
② 바리스터
③ 터널 다이오드
④ 제너 다이오드

바리스터와 서미스터

종류	특징
바리스터	불꽃 아크 소거용으로 이용된다.
서미스터	온도보상용으로 이용된다.

40

인가된 전압의 크기에 따라 저항이 비직선적으로 변하는 소자로, 고압 송전용 피뢰침으로 사용되어 왔고 계전기의 접점 보호 장치에 사용되는 반도체 소자는? [09]

① 서미스터
② CDs
③ 바리스터
④ 트라이액

바리스터와 서미스터

종류	특징
바리스터	불꽃 아크 소거용으로 이용된다.
서미스터	온도보상용으로 이용된다.

41

다음 중 저항의 온도계수가 부(-)의 특성을 가지는 것은? [11]

① 경동선
② 백금선
③ 텅스텐
④ 서미스터

저항의 온도계수가 부(-)의 특성을 가지는 것은 반도체의 성질이기 때문에 반도체 소자인 서미스터가 적당하다.

42

$e = \sqrt{2}E\sin\omega t$[V]의 정현파 전압을 가했을 때 직류 평균값 $E_{do} = 0.45E$[V]인 회로는? [13]

① 단상 반파 정류회로
② 단상 전파 정류회로
③ 3상 반파 정류회로
④ 3상 전파 정류회로

직류 평균값이 $E_{d0} = 0.45E$[V]인 정류회로는 단상 반파 정류회로이다.

43

교류 전압의 실효값이 200[V]일 때 단상 반파 정류에 의하여 발생하는 직류 전압의 평균값은 약 몇 [V]인가? [07]

① 45
② 90
③ 105
④ 110

$E = 200$[V]일 때
$E_d = \dfrac{\sqrt{2}}{\pi}E = 0.45E$[V] 식에서
$\therefore E_d = 0.45E = 0.45 \times 200 = 90$[V]

해답 38 ④ 39 ② 40 ③ 41 ④ 42 ① 43 ②

44

반파 정류회로에서 직류 전압 100[V]를 얻는데 필요한 변압기 2차 상전압은?(단, 부하는 순저항이며, 변압기내 전압강하는 무시하고 정류기내 전압강하는 5[V]로 한다.) [09]

① 약 100[V] ② 약 105[V]
③ 약 222[V] ④ 약 233[V]

$E = 100[V]$, $e = 5[V]$ 일 때
$E_d = \frac{\sqrt{2}}{\pi}E - e = 0.45E - e[V]$ 식에서
$\therefore E = \frac{E_d + e}{0.45} = \frac{100 + 5}{0.45} = 233[V]$

45

반파 정류회로에서 변압기 2차 전압의 실효치를 E[V]라 하면 직류 전류 평균치는?(단, 정류기의 전압강하는 무시한다.) [12②, 16, 19]

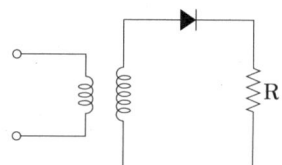

① $\frac{E}{R}$ ② $\frac{1}{2} \times \frac{E}{R}$
③ $2\frac{\sqrt{2}}{\pi} \times \frac{E}{R}$ ④ $\frac{\sqrt{2}}{\pi} \times \frac{E}{R}$

단상 반파 정류회로의 직류 전류의 평균값은
$I_d = \frac{\frac{\sqrt{2}}{\pi}E - e}{R} = \frac{0.45E - e}{R}[A]$ 식에서
$\therefore I_d = \frac{\sqrt{2}}{\pi} \times \frac{E}{R}[A]$

46

단상 전파 정류회로에서 직류 전압의 평균값으로 가장 적당한 것은?(단, E는 교류 전압의 실효값이다.) [12]

① $1.35E[V]$ ② $1.17E[V]$
③ $0.9E[V]$ ④ $0.45E[V]$

단상 전파 정류회로의 직류 전압의 평균값은
$E_d = \frac{2\sqrt{2}}{\pi}E - e = 0.9E - e[V]$ 식에서
$\therefore E_d = 0.9E[V]$

47

단상 전파 정류회로에서 교류 입력이 100[V]이면 직류 출력은 약 몇 [V]인가? [12]

① 45 ② 67.5
③ 90 ④ 135

$E = 100[V]$일 때 $E_d = 0.9E[V]$ 식에서
$\therefore E_d = 0.9E = 0.9 \times 100 = 90[V]$

48

단상 전파 정류회로에서 전원이 220[V]이면 부하에 나타나는 전압의 평균값은 약 몇 [V]인가? [15]

① 99 ② 198
③ 257.4 ④ 297

$E = 220[V]$일 때 $E_d = 0.9E[V]$ 식에서
$\therefore E_d = 0.9E = 0.9 \times 220 = 198[V]$

49

그림과 같은 회로에서 사인파 교류입력 12[V](실효값)를 가했을 때, 저항 R 양단에 나타나는 전압 [V]은? [11]

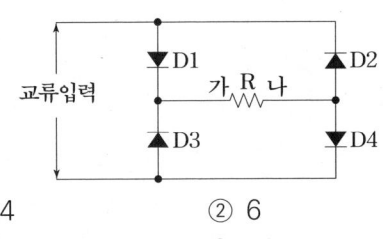

① 5.4
② 6
③ 10.8
④ 12

그림은 단상 브리지 전파 정류회로이므로
$E=12$[V]일 때 $E_d=0.9E$[V] 식에서
∴ $E_d=0.9E=0.9\times 12=10.8$[V]

50

브리지 정류회로로 알맞은 것은? [09]

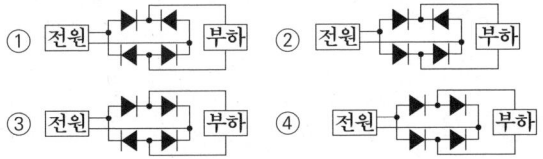

전원측 단자와 접속된 다이오드의 극성은 서로 반대이어야 하며 부하측 단자와 접속된 다이오드는 극성이 서로 같아야 한다.

51

다음 그림에 대한 설명으로 틀린 것은? [14]

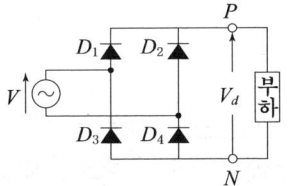

① 브리지(bridge) 회로라고도 한다.
② 실제의 정류기로 널리 사용된다.
③ 반파 정류회로라고도 한다.
④ 전파 정류회로라고도 한다.

다이오드를 이용한 브리지 정류회로는 단상 전파 정류회로이다.

52

다음 그림에 대한 설명으로 틀린 것은? [10]

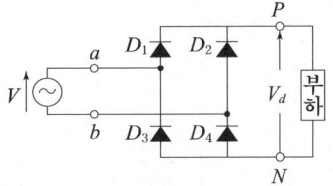

① 브리지(bridge) 회로라고도 한다.
② 실제의 정류기로 널리 사용한다.
③ 전체 한 주기 파형 중 절반만 사용한다.
④ 전파 정류회로라고도 한다.

전파 정류회로는 전체 한주기 파형 중 (−) 값이 (+) 값으로 반전되어 한주기 파형 전체를 모두 사용하게 된다.

53

상전압 300[V]의 3상 반파 정류회로의 직류 전압은 약 몇 [V]인가? [10, 13]

① 520[V]
② 350[V]
③ 260[V]
④ 50[V]

$E=300$[V]일 때 $E_{do}=1.17E$[V] 식에서
∴ $E_d=1.17E=1.17\times 300=350$[V]

54

3상 전파 정류회로에서 출력전압의 평균 전압값은? (단, V는 선간전압의 실효값) [11, (유)10]

① $0.45\,V$[V]
② $0.9\,V$[V]
③ $1.17\,V$[V]
④ $1.35\,V$[V]

3상 전파 정류회로의 출력전압은
$E_d=1.35\,V$[V]이다.

해답 49 ③ 50 ① 51 ③ 52 ③ 53 ② 54 ④

55

다음 정류방식 중에서 맥동주파수가 가장 많고 맥동률이 가장 작은 정류방식은 어느 것인가? [07, 19]

① 단상 반파식 ② 단상 전파식
③ 3상 반파식 ④ 3상 전파식

맥동주파수와 맥동률

구분	맥동주파수	맥동률
단상 반파 정류	$f_r = f$	121[%]
단상 전파 정류	$f_r = 2f$	48[%]
3상 반파 정류	$f_r = 3f$	17[%]
3상 전파 정류	$f_r = 6f$	4[%]

참고 정류회로 상수는 맥동주파수와 비례하며 맥동률과는 반비례한다.

56

3상 제어 정류회로에서 점호각의 최대값은? [11]

① 30° ② 150°
③ 180° ④ 210°

3상 반파 정류회로의 점호각
(1) R만의 회로인 경우 : 0° ≤ α ≤ 30°
(2) R-L 직렬 회로인 경우 : 30° ≤ α ≤ 150°

57

제어 정류기의 용도는? [07]

① 교류-교류 변환 ② 직류-교류 변환
③ 교류-직류 변환 ④ 직류-직류 변환

전력변환기기의 종류

구분	기능	용도
컨버터 (순변환 장치)	교류를 직류로 변환	정류기
인버터 (역변환장치)	직류를 교류로 변환	인버터
초퍼	직류를 직류로 변환	직류변압기
사이클로 컨버터	교류를 교류로 변환	주파수변환기

58

인버터(inverter)에 대한 설명으로 알맞은 것은? [09, 10, 14, 18, (유)08]

① 교류를 직류로 변환
② 교류를 교류로 변환
③ 직류를 교류로 변환
④ 직류를 직류로 변환

인버터는 역변환 장치로서 직류를 교류로 변환한다.

59

직류를 교류로 변환하는 장치는? [08, 13, 18]

① 정류기 ② 충전기
③ 순변환 장치 ④ 역변환 장치

인버터는 역변환 장치로서 직류를 교류로 변환한다.

60

직류전동기의 제어에 널리 응용되는 직류-직류 전압제어장치는? [13]

① 인버터 ② 컨버터
③ 초퍼 ④ 전파정류

초퍼는 직류를 직류로 변환한다.

61

ON, OFF를 고속도로 변환할 수 있는 스위치이고 직류변압기 등에 사용되는 회로는 무엇인가? [13]

① 초퍼 회로 ② 인버터 회로
③ 컨버터 회로 ④ 정류기 회로

초퍼는 직류를 직류로 변환한다.

해답 55 ④ 56 ② 57 ③ 58 ③ 59 ④ 60 ③ 61 ①

62

직류 전압을 직접 제어하는 것은? [06, 16]

① 브리지형 인버터 ② 단상 인버터
③ 3상 인버터 ④ 초퍼형 인버터

초퍼는 직류를 직류로 변환한다.

63

교류전동기를 직류전동기처럼 속도 제어하려면 가변 주파수의 전원이 필요하다. 주파수 f_1에서 직류로 변환하지 않고 바로 주파수 f_2로 변환하는 변환기는? [10]

① 사이클로 컨버터
② 주파수원 인버터
③ 전압·전류원 인버터
④ 사이리스터 컨버터

사이클로 컨버터는 교류를 교류로 변환한다.

64

전력변환 기기가 아닌 것은? [15]

① 변압기 ② 정류기
③ 유도전동기 ④ 인버터

유도전동기는 전기에너지를 운동에너지로 변환하는 전기기기로서 전력변환장치에 해당되지 않는다.

65

그림은 전동기 제어회로에 대한 설명으로 잘못된 것은? [14]

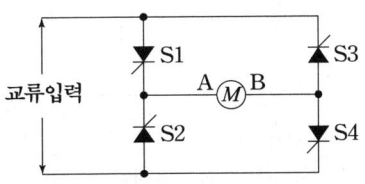

① 교류를 직류로 변환한다.
② 주파수를 변환하는 회로이다.
③ 사이리스터 위상제어 회로이다.
④ 전파 정류회로이다.

SCR을 이용한 직류전동기 제어회로
(1) 전파정류회로이다.
(2) 위상제어를 할 수 있다.
(3) 직류전동기에 흐르는 전류는 항상 A에서 B로 흐른다.

66

그림과 같은 전동기 제어회로에서 전동기 M의 전류 방향으로 올바른 것은?(단, 전동기의 역률은 100[%]이고, 사이리스터의 점호각은 0°라고 본다.) [13]

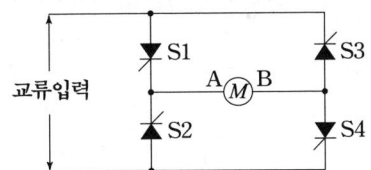

① 입력의 반주기 마다 A에서 B의 방향, B에서 A의 방향
② S1과 S4, S2와 S3의 동작 상태에 따라 A에서 B의 방향, B에서 A의 방향
③ 항상 A에서 B의 방향
④ 항상 B에서 A의 방향

SCR을 이용한 직류전동기 제어회로
(1) 전파정류회로이다.
(2) 위상제어를 할 수 있다.
(3) 직류전동기에 흐르는 전류는 항상 A에서 B로 흐른다.

67

그림은 유동전동기 속도제어 회로 및 트랜지스터의 컬렉터 전류 그래프이다. ⓐ와 ⓑ에 해당하는 트랜지스터는? [11]

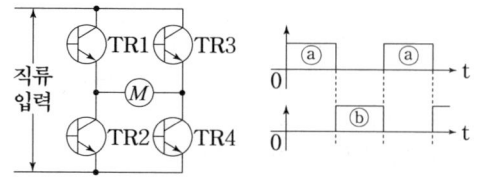

① ⓐ는 TR1과 TR2, ⓑ는 TR3, TR4
② ⓐ는 TR1과 TR3, ⓑ는 TR2, TR4
③ ⓐ는 TR2과 TR4, ⓑ는 TR1, TR3
④ ⓐ는 TR1과 TR4, ⓑ는 TR2, TR3

트랜지스터를 이용한 단상 유도전동기 제어회로 트랜지스터 컬렉터 전류 ⓐ는 TR1과 TR4를 통하여 흐르게 되고 컬렉터 전류 ⓑ는 TR2과 TR3을 통하여 흐르게 되므로 전동기에는 정현파전류가 흐르게 된다.

참고 위와 같은 회로의 트랜지스터를 이용한 전파 정류회로는 TR1과 TR4, TR2와 TR3가 묶음으로 동작하기 때문에 트랜지스터 컬렉터 전류 ⓐ는 TR2과 TR3를 통하여 흐르게 되고 컬렉터 전류 ⓑ는 TR1과 TR4을 통하여 흐르게 되는 경우도 성립할 수 있다.

68

그림은 교류전동기 속도제어 회로이다. 전동기 M의 종류로 알맞은 것은? [13]

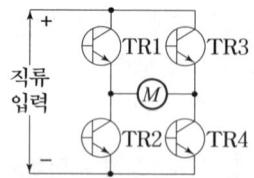

① 단상 유도전동기   ② 3상 유도전동기
③ 3상 동기전동기   ④ 4상 스텝전동기

회로도는 트랜지스터를 이용한 단상 유도전동기의 속도 제어회로이다.

69

그림은 전동기 속도제어 회로이다. [보기]에서 (ㄱ)과 (ㄴ)을 순서대로 나열한 것은? [11]

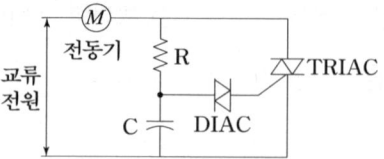

[보기]
전동기를 기동할 때는 저항 R을 (ㄱ), 전동기를 운전할 때는 저항 R을 (ㄴ)로 한다.

① (ㄱ) 최대, (ㄴ) 최대   ② (ㄱ) 최소, (ㄴ) 최소
③ (ㄱ) 최대, (ㄴ) 최소   ④ (ㄱ) 최소, (ㄴ) 최대

위상제어를 이용한 전동기 속도 제어회로
(1) 전동기를 기동할 때에는 저항 R을 최대로 하고, 전동기를 운전할 때에는 저항 R을 최소로 한다.
(2) 부하에 최대 전력을 공급하기 위해서는 저항 R과 콘덴서 C를 모두 최소로 하여야 한다.

70

아래 회로에서 부하의 최대전력을 공급하기 위해서 저항 R 및 콘덴서 C의 크기는? [12]

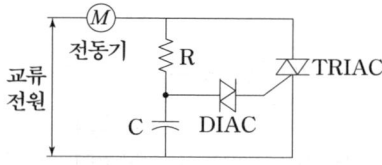

① R은 최대, C는 최대로 한다.
② R은 최소, C는 최소로 한다.
③ R은 최대, C는 최소로 한다.
④ R은 최소, C는 최대로 한다.

위상제어를 이용한 전동기 속도 제어회로
(1) 전동기를 기동할 때에는 저항 R을 최대로 하고, 전동기를 운전할 때에는 저항 R을 최소로 한다.
(2) 부하에 최대 전력을 공급하기 위해서는 저항 R과 콘덴서 C를 모두 최소로 하여야 한다.

71

그림은 전력제어 소자를 이용한 위상제어 회로이다. 전동기의 속도를 제어하기 위해서 '가' 부분에 사용되는 소자는? [15]

① 전력용 트랜지스터
② 제너다이오드
③ 트라이액
④ 레귤레이터 78XX 시리즈

위상제어를 이용한 전동기 속도 제어회로에 사용되는 전력제어 소자는 DIAC과 TRIAC이 이용되기 때문에 갠에 사용되는 것은 TRIAC이다.

memo

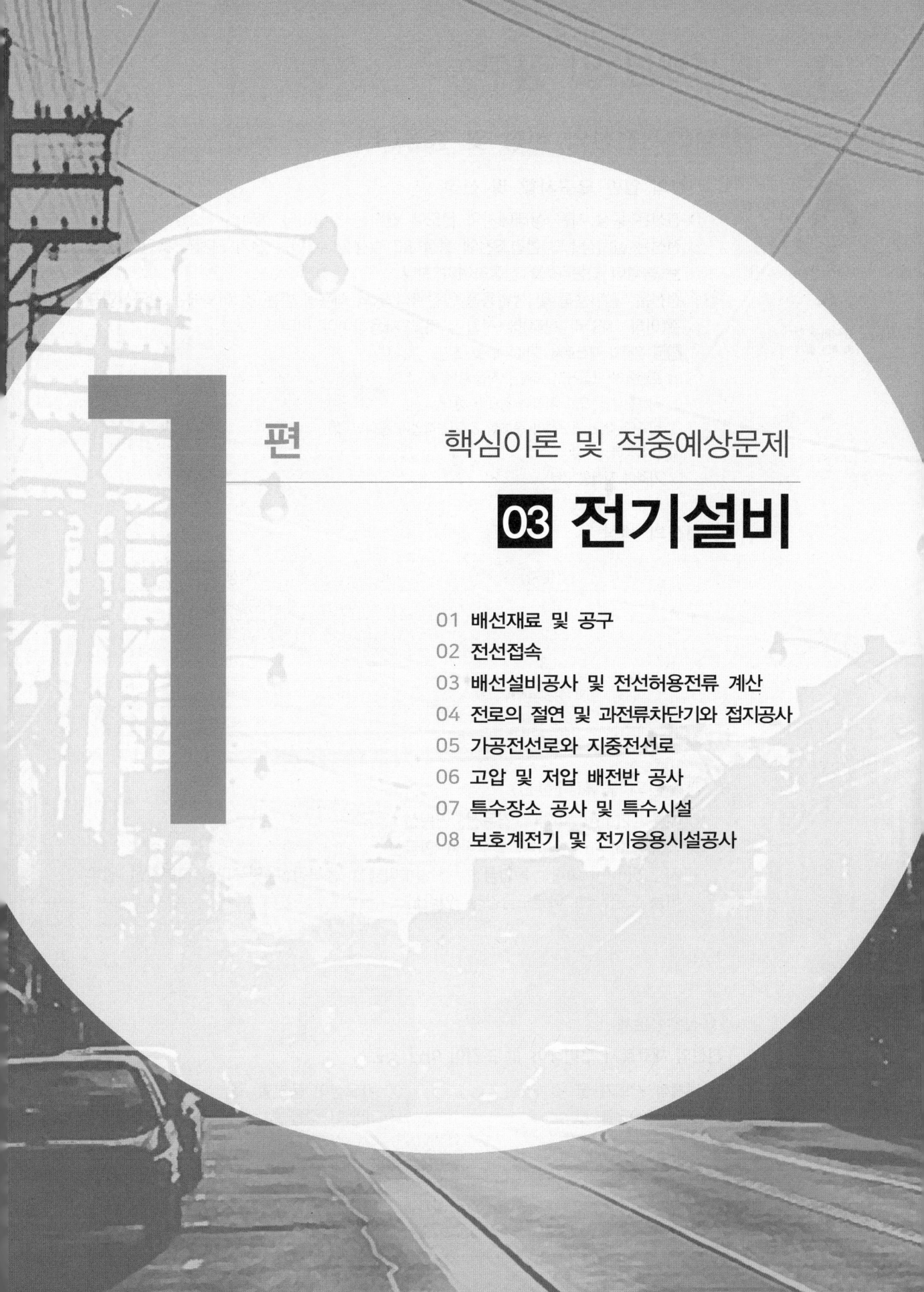

01 배선재료 및 공구

중요도 ★★
출제빈도
총44회 시행
총 8문 출제

핵심01 전선의 선정 및 종류(Ⅰ)

1. 전선의 일반 요구사항 및 선정

① 전선은 통상 사용 상태에서의 온도에 견디는 것이어야 한다.
② 전선은 설치장소의 환경조건에 적절하고 발생할 수 있는 전기·기계적 응력에 견디는 능력이 있는 것을 선정하여야 한다.
③ 전선은「전기용품 및 생활용품 안전관리법」의 적용을 받는 것 이외에는 한국산업표준(이하 "KS"라 한다)에 적합한 것을 사용하여야 한다.

참고 전선의 재료로서 구비해야 할 조건
(1) 도전율이 크고 고유저항은 작을 것
(2) 허용전류가 크고 기계적 강도가 클 것
(3) 비중이 작고 가요성이 풍부할 것(가선작업이 용이할 것)
(4) 내식성이 클 것
(5) 가격이 저렴할 것

2. 전선의 색상

상(문자)	색상
L1	갈색
L2	흑색
L3	회색
N(중성도체)	청색
보호도체	녹색-노란색

3. 금속선의 종류(나전선)

① 지름 12[mm] 이하 : 경동선, 연동선
② 지름 6.6[mm] 이하 : 알루미늄 합금선
③ 지름 5[mm] 이하 : 동합금선, 경 알루미늄선, 동복강선, 알루미늄 피복강선, 알루미늄 도금강선, 아연도금강선, 인바선

핵심유형문제 01

전선의 재료로서 구비해야 할 조건이 아닌 것은? [15, 18]

① 기계적 강도가 클 것
② 가요성이 풍부할 것
③ 고유저항이 클 것
④ 비중이 작을 것

해설 전선의 재료는 도전율이 크고 고유저항은 작아야 한다.

답 : ③

핵심02 전선의 선정 및 종류(Ⅱ)

중요도 ★
출제빈도
총44회 시행
총 2문 출제

1. 절연전선

(1) 저압 절연전선
   ① 450/750[V] 비닐절연전선
   ② 450/750[V] 고무절연전선
   ③ 450/750[V] 저독성 난연 폴리올레핀 절연전선
   ④ 450/750[V] 저독성 난연 가교폴리올레핀 절연전선

(2) 고압 절연전선
   ① 6/10[kV] 고압인하용 가교 폴리에틸렌 절연전선
   ② 6/10[kV] 고압인하용 가교 EP고무 절연전선

2. 코드

(1) 비닐코드
   ① 전기를 열로서 사용하지 않는 소형기계기구 : 방전등, 라디오, TV, 선풍기, 전기 이발기 등
   ② 고온부가 노출되지 않는 것으로 이에 전선이 접촉될 우려가 없는 구조의 가열장치 : 전기모포, 전기온수기 등
   ③ 전구선 및 고온으로 사용하는 전열기류에 사용하는 것은 금지

(2) 금사코드 : 전기면도기, 전기이발기 등 가볍고 작은 가정용 전기기계기구에 한한다.

(3) 옥내 저압용의 코드 및 이동전선, 진열장 또는 이와 유사한 것의 내부 배선의 경우 단면적 0.75[mm²] 이상의 것에 한한다.

3. 캡타이어케이블

(1) 저압용의 캡타이어케이블은 KS C IEC 60502-1, 고압용의 캡타이어케이블은 KS C IEC 60502-2을 적용한다.

(2) 고압용의 클로로프렌 캡타이어케이블은 일반적으로 광산의 동력 삽이나 대형 주행 크레인 등의 전원으로 사용된다.

(3) 수상전선로에 사용되는 전선
   ① 저압 : 클로로프렌 캡타이어케이블
   ② 고압 : 캡타이어케이블

핵심유형문제 02

옥내 저압용의 코드 및 이동전선, 진열장 또는 이와 유사한 것의 내부 배선의 경우 단면적 몇 [mm²] 이상의 것을 사용하여야 하는가?   [예상]

① 0.75   ② 1.0   ③ 1.5   ④ 2.5

해설 옥내 저압용의 코드선의 굵기는 단면적 0.75[mm²] 이상의 것을 사용하여야 한다.

답 : ①

중요도 ★★
출제빈도
총44회 시행
총 8문 출제

핵심03 전선의 선정 및 종류(Ⅲ)

1. 케이블

(1) 저압케이블과 고압케이블의 구분

저압케이블	고압케이블
연피케이블	연피케이블
클로로프렌외장케이블	클로로프렌외장케이블
비닐외장케이블	비닐외장케이블
폴리에틸렌외장케이블	폴리에틸렌외장케이블
저독성 난연 폴리올레핀외장케이블	저독성 난연 폴리올레핀외장케이블
무기물 절연케이블	알루미늄피케이블
금속외장케이블	콤바인덕트케이블
연질 비닐시스케이블	
유선텔레비전용 급전겸용 동축 케이블	

(2) 특고압케이블
 ① 파이프형 압력 케이블·연피케이블·알루미늄피케이블, 금속피복을 한 케이블
 ② 특고압 전로의 다중접지 지중 배전계통에 사용하는 경우에는 동심중성선 전력케이블(CNCV, CNCV-W, FR CNCO-W)을 사용하며, 최고전압은 25.8[kV] 이하일 것.

참고 전압의 구분
(1) 저압 : 교류는 1[kV] 이하, 직류는 1.5[kV] 이하인 것.
(2) 고압 : 교류는 1[kV]를, 직류는 1.5[kV]를 초과하고, 7[kV] 이하인 것.
(3) 특고압 : 7[kV]를 초과하는 것

2. 송전용 나전선

우리나라의 송전선은 내륙지방에서는 강심알루미늄 연선을 거의 대부분 사용하고 있다. 하지만 3면이 바다로 이루어진 지형의 특성상 해안지방의 송전용 나전선은 내식성이 우수한 동선이 사용되어지고 있다.

핵심유형문제 03

전압을 저압, 고압, 특고압으로 구분할 때 교류에서 "저압"이란? [10]

① 220[V] 이하의 것 ② 380[V] 이하의 것
③ 1,000[V] 이하의 것 ④ 1,500[V] 이하의 것

해설 전압의 구분
 저압 : 교류는 1[kV] 이하, 직류는 1.5[kV] 이하인 것.

답 : ③

핵심04 전선의 약호와 명칭

중요도 ★★★
출제빈도
총44회 시행
총20문 출제

	약호	명칭
A	ACSR	강심알루미늄 연선
C	CN-CV	동심중성선 차수형 전력케이블
	CN-CV-W	동심중성선 수밀형 전력케이블
	CV	가교 폴리에틸렌 절연 비닐 시스 케이블
D	DV	인입용 비닐절연전선
E	EE	폴리에틸렌 절연 폴리에틸렌 시스 케이블
	EV	폴리에틸렌 절연 비닐 시스 케이블
F	FL	형광방전등용 비닐전선
	FR CNCO-W	동심중성선 수밀형 저독성 난연 전력케이블
H	HFIO	450/750[V] 저독성 난연 폴리올레핀 절연전선
	HFIX	450/750[V] 저독성 난연 가교폴리올레핀 절연전선
M	MI	미네랄 인슈레이션 케이블
N	NEV	폴리에틸렌 절연 비닐 시스 네온전선
	NF	450/750[V] 일반용 유연성 단심 비닐절연전선
	NFI	300/500[V] 기기 배선용 유연성 단심 비닐절연전선
	NR	450/750[V] 일반용 단심 비닐절연전선
	NRC	고무 절연 클로로프렌 시스 네온전선
	NRI	300/500[V] 기기 배선용 단심 비닐절연전선
	NRV	고무 절연 비닐 시스 네온전선
	NV	비닐절연 네온전선
O	OW	옥외용 비닐절연전선
P	PN	0.6/1[kV] EP 고무 절연 클로로프렌 시스 케이블
	PV	0.6/1[kV] EP 고무 절연 비닐 시스 케이블
V	VV	0.6/1[kV] 비닐 절연 비닐 시스 케이블

핵심유형문제 04

옥외용 비닐절연전선의 약호는? [06, 12, 14, 18]

① OW ② DV ③ NR ④ VV

[해설] 옥외용 비닐절연전선의 약호는 OW 이다.

답 : ①

중요도 ★
출제빈도
총44회 시행
총 6문 출제

핵심05 연선의 구성

1. 연선의 의미

연선이란 소도체 여러 가닥을 층층이 쌓아 비틀어 만든 전선으로서 단선에 비해 도체의 단면적을 크게 할 목적으로 제작되었다.

> **참고** 코로나 방전이란 전선 주위의 공기 절연 상태가 나빠져서 국부적으로 절연이 파괴되어 엷은 빛의 부분 불꽃방전이나 잡음 등을 동반하는 현상이다.

2. 연선의 구성

① 연선의 총 도체수(N) $N = 3n(n+1) + 1$

② 연선의 바깥지름(D) $D = (1 + 2n)d[\text{mm}]$

③ 공칭단면적(A) $A = SN = \dfrac{\pi d^2}{4} N [\text{mm}^2]$

여기서, N : 연선의 총 도체수,
n : 층수,
D : 연선의 바깥지름[mm],
d : 소도체 지름[mm],
A : 연선의 공칭단면적[mm²]

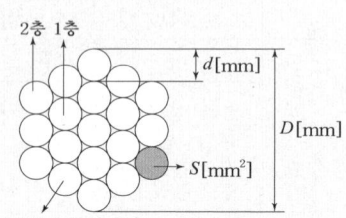

[그림] 동심연선

> **참고** 공칭단면적
> 피복 절연물을 제외한 도체만의 면적으로 전선의 굵기를 표현하는 명칭이다. 소선 수와 소선의 지름으로 나타내며 단위는 지름[mm] 또는 단면적[mm²]를 사용한다. 또한 계산상의 실제단면적은 별도로 하되 공식적으로 사용되는 단면적이며 주로 연선의 굵기를 나타낸다.

핵심유형문제 05

공칭 단면적 8[mm²]의 연선의 구성은 소선의 지름이 1.2[mm]일 때 소선수는 몇 가닥으로 되어 있는가? [06, 14]

① 3　　　　　② 4　　　　　③ 6　　　　　④ 7

해설 $A = 8[\text{mm}^2]$, $d = 1.2[\text{mm}]$일 때 $A = SN = \dfrac{\pi d^2}{4} N [\text{mm}^2]$ 식에서

∴ $N = \dfrac{4A}{\pi d^2} = \dfrac{4 \times 8}{\pi \times 1.2^2} = 7.07 \fallingdotseq 7$ 가닥

답 : ④

핵심06 점멸기의 시설(Ⅰ)

1. 점멸기는 다음에 의하여 설치하여야 한다.

(1) 점멸기는 전로의 비접지측에 시설하고 분기개폐기에 배선용차단기를 사용하는 경우는 이것을 점멸기로 대용할 수 있다.
(2) 노출형의 점멸기는 기둥 등의 내구성이 있는 조영재에 견고하게 설치할 것.
(3) 욕실 내는 점멸기를 시설하지 말 것.
(4) 가정용 전등은 매 등기구마다 점멸이 가능하도록 할 것. 다만, 장식용 등기구(샹들리에, 스포트라이트, 간접조명등, 보조등기구 등) 및 발코니 등기구는 예외로 할 수 있다.
(5) 다음의 경우에는 센서등(타임스위치 포함)을 시설하여야 한다.
① 관광숙박업 또는 숙박업에 이용되는 객실의 입구등은 1분 이내에 소등되는 것.
② 일반주택 및 아파트 각 호실의 현관등은 3분 이내에 소등되는 것.

중요도 ★
출제빈도
총44회 시행
총 5문 출제

2. 개폐기의 종류(Ⅰ)

(1) 점멸스위치
① 전등의 점멸, 전열기의 열조절 등의 옥내 소형스위치로서 텀블러 스위치, 로터리 스위치, 누름단추 스위치, 캐노피 스위치, 팬던트 스위치, 타임 스위치, 3로 스위치 등 다양한 종류를 포함하고 있다.
② 점멸스위치의 설치 위치는 반드시 전압측 전선에 설치하여야 한다.

(2) 텀블러 스위치 : 옥내에서 전등이나 소형전기기계기구의 점멸에 사용되는 스위치로서 일반 가정이나 사무실에서 많이 사용하고 매입형과 노출형이 있다.

(3) 로터리 스위치 : 손으로 직접 좌·우로 회전시켜서 ON, OFF시키거나 발열량 조절 및 광도를 조절하는 회전스위치이다.

[그림] 텀블러 스위치　　　　　[그림] 로터리 스위치

핵심유형문제 06

가정용 전등에 사용되는 점멸스위치를 설치하여야 할 위치에 대한 설명으로 가장 적당한 것은? [07, 10]

① 접지측 전선에 설치한다.　　② 중성선에 설치한다.
③ 부하의 2차측에 설치한다.　　④ 전압측 전선에 설치한다.

해설 점멸스위치의 설치 위치는 반드시 전압측 전선에 설치하여야 한다.

답 : ④

핵심07 점멸기의 시설(Ⅱ)

1. 개폐기의 종류(Ⅱ)

(1) **플로트스위치(플로트레스 스위치)** : 급·배수용으로 수조의 수면 높이에 의해 또는 물탱크의 물의 양에 따라 자동적으로 동작하는 스위치로서 유량을 제어하는데 사용되는 스위치이다. 부동스위치라고도 한다.

(2) **팬던트 스위치** : 주로 형광드에 매달린 코드선 끝에 매추리알처럼 생긴 기구에 좌우로 밀어 넣는 식으로 ON, OFF 시키는 스위치

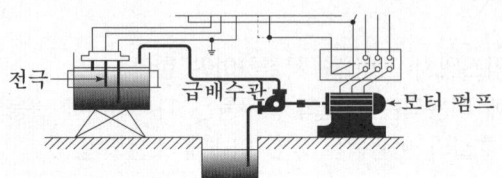

[그림] 플로트 스위치　　　　　　　　[그림] 팬던트 스위치

(3) **캐노피 스위치** : 풀 스위치의 일종으로 조명기구의 플랜지에 붙이는 스위치

(4) **타임스위치** : 조명용 백열전등을 호텔 또는 여관 객실의 입구에 설치할 때나 일반 주택 및 아파트 각 실의 현관에 설치할 때 사용되는 스위치

(5) **3로 스위치와 4로 스위치**

명칭	3로 스위치	4로 스위치
심볼	●₃	●₄
용도	3로 스위치 2개를 이용하면 2개소 점멸이 가능하다.	4로 스위치 1개와 3로 스위치 2개를 이용하면 3개소에서 점멸이 가능하다.

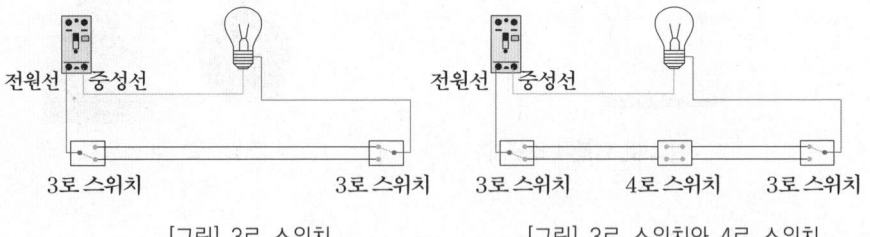

[그림] 3로 스위치　　　　　[그림] 3로 스위치와 4로 스위치

핵심유형문제 07

급수용으로 수조의 수면 높이에 의해 자동적으로 동작하는 스위치는? [06, 17, 18, (유)06, 15]

① 팬던트 스위치　② 플로트 스위치　③ 캐너피 스위치　④ 텀블러 스위치

해설 플로트스위치는 급·배수용으로 수조의 수면 높이에 의해 또는 물탱크의 물의 양에 따라 자동적으로 동작하는 스위치로서 유량을 제어하는데 사용되는 스위치이다. 부동스위치라고도 한다.

답 : ②

핵심08 점멸기의 시설(Ⅲ)

1. 개폐기의 종류(Ⅲ)

(1) 방수용 스위치와 방폭형 스위치

명칭	방수용 스위치	방폭형 스위치
심볼	●WP	●EX

(2) **누름단추 스위치(푸시버튼 스위치)** : 수동으로 동작시키고 접점의 복귀는 자동으로 되는 것이 일반적이며 소세력회로나 전동기 기동, 정지 스위치로 사용된다.

(3) **코드 스위치** : 전기기구의 코드 도중에 넣어 회로를 ON, OFF하는 스위치로서 중간 스위치라고도 한다. 전기매트나 스탠드 등의 전기기구 코드 중간에 설치되어 사용된다.

[그림] 누름단추 스위치

[그림] 코드 스위치

(4) **마그넷 스위치** : 과부하뿐만 아니라 정전시나 저전압일 때 자동적으로 차단되어 전동기의 소손을 방지한다.

(5) **커버 나이프 스위치** : 전등, 전열 및 동력용의 인입개폐기 또는 분기개폐기를 사용하는 스위치로 각 극마다 격벽을 설치하여 커버를 열지 않고 수동으로 개폐한다. 최근에는 배선용차단기가 사용되고 있다.

[그림] 마그네트 스위치

[그림] 커버 나이프 스위치

핵심유형문제 08

다음 중 과부하뿐만 아니라 정전시나 저전압일 때 자동적으로 차단되어 전동기의 소손을 방지하는 스위치는? [06]

① 안전 스위치 ② 마그네트 스위치 ③ 자동 스위치 ④ 압력 스위치

[해설] 마그넷 스위치는 과부하뿐만 아니라 정전시나 저전압일 때 자동적으로 차단되어 전동기의 소손을 방지한다.

답 : ②

핵심09 콘센트

1. 콘센트의 시설
콘센트는 옥내배선에서 코드를 접속하기 위해 배선에 연결하여 플러그를 삽입하는 기구이다.
(1) 노출형 콘센트는 기둥과 같은 내구성이 있는 조영재에 견고하게 부착할 것.
(2) 욕조나 샤워시설이 있는 욕실 또는 화장실 등 인체가 물에 젖어있는 상태에서 전기를 사용하는 장소에 콘센트를 시설하는 경우
  ① 고감도 감전보호용 누전차단기(정격감도전류 15[mA] 이하, 동작시간 0.03초 이하의 전류동작형의 것에 한한다) 또는 절연변압기(정격용량 3[kVA] 이하인 것에 한한다)로 보호된 전로에 접속
  ② 고감도 감전보호용 누전차단기가 부착된 콘센트 시설
  ③ 콘센트는 접지극이 있는 방적형 콘센트를 사용하여 접지 시설
(3) 습기가 있는 장소 또는 수분이 있는 장소에 시설하는 콘센트 및 기계기구용 콘센트는 접지용 단자가 있는 것을 사용하여 접지하고 방습장치 시설
(4) 주택의 옥내전로에는 접지극이 있는 콘센트를 사용하여 접지 시설

2. 사용 용도에 따른 콘센트의 분류

명칭	용도	심볼
벽붙이 콘센트	벽 또는 기둥 표면에 부착하거나 속에 매입하여 시설하는 콘센트	
방수형 콘센트	욕실이나 옥외에서 사용하는 콘센트로서 물이 들어가지 않도록 마개를 덮을 수 있는 구조로 되어 있다.	
플로어 콘센트	바닥에 매입되어 있는 것으로 사용하지 않을 때는 뚜껑을 덮어둔다.	
비상용 콘센트	화재시 소화활동을 용이하게 하기 위한 설비로서 단상 및 3상의 2개의 회로로 구성된다.	

핵심유형문제 09

다음 중 방수형 콘센트의 심벌은? [09, 12, 19]

①   ② ●   ③   ④

해설 방수형 콘센트는 콘센트 심볼 우측 하단에 WP를 방기하여 표시한다.

답 : ③

핵심10 플러그와 소켓

1. 플러그의 종류
① **멀티탭** : 하나의 콘센트로 2개 또는 3개의 기구를 사용할 수 있는 것.
② **아이언플러그** : 커피포트나 전기다리미 등과 같이 코드 양쪽에 플러그가 달려있는 것으로서 꽂음플러그와 아이언플러그로 구성된다.
③ **테이블탭** : 코드의 길이가 짧을 때 연장하기 위해 사용되는 것으로 멀티탭과 같이 여러 개의 콘센트 구를 만들어 여러 기구를 사용할 수 있는 것으로서 보통 2구용부터 6구용까지 사용되고 있다.

[그림] 멀티탭

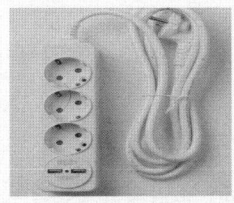
[그림] 테이블탭

2. 소켓의 분류
① **리셉터클** : 코드없이 천장이나 벽에 직접 붙이는 소켓으로 옥내배선에서 백열전구를 노출로 설치할 때 사용한다.
② **키 소켓** : 200[W] 이하의 백열전구에 사용하는 점멸장치가 있는 소켓
③ **키리스 소켓** : 200[W] 이하의 백열전구에 사용하는 점멸장치가 없는 소켓으로 주로 먼지가 많은 장소에 사용한다.

[그림] 리셉터클

[그림] 키소켓

핵심유형문제 10

하나의 콘센트로 2 또는 3가지의 기구를 사용할 수 있는 기구의 명칭은? [06, 07, 14, 15, 19]

① 멀티탭
② 테이블탭
③ 아이언 플러그
④ 코오드 접속기

해설 멀티탭은 하나의 콘센트로 2개 또는 3개의 기구를 사용할 수 있는 것이고 테이블탭은 코드의 길이가 짧을 때 연장하기 위해 사용되는 것으로 멀티탭과 같이 여러 개의 콘센트 구를 만들어 여러 기구를 사용할 수 있는 것이다.

답 : ①

핵심11 게이지의 종류와 공구 및 기구 등(Ⅰ)

1. 게이지와 측정용 계기 및 측정법
① 와이어 게이지 : 전선의 굵기를 측정할 때 사용하는 공구
② 버니어 캘리퍼스 : 어미자와 아들자의 눈금을 이용하여 두께, 깊이, 안지름 및 바깥지름 등을 모두 측정할 수 있는 공구
③ 어스테스터(접지저항계) : 접지저항을 측정할 때 사용하는 공구
④ 메거(절연저항계) : 옥내에 시설하는 저압전로와 대지 사이의 절연저항 측정에 사용되는 계기
⑤ 콜라우시 브리지법 : 접지저항을 측정하는 방법
⑥ 캘빈 더블 브리지법 : 저저항 측정에 사용되는 방법

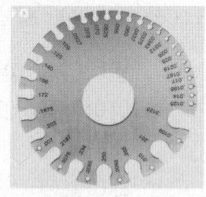
[그림] 와이어 게이지

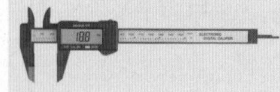
[그림] 버니어 캘리퍼스

2. 공구 및 기구(Ⅰ)
① 파이프 커터 : 금속관을 절단할 때 사용하는 공구
② 리머 : 금속관을 가공할 때 절단된 내부를 매끈하게 하기 위해서 사용하는 공구
③ 오스터 : 금속관 끝에 나사를 내는 공구
④ 풀박스 : 금속관 구부리기에 있어서 관의 굴곡이 3개소가 넘거나 관의 길이가 30[m]를 초과하는 경우 사용하는 것.
⑤ 녹아웃 펀치 : 금속관의 배관을 변경하거나 캐비닛의 구멍을 넓히기 위한 공구
⑥ 홀소 : 녹아웃 펀치와 같은 용도의 것으로 분전반이나 풀박스 등에 구멍을 뚫기 위한 공구
⑦ 링 리듀서 : 금속관을 박스에 고정할 때 노크아웃 구멍이 금속관보다 커서 로크너트 만으로 고정하기 어려운 경우에 사용하는 공구

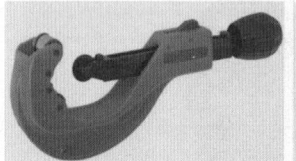   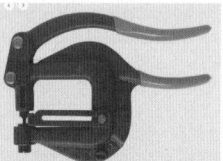

[그림] 파이프 커터　　[그림] 풀박스　　[그림] 홀소　　[그림] 녹아웃 펀치

핵심유형문제 11
금속전선관 공사 시 노크아웃 구멍이 금속관보다 클 때 사용되는 접속 기구는?

[11, 12, 19, (유)06, 08, 09, 10, 15]

① 부싱　　② 링 리듀서　　③ 로크너트　　④ 엔트런스 캡

해설 링 리듀서는 금속관을 박스에 고정할 때 노크아웃 구멍이 금속관보다 커서 로크너트만으로 고정하기 어려운 경우에 사용하는 공구이다.

답 : ②

핵심12 게이지의 종류와 공구 및 기구 등(Ⅱ)

1. 공구 및 기구(Ⅱ)
① **히키** : 금속관 배관 공사를 할 때 금속관을 구부리는데 사용하는 공구
② **로크너트** : 금속관 공사에서 관을 박스에 고정시킬 때 사용하는 공구
③ **펌프 플라이어** : 전선의 슬리브 접속에 있어서 펜치와 같이 사용되고 금속관 공사에서 로크너트를 조일 때 사용하는 공구
④ **노멀밴드** : 콘크리트에 매입하는 금속관 공사에서 직각으로 배관할 때 사용하는 공구
⑤ **유니버셜 엘보** : 철근 콘크리트 건물에 노출 금속관 공사를 할 때 직각으로 굽히는 곳에 사용되는 금속관 재료
⑥ **피시테이프** : 전선관에 전선을 넣을 때 사용하는 공구
⑦ **철망그립** : 전선관에 여러 가닥의 전선을 넣을 때 사용하는 공구
⑧ **드라이브 이트** : 콘크리트 조영재에 구멍을 뚫어 볼트를 시설할 때 필요한 공구

중요도 ★★★
출제빈도
총44회 시행
총19문 출제

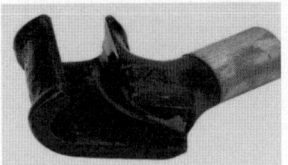 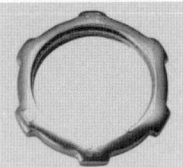 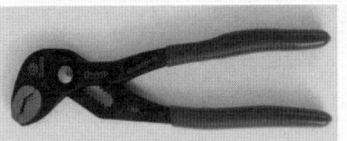
　　[그림] 히키　　　　　　[그림] 로크너트　　　　　[그림] 펌프 플라이어

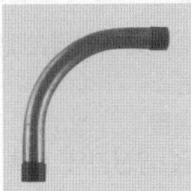  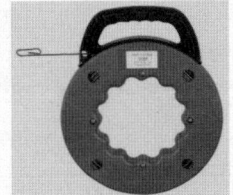
　　[그림] 노멀밴드　　　　[그림] 유니버셜 엘보　　　[그림] 피시테이프

핵심유형문제 12

콘크리트에 매입하는 금속관 공사에서 직각으로 배관할 때 사용하는 것은?
[06, 18, 19, (유)07]

① 노멀밴드　　　　　　　　② 뚜껑이 있는 엘보
③ 서비스 엘보　　　　　　　④ 유니버셜 엘보

해설 노멀밴드는 콘크리트에 매입하는 금속관 공사에서 직각으로 배관할 때 사용하는 공구

답 : ①

적중예상문제

01
KEC에서 규정하고 있는 보호도체의 전선 색상은?
[21, (유)07, 09, 18]

① 갈색　　② 흑색
③ 청색　　④ 녹색-노란색

전선의 색상

상(문자)	색상
L1	갈색
L2	흑색
L3	회색
N(중성도체)	청색
보호도체	녹색-노란색

02
KEC에서 규정하고 있는 중성도체의 전선 색상은?
[(유)10]

① 갈색　　② 흑색
③ 청색　　④ 녹색-노란색

전선의 색상

상(문자)	색상
L1	갈색
L2	흑색
L3	회색
N(중성도체)	청색
보호도체	녹색-노란색

03
나전선 등의 금속선에 속하지 않는 것은? [14]

① 지름 12[mm] 이하인 경동선
② 지름 12[mm] 이하인 연동선
③ 지름 5[mm] 이하인 알루미늄 합금선
④ 지름 5[mm] 이하인 동합금선

알루미늄 합금선의 지름은 6.6[mm] 이하이다.

04
다음 중 저압 절연전선의 종류로 틀린 것은? [예상]

① 가교 폴리에틸렌 절연전선
② 비닐절연전선
③ 고무절연전선
④ 저독성 난연 폴리올레핀 절연전선

가교 폴리에틸렌 절연전선은 고압 절연전선이다.

05
다음 중 저압케이블에 해당되지 않는 것은? [예상]

① 저독성 난연 폴리올레핀외장케이블
② 비닐외장케이블
③ 콤바인덕트케이블
④ 유선텔레비전용 급전겸용 동축 케이블

콤바인덕트케이블은 고압케이블이다.

06
전압의 구분에서 저압 직류전압은 몇 [V] 이하인가?
[13]

① 400　　② 600
③ 1,000　　④ 1,500

전압의 구분
(1) 저압 : 교류는 1[kV] 이하, 직류는 1.5[kV] 이하인 것.
(2) 고압 : 교류는 1[kV]를, 직류는 1.5[kV]를 초과하고, 7[kV] 이하인 것.
(3) 특고압 : 7[kV]를 초과하는 것

해답　01 ④　02 ③　03 ③　04 ①　05 ③　06 ④

07
다음 중 고압에 속하는 것은? [07]

① 교류 1,000[V]
② 직류 1,000[V]
③ 교류 1,500[V]
④ 직류 1,500[V]

전압의 구분
고압 : 교류는 1[kV]를, 직류는 1.5[kV]를 초과하고, 7[kV] 이하인 것.

08
전압의 구분에서 고압에 대한 설명으로 가장 옳은 것은? [11]

① 직류는 1[kV], 교류는 1.5[kV] 이하인 것
② 직류는 1.5[kV], 교류는 1[kV] 이하인 것
③ 직류는 1.5[kV], 교류는 1[kV]를 초과하고 7[kV] 이하인 것
④ 7[kV] 초과하는 것

전압의 구분
고압 : 교류는 1[kV]를, 직류는 1.5[kV]를 초과하고, 7[kV] 이하인 것.

09
다음 중 특고압은? [15, 19]

① 1,000[V] 이하
② 1,500[V] 이하
③ 1,000[V]를 초과하고 7,000[V] 이하
④ 7,000[V] 초과

전압의 구분
특고압 : 7[kV]를 초과하는 것

10
해안지방의 송전용 나전선에 가장 적당한 것은? [13]

① 철선
② 강심알루미늄선
③ 동선
④ 알루미늄합금선

우리나라의 송전선은 내륙지방에서는 강심알루미늄 연선을 사용하고 해안지방의 송전용 나전선은 내식성이 우수한 동선이 사용되어지고 있다.

11
인입용 비닐절연전선을 나타내는 약호는? [15, 18]

① OW
② EV
③ DV
④ NV

전선의 약호
(1) OW : 옥외용 비닐절연전선
(2) EV : 폴리에틸렌 절연 비닐 시스 케이블
(3) DV : 인입용 비닐절연전선

12
ACSR 약호의 품명은? [15]

① 경동연선
② 중공연선
③ 알루미늄선
④ 강심알루미늄 연선

ACSR은 강심알루미늄 연선의 약호이다.

13
동심중성선 수밀형 전력케이블의 약호는? [07]

① CN-CV
② CN-CV-W
③ FR CNCO-W
④ CV

전선의 약호
(1) CN-CV : 동심중성선 차수형 전력케이블
(2) CN-CV-W : 동심중성선 수밀형 전력케이블
(3) FR CNCO-W : 동심중성선 수밀형 저독성 난연 전력케이블
(4) CV : 가교 폴리에틸렌 절연 비닐 시스 케이블

해답 07 ③ 08 ③ 09 ④ 10 ③ 11 ③ 12 ④ 13 ②

14

전선 약호가 CN-CV-W인 케이블의 품명은? [12]

① 동심 중성선 수밀형 전력케이블
② 동심 중성선 차수형 전력케이블
③ 동심 중성선 수밀형 저독성 난연 전력케이블
④ 동심 중성선 차수형 저독성 난연 전력케이블

CN-CV-W는 동심중성선 수밀형 전력케이블의 약호이다.

17

다음 중 300/500[V] 기기 배선용 유연성 단심 비닐 절연전선을 나타내는 약호는? [14]

① NFR ② NFI
③ NR   ④ NRC

전선의 약호
(1) NFI : 300/500[V] 기기 배선용 유연성 단심 비닐절연전선
(2) NR : 450/750[V] 일반용 단심 비닐절연전선
(3) NRC : 고무 절연 클로로프렌 시스 네온전선

15

폴리에틸렌 절연 비닐 시스 케이블의 약호는? [12]

① DV   ② EE
③ EV   ④ OW

전선의 약호
(1) DV : 인입용 비닐절연전선
(2) EE : 폴리에틸렌 절연 폴리에틸렌 시스 케이블
(3) EV : 폴리에틸렌 절연 비닐 시스 케이블
(4) OW : 옥외용 비닐절연전선

18

450/750[V] 일반용 단심 비닐절연전선의 약호는? [07, 16]

① NRI ② NF
③ NFI ④ NR

전선의 약호
(1) NRI : 300/500[V] 기기 배선용 단심 비닐절연전선
(2) NF : 450/750[V] 일반용 유연성 단심 비닐절연전선
(3) NFI : 300/500[V] 기기 배선용 유연성 단심 비닐절연전선
(4) NR : 450/750[V] 일반용 단심 비닐절연전선

16

FL 전선은 무슨 전선인가? [06]

① 형광방전등용 비닐전선
② 인입용 비닐절연전선
③ 옥외용 비닐절연전선
④ 일반용 단심 비닐절연전선

FL은 형광방전등용 비닐전선의 약호이다.

19

NR전선이란? [06]

① 인입용 비닐 절연전선
② 옥외용 비닐 절연전선
③ 형광방전등용 비닐전선
④ 450/750[V] 일반용 단심 비닐 절연전선

NR은 450/750[V] 일반용 단심 비닐 절연전선의 약호이다.

해답 14 ① 15 ③ 16 ① 17 ② 18 ④ 19 ④

20

절연 전선의 피복에 "154[kV] NRV"라고 표기되어 있다. 여기서 "NRV"는 무엇을 나타내는 약호인가? [07, 18]

① 형광방전등용 비닐전선
② 고무 절연 클로로프렌 시스 네온전선
③ 고무 절연 비닐 시스 네온전선
④ 폴리에틸렌 절연 비닐 시스 네온전선

NRV는 고무 절연 비닐 시스 네온전선의 약호이다.

21

저압 회로에 사용하는 0.6/1[kV] 비닐 절연 비닐 시스 케이블의 약칭으로 맞는 것은? [07, 09]

① VV   ② EV
③ NV   ④ CV

전선의 약호
(1) VV : 0.6/1[kV] 비닐 절연 비닐 시스 케이블
(2) EV : 폴리에틸렌 절연 비닐 시스 케이블
(3) NV : 비닐 절연 네온전선
(4) CV : 가교 폴리에틸렌 절연 비닐 시스 케이블

22

전선 약호가 VV인 케이블의 종류로 옳은 것은? [15]

① 0.6/1[kV] 비닐 절연 비닐 시스 케이블
② 0.6/1[kV] EP 고무 절연 클로로프렌 시스 케이블
③ 0.6/1[kV] EP 고무 절연 비닐 시스 케이블
④ 0.6/1[kV] 비닐 절연 비닐 캡타이어케이블

VV는 0.6/1[kV] 비닐 절연 비닐 시스 케이블의 약호이다.

23

연선 결정에 있어서 중심 소선을 뺀 층수가 2층이다. 소선의 총수 N은 얼마인가? [14]

① 45   ② 39
③ 19   ④ 9

$n = 2$일 때
$N = 3n(n+1) + 1$ 식에서
∴ $N = 3n(n+1) + 1$
$= 3 \times 2 \times (2+1) + 1 = 19$

24

연선 결정에 있어서 중심 소선을 뺀 층수가 3층이다. 전체 소선수는? [16]

① 91   ② 61
③ 37   ④ 19

$n = 3$일 때
$N = 3n(n+1) + 1$ 식에서
∴ $N = 3n(n+1) + 1$
$= 3 \times 3 \times (3+1) + 1 = 37$

25

1.6[mm], 19가닥의 경동연선의 바깥지름[mm]은? [06]

① 11   ② 10
③ 9   ④ 8

$d = 1.6$[mm], $N = 19$일 때
$N = 3n(n+1) + 1$ 식에서 $n = 2$임을 알 수 있다.
따라서 전선의 지름 D는
$D = (1+2n)d$[mm] 식에서
∴ $D = (1+2n)d = (1+2\times 2) \times 1.6$
$= 8$[mm]

26
전선의 공칭단면적에 대한 설명으로 옳지 않은 것은? [13]

① 소선 수와 소선의 지름으로 나타낸다.
② 단위는 [mm^2]로 표시한다.
③ 전선의 실제단면적과 같다.
④ 연선의 굵기를 나타내는 것이다.

공칭단면적은 피복 절연물을 제외한 도체만의 면적으로 전선의 굵기를 표현하는 명칭이다. 소선 수와 소선의 지름으로 나타내며 단위는 지름[mm] 또는 단면적[mm^2]를 사용한다. 또한 계산상의 실제단면적은 별도로 하되 공식적으로 사용되는 단면적이며 주로 연선의 굵기를 나타낸다.

27
조명용 전등을 관광 진흥법과 공중위생법에 의한 관광숙박업 또는 숙박업(여인숙업은 제외)에 이용되는 객실의 입구등은 최대 몇 분 이내에 소등되는 타임스위치를 시설하여야 하는가? [07]

① 1   ② 2
③ 3   ④ 4

다음의 경우에는 센서등(타임스위치 포함)을 시설하여야 한다.
(1) 관광숙박업 또는 숙박업에 이용되는 객실의 입구등은 1분 이내에 소등되는 것.
(2) 일반주택 및 아파트 각 호실의 현관등은 3분 이내에 소등되는 것.

28
조명용 백열전등을 일반주택 및 아파트 각 호실에 설치할 때 현관등은 최대 몇 분 이내에 소등되는 타임스위치를 시설하여야 하는가? [07, 19]

① 1   ② 2
③ 3   ④ 4

일반주택 및 아파트 각 호실의 현관등은 3분 이내에 소등되는 것.

29
급·배수 회로 공사에서 탱크의 유량을 자동 제어하는데 사용되는 스위치는? [06]

① 리밋 스위치   ② 플로트레스 스위치
③ 텀블러 스위치 ④ 타임 스위치

플로트스위치(플로트레스 스위치)는 급·배수용으로 수조의 수면 높이에 의해 또는 물탱크의 물의 양에 따라 자동적으로 동작하는 스위치로서 유량을 제어하는데 사용되는 스위치이다. 부동스위치라고도 한다.

30
물탱크의 물의 양에 따라 동작하는 자동스위치는? [15]

① 부동 스위치   ② 압력 스위치
③ 타임 스위치   ④ 3로 스위치

플로트스위치(플로트레스 스위치)는 급·배수용으로 수조의 수면 높이에 의해 또는 물탱크의 물의 양에 따라 자동적으로 동작하는 스위치로서 유량을 제어하는데 사용되는 스위치이다. 부동스위치라고도 한다.

31
조명용 백열전등을 호텔 또는 여관 객실의 입구에 설치할 때나 일반 주택 및 아파트 각 실의 현관에 설치할 때 사용되는 스위치는? [06, 11, 18]

① 타임 스위치   ② 누름버튼 스위치
③ 토글 스위치   ④ 로터리 스위치

타임스위치는 조명용 백열전등을 호텔 또는 여관 객실의 입구에 설치할 때나 일반 주택 및 아파트 각 실의 현관에 설치할 때 사용되는 스위치이다.

해답 26 ③ 27 ① 28 ③ 29 ② 30 ① 31 ①

32
전환 스위치의 종류로 한 개의 전등을 두 곳에서 전등을 자유롭게 점멸할 수 있는 스위치는? [06]

① 펜던트 스위치 ② 3로 스위치
③ 코드 스위치 ④ 단로 스위치

3로 스위치와 4로 스위치		
명칭	3로 스위치	4로 스위치
심볼	●₃	●₄
용도	3로 스위치 2개를 이용하면 2개소 점멸이 가능하다.	4로 스위치 1개와 3로 스위치 2개를 이용하면 3개소에서 점멸이 가능하다.

33
전등 1개를 2개소에서 점멸하고자 할 때 3로 스위치는 최소 몇 개 필요한가? [13, 15]

① 4개 ② 3개
③ 2개 ④ 1개

3로 스위치와 4로 스위치		
명칭	3로 스위치	4로 스위치
심볼	●₃	●₄
용도	3로 스위치 2개를 이용하면 2개소 점멸이 가능하다.	4로 스위치 1개와 3로 스위치 2개를 이용하면 3개소에서 점멸이 가능하다.

34
다음 중 3로 스위치를 나타내는 그림 기호는? [11]

① ●EX ② ●₃
③ ●2P ④ ●15A

3로 스위치와 4로 스위치		
명칭	3로 스위치	4로 스위치
심볼	●₃	●₄
용도	3로 스위치 2개를 이용하면 2개소 점멸이 가능하다.	4로 스위치 1개와 3로 스위치 2개를 이용하면 3개소에서 점멸이 가능하다.

35
다음 심벌의 명칭은? [07, (유)14]

① 과전압계전기 ② 환풍기
③ 콘센트 ④ 룸에어콘

콘센트는 옥내배선에서 코드를 접속하기 위해 배선에 연결하여 플러그를 삽입하는 기구로서 도면에 사용되는 벽붙이 콘센트의 심볼은 ⊙ 이다.

36
아래의 그림기호가 나타내는 것은? [14]

⊙⊙

① 비상 콘센트 ② 형광등
③ 점멸기 ④ 접지저항 측정용 단자

비상용 콘센트는 화재시 소화활동을 용이하게 하기 위한 설비로서 단상 및 3상의 2개의 회로로 구성되고 도면에 사용되는 벽붙이 콘센트의 심볼은 ⊙⊙ 이다.

37
220[V] 옥내 배선에서 백열전구를 노출로 설치 할 때 사용하는 기구는? [13]

① 리셉터클 ② 테이블 탭
③ 콘센트 ④ 코드 커넥터

리셉터클은 코드없이 천장이나 벽에 직접 붙이는 소켓으로 옥내배선에서 백열전구를 노출로 설치할 때 사용한다.

38
다음 중 전선의 굵기를 측정할 때 사용 되는 것은?
[06, 07, 09②]

① 와이어 게이지   ② 파이어 포트
③ 스패너   ④ 프레셔 툴

와이어 게이지는 전선의 굵기를 측정할 때 사용하는 공구이다.

39
어미자와 아들자의 눈금을 이용하여 두께, 깊이, 안지름 및 바깥지름 측정용에 사용하는 것은? [08, 10, 13]

① 버니어 캘리퍼스   ② 스패너
③ 와이어 스트리퍼   ④ 잉글리시 스패너

버니어 캘리퍼스는 어미자와 아들자의 눈금을 이용하여 두께, 깊이, 안지름 및 바깥지름 등을 모두 측정할 수 있는 공구이다.

40
전기공사에서 접지저항을 측정할 때 사용하는 측정기는 무엇인가? [07, 11]

① 검류기   ② 변류기
③ 메거   ④ 어스테스터

어스테스터(접지저항계)는 접지저항을 측정할 때 사용하는 공구이다.

41
다음 중 옥내에 시설하는 저압 전로와 대지 사이의 절연 저항 측정에 사용되는 계기는? [07, 11②, 12, 19]

① 코올라시브리지   ② 메거
③ 어스테스터   ④ 마그넷벨

메거(절연저항계)는 옥내에 시설하는 저압전로와 대지 사이의 절연저항 측정에 사용되는 계기이다.

42
다음 중 접지저항을 측정하는 방법은? [08, 15]

① 휘스톤 브리지법   ② 캘빈더블 브리지법
③ 콜라우시 브리지법 ④ 테스터법

콜라우시 브리지법은 접지저항을 측정하는 방법이다.

43
계측 방법에 대한 다음 설명 중 옳은 것은? [09]

① 어스테스터로 절연 저항을 접속한다.
② 검전기로 전압을 측정한다.
③ 메거로 회로의 저항을 측정한다.
④ 콜라우시 브리지로 접지 저항을 측정한다.

(1) 어스테스터는 접지저항을 측정하는 계기이다.
(2) 검전기는 충전 유무를 조사하는 장비이다.
(3) 메거는 절연저항을 측정하는 계기이다.

44
다음 중 저저항 측정에 사용되는 브리지는? [06, 09]

① 휘트스톤 브리지   ② 비인 브리지
③ 멕스웰 브리지   ④ 캘빈더블 브리지

캘빈 더블 브리지법은 저저항 측정에 사용되는 방법이다.

45
금속관을 절단할 때 사용되는 공구는? [15]

① 오스터   ② 녹아웃 펀치
③ 파이프 커터   ④ 파이프 렌치

파이프 커터는 금속관을 절단할 때 사용하는 공구이다.

해답 38 ① 39 ① 40 ④ 41 ② 42 ③ 43 ④ 44 ④ 45 ③

46
금속관을 가공할 때 절단된 내부를 매끈하게 하기 위하여 사용하는 공구의 명칭은? [09, 18, (유)16]

① 리머　　　　② 프레셔 툴
③ 오스터　　　④ 녹아웃 펀치

리머는 금속관을 가공할 때 절단된 내부를 매끈하게 하기 위해서 사용하는 공구이다.

47
금속관 공사에서 금속 전선관의 나사를 낼 때 사용하는 공구는? [07, 08, 12, 16, 18]

① 밴더　　　　② 커플링
③ 로크너트　　④ 오스터

오스터는 금속관 끝에 나사를 내는 공구이다.

48
금속관 구부리기에 있어서 관의 굴곡이 3개소가 넘거나 관의 길이가 30[m]를 초과하는 경우 적용하는 것은? [16]

① 커플링　　　② 풀박스
③ 로크너트　　④ 링 리듀서

풀박스는 금속관 구부리기에 있어서 관의 굴곡이 3개소가 넘거나 관의 길이가 30[m]를 초과하는 경우 사용하는 것이다.

49
배전반 및 분전반과 연결된 배관을 변경하거나 이미 설치되어 있는 캐비닛에 구멍을 뚫을 때 필요한 공구는? [14, 19]

① 오스터　　　② 클리퍼
③ 토치램프　　④ 녹아웃펀치

녹아웃 펀치는 금속관의 배관을 변경하거나 캐비닛의 구멍을 넓히기 위한 공구이다.

50
노크아웃펀치(knockout punch)와 같은 용도의 것은? [10, 11]

① 리머(reamer)　　② 벤더(bender)
③ 클리퍼(cliper)　　④ 홀소(hole saw)

홀소는 녹아웃 펀치와 같은 용도의 것으로 분전반이나 풀박스 등에 구멍을 뚫기 위한 공구이다.

51
아웃렛 박스 등의 녹아웃의 지름이 관의 지름보다 클 때에 관을 박스에 고정 시키기 위해 쓰는 재료의 명칭은? [08, 09]

① 터미널캡　　　② 링리듀서
③ 엔트랜스캡　　④ 유니버셜

링 리듀서는 금속관을 박스에 고정할 때 노크아웃 구멍이 금속관보다 커서 로크너트만으로 고정하기 어려운 경우에 사용하는 공구이다.

52
금속관을 아웃트렛 박스에 로크너트만으로 고정하기 어려울 때 보조적으로 사용되는 재료는? [06]

① 링 리듀서　　② 유니온 커플링
③ 커넥터　　　　④ 부싱

링 리듀서는 금속관을 박스에 고정할 때 노크아웃 구멍이 금속관보다 커서 로크너트만으로 고정하기 어려운 경우에 사용하는 공구이다.

해답 46 ①　47 ④　48 ②　49 ④　50 ④　51 ②　52 ①

53
링리듀서의 용도는? [10]

① 박스내의 전선 접속에 사용
② 노크 아웃 직경이 접속하는 금속관보다 큰 경우 사용
③ 노크 아웃 구멍을 막는데 사용
④ 노크 너트를 고정하는데 사용

링 리듀서는 금속관을 박스에 고정할 때 노크아웃 구멍이 금속관보다 커서 로크너트만으로 고정하기 어려운 경우에 사용하는 공구이다.

54
금속관 배관공사를 할 때 금속관을 구부리는데 사용하는 공구는? [15]

① 히키(hickey)
② 파이프 렌치(pipe wrench)
③ 오스터(oster)
④ 파이프 커터(pipe cutter)

히키는 금속관 배관 공사를 할 때 금속관을 구부리는데 사용하는 공구이다.

55
다음 중 금속 전선관을 박스에 고정 시킬 때 사용되는 것은 어느 것인가? [07②, 08, 10]

① 새들
② 부싱
③ 로크너트
④ 클램프

로크너트는 금속관 공사에서 관을 박스에 고정시킬 때 사용하는 공구이다.

56
다음 중 전선의 슬리브 접속에 있어서 펜치와 같이 사용되고 금속관 공사에서 로크너트를 조일 때 사용하는 공구는 어느 것인가? [07]

① 펌프 플라이어(pump plier)
② 히키(hickey)
③ 비트 익스텐션(bit extension)
④ 클리퍼(clipper)

펌프 플라이어는 전선의 슬리브 접속에 있어서 펜치와 같이 사용되고 금속관 공사에서 로크너트를 조일 때 사용하는 공구이다.

57
철근 콘크리트 건물에 노출 금속관 공사를 할 때 직각으로 굽히는 곳에 사용되는 금속관 재료는? [11, (유)13]

① 엔트런스 캡
② 유니버설 엘보
③ 4각 박스
④ 터미널 캡

유니버설 엘보는 철근 콘크리트 건물에 노출 금속관 공사를 할 때 직각으로 굽히는 곳에 사용되는 금속관 재료이다.

58
피시 테이프(fish tape)의 용도는? [10, 18, (유)06②, 19]

① 전선을 테이핑하기 위해서 사용
② 전선관의 끝마무리를 위해서 사용
③ 전선관에 전선을 넣을 때 사용
④ 합성수지관을 구부릴 때 사용

피시테이프는 전선관에 전선을 넣을 때 사용하는 공구이고, 철망그리프는 금속관에 여러 가닥의 전선을 한꺼번에 넣을 때 사용하는 공구이다.

59
금속관에 여러 가닥의 전선을 넣을 때 매우 편리하게 넣을 수 있는 방법으로 쓰이는 것은? [08]

① 비닐전선 ② 철망그리프
③ 접지선   ④ 호밍사

> 피시테이프는 전선관에 전선을 넣을 때 사용하는 공구이고, 철망그리프는 금속관에 여러 가닥의 전선을 한꺼번에 넣을 때 사용하는 공구이다.

60
콘크리트 조영재에 볼트를 시설할 때 필요한 공구는? [16]

① 파이프 렌치
② 볼트 클리퍼
③ 노크아웃 펀치
④ 드라이브이터 또는 드라이브이트 툴

> 드라이브이트는 콘크리트 조영재에 구멍을 뚫어 볼트를 시설할 때 필요한 공구이다.

61
큰 건물의 공사에서 콘크리트에 구멍을 뚫어 드라이브 핀을 경제적으로 고정하는 공구는? [15]

① 스패너
② 드라이브이터 또는 드라이브이트 툴
③ 오스터
④ 록아웃 펀치

> 드라이브이트는 콘크리트 조영재에 구멍을 뚫어 볼트를 시설할 때 필요한 공구이다.

해답 59 ② 60 ④ 61 ②

02 전선접속

핵심13 전선의 피복 벗기기 및 전선의 접속

1. 전선의 피복 벗기기 및 절단
① 와이어 스트리퍼 : 옥내배선 공사에서 절연전선의 피복을 벗길 때 사용하는 공구
② 전선 피박기 : 절연전선의 피복을 활선 상태에서 벗기는 공구
③ 클리퍼 : 펜치로 절단하기 힘든 굵은 전선을 절단할 때 사용하는 공구

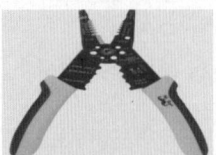
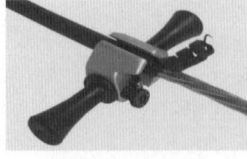
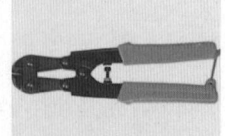

[그림] 와이어 스트리퍼   [그림] 전선피박기   [그림] 클리퍼

2. 전선의 접속시 유의사항
전선을 접속하는 경우에는 전선의 전기저항을 증가시키지 아니하도록 접속하여야 하며, 또한 다음에 따라야 한다.

(1) 나전선 상호 또는 나전선과 절연전선 또는 캡타이어 케이블과 접속하는 경우
   ① 전선의 세기[인장하중(引張荷重)으로 표시한다]를 20[%] 이상 감소시키지 아니할 것. (또는 80[%] 이상 유지할 것.)
   ② 접속부분은 접속관 기타의 기구를 사용할 것.

(2) 절연전선 상호·절연전선과 코드, 캡타이어케이블과 접속하는 경우
   ① 절연전선의 절연물과 동등 이상의 절연성능이 있는 접속기를 사용
   ② 접속부분을 절연전선의 절연물과 동등 이상의 절연효력이 있는 것으로 충분히 피복할 것.

(3) 코드 상호, 캡타이어 케이블 상호 또는 이들 상호를 접속하는 경우에는 코드 접속기·접속함 기타의 기구를 사용할 것.

(4) 도체에 알루미늄을 사용하는 전선과 동을 사용하는 전선을 접속하는 등 전기 화학적 성질이 다른 도체를 접속하는 경우에는 접속부분에 전기적 부식(電氣的腐蝕)이 생기지 않도록 할 것.

핵심유형문제 13

펜치로 절단하기 힘든 굵은 전선을 절단할 때 사용하는 공구는? [06, 12, 14, 15, 18, 19]

① 스패너   ② 프레셔 툴   ③ 파이프 바이스   ④ 클리퍼

해설 클리퍼 : 펜치로 절단하기 힘든 굵은 전선을 절단할 때 사용하는 공구

답 : ④

핵심14   전선의 각종 접속방법과 전선과 기구단자와의 접속

중요도 ★★★
출제빈도
총44회 시행
총42문 출제

1. 전선의 각종 접속방법

(1) 트위스트 접속과 브리타니아 접속
  ① 트위스트 접속 : 6[mm²] 이하의 가는 선을 접속하는 방법
  ② 브리타니아 접속 : 10[mm²] 이상의 굵은 선을 첨선과 조인트선을 추가하여 접속하는 방법

(2) 슬리브 접속과 와이어 커넥터 접속
  ① 슬리브 접속 : 연결하고자 하는 전선을 서로 슬리브에 삽입시킨 후 압축펜치로 접속부에 힘을 가하여 접속하는 방법
  ② 와이어 커넥터 접속 : 연결하고자 하는 전선을 쥐꼬리 접속 후 절연을 확실하게 하기 위해서 박스 내에서 전선을 접속하는 방법으로 납땜이나 테이프 접속이 필요없는 접속방법이다.

   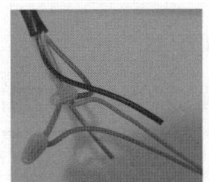

[그림] 슬리브 접속   [그림] 와이어 커넥터

[참고]
(1) 쥐꼬리 접속이란 접속함 내에서 가는 전선끼리 직접 꼬아서 접속하는 방법으로 접속 부분은 납땜하거나 절연테이프로 충분히 감아주거나 와이어 커넥터로 접속시켜준다.
(2) 전선 접속시 슬리브나 커넥터를 이용하는 경우는 납땜 접속을 하지 않아도 된다.

2. 전선과 기구단자와의 접속

① 스프링 와셔 : 전선을 기구 단자에 접속할 때 진동 등의 영향으로 헐거워질 우려가 있는 경우에 사용하는 것.
② 프레셔 툴 : 전선에 압착단자 접속시 사용되는 공구
③ 동관단자 : 전선과 기계기구의 단자를 접속할 때 사용하는 것.
  [참고] 전선의 접속이나 전선과 기구단자의 접속이 불완전 할 경우 누전, 감전, 화재, 과열, 전파잡음 등과 같은 현상이 발생한다.

핵심유형문제 14

진동이 있는 기계 기구의 단자에 전선을 접속할 때 사용하는 것은?   [06, 18, 19, (유)10, 16]

① 압착단자   ② 스프링와셔   ③ 코오드 패스너   ④ 십자머리 볼트

[해설] 스프링 와셔는 전선을 기구 단자에 접속할 때 진동 등의 영향으로 헐거워질 우려가 있는 경우에 사용하는 것이다.

답 : ②

핵심15 전선의 병렬접속과 전선 접속 테이프

중요도 ★
출제빈도
총44회 시행
총 7문 출제

1. 전선의 병렬 접속

두 개 이상의 전선을 병렬로 사용하는 경우
① 병렬로 사용하는 각 전선의 굵기는 동선 50[mm²] 이상 또는 알루미늄 70[mm²] 이상으로 하고, 전선은 같은 도체, 같은 재료, 같은 길이 및 같은 굵기의 것을 사용할 것.
② 같은 극의 각 전선은 동일한 터미널러그에 완전히 접속할 것.
③ 같은 극인 각 전선의 터미널러그는 동일한 도체에 2개 이상의 리벳 또는 2개 이상의 나사로 접속할 것.
④ 병렬로 사용하는 전선에는 각각에 퓨즈를 설치하지 말 것.
⑤ 교류회로에서 병렬로 사용하는 전선은 금속관 안에 전자적 불평형이 생기지 않도록 시설할 것.

2. 전선 접속 테이프

전선 접속부분을 절연하여 감전이나 누전 등의 사고를 방지하기 위함이다.

종류	특징
리노테이프	점착성은 없으나 절연성, 내온성 및 내유성이 있으므로 연피케이블을 접속할 때 반드시 사용해야 한다.
자기융착테이프 (=셀루폰테이프)	합성수지와 합성고무를 주성분으로 하여 만든 판상의 것을 압연하여 적당한 격리물과 함께 감는 테이프로 내수성, 내온성이 우수하여 비닐외장케이블이나 클로로프렌 외장케이블 접속에 이용한다. 테이핑 할 때 약 1.2배 정도 늘려서 감는 것이 특징이다.
비닐테이프	절연성이 높아 전기단자의 피복용으로 많이 쓰인다.
고무테이프	전선, 케이블의 접속부 절연에 많이 쓰인다.
면테이프	점착성이 강하고 절연성이 우수하다.

핵심유형문제 15

점착성은 없으나 절연성, 내온성 및 내유성이 있어 연피 케이블 접속에 사용되는 테이프는? [09, 13]

① 고무 테이프
② 리노 테이프
③ 비닐 테이프
④ 자기융착 테이프

해설 리노테이프는 점착성은 없으나 절연성, 내온성 및 내유성이 있으므로 연피케이블을 접속할 때 반드시 사용해야 한다.

답 : ②

적중예상문제

01
옥내배선 공사에서 절연전선의 피복을 벗길 때 사용하면 편리한 공구는? [16]

① 드라이버 ② 플라이어
③ 압착펜치 ④ 와이어 스트리퍼

> 와이어 스트리퍼는 옥내배선 공사에서 절연전선의 피복을 벗길 때 사용하는 공구이다.

02
절연전선으로 가선된 배전선로에서 활선 상태인 경우 전선의 피복을 벗기는 것은 매우 곤란한 작업이다. 이런 경우 활선 상태에서 전선의 피복을 벗기는 공구는? [08, 11]

① 전선 피박기 ② 애자커버
③ 와이어 통 ④ 데드엔드 커버

> 전선 피박기는 절연전선의 피복을 활선 상태에서 벗기는 공구이다.

03
전선을 접속하는 경우 전선의 강도는 몇 [%] 이상 감소시키지 않아야 하는가? [09, 14, (유)11]

① 10 ② 20
③ 40 ④ 80

> 나전선 상호 또는 나전선과 절연전선 또는 캡타이어 케이블과 접속하는 경우
> (1) 전선의 세기[인장하중(引張荷重)으로 표시한다]를 20[%] 이상 감소시키지 아니할 것. (또는 80[%] 이상 유지할 것.)
> (2) 접속부분은 접속관 기타의 기구를 사용할 것.

04
다음 중 나전선 상호간 또는 나전선과 절연전선 접속시 접속부분의 전선의 세기는 일반적으로 어느 정도 유지해야 하는가? [07]

① 80[%] 이상 ② 70[%] 이상
③ 60[%] 이상 ④ 50[%] 이상

> 전선의 세기[인장하중(引張荷重)으로 표시한다]를 20[%] 이상 감소시키지 아니할 것. (또는 80[%] 이상 유지할 것.)

05
전선을 접속하는 방법으로 틀린 것은? [08, 12, 15, 18, (유)08, 18, 19]

① 전기 저항이 증가되지 않아야 한다.
② 전선의 세기는 30[%] 이상 감소시키지 않아야 한다.
③ 전기 화학적 성질이 다른 도체를 접속하는 경우에는 접속부분에 전기적 부식(電氣的腐蝕)이 생기지 않도록 한다.
④ 코드 상호, 캡타이어 케이블 상호 또는 이들 상호를 접속하는 경우에는 코드 접속기·접속함 기타의 기구를 사용한다.

> 전선의 세기[인장하중(引張荷重)으로 표시한다]를 20[%] 이상 감소시키지 아니할 것. (또는 80[%] 이상 유지할 것.)

해답 01 ④ 02 ① 03 ② 04 ① 05 ②

06

전선의 접속에 대한 설명으로 틀린 것은?

[09, 15, (유)11]

① 접속 부분의 전기저항을 20[%] 이상 증가되도록 한다.
② 접속 부분의 인장강도를 80[%] 이상 유지되도록 한다.
③ 접속 부분에 전선 접속 기구를 사용한다.
④ 알루미늄 전선과 구리선의 접속시 전기적인 부식이 생기지 않도록 한다.

전선의 세기[인장하중(引張荷重)으로 표시한다]를 20[%] 이상 감소시키지 아니할 것. (또는 80[%] 이상 유지할 것.)

07

코드 상호, 캡타이어 케이블 상호 접속시 사용하여야 하는 것은?

[10, 13, 18]

① 와이어 커넥터　② 코드 접속기
③ 케이블 타이　　④ 테이블 탭

코드 상호, 캡타이어 케이블 상호 또는 이들 상호를 접속하는 경우에는 코드 접속기·접속함 기타의 기구를 사용할 것.

08

단면적 6[mm²] 이하의 가는 전선을 직선 접속할 때 어떤 방법으로 하여야 하는가?

[07, 13②, 18]

① 브리타니어 접속　② 트위스트 접속
③ 슬리브 접속　　　④ 우산형 접속

트위스트 접속과 브리타니아 접속
(1) 트위스트 접속 : 6[mm²] 이하의 가는 선을 접속하는 방법
(2) 브리타니아 접속 : 10[mm²] 이상의 굵은 선을 첨선과 조인트선을 추가하여 접속하는 방법

09

단선의 직선접속 방법 중에서 트위스트 직선접속을 할 수 있는 최대 단면적은 몇 [mm²] 이하인가?

[13, 14, (유)14]

① 2.5　　　　② 4
③ 6　　　　　④ 10

트위스트 접속 : 6[mm²] 이하의 가는 선을 접속하는 방법

10

전선접속 방법 중 트위스트 직선접속의 설명으로 옳은 것은?

[08, 12, 16]

① 연선의 직선접속에 적용된다.
② 연선의 분기접속에 적용된다.
③ 6[mm²] 이하의 가는 단선인 경우에 적용된다.
④ 6[mm²] 초과의 굵은 단선인 경우에 적용된다.

트위스트 접속 : 6[mm²] 이하의 가는 선을 접속하는 방법

11

단면적 10[mm²] 이상의 굵은 전선의 분기 접속은 어떤 접속을 하여야 하는가?

[06②]

① 브리타니아 접속　② 쥐꼬리 접속
③ 트위스트 접속　　④ 슬리브 접속

브리타니아 접속 : 10[mm²] 이상의 굵은 선을 첨선과 조인트선을 추가하여 접속하는 방법

12

다음 중 전선의 브리타니아 직선접속에 사용되는 것은?

[07, 09]

① 조인트선　　② 파라핀선
③ 바인드선　　④ 에나멜선

브리타니아 접속 : 10[mm²] 이상의 굵은 선을 첨선과 조인트선을 추가하여 접속하는 방법

해답　06 ①　07 ②　08 ②　09 ③　10 ③　11 ①　12 ①

13

정크션 박스 내에서 절연전선을 쥐꼬리 접속한 후 접속과 절연을 위해 사용되는 재료는? [11, (유)14]

① 링형 슬리브　② S형 슬리브
③ 와이어 커넥터　④ 터미널 러그

슬리브 접속과 와이어 커넥터 접속
(1) 슬리브 접속 : 연결하고자 하는 전선을 서로 슬리브에 삽입시킨 후 압축펜치로 접속부에 힘을 가하여 접속하는 방법
(2) 와이어 커넥터 접속 : 연결하고자 하는 전선을 쥐꼬리 접속 후 절연을 확실하게 하기 위해서 박스 내에서 전선을 접속하는 방법으로 납땜이나 테이프 접속이 필요없는 접속방법이다.

14

정크션 박스 내에서 전선을 접속할 수 있는 것은? [12, 15]

① S형 슬리브　② 꽂음형 커넥터
③ 와이어 커넥터　④ 매킹타이어

와이어 커넥터 접속은 연결하고자 하는 전선을 쥐꼬리 접속 후 절연을 확실하게 하기 위해서 박스 내에서 전선을 접속하는 방법으로 납땜이나 테이프 접속이 필요없는 접속방법이다.

15

옥내배선의 접속함이나 박스 내에서 접속할 때 주로 사용하는 접속법은? [06, 08③, 09, 15]

① 슬리브 접속　② 쥐꼬리 접속
③ 트위스트 접속　④ 브리타니아 접속

쥐꼬리 접속이란 접속함 내에서 가는 전선끼리 직접 꼬아서 접속하는 방법으로 접속 부분은 납땜하거나 절연테이프로 충분히 감아주거나 와이어 커넥터로 접속시켜준다.

16

NR전선을 사용한 옥내배선 공사시 박스 안에서 사용되는 전선 접속 방법은? [08]

① 브리타니어 접속　② 쥐꼬리 접속
③ 복권 직선 접속　④ 트위스트 접속

쥐꼬리 접속이란 접속함 내에서 가는 전선끼리 직접 꼬아서 접속하는 방법으로 접속 부분은 납땜하거나 절연테이프로 충분히 감아주거나 와이어 커넥터로 접속시켜준다.

17

전선접속 방법이 잘못된 것은? [09]

① 트위스트 접속은 6[mm^2]이하의 가는 단선을 직접 접속할 때 적합하다.
② 브리타니어 접속은 6[mm^2]이상의 굵은 단선의 접속에 적합하다.
③ 쥐꼬리 접속은 박스 내에서 가는 전선을 접속할 때 적합하다.
④ 와이어 커넥터 접속은 납땜과 테이프가 필요 없이 접속할 수 있고 누전의 염려가 없다.

브리타니아 접속은 10[mm^2] 이상의 굵은 선을 첨선과 조인트선을 추가하여 접속하는 방법이다.

18

전선을 접속하는 재료로서 납땜을 하는 것은? [19]

① 박스형 커넥터　② S형 슬리브
③ 와이어 커넥터　④ 동관단자

전선 접속시 슬리브나 커넥터를 이용하는 경우는 납땜 접속을 하지 않아도 된다.

해답 13 ③　14 ③　15 ②　16 ②　17 ②　18 ④

19

전선을 기구 단자에 접속할 때 진동 등의 영향으로 헐거워질 우려가 있는 경우에 사용하는 것은?

[07, (유)10, 12]

① 압착단자
② 코드 패스너
③ 십자머리 볼트
④ 스프링 와셔

전선과 기구단자와의 접속
(1) 스프링 와셔 : 전선을 기구 단자에 접속할 때 진동 등의 영향으로 헐거워질 우려가 있는 경우에 사용하는 것.
(2) 프레셔 툴 : 전선에 압착단자 접속시 사용되는 공구
(3) 동관단자 : 전선과 기계기구의 단자를 접속할 때 사용하는 것.

20

구리 전선과 전기기계기구 단자를 접속하는 경우에 진동 등으로 인하여 헐거워질 염려가 있는 곳에는 어떤 것을 사용하여 접속하여야 하는가? [07, 12, 16]

① 평와셔 2개를 끼운다.
② 스프링 와셔를 끼운다.
③ 코드 패스너를 끼운다.
④ 정 슬리브를 끼운다.

스프링 와셔는 전선을 기구 단자에 접속할 때 진동 등의 영향으로 헐거워질 우려가 있는 경우에 사용하는 것.

21

전선에 압착단자 접속시 사용되는 공구는? [08, 19]

① 와이어 스트리퍼
② 프레셔 툴
③ 클리퍼
④ 니퍼

프레셔 툴은 전선에 압착단자 접속시 사용되는 공구

22

전선과 기계기구의 단자를 접속할 때 사용되는 것은?

[06, 18]

① 절연테이프
② 동관단자
③ 관형 슬리브
④ 압축형 슬리브

동관단자는 전선과 기계기구의 단자를 접속할 때 사용하는 것.

23

전선의 접속이 불완전하여 발생할 수 있는 사고로 볼 수 없는 것은?

[14, (유)06]

① 감전
② 누전
③ 화재
④ 절전

전선의 접속이나 전선과 기구단자의 접속이 불완전 할 경우 누전, 감전, 화재, 과열, 전파잡음 등과 같은 현상이 발생한다.

24

전선과 기구 단자 접속시 나사를 덜 죄었을 경우 발생할 수 있는 위험과 거리가 먼 것은? [10, 11, (유)11]

① 누전
② 화재 위험
③ 과열 발생
④ 저항 감소

전선의 접속이나 전선과 기구단자의 접속이 불완전 할 경우 누전, 감전, 화재, 과열, 전파잡음 등과 같은 현상이 발생한다.

해답 19 ④　20 ②　21 ②　22 ②　23 ④　24 ④

25

옥내에서 두 개 이상의 전선을 병렬로 사용하는 경우 동선은 각 전선의 굵기가 몇 [mm^2] 이상이어야 하는가? [10]

① 50　　　　　② 70
③ 95　　　　　④ 150

두 개 이상의 전선을 병렬로 사용하는 경우
(1) 병렬로 사용하는 각 전선의 굵기는 동선 50[mm^2] 이상 또는 알루미늄 70[mm^2] 이상으로 하고, 전선은 같은 도체, 같은 재료, 같은 길이 및 같은 굵기의 것을 사용할 것.
(2) 같은 극의 각 전선은 동일한 터미널러그에 완전히 접속할 것.
(3) 같은 극인 각 전선의 터미널러그는 동일한 도체에 2개 이상의 리벳 또는 2개 이상의 나사로 접속할 것.
(4) 병렬로 사용하는 전선에는 각각에 퓨즈를 설치하지 말 것.
(5) 교류회로에서 병렬로 사용하는 전선은 금속관 안에 전자적 불평형이 생기지 않도록 시설할 것.

26

전선의 접속법에서 두 개 이상의 전선을 병렬로 사용하는 경우의 시설기준으로 틀린 것은? [16]

① 각 전선의 굵기는 구리인 경우 50[mm^2] 이상이어야 한다.
② 각 전선의 굵기는 알루미늄인 경우 70[mm^2] 이상이어야 한다.
③ 병렬로 사용하는 전선은 각각에 퓨즈를 설치할 것
④ 동극의 각 전선은 동일한 터미널러그에 완전히 접속할 것

두 개 이상의 전선을 병렬로 사용하는 경우 병렬로 사용하는 전선에는 각각에 퓨즈를 설치하지 말 것.

27

연피 케이블의 접속에 반드시 사용되는 테이프는? [06, 10]

① 고무 테이프　　② 비닐 테이프
③ 리노 테이프　　④ 자기융착 테이프

리노 테이프는 점착성은 없으나 절연성, 내온성 및 내유성이 있으므로 연피케이블을 접속할 때 반드시 사용해야 한다.

28

합성수지와 합성고무를 주성분으로 만든 판상의 것을 압연하여 적당한 격리물과 함께 감아서 만든 테이프로 셀루폰 테이프라고도 불리는 것은? [19]

① 고무 테이프　　② 비닐 테이프
③ 리노 테이프　　④ 자기융착 테이프

자기융착 테이프(셀루폰 테이프)는 합성수지와 합성고무를 주성분으로 하여 만든 판상의 것을 압연하여 적당한 격리물과 함께 감는 테이프로 내수성, 내온성이 우수하여 비닐외장케이블이나 클로로프렌 외장케이블 접속에 이용한다. 테이핑 할 때 약 1.2배 정도 늘려서 감는 것이 특징이다.

해답　25 ①　26 ③　27 ③　28 ④

03 배선설비공사 및 전선허용전류 계산

중요도 ★★★
출제빈도
총44회 시행
총26문 출제

핵심16   전선관 시스템(Ⅰ)

전기 또는 통신설비의 절연전선 또는 케이블의 인입 또는 교환이 가능하도록 한 것을 말하며 합성수지관공사, 금속관공사, 금속제 가요전선관공사 등이 있다.

1. 전선관 시스템의 공통 사항
① 전선은 절연전선(옥외용 비닐 절연전선을 제외한다)일 것.
② 전선은 연선일 것. 다만, 짧고 가는 합성수지관에 넣은 것과 단면적 10[mm²](알루미늄선은 단면적 16[mm²]) 이하의 것은 적용하지 않는다.
③ 관 안에서 접속점이 없도록 할 것.
④ 금속 재료의 전선관은 접지시스템 규정에 의한 접지공사를 할 것.

2. 합성수지관공사
① 중량물의 압력 또는 현저한 기계적 충격을 받을 우려가 없도록 시설할 것.
② 관의 끝부분 및 안쪽 면은 전선의 피복을 손상하지 아니하도록 매끈한 것일 것.
③ 관[합성수지제 휨(가요) 전선관을 제외한다]의 두께는 2[mm] 이상일 것.
④ 관 상호 간 및 박스와는 관을 삽입하는 깊이를 관의 바깥지름의 1.2배(접착제를 사용하는 경우에는 0.8배) 이상으로 하고 또한 꽂음 접속에 의하여 견고하게 접속할 것.
⑤ 관의 지지점 간의 거리는 1.5[m] 이하로 하고, 또한 그 지지점은 관의 끝·관과 박스의 접속점 및 관 상호 간의 접속점 등에 가까운 곳에 시설할 것.
⑥ 습기가 많은 장소 또는 물기가 있는 장소에 시설하는 경우 방습 장치를 할 것.

3. 합성수지관공사의 기타 사항
① 절연성, 내식성이 뛰어나며 경량이기 때문에 시공이 원활하다.
② 누전의 우려가 없고 관 자체에 접지할 필요가 없다.
③ 기계적 강도가 약하고 온도변화에 대한 신축작용이 크다.
④ 관 상호간의 접속은 커플링, 박스 커넥터를 사용한다.
⑤ 경질 비닐전선관의 호칭은 관 안지름으로 14, 16, 22, 28, 36, 42, 54, 70, 82, 100[mm]의 짝수로 나타낸다.

핵심유형문제 16

합성수지관 공사에서 관의 지지점간 거리는 최대 몇 [m]인가?   [08, 10, 12, 16, 19]

① 1   ② 1.2   ③ 1.5   ④ 2

해설 합성수지관공사에서 관의 지지점 간의 거리는 1.5[m] 이하로 하고, 또한 그 지지점은 관의 끝·관과 박스의 접속점 및 관 상호 간의 접속점 등에 가까운 곳에 시설할 것.

답 : ③

핵심17 전선관 시스템(Ⅱ)

중요도 ★★★
출제빈도
총44회 시행
총19문 출제

1. 금속관공사
① 전선관의 접속부분의 나사는 5턱 이상 완전히 나사결합이 될 수 있는 길이일 것.
② 관의 두께는 콘크리트에 매설하는 것은 1.2[mm] 이상, 이외의 것은 1[mm] 이상일 것.
③ 관 상호간 및 관과 박스 기타의 부속품과는 나사접속 기타 이와 동등 이상의 효력이 있는 방법에 의하여 견고하고 또한 전기적으로 완전하게 접속할 것.
④ 관의 끝 부분에는 전선의 피복을 손상하지 아니하도록 적당한 구조의 부싱을 사용할 것. 다만, 금속관공사로부터 애자공사로 옮기는 경우, 금속관에서 전동기나 제어기 등에 배선하는 경우에는 관 말단에 전선의 손상에 의한 누전 등의 위험을 방지하기 위하여 절연부싱, 터미널 캡을 사용하여야 한다.
⑤ 습기가 많은 장소 또는 물기가 있는 장소에 시설하는 경우 방습장치를 할 것.
⑥ 교류회로에서 병렬로 사용하는 전선은 금속관 안에 전자적 불평형이 생기지 않도록 시설하여야 하며 이를 위해서는 하나의 전선관에 전압선과 접지측 전선이 동시에 수용되도록 시설하여야 한다.

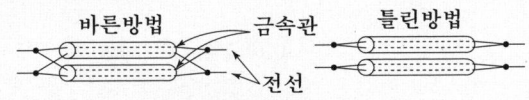

[그림] 금속관 내 전선의 시설 예

참고 유니온 커플링 : 금속관 상호 접속용으로 고정되어 있을 때 또는 관 자체를 돌릴 수 없을 때 사용하는 공구

2. 금속관공사의 기타 사항
① 금속관 1본의 길이 : 3.6[m]
② 관의 종류와 규격 및 호칭

종류	규격[mm]	관의 호칭
후강전선관	16, 22, 28, 36, 42, 54, 70, 82, 92, 104 의 10종	안지름(내경), 짝수
박강전선관	19, 25, 31, 39, 51, 63, 75 의 7종	바깥지름(외경), 홀수

핵심유형문제 17

금속관공사에서 금속관을 콘크리트에 매설할 경우 관의 두께는 몇 [mm] 이상의 것이어야 하는가? [11, 19]

① 0.8[mm] ② 1.0[mm] ③ 1.2[mm] ④ 1.5[mm]

해설 금속관의 두께는 콘크리트에 매설하는 것은 1.2[mm] 이상, 이외의 것은 1[mm] 이상일 것.

답 : ③

중요도 ★★
출제빈도
총44회 시행
총14문 출제

핵심18 전선관 시스템(Ⅲ)

1. 금속제 가요전선관공사

① 가요전선관은 2종 금속제 가요전선관(습기가 많은 장소 또는 물기가 있는 장소에는 비닐 피복 2종 가요전선관)일 것. 다만, 전개된 장소 또는 점검할 수 있는 은폐된 장소에는 1종 가요전선관(습기가 많은 장소 또는 물기가 있는 장소에는 비닐 피복 1종 가요전선관)을 사용할 수 있다.
② 관 상호간 및 관과 박스 기타의 부속품과는 견고하고 또한 전기적으로 완전하게 접속할 것.
③ 가요전선관의 끝부분은 피복을 손상하지 아니하는 구조로 되어 있을 것.

2. 금속제 가요전선관공사 기타 사항

① 스플릿 커플링 : 가요전선관과 가요전선관 상호간 접속용 공구
② 컴비네이션 커플링 : 가요전선관과 금속관 접속용 공구
③ 앵글박스 커넥터 : 건물의 모서리(직각)에서 가요전선관을 박스에 연결할 때 필요한 접속용 공구

핵심유형문제 18

가요전선관과 금속관의 상호 접속에 쓰이는 재료는? [06, 08, 10, 18, 19]

① 스플릿 커플링 ② 컴비네이션 커플링
③ 앵글박스 커넥터 ④ 플렉시블 커플링

해설 컴비네이션 커플링은 가요전선관과 금속관 접속용 공구이다.

답 : ②

핵심19 케이블트렁킹 시스템

건축물에 고정되는 본체부와 제거할 수 있거나 개폐할 수 있는 커버로 이루어지며 절연전선, 케이블, 코드를 완전하게 수용할 수 있는 크기의 것으로서 금속트렁킹공사, 금속몰드공사, 합성수지몰드공사 등이 있다.

중요도 ★★
출제빈도
총44회 시행
총11문 출제

1. 합성수지몰드공사와 금속몰드공사의 공통 사항
① 전선은 절연전선(옥외용 비닐 절연전선을 제외한다)일 것.
② 몰드 안에는 접속점이 없도록 할 것. 다만, 합성수지제 조인트 박스나 금속제 조인트 박스를 사용하여 접속할 경우에는 그러하지 아니하다.
③ 사용전압이 400[V] 이하 건조한 장소로서 옥내의 노출장소 및 점검 가능한 은폐장소에 한하여 시설할 수 있다.

2. 합성수지몰드공사
① 합성수지몰드는 홈의 폭 및 깊이가 35[mm] 이하, 두께는 2[mm] 이상의 것일 것. 다만, 사람이 쉽게 접촉할 우려가 없도록 시설하는 경우에는 폭이 50[mm] 이하, 두께 1[mm] 이상의 것을 사용할 수 있다.
② 합성수지몰드 상호 간 및 합성수지 몰드와 박스 기타의 부속품과는 전선이 노출되지 아니하도록 접속할 것.
③ 베이스와 덮개가 완전하게 결합하여 충격으로 벗겨지지 않도록 할 것.
④ 베이스를 조영재에 부착하는 경우에는 40~50[cm] 간격마다 나사못 또는 콘크리트 못으로 견고하게 부착할 것.

3. 금속몰드공사
① 황동제 또는 동제의 몰드는 폭이 50[mm] 이하, 두께 0.5[mm] 이상일 것.
② 금속몰드 상호간 및 몰드 박스 기타의 부속품은 조영재 등에 확실하게 지지하여야 하며, 지지점 간의 거리는 1.5[m] 이하가 바람직하다.
③ 금속몰드에는 접지시스템의 규정에 의한 접지공사를 할 것.

핵심유형문제 19

합성수지몰드 배선의 사용전압은 몇 [V] 이하이어야 하는가? [07, 11]

① 400   ② 600   ③ 750   ④ 800

해설 합성수지몰드공사는 사용전압이 400[V] 이하 건조한 장소로서 옥내의 노출장소 및 점검 가능한 은폐장소에 한하여 시설할 수 있다.

답 : ①

핵심20 케이블덕팅 시스템(Ⅰ)

1. 케이블덕팅 시스템의 공통 사항
① 전선은 절연전선(옥외용 비닐 절연전선을 제외한다)일 것.
② 덕트 안에는 전선에 접속점이 없도록 할 것. 다만, 전선을 분기하는 경우에는 그 접속점을 쉽게 점검할 수 있는 때에는 그러하지 아니하다.
③ 덕트 상호간은 견고하고 또한 전기적으로 완전하게 접속할 것.
④ 덕트에는 물이 고이지 않도록 시설할 것.
⑤ 덕트 끝부분은 막을 것.
⑥ 접지시스템의 규정에 의한 접지공사를 할 것.

2. 금속덕트공사
① 금속덕트에 넣은 전선의 단면적(절연피복의 단면적을 포함한다)의 합계는 덕트의 내부 단면적의 20[%](전광표시장치 기타 이와 유사한 장치 또는 제어회로 등의 배선만을 넣는 경우에는 50[%]) 이하일 것.
② 폭이 40[mm] 이상, 두께가 1.2[mm] 이상인 철판 또는 동등 이상의 기계적 강도를 가지는 금속제의 것으로 견고하게 제작한 것일 것.
③ 덕트를 조영재에 붙이는 경우에는 덕트의 지지점 간의 거리를 3[m] 이하로 하고 또한 견고하게 붙일 것.
④ 덕트 안에 먼지가 침입하지 아니하도록 할 것.
⑤ 덕트의 본체와 구분하여 뚜껑을 설치하는 경우에는 쉽게 열리지 아니하도록 시설할 것.

3. 플로어덕트공사
① 전선은 연선일 것. 다만, 단면적 10[mm^2](알루미늄선은 단면적 16[mm^2]) 이하의 것은 적용하지 않는다.
② 플로어덕트공사는 사용전압이 400[V] 이하 건조한 장소로서 옥내의 점검 불가능한 은폐장소에 한하여 시설할 수 있다.

핵심유형문제 20

금속덕트를 조영재에 붙이는 경우에는 지지점간의 거리는 최대 몇 [m] 이하로 하여야 하는가? [10, 16]

① 1.5 ② 2.0 ③ 3.0 ④ 3.5

해설 금속덕트를 조영재에 붙이는 경우에는 덕트의 지지점 간의 거리를 3[m] 이하로 하고 또한 견고하게 붙일 것.

답 : ③

핵심 21   케이블덕팅 시스템(Ⅱ) 및 버스덕트공사와 라이팅덕트공사

중요도 ★
출제빈도
총 44회 시행
총 6문 출제

1. 셀룰러덕트공사
① 전선은 연선일 것. 다만, 단면적 10[mm²](알루미늄선은 단면적 16[mm²]) 이하의 것은 적용하지 않는다.
② 강판으로 제작한 것일 것.
③ 덕트 끝과 안쪽면은 전선의 피복이 손상하지 아니하도록 매끈한 것일 것.
④ 덕트의 내면 및 외면은 방청을 위하여 도금 또는 도장을 한 것일 것.
⑤ 부속품의 판 두께는 1.6[mm] 이상일 것.

2. 버스덕트공사
① 덕트 상호 간 및 전선 상호 간은 견고하고 또한 전기적으로 완전하게 접속할 것.
② 덕트를 조영재에 붙이는 경우에는 덕트의 지지점 간의 거리를 3[m] 이하로 하고 또한 견고하게 붙일 것.
③ 덕트(환기형의 것을 제외한다)의 끝부분은 막을 것.
④ 덕트(환기형의 것을 제외한다)의 내부에 먼지가 침입하지 아니하도록 할 것.
⑤ 습기가 많은 장소 또는 물기가 있는 장소에 시설하는 경우에는 옥외용 버스덕트를 사용 할 것.

3. 라이팅덕트공사
① 덕트 상호 간 및 전선 상호 간은 견고하고 또한 전기적으로 완전하게 접속할 것.
② 덕트는 조영재에 견고하게 붙일 것.
③ 덕트의 지지점 간의 거리는 2[m] 이하로 할 것.
④ 덕트의 끝부분은 막을 것.
⑤ 덕트의 개구부(開口部)는 아래로 향하여 시설할 것. 다만, 사람이 쉽게 접촉할 우려가 없는 장소에서 덕트의 내부에 먼지가 들어가지 아니하도록 시설하는 경우에 한하여 옆으로 향하여 시설할 수 있다.
⑥ 덕트는 조영재를 관통하여 시설하지 아니할 것.

핵심유형문제 21

라이팅덕트를 조영재에 따라 부착할 경우 지지점간의 거리는 몇 [m] 이하로 하여야 하는가?
                                                                        [11, 14]
① 1.0   ② 1.2   ③ 1.5   ④ 2.0

해설 라이팅덕트의 지지점 간의 거리는 2[m] 이하로 할 것.

답 : ④

핵심22 케이블공사와 케이블트레이공사 및 케이블트렌치공사

1. 케이블공사
① 전선은 케이블 및 캡타이어케이블일 것.
② 중량물의 압력 또는 현저한 기계적 충격을 받을 우려가 있는 곳에 시설하는 케이블에는 적당한 방호 장치를 할 것.
③ 전선을 조영재의 아랫면 또는 옆면에 따라 붙이는 경우에는 전선의 지지점 간의 거리를 케이블은 2[m](사람이 접촉할 우려가 없는 곳에서 수직으로 붙이는 경우에는 6[m]) 이하, 캡타이어 케이블은 1[m] 이하로 하고 또한 그 피복을 손상하지 아니하도록 붙일 것.
④ 케이블을 조영재에 지지하는 경우 새들, 스테이플, 클리트 등으로 지지한다.
⑤ 케이블의 굴곡부 곡률반경은 연피를 갖는 케이블일 때 케이블 외경의 12배, 연피를 갖지 않는 케이블일 때 케이블 외경의 5배 이상으로 하는 것이 바람직하다.

2. 케이블트레이공사
① 케이블트레이의 종류는 사다리형, 펀칭형, 메시형, 바닥밀폐형의 것이 있다.
② 저압 케이블과 고압 또는 특고압 케이블은 동일 케이블 트레이 안에 시설하여서는 아니 된다. 다만, 견고한 불연성의 격벽을 시설하는 경우 또는 금속 외장 케이블인 경우에는 그러하지 아니하다.
③ 수용된 모든 전선을 지지할 수 있는 적합한 강도의 것이어야 한다. 이 경우 케이블 트레이의 안전율은 1.5 이상으로 하여야 한다.
④ 전선의 피복 등을 손상시킬 돌기 등이 없이 매끈하여야 한다.
⑤ 비금속제 케이블 트레이는 난연성 재료의 것이어야 한다.

3. 케이블트렌치공사
① 케이블트렌치는 옥내배선공사를 위하여 바닥을 파서 만든 도랑 및 부속설비를 말하며 수용가의 옥내 수전설비 및 발전설비 설치장소에만 적용한다.
② 케이블은 배선 회로별로 구분하고 2[m] 이내의 간격으로 받침대 등을 시설할 것.
③ 케이블트렌치는 외부에서 고형물이 들어가지 않도록 IP2X 이상으로 시설할 것.

핵심유형문제 22

캡타이어 케이블을 조영재에 시설하는 경우 그 지지점의 거리는 얼마로 하여야 하는가?

[11, 12, 14]

① 1[m] 이하 ② 1.5[m] 이하 ③ 2.0[m] 이하 ④ 2.5[m] 이하

해설 전선을 조영재의 아랫면 또는 옆면에 따라 붙이는 경우에는 전선의 지지점 간의 거리를 케이블은 2[m], 캡타이어 케이블은 1[m] 이하일 것.

답 : ①

핵심23 애자공사

1. 사용전선
(1) 저압 전선은 다음의 경우 이외에는 절연전선(옥외용 비닐절연전선 및 인입용 비닐절연전선을 제외한다)일 것.
  ① 전기로용 전선
  ② 전선의 피복 절연물이 부식하는 장소에 시설하는 전선
  ③ 취급자 이외의 자가 출입할 수 없도록 설비한 장소에 시설하는 전선

(2) 고압 전선은 6[mm²] 이상의 연동선 또는 동등 이상의 세기 및 굵기의 고압 절연전선이나 특고압 절연전선 또는 6/10[kV] 인하용 고압 절연전선

중요도 ★★★
출제빈도
총44회 시행
총17문 출제

2. 전선의 종류, 전선간 이격거리, 전선과 조영재 이격거리, 전선 지지점 간격

전압종별 구분	저압	고압
굵기	2.5[mm²] 이상의 연동선	6[mm²] 이상의 연동선 또는 동등 이상의 세기 및 굵기의 고압 절연전선이나 특고압 절연전선 또는 6/10[kV] 인하용 고압 절연전선
전선 상호간의 간격	6[cm] 이상	8[cm] 이상
전선과 조영재 이격거리	사용전압 400[V] 이하 : 2.5[cm] 이상 사용전압 400[V] 초과 : 4.5[cm] 이상 단, 건조한 장소 : 2.5[cm] 이상	5[cm] 이상
전선의 지지점간의 거리	400[V] 초과인 것은 6[m] 이하 단, 전선을 조영재의 윗면 또는 옆면에 따라 붙일 경우에는 2[m] 이하	6[m] 이하 단, 전선을 조영재의 면을 따라 붙이는 경우에는 2[m] 이하

3. 애자의 선정
애자는 절연성·난연성 및 내수성의 것이어야 한다.

핵심유형문제 23

애자공사에 의한 저압 옥내배선에서 일반적으로 전선 상호간의 간격은 몇 [cm] 이상이어야 하는가? [10②, 12, 15]

① 4 ② 5 ③ 6 ④ 8

해설 애자공사에서 전선 상호간의 간격은 저압 옥내배선일 때 6[cm], 고압 옥내배선일 때 8[cm] 이상으로 한다.

답 : ③

중요도 ★
출제빈도
총44회 시행
총 6문 출제

핵심24 저압 옥내배선

1. 저압 옥내배선에 사용하는 전선

(1) 저압 옥내배선의 전선은 단면적 2.5[mm^2] 이상의 연동선 또는 이와 동등 이상의 강도 및 굵기의 것.

(2) 사용 전압이 400[V] 이하인 경우
  ① 전광표시장치 기타 이와 유사한 장치 또는 제어회로 등에 사용하는 배선을 합성수지관공사·금속관공사·금속몰드공사·금속덕트공사·플로어덕트공사 또는 셀룰러덕트공사에 의하여 시설하는 경우 단면적 1.5[mm^2] 이상의 연동선을 사용
  ② 전광표시장치 기타 이와 유사한 장치 또는 제어회로 등의 배선을 다심케이블 또는 다심 캡타이어 케이블을 사용하는 경우 단면적 0.75[mm^2] 이상
  ③ 진열장 또는 이와 유사한 것의 내부 배선 및 내부 관등회로 배선을 코드 또는 캡타이어케이블을 사용하는 경우 단면적 0.75[mm^2] 이상

2. 전등배선

백열전등 또는 방전등에 전기를 공급하는 옥내의 전로(주택의 옥내전로를 제외한다)의 대지전압은 300[V] 이하여야 하며 다음에 따라 시설하여야 한다.
  ① 백열전등 또는 방전등 및 이에 부속하는 전선은 사람이 접촉할 우려가 없도록 시설하여야 한다.
  ② 백열전등(기계장치에 부속하는 것을 제외한다) 또는 방전등용 안정기는 저압의 옥내배선과 직접 접속하여 시설하여야 한다.
  ③ 백열전등의 전구소켓은 키나 그 밖의 점멸기구가 없는 것이어야 한다.
  ④ 백열전등 회로에는 규정에 따라 누전차단기를 시설하여야 한다.

2. 누전차단기(ELB)의 시설

금속제 외함을 가지는 사용전압이 50[V]를 초과하는 저압의 기계 기구로서 사람이 쉽게 접촉할 우려가 있는 곳에 시설하는 것에 전기를 공급하는 전로에 정격감도전류 30[mA] 이하, 동작시간 0.03초 이하(물기가 있는 장소는 정격감도전류 15[mA] 이하, 동작시간 0.03초 이하)인 인체 감전보호용 누전차단기를 시설하여야 한다.

핵심유형문제 24

누전차단기를 시설해야 하는 전로는 사용전압이 몇 [V]를 넘는 금속제 외함을 가지는 저압의 기계기구로서 사람이 쉽게 접촉할 우려가 있는 곳에 전기를 공급하는 전로인가?

[15]

① 30[V]   ② 50[V]   ③ 150[V]   ④ 300[V]

해설 누전차단기는 금속제 외함을 가지는 사용전압이 50[V]를 초과하는 저압의 기계 기구로서 사람이 쉽게 접촉할 우려가 있는 곳에 시설하는 것에 전기를 공급하는 전로에 시설하여야 한다.

답 : ②

핵심25 고압 및 특고압 옥내배선과 허용전류

1. 고압 및 특고압 옥내배선

(1) 고압 옥내배선
① 애자공사(건조한 장소로서 전개된 장소에 한한다)
② 케이블공사
③ 케이블트레이공사

(2) 특고압 옥내배선
① 사용전압은 100[kV] 이하일 것. 다만, 케이블트레이배선에 의하여 시설하는 경우에는 35[kV] 이하일 것.
② 전선은 케이블일 것.
③ 케이블은 철재 또는 철근 콘크리트제의 관·덕트 기타의 견고한 방호장치에 넣어 시설할 것.
④ 관 그 밖에 케이블을 넣는 방호장치의 금속제 부분·금속제의 전선 접속함 및 케이블의 피복에 사용하는 금속체에는 접지시스템의 규정에 의한 접지공사를 하여야 한다.

2. 허용전류

① 전선의 허용전류를 산정할 경우에 허용온도 이외에 감소계수, 부하 전선 수, 병렬전선 사용, 토양의 열저항률, 전선 굵기가 다른 복수회로 사용, 주위온도, 공사방법 등을 고려하도록 하고 있다.
② 복수회로로 포설된 그룹의 사용조건을 알고 있는 경우 1가닥의 케이블 또는 절연전선이 그룹 허용전류의 30[%] 이하를 유지하는 경우는 해당 케이블 또는 절연전선을 무시하고 그 그룹의 나머지에 대하여 감소계수를 적용할 수 있다.

핵심유형문제 25

건조하며 전개된 장소에 시설할 수 있는 고압 옥내배선은? [예상]

① 금속관공사　② 금속덕트공사　③ 합성수지관공사　④ 애자공사

해설 고압 옥내배선은 애자공사(건조한 장소로서 전개된 장소에 한한다), 케이블공사, 케이블트레이공사로 시설하여야 한다.

답 : ④

적중예상문제

01
옥내배선을 합성수지관 공사에 의하여 실시 할 때 사용할 수 있는 단선의 최대 굵기[mm²]는? [16]

① 4 ② 6
③ 10 ④ 16

합성수지관공사
전선은 연선일 것. 다만, 짧고 가는 합성수지관에 넣은 것과 단면적 10[mm²](알루미늄선은 단면적 16[mm²]) 이하의 것은 적용하지 않는다.

02
합성수지관 상호 및 관과 박스는 접속 시에 삽입하는 깊이를 관 바깥지름의 몇 배 이상으로 하여야 하는가?(단, 접착제를 사용하지 않은 경우이다.)
[06, 12, 15, 16]

① 0.2 ② 0.5
③ 1 ④ 1.2

합성수지관공사
합성수지관 상호 간 및 박스와는 관을 삽입하는 깊이를 관의 바깥지름의 1.2배(접착제를 사용하는 경우에는 0.8배) 이상으로 하고 또한 꽂음 접속에 의하여 견고하게 접속할 것.

03
합성수지관 상호 및 관과 박스는 접속 시에 삽입하는 깊이를 관 바깥지름의 몇 배 이상으로 하여야 하는가?(단, 접착제를 사용하는 경우이다.) [09, 11]

① 0.6배 ② 0.8배
③ 1.2배 ④ 1.6배

합성수지관공사
합성수지관 상호 간 및 박스와는 관을 삽입하는 깊이를 관의 바깥지름의 1.2배(접착제를 사용하는 경우에는 0.8배) 이상으로 하고 또한 꽂음 접속에 의하여 견고하게 접속할 것.

04
합성수지관 공사에 대한 설명 중 옳지 않은 것은?
[07, 09]

① 습기가 많은 장소 또는 물기가 있는 장소에 시설하는 경우에는 방습 장치를 한다.
② 관 상호간 및 박스와는 관을 삽입하는 깊이를 관의 바깥지름의 1.2배 이상으로 한다.
③ 관의 지지점간의 거리는 3[m] 이상으로 한다.
④ 합성수지관 안에는 전선에 접속점이 없도록 한다.

합성수지관공사
합성수지관의 지지점 간의 거리는 1.5[m] 이하로 하고, 또한 그 지지점은 관의 끝·관과 박스의 접속점 및 관 상호 간의 접속점 등에 가까운 곳에 시설할 것.

05
합성수지관 공사의 설명 중 틀린 것은? [15]

① 관의 지지점 간의 거리는 1.5[m] 이하로 할 것
② 합성수지관 안에는 전선에 접속점이 없도록 할 것
③ 전선은 절연전선(옥외용 비닐절연전선을 제외한다.)일 것
④ 관 상호간 및 박스와는 관을 삽입하는 깊이를 관의 바깥지름의 1.5배 이상으로 할 것

합성수지관공사
합성수지관 상호 간 및 박스와는 관을 삽입하는 깊이를 관의 바깥지름의 1.2배(접착제를 사용하는 경우에는 0.8배) 이상으로 하고 또한 꽂음 접속에 의하여 견고하게 접속할 것.

해답 01 ③ 02 ④ 03 ② 04 ③ 05 ④

06

합성수지관 공사의 특징 중 옳은 것은? [13]

① 내열성　　② 내한성
③ 내부식성　④ 내충격성

합성수지관공사의 기타 사항
(1) 절연성, 내식성이 뛰어나며 경량이기 때문에 시공이 원활하다.
(2) 누전의 우려가 없고 관 자체에 접지할 필요가 없다.
(3) 기계적 강도가 약하고 온도변화에 대한 신축작용이 크다.
(4) 관 상호간의 접속은 커플링, 박스 커넥터를 사용한다.
(5) 경질 비닐전선관의 호칭은 관 안지름으로 14, 16, 22, 28, 36, 42, 54, 70, 82, 100[mm]의 짝수로 나타낸다.

07

합성수지 전선관의 장점이 아닌 것은? [10, (유)12]

① 절연이 우수하다.
② 기계적 강도가 높다.
③ 내부식성이 우수하다.
④ 시공하기 쉽다.

합성수지관공사의 기타 사항
합성수지관은 기계적 강도가 약하고 온도변화에 대한 신축작용이 크다.

08

합성수지관이 금속관과 비교하여 장점으로 볼 수 없는 것은? [10]

① 누전의 우려가 없다.
② 온도 변화에 따른 신축 작용이 크다.
③ 내식성이 있어 부식성 가스 등을 사용 하는 사업장에 적당하다.
④ 관 자체를 접지할 필요가 없고, 무게가 가벼우며 시공하기 쉽다.

합성수지관공사의 기타 사항
합성수지관은 기계적 강도가 약하고 온도변화에 대한 신축작용이 큰 것은 단점에 해당된다.

09

합성수지관 배선에 대한 설명으로 틀린 것은? [08, 18]

① 합성수지관 배선은 절연전선을 사용하여야 한다.
② 합성수지관 내에서 전선의 접속점을 만들어서는 안 된다.
③ 합성수지관 배선은 중량물의 압력 또는 심한 기계적 충격을 받는 장소에 시설하여서는 안 된다.
④ 합성수지관의 배선에 사용되는 관 및 박스, 기타 부속품은 온도변화에 의한 신축을 고려할 필요가 없다.

합성수지관공사의 기타 사항
합성수지관은 기계적 강도가 약하고 온도변화에 대한 신축작용이 크다.

10

합성수지전선관 공사에서 관 상호간 접속에 필요한 부속품은? [16]

① 커플링　　② 커넥터
③ 리이머　　④ 노멀 밴드

합성수지관공사의 기타 사항
합성수지관 상호간의 접속은 커플링, 박스 커넥터를 사용한다.

11

합성수지관 배선에서 경질 비닐전선관의 굵기에 해당되지 않는 것은?(단, 관의 호칭을 말한다.) [15, 18]

① 14　　② 16
③ 18　　④ 22

합성수지관공사의 기타 사항
경질 비닐전선관의 호칭은 관 안지름으로 14, 16, 22, 28, 36, 42, 54, 70, 82, 100[mm]의 짝수로 나타낸다.

해답　06 ③　07 ②　08 ②　09 ④　10 ①　11 ③

12
경질 비닐전선관의 호칭으로 맞는 것은? [09, (유)13]

① 굵기는 관 안지름의 크기에 가까운 짝수의 [mm]로 나타낸다.
② 굵기는 관 안지름의 크기에 가까운 홀수의 [mm]로 나타낸다.
③ 굵기는 관 바깥지름의 크기에 가까운 짝수의 [mm]로 나타낸다.
④ 굵기는 관 바깥지름의 크기에 가까운 홀수의 [mm]로 나타낸다.

합성수지관공사의 기타 사항
경질 비닐전선관의 호칭은 관 안지름으로 14, 16, 22, 28, 36, 42, 54, 70, 82, 100[mm]의 짝수로 나타낸다.

13
금속관공사를 할 경우 케이블 손상 방지용으로 사용하는 부품은? [16]

① 부싱   ② 엘보
③ 커플링   ④ 로크너트

금속관공사
관의 끝 부분에는 전선의 피복을 손상하지 아니하도록 적당한 구조의 부싱을 사용할 것. 다만, 금속관공사로부터 애자공사로 옮기는 경우, 금속관에서 전동기나 제어기 등에 배선하는 경우에는 관 말단에 전선의 손상에 의한 누전 등의 위험을 방지하기 위하여 절연부싱, 터미널 캡을 사용하여야 한다.

14
금속관 배관공사에서 절연부싱을 사용하는 이유는? [06, 18, 19]

① 박스 내에서 전선의 접속을 방지
② 관이 손상되는 것을 방지
③ 관 단에서 전선의 인입 및 교체시 발생하는 전선의 손상방지
④ 관의 인입구에서 조영재의 접속을 방지

금속관공사
관의 끝 부분에는 전선의 피복을 손상하지 아니하도록 적당한 구조의 부싱을 사용할 것. 다만, 금속관공사로부터 애자공사로 옮기는 경우, 금속관에서 전동기나 제어기 등에 배선하는 경우에는 관 말단에 전선의 손상에 의한 누전 등의 위험을 방지하기 위하여 절연부싱, 터미널 캡을 사용하여야 한다.

15
금속관 공사에 의한 저압 옥내배선에서 잘못된 것은? [14]

① 전선은 절연 전선일 것
② 금속관 안에서는 전선의 접속점이 없도록 할 것
③ 알루미늄 전선은 단면적 16[mm^2] 초과 시 연선을 사용 할 것
④ 옥외용 비닐절연전선을 사용할 것

금속관공사
전선은 절연전선(옥외용 비닐 절연전선을 제외한다)일 것.

16
금속관공사에 관하여 설명한 것으로 옳은 것은? [(변형)15]

① 전선은 금속관 안에서 접속점을 만들 수 있다.
② 전선은 연선만 사용하여야 한다.
③ 콘크리트에 매설하는 것은 전선관의 두께를 1.2[mm] 이상으로 한다.
④ 전선은 옥외용 비닐절연전선을 사용한다.

금속관공사
(1) 전선은 금속관 안에서 접속점이 없도록 할 것.
(2) 전선은 연선일 것. 다만, 짧고 가는 금속관에 넣은 것과 단면적 10[mm^2](알루미늄선은 단면적 16[mm^2]) 이하의 것은 적용하지 않는다.
(3) 관의 두께는 콘크리트에 매설하는 것은 1.2[mm] 이상, 이외의 것은 1[mm] 이상일 것.
(4) 전선은 절연전선(옥외용 비닐 절연전선을 제외한다)일 것.

17

금속관 배선에 대한 설명으로 잘못된 것은? [(변형)13]

① 금속관 두께는 콘크리트에 매입하는 경우 1.2[mm] 이상일 것
② 교류회로에서 전선을 병렬로 사용하는 경우 관내에 전자적 불평형이 생기지 않도록 시설할 것
③ 금속관은 접지를 하지 않아도 된다.
④ 관의 호칭에서 후강전선관은 짝수, 박강전선관은 홀수로 표시할 것

금속관공사
관에는 접지시스템 규정에 의한 접지공사를 할 것.

18

다음 중 금속관 공사의 설명으로 잘못된 것은? [11]

① 교류회로는 1회로의 전선 전부를 동일관 내에 넣는 것을 원칙으로 한다.
② 교류회로에서 전선을 병렬로 사용하는 경우에는 관내에 전자적 불평형이 생기지 않도록 시설한다.
③ 금속관 내에서는 절대로 전선 접속점을 만들지 않아야 한다.
④ 관의 두께는 콘크리트에 매입하는 경우 1[mm] 이상이어야 한다.

금속관공사
관의 두께는 콘크리트에 매설하는 것은 1.2[mm] 이상, 이외의 것은 1[mm] 이상일 것.

19

교류 전등 공사에서 금속관 내에 전선을 넣어 연결한 방법 중 옳은 것은? [06, 08]

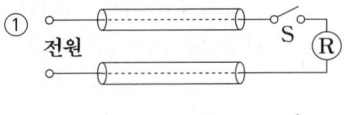

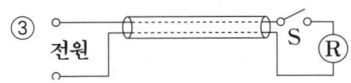
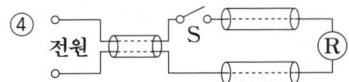

금속관공사
교류회로에서 병렬로 사용하는 전선은 금속관 안에 전자적 불평형이 생기지 않도록 시설하여야 하며 이를 위해서는 하나의 전선관에 전압선과 접지측 전선이 동시에 수용되도록 시설하여야 한다.

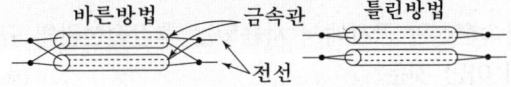

[그림] 금속관 내 전선의 시설 예

20

후강전선관의 관 호칭은(㉠) 크기로 정하여 (㉡)로 표시하는데, ㉠과 ㉡에 들어갈 내용으로 옳은 것은? [15]

① ㉠ 안지름 ㉡ 홀수
② ㉠ 안지름 ㉡ 짝수
③ ㉠ 바깥지름 ㉡ 홀수
④ ㉠ 바깥지름 ㉡ 짝수

금속관공사의 기타 사항
(1) 금속관 1본의 길이 : 3.6[m]이다.
(2) 관의 종류

종류	규격[mm]	관의 호칭
후강전선관	16, 22, 28, 36, 42, 54, 70, 82, 92, 104의 10종	안지름(내경), 짝수
박강전선관	19, 25, 31, 39, 51, 63, 75의 7종	바깥지름(외경), 홀수

21
다음 중 금속 전선관의 호칭을 맞게 기술한 것은?
[06]

① 박강, 후강 모두 내경으로 [mm]로 나타낸다.
② 박강은 내경, 후강은 외경으로 [mm]로 나타낸다.
③ 박강은 외경, 후강은 내경으로 [mm]로 나타낸다.
④ 박강, 후강 모두 외경으로 [mm]로 나타낸다.

금속관공사의 기타 사항
(1) 금속관 1본의 길이 : 3.6[m]이다.
(2) 관의 종류

종류	규격[mm]	관의 호칭
후강전선관	16, 22, 28, 36, 42, 54, 70, 82, 92, 104의 10종	안지름(내경), 짝수
박강전선관	19, 25, 31, 39, 51, 63, 75의 7종	바깥지름(외경), 홀수

22
금속전선관 공사에서 사용되는 후강전선관의 규격이 아닌 것은?
[13, 16]

① 16   ② 28
③ 36   ④ 50

금속관공사의 기타 사항
(1) 금속관 1본의 길이 : 3.6[m]이다.
(2) 관의 종류

종류	규격[mm]	관의 호칭
후강전선관	16, 22, 28, 36, 42, 54, 70, 82, 92, 104의 10종	안지름(내경), 짝수
박강전선관	19, 25, 31, 39, 51, 63, 75의 7종	바깥지름(외경), 홀수

23
금속전선관의 종류에서 후강전선관 규격[mm]이 아닌 것은?
[14]

① 16   ② 19
③ 28   ④ 36

24
박강전선관의 표준 굵기가 아닌 것은?
[06]

① 15[mm]   ② 16[mm]
③ 25[mm]   ④ 39[mm]

금속관공사의 기타 사항
(1) 금속관 1본의 길이 : 3.6[m]이다.
(2) 관의 종류

종류	규격[mm]	관의 호칭
후강전선관	16, 22, 28, 36, 42, 54, 70, 82, 92, 104의 10종	안지름(내경), 짝수
박강전선관	19, 25, 31, 39, 51, 63, 75의 7종	바깥지름(외경), 홀수

25
유니온 커플링의 사용 목적은?
[06]

① 내경이 틀린 금속관 상호접속
② 금속관 상호 접속용으로 관이 고정되어 있을 때 또는 관 자체를 돌릴 수 없을 때에 사용
③ 금속관의 박스와 접속
④ 배관의 직각 굴곡 부분에 사용

금속관공사
유니온 커플링은 금속관 상호 접속용으로 고정되어 있을 때 또는 관 자체를 돌릴 수 없을 때 사용하는 공구이다.

해답 21 ③ 22 ④ 23 ② 24 ② 25 ②

26
금속제 가요전선관 공사에 다음의 전선을 사용하였다. 맞게 사용한 것은? [11]

① 알루미늄 35[mm^2]의 단선
② 절연전선 16[mm^2]의 단선
③ 절연전선 10[mm^2]의 연선
④ 알루미늄 25[mm^2]의 단선

금속제 가요전선관공사
(1) 전선은 절연전선(옥외용 비닐 절연전선을 제외한다)일 것.
(2) 전선은 연선일 것. 다만, 단면적 10[mm^2](알루미늄선은 단면적 16[mm^2]) 이하의 것은 적용하지 않는다.
(3) 가요전선관 안에는 전선에 접속점이 없도록 할 것.

27
금속제 가요전선관의 상호 접속은 무엇을 사용하는가? [06, 09, 11, 12]

① 컴비네이션 커플링   ② 스플릿 커플링
③ 더블 커넥터   ④ 앵글 커넥터

금속제 가요전선관공사 기타 사항
(1) 스플릿 커플링 : 가요전선관과 가요전선관 상호간 접속용 공구
(2) 컴비네이션 커플링 : 가요전선관과 금속관 접속용 공구
(3) 앵글박스 커넥터 : 건물의 모서리(직각)에서 가요전선관을 박스에 연결할 때 필요한 접속용 공구

28
건물의 모서리(직각)에서 가요전선관을 박스에 연결할 때 필요한 접속기는? [09, 10]

① 스트렛 박스 커넥터   ② 앵글 박스 커넥터
③ 플렉시블 커플링   ④ 콤비네이션 커플링

금속제 가요전선관공사 기타 사항
앵글박스 커넥터는 건물의 모서리(직각)에서 가요전선관을 박스에 연결할 때 필요한 접속용 공구이다.

29
금속제 가요전선관 공사 방법의 설명으로 옳은 것은? [10]

① 가요전선관과 박스와의 직각 부분에 연결하는 부속품은 앵글박스 커넥터이다.
② 가요전선관과 금속관의 접속에 사용하는 부속품은 스트레이트박스 커넥터이다.
③ 가요전선관 상호 접속에 사용하는 부속품은 콤비네이션 커플링이다.
④ 스위치박스에는 콤비네이션 커플링을 사용하여 가요전선관과 접속한다.

금속제 가요전선관공사 기타 사항
앵글박스 커넥터는 건물의 모서리(직각)에서 가요전선관을 박스에 연결할 때 필요한 접속용 공구이다.

30
가요전선관에 사용되는 부속품이 아닌 것은? [07]

① 스플릿 커플링   ② 콤비네이션 커플링
③ 앵글박스 커넥터   ④ 유니온 커플링

금속관공사
유니온 커플링은 금속관 상호 접속용으로 고정되어 있을 때 또는 관 자체를 돌릴 수 없을 때 사용하는 공구이다.

31
건축물에 고정되는 본체부와 제거할 수 있거나 개폐할 수 있는 커버로 이루어지며 절연전선, 케이블 및 코드를 완전하게 수용할 수 있는 구조의 배선설비의 명칭은? [16]

① 케이블 래더   ② 케이블 트레이
③ 케이블 트렁킹 ④ 케이블 브라킷

케이블트렁킹 시스템
건축물에 고정되는 본체부와 제거할 수 있거나 개폐할 수 있는 커버로 이루어지며 절연전선, 케이블, 코드를 완전하게 수용할 수 있는 크기의 것으로서 금속트렁킹공사, 금속몰드공사, 합성수지몰드공사 등이 있다.

해답 26 ③ 27 ② 28 ② 29 ① 30 ④ 31 ③

32
합성수지몰드 공사에서 틀린 것은? [15, 19]

① 전선은 절연전선일 것
② 합성수지몰드 안에는 접속점이 없도록 할 것
③ 합성수지몰드는 홈의 폭 및 깊이가 6.5[cm] 이하일 것
④ 합성수지몰드와 박스 기타의 부속품과는 전선이 노출되지 않도록 할 것

합성수지몰드공사
(1) 전선은 절연전선(옥외용 비닐 절연전선을 제외한다)일 것.
(2) 합성수지몰드 안에는 접속점이 없도록 할 것. 다만, 합성수지몰드 안의 전선을 합성 수지제의 조인트 박스를 사용하여 접속할 경우에는 그러하지 아니하다.
(3) 합성수지몰드는 홈의 폭 및 깊이가 35[mm] 이하, 두께는 2[mm] 이상의 것일 것. 다만, 사람이 쉽게 접촉할 우려가 없도록 시설하는 경우에는 폭이 50[mm] 이하, 두께 1[mm] 이상의 것을 사용할 수 있다.
(4) 합성수지몰드 상호 간 및 합성수지 몰드와 박스 기타의 부속품과는 전선이 노출되지 아니하도록 접속할 것.
(5) 베이스와 덮개가 완전하게 결합하여 충격으로 벗겨지지 않도록 할 것.
(6) 베이스를 조영재에 부착하는 경우에는 40~50[cm] 간격마다 나사못 또는 콘크리트못으로 견고하게 부착할 것.

33
사람의 접촉 우려가 있는 합성수지제 몰드는 홈의 폭 및 깊이가 (㉠)[cm] 이하로, 두께는 (㉡)[mm] 이상의 것이어야 한다. ( )안에 들어갈 내용으로 알맞은 것은? [14]

① ㉠ 3.5,   ㉡ 1
② ㉠ 5,   ㉡ 1
③ ㉠ 3.5,   ㉡ 2
④ ㉠ 5,   ㉡ 2

합성수지몰드공사
합성수지몰드는 홈의 폭 및 깊이가 35[mm] 이하, 두께는 2[mm] 이상의 것일 것. 다만, 사람이 쉽게 접촉할 우려가 없도록 시설하는 경우에는 폭이 50[mm] 이하, 두께 1[mm] 이상의 것을 사용할 수 있다.

34
합성수지몰드 공사의 시공에서 잘못된 것은? [12]

① 사용전압이 400[V] 이하에 사용
② 점검할 수 있고 전개된 장소에 사용
③ 베이스를 조영재에 부착하는 경우 1[m] 간격마다 나사 등으로 견고하게 부착한다.
④ 베이스와 캡이 완전하게 결합하여 충격으로 이탈되지 않을 것

합성수지몰드공사
베이스를 조영재에 부착하는 경우에는 40~50[cm] 간격마다 나사못 또는 콘크리트못으로 견고하게 부착할 것.

35
금속몰드공사의 사용전압은 몇 [V] 이하이어야 하는가? [12, 13]

① 150   ② 220
③ 400   ④ 600

금속몰드공사
(1) 금속몰드공사는 사용전압이 400[V] 이하 건조한 장소로서 옥내의 노출장소 및 점검 가능한 은폐장소에 한하여 시설할 수 있다.
(2) 금속몰드 상호간 및 몰드 박스 기타의 부속품은 조영재 등에 확실하게 지지하여야 하며, 지지점 간의 거리는 1.5[m] 이하가 바람직하다.

36
옥내의 건조하고 전개된 장소에서 사용전압이 400[V] 초과인 경우에는 시설할 수 없는 배선공사는? [14]

① 애자공사   ② 금속덕트공사
③ 버스덕트공사   ④ 금속몰드공사

금속몰드공사
금속몰드공사는 사용전압이 400[V] 이하 건조한 장소로서 옥내의 노출장소 및 점검 가능한 은폐장소에 한하여 시설할 수 있다.

해답 32 ③ 33 ③ 34 ③ 35 ③ 36 ④

37
금속몰드의 지지점간의 거리는 몇 [m] 이하로 하는 것이 가장 바람직한가? [15]
① 1 ② 1.5
③ 2 ④ 3

금속몰드공사
금속몰드 상호간 및 몰드 박스 기타의 부속품은 조영재 등에 확실하게 지지하여야 하며, 지지점 간의 거리는 1.5[m] 이하가 바람직하다.

38
다음 중 금속덕트 공사 방법과 거리가 가장 먼 것은? [07, 09, 14]
① 덕트의 끝부분은 열어 놓을 것
② 금속덕트는 3[m] 이하의 간격으로 견고하게 지지할 것
③ 금속덕트의 뚜껑은 쉽게 열리지 않도록 시설할 것
④ 금속덕트 상호는 견고하고 또한 전기적으로 완전하게 접속할 것

금속덕트공사
(1) 금속덕트에 넣은 전선의 단면적(절연피복의 단면적을 포함한다)의 합계는 덕트의 내부 단면적의 20[%](전광표시장치 기타 이와 유사한 장치 또는 제어회로 등의 배선만을 넣는 경우에는 50[%]) 이하일 것.
(3) 폭이 40[mm] 이상, 두께가 1.2[mm] 이상인 철판 또는 동등 이상의 기계적 강도를 가지는 금속제의 것으로 견고하게 제작한 것일 것.
(4) 덕트를 조영재에 붙이는 경우에는 덕트의 지지점 간의 거리를 3[m] 이하로 하고 또한 견고하게 붙일 것.
(5) 덕트의 끝부분은 막을 것
(6) 덕트 안에 먼지가 침입하지 아니하도록 할 것.
(7) 덕트의 본체와 구분하여 뚜껑을 설치하는 경우에는 쉽게 열리지 아니하도록 시설할 것.

39
금속덕트에 넣은 전선의 단면적(절연피복의 단면적 포함)의 합계는 덕트 내부 단면적의 몇 [%] 이하로 하여야 하는가?(단, 전광표시장치·출퇴표시등 기타 이와 유사한 장치 또는 제어회로 등의 배선만을 넣는 경우가 아니다.) [10, (유)12]
① 20[%] ② 40[%]
③ 60[%] ④ 80[%]

금속덕트공사
금속덕트에 넣은 전선의 단면적(절연피복의 단면적을 포함한다)의 합계는 덕트의 내부 단면적의 20[%](전광표시장치 기타 이와 유사한 장치 또는 제어회로 등의 배선만을 넣는 경우에는 50[%]) 이하일 것.

40
금속덕트에 전광표시장치·출퇴표시등 또는 제어회로 등의 배선에 사용하는 전선만을 넣을 경우 금속덕트의 크기는 전선의 피복절연물을 포함한 단면적의 총합계가 금속덕트 내 단면적의 몇 [%] 이하가 되도록 선정하여야 하는가? [09, 13, (유)10, 12]
① 20[%] ② 30[%]
③ 40[%] ④ 50[%]

금속덕트공사
금속덕트에 넣은 전선의 단면적(절연피복의 단면적을 포함한다)의 합계는 덕트의 내부 단면적의 20[%](전광표시장치 기타 이와 유사한 장치 또는 제어회로 등의 배선만을 넣는 경우에는 50[%]) 이하일 것.

41
금속덕트를 조영재에 붙이는 경우에는 지지점간의 거리는 최대 몇 [m] 이하로 하여야 하는가? [10, 13]
① 1.5 ② 2.0
③ 3.0 ④ 3.5

금속덕트공사
금속덕트를 조영재에 붙이는 경우에는 덕트의 지지점 간의 거리를 3[m] 이하로 하고 또한 견고하게 붙일 것.

42
금속덕트배선에 사용하는 금속덕트의 철판 두께는 몇 [mm] 이상이어야 하는가? [13]

① 0.8　　② 1.2
③ 1.5　　④ 1.8

금속덕트공사
금속덕트는 폭이 40[mm] 이상, 두께가 1.2[mm] 이상인 철판 또는 동등 이상의 기계적 강도를 가지는 금속제의 것으로 견고하게 제작한 것일 것.

43
플로어덕트 공사의 설명 중 옳지 않은 것은? [07, 12, 16]

① 덕트 상호 및 덕트와 박스 또는 인출구와 접속은 견고하고 전기적으로 완전하게 접속하여야 한다.
② 덕트의 끝 부분을 막는다.
③ 덕트 및 박스 기타 부속품은 물이 고이는 부분이 없도록 시설 하여야 한다.
④ 전선은 옥외용 비닐 절연전선을 사용하여야 한다.

플로어덕트공사
(1) 전선은 절연전선(옥외용 비닐 절연전선을 제외한다)일 것.
(2) 덕트에는 물이 고이지 않도록 시설할 것.
(3) 덕트 상호간은 견고하고 또한 전기적으로 완전하게 접속할 것.
(4) 덕트 끝부분은 막을 것.
(5) 플로어덕트공사는 사용전압이 400[V] 이하 건조한 장소로서 옥내의 점검 불가능한 은폐장소에 한하여 시설할 수 있다.

44
플로어덕트 배선의 사용전압은 몇 [V] 이하로 제한 되어지는가? [16]

① 220　　② 400
③ 600　　④ 700

플로어덕트공사
플로어덕트공사는 사용전압이 400[V] 이하 건조한 장소로서 옥내의 점검 불가능한 은폐장소에 한하여 시설할 수 있다.

45
셀룰라덕트 공사 시 덕트 상호간을 접속하는 것과 셀룰라덕트 끝에 접속하는 부속품에 대한 설명으로 적합하지 않은 것은? [13]

① 알루미늄 판으로 특수 제작할 것
② 부속품의 판 두께는 1.6[mm] 이상일 것
③ 덕트 끝과 내면은 전선의 피복이 손상하지 않도록 매끈한 것일 것
④ 덕트의 내면과 외면은 녹을 방지하기 위하여 도금 또는 도장을 한 것일 것

셀룰러덕트공사
(1) 강판으로 제작한 것일 것.
(2) 덕트 끝과 안쪽면은 전선의 피복이 손상하지 아니하도록 매끈한 것일 것.
(3) 덕트의 내면 및 외면은 방청을 위하여 도금 또는 도장을 한 것일 것.
(4) 부속품의 판 두께는 1.6[mm] 이상일 것.

46
버스덕트 공사에 의한 저압 옥내배선 공사에 대한 설명으로 틀린 것은? [08]

① 덕트 상호간 및 전선 상호간은 견고하고 또한 전기적으로 완전하게 접속 할 것
② 덕트를 조영재에 붙이는 경우에는 덕트의 지지점 간의 거리를 2[m] 이하로 하여야 한다.
③ 덕트(환기형의 것을 제외한다.)의 끝 부분은 막을 것
④ 습기가 많은 장소 또는 물기가 있는 장소에 시설하는 경우에는 옥외용 버스덕트를 사용할 것

버스덕트공사
(1) 덕트 상호 간 및 전선 상호 간은 견고하고 또한 전기적으로 완전하게 접속할 것.
(2) 덕트를 조영재에 붙이는 경우에는 덕트의 지지점 간의 거리를 3[m] 이하로 하고 또한 견고하게 붙일 것.
(3) 덕트(환기형의 것을 제외한다)의 끝부분은 막을 것.
(4) 습기가 많은 장소 또는 물기가 있는 장소에 시설하는 경우에는 옥외용 버스덕트를 사용하고 버스덕트 내부에 물이 침입하여 고이지 아니하도록 할 것.

47

버스덕트공사에서 덕트를 조영재에 붙이는 경우에 덕트의 지지점간의 거리를 몇 [m] 이하로 하여야 하는가? [11]

① 3
② 4.5
③ 6
④ 9

버스덕트공사
덕트를 조영재에 붙이는 경우에는 덕트의 지지점 간의 거리를 3[m] 이하로 하고 또한 견고하게 붙일 것.

48

라이팅 덕트 공사에 의한 저압 옥내배선의 시설 기준으로 틀린 것은? [16]

① 덕트의 끝부분은 막을 것
② 덕트는 조영재에 견고하게 붙일 것
③ 덕트의 개구부는 위로 향하여 시설할 것
④ 덕트는 조영재를 관통하여 시설하지 아니할 것

라이팅덕트공사
(1) 덕트는 조영재에 견고하게 붙일 것.
(2) 덕트의 지지점 간의 거리는 2[m] 이하로 할 것.
(3) 덕트의 끝부분은 막을 것.
(4) 덕트의 개구부(開口部)는 아래로 향하여 시설할 것. 다만, 사람이 쉽게 접촉할 우려가 없는 장소에서 덕트의 내부에 먼지가 들어가지 아니하도록 시설하는 경우에 한하여 옆으로 향하여 시설할 수 있다.
(5) 덕트는 조영재를 관통하여 시설하지 아니할 것.

49

케이블공사에 의한 저압 옥내배선에서 케이블을 조영재의 아랫면 또는 옆면에 따라 붙이는 경우에는 전선의 지지점간 거리는 몇 [m] 이하이어야 하는가? [11, (유)16]

① 0.5
② 1
③ 1.5
④ 2

케이블공사
(1) 전선을 조영재의 아랫면 또는 옆면에 따라 붙이는 경우에는 전선의 지지점 간의 거리를 케이블은 2[m](사람이 접촉할 우려가 없는 곳에서 수직으로 붙이는 경우에는 6[m]) 이하, 캡타이어 케이블은 1[m] 이하로 하고 또한 그 피복을 손상하지 아니하도록 붙일 것.
(2) 케이블을 조영재에 지지하는 경우 새들, 스테이플, 클리트 등으로 지지한다.
(3) 케이블의 굴곡부 곡률반경은 연피를 갖는 케이블일 때 케이블 외경의 12배, 연피를 갖지 않는 케이블일 때 케이블 외경의 5배 이상으로 하는 것이 바람직하다.

50

캡타이어 케이블을 조영재에 시설하는 경우 그 지지점의 거리는 얼마로 하여야 하는가? [11, 12, 14]

① 1[m] 이하
② 1.5[m] 이하
③ 2.0[m] 이하
④ 2.5[m] 이하

케이블공사
전선을 조영재의 아랫면 또는 옆면에 따라 붙이는 경우에는 전선의 지지점 간의 거리를 케이블은 2[m](사람이 접촉할 우려가 없는 곳에서 수직으로 붙이는 경우에는 6[m]) 이하, 캡타이어 케이블은 1[m] 이하로 하고 또한 그 피복을 손상하지 아니하도록 붙일 것.

해답 47 ① 48 ③ 49 ④ 50 ①

51
케이블을 조영재에 지지하는 경우에 이용되는 것이 아닌 것은? [12]

① 터미널 캡   ② 클리트(Cleat)
③ 스테이플   ④ 새들

케이블공사
케이블을 조영재에 지지하는 경우 새들, 스테이플, 클리트 등으로 지지한다.

52
금속재 케이블트레이의 종류가 아닌 것은? [11]

① 메시형   ② 사다리형
③ 바닥밀폐형   ④ 크로스형

케이블트레이공사
케이블트레이공사는 케이블을 지지하기 위하여 사용하는 금속재 또는 불연성 재료로 제작된 유닛 또는 유닛의 집합체 및 그에 부속하는 부속재 등으로 구성된 견고한 구조물을 말하며 사다리형, 펀칭형, 메시형, 바닥밀폐형 기타 이와 유사한 구조물을 포함하여 적용한다.

53
애자공사시 사용할 수 없는 전선은? [15]

① 고무 절연전선
② 폴리에틸렌 절연전선
③ 플루오르 수지 절연전선
④ 인입용 비닐절연전선

애자공사
(1) 저압 전선은 절연전선(옥외용 비닐절연전선 및 인입용 비닐절연전선을 제외한다)일 것.
(2) 전선의 굵기와 이격거리

구분 \ 전압종별	저압
굵기	2.5[mm²] 이상의 연동선
전선 상호간의 간격	6[cm] 이상
전선과 조영재 이격거리	사용전압 400[V] 이하 : 2.5[cm] 이상 사용전압 400[V] 초과 : 4.5[cm] 이상 단, 건조한 장소 : 2.5[cm] 이상
전선의 지지점간의 거리	400[V] 초과인 것은 6[m] 이하 단, 전선을 조영재의 윗면 또는 옆면에 따라 붙일 경우에는 2[m] 이하

(3) 애자는 절연성·난연성 및 내수성의 것이어야 한다.

54
한국전기설비규정에 의하여 애자공사를 건조한 장소에 시설하고자 한다. 사용전압이 400[V] 이하인 경우 전선과 조영재 사이의 이격거리는 최소 몇 [cm] 이상이어야 하는가? [08, 09, 16]

① 2.5   ② 4.5
③ 6.0   ④ 12

애자공사

구분 \ 전압종별	저압
전선과 조영재 이격거리	사용전압 400[V] 이하 : 2.5[cm] 이상 사용전압 400[V] 초과 : 4.5[cm] 이상 단, 건조한 장소 : 2.5[cm] 이상

해답 51 ①   52 ④   53 ④   54 ①

55

건조한 장소의 저압 옥내배선(400[V] 이하)에 절연전선을 사용하여 애자공사를 할 경우 최소의 전선 상호간격과 조영재 사이의 이격거리는? [19]

① 3[cm], 1.5[cm]
② 6[cm], 2.5[cm]
③ 6[cm], 3[cm]
④ 10[cm], 4[cm]

애자공사

구분 \ 전압종별	저압
굵기	2.5[mm²] 이상의 연동선
전선 상호간의 간격	6[cm] 이상
전선과 조영재 이격거리	사용전압 400[V] 이하 : 2.5[cm] 이상 사용전압 400[V] 초과 : 4.5[cm] 이상 단, 건조한 장소 : 2.5[cm] 이상

56

애자공사에서 전선의 지지점 간의 거리는 전선을 조영재의 위면 또는 옆면에 따라 붙이는 경우에는 몇 [m] 이하인가? [11, 14, 18]

① 1
② 1.5
③ 2
④ 3

애자공사

구분 \ 전압종별	저압
전선의 지지점간의 거리	400[V] 초과인 것은 6[m] 이하 단, 전선을 조영재의 윗면 또는 옆면에 따라 붙일 경우에는 2[m] 이하

57

애자공사에 사용하는 애자가 갖추어야 할 성질과 가장 거리가 먼 것은? [10, (유)09]

① 절연성
② 난연성
③ 내수성
④ 내유성

애자공사
애자는 절연성·난연성 및 내수성의 것이어야 한다.

58

저압 옥내배선에서 애자공사를 할 때 올바른 것은? [14]

① 전선 상호간의 간격은 6[cm] 이상
② 440[V] 초과하는 경우 전선과 조영재 사이의 이격거리는 2.5[cm] 이상
③ 전선의 지지점간의 거리는 조영재의 위면 또는 옆면에 따라 붙일 경우에는 3[m] 이상
④ 애자공사에 사용되는 애자는 절연성, 난연성 및 내수성과 무관

애자공사

구분 \ 전압종별	저압
전선 상호간의 간격	6[cm] 이상

해답 55 ② 56 ③ 57 ④ 58 ①

59
애자공사에 의한 저압 옥내배선에서 잘못된 것은? [06]

① 전선은 절연전선을 사용한다.
② 전선 상호간의 거리가 6[cm]이다.
③ 전선과 조영재 사이의 이격거리는 사용전압이 400[V] 이하인 경우에 4.5[cm] 이상일 것
④ 애자는 절연성, 난연성 및 내수성이 있어야 한다.

애자공사

구분 \ 전압종별	저압
전선과 조영재 이격거리	사용전압 400[V] 이하 : 2.5[cm] 이상 사용전압 400[V] 초과 : 4.5[cm] 이상 단, 건조한 장소 : 2.5[cm] 이상

60
애자공사에 대한 설명 중 틀린 것은? [13]

① 사용전압이 400[V] 이하이면 전선과 조영재의 간격은 2.5[cm] 이상일 것
② 사용전압이 400[V] 이하이면 전선 상호간의 간격은 6[cm] 이상일 것
③ 사용전압이 220[V]이면 전선과 조영재의 이격거리는 2.5[cm] 이상일 것
④ 전선을 조영재의 옆면을 따라 붙일 경우 전선 지지점 간의 거리는 3[m] 이하일 것

애자공사

구분 \ 전압종별	저압
전선의 지지점간의 거리	400[V] 초과인 것은 6[m] 이하 단, 전선을 조영재의 윗면 또는 옆면에 따라 붙일 경우에는 2[m] 이하

61
공장내 등에서 대지전압이 150[V]를 초과하고 300[V] 이하인 전로에 백열전등을 시설할 경우 다음 중 잘못된 것은? [09]

① 백열전등은 사람이 접촉될 우려가 없도록 시설하여야 한다.
② 백열전등은 옥내배선과 직접 접속을 하지 않고 시설하였다.
③ 백열전등의 소켓은 키 및 점멸기구가 없는 것을 사용하였다.
④ 백열전등 회로에는 규정에 따라 누전 차단기를 설치하였다.

전등배선
백열전등 또는 방전등에 전기를 공급하는 옥내의 전로(주택의 옥내전로를 제외한다)의 대지전압은 300[V] 이하여야 하며 다음에 따라 시설하여야 한다.
(1) 백열전등 또는 방전등 및 이에 부속하는 전선은 사람이 접촉할 우려가 없도록 시설하여야 한다.
(2) 백열전등(기계장치에 부속하는 것을 제외한다) 또는 방전등용 안정기는 저압의 옥내배선과 직접 접속하여 시설하여야 한다.
(3) 백열전등의 전구소켓은 키나 그 밖의 점멸기구가 없는 것이어야 한다.
(4) 백열전등 회로에는 규정에 따라 누전차단기를 시설하여야 한다.

62
차단기에서 ELB의 용어는? [08, 18, 19]

① 유입차단기　② 진공차단기
③ 배선용차단기　④ 누전차단기

ELB는 누전차단기의 약호이다.

해답 59 ③　60 ④　61 ②　62 ④

63
인체 보호용 누전차단기의 정격감도전류 및 동작시간은 각각 어떻게 되는가? [18]

① 10[mA] 이하, 0.3초 이내
② 30[mA] 이하, 0.3초 이내
③ 10[mA] 이하, 0.03초 이내
④ 30[mA] 이하, 0.03초 이내

금속제 외함을 가지는 사용전압이 50[V]를 초과하는 저압의 기계 기구로서 사람이 쉽게 접촉할 우려가 있는 곳에 시설하는 것에 전기를 공급하는 전로에 정격감도전류 30[mA] 이하, 동작시간 0.03초 이하(물기가 있는 장소는 정격감도전류 15[mA] 이하, 동작시간 0.03초 이하)인 인체 감전 보호용 누전차단기를 시설하여야 한다.

04 전로의 절연 및 과전류차단기와 접지공사

중요도 ★★
출제빈도
총44회 시행
총11문 출제

핵심26 전로의 절연저항 및 절연내력시험(Ⅰ)

1. 전로의 절연저항

사용전압이 저압인 전로의 전선 상호간 및 전로와 대지 사이의 절연저항은 다음 표에서 정한 값 이상이어야 한다. 다만, 저압 전로에서 정전이 어려운 경우 등 절연저항 측정이 곤란한 경우에는 누설전류를 1[mA] 이하이면 그 전로의 절연성능은 적합한 것으로 본다.

전로의 사용전압 [V]	DC 시험전압 [V]	절연저항 [MΩ]
SELV 및 PELV	250	0.5
FELV, 500[V] 이하	500	1.0
500[V] 초과	1,000	1.0

[주] 특별저압(extra low voltage : 2차 전압이 AC(교류) 50[V], DC(직류) 120[V] 이하)으로 SELV(비접지회로 구성) 및 PELV(접지회로 구성)은 1차와 2차가 전기적으로 절연된 회로, FELV는 1차와 2차가 전기적으로 절연되지 않은 회로

참고
(1) 누설전류 : 절연물을 전극 사이에 삽입하고 전압을 가하였을 때 흐르는 전류로 전로 이외의 절연체 내부 및 표면과 공간을 통하여 선간 또는 대지 사이를 흐르는 전류
(2) 절연저항 : 누설전류를 억제하는 성질을 갖는 절연물의 매우 큰 저항
(3) 특별저압 : 인체에 위험을 초래하지 않을 정도의 저압

2. 회전기의 절연내력

아래 표에서 정한 시험전압을 연속하여 10분간 가하여 이에 견디어야 한다.

대상	최대사용전압	시험전압
발전기, 전동기, 조상기, 기타 회전기	7[kV] 이하	1.5배 (최저 500[V])
	7[kV] 초과	1.25배 (최저 10.5[kV])

핵심유형문제 26

전기사용 장소의 사용전압이 특별 저압인 SELV 및 PELV 전로의 전선 상호간 및 전로와 대지 사이의 DC 시험전압[V]과 절연저항[MΩ]은 각각 얼마인가? [예상 KEC 규정]

① 250[V], 0.2[MΩ]　　　② 250[V], 0.5[MΩ]
③ 500[V], 0.5[MΩ]　　　④ 500[V], 1.0[MΩ]

해설 특별 저압인 SELV 및 PELV 전로의 절연저항을 측정할 때의 DC 시험전압은 250[V]이며, 그 때의 절연저항은 0.5[MΩ] 이상이어야 한다.

답 : ②

핵심27 전로의 절연저항 및 절연내력시험(Ⅱ)

1. **저·고압 및 특고압 전로 및 기타 기구 등의 전로의 절연내력시험**

   아래 표에서 정한 시험전압을 연속하여 10분간 가하여 이에 견디어야 한다. 다만, 직류 전압을 가하여 시험할 경우에는 아래 표에서 정한 시험전압의 2배의 전압에 견디어야 한다.

전로의 최대사용전압		시험전압	최저시험전압
7[kV] 이하		1.5배	변압기 또는 기구의 전로인 경우 500[V]
7[kV] 초과 60[kV] 이하		1.25배	10.5[kV]
7[kV] 초과 25[kV] 이하 중성점 다중접지		0.92배	–
60[kV] 초과	비접지	1.25배	
60[kV] 초과 170[kV] 이하	접지	1.1배	75[kV]
	직접접지	0.72배	–
170[kV] 초과	직접접지	0.64배	

2. **연료전지 또는 태양전지 모듈의 절연내력**

   연료전지 및 태양전지 모듈은 최대사용전압의 1.5배의 직류전압 또는 1배의 교류전압 (500[V] 이상일 것)을 충전부분과 대지사이에 연속하여 10분간 가하여 절연내력을 시험하였을 때에 이에 견디는 것이어야 한다.

핵심유형문제 27

최대사용전압이 70[kV]인 중성점 직접접지식 전로의 절연내력시험전압은 몇 [V]인가? [11]

① 35,000[V]   ② 42,000[V]   ③ 44,800[V]   ④ 50,400[V]

해설 60[kV] 초과 170[kV] 이하인 중성점 직접접지식 전로의 절연내력시험전압은 최대사용전압의 0.72배 이므로

∴ 최대사용전압 $= 70 \times 10^3 \times 0.72 = 50,400$[V]

답 : ④

핵심28 과부하 보호장치 및 단락전류 보호장치의 시설

과부하 보호장치 및 단락전류 보호장치는 분기점(O)에 설치하여야 한다. 그러나 각 보호장치(P_2)와 분기점 사이에 다른 분기회로가 없고 콘센트 회로가 접속되어 있지 않은 경우에는 다음에 따라 시설할 수 있다.

1. 과부하 보호장치 설치의 예외

① 분기회로(S_2)의 과부하 보호장치(P_2)의 전원측에서 분기회로에 대한 단락보호가 이루어지고 있는 경우, 분기회로의 과부하 보호장치(P_2)는 분기회로의 분기점(O)으로부터 부하측으로 거리에 구애 받지 않고 이동하여 설치할 수 있다.

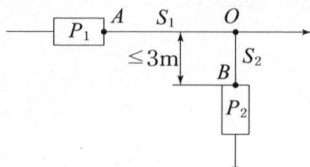

② 분기회로(S_2)의 보호장치(P_2)는 전원측에서 단락의 위험과 화재 및 인체에 대한 위험성이 최소화 되도록 시설된 경우, 분기회로의 보호장치(P_2)는 분기회로의 분기점(O)으로부터 3[m]까지 이동하여 설치할 수 있다.

2. 단락 보호장치 설치의 예외

① 분기회로의 단락보호장치 설치점(B)과 분기점 사이에 단락의 위험과 화재 및 인체에 대한 위험성이 최소화될 경우, 분기회로의 단락 보호장치(P_2)는 분기점(O)으로부터 3[m]까지 이동하여 설치할 수 있다.

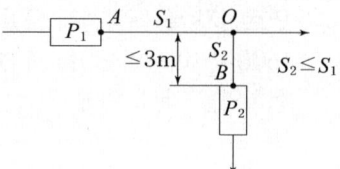

② 분기회로의 시작점(O)과 이 분기회로의 단락 보호장치(P_2) 사이에 있는 도체가 전원측에 설치되는 보호장치(P_1)에 의해 단락보호가 되는 경우에, 분기회로의 단락 보호장치(P_2)는 분기점으로부터 거리제한이 없이 설치할 수 있다.

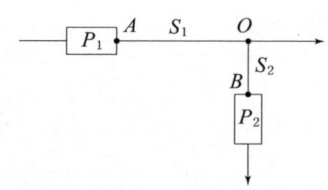

핵심유형문제 28

과전류에 대한 보호장치 중 과부하 보호장치의 설치위치로 알맞은 곳은? [예상 KEC 규정]

① 인입점　　② 고장점　　③ 분기점　　④ 수전점

해설 과부하 보호장치 및 단락전류 보호장치는 분기점에 설치하여야 한다.

답 : ③

핵심29 과전류 차단기의 시설

중요도 ★★
출제빈도
총44회 시행
KEC 규정

1. 저압전로의 과전류 차단기

① 범용의 퓨즈

정격전류의 구분	시간	정격전류의 배수	
		불용단전류	용단전류
4[A] 이하	60분	1.5배	2.1배
4[A] 초과 16[A] 미만	60분	1.5배	1.9배
16[A] 이상 63[A] 이하	60분	1.25배	1.6배
63[A] 초과 160[A] 이하	120분	1.25배	1.6배
160[A] 초과 400[A] 이하	180분	1.25배	1.6배

② 산업용 배선용차단기와 주택용 배선용차단기

종류	정격전류의 구분	시간	정격전류의 배수(모든 극에 통전)	
			부동작 전류	동작 전류
산업용 배선용차단기	63[A] 이하	60분	1.05배	1.3배
	63[A] 초과	120분	1.05배	1.3배
주택용 배선용차단기	63[A] 이하	60분	1.13배	1.45배
	63[A] 초과	120분	1.13배	1.45배

2. 고압전로의 과전류 차단기

① 포장 퓨즈 : 정격전류의 1.3배에 견디고, 2배의 전류로 120분 안에 용단되는 것.
② 비포장 퓨즈 : 정격전류의 1.25배에 견디고, 2배의 전류로 2분 안에 용단되는 것.

3. 과전류 차단기의 시설 제한

① 접지공사의 접지도체
② 다선식 전로의 중성도체
③ 전로의 일부에 접지공사를 한 저압 가공전선로의 접지측 전선

핵심유형문제 29

다음 중 과전류 차단기를 시설해야 할 곳은? [07②, 09, 12, 13]

① 접지공사의 접지선 ② 인입선
③ 다선식 전로의 중성선 ④ 저압 가공전로의 접지측 전선

해설 과전류 차단기는 접지공사의 접지도체, 다선식 전로의 중성도체, 전로의 일부에 접지공사를 한 저압 가공전선로의 접지측 전선에는 시설하여서는 아니된다.

답 : ②

핵심30 접지시스템의 구분 및 구성요소

1. 접지시스템의 구분 및 시설 종류
① 접지시스템의 구분 : 계통접지, 보호접지, 피뢰시스템접지
② 접지시스템의 시설 종류 : 단독접지, 공통접지, 통합접지

참고 계통접지와 보호접지
(1) 계통접지 : 전력계통에서 돌발적으로 발생하는 이상현상에 대비하여 대지와 계통을 연결하는 것으로 중성점을 접속하는 것을 말한다.
(2) 보호접지 : 고장시 감전에 대한 보호를 목적으로 기기의 한 점 또는 여러 점을 접지하는 것을 말한다.

2. 접지시스템의 구성요소
① 접지시스템의 구성요소 : 접지극, 접지도체, 보호도체, 주접지단자
② 접지도체 : 접지극과 주접지단자 사이를 접속하는 도체로서 접지선이라고도 한다.

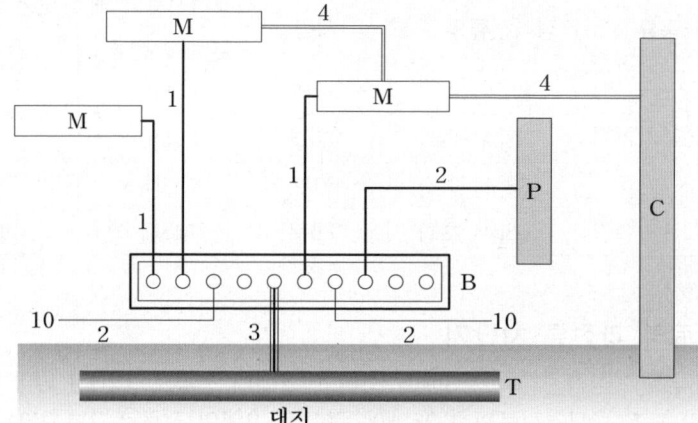

1 : 보호도체(PE)
2 : 주 등전위본딩용 선
3 : 접지도체
4 : 보조 등전위본딩용 선
10 : 기타 기기(예: 통신설비)
B : 주접지단자
M : 전기기구의 노출 도전성부분
C : 철골, 금속덕트의 계통외 도전성부분
P : 수도관, 가스관 등 금속배관
T : 접지극

핵심유형문제 30
접지시스템을 3가지로 구분할 때 이에 속하지 않은 것은? [예상 KEC 규정]
① 계통접지 ② 비접지 ③ 보호접지 ④ 피뢰시스템접지

해설 접지시스템은 계통접지, 보호접지, 피뢰시스템접지로 구분된다.

답 : ②

핵심31 접지의 목적과 접지극의 시설

1. 접지의 목적
① 이상전압을 억제
② 대지전압의 상승 억제
③ 보호계전기의 확실한 동작
④ 인체의 감전사고를 방지

중요도 ★★★
출제빈도
총44회 시행
총15문 출제

2. 접지극과 접지도체의 시설

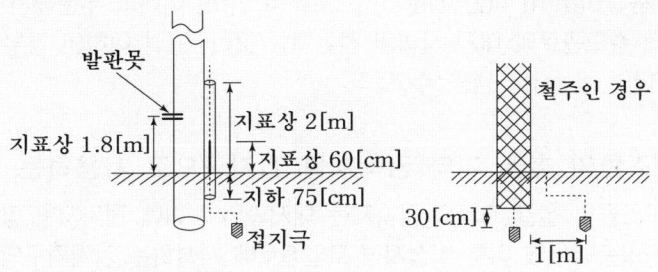

① 접지극의 매설깊이는 동결 깊이를 감안하여 지표면으로부터 지하 0.75[m] 이상으로 한다.
② 접지도체는 지하 0.75[m]부터 지표상 2[m]까지 부분은 합성수지관(두께 2[mm] 이상의 것) 또는 몰드로 덮을 것.
③ 사람이 접촉할 우려가 있는 경우에는 지표상 0.6[m] 이하의 부분에 절연전선 또는 케이블을 사용할 것. 다만, 옥외용 비닐절연전선과 통신용 케이블은 제외한다.
④ 접지도체를 철주 기타의 금속체를 따라서 시설하는 경우에는 접지극을 철주의 밑면으로부터 0.3[m] 이상의 깊이에 매설하는 경우 이외에는 접지극을 지중에서 그 금속체로부터 1[m] 이상 떼어 매설하여야 한다.

[참고]
(1) 접지전극과 대지 사이의 저항을 접지저항이라 한다.
(2) 접지저항의 결정은 접지선의 저항, 접지극의 저항, 접지극 표면과 대지와의 접촉저항과 대지의 접지저항으로 구하는 대지저항에 의한다. 이 중 가장 큰 영향을 주는 값은 대지저항이다.

핵심유형문제 31

접지공사에 사용하는 접지도체를 지하에 매설할 때 동결 깊이를 감안하여 지표면으로부터 지하 몇 [cm] 이상의 깊이에 매설하여야 하는가? [07, 10, 12, 15]

① 30   ② 60   ③ 75   ④ 90

해설 접지극의 매설깊이는 동결 깊이를 감안하여 지표면으로부터 지하 0.75[m] 이상으로 한다.

답 : ③

중요도 ★
출제빈도
총44회 시행
총 5문 출제

핵심32 수도관로와 철골 기타의 접지극 시설

1. 수도관로를 접지극으로 사용하는 경우

지중에 매설되어 있고 대지와의 전기저항 값이 3[Ω] 이하의 값을 유지하고 있는 금속제 수도관로가 다음 조건을 만족하는 경우 접지극으로 사용이 가능하다.

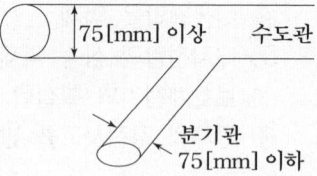

[조건]

접지도체와 금속제 수도관로의 접속은 안지름 75[mm] 이상인 부분 또는 여기에서 분기한 안지름 75[mm] 미만인 분기점으로부터 5[m] 이내의 부분에서 하여야 한다. 다만, 금속제 수도관로와 대지 사이의 전기저항 값이 2[Ω] 이하인 경우에는 분기점으로부터의 거리는 5[m]을 넘을 수 있다.

2. 건축 구조물의 철골 기타 금속제를 접지극으로 사용하는 경우

건축물·구조물의 철골 기타의 금속제는 대지와의 사이에 전기저항 값이 2[Ω] 이하인 값을 유지하는 경우에 이를 비접지식 고압전로에 시설하는 기계기구의 철대 또는 금속제 외함의 접지공사 또는 비접지식 고압전로와 저압전로를 결합하는 변압기의 저압전로의 접지공사의 접지극으로 사용할 수 있다.

핵심유형문제 32

지중에 매설되어 있는 금속제 수도관로는 접지공사의 접지극으로 사용할 수 있다. 이 때 수도관로는 대지와의 접지저항치가 얼마 이하여야 하는가? [11, 14, 18]

① 1[Ω]   ② 2[Ω]   ③ 3[Ω]   ④ 4[Ω]

[해설] 지중에 매설되어 있고 대지와의 전기저항 값이 3[Ω] 이하의 값을 유지하고 있는 금속제 수도관로는 접지공사의 접지극으로 사용할 수 있다.

답 : ③

핵심33 접지도체의 선정

중요도 ★★
출제빈도
총44회 시행
KEC 규정

1. 접지도체의 최소 단면적

구분	최소 단면적
큰 고장전류가 접지도체를 통하여 흐르지 않을 경우	구리 6[mm²] 이상, 철 50[mm²] 이상
접지도체에 피뢰시스템이 접속되는 경우	구리 16[mm²] 이상, 철 50[mm²] 이상
고장시 흐르는 전류를 안전하게 통할 수 있는 경우	특고압·고압 전기설비용 접지도체는 6[mm²] 이상의 연동선
	중성점 접지용 접지도체는 16[mm²] 이상의 연동선이어야 한다. 다만, 다음의 경우에는 공칭단면적 6[mm²] 이상의 연동선을 사용한다. (ㄱ) 7[kV] 이하의 전로 (ㄴ) 사용전압이 25[kV] 이하인 중성선 다중접지식의 것으로서 전로에 지락이 생겼을 때 2초 이내에 자동적으로 이를 전로로부터 차단하는 장치가 되어 있는 특고압 가공전선로
이동하여 사용하는 저압 전기설비용 접지도체	0.75[mm²] 이상의 다심 코드 또는 다심 캡타이어케이블 1.5[mm²] 이상의 유연성이 있는 연동연선

2. 보호도체의 최소 단면적

선도체의 단면적 S ([mm²], 구리)	보호도체의 재질 및 최소 단면적([mm²], 구리)	
	선도체와 같은 경우	선도체와 다른 경우
$S \leq 16$	S	$(k_1/k_2) \times S$
$16 < S \leq 35$	16^a	$(k_1/k_2) \times 16$
$S > 35$	$S^a/2$	$(k_1/k_2) \times (S/2)$

여기서, k_1 : 선도체에 대한 k값, k_2 : 보호도체에 대한 k값,
a : PEN 도체의 최소단면적은 중성선과 동일하게 적용한다.

핵심유형문제 33

중성점 접지용 접지도체는 공칭단면적 몇 [mm²] 이상의 연동선 또는 동등 이상의 단면적 및 세기를 가져야 하는가?

[예상 KEC 규정]

① 16   ② 6   ③ 1.5   ④ 0.75

해설 중성점 접지용 접지도체는 16[mm²] 이상의 연동선을 사용하여야 한다.

답 : ①

중요도 ★★
출제빈도
총44회 시행
KEC 규정

핵심34 전기수용가 접지와 변압기 중성점 접지

1. 전기수용가 접지

(1) 저압수용가 인입구 접지
① 수용장소 인입구 부근에서 변압기 중성점 접지를 한 저압전선로의 중성선 또는 접지측 전선에 추가로 접지공사를 할 수 있는 접지극
　(ㄱ) 지중에 매설되어 있고 대지와의 전기저항 값이 3[Ω] 이하의 값을 유지하고 있는 금속제 수도관로
　(ㄴ) 대지 사이의 전기저항 값이 3[Ω] 이하인 값을 유지하는 건물의 철골
② 접지도체는 공칭단면적 6[mm^2] 이상의 연동선을 사용하여야 한다.

(2) 주택 등 저압수용장소에서 계통접지가 TN-C-S 방식인 경우 중성선 겸용 보호도체(PEN)의 단면적은 구리 10[mm^2] 이상, 알루미늄 16[mm^2] 이상이어야 한다.

2. 변압기 중성점 접지저항 값

① 변압기의 고압·특고압측 전로 1선 지락전류를 150으로 나눈 값과 같은 저항 값 이하로 한다.
② 변압기의 고압·특고압측 전로 또는 사용전압이 35[kV] 이하의 특고압 전로가 저압측 전로와 혼촉하고 저압전로의 대지전압이 150[V]를 초과하는 경우의 저항 값은 1초를 초과하고 2초 이내에 고압·특고압 전로를 자동으로 차단하는 장치를 설치할 때는 300으로 나눈 값 이하, 그리고 1초 이내에 고압·특고압 전로를 자동으로 차단하는 장치를 설치할 때는 600으로 나눈 값 이하로 한다.

핵심유형문제 34

수용장소 인입구 부근에서 대지 사이의 전기저항 값이 몇 [Ω] 이하인 값을 유지하는 건물의 철골을 접지극으로 사용하여 변압기 중성점 접지를 한 저압전선로의 중성선 또는 접지측 전선에 추가로 접지공사를 할 수 있는가?　　[예상 KEC 규정]

① 2　　　　　② 3　　　　　③ 5　　　　　④ 10

해설 수용장소 인입구 부근에서 변압기 중성점 접지를 한 저압전선로의 중성선 또는 접지측 전선에 추가로 접지공사를 할 수 있는 접지극은 다음과 같다.
(1) 지중에 매설되어 있고 대지와의 전기저항 값이 3[Ω] 이하의 값을 유지하고 있는 금속제 수도관로
(2) 대지 사이의 전기저항 값이 3[Ω] 이하인 값을 유지하는 건물의 철골

답 : ②

핵심35 저압 전기설비의 계통접지 방식

중요도 ★★
출제빈도
총44회 시행
KEC 규정

1. 계통접지의 분류
저압전로의 보호도체 및 중성선의 접속 방식에 따라 접지계통은 TN 계통, TT 계통, IT 계통으로 분류된다.

2. 계통접지의 세부 사항

(1) TN 계통 : 전원측의 한 점을 직접접지하고 설비의 노출도전부를 보호도체로 접속시키는 방식으로 TN-S 계통, TN-C 계통, TN-C-S 계통으로 구분한다.
  ① TN-S 계통은 계통 전체에 대해 별도의 중성선 또는 PE 도체를 사용한다.
  ② TN-C 계통은 계통 전체에 대해 중성선과 보호도체의 기능을 동일도체로 겸용한 PEN 도체를 사용한다.
  ③ TN-C-S 계통은 계통의 일부분에서 PEN 도체를 사용하거나, 중성선과 별도의 PE 도체를 사용하는 방식이 있다.

(2) TT 계통 : 전원측의 한 점을 직접접지하고 설비의 노출도전부는 전원의 접지전극과 전기적으로 독립적인 접지극에 접속시키는 방식이다.

(3) IT 계통
  ① 충전부 전체를 대지로부터 절연시키거나, 한 점을 임피던스를 통해 대지에 접속시킨다.
  ② 전기설비의 노출도전부를 단독 또는 일괄적으로 계통의 PE 도체에 접속시킨다.
  ③ 계통은 충분히 높은 임피던스를 통하여 접지할 수 있다. 이 접속은 중성점, 인위적 중성점, 선도체 등에서 할 수 있다. 중성선은 배선할 수도 있고, 배선하지 않을 수도 있다.

핵심유형문제 35

전원의 한 점을 직접 접지하고, 설비의 노출 도전성 부분을 보호도체로 접속시키는 방식으로 계통의 일부분에서 PEN 도체를 사용하거나, 중성선과 별도의 PE 도체를 사용하는 방식은? [예상 KEC 규정]

① TN-S 계통   ② TN-C 계통   ③ TN-C-S 계통   ④ TT 계통

해설 TN-C-S 계통은 계통의 일부분에서 PEN 도체를 사용하거나, 중성선과 별도의 PE 도체를 사용하는 방식이 있다.

답 : ③

중요도 ★★
출제빈도
총44회 시행
KEC 규정

핵심36 피뢰설비 설치공사

1. 피뢰시스템의 구성
① 직격뢰로부터 대상물을 보호하기 위한 외부 피뢰시스템
② 간접뢰 및 유도뢰로부터 대상물을 보호하기 위한 내부 피뢰시스템

2. 외부 피뢰시스템
외부 피뢰시스템은 수뢰부 시스템, 인하도선 시스템, 접지극 시스템으로 구성된다.

(1) 수뢰부 시스템
① 수뢰부 시스템을 선정하는 경우 돌침, 수평도체, 메시도체의 요소 중에 한 가지 또는 이를 조합한 형식으로 시설하여야 한다.
② 수뢰부 시스템의 배치는 보호각법, 회전구체법, 메시법 중 하나 또는 조합된 방법으로 배치하여야 하며 건축물·구조물의 뾰족한 부분, 모서리 등에 우선하여 배치한다.

(2) 인하도선 시스템
수뢰부 시스템과 접지극 시스템을 연결하는 것이다.

(3) 접지극 시스템
① 접지극 시스템의 접지저항이 10[Ω] 이하인 경우 최소 길이 이하로 할 수 있다.
② 접지극은 지표면에서 0.75[m] 이상 깊이로 매설 하여야 한다. 다만, 필요시는 해당 지역의 동결심도를 고려한 깊이로 할 수 있다.

2. 내부 피뢰시스템

(1) 일반 사항
전기전자설비의 뇌서지에 대한 보호로서 피뢰구역 경계부분에서는 접지 또는 본딩을 하여야 한다. 다만, 직접 본딩이 불가능한 경우에는 서지보호장치를 설치한다.

(2) 서지보호장치의 시설
① 전기전자설비 등에 연결된 전선로를 통하여 서지가 유입되는 경우 서지보호장치를 설치하여야 한다.
② 지중 저압수전의 경우, 내부에 설치하는 전기전자기기의 과전압범주별 임펄스 내전압이 규정 값에 충족하는 경우에는 서지보호장치를 생략할 수 있다.

핵심유형문제 36

외부 피뢰시스템의 접지극은 지표면에서 몇 [m] 이상 깊이로 매설하여야 하는가?

[예상 KEC 규정]

① 0.5[m]   ② 0.75[m]   ③ 1[m]   ④ 2[m]

해설 외부 피뢰시스템의 접지극은 지표면에서 0.75[m] 이상 깊이로 매설하여야 한다. 다만, 필요시는 해당 지역의 동결심도를 고려한 깊이로 할 수 있다.

답 : ②

핵심37 피뢰기

1. 기능과 약호
① 기능 : 직격뢰 또는 개폐서지 등에 의한 충격파 전압(이상전압)을 대지로 방전시켜 전로 및 기기를 보호하고 속류를 차단한다.
② 약호 : LA(Lightning arrester)

중요도 ★★
출제빈도
총44회 시행
총 8문 출제

2. 피뢰기 시설 장소
① 발전소·변전소 또는 이에 준하는 장소의 가공전선 인입구 및 인출구
② 특고압 가공전선로에 접속하는 특고압 배전용 변압기의 고압측 및 특고압측
③ 고압 및 특고압 가공전선로로부터 공급을 받는 수용장소의 인입구
④ 가공전선로와 지중전선로가 접속되는 곳

3. 피뢰기의 접지
고압 및 특고압의 전로에 시설하는 피뢰기 접지저항 값은 10[Ω] 이하로 하여야 한다. 다만, 고압 가공전선로에 시설하는 피뢰기의 접지도체가 그 접지공사 전용의 것인 경우에는 접지저항 값이 30[Ω] 이하로 할 수 있다.

4. 피뢰기의 정격전압

공칭전압[kV]	정격전압[kV]	
	변전소	배전선로
22.9	21	18
22	24	–
66	72	–
154	144	–

5. 피뢰기가 구비하여야 할 조건
① 제한전압이 낮고 방전내량이 클 것
② 충격파 방전개시전압이 낮고 상용주파 방전개시전압이 클 것
③ 속류 차단능력이 클 것

핵심유형문제 37

고압 또는 특별고압 가공전선로에서 공급을 받는 수용 장소의 인입구 또는 이와 근접한 곳에는 무엇을 시설하여야 하는가? [08, 10, 18②]

① 계기용 변성기   ② 과전류 계전기   ③ 접지 계전기   ④ 피뢰기

해설 고압 또는 특고압 가공전선로에서 공급을 받는 수용장소 인입구에는 피뢰기를 설치하여야 한다.

답 : ④

적중예상문제

01
저압전로에서 정전이 어려운 경우 등 절연저항 측정이 곤란한 경우에는 누설전류를 몇 [mA] 이하로 유지해야 하는가? [예상 KEC 규정]

① 1[mA]　　② 2[mA]
③ 3[mA]　　④ 4[mA]

저압 전로에서 정전이 어려운 경우 등 절연저항 측정이 곤란한 경우에는 누설전류를 1[mA] 이하이면 그 전로의 절연성능은 적합한 것으로 본다.

02
전기사용 장소의 사용전압이 500[V]를 초과한 경우의 전로의 전선 상호간 및 전로와 대지 사이의 절연저항은 DC 1,000[V]의 전압으로 시험하였을 때 몇 [MΩ] 이상이어야 하는가? [예상 KEC 규정]

① 0.2[MΩ]　　② 0.5[MΩ]
③ 1.0[MΩ]　　④ 1.5[MΩ]

전로의 절연성능

전로의 사용전압 [V]	DC 시험전압	절연저항
SELV 및 PELV	250[V]	0.5[MΩ]
FELV, 500[V] 이하	500[V]	1.0[MΩ]
500[V] 초과	1,000[V]	1.0[MΩ]

03
특별저압이란 인체에 위험을 초래하지 않을 정도의 저압을 말한다. 이 때 특별저압 계통의 전압한계에 대해서 알맞게 설명한 것은? [예상 KEC 규정]

① 교류 30[V] 이하, 직류 100[V] 이하
② 교류 50[V] 이하, 직류 100[V] 이하
③ 교류 30[V] 이하, 직류 120[V] 이하
④ 교류 50[V] 이하, 직류 120[V] 이하

특별저압이란 인체에 위험을 초래하지 않을 정도의 저압을 말한다. 특별저압 계통의 전압한계는 교류 50[V], 직류 120[V] 이하를 말한다.

04
절연물을 전극 사이에 삽입하고 전압을 가하면 전류가 흐르는데 이 전류는? [10, 11]

① 과전류　　② 접촉전류
③ 단락전류　　④ 누설전류

누설전류란 절연물을 전극 사이에 삽입하고 전압을 가하였을 때 흐르는 전류로 전로 이외의 절연체 내부 및 표면과 공간을 통하여 선간 또는 대지 사이를 흐르는 전류이다.

05
전로 이외를 흐르는 전류로서 전로의 절연체 내부 및 표면과 공간을 통하여 선간 또는 대지 사이를 흐르는 전류를 무엇이라 하는가? [12]

① 지락전류　　② 누설전류
③ 정격전류　　④ 영상전류

누설전류란 절연물을 전극 사이에 삽입하고 전압을 가하였을 때 흐르는 전류로 전로 이외의 절연체 내부 및 표면과 공간을 통하여 선간 또는 대지 사이를 흐르는 전류이다.

06
다음 중 저항값이 클수록 좋은 것은? [11, (유)15]

① 접지저항　　② 절연저항
③ 도체저항　　④ 접촉저항

절연저항이란 누설전류를 억제하는 성질을 갖는 절연물의 매우 큰 저항으로 값이 클수록 절연성능이 좋아진다.

해답 01 ①　02 ③　03 ④　04 ④　05 ②　06 ②

07

최대사용전압이 440[V]인 전동기의 절연내력 시험전압은 몇 [V]인가? [예상 KEC 규정]

① 330 ② 440
③ 500 ④ 660

회전기의 절연내력
아래 표에서 정한 시험전압을 연속하여 10분간 가하여 이에 견디어야 한다.

대상	최대사용전압	시험전압
발전기, 전동기, 조상기, 기타 회전기	7[kV] 이하	1.5배 (최저 500[V])
	7[kV] 초과	1.25배 (최저 10.5[kV])

∴ 시험전압 = 440 × 1.5 = 660[V]

08

최대사용전압이 220[V]인 3상 유도전동기가 있다. 이것의 절연내력시험전압은 몇 [V]로 하여야 하는가? [16]

① 330 ② 500
③ 750 ④ 1,050

회전기의 절연내력
아래 표에서 정한 시험전압을 연속하여 10분간 가하여 이에 견디어야 한다.

대상	최대사용전압	시험전압
발전기, 전동기, 조상기, 기타 회전기	7[kV] 이하	1.5배 (최저 500[V])
	7[kV] 초과	1.25배 (최저 10.5[kV])

시험전압 = 220 × 1.5 = 330[V]
∴ 최저시험전압 500[V] 이하이므로 시험전압은 500[V]이다.

09

최대사용전압이 66[kV]인 중성점 비접지식 전로의 절연내력 시험전압은 몇 [kV]인가? [예상 KEC 규정]

① 63.48[kV] ② 82.5[kV]
③ 86.25[kV] ④ 103.5[kV]

저·고압 및 특고압 전로의 절연내력
아래 표에서 정한 시험전압을 연속하여 10분간 가하여 이에 견디어야 한다.

전로의 최대사용전압		시험전압	최저시험전압
7[kV] 이하		1.5배	변압기 또는 기구의 전로인 경우 500[V]
7[kV] 초과 60[kV] 이하		1.25배	10.5[kV]
7[kV] 초과 25[kV] 이하 중성점 다중접지		0.92배	—
60[kV] 초과	비접지	1.25배	—
60[kV] 초과 170[kV] 이하	접지	1.1배	75[kV]
	직접접지	0.72배	—

∴ 시험전압 = 66 × 1.25 = 82.5[V]

10

3상 4선식 22.9[kV] 중성점 다중접지 전로의 절연내력시험전압은 최대사용전압의 몇 배의 전압인가? [예상 KEC 규정]

① 0.64배 ② 0.72배
③ 0.92배 ④ 1.25배

저·고압 및 특고압 전로의 절연내력
아래 표에서 정한 시험전압을 연속하여 10분간 가하여 이에 견디어야 한다.

전로의 최대사용전압	시험전압	최저시험전압
7[kV] 초과 25[kV] 이하 중성점 다중접지	0.92배	—

11

과전류에 대한 보호장치 중 분기회로의 과부하 보호장치는 전원측에서 보호장치의 분기점 사이에 다른 분기회로 또는 콘센트의 접속이 없고, 단락의 위험과 화재 및 인체에 대한 위험성이 최소화 되도록 시설된 경우, 분기회로의 보호장치는 분기회로의 분기점으로부터 몇 [m]까지 이동하여 설치할 수 있는가?

[예상 KEC 규정, (유)11, 13]

① 2[m] ② 3[m]
③ 5[m] ④ 8[m]

과부하 보호장치 설치의 예외
분기회로의 보호장치는 전원측에서 보호장치의 분기점 사이에 다른 분기회로 또는 콘센트의 접속이 없고, 단락의 위험과 화재 및 인체에 대한 위험성이 최소화 되도록 시설된 경우, 분기회로의 보호장치는 분기회로의 분기점으로부터 3[m]까지 이동하여 설치할 수 있다.

12

과전류에 대한 보호장치 중 단락 보호장치는 분기점과 분기회로의 단락 보호장치의 설치점 사이에 다른 분기회로 또는 콘센트의 접속이 없고 단락, 화재 및 인체에 대한 위험성이 최소화 될 경우, 분기회로의 단락 보호장치는 분기회로의 분기점으로부터 몇 [m]까지 이동하여 설치할 수 있는가?

[예상 KEC 규정]

① 2[m] ② 3[m]
③ 5[m] ④ 8[m]

단락 보호장치 설치의 예외
단락 보호장치는 분기점과 분기회로의 단락 보호장치의 설치점 사이에 다른 분기회로 또는 콘센트의 접속이 없고 단락, 화재 및 인체에 대한 위험성이 최소화 될 경우, 분기회로의 단락 보호장치는 분기회로의 분기점으로부터 3[m]까지 이동하여 설치할 수 있다.

13

과전류차단기로 저압전로에 사용하는 60[A] 퓨즈는 정격전류의 몇 배의 전류를 통한 경우 60분 안에 용단되어야 하는가?

[예상 KEC 규정]

① 1.25배 ② 1.6배
③ 1.9배   ④ 2.1배

저압전로에 사용하는 범용의 퓨즈

정격전류의 구분	시간	정격전류의 배수	
		불용단전류	용단전류
4[A] 이하	60분	1.5배	2.1배
4[A] 초과 16[A] 미만	60분	1.5배	1.9배
16[A] 이상 63[A] 이하	60분	1.25배	1.6배
63[A] 초과 160[A] 이하	120분	1.25배	1.6배
160[A] 초과 400[A] 이하	180분	1.25배	1.6배

14

과전류 차단기로 저압전로에 사용하는 퓨즈의 동작특성으로 옳은 것은?(단, 정격전류는 30[A]라고 한다.)

[예상 KEC 규정]

① 정격전류의 1.1배의 전류로 견딜 것
② 정격전류의 1.6배의 전류로 60분 안에 용단될 것
③ 정격전류의 1.25배의 전류로 60분 안에 용단될 것
④ 정격전류의 1.6배로 60분 이상 견딜 것

저압전로에 사용하는 범용의 퓨즈

정격전류의 구분	시간	정격전류의 배수	
		불용단전류	용단전류
16[A] 초과 63[A] 이하	60분	1.25배	1.6배

해답 11 ② 12 ② 13 ② 14 ②

15

과전류차단기로서 저압전로에 사용하는 100[A] 퓨즈를 120분 동안 시험할 때 불용단전류와 용단전류는 각각 정격전류의 몇 배인가? [예상 KEC 규정]

① 1.5배, 2.1배 ② 1.25배, 1.6배
③ 1.5배, 1.6배 ④ 1.25배, 2.1배

저압전로에 사용하는 범용의 퓨즈

정격전류의 구분	시간	정격전류의 배수	
		불용단전류	용단전류
63[A] 초과 160[A] 이하	120분	1.25배	1.6배

16

과전류차단기로서 저압전로에 사용하는 400[A] 퓨즈를 180분 동안 시험할 때 불용단전류와 용단전류는 각각 정격전류의 몇 배인가? [예상 KEC 규정]

① 1.5배, 2.1배 ② 1.25배, 1.9배
③ 1.5배, 1.6배 ④ 1.25배, 1.6배

저압전로에 사용하는 범용의 퓨즈

정격전류의 구분	시간	정격전류의 배수	
		불용단전류	용단전류
160[A] 초과 400[A] 이하	180분	1.25배	1.6배

17

다음 사항은 과전류차단기로 저압전로에 사용하는 퓨즈 또는 배선용차단기의 동작특성을 규정한 것이다. 이중에서 주택용 배선용차단기에 한하여 적용되는 것은 어느 것인가? [예상 KEC 규정]

① 정격전류가 63[A] 이하인 경우 정격전류의 1.3배의 전류로 60분 안에 동작할 것
② 정격전류가 63[A] 이하인 경우 정격전류의 1.05배의 전류에 60분 동안 견딜 것
③ 정격전류가 63[A] 이하인 경우 정격전류의 1.45배의 전류로 60분 안에 동작할 것
④ 정격전류가 63[A] 이하인 경우 정격전류의 1.13배의 전류에 120분 동안 견딜 것

주택용 배선용차단기

정격전류의 구분	시간	정격전류의 배수 (모든 극에 통전)	
		부동작전류	동작전류
63[A] 이하	60분	1.13배	1.45배
63[A] 초과	120분	1.13배	1.45배

18

과전류차단기로서 저압전로에 사용하는 100[A] 주택용 배선용차단기를 120분 동안 시험할 때 부동작전류와 동작 전류는 각각 정격전류의 몇 배인가? [예상 KEC 규정]

① 1.05배, 1.3배 ② 1.05배, 1.45배
③ 1.13배, 1.3배 ④ 1.13배, 1.45배

주택용 배선용차단기

정격전류의 구분	시간	정격전류의 배수 (모든 극에 통전)	
		부동작전류	동작전류
63[A] 이하	60분	1.13배	1.45배
63[A] 초과	120분	1.13배	1.45배

해답 15 ② 16 ④ 17 ③ 18 ④

19
과전류 차단기로 시설하는 퓨즈 중 고압전로에 사용하는 포장 퓨즈는 정격전류의 몇 배의 전류에 견디어야 하는가? [06, 18, 19]

① 1배　　② 1.25배
③ 1.3배　④ 3배

고압전로의 과전류 차단기
(1) 포장 퓨즈 : 정격전류의 1.3배에 견디고, 2배의 전류로 120분 안에 용단되는 것.
(2) 비포장 퓨즈 : 정격전류의 1.25배에 견디고, 2배의 전류로 2분 안에 용단되는 것.

20
고압용 비포장 퓨즈는 정격전류의 몇 배에 견디어야 하는가? [18]

① 1.3배　　② 1.25배
③ 2.0배　　④ 2.25배

고압전로의 과전류 차단기
(1) 포장 퓨즈 : 정격전류의 1.3배에 견디고, 2배의 전류로 120분 안에 용단되는 것.
(2) 비포장 퓨즈 : 정격전류의 1.25배에 견디고, 2배의 전류로 2분 안에 용단되는 것.

21
다음 중 과전류 차단기를 설치하는 곳은? [06, 08, 09, 18]

① 간선의 전원측 전선
② 접지공사의 접지선
③ 접지공사를 한 저압가공전선의 접지측 전선
④ 다선식 전로의 중성선

과전류 차단기의 시설 제한
(1) 접지공사의 접지도체
(2) 다선식 전로의 중성도체
(3) 전로의 일부에 접지공사를 한 저압 가공전선로의 접지측 전선

22
저압 단상 3선식 회로의 중성선에는 어떻게 하는가? [06, 18, 19②]

① 다른 선의 퓨즈와 같은 용량의 퓨즈를 넣는다.
② 다른 선의 퓨즈의 2배 용량의 퓨즈를 넣는다.
③ 다른 선의 퓨즈의 1/2배 용량의 퓨즈를 넣는다.
④ 퓨즈를 넣지 않고 동선으로 직결한다.

과전류 차단기의 시설 제한
(1) 접지공사의 접지도체
(2) 다선식 전로의 중성도체
(3) 전로의 일부에 접지공사를 한 저압 가공전선로의 접지측 전선

23
접지극과 주접지단자는 서로 연결하여야 하는데 이때 접지극과 주접지단자 사이를 연결하는 것은 무엇인가? [예상 KEC 규정]

① 접지도체　　② 보호도체
③ 등전위본딩선　④ 금속관

접지도체는 접지극과 주접지단자 사이를 접속하는 도체로서 접지선이라고도 한다.

24
다음 중 접지의 목적으로 알맞지 않은 것은? [07, 09, 10, 19]

① 감전의 방지
② 전로의 대지전압 상승
③ 보호 계전기의 동작확보
④ 이상 전압의 억제

접지의 목적
접지의 근본적인 목적은 인체의 감전사고를 방지함에 있다. 이 외에도 보호계전기의 동작을 확보하고 이상전압을 억제함과 동시에 대지전압의 저하를 목적으로 하고 있다.

해답　19 ③　20 ②　21 ①　22 ④　23 ①　24 ②

25
접지를 하는 목적이 아닌 것은? [11]

① 이상 전압의 발생
② 전로의 대지전압의 저하
③ 보호계전기의 동작 확보
④ 감전의 방지

접지의 목적
접지의 근본적인 목적은 인체의 감전사고를 방지함에 있다. 이 외에도 보호계전기의 동작을 확보하고 이상전압을 억제함과 동시에 대지전압의 저하를 목적으로 하고 있다.

26
전동기에 접지공사를 하는 주된 이유는? [11, 16]

① 보안상
② 미관상
③ 역률 증가
④ 감전사고 방지

접지의 목적
접지의 근본적인 목적은 인체의 감전사고를 방지함에 있다. 이 외에도 보호계전기의 동작을 확보하고 이상전압을 억제함과 동시에 대지전압의 저하를 목적으로 하고 있다.

27
접지전극의 매설 깊이는 몇 [m] 이상인가? [16]

① 0.6
② 0.65
③ 0.7
④ 0.75

접지극과 접지도체의 시설
(1) 접지극의 매설깊이는 동결 깊이를 감안하여 지표면으로부터 지하 0.75[m] 이상으로 한다.
(2) 접지도체는 지하 0.75[m]부터 지표상 2[m]까지 부분은 합성수지관(두께 2[mm] 이상의 것) 또는 몰드로 덮을 것.
(3) 사람이 접촉할 우려가 있는 경우에는 지표상 0.6[m] 이하의 부분에 절연전선 또는 케이블을 사용할 것. 다만, 옥외용 비닐절연전선과 통신용 케이블은 제외한다.
(4) 접지도체를 철주 기타의 금속체를 따라서 시설하는 경우에는 접지극을 철주의 밑면으로부터 0.3[m] 이상의 깊이에 매설하는 경우 이외에는 접지극을 지중에서 그 금속체로부터 1[m] 이상 떼어 매설하여야 한다.

28
접지공사에서 접지선을 철주, 기타 금속체를 따라 시설하는 경우 접지극은 지중에서 그 금속체로부터 몇 [cm] 이상 떼어 매설하는가? [15]

① 30
② 60
③ 75
④ 100

접지극과 접지도체의 시설
접지도체를 철주 기타의 금속체를 따라서 시설하는 경우에는 접지극을 철주의 밑면으로부터 0.3[m] 이상의 깊이에 매설하는 경우 이외에는 접지극을 지중에서 그 금속체로부터 1[m] 이상 떼어 매설하여야 한다.

해답 25 ① 26 ④ 27 ④ 28 ④

29
접지전극과 대지 사이의 저항은? [11]

① 고유저항　　② 대지전극저항
③ 접지저항　　④ 접촉저항

접지저항
(1) 접지전극과 대지 사이의 저항을 접지저항이라 한다.
(2) 접지저항의 결정은 접지선의 저항, 접지극의 저항, 접지극 표면과 대지와의 접촉저항과 대지의 접지저항으로 구하는 대지저항에 의한다. 이 중 가장 큰 영향을 주는 값은 대지저항이다.

30
접지저항값에 가장 큰 영향을 주는 것은? [15]

① 접지선 굵기　　② 접지전극 크기
③ 온도　　④ 대지저항

접지저항
(1) 접지전극과 대지 사이의 저항을 접지저항이라 한다.
(2) 접지저항의 결정은 접지선의 저항, 접지극의 저항, 접지극 표면과 대지와의 접촉저항과 대지의 접지저항으로 구하는 대지저항에 의한다. 이 중 가장 큰 영향을 주는 값은 대지저항이다.

31
지중에 매설되고 또한 대지간의 전기저항이 몇 [Ω] 이하인 경우에 그 금속제 수도관을 각종 접지공사의 접지극으로 사용할 수 있는가?(단, 접지선을 내경 75[mm]의 금속제 수도관으로부터 분기한 내경 50[mm]의 금속제 수도관의 분기점으로부터 6[m] 거리에 접촉하였다.) [예상 KEC 규정]

① 1　　② 2
③ 3　　④ 5

수도관로를 접지극으로 사용하는 경우
지중에 매설되어 있고 대지와의 전기저항 값이 3[Ω] 이하의 값을 유지하고 있는 금속제 수도관로가 다음 조건을 만족하는 경우 접지극으로 사용이 가능하다.
조건 접지도체와 금속제 수도관로의 접속은 안지름 75 [mm] 이상인 부분 또는 여기에서 분기한 안지름 75[mm] 미만인 분기점으로부터 5[m] 이내의 부분에서 하여야 한다. 다만, 금속제 수도관로와 대지 사이의 전기저항 값이 2[Ω] 이하인 경우에는 분기점으로부터의 거리는 5[m]을 넘을 수 있다.

32
비접지식 고압전로에 시설하는 금속제 외함에 실시하는 접지공사의 접지극으로 사용할 수 있는 건물의 철골 기타의 금속제는 대지와의 사이에 전기저항 값을 얼마 이하로 유지하여야 하는가? [예상 KEC 규정]

① 2[Ω]　　② 3[Ω]
③ 5[Ω]　　④ 10[Ω]

건축 구조물의 철골 기타 금속제를 접지극으로 사용하는 경우
건축물·구조물의 철골 기타의 금속제는 대지와의 사이에 전기저항 값이 2[Ω] 이하인 값을 유지하는 경우에 이를 비접지식 고압전로에 시설하는 기계기구의 철대 또는 금속제 외함의 접지공사 또는 비접지식 고압전로와 저압전로를 결합하는 변압기의 저압전로의 접지공사의 접지극으로 사용할 수 있다.

해답 29 ③　30 ④　31 ②　32 ①

33

접지도체에 피뢰시스템이 접속되는 경우, 접지도체의 단면적으로 알맞은 것은? [예상 KEC 규정]

① 구리 10[mm^2] 또는 철 25[mm^2] 이상
② 구리 16[mm^2] 또는 철 25[mm^2] 이상
③ 구리 10[mm^2] 또는 철 50[mm^2] 이상
④ 구리 16[mm^2] 또는 철 50[mm^2] 이상

> **접지도체의 최소 단면적**
> 접지도체에 피뢰시스템이 접속되는 경우, 접지도체의 단면적은 구리 16[mm^2] 또는 철 50[mm^2] 이상으로 하여야 한다.

34

고장시 흐르는 전류를 안전하게 통할 수 있는 것으로서 특고압·고압 전기설비용 접지도체는 단면적 몇 [mm^2] 이상의 연동선 또는 동등 이상의 단면적 및 강도를 가져야 하는가? [예상 KEC 규정]

① 6[mm^2]   ② 10[mm^2]
③ 16[mm^2]   ④ 25[mm^2]

> **접지도체의 최소 단면적**
> 고장시 흐르는 전류를 안전하게 통할 수 있는 것으로서 특고압·고압 전기설비용 접지도체는 단면적 6[mm^2] 이상의 연동선 또는 동등 이상의 단면적 및 강도를 가져야 한다.

35

7[kV] 이하인 고압전로의 중성점 접지용 접지도체는 공칭단면적 몇 [mm^2] 이상의 연동선 또는 동등 이상의 단면적 및 강도를 가져야 하는가? [예상 KEC 규정]

① 6[mm^2]   ② 10[mm^2]
③ 16[mm^2]   ④ 25[mm^2]

> **접지도체의 최소 단면적**
> 중성점 접지용 접지도체는 16[mm^2] 이상의 연동선이어야 한다. 다만, 다음의 경우에는 공칭단면적 6[mm^2] 이상의 연동선을 사용한다.
> (ㄱ) 7[kV] 이하의 전로
> (ㄴ) 사용전압이 25[kV] 이하인 중성선 다중접지식의 것으로서 전로에 지락이 생겼을 때 2초 이내에 자동적으로 이를 전로로부터 차단하는 장치가 되어 있는 특고압 가공전선로

36

사용전압이 25[kV] 이하인 특고압 가공전선로의 중성점 접지용 접지도체는 공칭단면적 몇 [mm^2] 이상의 연동선 또는 동등 이상의 단면적 및 강도를 가져야 하는가? (단, 중성선 다중접지식의 것으로서 전로에 지락이 생겼을 때 2초 이내에 자동적으로 이를 전로로부터 차단하는 장치가 되어 있는 것이다.) [예상 KEC 규정]

① 6[mm^2]   ② 10[mm^2]
③ 16[mm^2]   ④ 25[mm^2]

> **접지도체의 최소 단면적**
> 중성점 접지용 접지도체는 16[mm^2] 이상의 연동선이어야 한다. 다만, 다음의 경우에는 공칭단면적 6[mm^2] 이상의 연동선을 사용한다.
> (ㄱ) 7[kV] 이하의 전로
> (ㄴ) 사용전압이 25[kV] 이하인 중성선 다중접지식의 것으로서 전로에 지락이 생겼을 때 2초 이내에 자동적으로 이를 전로로부터 차단하는 장치가 되어 있는 특고압 가공전선로

해답 33 ④   34 ①   35 ①   36 ①

37

이동하여 사용하는 전기기계기구의 금속제 외함 등의 접지시스템의 경우 저압 전기설비용 접지도체는 다심 코드 또는 다심 캡타이어케이블을 사용할 때 최소 굵기는 몇 [mm²] 이상인 것을 사용하여야 하는가?

[예상 KEC 규정]

① 0.75[mm²]
② 1.5[mm²]
③ 2.5[mm²]
④ 6[mm²]

접지도체의 최소 단면적
이동하여 사용하는 저압 전기설비용 접지도체는 0.75[mm²] 이상의 다심 코드 또는 다심 캡타이어 케이블 또는 1.5[mm²] 이상의 유연성이 있는 연동연선을 사용하여야 한다.

38

이동하여 사용하는 전기기계기구의 금속제 외함 등의 접지시스템의 경우 저압 전기설비용 접지도체는 유연성이 있는 연동연선을 사용할 때 최소 굵기는 몇 [mm²] 이상인 것을 사용하여야 하는가?

[예상 KEC 규정]

① 0.75[mm²]
② 1.5[mm²]
③ 2.5[mm²]
④ 6[mm²]

접지도체의 최소 단면적
이동하여 사용하는 저압 전기설비용 접지도체는 0.75[mm²] 이상의 다심 코드 또는 다심 캡타이어 케이블 또는 1.5[mm²] 이상의 유연성이 있는 연동연선을 사용하여야 한다.

39

수용장소의 인입구 부근에 지중에 매설되어 있고 대지와의 전기저항 값이 몇 [Ω] 이하인 값을 유지하는 금속제 수도관로를 접지극으로 사용하여 저압 변압기 중성점 접지를 한 저압전선로의 중성선 또는 접지측 전선에 추가로 접지할 수 있는가?

[예상 KEC 규정]

① 1[Ω]
② 2[Ω]
③ 3[Ω]
④ 4[Ω]

저압수용가 인입구 접지
(1) 수용장소 인입구 부근에서 변압기 중성점 접지를 한 저압전선로의 중성선 또는 접지측 전선에 추가로 접지공사를 할 수 있는 접지극은 다음과 같다.
  ㉠ 지중에 매설되어 있고 대지와의 전기저항 값이 3[Ω] 이하의 값을 유지하고 있는 금속제 수도관로
  ㉡ 대지 사이의 전기저항 값이 3[Ω] 이하인 값을 유지하는 건물의 철골
(2) 접지도체는 공칭단면적 6[mm²] 이상의 연동선을 사용하여야 한다.

40

저압수용가 인입구 접지에 있어서 수용장소 인입구 부근에 전기저항 값이 3[Ω] 이하의 값을 유지하는 금속제 수도관로를 접지극으로 사용하여 변압기 중성점 접지를 한 저압전선로의 중성선 또는 접지측 전선에 추가로 접지공사를 한 경우 접지도체의 공칭단면적은 최소 몇 [mm²]인가?

[예상 KEC 규정]

① 6[mm²]
② 10[mm²]
③ 16[mm²]
④ 25[mm²]

저압수용가 인입구 접지
접지도체는 공칭단면적 6[mm²] 이상의 연동선을 사용하여야 한다.

해답 37 ① 38 ② 39 ③ 40 ①

41

주택 등 저압수용장소에서 계통접지가 TN-C-S 접지방식인 경우 중성선 겸용 보호도체(PEN)는 단면적 몇 [mm^2] 이상의 알루미늄 선으로 사용하여야 하는가?   [예상 KEC 규정]

① 2.5   ② 6
③ 10   ④ 16

전기수용가 접지
주택 등 저압수용장소에서 계통접지가 TN-C-S 방식인 경우 중성선 겸용 보호도체(PEN)의 단면적은 구리 10[mm^2] 이상, 알루미늄 16[mm^2] 이상이어야 한다.

42

혼촉 사고시에 22.9[kV] 전로에 결합된 변압기의 중성점 접지저항 값의 최대는 몇 [Ω]인가? (단, 특고압측 1선 지락전류는 25[A]이며 자동으로 차단하는 장치가 없는 경우이다)   [예상 KEC 규정]

① 6[Ω]   ② 12[Ω]
③ 15[Ω]   ④ 18[Ω]

변압기 중성점 접지저항 값
변압기의 고압·특고압측 전로 1선 지락전류를 150으로 나눈 값과 같은 저항 값 이하로 한다.
∴ 접지저항 $= \dfrac{150}{25} = 6[\Omega]$

43

전원의 한 점을 직접 접지하고, 설비의 노출 도전성 부분을 전원계통의 접지극과 별도로 전기적으로 독립하여 접지하는 방식은?   [예상 KEC 규정]

① TT 계통   ② TN-C 계통
③ TN-S 계통   ④ TN-C-S 계통

저압 전기설비의 계통접지 방식
(1) TT 계통 : 전원측의 한 점을 직접접지하고 설비의 노출도전부는 전원의 접지전극과 전기적으로 독립적인 접지극에 접속시키시키는 방식이다.
(2) TN-C 계통 : 계통 전체에 대해 중성선과 보호도체의 기능을 동일도체로 겸용한 PEN 도체를 사용한다.
(3) TN-S 계통 : 계통 전체에 대해 별도의 중성선 또는 PE 도체를 사용한다.
(4) TN-C-S 계통 : 계통의 일부분에서 PEN 도체를 사용하거나, 중성선과 별도의 PE 도체를 사용하는 방식이 있다.

44

충전부 전체를 대지로부터 절연시키거나 한 점에 임피던스를 삽입하여 대지에 접속시키고 전기기기의 노출도전성 부분을 단독 또는 일괄적으로 접지하거나 또는 계통접지로 접속하는 접지계통을 무엇이라 하는가?   [예상 KEC 규정]

① TT 계통   ② IT 계통
③ TN-C 계통   ④ TN-S 계통

저압 전기설비의 계통접지 방식
IT 계통
(1) 충전부 전체를 대지로부터 절연시키거나, 한 점을 임피던스를 통해 대지에 접속시킨다.
(2) 전기설비의 노출도전부를 단독 또는 일괄적으로 계통의 PE 도체에 접속시킨다.
(3) 계통은 충분히 높은 임피던스를 통하여 접지할 수 있다. 이 접속은 중성점, 인위적 중성점, 선도체 등에서 할 수 있다. 중성선은 배선할 수도 있고, 배선하지 않을 수도 있다.

해답 41 ④   42 ①   43 ①   44 ②

45

피뢰시스템의 구성 중 외부 피뢰시스템에 속하지 않는 것은? [예상 KEC 규정]

① 수뢰부 ② 서지보호장치
③ 인하도선 ④ 접지극

외부 피뢰시스템은 수뢰부 시스템, 인하도선 시스템, 접지극 시스템으로 구성된다.

46

내부 피뢰시스템에서 전기전자설비의 뇌서지에 대한 보호를 위하여 피뢰구역 경계부분에 직접 본딩이 불가능한 경우 설치하여야 하는 것은 무엇인가? [예상 KEC 규정]

① 과전류차단기 ② 서지보호장치
③ 피뢰기 ④ 개폐기

내부 피뢰시스템
전기전자설비의 뇌서지에 대한 보호로서 피뢰구역 경계부분에서는 접지 또는 본딩을 하여야 한다. 다만, 직접 본딩이 불가능한 경우에는 서지보호장치를 설치한다.

47

피뢰기의 약호는? [16, 18]

① LA ② PF
③ SA ④ COS

피뢰기의 약호는 LA이며 기능은 이상전압을 대지로 방전시키고 속류를 차단하는 것이다.

48

전압 22.9[kV-Y] 이하의 배전선로에서 수전하는 설비의 피뢰기 정격전압은 몇 [kV]로 적용하는가? [10]

① 18[kV] ② 24[kV]
③ 144[kV] ④ 288[kV]

피뢰기의 정격전압

공칭전압[kV]	정격전압[kV]	
	변전소	배전선로
22.9	21	18
22	24	–
66	72	–
154	144	–

49

피뢰기가 구비하여야 할 조건 중 잘못 설명된 것은? [19]

① 충격파 방전개시전압이 낮을 것
② 방전내량이 작으면서 제한전압이 높을 것
③ 상용주파 방전개시전압이 높을 것
④ 속류의 차단능력이 충분할 것

피뢰기가 구비하여야 할 조건
(1) 제한전압이 낮을 것
(2) 충격파 장전개시전압이 낮을 것
(3) 속류 차단능력이 클 것
(4) 상용주파 방전개시전압이 클 것
(5) 방전내량이 클 것

해답 45 ② 46 ② 47 ① 48 ① 49 ②

05 가공전선로와 지중전선로

핵심38 가공전선로의 지지물

중요도 ★★★
출제빈도
총44회 시행
총14문 출제

1. 가공전선로 지지물의 철탑오름 및 전주오름 방지
가공전선로의 지지물에 취급자가 오르고 내리는데 사용하는 발판 볼트 등을 지표상 1.8[m] 미만에 시설하여서는 아니 된다.

2. 가공전선로 지지물의 시설

(1) 가공전선로 지지물의 종류
① 목주·철주·철근 콘크리트주 또는 철탑을 사용한다.
② 가공 배전선로의 지지물은 주로 철근 콘크리트주를 사용한다.
③ 가공 송전선로의 지지물은 주로 철탑을 사용한다.

(2) 가공전선로의 지지물의 경간

구분 지지물 종류	저·고압 및 특고압 표준경간	저·고압 보안공사
A종주, 목주	150[m]	100[m]
B종주	250[m]	150[m]
철탑	600[m] 단, 특고압 기공전선로의 경간으로 철탑이 단주인 경우에는 400[m]	400[m]

여기서, A종주는 A종 철주, A종 철근 콘크리트주를 의미하며 B종주는 B종 철주, B종 철근 콘크리트주를 의미한다.

(3) 특고압 가공전선로의 지지물 중 전선로의 지지물 양쪽 경간의 차가 큰 곳에는 내장형 철탑을 사용하여야 한다.

(4) 가공전선로의 지지물에 가해지는 갑종풍압하중은 목주, 원형 철주, 원형 철근 콘크리트주, 원형 철탑(단주에 한한다)에 대해서 구성재의 수직투영면적 1[m^2]에 대한 풍압을 기초로 하여 계산한 값이 588[Pa]이다.

핵심유형문제 38

일반적으로 가공전선로의 지지물에 취급자가 오르고 내리는데 사용하는 발판 볼트 등은 지표상 몇 [m] 미만에 시설하여서는 아니 되는가? [10, 11②, 15]

① 1.2 ② 1.4 ③ 1.6 ④ 1.8

해설 가공전선로 지지물의 철탑오름 및 전주오름 방지
가공전선로의 지지물에 취급자가 오르고 내리는데 사용하는 발판 볼트 등을 지표상 1.8[m] 미만에 시설하여서는 아니 된다.

답 : ④

핵심39 장주와 건주(Ⅰ)

1. 장주

(1) 장주란 지지물에 전선 그 밖의 기구를 고정하기 위하여 완금, 완목, 애자 등을 장치하는 것 또는 이미 시설된 전주를 말한다.

(2) 장주용 자재

① **완금** : 전주에 가공전선을 지지하기 위한 애자 등을 취부하기 위한 자재

② **암타이** : 완금을 철근 콘크리트주에 부착할 때 완금을 지지하기 위해 비스듬하게 받쳐주는 자재

③ **완금 밴드(암 밴드)** : 철근 콘크리트주에 완금을 고정시키기 위한 밴드

④ **암타이 밴드** : 암타이를 철근 콘크리트주에 고정시키기 위한 자재

⑤ **행거 밴드** : 주상변압기를 철근 콘크리트주에 고정시키기 위한 밴드

⑥ **래크** : 저압 배전선로에서 전선을 수직으로 지지할 때 사용되는 자재

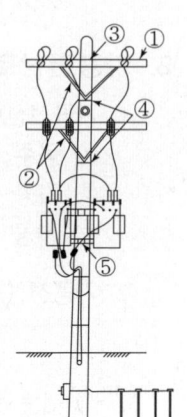

(3) 완금 길이[mm]

전선 조수	특고압	고압	저압
2조	1,800	1,400	900
3조	2,400	1,800	1,400

참고 활선 공구 및 주상변압기 보호

(1) 와이어 통 : 충전되어 있는 활선을 움직이거나 작업권 밖으로 밀어낼 때 또는 활선을 다른 장소로 옮길 때 사용하는 절연봉

(2) 활선커버 : 인류 또는 내장주의 선로에서 활선공법을 할 때 작업자가 현수애자 등에 접촉되어 생기는 안전사고를 예방하기 위해 사용하는 것.

(3) 주상변압기(배전용 변압기로 사용되는 것)의 1차측에 COS(컷아웃스위치)를 설치하여 변압기 단락보호를 한다.

핵심유형문제 39

충전되어 있는 활선을 움직이거나, 작업권 밖으로 밀어 낼 때 사용되는 활선공구는?

[06, 07, 08, 19]

① 애자 커버 ② 데드 엔드 커버
③ 와이어 통 ④ 활선 커버

해설 와이어 통은 충전되어 있는 활선을 움직이거나 작업권 밖으로 밀어낼 때 또는 활선을 다른 장소로 옮길 때 사용하는 절연봉이다.

답 : ③

핵심40 장주와 건주(Ⅱ)

2. 건주

(1) 가공전선로의 지지물의 기초의 안전율 : 2(이상 시 상정하중이 가하여지는 경우의 그 이상시 상정하중에 대한 철탑의 기초에 대하여는 1.33) 이상

(2) 저압 가공전선로의 지지물이 목주인 경우의 안전율 : 1.2(저압 보안공사로 한 경우에는 1.5)

(3) 지지물이 땅에 매설되는 깊이

전장 \ 설계하중	6.8[kN] 이하	6.8[kN] 초과 9.8[kN] 이하	지지물
15[m] 이하	① 전장 × $\frac{1}{6}$ 이상	-	목주, 철주, 철근 콘크리트주
15[m] 초과 16[m] 이하	② 2.5[m] 이상	-	
16[m] 초과 20[m] 이하	2.8[m] 이상	-	철근 콘크리트주
14[m] 초과 20[m] 이하		①, ②항+30[cm]	

참고 논이나 기타 지반이 약한 곳에 건주 공사시 전주의 넘어짐을 방지하기 위해 근가를 시설한다.

중요도 ★★★
출제빈도
총44회 시행
총20문 출제

핵심유형문제 40

전주의 길이별 땅에 묻히는 표준 깊이에 관한 사항이다. 전주의 길이가 16[m]이고, 설계하중이 6.8[kN] 이하의 철근 콘크리트주를 시설할 때 땅에 묻히는 표준깊이는 최소 얼마 이상이어야 하는가? [09, 11, 13, 14]

① 1.2[m]   ② 1.4[m]   ③ 2.0[m]   ④ 2.5[m]

해설 지지물이 땅에 매설되는 깊이
지지물의 전장(전주의 길이)이 15[m]초과 16[m] 이하이며 설계하중이 6.8[kN] 이하인 경우에는 지지물이 땅에 묻히는 깊이가 2.5[m] 이상이 되어야 한다.

답 : ④

중요도 ★★★
출제빈도
총44회 시행
총33문 출제

핵심41 지선의 시설

1. 지선의 시설

(1) 철탑은 지선을 사용하여 그 강도를 분담시켜서는 안된다.

(2) 가공전선로의 지지물에 시설하는 지선은 다음에 따라야 한다.
 ① 지선의 안전율은 2.5 이상, 허용인장하중은 4.31[kN] 이상
 ② 지선에 연선을 사용할 경우에는 다음에 의할 것.
  (ㄱ) 소선(素線) 3가닥 이상의 연선을 사용
  (ㄴ) 소선의 지름이 2.6[mm] 이상의 금속선을 사용
  (ㄷ) 지중부분 및 지표상 30[cm]까지의 부분에는 내식성이 있는 것 또는 아연도금을 한 철봉을 사용하고 쉽게 부식하지 아니하는 근가에 견고하게 붙일 것.

(3) 지선의 높이
 ① 도로를 횡단하는 경우 : 지표상 5[m] 이상. 다만, 교통에 지장을 초래할 우려가 없는 경우에는 지표상 4.5[m] 이상으로 할 수 있다.
 ② 보도의 경우 : 2.5[m] 이상

[참고] 구형애자(옥애자 또는 지선애자)
지선의 상부와 하부를 전기적으로 절연하기 위하여 지선 중간에 시설하는 애자

2. 지선의 종류

종류	용도	그림
수평지선	토지의 상황이나 기타 사유로 인하여 보통지선을 사용할 수 없을 때 전주와 전주간 또는 전주와 지주간에 시설할 수 있는 지선	
궁지선	비교적 장력이 작고 다른 종류의 지선을 시설할 수 없는 경우에 적용하며 지선용 근가를 지지물 가까이 매설하여 시설하는 지선	
Y지선	다단의 크로스 암이 설치되고 또한 장력이 클 때와 H주일 때 보통지선을 2단으로 시설하는 지선	

핵심유형문제 41

지선의 중간에 넣는 애자는?　　　　　　　　　　　　　　　[06, 07②, 09, 10, 18, 19, (유)08, 11]

① 구형애자　　② 인류애자　　③ 저압 핀애자　　④ 내장애자

[해설] 구형애자(옥애자 또는 지선애자)는 지선의 상부와 하부를 전기적으로 절연하기 위하여 지선 중간에 시설하는 애자

답 : ①

핵심42 가공인입선과 연접인입선(Ⅰ)

1. 용어의 정의

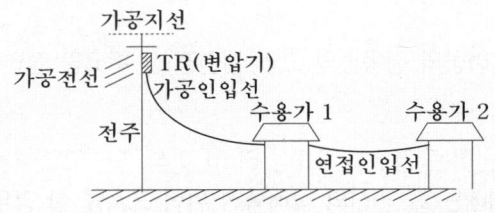

① 가공인입선이란 가공전선로의 지지물로부터 다른 지지물을 거치지 아니하고 수용 장소의 붙임점에 이르는 가공전선을 말한다.
② 연접인입선이란 한 수용장소 붙임점에서 분기하여 지지물을 거치지 아니하고 다른 수용장소의 붙임점에 이르는 가공전선을 말한다.

2. 저압 가공인입선

(1) 전선의 종류 : 절연전선, 다심형전선 또는 케이블

(2) 전선의 굵기 : 지름 2.6[mm] 이상의 인입용 비닐절연전선(DV)일 것. 다만, 경간이 15[m] 이하인 경우는 지름 2[mm] 이상의 인입용 비닐절연전선(DV)일 것.

(3) 전선의 높이
 ① 도로를 횡단하는 경우 : 노면상 5[m](기술상 부득이한 경우에 교통에 지장이 없을 때에는 3[m]) 이상
 ② 철도 또는 궤도를 횡단하는 경우 : 레일면상 6.5[m] 이상
 ③ 횡단보도교의 위에 시설하는 경우 : 노면상 3[m] 이상
 ④ ①에서 ③까지 이외의 경우 : 지표상 4[m](기술상 부득이한 경우에 교통에 지장이 없을 때에는 2.5[m]) 이상

 [참고] 엔트런스 캡
 저압 가공인입선의 인입구에 사용하며 금속관 공사에서 끝 부분의 빗물 침입을 방지하는데 사용되는 부속품이다.

핵심유형문제 42

한 수용 장소의 붙임점에서 분기하여 지지물을 거치지 아니하고 다른 수용 장소의 붙임점에 이르는 부분의 가공전선을 무엇이라 하는가? [06, 07, 08②, 11②, 19]

① 연접인입선　② 가공지선　③ 가공인입선　④ 가공전선

해설 연접인입선이란 한 수용장소 붙임점에서 분기하여 지지물을 거치지 아니하고 다른 수용장소의 붙임점에 이르는 가공전선을 말한다.

답 : ①

핵심43 가공인입선과 연접인입선(Ⅱ)

1. 고압 가공인입선의 전선의 높이

(1) 전선의 종류
  지름 5[mm] 이상의 경동선의 고압 절연전선, 특고압 절연전선 또는 케이블일 것.

(2) 전선의 높이
  ① 도로를 횡단하는 경우 : 지표상 6[m] 이상. 단, 고압 가공인입선이 케이블 이외의 것인 때에는 그 전선의 아래쪽에 위험 표시를 한 경우에는 지표상 3.5[m]까지로 감할 수 있다.
  ② 철도 또는 궤도를 횡단하는 경우 : 레일면상 6.5[m] 이상
  ③ 횡단보도교의 위에 시설하는 경우 : 노면상 3.5[m] 이상

2. 연접인입선

(1) 저압 연접인입선
  ① 인입선에서 분기하는 점으로부터 100[m]를 초과하는 지역에 미치지 아니할 것.
  ② 폭 5[m]를 초과하는 도로를 횡단하지 아니할 것.
  ③ 옥내를 통과하지 아니할 것.
  ④ ①에서 ③까지 이외에 대한 사항은 저압 가공인입선의 규정에 따른다.

(2) 고압 연접인입선과 특고압 연접인입선은 시설하여서는 아니 된다.

핵심유형문제 43

저압 연접인입선의 시설과 관련된 설명으로 잘못된 것은? [11, 14, (유)09]

① 옥내를 통과하지 아니할 것
② 전선의 굵기는 2.0[mm] 이하 일 것
③ 폭 5[m]를 넘는 도로를 횡단하지 아니할 것
④ 인입선에서 분기하는 점으로부터 100[m]를 넘는 지역에 미치지 아니할 것

해설 저압 연접인입선은 저압 가공인입선의 규정에 따라 시설하여야 하므로 전선의 굵기는 지름 2.6[mm] 이상의 인입용 비닐절연전선(DV)이어야 한다. 다만, 경간이 15[m] 이하인 경우는 지름 2[mm] 이상의 인입용 비닐절연전선(DV)이어야 한다.

답 : ②

핵심44 가공전선의 굵기와 높이

1. 가공전선의 굵기

구분		인장강도 및 굵기
저압 400[V] 이하		3.2[mm] 이상의 경동선
		절연전선인 경우 2.6[mm] 이상 경동선
저압 400[V] 초과 및 고압	시가지 외	4[mm] 이상의 경동선
	시가지	5[mm] 이상의 경동선
특고압		22[mm^2] 이상의 경동연선

중요도 ★
출제빈도
총44회 시행
총 7문 출제

2. 저·고압 가공전선의 높이

시설장소		전선의 높이	
도로 횡단시		지표상 6[m] 이상	
철도 또는 궤도 횡단시		레일면상 6.5[m] 이상	
횡단보도교	저압	노면상 3.5[m] 이상	절연전선, 다심형 전선, 케이블 사용시 3[m] 이상
	고압	노면상 3.5[m] 이상	
위의 장소 이외의 곳		지표상 5[m] 이상	

> **참고** 가공전선의 병행설치(병가)
> (1) 저압 가공전선과 고압 가공전선을 동일 지지물에 시설하는 경우 전선 상호간의 이격거리는 0.5[m] 이상일 것. 단, 고압 가공전선에 케이블을 사용하는 경우 0.3[m] 이상으로 한다.
> (2) 35[kV] 이하인 특고압 가공전선과 저·고압 가공전선을 동일 지지물에 시설하는 경우 전선 상호간의 이격거리는 1.2[m] 이상일 것. 단, 특고압 가공전선에 케이블을 사용하는 경우 0.5[m] 이상으로 한다.
> (3) 저·고압 및 특고압 가공전선을 동일 지지물에 시설하는 경우 별도의 완금으로 시설하고 전압이 높은 가공전선을 위로 시설한다.

핵심유형문제 44

저·고압 가공전선이 철도 또는 궤도를 횡단하는 경우 높이는 레일면상 몇 [m] 이상이어야 하는가?

[15②]

① 6.5 ② 5.5 ③ 4.5 ④ 3.5

해설 저·고압 가공전선이 철도 또는 궤도를 횡단하는 경우 저·고압 가공전선의 높이는 레일면상 6.5[m] 이상이어야 한다.

답 : ①

핵심45 25[kV] 이하인 특고압 가공전선로와 가공케이블의 시설

1. 25[kV] 이하인 특고압 가공전선로의 시설

사용전압이 15[kV] 이하인 특고압 가공전선로 및 사용전압이 25[kV] 이하인 특고압 가공전선로는 중성선 다중접지식의 것으로서 전로에 지락이 생겼을 때 2초 이내에 자동적으로 이를 전로로부터 차단하는 장치가 되어 있는 것에 한한다.

(1) 접지도체 : 단면적 6[mm^2] 이상의 연동선

(2) 접지한 곳 상호간의 거리 : 사용전압이 15[kV] 이하인 경우 300[m] 이하, 사용전압이 25[kV] 이하인 경우 150[m] 이하로 시설하여야 한다.

(3) 전기저항 값
각 접지도체를 중성선으로부터 분리하였을 경우의 각 접지점의 대지 전기저항 값과 1[km] 마다의 중성선과 대지사이의 합성 전기저항 값은 아래 표에서 정한 값 이하일 것.

사용전압	각 접지점의 대지 전기저항치	1[km]마다의 합성전기저항치
15[kV] 이하	300[Ω]	30[Ω]
25[kV] 이하	300[Ω]	15[Ω]

2. 가공케이블의 시설

① 케이블은 조가용선에 행거로 시설할 것. 이 경우에 사용전압이 고압 및 특고압인 때에는 행거의 간격은 0.5[m] 이하로 시설한다.

② 조가용선을 저·고압 가공전선에 시설하는 경우에는 인장강도 5.93[kN] 이상의 것 또는 단면적 22[mm^2] 이상인 아연도강연선을 사용하고, 특고압 가공전선에 시설하는 경우에는 인장강도 13.93[kN] 이상의 연선 또는 단면적 22[mm^2] 이상인 아연도강연선을 사용하여야 한다.

③ 조가용선에 접촉시키고 그 위에 쉽게 부식되지 아니하는 금속테이프 등을 0.2[m] 이하의 간격을 유지시켜 나선형으로 감아 붙일 것.

핵심유형문제 45

한국전기설비규정(KEC)에 의하여 가공전선에 케이블을 사용하는 경우 케이블은 조가용선에 행거로 시설하여야 한다. 이 경우 사용전압이 고압인 때에는 그 행거의 간격은 몇 [cm] 이하로 시설하여야 하는가? [12, 16, 19]

① 50   ② 60   ③ 70   ④ 80

해설 가공케이블의 시설에서 케이블은 조가용선에 행거로 시설할 것. 이 경우에 사용전압이 고압 및 특고압인 때에는 행거의 간격은 0.5[m] 이하로 시설한다.

답 : ①

핵심46 지중전선로와 고압 및 특고압 기계기구의 시설

1. 지중전선로

(1) 지중전선로의 시설
① 지중전선로는 전선에 케이블을 사용하고 또한 관로식·암거식(暗渠式) 또는 직접매설식에 의하여 시설하여야 한다.
② 지중전선로를 관로식에 의하여 시설하는 경우에는 매설 깊이를 1.0[m] 이상으로 하되, 매설깊이가 충분하지 못한 장소에는 견고하고 차량 기타 중량물의 압력에 견디는 것을 사용할 것. 다만 중량물의 압력을 받을 우려가 없는 곳은 0.6[m] 이상으로 한다.
③ 지중전선로를 직접매설식에 의하여 시설하는 경우에는 매설 깊이를 차량 기타 중량물의 압력을 받을 우려가 있는 장소에는 1.0[m] 이상, 기타 장소에는 0.6[m] 이상으로 한다.

(2) 지중함의 시설
① 지중함은 견고하고 차량 기타 중량물의 압력에 견디는 구조일 것.
② 지중함은 그 안의 고인 물을 제거할 수 있는 구조로 되어 있을 것.
③ 폭발성 또는 연소성의 가스가 침입할 우려가 있는 것에 시설하는 지중함으로서 그 크기가 1[m³] 이상인 것에는 통풍장치 기타 가스를 방산시키기 위한 적당한 장치를 시설할 것.
④ 지중함의 뚜껑은 시설자 이외의 자가 쉽게 열 수 없도록 시설할 것.

2. 고압 및 특고압용 기계기구의 시설

고압 및 특고압용 기계기구(이에 부속하는 전선에 고압은 케이블 또는 고압 인하용 절연전선, 특고압은 특고압 인하용 절연전선을 사용하는 경우에 한한다)를 지표상에 시설할 때 다음에 따른다.

(1) 고압 : 지표상 4.5[m](시가지 외에는 4[m]) 이상
(2) 특고압 : 지표상 5[m] 이상

핵심유형문제 46

지중전선로를 직접매설식에 의하여 시설하는 경우 차량, 기타 중량물의 압력을 받을 우려가 있는 장소의 매설 깊이[m]는? [11, 15②, (유)14]

① 1.0[m] 이상   ② 1.2[m] 이상   ③ 1.5[m] 이상   ④ 2.0[m] 이상

해설 지중전선로를 직접매설식에 의하여 시설하는 경우에는 매설 깊이를 차량 기타 중량물의 압력을 받을 우려가 있는 장소에는 1.0[m] 이상, 기타 장소에는 0.6[m] 이상으로 한다.

답 : ①

적중예상문제

01
가공전선로의 지지물이 아닌 것은? [08, 13, 19]
① 목주 ② 지선
③ 철근 콘크리트주 ④ 철탑

가공전선로의 지지물의 종류
(1) 목주·철주·철근 콘크리트주 또는 철탑을 사용한다.
(2) 가공 배전선로의 지지물은 주로 철근 콘크리트주를 사용한다.
(3) 가공 송전선로의 지지물은 주로 철탑을 사용한다.

02
가공 배전선로 시설에는 전선을 지지하고 각종 기기를 설치하기 위한 지지물이 필요하다. 이 지지물 중 가장 많이 사용되는 것은? [14]
① 철주 ② 철탑
③ 강관 전주 ④ 철근 콘크리트주

가공전선로의 지지물의 종류
가공 배전선로의 지지물은 주로 철근 콘크리트주를 사용한다.

03
고압 가공전선로의 지지물로 철탑을 사용하는 경우 경간은 몇 [m] 이하이어야 하는가? [09, 16②]
① 150 ② 300
③ 500 ④ 600

가공전선로의 지지물의 경간

구분 지지물 종류	저·고압 및 특고압 표준경간	저·고압 보안공사
A종주, 목주	150[m]	100[m]
B종주	250[m]	150[m]
철탑	600[m] 단, 특고압 가공전선로의 경간으로 철탑이 단주인 경우에는 400[m]	400[m]

04
고압보안공사 시 고압 가공전선로의 경간은 철탑의 경우 얼마 이하이어야 하는가? [12]
① 100[m] ② 150[m]
③ 400[m] ④ 600[m]

가공전선로의 지지물의 경간

구분 지지물 종류	저·고압 및 특고압 표준경간	저·고압 보안공사
A종주, 목주	150[m]	100[m]
B종주	250[m]	150[m]
철탑	600[m] 단, 특고압 가공전선로의 경간으로 철탑이 단주인 경우에는 400[m]	400[m]

05
다음 철탑의 사용목적에 의한 분류에서 서로 인접하는 경간의 길이가 크게 달라 지나친 불평형 장력이 가해지는 경우 등에는 어떤 형의 철탑을 사용하여야 하는가? [07]
① 직선형 ② 각도형
③ 인류형 ④ 내장형

특고압 가공전선로의 지지물 중 전선로의 지지물 양쪽 경간의 차가 큰 곳에는 내장형 철탑을 사용하여야 한다.

06
철근 콘크리트주가 원형의 것인 경우 갑종풍압하중 [Pa]은? [10]
① 588[Pa] ② 882[Pa]
③ 1,039[Pa] ④ 1,412[Pa]

가공전선로의 지지물에 가해지는 갑종풍압하중은 목주, 원형 철주, 원형 철근 콘크리트주, 원형 철탑(단주에 한한다)에 대해서 구성재의 수직투영면적 1[m²]에 대한 풍압을 기초로 하여 계산한 값이 588[Pa]이다.

해답 01 ② 02 ④ 03 ④ 04 ③ 05 ④ 06 ①

07

지지물에 전선 그 밖의 기구를 고정하기 위하여 완금, 완목, 애자 등을 장치하는 것을 무엇이라 하는가? [06]

① 건주   ② 가선
③ 장주   ④ 경간

장주란 지지물에 전선 그 밖의 기구를 고정하기 위하여 완금, 완목, 애자 등을 장치하는 것 또는 이미 시설된 전주를 말한다.

08

철근 콘크리트주에 완금을 고정 시키려면 어떤 밴드를 사용하는가? [07, 09]

① 암 밴드   ② 지선밴드
③ 래크밴드   ④ 암타이밴드

장주용 자재
(1) 완금 밴드(암 밴드) : 철근 콘크리트주에 완금을 고정시키기 위한 밴드
(2) 행거 밴드 : 주상변압기를 철근 콘크리트주에 고정시키기 위한 밴드
(3) 래크 : 저압 배전선로에서 전선을 수직으로 지지할 때 사용되는 자재

09

주상 변압기를 철근 콘크리트주에 설치할 때 사용되는 것은? [06, 08, 09]

① 앵커   ② 암밴드
③ 암타이밴드   ④ 행거밴드

장주용 자재
(1) 완금 밴드(암 밴드) : 철근 콘크리트주에 완금을 고정시키기 위한 밴드
(2) 행거 밴드 : 주상변압기를 철근 콘크리트주에 고정시키기 위한 밴드
(3) 래크 : 저압 배전선로에서 전선을 수직으로 지지할 때 사용되는 자재

10

저압 배전선로에서 전선을 수직으로 지지할 때 사용되는 장주용 자재명은? [06]

① 경완철   ② 래크
③ LP애자   ④ 현수애자

장주용 자재
(1) 완금 밴드(암 밴드) : 철근 콘크리트주에 완금을 고정시키기 위한 밴드
(2) 행거 밴드 : 주상변압기를 철근 콘크리트주에 고정시키기 위한 밴드
(3) 래크 : 저압 배전선로에서 전선을 수직으로 지지할 때 사용되는 자재

11

고압 가공전선로의 전선의 조수가 3조일 때 완금의 길이는? [07, 09, 18, 19]

① 1,200[mm]   ② 1,400[mm]
③ 1,800[mm]   ④ 2,400[mm]

완금 길이[mm]

전선 조수	특고압	고압	저압
2조	1,800	1,400	900
3조	2,400	1,800	1,400

12

저압 2조의 전선을 설치시, 크로스 완금의 표준 길이[mm]는? [15]

① 900   ② 1,400
③ 1,800   ④ 2,400

완금 길이[mm]

전선 조수	특고압	고압	저압
2조	1,800	1,400	900
3조	2,400	1,800	1,400

13

다음 중 인류 또는 내장주의 선로에서 활선공법을 할 때 작업자가 현수애자 등에 접촉되어 생기는 안전사고를 예방하기 위해 사용하는 것은? [07]

① 활선커버 ② 가스개폐기
③ 데드엔드커버 ④ 프로텍터차단기

활선 공구
(1) 와이어 통 : 충전되어 있는 활선을 움직이거나 작업권 밖으로 밀어낼 때 또는 활선을 다른 장소로 옮길 때 사용하는 절연봉
(2) 활선커버 : 인루 또는 내장주의 선로에서 활선공법을 할 때 작업자가 현수애자 등에 접촉되어 생기는 안전사고를 예방하기 위해 사용하는 것.

14

주상변압기의 1차측 보호 장치로 사용하는 것은? [10, 15, 19]

① 컷아웃 스위치 ② 유입 개폐기
③ 캐치홀더 ④ 리클로저

주상변압기 보호
주상변압기(배전용 변압기로 사용되는 것)의 1차측에 COS(컷아웃스위치)를 설치하여 변압기 단락 보호를 한다.

15

배전용 전기기계기구인 COS(컷아웃스위치)의 용도로 알맞은 것은? [10, 12]

① 배전용변압기의 1차측에 시설하여 변압기의 단락 보호용으로 쓰인다.
② 배전용변압기의 2차측에 시설하여 변압기의 단락 보호용으로 쓰인다.
③ 배전용변압기의 1차측에 시설하여 배전 구역 전환용으로 쓰인다.
④ 배전용변압기의 2차측에 시설하여 배전 구역 전환용으로 쓰인다.

주상변압기 보호
주상변압기(배전용 변압기로 사용되는 것)의 1차측에 COS(컷아웃스위치)를 설치하여 변압기 단락 보호를 한다.

16

가공 전선로의 지지물에 하중이 가하여지는 경우에 그 하중을 받는 지지물의 기초의 안전율은 일반적으로 얼마 이상이어야 하는가? [10, 16(유), 15]

① 1.5 ② 2.0
③ 2.5 ④ 4.0

가공전선로의 지지물의 기초의 안전율 : 2(이상 시 상정하중이 가하여지는 경우의 그 이상시 상정하중에 대한 철탑의 기초에 대하여는 1.33) 이상

17

저압 가공전선로의 지지물이 목주인 경우 풍압하중의 몇 배에 견디는 강도를 가져야 하는가? [13]

① 2.5 ② 2.0
③ 1.5 ④ 1.2

저압 가공전선로의 지지물이 목주인 경우의 안전율 : 1.2(저압 보안공사로 한 경우에는 1.5)

해답 13 ① 14 ① 15 ① 16 ② 17 ④

18

전주의 길이가 15[m] 이하인 경우 땅에 묻히는 깊이는 전주 길이의 얼마 이상으로 하여야 하는가? [11②]

① $\frac{1}{8}$ 이상　　② $\frac{1}{6}$ 이상

③ $\frac{1}{4}$ 이상　　④ $\frac{1}{3}$ 이상

지지물이 땅에 매설되는 깊이

설계하중 전장	6.8[kN] 이하	6.8[kN] 초과 9.8[kN] 이하	지지물
15[m] 이하	① 전장×$\frac{1}{6}$ 이상	-	목주, 철주, 철근 콘크리트주
15[m] 초과 16[m] 이하	② 2.5[m] 이상	-	철근 콘크리트주
16[m] 초과 20[m] 이하	2.8[m] 이상	-	철근 콘크리트주
14[m] 초과 20[m] 이하		①, ②항 +30[cm]	

19

A종 철근 콘크리트주의 전장이 15[m]인 경우에 땅에 묻히는 깊이는 최소 몇 [m] 이상으로 해야 하는가?(단, 설계하중은 6.8[kN] 이하이다.) [12]

① 2.5　　② 3.0
③ 3.5　　④ 4.0

지지물이 땅에 매설되는 깊이

설계하중 전장	6.8[kN] 이하	6.8[kN] 초과 9.8[kN] 이하	지지물
15[m] 이하	① 전장×$\frac{1}{6}$ 이상	-	철근 콘크리트주

∴ 매설깊이 = $15 \times \frac{1}{6} = 2.5[m]$

20

철근 콘크리트주의 길이가 12[m]인 지지물을 건주하는 경우 땅에 묻히는 깊이는 최소 길이는 얼마인가?(단, 설계하중은 6.8[kN] 이하이다.)

[18, 19, (유)13, 15, 16]

① 2.0[m]　　② 1.5[m]
③ 1.2[m]　　④ 1.0[m]

지지물이 땅에 매설되는 깊이

설계하중 전장	6.8[kN] 이하	6.8[kN] 초과 9.8[kN] 이하	지지물
15[m] 이하	① 전장×$\frac{1}{6}$ 이상	-	철근 콘크리트주

∴ 매설깊이 = $12 \times \frac{1}{6} = 2[m]$

21

철근 콘크리트주의 길이가 16[m]이고 설계하중이 7.8[kN]인 것을 지반이 약한 곳에 시설하는 경우, 그 묻히는 깊이를 다음 보기 항과 같이 하였다. 옳게 시공된 것은? [06, 18]

① 1[m]　　② 1.8[m]
③ 2[m]　　④ 2.8[m]

지지물이 땅에 매설되는 깊이

설계하중 전장	6.8[kN] 이하	6.8[kN] 초과 9.8[kN] 이하	지지물
15[m] 초과 16[m] 이하	② 2.5[m] 이상	-	철근 콘크리트주
14[m] 초과 20[m] 이하		②항 +30[cm]	

22

철근 콘크리트주의 길이가 14[m]이고, 설계하중이 9.8[kN]이하 일 때, 땅에 묻히는 표준 깊이는 몇 [m]이어야 하는가? [08]

① 2[m]　　② 2.3[m]
③ 2.5[m]　　④ 2.7[m]

지지물이 땅에 매설되는 깊이

설계하중 전장	6.8[kN] 이하	6.8[kN] 초과 9.8[kN] 이하	지지물
15[m] 이하	① 전장 × $\frac{1}{6}$ 이상	—	철근 콘크리트주
14[m] 초과 20[m] 이하		①항 +30[cm]	

∴ 매설깊이 = $14 \times \frac{1}{6} + 0.3 = 2.7$[m]

23

논이나 기타 지반이 약한 곳에 건주 공사시 전주의 넘어짐을 방지하기 위해 시설하는 것은? [13]

① 완금　　② 근가
③ 완목　　④ 행거밴드

논이나 기타 지반이 약한 곳에 건주 공사시 전주의 넘어짐을 방지하기 위해 근가를 시설한다.

24

가공전선로의 지지물에 지선을 사용해서는 안 되는 곳은? [08, 11, 14, 18]

① 목주　　② A종 철근 콘크리트주
③ A종 철주　　④ 철탑

지선의 시설
철탑은 지선을 사용하여 그 강도를 분담시켜서는 안된다.

25

가공전선로의 지지물에 시설하는 지선의 안전율은 얼마이상이어야 하는가? [07, 08]

① 3.5　　② 3.0
③ 2.5　　④ 1.0

지선의 시설
가공전선로의 지지물에 시설하는 지선은 다음에 따라야 한다.
(1) 지선의 안전율은 2.5 이상. 허용인장하중은 4.31[kN] 이상
(2) 지선에 연선을 사용할 경우에는 다음에 의할 것.
　㉠ 소선(素線) 3가닥 이상의 연선을 사용
　㉡ 소선의 지름이 2.6[mm] 이상의 금속선을 사용
　㉢ 지중부분 및 지표상 30[cm]까지의 부분에는 내식성이 있는 것 또는 아연도금을 한 철봉을 사용하고 쉽게 부식하지 아니하는 근가에 견고하게 붙일 것.

26

지지물의 지선에 연선을 사용하는 경우 소선 몇 가닥 이상의 연선을 사용하는가? [10, 14]

① 1　　② 2
③ 3　　④ 4

지선의 시설
소선(素線) 3가닥 이상의 연선을 사용

27

가공전선로의 지지물에 시설하는 지선에서 맞지 않는 것은? [06, 08, 09, 18, 19]

① 지선의 안전율은 2.5 이상일 것
② 인장하중은 4.31[kN] 이상일 것
③ 소선의 지름이 1.6[mm]이상의 동선을 사용할 것
④ 지선에 연선을 사용할 경우에는 소선 3가닥 이상의 연선일 것

지선의 시설
소선의 지름이 2.6[mm] 이상의 금속선을 사용

28
가공전선로의 지지물에 시설하는 지선은 지표상 몇 [cm]까지의 부분에 내식성이 있는 것 또는 아연도금을 한 철봉을 사용하여야 하는가? [14]

① 15　　　　　② 20
③ 30　　　　　④ 50

지선의 시설
지중부분 및 지표상 30[cm]까지의 부분에는 내식성이 있는 것 또는 아연도금을 한 철봉을 사용하고 쉽게 부식하지 아니하는 근가에 견고하게 붙일 것.

29
도로를 횡단하여 시설하는 지선의 높이는 지표상 몇 [m] 이상이어야 하는가? [09, 12]

① 5[m]　　　　② 6[m]
③ 8[m]　　　　④ 10[m]

지선의 시설
지선의 높이
(1) 도로를 횡단하는 경우 : 지표상 5[m] 이상. 다만, 교통에 지장을 초래할 우려가 없는 경우에는 지표상 4.5[m] 이상으로 할 수 있다.
(2) 보도의 경우 : 2.5[m] 이상

30
전선로의 지선에 사용되는 애자는? [08, 11]

① 현수애자　　　② 구형애자
③ 인류애자　　　④ 핀애자

지선의 시설
구형애자(옥애자 또는 지선애자)는 지선의 상부와 하부를 전기적으로 절연하기 위하여 지선 중간에 시설하는 애자

31
토지의 상황이나 기타 사유로 인하여 보통지선을 시설할 수 없을 때 전주와 전주간 또는 전주와 지주 간에 시설할 수 있는 지선은? [14, 19]

① 보통지선　　　② 수평지선
③ Y지선　　　　④ 궁지선

지선의 종류

종류	용도	그림
수평지선	토지의 상황이나 기타 사유로 인하여 보통지선을 사용할 수 없을 때 전주와 전주간 또는 전주와 지주간에 시설할 수 있는 지선	
궁지선	비교적 장력이 작고 다른 종류의 지선을 시설할 수 없는 경우에 적용하며 지선용 근가를 지지물 가까이 매설하여 시설하는 지선	
Y지선	다단의 크로스 암이 설치되고 또한 장력이 클 때와 H주일 때 보통지선을 2단으로 시설하는 지선	

32
비교적 장력이 적고 타 종류의 지선을 시설할 수 없는 경우에 적용되는 지선은? [06, 09, 12]

① 공동지선　　　② 궁지선
③ 수평지선　　　④ Y지선

지선의 종류

종류	용도	그림
궁지선	비교적 장력이 작고 다른 종류의 지선을 시설할 수 없는 경우에 적용하며 지선용 근가를 지지물 가까이 매설하여 시설하는 지선	

33

다단의 크로스 암이 설치되고 또한 장력이 클 때와 H주일 때 보통지선을 2단으로 부설하는 지선은?

[07]

① 보통지선 　　② 공동지선
③ 궁지선 　　　④ Y지선

지선의 종류		
종류	용도	그림
Y지선	다단의 크로스 암이 설치되고 또한 장력이 클 때와 H주일 때 보통지선을 2단으로 시설하는 지선	

34

가공전선로의 지지물로부터 다른 지지물을 거치지 아니하고 수용장소의 붙임점에 이르는 가공전선을 무엇이라 하는가?

[14, 15]

① 구내인입선　　② 연접 인입선
③ 가공 인입선　　④ 옥외전선

가공인입선이란 가공전선로의 지지물로부터 다른 지지물을 거치지 아니하고 수용 장소의 붙임점에 이르는 가공전선을 말한다.

35

OW 전선을 사용하는 저압 구내 가공인입전선으로 전선의 길이가 15[m]를 초과하는 경우 그 전선의 지름은 몇 [mm] 이상을 사용하여야 하는가?

[13]

① 1.6 　　② 2.0
③ 2.6 　　④ 3.2

저압 가공인입선의 굵기
전선의 굵기는 지름 2.6[mm] 이상의 인입용 비닐절연전선(DV)일 것. 다만, 경간이 15[m] 이하인 경우는 지름 2[mm] 이상의 인입용 비닐절연전선(DV)일 것.

36

저압 구내 가공인입선으로 DV전선 사용 시 전선의 길이가 15[m] 이하인 경우 사용할 수 있는 최소 굵기는 몇 [mm] 이상인가?

[14]

① 1.5 　　② 2.0
③ 2.6 　　④ 4.0

저압 가공인입선
전선의 굵기는 지름 2.6[mm] 이상의 인입용 비닐절연전선(DV)일 것. 다만, 경간이 15[m] 이하인 경우는 지름 2[mm] 이상의 인입용 비닐절연전선(DV)일 것.

37

일반적으로 저압 가공인입선이 도로를 횡단하는 경우 노면상 높이는?

[09, 10]

① 4[m] 이상　　② 5[m] 이상
③ 6[m] 이상　　④ 6.5[m] 이상

저압 가공인입선의 높이
(1) 도로를 횡단하는 경우 : 노면상 5[m](기술상 부득이한 경우에 교통에 지장이 없을 때에는 3[m]) 이상
(2) 철도 또는 궤도를 횡단하는 경우 : 레일면상 6.5[m] 이상
(3) 횡단보도교의 위에 시설하는 경우 : 노면상 3[m] 이상
(4) (1)에서 (3)까지 이외의 경우 : 지표상 4[m](기술상 부득이한 경우에 교통에 지장이 없을 때에는 2.5[m]) 이상

38

저압 인입선 공사 시 저압 가공인입선이 철도 또는 궤도를 횡단하는 경우 레일면상에서 몇 [m] 이상 시설하여야 하는가?

[14, (유)12]

① 3 　　② 4
③ 5.5 　　④ 6.5

저압 가공인입선의 높이
철도 또는 궤도를 횡단하는 경우 : 레일면상 6.5[m] 이상

39

저압 가공인입선이 횡단보도교 위에 시설되는 경우 노면상 몇 [m] 이상의 높이에 설치되어야 하는가? [13]

① 3 ② 4
③ 5 ④ 6

저압 가공인입선의 높이
횡단보도교의 위에 시설하는 경우 : 노면상 3[m] 이상

40

저압 가공인입선의 인입구에 사용하며 금속관 공사에서 끝 부분의 빗물 침입을 방지하는데 적당한 것은? [08, 13, (유)07, 10, 19]

① 엔트런스 캡 ② 엔드
③ 부싱 ④ 라미플

엔트런스 캡
저압 가공인입선의 인입구에 사용하며 금속관 공사에서 끝 부분의 빗물 침입을 방지하는데 사용되는 부속품이다.

41

고압 가공인입선이 일반적인 도로 횡단 시 설치 높이는? [12]

① 3[m] 이상 ② 3.5[m] 이상
③ 5[m] 이상 ④ 6[m] 이상

고압 가공인입선의 높이
(1) 도로를 횡단하는 경우 : 지표상 6[m] 이상. 단, 고압 가공인입선이 케이블 이외의 것인 때에는 그 전선의 아래쪽에 위험 표시를 한 경우에는 지표상 3.5[m]까지로 감할 수 있다.
(2) 철도 또는 궤도를 횡단하는 경우 : 레일면상 6.5[m] 이상
(3) 횡단보도교의 위에 시설하는 경우 : 노면상 3.5[m] 이상
(4) (1)에서 (3)까지 이외의 경우 : 지표상 5[m] 이상

42

저압 연접인입선은 인입선에서 분기하는 점으로부터 몇 [m]를 넘지 않는 지역에 시설하고, 폭 몇 [m]를 넘는 도로를 횡단하지 않아야 하는가? [12]

① 50[m], 4[m]
② 100[m], 5[m]
③ 150[m], 6[m]
④ 200[m], 8[m]

연접인입선
연접인입선이란 한 수용장소 붙임점에서 분기하여 지지물을 거치지 아니하고 다른 수용장소의 붙임점에 이르는 가공전선을 말한다.
(1) 저압 연접인입선
 ⊙ 인입선에서 분기하는 점으로부터 100[m]를 초과하는 지역에 미치지 아니할 것.
 ⓒ 폭 5[m]를 초과하는 도로를 횡단하지 아니할 것.
 ⓒ 옥내를 통과하지 아니할 것.
 ⓔ ⊙에서 ⓒ까지 이외에 대한 사항은 저압 가공인입선의 규정에 따른다.
(2) 고압 연접인입선과 특고압 연접인입선은 시설하여서는 아니 된다.

43

저압 연접인입선에 대한 설명 중 적합한 것은? [15]

① 분기점으로부터 90[m] 지점에 시설
② 6[m] 도로를 횡단하여 시설
③ 수용가 옥내를 관통하여 시설
④ 지름 1.5[mm] 인입용 비닐절연전선을 사용

연접인입선
저압 연접인입선은 인입선에서 분기하는 점으로부터 100[m]를 초과하는 지역에 미치지 아니하여야 하므로 분기점으로부터 90[m] 지점에 시설된 것은 적합하다.

해답 39 ① 40 ① 41 ④ 42 ② 43 ①

44
연접인입선 시설에 대한 설명으로 잘못된 것은? [11]

① 분기하는 점에서 100[m]를 넘지 않아야 한다.
② 폭 5[m]를 넘는 도로를 횡단하지 않아야 한다.
③ 옥내를 통과해서는 안 된다.
④ 분기하는 점에서 고압의 경우에는 200[m]를 넘지 않아야 한다.

연접인입선
고압 연접인입선과 특고압 연접인입선은 시설하여서는 아니 된다.

45
연접인입선의 시설에서 틀린 것은? [18]

① 인입선에서 분기하는 점으로부터 100[m]를 넘는 지역에 미치지 말 것.
② 폭 6[m]를 넘는 도로를 횡단하지 말 것.
③ 옥내를 관통하지 말 것.
④ 저압인입선의 시설규정에 준하여 시설할 것.

연접인입선
저압 연접인입선은 폭 5[m]를 초과하는 도로를 횡단하지 아니할 것.

46
22.9[kV-y] 가공전선의 굵기는 단면적이 몇 [mm²] 이상이어야 하는가?(단, 동선의 경우이다.) [15]

① 22   ② 32
③ 40   ④ 50

가공전선의 굵기

구분		인장강도 및 굵기
저압 400[V] 이하		3.2[mm] 이상의 경동선
		절연전선인 경우 2.6[mm] 이상 경동선
저압 400[V] 초과 및 고압	시가지 외	4[mm] 이상의 경동선
	시가지	5[mm] 이상의 경동선
특고압		22[mm²] 이상의 경동연선

47
저압 가공전선 또는 고압 가공전선이 도로를 횡단하는 경우 전선의 지표상 최소 높이는? [10, 12]

① 2[m]   ② 3[m]
③ 5[m]   ④ 6[m]

저·고압 가공전선의 높이

시설장소		전선의 높이
도로 횡단시		지표상 6[m] 이상
철도 또는 궤도 횡단시		레일면상 6.5[m] 이상
횡단보도교	저압	노면상 3.5[m] 이상 / 절연전선, 다심형 전선, 케이블 사용시 3[m] 이상
	고압	노면상 3.5[m] 이상
위의 장소 이외의 곳		지표상 5[m] 이상

48
저압 가공전선과 고압 가공전선을 동일 지지물에 시설하는 경우 상호 이격거리는 몇 [cm] 이상이어야 하는가? [09]

① 20[cm]   ② 30[cm]
③ 40[cm]   ④ 50[cm]

가공전선의 병행설치(병가)
(1) 저압 가공전선과 고압 가공전선을 동일 지지물에 시설하는 경우 전선 상호간의 이격거리는 0.5[m] 이상일 것. 단, 고압 가공전선에 케이블을 사용하는 경우 0.3[m] 이상으로 한다.
(2) 35[kV] 이하인 특고압 가공전선과 저·고압 가공전선을 동일 지지물에 시설하는 경우 전선 상호간의 이격거리는 1.2[m] 이상일 것. 단, 특고압 가공전선에 케이블을 사용하는 경우 0.5[m] 이상으로 한다.

해답 44 ④ 45 ② 46 ① 47 ④ 48 ④

49

사용전압이 35[kV] 이하인 특고압 가공전선과 220[V] 가공전선을 병가할 때, 가공선로간의 이격거리는 몇 [m] 이상이어야 하는가? [13]

① 0.5　　② 0.75
③ 1.2　　④ 1.5

가공전선의 병행설치(병가)
35[kV] 이하인 특고압 가공전선과 저·고압 가공전선을 동일 지지물에 시설하는 경우 전선 상호간의 이격거리는 1.2[m] 이상일 것. 단, 특고압 가공전선에 케이블을 사용하는 경우 0.5[m] 이상으로 한다.

50

사용전압 15[kV] 이하의 특고압 가공전선로의 중성선의 접지선을 중성선으로부터 분리하였을 경우 1[km] 마다의 중성선과 대지 사이의 합성전기저항 값은 몇 [Ω] 이하로 하여야 하는가? [14]

① 30　　② 100
③ 150　　④ 300

25[kV] 이하인 특고압 가공전선로의 시설
각 접지도체를 중성선으로부터 분리하였을 경우의 각 접지점의 대지 전기저항 값과 1[km] 마다의 중성선과 대지사이의 합성 전기저항 값은 아래 표에서 정한 값 이하일 것.

사용전압	각 접지점의 대지 전기저항치	1[km]마다의 합성전기저항치
15[kV] 이하	300[Ω]	30[Ω]
25[kV] 이하	300[Ω]	15[Ω]

51

가공 케이블 시설시 조가용선에 금속테이프 등을 사용하여 케이블 외장을 견고하게 붙여 조가하는 경우 나선형으로 금속테이프를 감는 간격은 몇 [cm] 이하를 확보하여 감아야 하는가? [14]

① 50　　② 30
③ 20　　④ 10

가공케이블의 시설
(1) 케이블은 조가용선에 행거로 시설할 것. 이 경우에 사용전압이 고압 및 특고압인 때에는 행거의 간격은 0.5[m] 이하로 하여 시설한다.
(2) 조가용선을 저·고압 가공전선에 시설하는 경우에는 인장강도 5.93[kN] 이상의 것 또는 단면적 22[mm²] 이상인 아연도강연선을 사용하고, 특고압 가공전선에 시설하는 경우에는 인장강도 13.93[kN] 이상의 연선 또는 단면적 22[mm²] 이상인 아연도강연선을 사용하여야 한다.
(3) 조가용선에 접촉시키고 그 위에 쉽게 부식되지 아니하는 금속테이프 등을 0.2[m] 이하의 간격을 유지시켜 나선형으로 감아 붙일 것.

52

지중전선로 시설 방식이 아닌 것은? [15, 18, 19]

① 직접매설식　　② 관로식
③ 트라이식　　④ 암거식

지중전선로의 시설
지중전선로는 전선에 케이블을 사용하고 또한 관로식·암거식(暗渠式) 또는 직접매설식에 의하여 시설하여야 한다.

53

고압 및 특고압용 기계기구의 시설에 있어 고압은 지표상 (㉠) 이상(시가지에 시설하는 경우), 특고압은 지표상 (㉡) 이상의 높이에 설치하고 사람이 접촉될 우려가 없도록 시설하여야 한다. 괄호 안에 알맞은 내용은? [14]

① ㉠ 3.5[m], ㉡ 4[m]
② ㉠ 4.5[m], ㉡ 5[m]
③ ㉠ 5.5[m], ㉡ 6[m]
④ ㉠ 5.5[m], ㉡ 7[m]

고압 및 특고압용 기계기구의 시설
고압 및 특고압용 기계기구(이에 부속하는 전선에 고압은 케이블 또는 고압 인하용 절연전선, 특고압은 특고압 인하용 절연전선을 사용하는 경우에 한한다)를 지표상에 시설할 때 다음에 따른다.
(1) 고압 : 지표상 4.5[m](시가지 외에는 4[m]) 이상
(2) 특고압 : 지표상 5[m] 이상

해답 53 ②

06 고압 및 저압 배전반 공사

핵심47 배전반 및 분전반

중요도 ★★★
출제빈도
총44회 시행
총18문 출제

1. 배전반 및 분전반의 시설
(1) 노출된 충전부가 있는 배전반 및 분전반은 취급자 이외의 사람이 쉽게 출입할 수 없도록 설치할 것.
(2) 한 개의 분전반에는 한 가지 전원(1회선의 간선)만 공급하여야 한다. 다만, 안전 확보가 충분하도록 격벽을 설치하고 사용전압을 쉽게 식별할 수 있도록 그 회로의 과전류차단기 가까운 곳에 그 사용전압을 표시하는 경우에는 그러하지 아니하다.
(3) 옥내에 설치하는 배전반 및 분전반은 불연성 또는 난연성이 있도록 시설할 것.
(4) 옥내에 시설하는 저압용 배전반과 분전반의 설치 장소
① 전기회로를 쉽게 조작할 수 있는 장소
② 개폐기를 쉽게 개폐할 수 있는 장소
③ 노출된 장소
④ 안정된 장소

2. 배전반의 종류(차폐 방법에 따른 분류)
(1) 개방형 : 라이브 프런트형 배전반

(2) 반 폐쇄식
① 데드 프런트형 배전반
② 표면에 충전부분을 노출하지 않는 방식이다.

(3) 폐쇄식
① 큐비클형 배전반
② 점유 면적이 좁고 운전, 보수에 안전하므로 공장, 빌딩 등의 전기실에 많이 사용되고 있다.

핵심유형문제 47

배전반 및 분전반의 설치 장소로 적합하지 않은 곳은? [06, 07, 18, 19, (유)13, 14, 15]

① 전기회로를 쉽게 조작할 수 있는 장소
② 개폐기를 쉽게 개폐할 수 있는 장소
③ 안정된 장소
④ 은폐된 장소

[해설] 옥내에 시설하는 저압용 배전반과 분전반의 설치 장소
(1) 전기회로를 쉽게 조작할 수 있는 장소
(2) 개폐기를 쉽게 개폐할 수 있는 장소
(3) 노출된 장소
(4) 안정된 장소

답 : ④

핵심48 수배전설비(Ⅰ)

1. 수전설비의 배전반 등의 최소유지거리

위치별 기기별	앞면 또는 조작·계측면	뒷면 또는 점검면	열상호간 (점검하는 면)
특고압 배전반	1.7[m]	0.8[m]	1.4[m]
고압 배전반	1.5[m]	0.6[m]	1.2[m]
저압 배전반	1.5[m]	0.6[m]	1.2[m]

2. 수배전반에서 사용되는 전기설비의 단선도 기호

기호	약호	명칭	기호	약호	명칭
▽	CH	케이블 헤드	⌐○⌐	DS	단로기
	PF	전력용 퓨즈		CB	차단기
	COS	컷 아웃 스위치			
MOF	MOF	전력수급용 계기용 변성기		LA	피뢰기
	PT	계기용 변압기		ZCT	영상변류기
	CT	계기용 변류기		TR	전력용 변압기

3. 수변전 설비의 인입용 개폐기

(1) 부하개폐기(LBS) : 전력퓨즈의 용단시 결상을 방지하는 목적으로 사용

(2) 선로개폐기(LS) : 66[kV] 이상의 수전실 인입구에 사용

(3) 고장구간 자동개폐기(ASS) : 22.9[kV-Y] 전기사업자 배전계통에서 부하용량 4,000[kVA] 이하의 분기점 또는 7,000[kVA] 이하의 수전실 인입구에 설치

핵심유형문제 48

수·변전 설비의 인입구 개폐기로 많이 사용 되고 있으며 전력 퓨즈의 용단시 결상을 방지하는 목적으로 사용되는 개폐기는? [08, 12, 18]

① 부하개폐기 ② 선로개폐기
③ 자동고장 구분개폐기 ④ 기중부하개폐기

해설 수변전 설비의 인입용 개폐기로서 부하개폐기(LBS)는 전력퓨즈의 용단시 결상을 방지하는 목적으로 사용한다.

답 : ①

핵심49 수배전설비(Ⅱ)

1. 차단기

(1) 차단기의 기능과 종류
   ① 기능 : 부하전류를 개폐하고 고장전류를 차단한다.
   ② 종류

구분	명칭	약호	소호매질
고압 및 특고압	가스차단기	GCB	SF_6
	공기차단기	ABB	압축공기
	유입차단기	OCB	절연유
	진공차단기	VCB	고진공 상태
고압	자기차단기	MBB	전자력
저압	기중차단기	ACB	자연공기

중요도 ★★★
출제빈도
총44회 시행
총19문 출제

(2) SF_6 가스의 성질
   ① 연소하지 않는 성질이며 무색, 무취, 무독성 가스이다.
   ② 절연유의 $\frac{1}{40}$배 정도 가볍지만 공기보다 무겁다
   ③ 가스 압력 3~4[kgf/cm^2]에서 절연내력은 절연유 이상이다.
   ④ 같은 압력에서 공기의 2.5~3.5배 정도 절연내력이 크다.
   ⑤ 소호능력은 공기의 100배 정도 크다.

   [참고] 기중차단기
   자연 공기 내에서 개방할 때 접촉자가 떨어지면서 자연 소호되는 방식을 가진 차단기로 저압의 교류 또는 직류 차단기로 많이 사용되고 있다.

2. 단로기(DS)

① 고압 이상에서 기기의 점검, 수리시 무전압, 무전류 상태로 전로에서 단독으로 전로의 접속 또는 분리하는 것 또는 전력기기 시험을 위하여 회로를 분리하거나 계통의 접속을 바꾸는 것을 주목적으로 하는 개폐기이다.
② 아크 소호능력이 없으며 부하전류 개폐 및 고장전류 차단 능력을 갖지 않는다.
③ 차단기가 열려 있을 때에만 단로기를 개폐할 수 있다.(인터록 기능)

핵심유형문제 49

가스절연개폐기나 가스차단기에 사용되는 가스인 SF_6의 성질이 아닌 것은?

[07, 08, 18, (유)10, 13, 19]

① 연소하지 않는 성질이다.
② 색깔, 독성, 냄새가 없다.
③ 절연유의 1/140로 가볍지만 공기보다 무겁다.
④ 공기의 2.5배 정도로 절연내력이 낮다.

[해설] SF_6 가스의 성질은 같은 압력에서 공기의 2.5~3.5배 정도 절연내력이 크다.

답 : ④

핵심50 수배전설비(Ⅲ)

1. 계기용 변압기(PT)
① 수변전 설비의 고압회로에 걸리는 전압을 표시하기 위해 전압계를 시설할 때 고압회로와 전압계 사이에 시설하는 기기로서 PT 2차측 단자에는 전압계가 접속된다.
② 2차측 정격전압 : 110[V]

참고 계기용 변압기 2차측에는 Pilot Lamp를 설치하여 전원의 유무를 표시한다.

2. 계기용 변류기(CT)
① 대전류가 흐르는 고압회로에 전류계를 직접 연결할 수 없을 때 사용하는 기기로서 CT 2차측 단자에는 전류계가 접속된다.
② CT 2차측이 개방되면 고압이 발생하여 절연이 파괴될 우려가 있기 때문에 시험시 또는 계기 접속시에 CT 2차측은 단락상태로 두어야 한다.
③ 2차측 정격전류 : 5[A]

3. 진상용 콘덴서(전력용 콘덴서 : SC)
(1) 설치 목적 : 부하의 역률 개선

(2) 역률 개선 효과
① 전력손실과 전압강하가 감소한다.
② 설비용량의 이용률이 증가한다.
③ 전력요금이 감소한다.

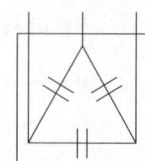
[그림] 전력용콘덴서 복선도

4. 방전코일(DC)
전력용 콘덴서를 회로로부터 개방하였을 때 전하가 잔류함으로써 일어나는 위험의 방지와 재투입할 때 콘덴서에 걸리는 과전압의 방지를 위하여 전력용 콘덴서와 함께 설치되는 기기이다.

핵심유형문제 50

계기용 변압기의 2차측 단자에 접속하여야 할 것은? [06, 08, 18, 19②]

① OCR　　② 전압계　　③ 전류계　　④ 전열부하

해설 계기용 변압기(PT)
수변전 설비의 고압회로에 걸리는 전압을 표시하기 위해 전압계를 시설할 때 고압회로와 전압계 사이에 시설하는 기기로서 PT 2차측 단자에는 전압계가 접속된다.

답 : ②

적중예상문제

01
한 분전반에서 사용전압이 각각 다른 분기회로가 있을 때 분기 회로를 쉽게 식별하기 위한 방법으로 가장 적합한 것은? [08, 09]

① 차단기별로 분리해 놓는다.
② 과전류 차단기 가까운 곳에 각각 전압을 표시하는 명판을 붙여 놓는다.
③ 왼쪽은 고압측, 오른쪽은 저압측으로 분류해 놓고 전압 표시는 하지 않는다.
④ 분전반을 철거하고 다른 분전반을 새로 설치한다.

배전반 및 분전반의 시설
(1) 노출된 충전부가 있는 배전반 및 분전반은 취급자 이외의 사람이 쉽게 출입할 수 없도록 설치할 것.
(2) 한 개의 분전반에는 한 가지 전원(1회선의 간선)만 공급하여야 한다. 다만, 안전 확보가 충분하도록 격벽을 설치하고 사용전압을 쉽게 식별할 수 있도록 그 회로의 과전류차단기 가까운 곳에 그 사용전압을 표시하는 경우에는 그러하지 아니하다.
(3) 옥내에 설치하는 배전반 및 분전반은 불연성 또는 난연성이 있도록 시설할 것.

02
분전반 및 배전반은 어떤 장소에 설치하는 것이 바람직한가? [11]

① 전기회로를 쉽게 조작할 수 있는 장소
② 개폐기를 쉽게 개폐할 수 없는 장소
③ 은폐된 장소
④ 이동이 심한 장소

옥내에 시설하는 저압용 배전반과 분전반의 설치 장소
(1) 전기회로를 쉽게 조작할 수 있는 장소
(2) 개폐기를 쉽게 개폐할 수 있는 장소
(3) 노출된 장소
(4) 안정된 장소

03
배전반 및 분전반의 설치 장소로 적합하지 않은 곳은? [14, (유)13]

① 접근이 어려운 장소
② 전기회로를 쉽게 조작할 수 있는 장소
③ 개폐기를 쉽게 개폐할 수 있는 장소
④ 안정된 장소

옥내에 시설하는 저압용 배전반과 분전반의 설치 장소
(1) 전기회로를 쉽게 조작할 수 있는 장소
(2) 개폐기를 쉽게 개폐할 수 있는 장소
(3) 노출된 장소
(4) 안정된 장소

04
점유 면적이 좁고 운전, 보수에 안전하므로 공장, 빌딩 등의 전기실에 많이 사용되며, 큐비클형이라고 불리는 배전방식은? [06, 18, 19②, (유)06]

① 라이브 프런트식   ② 데드 프런드식
③ 포우스트형   ④ 폐쇄식

폐쇄식 배전반
(1) 큐비클형 배전반
(2) 점유 면적이 좁고 운전, 보수에 안전하므로 공장, 빌딩 등의 전기실에 많이 사용되고 있다.

05
점유 면적이 좁고 운전 보수에 안전하며 공장, 빌딩 등의 전기실에 많이 사용되는 배전반은 어떤 것인가? [06]

① 데드 프런트형   ② 수직형
③ 큐비클형   ④ 라이브 프런트형

폐쇄식 배전반
(1) 큐비클형 배전반
(2) 점유 면적이 좁고 운전, 보수에 안전하므로 공장, 빌딩 등의 전기실에 많이 사용되고 있다.

해답 01 ② 02 ① 03 ① 04 ④ 05 ③

06

수전설비의 저압 배전반은 배전반 앞에서 계측기를 판독하기 위하여 앞면과 최소 몇 [m] 이상 유지하는 것을 원칙으로 하고 있는가? [10]

① 0.6
② 1.2
③ 1.5
④ 1.7

수전설비의 배전반 등의 최소유지거리

위치별 기기별	앞면 또는 조작 · 계측면	뒷면 또는 점검면	열상호간 (점검하는 면)
특고압 배전반	1.7[m]	0.8[m]	1.4[m]
고압 배전반	1.5[m]	0.6[m]	1.2[m]
저압 배전반	1.5[m]	0.6[m]	1.2[m]

07

MOF는 무엇의 약호인가? [08]

① 계기용 변압기
② 전력수급용 계기용변성기
③ 계기용 변류기
④ 시험용 변압기

수배전반 약호
① 계기용 변압기 : PT
② 전력수급용 계기용변성기 : MOF
③ 계기용 변류기 : CT

08

고압 전기회로의 전기 사용량을 적산하기 위한 전력수급용 계기용변성기의 약자는? [06, 18, 19]

① ZCT
② MOF
③ DS
④ PF

수배전반 약호
① ZCT : 영상변류기
② MOF : 전력수급용 계기용변성기
③ DS : 단로기
④ PF : 전력용퓨즈

09

다음 중 교류 차단기의 단선도 심벌은? [10]

①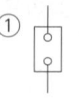
②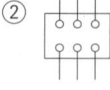
③
④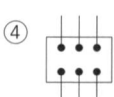

수배전반 도기호
① 차단기 단선도 기호
② 차단기 복선도 기호
③ 유입개폐기 단선도 기호
④ 유입개폐기 복선도 기호

10

다음의 심벌 명칭은 무엇인가? [12]

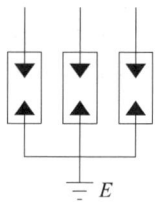

① 파워퓨즈
② 단로기
③ 피뢰기
④ 고압 컷아웃 스위치

수배전반 도기호
그림은 피뢰기의 복선도이다.

11

특고압 수전설비의 결선 기호와 명칭으로 잘못된 것은? [10]

① CB-차단기
② DS-단로기
③ LA-피뢰기
④ LF-전력퓨즈

전력퓨즈의 약호는 PF이다.

12
인입 개폐기가 아닌 것은? [14, 19]

① ASS ② LBS
③ LS   ④ UPS

수변전 설비의 인입용 개폐기
(1) 부하개폐기(LBS) : 전력퓨즈의 용단시 결상을 방지하는 목적으로 사용
(2) 선로개폐기(LS) : 66[kV] 이상의 수전실 인입구에 사용
(3) 고장구간 자동개폐기(ASS) : 22.9[kV-Y] 전기사업자 배전계통에서 부하용량 4,000[kVA] 이하의 분기점 또는 7,000[kVA] 이하의 수전실 인입구에 설치
※ UPS는 무정전 전원공급장치이다.

13
다음 중 용어와 약호가 바르게 짝지어진 것은? [06, 19]

① 유입차단기-ABB ② 공기차단기-ACB
③ 가스차단기-GCB ④ 자기차단기-OCB

차단기의 종류

구분	명칭	약호	소호매질
고압 및 특고압	가스차단기	GCB	SF_6
	공기차단기	ABB	압축공기
	유입차단기	OCB	절연유
	진공차단기	VCB	고진공 상태
고압	자기차단기	MBB	전자력
저압	기중차단기	ACB	자연공기

14
변전소에 사용되는 주요 기기로서 ABB는 무엇을 의미 하는가? [08]

① 유입차단기   ② 자기차단기
③ 공기차단기   ④ 진공차단기

ABB는 공기차단기이다.

15
차단기 문자 기호 중 OCB는? [16]

① 진공차단기   ② 기중차단기
③ 자기차단기   ④ 유입차단기

OCB는 유입차단기이다.

16
교류 차단기에 포함되지 않는 것은? [14]

① GCB   ② HSCB
③ VCB   ④ ABB

HSCB는 고속도차단기로서 직류차단기이다.

17
수변전 설비에서 차단기의 종류 중 가스차단기에 들어가는 가스의 종류는? [07, 11]

① CO_2 ② LPG
③ SF_6 ④ LNG

가스차단기에 들어가는 가스는 SF_6 가스이다.

해답 12 ④ 13 ③ 14 ③ 15 ④ 16 ② 17 ③

18

가스절연개폐기나 가스차단기에 사용되는 가스인 SF₆의 성질이 아닌 것은? [10, 13, 19]

① 같은 압력에서 공기의 2.5~3.5배의 절연 내력이 있다.
② 무색, 무취, 무해 가스이다.
③ 가스압력 3~4[kgf/cm²]에서는 절연내력은 절연유 이상이다.
④ 소호능력은 공기보다 2.5배 정도 낮다.

SF₆ 가스의 성질
(1) 연소하지 않는 성질이며 무색, 무취, 무독성 가스이다.
(2) 절연유의 $\frac{1}{40}$ 배 정도 가볍지만 공기보다 무겁다
(3) 가스 압력 3~4[kgf/cm²]에서 절연내력은 절연유 이상이다.
(4) 같은 압력에서 공기의 2.5~3.5배 정도 절연내력이 크다.
(5) 소호능력은 공기의 100배 정도 크다.

19

고압 이상에서 기기의 점검, 수리시 무전압, 무전류 상태로 전로에서 단독으로 전로의 접속 또는 분리하는 것을 주목적으로 사용되는 수·변전기기는? [15]

① 기중부하개폐기 ② 단로기
③ 전력퓨즈   ④ 컷아웃 스위치

단로기(DS)
(1) 고압 이상에서 기기의 점검, 수리시 무전압, 무전류 상태로 전로에서 단독으로 전로의 접속 또는 분리하는 것 또는 전력기기 시험을 위하여 회로를 분리하거나 계통의 접속을 바꾸는 것을 주목적으로 하는 개폐기이다.
(2) 아크 소호능력이 없으며 부하전류 개폐 및 고장전류 차단 능력을 갖지 않는다.
(3) 차단기가 열려 있을 때에만 단로기를 개폐할 수 있다.(인터록 기능)

20

변전소의 전력기기를 시험하기 위하여 회로를 분리하거나 또는 계통의 접속을 바꾸거나 하는 경우에 사용되는 것은? [09]

① 나이프 스위치 ② 차단기
③ 퓨우즈   ④ 단로기

단로기(DS)
고압 이상에서 기기의 점검, 수리시 무전압, 무전류 상태로 전로에서 단독으로 전로의 접속 또는 분리하는 것 또는 전력기기 시험을 위하여 회로를 분리하거나 계통의 접속을 바꾸는 것을 주목적으로 하는 개폐기이다.

21

단로기의 기능으로 가장 적합한 것은? [18]

① 전압 개폐만 가능하다.
② 부하전류 개폐기능을 가지고 있다.
③ 고장전류 차단기능을 가지고 있다.
④ 아크 소호기능을 가지고 있다.

단로기(DS)
아크 소호능력이 없으며 부하전류 개폐 및 고장전류 차단 능력을 갖지 않는다.

22

수·변전 설비의 고압회로에 걸리는 전압을 표시하기 위해 전압계를 시설할 때 고압회로와 전압계 사이에 시설하는 것은? [13, 14]

① 관통형 변압기   ② 계기용 변류기
③ 계기용 변압기   ④ 권선형 변류기

계기용 변압기(PT)
(1) 수변전 설비의 고압회로에 걸리는 전압을 표시하기 위해 전압계를 시설할 때 고압회로와 전압계 사이에 시설하는 기기로서 PT 2차측 단자에는 전압계가 접속된다.
(2) 2차측 정격전압 : 110[V]

참고 계기용 변압기 2차측에는 Pilot Lamp를 설치하여 전원의 유무를 표시한다.

해답 18 ④ 19 ② 20 ④ 21 ① 22 ③

23

수변전설비 구성기기의 계기용변압기(PT) 설명으로 맞는 것은? [15]

① 높은 전압을 낮은 전압으로 변성하는 기기이다.
② 높은 전류를 낮은 전류로 변성하는 기기이다.
③ 회로에 병렬로 접속하여 사용하는 기기이다.
④ 부족전압 트립코일의 전원으로 사용된다.

계기용 변압기(PT)
수변전 설비의 고압회로에 걸리는 전압을 표시하기 위해 전압계를 시설할 때 고압회로와 전압계 사이에 시설하는 기기로서 PT 2차측 단자에는 전압계가 접속된다.

24

Pilot Lamp란 무엇인가? [18]

① 동작을 표시하는 램프이다.
② Signal Lamp와 같은 용어로 쓰인다.
③ 일반 조명용 램프라는 뜻이다.
④ 전원의 유무를 표시하는 등이다.

계기용 변압기 2차측에는 Pilot Lamp를 설치하여 전원의 유무를 표시한다.

25

다음 중 변류기의 약호는? [07, 14]

① CB   ② CT
③ DS   ④ COS

계기용 변류기(CT)
(1) 대전류가 흐르는 고압회로에 전류계를 직접 연결할 수 없을 때 사용하는 기기로서 CT 2차측 단자에는 전류계가 접속된다.
(2) CT 2차측이 개방되면 고압이 발생하여 절연이 파괴될 우려가 있기 때문에 시험시 또는 계기 접속시에 CT 2차측은 단락상태로 두어야 한다.
(3) 2차측 정격전류 : 5[A]

26

고압회로의 전류를 저압의 전류로 변성시키기 위해 사용하며 도중 2차 코일을 개방하면 2차 단자간에 고압이 발생하여 위험을 안고 있는 기기의 이름은 어느 것인가? [19]

① CT   ② PT
③ COS   ④ CB

계기용 변류기(CT)
(1) 대전류가 흐르는 고압회로에 전류계를 직접 연결할 수 없을 때 사용하는 기기로서 CT 2차측 단자에는 전류계가 접속된다.
(2) CT 2차측이 개방되면 고압이 발생하여 절연이 파괴될 우려가 있기 때문에 시험시 또는 계기 접속시에 CT 2차측은 단락상태로 두어야 한다.

27

수변전 설비 중에서 동력설비 회로의 역률을 개선할 목적으로 사용되는 것은? [14, (유)16]

① 전력 퓨즈   ② MOF
③ 지락 계전기   ④ 진상용 콘덴서

진상용 콘덴서(전력용 콘덴서 : SC)
(1) 설치 목적 : 부하의 역률 개선
(2) 역률 개선 효과
  ㉠ 전력손실과 전압강하가 감소한다.
  ㉡ 설비용량의 이용률이 증가한다.
  ㉢ 전력요금이 감소한다.

해답 23 ① 24 ④ 25 ② 26 ① 27 ④

28
역률개선의 효과로 볼 수 없는 것은? [10, 16]

① 전력손실 감소
② 전압강하 감소
③ 감전사고 감소
④ 설비 용량의 이용률 증가

진상용 콘덴서(전력용 콘덴서 : SC)
(1) 설치 목적 : 부하의 역률 개선
(2) 역률 개선 효과
  ㉠ 전력손실과 전압강하가 감소한다.
  ㉡ 설비용량의 이용률이 증가한다.
  ㉢ 전력요금이 감소한다.

30
전력용 콘덴서를 회로로부터 개방하였을 때 전하가 잔류함으로써 일어나는 위험의 방지와 재투입 할 때 콘덴서에 걸리는 과전압의 방지를 위하여 무엇을 설치하는가? [11, (유)19]

① 직렬리액터   ② 전력용 콘덴서
③ 방전코일   ④ 피뢰기

방전코일(DC)
전력용 콘덴서를 회로로부터 개방하였을 때 전하가 잔류함으로써 일어나는 위험의 방지와 재투입 할 때 콘덴서에 걸리는 과전압의 방지를 위하여 전력용 콘덴서와 함께 설치되는 기기이다.

29
아래 심볼이 나타내는 것은? [13]

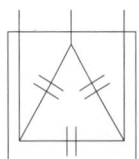

① 저항   ② 진상용 콘덴서
③ 유입 개폐기   ④ 변압기

그림은 진상용 콘덴서의 복선도 심볼이다.

07 특수장소 공사 및 특수시설

핵심51 먼지가 많은 장소의 공사

1. **폭연성 분진 또는 화약류 분말이 존재하는 곳의 공사**

   폭연성 분진(마그네슘·알루미늄·티탄·지르코늄 등의 먼지가 쌓여있는 상태에서 불이 붙었을 때에 폭발할 우려가 있는 것) 또는 화약류의 분말이 전기설비가 발화원이 되어 폭발할 우려가 있는 곳에 시설하는 저압 옥내 전기설비는 다음에 따른다.

   (1) 공사 방법 : 금속관공사 또는 케이블공사에 의할 것.

   (2) 금속관공사
   ① 금속관은 박강전선관 또는 이와 동등 이상의 강도를 가지는 것일 것.
   ② 관 상호간 및 관과 박스 기타의 부속품·풀박스 또는 전기기계기구와는 5턱 이상의 나사조임으로 견고하게 접속할 것.
   ③ 전동기에 접속하는 부분에서 가요성을 필요로 하는 부분의 배선에는 방폭형의 부속품 중 분진 방폭형 유연성 부속을 사용할 것.

   (3) 케이블공사에 사용하는 전선은 개장된 케이블 또는 미네랄인슈레이션(MI) 케이블일 것. 단, 캡타이어케이블은 제외한다.

2. **가연성 분진이 존재하는 곳의 공사**

   가연성 분진(소맥분·전분·유황 기타 가연성의 먼지로 공중에 떠다니는 상태에서 착화하였을 때에 폭발할 우려가 있는 것)에 전기설비가 발화원이 되어 폭발할 우려가 있는 곳에 시설하는 저압 옥내 전기설비의 공사는 합성수지관공사(두께 2[mm] 미만의 합성수지 전선관 및 난연성이 없는 콤바인덕트(CD)관을 사용하는 것을 제외)·금속관공사 또는 케이블공사에 의할 것.

3. **먼지가 많은 그 밖의 위험장소의 공사**

   애자공사·합성수지관공사·금속관공사·유연성전선관공사·금속덕트공사·버스덕트공사(환기형의 덕트를 사용하는 것은 제외) 또는 케이블공사에 의할 것.

핵심유형문제 51

폭연성 분진이 존재하는 위험장소의 금속관공사에 있어서 관 상호 및 관과 박스 기타의 부속품이나 풀박스 또는 전기기계기구와의 접속은 몇 턱 이상의 나사 조임으로 접속하여야 하는가? [06, 07, 08③, 10, 11, 12, 13, 14, 18]

① 2턱 ② 3턱 ③ 4턱 ④ 5턱

해설 폭연성 분진이 존재하는 위험장소의 금속관공사에 있어서 관 상호 및 관과 박스 기타의 부속품이나 풀박스 또는 전기기계기구와는 5턱 이상의 나사 조임으로 견고하게 접속하여야 한다.

답 : ④

중요도 ★★★
출제빈도
총44회 시행
총19문 출제

핵심52 위험물이 있는 곳이나 가연성 가스가 있는 곳의 공사

1. 위험물이 있는 곳의 공사
셀룰로이드·성냥·석유류 기타 타기 쉬운 위험한 물질을 제조하거나 저장하는 곳에 시설하는 저압 옥내 전기설비는 다음에 따른다.

(1) **공사 방법** : 금속관공사, 합성수지관공사, 케이블공사에 의할 것.

(2) 금속관공사에 사용하는 금속관은 박강전선관 또는 이와 동등 이상의 강도를 가지는 것일 것.

(3) **합성수지관공사**
 ① 두께 2[mm] 미만의 합성수지 전선관 및 난연성이 없는 콤바인덕트(CD)관을 사용하는 것은 제외한다.
 ② 합성수지관 및 박스 기타의 부속품은 손상을 받을 우려가 없도록 시설할 것.

(4) 케이블공사에 사용하는 전선은 개장된 케이블 또는 미네랄인슈레이션(MI) 케이블일 것.

2. 가연성 가스가 있는 곳의 공사
가연성 가스 또는 인화성 물질의 증기가 누출되거나 체류하여 전기설비가 발화원이 되어 폭발할 우려가 있는 곳(프로판 가스 등의 가연성 액화 가스를 다른 용기에 옮기거나 나누는 등의 작업을 하는 곳, 에탄올·메탄올 등의 인화성 액체를 옮기는 곳)에 있는 저압 옥내 전기설비는 다음에 따른다.

(1) **공사 방법** : 금속관공사 또는 케이블공사에 의할 것.

(2) **금속관공사**
 ① 금속관은 박강전선관 또는 이와 동등 이상의 강도를 가지는 것일 것.
 ② 관 상호간 및 관과 박스 기타의 부속품·풀박스 또는 전기기계기구와는 5턱 이상의 나사 조임으로 견고하게 접속할 것.

(3) 케이블공사에 사용하는 전선은 개장된 케이블 또는 미네랄인슈레이션(MI) 케이블일 것. 단, 캡타이어케이블은 제외한다.

핵심유형문제 52

가연성 가스가 존재하는 장소의 저압 옥내 전기설비의 공사 방법으로 옳은 것은?
[08, 11, 12, (유)10②, 12]

① 금속제 가요전선관공사   ② 합성수지관공사
③ 금속관공사   ④ 금속몰드공사

해설 가연성 가스 또는 인화성 물질의 증기가 누출되거나 체류하여 전기설비가 발화원이 되어 폭발할 우려가 있는 곳에 있는 저압 옥내 전기설비의 공사는 금속관공사 또는 케이블공사에 의할 것.

답 : ③

핵심53 공연장의 전기설비 및 터널 안의 배선

1. 전시회, 쇼 및 공연장의 전기설비

(1) 무대·무대마루 밑·오케스트라 박스·영사실 기타 사람이나 무대 도구가 접촉할 우려가 있는 곳에 시설하는 저압 옥내배선, 전구선 또는 이동전선의 시설
  ① 사용전압이 400[V] 이하이어야 한다.
  ② 전로에는 전용 개폐기 및 과전류 차단기를 시설하여야 한다.
  ③ 무대마루 밑에 시설하는 전구선은 300/300[V] 편조 고무코드 또는 0.6/1[kV] EP 고무 절연 클로로프렌 캡타이어케이블이어야 한다.
  ④ 무대·무대마루 밑·오케스트라 박스·영사실에 시설하는 이동전선은 0.6/1[kV] EP 고무 절연 클로로프렌 캡타이어케이블 또는 0.6/1[kV] 비닐 절연 비닐 캡타이어케이블이어야 한다.

(2) 플라이덕트의 시설
  ① 플라이덕트는 조영재 등에 견고하게 시설하고 덕트의 끝부분은 막을 것.
  ② 덕트 안의 전선을 외부로 인출할 경우는 0.6/1[kV] 비닐 절연 비닐 캡타이어케이블을 사용하여야 한다.

중요도 ★★★
출제빈도
총44회 시행
총15문 출제

2. 터널 안의 배선

사람이 상시 통행하는 터널 안의 배선은 그 사용전압이 저압에 한하고 또한 다음에 따라 시설하여야 한다.
① 전선은 케이블공사, 금속관공사, 합성수지관공사, 금속제 가요전선관공사, 애자공사에 의할 것.
② 애자공사에 의한 전선은 단면적 2.5[mm^2] 이상의 연동선 또는 동등 이상의 세기 및 굵기의 절연전선(옥외용 비닐절연전선 및 인입용 비닐절연전선은 제외)을 사용하고 또한 이를 노면상 2.5[m] 이상의 높이로 할 것.
③ 전로에는 터널의 입구에 가까운 곳에 전용 개폐기를 시설할 것.

핵심유형문제 53

무대, 무대마루 밑, 오케스트라 박스, 영사실, 기타 사람이나 무대 도구가 접촉할 우려가 있는 장소에 시설하는 저압 옥내배선, 전구선 또는 이동전선은 최고 사용전압이 몇 [V] 이하이어야 하는가?

[07, 10, 12, 13, 14, (유)10, 14, 16]

① 100　　② 200　　③ 300　　④ 400

해설 무대·무대마루 밑·오케스트라 박스·영사실 등에 시설하는 저압 옥내배선, 전구선 또는 이동전선은 사용전압이 400[V] 이하이어야 한다.

답 : ④

중요도 ★★
출제빈도
총44회 시행
총10문 출제

핵심54 화약류 저장소 및 특수시설(Ⅰ)

1. 화약류 저장소에서 전기설비의 시설

(1) 화약류 저장소 안의 조명기구에 전기를 공급하기 위한 전기설비는 다음에 따른다.
  ① 전로의 대지전압은 300[V] 이하일 것.
  ② 전기기계기구는 전폐형의 것일 것.
  ③ 옥내배선은 금속관공사 또는 케이블공사(캡타이어케이블은 제외)에 한한다.

(2) 금속관공사에는 박강전선관 또는 이와 동등 이상의 강도를 가지는 것일 것.

(3) 케이블공사시 케이블이 강대 개장 또는 파상형 강관 개장을 갖는 것 또는 MI케이블을 사용하는 경우 이외에는 관 기타 방호장치에 넣어 시설할 것.

(4) 화약류 저장소 안의 전기설비에 전기를 공급하는 전로에는 화약류 저장소 이외의 곳에 전용 개폐기 및 과전류 차단기를 각 극(다선식 전로의 중성극은 제외)에 시설하고 또한 전로에 지락이 생겼을 때에 자동적으로 전로를 차단하거나 경보하는 장치를 시설하여야 한다.

2. 전기울타리의 시설

① 전기울타리는 목장·논밭 등 옥외에서 가축의 탈출 또는 야생 짐승의 침입을 방지하기 위해 시설하는 경우를 제외하고는 시설해서는 안된다.
② 전기울타리용 전원장치에 전원을 공급하는 전로의 사용전압은 250[V] 이하이어야 한다.
③ 전기울타리는 사람이 쉽게 출입하지 아니하는 곳에 시설할 것.
④ 전선은 인장강도 1.38[kN] 이상의 것 또는 지름 2[mm] 이상의 경동선일 것.
⑤ 전선과 이를 지지하는 기둥 사이의 이격거리는 2.5[cm] 이상일 것.
⑥ 전선과 다른 시설물(가공전선을 제외) 또는 수목과의 이격거리는 0.3[m] 이상일 것.

핵심유형문제 54

화약류 저장소에서 백열전등이나 형광등 또는 이들에 전기를 공급하기 위한 전기설비를 시설하는 경우 전로의 대지전압은? [10, 12, 15]

① 150[V] 이하   ② 300[V] 이하   ③ 400[V] 이하   ④ 600[V] 이하

해설 화약류 저장소 안의 조명기구에 전기를 공급하기 위한 전기설비는 전로의 대지전압이 300[V] 이하일 것.

답 : ②

핵심55 특수시설(Ⅱ)

1. 교통신호등의 시설
① 교통신호등 제어장치의 2차측 배선의 최대사용전압은 300[V] 이하이어야 한다.
② 교통신호등의 전구에 접속하는 인하선의 지표상의 높이는 2.5[m] 이상일 것.
③ 교통신호등의 제어장치 전원측에는 전용 개폐기 및 과전류 차단기를 각 극에 시설하여야 한다.
④ 교통신호등 회로의 사용전압이 150[V]를 넘는 경우에는 전로에 지락이 생겼을 경우 자동적으로 전로를 차단하는 누전차단기를 시설할 것.

2. 전기부식방지 시설
전기부식방지 시설은 지중 또는 수중에 시설하는 금속체(피방식체)의 부식을 방지하기 위해 지중 또는 수중에 시설하는 양극과 피방식체간에 방식전류를 통하는 시설을 말하며 다음에 따라 시설하여야 한다.
① 전기부식방지 회로(전기부식방지용 전원장치로부터 양극 및 피방식체까지의 전로)의 사용전압은 직류 60[V] 이하일 것.
② 지중에 매설하는 양극의 매설깊이는 0.75[m] 이상일 것.
③ 수중에 시설하는 양극과 그 주위 1[m] 이내의 거리에 있는 임의 점과의 사이의 전위차는 10[V]를 넘지 아니할 것.
④ 지표 또는 수중에서 1[m] 간격의 임의의 2점간의 전위차가 5[V]를 넘지 아니할 것.

중요도 ★
출제빈도
총44회 시행
총 4문 출제

핵심유형문제 55

지중 또는 수중에 시설하는 양극과 피방식체간의 전기부식방지 시설에 대한 설명으로 틀린 것은? [11]

① 사용 전압은 직류 60[V] 초과일 것
② 지중에 매설하는 양극은 75[cm] 이상의 깊이일 것
③ 수중에 시설하는 양극과 그 주위 1[m] 안의 임의의 점과의 전위차는 10[V]를 넘지 않을 것
④ 지표에서 1[m] 간격의 임의의 2점간의 전위차가 5[V]를 넘지 않을 것

해설 전기부식방지 회로(전기부식방지용 전원장치로부터 양극 및 피방식체까지의 전로)의 사용전압은 직류 60[V] 이하일 것.

답 : ①

적중예상문제

01
폭연성 분진 또는 화약류의 분말이 전기설비가 발화원이 되어 폭발할 우려가 있는 곳에 시설하는 저압 옥내 전기설비의 저압 옥내배선 공사는? [10]

① 금속관공사
② 합성수지관공사
③ 금속제 가요전선관공사
④ 애자공사

> 폭연성 분진 또는 화약류 분말이 존재하는 곳의 공사
> 폭연성 분진(마그네슘·알루미늄·티탄·지르코늄 등의 먼지가 쌓여있는 상태에서 불이 붙었을 때에 폭발할 우려가 있는 것) 또는 화약류의 분말이 전기설비가 발화원이 되어 폭발할 우려가 있는 곳에 시설하는 저압 옥내 전기설비의 공사는 금속관공사 또는 케이블공사(캡타이어케이블을 사용하는 것은 제외)일 것.

02
화약류의 분말이 전기설비가 발화원이 되어 폭발할 우려가 있는 곳에 시설하는 저압 옥내배선의 공사 방법으로 가장 알맞은 것은? [15]

① 금속관공사
② 애자공사
③ 버스덕트공사
④ 합성수지몰드공사

> 폭연성 분진 또는 화약류 분말이 존재하는 곳의 공사
> 폭연성 분진(마그네슘·알루미늄·티탄·지르코늄 등의 먼지가 쌓여있는 상태에서 불이 붙었을 때에 폭발할 우려가 있는 것) 또는 화약류의 분말이 전기설비가 발화원이 되어 폭발할 우려가 있는 곳에 시설하는 저압 옥내 전기설비의 공사는 금속관공사 또는 케이블공사(캡타이어케이블을 사용하는 것은 제외)일 것.

03
티탄을 제조하는 공장으로 먼지가 쌓여진 상태에서 착화된 때에 폭발할 우려가 있는 곳에 저압 옥내배선을 설치하고자 한다. 알맞은 공사 방법은? [12]

① 합성수지몰드 공사
② 라이팅덕트 공사
③ 금속몰드 공사
④ 금속관 공사

> 폭연성 분진 또는 화약류 분말이 존재하는 곳의 공사
> 폭연성 분진(마그네슘·알루미늄·티탄·지르코늄 등의 먼지가 쌓여있는 상태에서 불이 붙었을 때에 폭발할 우려가 있는 것) 또는 화약류의 분말이 전기설비가 발화원이 되어 폭발할 우려가 있는 곳에 시설하는 저압 옥내 전기설비의 공사는 금속관공사 또는 케이블공사(캡타이어케이블을 사용하는 것은 제외)일 것.

04
소맥분, 전분 기타 가연성의 분진이 존재하는 곳의 저압 옥내배선 공사 방법에 해당되는 것으로 짝지어진 것은? [15]

① 케이블공사, 애자 공사
② 금속관공사, 콤바인덕트관, 애자 공사
③ 케이블공사, 금속관공사, 애자 공사
④ 케이블공사, 금속관공사, 합성수지관공사

> 가연성 분진이 존재하는 곳의 공사
> 가연성 분진(소맥분·전분·유황 기타 가연성의 먼지로 공중에 떠다니는 상태에서 착화하였을 때에 폭발할 우려가 있는 것)에 전기설비가 발화원이 되어 폭발할 우려가 있는 곳에 시설하는 저압 옥내 전기설비의 공사는 합성수지관공사(두께 2[mm] 미만의 합성수지 전선관 및 난연성이 없는 콤바인덕트관을 사용하는 것을 제외)·금속관공사 또는 케이블공사에 의할 것.

05

가연성 분진에 전기설비가 발화원이 되어 폭발의 우려가 있는 곳에 시설하는 저압 옥내배선 공사방법이 아닌 것은?   [14, 18②, (유)09]

① 금속관 공사
② 케이블 공사
③ 애자 공사
④ 합성수지관 공사

> **가연성 분진이 존재하는 곳의 공사**
> 가연성 분진(소맥분·전분·유황 기타 가연성의 먼지로 공중에 떠다니는 상태에서 착화하였을 때에 폭발할 우려가 있는 것)에 전기설비가 발화원이 되어 폭발할 우려가 있는 곳에 시설하는 저압 옥내 전기설비의 공사는 합성수지관공사(두께 2[mm] 미만의 합성수지 전선관 및 난연성이 없는 콤바인덕트관을 사용하는 것을 제외)·금속관공사 또는 케이블공사에 의할 것.

06

소맥분, 전분 기타 가연성의 분진이 존재하는 곳의 저압 옥내배선공사 방법 중 적당하지 않은 것은?   [11②]

① 애자 공사
② 합성수지관 공사
③ 케이블 공사
④ 금속관 공사

> **가연성 분진이 존재하는 곳의 공사**
> 가연성 분진(소맥분·전분·유황 기타 가연성의 먼지로 공중에 떠다니는 상태에서 착화하였을 때에 폭발할 우려가 있는 것)에 전기설비가 발화원이 되어 폭발할 우려가 있는 곳에 시설하는 저압 옥내 전기설비의 공사는 합성수지관공사(두께 2[mm] 미만의 합성수지 전선관 및 난연성이 없는 콤바인덕트관을 사용하는 것을 제외)·금속관공사 또는 케이블공사에 의할 것.

07

폭연성 분진 또는 화약류 분말이나 가연성 분진이 존재하는 곳 이외의 먼지가 많은 장소에 시설할 수 없는 저압 옥내배선 방법은?   [(유)06, 09, 14]

① 금속관공사
② 합성수지몰드공사
③ 버스덕트공사
④ 케이블공사

> **먼지가 많은 그 밖의 위험장소의 공사**
> 애자공사·합성수지관공사·금속관공사·유연성 전선관공사·금속덕트공사·버스덕트공사(환기형의 덕트를 사용하는 것은 제외) 또는 케이블공사에 의할 것.

08

셀룰로이드, 성냥, 석유류 등 기타 가연성 위험물질을 제조 또는 저장하는 장소의 배선 방법이 아닌 것은?   [11]

① 배선을 금속관배선, 합성수지관배선 또는 케이블배선에 의할 것
② 금속관은 박강전선관 또는 이와 동등 이상의 강도가 있는 것을 사용할 것
③ 두께가 2[mm] 미만의 합성수지제 전선관을 사용할 것
④ 합성수지관 배선에 사용하는 합성수지관 및 박스 기타 부속품은 손상될 우려가 없도록 시설할 것

> **위험물이 있는 곳의 공사**
> 셀룰로이드·성냥·석유류 기타 타기 쉬운 위험한 물질을 제조하거나 저장하는 곳에 시설하는 저압 옥내 전기설비는 다음에 따른다.
> (1) 공사 방법 : 금속관공사, 합성수지관공사, 케이블공사에 의할 것.
> (2) 금속관공사에 사용하는 금속관은 박강전선관 또는 이와 동등 이상의 강도를 가지는 것일 것.
> (3) 합성수지관공사
>   ㉠ 두께 2[mm] 미만의 합성수지 전선관 및 난연성이 없는 콤바인덕트(CD)관을 사용하는 것은 제외한다.
>   ㉡ 합성수지관 및 박스 기타의 부속품은 손상을 받을 우려가 없도록 시설할 것.

해답 05 ③ 06 ① 07 ② 08 ③

09
셀룰로이드, 성냥, 석유류 등 기타 가연성 위험물질을 제조 또는 저장하는 장소의 배선으로 잘못된 배선은? [07, 09, (유)07, 16]

① 금속관 배선
② 합성수지관 배선
③ 플로어덕트 배선
④ 케이블 배선

위험물이 있는 곳의 공사
셀룰로이드·성냥·석유류 기타 타기 쉬운 위험한 물질을 제조하거나 저장하는 곳에 시설하는 저압 옥내 전기설비의 공사 방법은 금속관공사, 합성수지관공사, 케이블공사에 의할 것.

10
성냥, 석유류, 셀룰로이드 등 기타 가연성 물질을 제조 또는 저장하는 장소의 배선 방법으로 적당하지 않은 것은? [08]

① 케이블 배선공사
② 방습형 플렉시블 배선공사
③ 합성수지관 공사
④ 금속관 배선공사

위험물이 있는 곳의 공사
셀룰로이드·성냥·석유류 기타 타기 쉬운 위험한 물질을 제조하거나 저장하는 곳에 시설하는 저압 옥내 전기설비의 공사 방법은 금속관공사, 합성수지관공사, 케이블공사에 의할 것.

11
성냥을 제조하는 공장의 공사 방법으로 적당하지 않는 것은? [13, 16]

① 금속관 공사
② 케이블 공사
③ 합성수지관 공사
④ 금속몰드 공사

위험물이 있는 곳의 공사
셀룰로이드·성냥·석유류 기타 타기 쉬운 위험한 물질을 제조하거나 저장하는 곳에 시설하는 저압 옥내 전기설비의 공사 방법은 금속관공사, 합성수지관공사, 케이블공사에 의할 것.

12
석유류를 저장하는 장소의 공사 방법 중 틀린 것은? [13]

① 케이블 공사
② 애자 공사
③ 금속관 공사
④ 합성수지관 공사

위험물이 있는 곳의 공사
셀룰로이드·성냥·석유류 기타 타기 쉬운 위험한 물질을 제조하거나 저장하는 곳에 시설하는 저압 옥내 전기설비의 공사 방법은 금속관공사, 합성수지관공사, 케이블공사에 의할 것.

13
위험물 등이 있는 곳에서의 저압 옥내배선 공사 방법이 아닌 것은? [15]

① 케이블 공사
② 합성수지관 공사
③ 금속관 공사
④ 애자 공사

위험물이 있는 곳의 공사
셀룰로이드·성냥·석유류 기타 타기 쉬운 위험한 물질을 제조하거나 저장하는 곳에 시설하는 저압 옥내 전기설비의 공사 방법은 금속관공사, 합성수지관공사, 케이블공사에 의할 것.

14
가연성의 가스 또는 인화성 물질의 증기가 새거나 체류하여 전기설비가 발화원이 되어 폭발할 우려가 있는 곳에 있는 저압 옥내전기설비의 공사방법으로 가장 알맞은 것은? [10, (유)10, 12]

① 금속관 공사
② 가요전선관 공사
③ 플로어덕트 공사
④ 애자 공사

가연성 가스가 있는 곳의 공사
가연성 가스 또는 인화성 물질의 증기가 누출되거나 체류하여 전기설비가 발화원이 되어 폭발할 우려가 있는 곳에 있는 저압 옥내 전기설비의 공사 방법은 금속관공사 또는 케이블공사에 의할 것.

해답 09 ③ 10 ② 11 ④ 12 ② 13 ④ 14 ①

15

상설 공연장에 사용하는 저압 전기설비 중 이동전선의 사용전압은 몇 [V] 이하이어야 하는가? [10, (유)14, 16]

① 100[V]   ② 200[V]
③ 400[V]   ④ 600[V]

무대·무대마루 밑·오케스트라 박스·영사실 기타 사람이나 무대 도구가 접촉할 우려가 있는 곳에 시설하는 저압 옥내배선, 전구선 또는 이동전선은 사용전압이 400[V] 이하이어야 한다.

16

터널, 갱도 기타 이와 유사한 장소에서 사람이 상시 통행하는 터널 내의 배선방법으로 적절하지 않은 것은?(단, 사용전압은 저압이다.) [12, (유)09, 16]

① 라이팅덕트 배선
② 금속제 가요전선관 배선
③ 합성수지관 배선
④ 애자 배선

터널 안의 배선
사람이 상시 통행하는 터널 안의 배선은 그 사용전압이 저압에 한하고 또한 다음에 따라 시설하여야 한다.
(1) 전선은 케이블공사, 금속관공사, 합성수지관공사, 금속제 가요전선관공사, 애자공사에 의할 것.
(2) 애자공사에 의한 전선은 단면적 2.5[mm^2] 이상의 연동선 또는 동등 이상의 세기 및 굵기의 절연전선(옥외용 비닐절연전선 및 인입용 비닐절연전선은 제외)을 사용하고 또한 이를 노면상 2.5[m] 이상의 높이로 할 것.
(3) 전로에는 터널의 입구에 가까운 곳에 전용 개폐기를 시설할 것.

17

사람이 상시 통행하는 터널 내 배선의 사용전압이 저압일 때 배선 방법으로 틀린 것은? [16]

① 금속관 배선
② 금속덕트 배선
③ 합성수지관 배선
④ 금속제 가요전선관 배선

터널 안의 배선
사람이 상시 통행하는 터널 안의 배선은 그 사용전압이 저압에 한하고 전선은 케이블공사, 금속관공사, 합성수지관공사, 금속제 가요전선관공사, 애자공사에 의할 것.

18

화약고 등의 위험장소에서 전기설비 시설에 관한 내용으로 옳은 것은? [14]

① 전로의 대지전압을 400[V] 이하일 것
② 전기기계기구는 전폐형을 사용할 것
③ 화약고 내의 전기설비는 화약고 장소에 전용개폐기 및 과전류 차단기를 시설할 것
④ 옥내배선에 캡타이어 케이블공사로 시설할 것

화약류 저장소 등의 위험장소
(1) 화약류 저장소 안의 조명기구에 전기를 공급하기 위한 전기설비는 다음에 따른다.
  ㉠ 전로의 대지전압은 300[V] 이하일 것.
  ㉡ 전기기계기구는 전폐형의 것일 것.
  ㉢ 옥내배선은 금속관공사 또는 케이블공사(캡타이어케이블은 제외)에 한한다.
(2) 화약류 저장소 안의 전기설비에 전기를 공급하는 전로에는 화약류 저장소 이외의 곳에 전용개폐기 및 과전류 차단기를 각 극(다선식 전로의 중성극은 제외)에 시설하고 또한 전로에 지락이 생겼을 때에 자동적으로 전로를 차단하거나 경보하는 장치를 시설하여야 한다.

19

화약고 등의 위험장소의 배선 공사에서 전로의 대지 전압은 몇 [V] 이하이어야 하는가? [07, 09, 11]

① 300   ② 400
③ 500   ④ 600

화약류 저장소 등의 위험장소
화약류 저장소 안의 조명기구에 전기를 공급하기 위한 전기설비는 전로의 대지전압이 300[V] 이하일 것.

해답 15 ③ 16 ① 17 ② 18 ② 19 ①

20
화약류 저장소의 배선공사에서 전로의 대지전압은 몇 [V] 이하로 되어 있는가? [19]

① 400　　② 300
③ 150　　④ 100

화약류 저장소 등의 위험장소
화약류 저장소 안의 조명기구에 전기를 공급하기 위한 전기설비는 전로의 대지전압이 300[V] 이하일 것.

21
목장의 전기울타리에 사용하는 경동선의 지름은 최소 몇 [mm] 이상이어야 하는가? [08, 19]

① 1.6　　② 2.0
③ 2.6　　④ 3.2

전기울타리의 시설
(1) 전선은 인장강도 1.38[kN] 이상의 것 또는 지름 2[mm] 이상의 경동선일 것.
(2) 전선과 이를 지지하는 기둥 사이의 이격거리는 2.5[cm] 이상일 것.
(3) 전선과 다른 시설물(가공전선을 제외) 또는 수목과의 이격거리는 0.3[m] 이상일 것.

22
교통신호등의 제어장치로부터 신호등의 전구까지의 전로에 사용하는 전압은 몇 [V] 이하인가? [13]

① 60　　② 100
③ 300　　④ 440

교통신호등의 시설
(1) 교통신호등 제어장치의 2차측 배선의 최대사용전압은 300[V] 이하이어야 한다.
(2) 교통신호등의 전구에 접속하는 인하선의 지표상의 높이는 2.5[m] 이상일 것.
(3) 교통신호등의 제어장치 전원측에는 전용 개폐기 및 과전류 차단기를 각 극에 시설하여야 한다.
(4) 교통신호등 회로의 사용전압이 150[V]를 넘는 경우에는 전로에 지락이 생겼을 경우 자동적으로 전로를 차단하는 누전차단기를 시설할 것.

23
한국전기설비규정(KEC)에서 교통신호등 회로의 사용전압이 몇 [V]를 초과하는 경우에는 지락 발생시 자동적으로 전로를 차단하는 장치를 시설하여야 하는가? [16]

① 50　　② 100
③ 150　　④ 200

교통신호등의 시설
교통신호등 회로의 사용전압이 150[V]를 넘는 경우에는 전로에 지락이 생겼을 경우 자동적으로 전로를 차단하는 누전차단기를 시설할 것.

24
지중 또는 수중에 시설되는 금속체의 부식을 방지하기 위한 전기부식 방지용 회로의 사용전압은? [10]

① 직류 60[V] 이하　　② 교류 60[V] 이하
③ 직류 750[V] 이하　　④ 교류 600[V] 이하

전기부식방지 시설
전기부식방지 시설은 지중 또는 수중에 시설하는 금속체(피방식체)의 부식을 방지하기 위해 지중 또는 수중에 시설하는 양극과 피방식체간에 방식전류를 통하는 시설을 말하며 다음에 따라 시설하여야 한다.
(1) 전기부식방지 회로(전기부식방지용 전원장치로부터 양극 및 피방식체까지의 전로)의 사용전압은 직류 60[V] 이하일 것.
(2) 지중에 매설하는 양극의 매설깊이는 0.75[m] 이상일 것.
(3) 수중에 시설하는 양극과 그 주위 1[m] 이내의 거리에 있는 임의 점과의 사이의 전위차는 10[V]를 넘지 아니할 것.
(4) 지표 또는 수중에서 1[m] 간격의 임의의 2점간의 전위차가 5[V]를 넘지 아니할 것.

해답 20 ② 21 ② 22 ③ 23 ③ 24 ①

08 보호계전기 및 전기응용시설공사

핵심56 보호계전기(Ⅰ)

중요도: ★★★
출제빈도:
총44회 시행
총21문 출제

1. 보호계전기의 분류

구분	종류
동작원리에 따른 분류	유도형, 정지형, 디지털형
동작시간에 따른 분류	순한시, 정한시, 반한시, 정한시-반한시
기능상의 분류	과전류계전기, 과전압계전기, 부족전압계전기, 단락방향계전기, 선택단락계전기, 거리계전기, 지락방향계전기, 선택지락계전기, 차동계전기, 지락과전류계전기, 주파수계전기 등

2. 한시계전기의 특성

① 순한시계전기 : 최소동작전류 이상의 전류가 흐르면 즉시 동작하는 계전기
② 정한시계전기 : 최소 동작값 이상의 구동 전기량이 주어지면 일정 시한으로 동작하는 계전기
③ 반한시계전기 : 동작 시한이 구동 전기량이 커질수록 짧아지고, 구동 전기량이 작을수록 시한이 길어지는 계전기
④ 정한시-반한시계전기 : 어느 전류값까지는 반한시계전기의 성질을 갖지만 그 이상의 전류가 흐르는 경우 정한시계전기의 성질을 갖는 계전기

3. 계전기의 용도 및 기능(Ⅰ)

① 과전류계전기(OCR) : 일정값 이상의 전류가 흘렀을 때 동작하는 계전기로서 용량이 작은 변압기의 단락 보호용의 주 보호방식으로 사용되는 계전기이다.
② 과전압계전기(OVR) : 일정값 이상의 전압이 걸렸을 때 동작하는 계전기
③ 부족전압계전기(UVR) : 전압이 일정값 이하로 떨어졌을 때 동작하는 계전기로 계통의 정전사고나 단락사고 발생시 동작한다.
④ 단락방향계전기(DS) : 어느 일정 방향으로 일정값 이상의 단락전류가 흘렀을 때 동작하는 계전기

핵심유형문제 56

일정 값 이상의 전류가 흘렀을 때 동작하는 계전기는? [06, 09, 18, 19②, (유)08, 03]

① OCR   ② OVR   ③ UVR   ④ GR

해설 과전류계전기(OCR)는 일정값 이상의 전류가 흘렀을 때 동작하는 계전기로서 용량이 작은 변압기의 단락 보호용의 주 보호방식으로 사용되는 계전기이다.

답 : ①

핵심57 보호계전기(Ⅱ)

1. 계전기의 용도 및 기능(Ⅱ)

(1) 선택단락계전기(SSR) : 평행 2회선의 선로에서 단락 고장회선을 선택하는데 사용하는 계전기

(2) 거리계전기(ZR)
 ① 154[kV] 및 345[kV] 계통 이상의 송전선로 및 변압기의 후비보호를 한다.
 ② 전압 및 전류의 크기 및 위상차를 이용하여 계전기가 설치된 위치에서 고장점까지의 임피던스에 비례하여 동작하는 계전기

(3) 선택지락계전기(SGR) : 다회선에서 접지고장 회선만을 선택 차단하는 계전기

(4) 차동계전기 또는 비율차동계전기(RDF)
 ① 변압기, 동기기 내부권선의 층간단락 등의 내부고장 보호에 사용되는 계전기
 ② 보호구간에 유입하는 전류와 유출하는 전류의 차에 의해 동작하는 계전기

(5) 부흐홀츠계전기
 ① 변압기 내부고장시 발생하는 가스의 부력과 절연유의 유속을 이용하여 변압기 내부고장을 검출하는 계전기
 ② 변압기 본체(주 탱크)와 콘서베이터 사이에 설치
  참고 콘서베이터는 변압기 본체 탱크 위에 설치하여 변압기의 뜨거운 기름을 직접 공기와 닿지 않도록 함으로써 변압기 절연유의 열화를 방지하기 위한 장치이다.

(6) 재폐로계전기 : 낙뢰, 수목접촉, 일시적인 섬락 등 순간적인 사고로 계통에서 분리된 구간을 신속하게 계통에 재투입시킴으로써 계통의 안정도를 향상시키고 정전시간을 단축시키기 위해 사용되는 계전기

2. 보호계전기의 시험을 위한 유의사항
 ① 시험회로 결선시 교류와 직류 확인
 ② 시험회로 결선시 직류의 극성 확인
 ③ 영점의 정확성 확인
 ④ 계전기 시험장치의 오차 확인

핵심유형문제 57

보호구간에 유입하는 전류와 유출하는 전류의 차에 의해 동작하는 계전기는?

[13, 19, (유)09, 10②, 11, 16]

① 거리 계전기 ② 비율차동 계전기 ③ 방향 계전기 ④ 부족전압 계전기

해설 차동계전기 또는 비율차동계전기
 (1) 변압기, 동기기 내부권선의 층간단락 등의 내부고장 보호에 사용되는 계전기
 (2) 보호구간에 유입하는 전류와 유출하는 전류의 차에 의해 동작하는 계전기

답 : ②

핵심58 조명공사(Ⅰ)

1. 조명용어

용어	기호	단위	정의
광속	F	[lm] : 루멘	복사에너지를 눈으로 보았을 때 느낄 수 있는 빛의 크기
광도	I	[cd] : 칸델라	광원에서 임의의 방향으로 향하는 단위 입체각에 대한 광속밀도
조도	E	[lx] : 룩스	피조면의 밝기로서 피조면 단위면적당 광속의 비
휘도	B	[sb]=[nt] : 스틸브=니트	광원 표면의 밝기로서 광원 단면적에 대한 광도의 비를 의미하며 눈부심의 정도로 표현할 수 있다.
광속발산도	R	[rlx] : 레드룩스	물체 표면의 밝기로서 발광 면적에 대한 광속의 비

참고
(1) 눈부심을 일으키는 휘도의 한계는 0.5[cd/cm^2]이다.
(2) 완전확산면이란 광원의 어느 방향에서나 휘도가 일정한 면을 의미하며 구형글로브가 대표적이다.

2. 조도의 입사각 코사인의 법칙

광원과 수직인 면을 기준으로 하여 θ만큼 기울어진 면의 조도는 $\cos\theta$에 비례한다.

$$E = \frac{I}{r^2}\cos\theta \, [\text{lx}]$$

여기서, E : 조도[lx], I : 광도[cd], r : 거리[m],
θ : 기울어진 면이 광원과 수직인 면과 이루는 각도

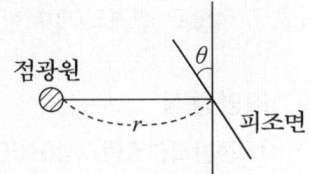

핵심유형문제 58

조명공학에서 사용되는 칸델라(cd)는 무엇의 단위인가? [16]
① 광도 ② 조도 ③ 광속 ④ 휘도

해설 광도(I)란 광원에서 임의의 방향으로 향하는 단위 입체각에 대한 광속밀도를 의미하며 단위로는 [cd](칸델라)라 표현한다.

답 : ①

핵심59 조명공사(Ⅱ)

1. 조명설계

(1) 실지수 : 조명률을 결정하기 위해 필요한 방지수로서 방의 크기에 의해 결정된다.

$$실지수 = \frac{X \cdot Y}{H(X+Y)}$$

여기서, H : 광원의 높이, X : 가로, Y : 세로

참고 광원의 높이(H)란 등기구로부터 작업면까지의 높이로서 직접조명인 경우 작업면에서 천정까지의 높이이다.

(2) 조명설계 공식

$$FUN = AED = \frac{AE}{M}$$

여기서, F : 광속, U : 조명률, N : 등수, A : 면적, E : 조도, D : 감광보상률, M : 유지율(또는 보수율)

(3) 등간격
 ① 등과 등 간격 : 전반조명인 경우 $S \leq 1.5H$[m]
 ② 등과 벽 간격 : $S' \leq \frac{H}{2}$[m], 단 벽면 사용시 $S' \leq \frac{H}{3}$[m]

(4) 조명설계시 고려사항
 조명은 물체를 있는 그대로 명확하게 보이게 하고 조도, 휘도, 눈부심, 그림자 및 분광 분포를 생활환경에 알맞게 적당한 값으로 유지하여 눈의 피로를 줄이며 안정적으로 설계되어야 한다.

2. 조명방식

(1) 전반확산조명 : 40~60[%] 정도의 빛이 위쪽과 아래쪽으로 고루 향하게 하고 실내 전체를 균일하게 조명하는 방식으로 주로 학교, 사무실, 공장 등에 채용된다.

(2) 직접조명 : 빛을 아래쪽으로 90~100[%], 위쪽으로 0~10[%] 정도로 향하게 하여 특정 장소만을 고조도로 하기 위한 조명방식이다.

(3) 반간접조명 : 빛을 아래쪽으로 10~40[%], 위쪽으로 60~90[%] 정도로 향하게 하여 눈부심을 작게 하기 위한 조명방식이다.

핵심유형문제 59

실내 전체를 균일하게 조명하는 방식으로 광원을 일정한 간격으로 배치하며 공장, 학교, 사무실 등에서 채용되는 조명방식은? [12, (유)07, 13]

① 국부조명　　② 전반조명　　③ 직접조명　　④ 간접조명

해설 전반확산조명은 40~60[%] 정도의 빛이 위쪽과 아래쪽으로 고루 향하게 하고 실내 전체를 균일하게 조명하는 방식으로 주로 학교, 사무실, 공장 등에 채용된다.

답 : ②

핵심60 제어배선공사 및 표준부하

중요도 ★★★
출제빈도
총44회 시행
총20문 출제

1. 제어배선공사

(1) 인터록 회로
전동기 정·역 운전 제어회로에서 전자개폐기가 동시에 작동될 경우 단락사고가 발생하게 되는데 이런 경우 선행동작을 우선하거나 또는 상대동작을 금지시킴으로서 동시 동작이나 동시 투입을 방지하기 위한 회로이다.

(2) 전동기 보호용 계전기
① 계전기 고유 식별 번호 : 49
② 명칭 : 회전기 온도계전기 또는 열동계전기
③ 용도 : 전동기 온도 상승으로 인한 과부하 소손을 방지하기 위함이다.

(3) 3로 스위치를 이용한 2개소 점멸회로 배관도면

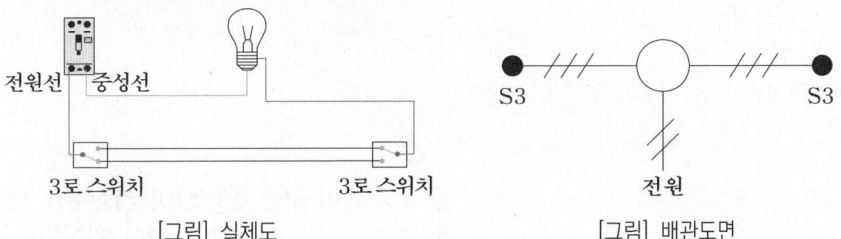

[그림] 실체도 [그림] 배관도면

2. 건축물의 종류에 대응한 표준부하

건축물의 종류	표준부하[VA/m²]
공장, 공회당, 사원, 교회, 극장, 영화관, 연회장 등	10
기숙사, 여관, 호텔, 병원, 학교, 음식점, 대중목욕탕	20
사무실, 은행, 상점, 이발소, 미용원	30
주택, 아파트	40

핵심유형문제 60

전동기의 온도 상승에 대한 보호는? [06, 18, 19, (유)10]

① 비율차동계전기 ② 부족전압계전기 ③ 과전류계전기 ④ 열동계전기

해설 전동기 보호용 계전기
(1) 계전기 고유 식별 번호 : 49
(2) 명칭 : 회전기 온도계전기 또는 열동계전기
(3) 용도 : 전동기 온도 상승으로 인한 과부하 소손을 방지하기 위함이다.

답 : ④

적중예상문제

01
보호계전기를 동작 원리에 따라 구분 할 때 해당 되지 않는 것은? [09, 10, 11]

① 유도형 ② 정지형
③ 디지털형 ④ 저항형

보호계전기의 분류

구분	종류
동작원리에 따른 분류	유도형, 정지형, 디지털형
동작시간에 따른 분류	순한시, 정한시, 반한시, 정한시-반한시
기능상의 분류	과전류계전기, 과전압계전기, 부족전압계전기, 단락방향계전기, 선택단락계전기, 거리계전기, 지락방향계전기, 선택지락계전기, 차동계전기, 지락과전류계전기, 주파수계전기 등

02
보호 계전기의 기능상 분류로 틀린 것은? [09, 12]

① 차동 계전기 ② 거리 계전기
③ 저항 계전기 ④ 주파수 계전기

보호계전기의 분류

구분	종류
기능상의 분류	과전류계전기, 과전압계전기, 부족전압계전기, 단락방향계전기, 선택단락계전기, 거리계전기, 지락방향계전기, 선택지락계전기, 차동계전기, 지락과전류계전기, 주파수계전기 등

03
최소 동작값 이상의 구동 전기량이 주어지면 일정 시한으로 동작하는 계전기는? [08]

① 반한시 계전기 ② 정한시 계전기
③ 순한시 계전기 ④ 반한시-정한시 계전기

한시계전기의 특성
(1) 순한시계전기 : 최소동작전류 이상의 전류가 흐르면 즉시 동작하는 계전기
(2) 정한시계전기 : 최소 동작값 이상의 구동 전기량이 주어지면 일정 시한으로 동작하는 계전기
(3) 반한시계전기 : 동작 시한이 구동 전기량이 커질수록 짧아지고, 구동 전기량이 작을수록 시한이 길어지는 계전기
(4) 정한시-반한시계전기 : 어느 전류값까지는 반한시계전기의 성질을 띠지만 그 이상의 전류가 흐르는 경우 정한시계전기의 성질을 띠는 계전기

04
동작 시한이 구동 전기량이 커질수록 짧아지고, 구동 전기량이 작을수록 시한이 길어지는 계전기는? [06, 18, 19]

① 계단형 한시계전기 ② 정한시 계전기
③ 순한시 계전기 ④ 반한시 계전기

한시계전기의 특성
반한시계전기는 동작 시한이 구동 전기량이 커질수록 짧아지고, 구동 전기량이 작을수록 시한이 길어지는 계전기이다.

05
보호를 요하는 회로의 전류가 어떤 일정한 값(정정값) 이상으로 흘렀을 때 동작하는 계전기는? [08, 12]

① 과전류 계전기 ② 과전압 계전기
③ 차동 계전기 ④ 비율차동 계전기

계전기의 용도 및 기능
과전류계전기(OCR)는 일정값 이상의 전류가 흘렀을 때 동작하는 계전기로서 용량이 작은 변압기의 단락 보호용의 주 보호방식으로 사용되는 계전기이다.

해답 01 ④ 02 ③ 03 ② 04 ④ 05 ①

06

용량이 작은 변압기의 단락 보호용으로 주 보호방식으로 사용되는 계전기는? [08, 12]

① 차동전류 계전방식 ② 과전류 계전방식
③ 비율차동 계전방식 ④ 기계적 계전방식

계전기의 용도 및 기능
과전류계전기(OCR)는 일정값 이상의 전류가 흘렀을 때 동작하는 계전기로서 용량이 작은 변압기의 단락 보호용의 주 보호방식으로 사용되는 계전기이다.

07

어느 일정 방향으로 일정값 이상의 단락전류가 흘렀을 때 동작하는 보호계전기는 무엇인가? [18]

① 과전압계전기 ② 과전류계전기
③ 단락방향계전기 ④ 선택지락계전기

계전기의 용도 및 기능
단락방향계전기는 어느 일정 방향으로 일정값 이상의 단락전류가 흘렀을 때 동작하는 계전기

08

평행 2회선의 선로에서 단락 고장회선을 선택하는데 사용하는 계전기는? [07]

① 선택단락계전기 ② 방향단락계전기
③ 차동단락계전기 ④ 거리단락계전기

계전기의 용도 및 기능
선택단락계전기(SSR)는 평행 2회선의 선로에서 단락 고장회선을 선택하는데 사용하는 계전기이다.

09

다음 중 거리계전기의 설명으로 틀린 것은? [13]

① 전압과 전류의 크기 및 위상차를 이용한다.
② 154[kV] 계통 이상의 송전선로 후비 보호를 한다.
③ 345[kV] 변압기의 후비 보호를 한다.
④ 154[kV] 및 345[kV] 모선 보호에 주로 사용한다.

거리계전기(ZR)의 용도 및 기능
(1) 154[kV] 및 345[kV] 계통 이상의 송전선로 및 변압기의 후비보호를 한다.
(2) 전압 및 전류의 크기 및 위상차를 이용하여 계전기가 설치된 위치에서 고장점까지의 임피던스에 비례하여 동작하는 계전기

10

계전기가 설치된 위치에서 고장점까지의 임피던스에 비례하여 동작하는 보호계전기는? [14]

① 방향단락계전기 ② 거리계전기
③ 과전압계전기 ④ 단락회로 선택계전기

거리계전기(ZR)의 용도 및 기능
(1) 154[kV] 및 345[kV] 계통 이상의 송전선로 및 변압기의 후비보호를 한다.
(2) 전압 및 전류의 크기 및 위상차를 이용하여 계전기가 설치된 위치에서 고장점까지의 임피던스에 비례하여 동작하는 계전기

11

선택지락계전기의 용도는? [08]

① 단일회선에서 접지전류의 대소의 선택
② 단일회선에서 접지전류의 방향의 선택
③ 단일회선에서 접지사고 지속시간의 선택
④ 다회선에서 접지고장 회선의 선택

계전기의 용도 및 기능
선택지락계전기(SGR)는 다회선에서 접지고장 회선만을 선택 차단하는 계전기이다.

12

변압기, 동기기 등의 층간 단락 등의 내부고장 보호에 사용되는 계전기는? [10, 15, 18]

① 차동계전기 ② 접지계전기
③ 과전압계전기 ④ 역상계전기

차동계전기 또는 비율차동계전기(RDF)의 용도 및 기능
(1) 변압기, 동기기 내부권선의 층간단락 등의 내부고장 보호에 사용되는 계전기
(2) 보호구간에 유입하는 전류와 유출하는 전류의 차에 의해 동작하는 계전기

13

변압기 내부고장에 대한 보호용으로 가장 많이 사용되는 것은? [18]

① 과전류계전기 ② 차동 임피던스
③ 비율차동계전기 ④ 임피던스계전기

차동계전기 또는 비율차동계전기(RDF)의 용도 및 기능
(1) 변압기, 동기기 내부권선의 층간단락 등의 내부고장 보호에 사용되는 계전기
(2) 보호구간에 유입하는 전류와 유출하는 전류의 차에 의해 동작하는 계전기

14

고장에 의하여 생긴 불평형의 전류차가 평형 전류의 어떤 비율 이상으로 되었을 때 동작하는 것으로, 변압기 내부 고장의 보호용으로 사용되는 계전기는? [10, (유)16]

① 과전류 계전기 ② 방향 계전기
③ 비율차동 계전기 ④ 역상 계전기

차동계전기 또는 비율차동계전기(RDF)의 용도 및 기능
(1) 변압기, 동기기 내부권선의 층간단락 등의 내부고장 보호에 사용되는 계전기
(2) 보호구간에 유입하는 전류와 유출하는 전류의 차에 의해 동작하는 계전기

15

같은 회로의 두 점에서 전류가 같을 때에는 동작 하지 않으나 고장시에 전류의 차가 생기면 동작 하는 계전기는? [09, 11, (유)10]

① 과전류계전기 ② 거리계전기
③ 접지계전기 ④ 차동계전기

차동계전기 또는 비율차동계전기(RDF)의 용도 및 기능
(1) 변압기, 동기기 내부권선의 층간단락 등의 내부고장 보호에 사용되는 계전기
(2) 보호구간에 유입하는 전류와 유출하는 전류의 차에 의해 동작하는 계전기

16

부흐홀츠 계전기로 보호되는 기기는? [06, 13]

① 발전기 ② 변압기
③ 전동기 ④ 회전 변류기

부흐홀츠계전기의 용도 및 기능
(1) 변압기 내부고장시 발생하는 가스의 부력과 절연유의 유속을 이용하여 변압기 내부고장을 검출하는 계전기
(2) 변압기 본체(주 탱크)와 콘서베이터 사이에 설치

17

부흐홀츠 계전기의 설치 위치는? [11, 12]

① 변압기 주 탱크 내부
② 콘서베이터 내부
③ 변압기의 고압측 부싱
④ 변압기 본체와 콘서베이터 사이

부흐홀츠계전기의 용도 및 기능
(1) 변압기 내부고장시 발생하는 가스의 부력과 절연유의 유속을 이용하여 변압기 내부고장을 검출하는 계전기
(2) 변압기 본체(주 탱크)와 콘서베이터 사이에 설치

해답 12 ① 13 ③ 14 ③ 15 ④ 16 ② 17 ④

18

낙뢰, 수목 접촉, 일시적인 섬락 등 순간적인 사고로 계통에서 분리된 구간을 신속히 계통에 투입시킴으로써 계통의 안정도를 향상시키고 정전 시간을 단축시키기 위해 사용되는 계전기는? [09, 11, 14, 18]

① 차동 계전기　② 과전류 계전기
③ 거리 계전기　④ 재폐로 계전기

계전기의 용도 및 기능
재폐로계전기는 낙뢰, 수목접촉, 일시적인 섬락 등 순간적인 사고로 계통에서 분리된 구간을 신속하게 계통에 재투입시킴으로써 계통의 안정도를 향상시키고 정전시간을 단축시키기 위해 사용되는 계전기이다.

19

보호계전기 시험을 하기 위한 유의 사항이 아닌 것은? [09, 11, 14]

① 시험회로 결선 시 교류와 직류 확인
② 영점의 정확성 확인
③ 계전기 시험 장비의 오차 확인
④ 시험 회로 결선 시 교류의 극성 확인

보호계전기의 시험을 위한 유의사항
(1) 시험회로 결선시 교류와 직류 확인
(2) 시험회로 결선시 직류의 극성 확인
(3) 영점의 정확성 확인
(4) 계전기 시험장치의 오차 확인

20

완전 확산면은 어느 방향에서 보아도 무엇이 동일한가? [16]

① 광속　② 휘도
③ 조도　④ 광도

완전확산면이란 광원의 어느 방향에서나 휘도가 일정한 면을 의미하며 구형글로브가 대표적이다.

21

60[cd]의 점광원으로부터 2[m]의 거리에서 그 방향과 직각인 면과 30° 기울어진 평면 위의 조도[lx]는? [13]

① 11　② 13
③ 15　④ 19

조도의 입사각 코사인의 법칙
$I = 60[\text{cd}]$, $r = 2[\text{m}]$, $\theta = 30°$ 이므로
$E = \dfrac{I}{r^2} \cos\theta [\text{lx}]$ 식에서
$\therefore E = \dfrac{I}{r^2}\cos\theta = \dfrac{60}{2^2} \times \cos 30° = 13[\text{lx}]$

22

가로 20[m], 세로 18[m], 천정의 높이 3.85[m], 작업면의 높이 0.85[m], 간접조명 방식인 호텔 연회장의 실지수는 약 얼마인가? [15]

① 1.16　② 2.16
③ 3.16　④ 4.16

실지수
$X = 20[\text{m}]$, $Y = 18[\text{m}]$, $H = 3.85 - 0.85 = 3[\text{m}]$ 이므로
실지수 $= \dfrac{X \cdot Y}{H(X+Y)}$ 식에서
$\therefore$ 실지수 $= \dfrac{X \cdot Y}{H(X+Y)} = \dfrac{20 \times 18}{3(20+18)} = 3.16$

23

작업 면에서 천장까지의 높이가 3[m]일 때 직접조명인 경우의 광원의 높이는 몇 [m]인가? [07]

① 1　② 2
③ 3　④ 4

광원의 높이(H)란 등기구로부터 작업면까지의 높이로서 직접조명인 경우 작업면에서 천정까지의 높이이다.
$\therefore$ 3[m]이다.

해답　18 ④　19 ④　20 ②　21 ②　22 ③　23 ③

24
실내 면적 100[m²]인 교실에 전광속이 2,500[lm]인 40[W] 형광등을 설치하여 평균조도를 150[lx]로 하려면 몇 개의 등을 설치하면 되겠는가?(단, 조명률은 50[%], 감광보상률은 1.25로 한다.) [16]

① 15개 ② 20개
③ 25개 ④ 30개

조명설계
$A = 100[m^2]$, $F = 2,500[lm]$, $E = 150[lx]$,
$U = 0.5$, $D = 1.25$ 이므로
$FUN = AED = \dfrac{AE}{M}$ 식에서
$\therefore N = \dfrac{AED}{FU} = \dfrac{100 \times 150 \times 1.25}{2,500 \times 0.5} = 15$

25
실내 전반조명을 하고자 한다. 작업대로부터 광원의 높이가 2.4[m]인 위치에 조명기구를 배치할 때 벽에서 한 기구이상 떨어진 기구에서 기구간의 거리는 일반적인 경우 최대 몇 [m]로 배치하여 설치하는가?(단, S≤1.5H를 사용하여 구하도록 한다.) [07]

① 1.8 ② 2.4
③ 3.2 ④ 3.6

등간격
전반조명인 경우 등과 등 간격은 $S \leq 1.5H[m]$ 이므로
$H = 2.4[m]$일 때
$\therefore S \leq 1.5H \leq 1.5 \times 2.4 = 3.6[m]$

26
조명설계 시 고려해야 할 사항 중 틀린 것은? [14]

① 적당한 조도일 것
② 휘도 대비가 높을 것
③ 균등한 광속 발산도 분포일 것
④ 적당한 그림자가 있을 것

조명설계시 고려사항
조명은 물체를 있는 그대로 명확하게 보이게 하고 조도, 휘도, 눈부심, 그림자 및 분광 분포를 생활환경에 알맞게 적당한 값으로 유지하여 눈의 피로를 줄이며 안정적으로 설계되어야 한다.

27
우수한 조명의 조건이 되지 못하는 것은? [06]

① 조도가 적당할 것
② 균등한 광속 발산도 분포일 것
③ 그림자가 없을 것
④ 광색이 적당할 것

조명설계시 고려사항
조명은 물체를 있는 그대로 명확하게 보이게 하고 조도, 휘도, 눈부심, 그림자 및 분광 분포를 생활환경에 알맞게 적당한 값으로 유지하여 눈의 피로를 줄이며 안정적으로 설계되어야 한다.

28
조명기구의 배광에 의한 분류 중 40~60[%] 정도의 빛이 위쪽과 아래쪽으로 고루 향하고 가장 일반적인 용도를 가지고 있으며 상하 좌우로 빛이 모두 나오므로 부드러운 조명이 되는 조명 방식은? [07]

① 직접 조명방식   ② 반직접 조명방식
③ 전반확산 조명방식 ④ 반간접 조명방식

조명방식
전반확산조명은 40~60[%] 정도의 빛이 위쪽과 아래쪽으로 고루 향하게 하고 실내 전체를 균일하게 조명하는 방식으로 주로 학교, 사무실, 공장 등에 채용된다.

29

하향광속으로 직접 작업면에 직사하고 상부방향으로 향한 빛이 천장과 상부의 벽을 부분 반사하여 작업면에 조도를 증가시키는 조명방식은? [13]

① 직접조명 ② 간접조명
③ 반간접조명 ④ 전반확산조명

조명방식
전반확산조명은 40~60[%] 정도의 빛이 위쪽과 아래쪽으로 고루 향하게 하고 실내 전체를 균일하게 조명하는 방식으로 주로 학교, 사무실, 공장 등에 채용된다.

30

조명기구를 배광에 따라 분류하는 경우 특정한 장소만을 고조도로 하기 위한 조명 기구는? [15]

① 직접 조명기구 ② 전반확산 조명기구
③ 광천장 조명기구 ④ 반직접 조명기구

조명방식
직접조명은 빛을 아래쪽으로 90~100[%], 위쪽으로 0~10[%] 정도로 향하게 하여 특정 장소만을 고조도로 하기 위한 조명방식이다.

31

조명기구를 반간접 조명방식으로 설치하였을 때 위(상방향)로 향하는 광속의 양[%]은? [14]

① 0~10 ② 10~40
③ 40~60 ④ 60~90

조명방식
반간접조명은 빛을 아래쪽으로 10~40[%], 위쪽으로 60~90[%] 정도로 향하게 하여 눈부심을 작게 하기 위한 조명방식이다.

32

자동제어 기구번호 중 회전기의 온도계전기의 기구번호는? [19]

① 27 ② 43
③ 49 ④ 52

전동기 보호용 계전기
(1) 계전기 고유 식별 번호 : 49
(2) 명칭 : 회전기 온도계전기 또는 열동계전기
(3) 용도 : 전동기 온도 상승으로 인한 과부하 소손을 방지하기 위함이다.

33

전자 개폐기에 부착하여 전동기의 소손 방지를 위하여 사용되는 것은? [10]

① 퓨즈 ② 열동 계전기
③ 배선용 차단기 ④ 수은 계전기

전동기 보호용 계전기
(1) 계전기 고유 식별 번호 : 49
(2) 명칭 : 회전기 온도계전기 또는 열동계전기
(3) 용도 : 전동기 온도 상승으로 인한 과부하 소손을 방지하기 위함이다.

34

두 개 이상의 회로에서 선행동작 우선회로 또는 상대동작 금지회로인 동력배선의 제어회로는? [09]

① 자기유지회로 ② 인터록회로
③ 동작지연회로 ④ 타이머회로

인터록 회로
전동기 정·역 운전 제어회로에서 전자개폐기가 동시에 작동될 경우 단락사고가 발생하게 되는데 이런 경우 선행동작을 우선하거나 또는 상대동작을 금지시킴으로서 동시 동작이나 동시 투입을 방지하기 위한 회로이다.

35

2개의 입력 가운데 앞서 동작한 쪽이 우선하고, 다른 쪽은 동작을 금지 시키는 회로는? [10]

① 자기유지회로　② 한시운전회로
③ 인터록회로　④ 비상운전회로

인터록 회로
전동기 정·역 운전 제어회로에서 전자개폐기가 동시에 작동될 경우 단락사고가 발생하게 되는데 이런 경우 선행동작을 우선하거나 또는 상대동작을 금지시킴으로서 동시 동작이나 동시 투입을 방지하기 위한 회로이다.

36

전동기의 정역운전을 제어하는 회로에서 2개의 전자개폐기의 작동이 동시에 일어나지 않도록 하는 회로는? [10]

① Y-△ 회로　② 자기유지 회로
③ 촌동 회로　④ 인터록 회로

인터록 회로
전동기 정·역 운전 제어회로에서 전자개폐기가 동시에 작동될 경우 단락사고가 발생하게 되는데 이런 경우 선행동작을 우선하거나 또는 상대동작을 금지시킴으로서 동시 동작이나 동시 투입을 방지하기 위한 회로이다.

37

전자접촉기 2개를 이용하여 유도전동기 1대를 정·역 운전하고 있는 시설에서 전자접촉기 2대가 동시에 여자 되어 상간 단락되는 것을 방지하기 위하여 구성하는 회로는? [15]

① 자기유지회로　② 순차제어회로
③ Y-△기동회로　④ 인터록회로

인터록 회로
전동기 정·역 운전 제어회로에서 전자개폐기가 동시에 작동될 경우 단락사고가 발생하게 되는데 이런 경우 선행동작을 우선하거나 또는 상대동작을 금지시킴으로서 동시 동작이나 동시 투입을 방지하기 위한 회로이다.

38

전등 한 개를 2개소에서 점멸하고자 할 때 옳은 배선은? [10, 12, (유)13]

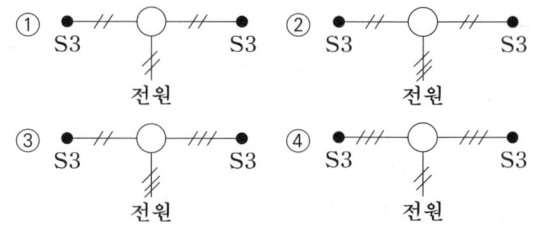

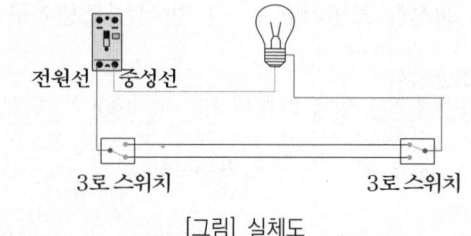

3로 스위치를 이용한 2개소 점멸회로 배관도면

[그림] 실체도

[그림] 배관도면

39

한 개의 전등을 두 곳에서 점멸할 수 있는 배선으로 옳은 것은? [13]

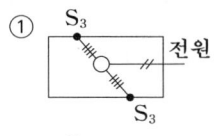 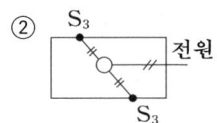
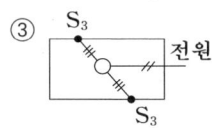 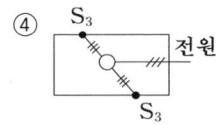

3로 스위치를 이용한 2개소 점멸회로 배관도면

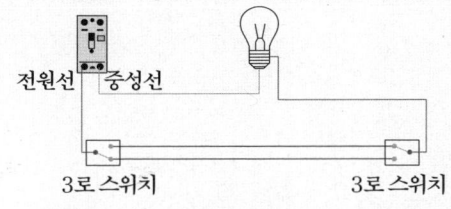

[그림] 실체도

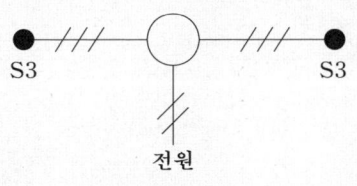

[그림] 배관도면

40

건축물의 종류에서 표준부하를 20[VA/m²]으로 하여야 하는 건축물은 다음 중 어느 것인가?

[08, (유)06, 09, 13]

① 교회, 극장   ② 학교, 음식점
③ 은행, 상점   ④ 아파트, 미용원

건축물의 종류에 대응한 표준부하	
건축물의 종류	표준부하[VA/m²]
공장, 공회당, 사원, 교회, 극장, 영화관, 연회장 등	10
기숙사, 여관, 호텔, 병원, 학교, 음식점, 대중목욕탕	20
사무실, 은행, 상점, 이발소, 미용원	30
주택, 아파트	40

41

건축물의 종류에 대응한 표준부하에서 원칙적으로 표준부하를 20[VA/m²]으로 적용하여야 하는 건축물은? [15]

① 교회, 극장   ② 호텔, 병원
③ 은행, 상점   ④ 아파트, 미용원

건축물의 종류에 대응한 표준부하	
건축물의 종류	표준부하[VA/m²]
기숙사, 여관, 호텔, 병원, 학교, 음식점, 대중목욕탕	20

42

건축물의 종류가 주택, 아파트일 때 적용하는 표준부하는 몇 [VA/m²]인가? [예상 KEC 규정]

① 10   ② 20
③ 30   ④ 40

건축물의 종류에 대응한 표준부하	
건축물의 종류	표준부하[VA/m²]
주택, 아파트	40

해답 39 ③ 40 ② 41 ② 42 ④

memo

2편

동영상강의 제공

복원기출문제

2020년 제1회 복원기출문제
　　　　제3회 복원기출문제
2021년 제1회 복원기출문제
　　　　제3회 복원기출문제
2022년 제1회 복원기출문제
　　　　제3회 복원기출문제
2023년 제1회 복원기출문제
　　　　제3회 복원기출문제
2024년 제1회 복원기출문제
　　　　제3회 복원기출문제

CBT 01 2020년 제1회 복원기출문제

1과목 : 전기 이론

01
저항 2[Ω]과 3[Ω]을 직렬로 접속하였을 때 합성 콘덕턴스의 값은 몇 [℧]인가?

① 0.1 ② 0.2
③ 0.3 ④ 0.4

2[Ω]과 3[Ω]이 직렬일 때 합성저항은
$R_0 = 2+3 = 5[\Omega]$ 이므로
합성 콘덕턴스 G_0는
$\therefore G_0 = \dfrac{1}{R_0} = \dfrac{1}{5} = 0.2[℧]$

02
줄의 법칙에서 발열량 계산식을 옳게 나타낸 것은?

① $H = 0.24 I^2 R$ [cal]
② $H = 0.24 I^2 R^2 t$ [cal]
③ $H = 0.24 I^2 R^2$ [cal]
④ $H = 0.24 I^2 Rt$ [cal]

$H = 0.24 W = 0.24 Pt = 0.24 VIt$
$= 0.24 I^2 Rt = 0.24 \dfrac{V^2}{R} t$ [cal]

03
패러데이 법칙에 의해서 전기 분해를 통한 석출된 물질의 양은 전기량과 어떤 관계인가?

① 전기량에 반비례한다.
② 전기량의 제곱에 반비례한다.
③ 전기량에 비례한다.
④ 전기량의 제곱에 비례한다.

전기화학에서 패러데이의 법칙이란 "전기분해에 의해서 석출되는 물질의 양은 전해액을 통과하는 총 전기량과 같으며, 그 물질의 화학당량에 비례한다."는 것을 의미한다.

04
기전력 5[V], 내부저항 0.5[Ω]인 전지 10개를 직렬로 접속하여 부하저항 45[Ω]과 직렬로 연결하였다. 이 때 부하저항에 흐르는 전류[A]는?

① 0.1 ② 0.5
③ 1.0 ④ 5.0

$E = 5$[V], $r = 0.5$[Ω], $n = 10$인 전지를 직렬 접속하고 $R = 45$[Ω]인 저항을 부하로 접속한 경우 회로에 흐르는 전류 I는
$I = \dfrac{nE}{nr+R}$ [A] 식에서
$\therefore I = \dfrac{nE}{nr+R} = \dfrac{10 \times 5}{10 \times 0.5 + 45} = 1$ [A]

05
가우스의 정리는 다음 무엇을 구하는데 사용하는가?

① 자장의 세기 ② 자위
③ 전장의 세기 ④ 전위

가우스(Gauss)의 정리는 자유 공간에서 임의의 폐곡면을 통하여 전계 E의 외부로 나가는 총 전속은 면으로 둘러싸인 총 전하를 ϵ_0로 나눈 것과 같다는 것이다. 그러므로 이는 전장의 세기 (E) 및 전속(Ψ)를 구하는 데 적용된다.

해답 01 ② 02 ④ 03 ③ 04 ③ 05 ③

06

콘덴서의 정전용량 C[F]에 정격전압 V[V]를 가하여 정전에너지 W[J]를 충전한 경우 정격전압을 구하는 식으로 옳은 것은?

① $V = \sqrt{\dfrac{2W}{C}}$ ② $V = \sqrt{\dfrac{W}{C}}$

③ $V = \dfrac{2W}{C}$ ④ $V = \dfrac{W}{V}$

정전에너지(W)
$W = \dfrac{1}{2}QV = \dfrac{Q^2}{2C} = \dfrac{1}{2}CV^2$[J] 식에서 정전용량($C$)과 정전에너지($W$)에 관계된 정격전압($V$) 공식은

∴ $V^2 = \dfrac{2W}{C}$ 또는 $V = \sqrt{\dfrac{2W}{C}}$ 이다.

07

반지름 r[m], 권수 N회의 환상 솔레노이드에 I[A]의 전류가 흐를 때, 그 내부의 자장의 세기 H[AT/m]는 얼마인가?

① $\dfrac{NI}{r^2}$ ② $\dfrac{NI}{2\pi}$

③ $\dfrac{NI}{4\pi r^2}$ ④ $\dfrac{NI}{2\pi r}$

환상 솔레노이드에 의한 자장의 세기(자계) : H[AT/m]
(1) 내부 자계 $H_i = \dfrac{NI}{l} = \dfrac{NI}{2\pi r}$[AT/m]
(2) 외부 자계 $H_o = 0$[AT/m]

08

50회 감은 코일과 쇄교하는 자속이 0.5[sec] 동안 0.1[Wb]에서 0.2[Wb]로 변화하였다면 기전력의 크기는 몇 [V]인가?

① 5   ② 10
③ 12   ④ 15

$N=50$, $dt=0.5$[sec], $d\phi=0.2-0.1$일 때
$e = N\dfrac{d\phi}{dt}$[V] 식에 의해서
∴ $e = N\dfrac{d\phi}{dt} = 50 \times \dfrac{0.2-0.1}{0.5} = 10$[V]

09

자기 인덕턴스가 각각 L_1과 L_2인 2개의 코일이 직렬로 접속되었을 때, 합성 인덕턴스는?(단, 자기력선에 의한 영향을 서로 받지 않는 경우이다.)

① $L = L_1 + L_2$
② $L = L_1 + L_2 - 2M$
③ $L = L_1 + L_2 + M$
④ $L = L_1 + L_2 + 2M$

구 코일이 자기력선에 의한 영향을 서로 받지 않는다는 것은 미결합 상태를 의미하므로 $k=0$, $M=0$이 된다.
$L_0 = L_1 + L_2 \pm 2M$[H] 식에서
∴ $L_0 = L_1 + L_2$[H]

10

권선수 50인 코일에 5[A]의 전류가 흘렀을 때 10^{-3}의 자속이 코일 전체를 쇄교 하였다면 이 코일의 자체 인덕턴스는?

① 10[mH]   ② 20[mH]
③ 30[mH]   ④ 40[mH]

자기 인덕턴스 : L[H]
$N=50$, $I=5$[A], $\phi=10^{-3}$[Wb]일 때
$LI=N\phi$ 식에 의해서
∴ $L = \dfrac{N\phi}{I} = \dfrac{50 \times 10^{-3}}{5} = 10 \times 10^{-3}$[H]
$= 10$[mH]

11

전압의 순시값이 $v = 250\sqrt{2}\sin\left(\omega t + \dfrac{\pi}{2}\right)$[V]인 경우 이를 복소수로 알맞게 표현한 것은 어떤 것인가?

① $250 + j250$
② $j250$
③ $250\sqrt{2} + j250\sqrt{2}$
④ $250 - j250$

교류의 실효값 표현
$v = V_m \sin(\omega t + \theta) = 250\sqrt{2}\sin\left(\omega t + \dfrac{\pi}{2}\right)$[V]
일 때 전압의 최대값 $V_m = 250\sqrt{2}$[V],
위상각 $\theta = \dfrac{\pi}{2} = 90°$ 이므로 이를 복소수로 표현하기 위해서는 실효값(V)으로 바꾸어 정리하여야 한다.
$V = \dfrac{V_m}{\sqrt{2}} \angle \theta = \dfrac{250\sqrt{2}}{\sqrt{2}} \angle 90° = 250 \angle 90°$[V]
$\therefore V = 250(\cos 90° + j\sin 90°) = j250$[V]

12

자장 내에 있는 도체에 전류를 흘리면 힘(전자력)이 작용하는데, 이 힘의 방향은 어떤 법칙으로 정하는가?

① 플레밍의 오른손 법칙
② 플레밍의 왼손 법칙
③ 렌쯔의 법칙
④ 앙페르의 오른나사 법칙

플레밍의 왼손 법칙은 자속밀도 B[Wb/m^2]가 균일한 자기장 내에 있는 어떤 도체에 전류(I)를 흘리면 그 도체에는 전자력(또는 힘) F[N]이 작용하게 되는데 이 힘을 구하기 위한 법칙으로서 전동기의 원리에 적용된다.

13

두 콘덴서 C_1, C_2를 직렬접속하고 양단에 V[V]의 전압을 가할 때 C_1에 걸리는 전압은?

① $\dfrac{C_1}{C_1 + C_2} V$[V]
② $\dfrac{C_2}{C_1 + C_2} V$[V]
③ $\dfrac{C_1 + C_2}{C_1} V$[V]
④ $\dfrac{C_1 + C_2}{C_2} V$[V]

콘덴서의 직렬연결
콘덴서 C_1, C_2 각각에 걸리는 전압을 V_1, V_2라 하면
$V_1 = \dfrac{C_2}{C_1 + C_2} V$[V], $V_2 = \dfrac{C_1}{C_1 + C_2} V$[V] 이다.
$\therefore V_1 = \dfrac{C_2}{C_1 + C_2} V$[V]

14

저항 8[Ω]과 유도 리액턴스 6[Ω]이 직렬로 접속된 회로에 200[V]의 교류 전압을 인가하는 경우 흐르는 전류[A]와 역률[%]은 각각 얼마인가?

① 20[A], 80[%]
② 10[A], 80[%]
③ 20[A], 60[%]
④ 10[A], 80[%]

$R = 8[\Omega]$, $X_L = 6[\Omega]$, $V = 200$[V]일 때
$I = \dfrac{V}{Z} = \dfrac{V}{\sqrt{R^2 + X_L^2}}$[A],
$\cos\theta = \dfrac{R}{Z} = \dfrac{R}{\sqrt{R^2 + X_L^2}}$ 식에서
$I = \dfrac{V}{\sqrt{R^2 + X_L^2}} = \dfrac{200}{\sqrt{8^2 + 6^2}} = 20$[A]
$\cos\theta = \dfrac{R}{\sqrt{R^2 + X_L^2}} = \dfrac{8}{\sqrt{8^2 + 6^2}}$
$= 0.8[\text{pu}] = 80[\%]$
$\therefore I = 20$[A], $\cos\theta = 80[\%]$

해답 11 ② 12 ② 13 ② 14 ①

15

평형 3상 회로에서 임피던스를 △결선에서 Y결선으로 하면 소비전력은 몇 배가 되는가?

① 3
② $\sqrt{3}$
③ $\frac{1}{3}$
④ $\frac{1}{\sqrt{3}}$

3상 소비전력(P)
각 상의 저항 R, 리액턴스 X, 선간전압 V_L 이라 하면 Y결선의 소비전력 P_Y, △결선의 소비전력 $P_\triangle$는 각각 $P_Y = \frac{V_L^2 R}{R^2 + X^2}$[W], $P_\triangle = \frac{3V_L^2 R}{R^2 + X^2}$
[W] 식에서 △결선의 소비전력이 Y결선의 소비전력보다 3배 크기 때문에 △결선에서 Y결선으로 하면
∴ 소비전력은 $\frac{1}{3}$ 배로 감소한다.

16

니켈의 원자가는 2이고 원자량은 58.7이다. 이 때 화학당량의 값은?

① 29.35
② 58.7
③ 60.7
④ 117.4

화학당량
화학당량은 일반적으로 원자량을 원자가로 나눈 값으로 정의하며 수소 1원자량과 화합 또는 치환하는 다른 원소량을 말한다.
∴ 화학당량 = $\frac{원자량}{원자가} = \frac{58.7}{2} = 29.35$

17

2[C]의 전기량이 두 점 사이를 이동하여 48[J]의 일을 하였다면 이 두 점 사이의 전위차는 몇 [V]인가?

① 12
② 24
③ 48
④ 64

전위차(V)
$Q = 2$[C], $W = 48$[J]일 때 전위차 V는
$V = \frac{W}{Q}$[V] 식에 의해서
∴ $V = \frac{W}{Q} = \frac{48}{2} = 24$[V]

18

자기 인덕턴스 10[mH]의 코일에 50[Hz], 314[V]의 교류 전압을 가했을 때 몇 [A]의 전류가 흐르는가? (단, 코일의 저항은 없는 것으로 하며, $\pi = 3.14$로 계산한다.)

① 10
② 31.4
③ 62.8
④ 100

코일에 흐르는 전류(I_L)
$L = 10$[mH], $f = 50$[Hz], $V = 314$[V]일 때
$I_L = \frac{V}{X_L} = \frac{V}{\omega L} = \frac{V}{2\pi f L}$[A] 식에 의해서
∴ $I_L = \frac{V}{2\pi f L} = \frac{314}{2 \times 3.14 \times 50 \times 10 \times 10^{-3}}$
$= 100$[A]

19

공기 중에 10[μC]과 20[μC]를 1[m] 간격으로 놓을 때 발생되는 정전력[N]은?

① 1.8
② 2×10^{-10}
③ 200
④ 98×10^9

정전계의 쿨롱의 법칙
$Q_1 = 10$[μC], $Q_2 = 20$[μC], $r = 1$[m]일 때
$F = \frac{Q_1 Q_2}{4\pi \epsilon_0 r^2} = 9 \times 10^9 \times \frac{Q_1 Q_2}{r^2}$[N] 식에서
∴ $F = 9 \times 10^9 \times \frac{10 \times 10^{-6} \times 20 \times 10^{-6}}{1^2}$
$= 1.8$[N]

해답 15 ③ 16 ① 17 ② 18 ④ 19 ①

20

단상 전력계 2대를 사용하여 3상 전력을 측정하고자 한다. 두 전력계의 지시값이 각각 P_1, P_2[W]이었다. 3상 전력 P[W]를 구하는 옳은 식은?

① $P = 3 \times P_1 \times P_2$ ② $P = P_1 - P_2$
③ $P = P_1 \times P_2$ ④ $P = P_1 + P_2$

2전력계법에서
(1) 3상 소비전력 = $P_1 + P_2 = \sqrt{3} \, VI\cos\theta$ [W]
(2) 3상 피상전력 = $\sqrt{3} \, VI$
$= 2\sqrt{P_1^2 + P_2^2 - P_1 P_2}$ [VA]

2과목 : 전기 기기

21

자기소호기능이 가장 좋은 소자는?

① SCR ② GTO
③ TRIAC ④ LASCR

GTO(Gate Turn Off)의 성질
(1) 게이트 신호로도 정지(턴오프 : Turn-Off) 시킬 수 있다.
(2) 자기소호기능을 갖는다.

22

변압기의 원리는 어느 작용을 이용한 것인가?

① 전자유도작용 ② 정류작용
③ 발열작용 ④ 화학작용

변압기는 1차측과 2차측의 코일 권수를 조정하여 전압을 변압하는 전기기기로서 전압과 전류가 함께 바뀌게 되며 이러한 현상은 전자유도작용의 원리에 의한 것이다.

23

직류 분권전동기에서 운전 중 계자권선의 저항을 증가시키면 회전속도는 어떻게 되는가?

① 감소한다.
② 증가한다.
③ 일정하다.
④ 증가하다가 계자 저항이 무한대가 되면 감소한다.

직류 분권전동기의 속도특성
$N = k \dfrac{V - R_a I_a}{\phi}$ [rps] 식에서
∴ 계자권선의 저항을 증가시키면 계자전류가 감소하고 자속이 감소하므로 회전속도는 증가한다.

24

플레밍(Fleming)의 오른손 법칙에 따라 기전력이 발생하는 기기는?

① 교류발전기 ② 교류전동기
③ 교류정류기 ④ 교류용접기

플레밍의 오른손 법칙은 자속밀도 B [Wb/m^2]가 균일한 자기장 내에서 도체가 속도 v [m/s]로 운동하는 경우 도체에 발생하는 유기기전력 e [V]의 크기를 구하기 위한 법칙으로서 발전기의 원리에 적용된다.

25

3상 유도전동기의 원선도를 그리는데 필요하지 않은 것은?

① 저항측정 ② 무부하시험
③ 구속시험 ④ 슬립측정

원선도를 그리기 위한 시험
(1) 무부하시험
(2) 구속시험
(3) 권선저항 측정시험

26

슬립 4[%]인 유도전동기의 등가 부하저항은 2차 저항의 몇 배인가?

① 5 ② 19
③ 20 ④ 24

등가 부하저항(R)
$s = 0.04$, 2차 저항 r_2라 할 때 등가 부하저항 R은
$R = \left(\dfrac{1}{s} - 1\right)r_2$ 식에서
$R = \left(\dfrac{1}{s} - 1\right)r_2 = \left(\dfrac{1}{0.04} - 1\right)r_2 = 24r_2[\Omega]$

27

복권발전기의 병렬운전을 안전하게 하기 위해서 두 발전기의 전기자와 직권 권선의 접촉점에 연결해야 하는 것은?

① 균압선 ② 집전환
③ 안정저항 ④ 브러시

직류발전기의 병렬운전 조건 중 직권 발전기, 과복권 발전기, 평복권 발전기는 병렬운전을 안전하게 하기 위해 반드시 균압선 또는 균압모선을 접속하여야 한다.

28

3상 동기발전기에 무부하 전압보다 90도 뒤진 전기자 전류가 흐를 때 전기자 반작용은?

① 감자작용을 한다.
② 증자작용을 한다.
③ 교차자화작용을 한다.
④ 자기여자작용을 한다.

동기발전기의 전기자 반작용 중 감자작용은 전기자 전류에 의한 자기장의 축이 주자속의 자극축과 일치하며 주자속을 감소시켜 전기자 전류의 위상이 기전력의 위상보다 90°($\dfrac{\pi}{2}$[rad]) 뒤진 지상전류가 흐르게 된다.

29

3상 동기발전기를 병렬운전 시키는 경우 고려하지 않아도 되는 것은?

① 주파수가 같을 것 ② 회전수가 같을 것
③ 위상이 같을 것 ④ 전압 파형이 같을 것

동기발전기의 병렬운전 조건
(1) 발전기 기전력의 크기가 같을 것
(2) 발전기 기전력의 위상가 같을 것
(3) 발전기 기전력의 주파수가 같을 것
(4) 발전기 기전력의 파형이 같을 것
(5) 발전기 기전력의 상회전 방향이 같을 것

30

동기전동기를 자체 기동법으로 기동시킬 때 계자 회로는 어떻게 하여야 하는가?

① 단락시킨다. ② 개방시킨다.
③ 직류를 공급한다. ④ 단상 교류를 공급한다.

동기전동기의 자기기동법에서 기동할 때 회전자속에 의해서 계자권선 안에는 고압이 유도되어 절연을 파괴할 우려가 있으므로 기동할 때에는 계자권선을 단락시킨다.

31

2극의 직류발전기에서 코일변의 유효길이가 l[m], 공극의 평균자속밀도 B[Wb/m^2], 주변속도 v[m/s]일 때 전기자 도체 1개에 유도되는 기전력의 평균값 e[V]는?

① $e = Blv$[V] ② $e = \dfrac{Bl}{v}$[V]
③ $e = \dfrac{v}{Bl}$[V] ④ $e = \dfrac{1}{Blv}$[V]

플레밍의 오른손법칙(발전기의 원리)
$e = \int (v \times B)dl = vBl\sin\theta$[V] 식에서 유기기전력은
$\therefore e = Blv$[V]

해답 26 ④ 27 ① 28 ① 29 ② 30 ① 31 ①

32
유도전동기가 많이 사용되는 이유가 아닌 것은?

① 값이 저렴
② 취급이 어려움
③ 전원을 쉽게 얻음
④ 구조가 간단하고 튼튼함

유도전동기가 많이 사용되는 이유
(1) 전원을 쉽게 얻을 수 있고 취급이 간단하다.
(2) 구조가 간단하고 튼튼하며 값이 싸다.
(3) 정속도 특성을 지니며 부하 변동에 대하여 속도의 변화가 적다.

33
유도전동기의 슬립이 증가된 경우 다음 중 틀린 것은 어떤 것인가?

① 2차 효율이 감소한다.
② 전동기의 회전수가 감소한다.
③ 2차 전압이 감소한다.
④ 2차 동손이 증가한다.

유도전동기의 특징
(1) 2차 효율(η_2)

$\eta_2 = 1-s = \dfrac{P_0}{P_2} = \dfrac{N}{N_s}$ 식에서 슬립이 증가하면 2차 효율은 감소한다.

(2) 전동기의 회전수(N)
$N = (1-s)N_s$[rpm] 식에서 슬립이 증가하면 전동기의 회전수는 감소한다.
(3) 2차 전압(E_{2s})
$E_{2s} = sE_2$[V] 식에서 슬립이 증가하면 2차 전압도 함께 증가한다.
(4) 2차 동손(P_{C2})
$P_{C2} = sP_2$[W] 식에서 슬립이 증가하면 2차 동손도 함께 증가한다.

34
직류기에서 보극을 두는 가장 주된 목적은?

① 기동 특성을 좋게 한다.
② 전기자 반작용을 크게 한다.
③ 정류작용을 돕고 전기자 반작용을 약화시킨다.
④ 전기자 자속을 증가 시킨다.

보극은 전압정류 작용으로 정류를 개선시키는 것이 주된 목적이지만 전기자 반작용의 억제 대책이기도 하다.

35
급정지하는데 가장 좋은 제동법은?

① 발전제동   ② 회생제동
③ 단상제동   ④ 역전제동

역전제동은 전동기를 제동할 때 역회전 토크를 공급하여 급정지 하는데 가장 좋은 제동법으로 "플러깅"이라고도 한다.

36
효율 80[%], 출력 10[kW]일 때 입력은 몇 [kW]인가?

① 7.5   ② 10
③ 12.5   ④ 20

전기기기의 효율(η)
$\eta = \dfrac{출력}{입력} \times 100$[%] 식에서
$\eta=80$[%], 출력=10[kW]일 때 입력은
입력 $= \dfrac{출력}{\eta} \times 100$[kW] 이므로
∴ 입력 $= \dfrac{10}{0.8} \times 100 = 12.5$[kW]

37
직류 복권전동기를 분권전동기로 사용하려면 어떻게 하여야 하는가?

① 분권계자를 단락시킨다.
② 부하단자를 단락시킨다.
③ 직권계자를 단락시킨다.
④ 전기자를 단락시킨다.

직류 복권전동기는 직권 계자권선과 분권 계자권선을 모두 포함하고 있으므로 직권 계자권선을 단락하면 분권전동기로 동작되고, 분권 계자권선을 개방하면 직권전동기로 동작된다.

38
3상 동기전동기의 특징이 아닌 것은?

① 부하의 변화로 속도가 변하지 않는다.
② 부하의 역률을 개선 할 수 있다.
③ 전부하 효율이 양호하다.
④ 공극이 좁으므로 기계적으로 견고하다.

동기전동기의 특징

장점	단점
① 속도가 일정하다.	① 기동토크가 작다.
② 역률 조정이 가능하다.	② 속도조정이 곤란하다.
③ 효율이 좋다.	③ 직류여자기가 필요하다.
④ 공극이 크고 튼튼하다.	④ 난조 발생이 빈번하다.
⑤ 역률을 항상 1로 운전할 수 있다.	

39
일정 전압 및 일정 파형에서 주파수가 상승하면 변압기 철손은 어떻게 변하는가?

① 증가한다.
② 감소한다.
③ 불변이다.
④ 어떤 기간 동안 증가한다.

변압기의 손실 중 철손은 히스테리시스손이 거의 대부분을 차지하기 때문에 전압이 일정한 경우 철손은 주파수에 반비례 관계에 있다.
∴ 주파수가 상승한 경우 철손은 감소한다.

40
직류 전동기의 속도 제어 방법 중 속도 제어가 원활하고 정토크 제어가 되며 운전 효율이 좋은 것은?

① 계자제어
② 병렬 저항제어
③ 직렬 저항제어
④ 전압제어

직류전동기의 속도제어 방법 중 전압제어법은 정토크 제어로서 전동기의 공급전압 또는 단자전압을 변화시켜 속도를 제어하는 방법으로 광범위한 속도제어가 되고 제어가 원활하며 운전 효율이 좋은 특성을 지니고 있다.

3과목 : 전기 설비

41
버스덕트공사에서 도중에 부하를 접속할 수 있도록 제작한 덕트는?

① 피더 버스덕트
② 플러그인 버스덕트
③ 트롤리 버스덕트
④ 이동 부하 버스덕트

버스덕트의 종류
(1) 피더 버스덕트 : 덕트 중간에 부하를 접속하지 아니한 것.
(2) 익스팬션 버스덕트 : 열에 의한 신축에 따른 변화량을 흡수하는 구조로 된 것.
(3) 탭붙이 버스덕트 : 종단 및 중간에 기기 또는 전선 등과 접속시키기 위한 탭이 있는 구조
(4) 트랜스포지션 버스덕트 : 각 상의 임피던스를 평형시키기 위해 도체 상호간의 위치를 관로 안에서 교체 시킬 수 있는 구조로 된 것.
(5) 플러그인 버스덕트 : 덕트 중간에 부하를 접속할 수 있는 꽂음 플러그가 있는 구조
(6) 트롤리 버스덕트 : 덕트 중간에 이동 부하를 접속할 수 있도록 트롤리 접촉식 구조로 된 것.

해답 37 ③ 38 ④ 39 ② 40 ④ 41 ②

42
전선의 굵기를 측정할 때 사용되는 것은?

① 와이어 게이지 ② 파이어 포트
③ 스패너   ④ 프레셔 툴

측정공구

공구명	용도
와이어 게이지	전선의 굵기를 측정한다.
파이어 포트	납땜인두를 가열하거나 납물을 만드는데 필요한 화로
스패너	볼트나 너트를 죄는데 사용되는 공구
프레셔 툴	전선에 솔더리스 커넥터, 솔더리스 터미널과 같은 압착단자를 접속할 때 사용되는 공구

43
계기용 변압기의 2차측 단자에 접속하여야 할 것은?

① O.C.R   ② 전압계
③ 전류계   ④ 전열 부하

계기용 변압기(PT)
(1) 수변전 설비의 고압회로에 걸리는 전압을 표시하기 위해 전압계를 시설할 때 고압회로와 전압계 사이에 시설하는 기기로서 PT 2차측 단자에는 전압계가 접속된다.
(2) 2차측 정격전압 : 110[V]

참고 계기용 변압기 2차측에는 Pilot Lamp를 설치하여 전원의 유무를 표시한다.

44
무대, 무대마루 밑, 오케스트라 박스, 영사실, 기타 사람이나 무대 도구가 접촉할 우려가 있는 장소에 시설하는 저압 옥내배선, 전구선 또는 이동전선은 최고 사용전압이 몇 [V] 이하이어야 하는가?

① 100   ② 200
③ 400   ④ 700

무대·무대마루 밑·오케스트라 박스·영사실 등에 시설하는 저압 옥내배선, 전구선 또는 이동전선은 사용전압이 400[V] 이하이어야 한다.

45
선택지락계전기의 용도는?

① 단일회선에서 접지전류의 대소의 선택
② 단일회선에서 접지전류의 방향의 선택
③ 단일회선에서 접지사고 지속시간의 선택
④ 다회선에서 접지고장 회선의 선택

선택지락계전기(SGR)는 다회선에서 접지고장 회선만을 선택 차단하는 계전기이다.

46
화약고 등의 위험장소의 배선 공사에서 전로의 대지 전압은 몇 [V] 이하이어야 하는가?

① 300   ② 400
③ 500   ④ 600

화약류 저장소 등의 위험장소
화약류 저장소 안의 조명기구에 전기를 공급하기 위한 전기설비는 전로의 대지전압이 300[V] 이하일 것.

47
전선 접속에 관한 설명으로 틀린 것은?

① 접속부분의 전기저항을 증가시켜서는 안 된다.
② 전선의 세기를 20[%] 이상 유지해야 한다.
③ 접속부분에 전기적 부식이 생기지 않도록 한다.
④ 절연을 원래의 절연효력이 있는 테이프로 충분히 한다.

나전선 상호 또는 나전선과 절연전선 또는 캡타이어 케이블과 접속하는 경우
(1) 전선의 세기[인장하중(引張荷重)으로 표시한다]를 20[%] 이상 감소시키지 아니할 것. (또는 80[%] 이상 유지할 것.)
(2) 접속부분은 접속관 기타의 기구를 사용할 것.

48
가공 전선로의 지지물을 지선으로 보강하여서는 안 되는 것은?

① 목주
② A종 철근콘크리트주
③ B종 철근콘크리트주
④ 철탑

지선의 시설
철탑은 지선을 사용하여 그 강도를 분담시켜서는 안된다.

49
용량이 작은 변압기의 단락 보호용으로 주보호 방식에 사용되는 계전기는?

① 차동전류 계전기
② 과전류 계전기
③ 비율차동 계전기
④ 기계적 계전기

과전류계전기(OCR)는 일정값 이상의 전류가 흘렀을 때 동작하는 계전기로서 용량이 작은 변압기의 단락 보호용의 주 보호방식으로 사용되는 계전기이다.

50
논이나 기타 지반이 약한 곳에 건주 공사시 전주의 넘어짐을 방지하기 위해 시설하는 것은?

① 완금　　　② 근가
③ 완목　　　④ 행거밴드

논이나 기타 지반이 약한 곳에 건주 공사시 전주의 넘어짐을 방지하기 위해 근가를 시설한다.

51
다음 ( ) 안에 들어갈 내용으로 알맞은 것은?

> 사람의 접촉 우려가 있는 합성수지제 몰드는 홈의 폭 및 깊이(㉠)[cm] 이하로, 두께는 (㉡)[mm] 이상의 것이어야 한다.

① ㉠ 3.5, ㉡ 1　　② ㉠ 5, ㉡ 1
③ ㉠ 3.5, ㉡ 2　　④ ㉠ 5, ㉡ 2

합성수지몰드공사
합성수지몰드는 홈의 폭 및 깊이가 35[mm] 이하, 두께는 2[mm] 이상의 것일 것. 다만, 사람이 쉽게 접촉할 우려가 없도록 시설하는 경우에는 폭이 50[mm] 이하, 두께 1[mm] 이상의 것을 사용할 수 있다.

52
전선의 재료로서 구비해야 할 조건이 아닌 것은?

① 기계적 강도가 클 것
② 비중이 클 것
③ 가요성이 풍부할 것
④ 내식성이 클 것

전선의 재료로서 구비해야 할 조건
(1) 도전율이 크고 고유저항은 작을 것
(2) 허용전류가 크고 기계적 강도가 클 것
(3) 비중이 작고 가요성이 풍부할 것(가선작업이 용이할 것)
(4) 내식성이 클 것
(5) 가격이 저렴할 것

53
전선에 안전하게 흘릴 수 있는 최대 전류를 무슨 전류라 하는가?

① 과도전류　　② 전도전류
③ 허용전류　　④ 맥동전류

전선에 정격전류 이상의 전류가 흐르면 온도상승으로 인하여 절연물이 변질되거나 열화하여 소손될 우려가 있다. 이때 전선에 흐르는 최대안전전류를 전선의 허용전류라 한다.

해답 48 ④　49 ②　50 ②　51 ③　52 ②　53 ③

54

수전설비에 갖추어야 할 계전기에 대한 설명이다. 다음 중 잘못 설명된 것은 어떤 것인가?

① 과전류계전기를 설치하였다.
② 부족전압계전기를 설치하였다.
③ 부족전류계전기는 반드시 설치하여야 한다.
④ 지락계전기를 설치하였다.

> **수전설비에 설치되는 보호계전기의 종류**
> 고압 또는 특고압 수전설비에 사용되는 보호계전기는 항상 변성기와 함께 조합하여 설치되는데 그 조합은 아래와 같다.
> (1) 계기용 변압기(PT)와 조합되는 보호계전기는 과전압계전기(OVR), 부족전압계전기(UVR)이다.
> (2) 계기용 변류기(CT)와 조합되는 보호계전기는 과전류계전기(OCR), 지락과전류계전기(OCGR)이다.
> (3) 영상변류기(ZCT)와 조합되는 보호계전기는 지락계전기(GR) 또는 선택지락계전기(SGR), 방향지락계전기(DGR)이다.
> (4) 접지형 계기용 변압기(GPT)와 조합되는 보호계전기는 지락과전압계전기(OVGR)이다.

55

접지도체에 피뢰시스템이 접속되는 경우, 접지도체의 단면적으로 알맞은 것은? [변형문제]

① 구리 10[mm²] 또는 철 25[mm²] 이상
② 구리 16[mm²] 또는 철 25[mm²] 이상
③ 구리 10[mm²] 또는 철 50[mm²] 이상
④ 구리 16[mm²] 또는 철 50[mm²] 이상

> **접지도체의 최소 단면적**
> 접지도체에 피뢰시스템이 접속되는 경우, 접지도체의 단면적은 구리 16[mm²] 또는 철 50[mm²] 이상으로 하여야 한다.

56

변전소의 역할에 대한 내용이 아닌 것은?

① 전압의 변성   ② 전력생산
③ 전력의 집중과 배분   ④ 역률개선

> **변전소의 역할**
> (1) 전압의 변성과 조정
> (2) 전력의 집중과 배분
> (3) 전력조류의 제어
> (4) 송배전선로 및 변전소의 보호
> (5) 조상설비에 의한 역률개선
> ∴ 전력의 발생은 발전소의 역할이다.

57

전압의 종별에서 특고압이란?

① 7[kV] 넘는 것   ② 4[kV] 넘는 것
③ 14[kV] 이상   ④ 20[kV] 이상

> **전압의 구분**
> (1) 저압 ; 교류는 1[kV] 이하, 직류는 1.5[kV] 이하인 것.
> (2) 고압 ; 교류는 1[kV]를, 직류는 1.5[kV]를 초과하고, 7[kV] 이하인 것.
> (3) 특고압 : 7[kV]를 초과하는 것

58

목장의 전기울타리에 사용하는 경동선의 지름은 최소 몇 [mm] 이상이어야 하는가?

① 1.6   ② 2.0
③ 2.6   ④ 3.2

> **전기울타리의 시설**
> (1) 전선은 인장강도 1.38[kN] 이상의 것 또는 지름 2[mm] 이상의 경동선일 것.
> (2) 전선과 이를 지지하는 기둥 사이의 이격거리는 2.5[cm] 이상일 것.
> (3) 전선과 다른 시설물(가공전선을 제외) 또는 수목과의 이격거리는 0.3[m] 이상일 것.

해답 54 ③ 55 ④ 56 ② 57 ① 58 ②

59
교통신호등의 제어장치로부터 신호등의 전구까지의 전로에 사용하는 전압은 몇 [V] 이하인가?

[변형문제]

① 60
② 100
③ 300
④ 440

교통신호등의 시설
(1) 교통신호등 제어장치의 2차측 배선의 최대사용전압은 300[V] 이하이어야 한다.
(2) 교통신호등의 전구에 접속하는 인하선의 지표상의 높이는 2.5[m] 이상일 것.
(3) 교통신호등의 제어장치 전원측에는 전용 개폐기 및 과전류 차단기를 각 극에 시설하여야 한다.
(4) 교통신호등 회로의 사용전압이 150[V]를 넘는 경우에는 전로에 지락이 생겼을 경우 자동적으로 전로를 차단하는 누전차단기를 시설할 것.

60
합성수지관을 새들 등으로 지지하는 경우에는 그 지지점 간의 거리를 몇 [m] 이하로 하여야 하는가?

① 1.5[m] 이하
② 2.0[m] 이하
③ 2.5[m] 이하
④ 3.0[m] 이하

합성수지관공사
합성수지관의 지지점 간의 거리는 1.5[m] 이하로 하고, 또한 그 지지점은 관의 끝·관과 박스의 접속점 및 관 상호 간의 접속점 등에 가까운 곳에 시설할 것.

해답 59 ③ 60 ①

CBT 02 2020년 제3회 복원기출문제

1과목 : 전기 이론

01

감은 횟수 200회의 코일 P와 300회의 코일 S를 가까이 놓고 P에 1[A]의 전류를 흘릴 때 S와 쇄교하는 자속이 4×10^{-4}[Wb]이었다면 이들 코일 사이의 상호 인덕턴스는?

① 0.12[H]
② 0.12[mH]
③ 0.08[H]
④ 0.08[mH]

상호인덕턴스(M)
$N_p = 200$, $N_s = 300$, $I_p = 1$[A], $\phi = 4 \times 10^{-4}$[Wb]일 때
$M = \dfrac{L_p N_s}{N_p}$[H], $L_p I_p = N_p \phi$ 식에서
$L_p = \dfrac{N_p \phi}{I_p} = \dfrac{200 \times 4 \times 10^{-4}}{1} = 8 \times 10^{-2}$[H]
$\therefore M = \dfrac{L_p N_s}{N_p} = \dfrac{8 \times 10^{-2} \times 300}{200} = 0.12$[H]

02

2개의 코일을 서로 근접시켰을 때 한쪽 코일의 전류가 변화하면 다른 쪽 코일에 유기기전력이 발생하는 현상을 무엇이라고 하는가?

① 상호 결합
② 자체 유도
③ 상호 유도
④ 자체 결합

1차, 2차로 구별되는 2개의 코일을 서로 근접시켰을 때 1차 코일의 전류가 변화하면 2차 코일에 유도기전력이 발생하는 현상을 상호유도라 한다.

03

그림과 같이 I[A]의 전류가 흐르고 있는 도체의 미소 부분 Δl의 전류에 의해 이 부분이 r[m] 떨어진 점 P의 자기장 ΔH [A/m]는?

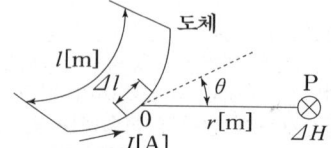

① $\Delta H = \dfrac{I^2 \Delta l \sin\theta}{4\pi r^2}$
② $\Delta H = \dfrac{I \Delta l^2 \sin\theta}{4\pi r}$
③ $\Delta H = \dfrac{I^2 \Delta l \sin\theta}{4\pi r}$
④ $\Delta H = \dfrac{I \Delta l \sin\theta}{4\pi r^2}$

비오-사바르의 법칙

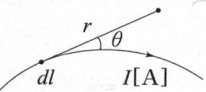

미소 선소(dl)내에 흐르는 전류(I)에 의해서 r[m]만큼 떨어진 점의 자계의 세기(H)는 전류와 미소 선소의 곱에 비례하고 $\sin\theta$에 비례하며 거리의 제곱에 반비례한다.
$\therefore dH = \dfrac{I dl \sin\theta}{4\pi r^2}$ [AT/m]

04

내부 저항이 0.1[Ω]인 전지 10개를 병렬 연결하면, 전체 내부 저항 [Ω]은?

① 0.01
② 0.05
③ 0.1
④ 1

전지의 내부저항이 r[Ω]이고 n개 병렬연결인 경우 전체 내부저항은 $\dfrac{r}{n}$[Ω]이므로 $r = 0.1$[Ω], $n = 10$일 때
$\therefore \dfrac{r}{n} = \dfrac{0.1}{10} = 0.01$[Ω]

05

20분간에 876,000[J]의 일을 할 때 전력은 몇 [kW]인가?

① 0.73 ② 7.3
③ 73   ④ 730

전력량(W)
$t = 20분 = 20 \times 60[\sec]$, $W = 876,000[\text{J}]$일 때
전력 P는 $W = P \cdot t[\text{J}]$ 식에 의해서
$\therefore P = \dfrac{W}{t} = \dfrac{876,000}{20 \times 60} = 730[\text{W}] = 0.73[\text{kW}]$

06

1초 동안 10[A]의 전류가 흐르는 도선에는 몇 개의 전자가 이동하는가?

① 6.24×10^{19} ② 6.24×10^{18}
③ 6.24×10^{17} ④ 6.24×10^{16}

1[C]의 전자의 개수는 6.24×10^{18}개이므로 10[C]의 전자의 개수는
$\therefore n = 6.24 \times 10^{18} \times 10 = 6.24 \times 10^{19}$개

07

교류 회로에서 무효 전력의 단위는?

① [W]   ② [VA]
③ [Var] ④ [V/m]

단위
① [W] : 유효전력=소비전력
② [VA] : 피상전력
③ [Var] : 무효전력
④ [V/m] : 전계(=전장)의 세기

08

브리지 회로에서 미지의 인덕턴스 L_x를 구하면?

① $L_x = \dfrac{R_2}{R_1} L_s$

② $L_x = \dfrac{R_1}{R_2} L_s$

③ $L_x = \dfrac{R_s}{R_1} L_s$

④ $L_x = \dfrac{R_1}{R_s} L_s$

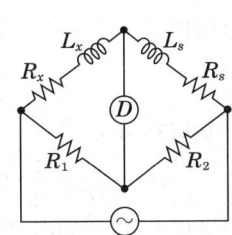

교류 회로에서의 브리지 평형 조건은 직류 회로에서 해했던 방법과 동일하다. 따라서 검류계 D를 기준으로 대각선끼리 서로 마주보는 임피던스의 곱이 서로 같다는 조건식을 세워 결과 식을 전개한다.
$Z_1 = R_1[\Omega]$, $Z_2 = R_2[\Omega]$, $Z_3 = R_X + j\omega L_X[\Omega]$,
$Z_4 = R_S + j\omega L_S[\Omega]$라 할 때
이 회로가 평형이 되기 위해서는 $Z_1 Z_4 = Z_2 Z_3$ 식을 만족하여야 하기 때문에
$R_1(R_S + j\omega L_S) = R_2(R_X + j\omega L_X)$ 식에서
$R_1 R_S + j R_1 \omega L_S = R_2 R_X + j R_2 \omega L_X$ 이므로
$R_1 R_S = R_2 R_X$, $R_1 \omega L_S = R_2 \omega L_X$ 이다.
$\therefore L_X = \dfrac{R_1 \omega L_S}{R_2 \omega} = \dfrac{R_1}{R_2} L_S$

09

비사인파의 일반적인 구성이 아닌 것은?

① 순시파   ② 고조파
③ 기본파   ④ 직류파

비정현파의 일반적인 구성은 "직류분+기본파+고조파"로 이루어져 있다.

10

어떤 콘덴서에 전압 20[V]를 가할 때 전하 800[μC]이 축적되었다면 이때 축적되는 에너지 [J]는?

① 0.008
② 0.16
③ 0.8
④ 160

정전에너지(W)
$W = \dfrac{1}{2}QV = \dfrac{Q^2}{2C} = \dfrac{1}{2}CV^2$[J] 식에서
$V = 20$[V], $Q = 800$[μC]이므로
∴ $W = \dfrac{1}{2}QV = \dfrac{1}{2} \times 20 \times 800 \times 10^{-6} = 0.008$[J]

11

전자 냉동기는 어떤 효과를 응용한 것인가?

① 제벡효과
② 톰슨효과
③ 펠티어효과
④ 주울효과

펠티에효과(Peltier effect)란 두 종류의 금속을 서로 접속하여 여기에 전류를 흘리면 접속점에서 열의 발생 또는 흡수가 일어나는 현상으로 전류의 방향에 따라 열의 발생 또는 흡수가 다르게 나타나는 현상이다. 또한 "펠티에효과"는 "전열효과"라고도 하며 전자냉동기나 전자온풍기 등에 응용된다.

12

전류계의 측정 범위를 확대시키기 위하여 전류계와 병렬로 접속하는 것은?

① 분류기
② 배율기
③ 검류계
④ 전위차계

배율기와 분류기
(1) 배율기 : 전압계의 측정범위를 넓히기 위하여 전압계와 직렬로 접속하는 저항기이다.
(2) 분류기 : 전류계의 측정범위를 넓히기 위하여 전류계와 병렬로 접속하는 저항기이다.

13

정전 용량 C_1, C_2를 병렬로 접속하였을 때의 합성 정전 용량은?

① $C_1 + C_2$
② $\dfrac{1}{C_1 + C_2}$
③ $\dfrac{1}{C_1} + \dfrac{1}{C_2}$
④ $\dfrac{C_1 C_2}{C_1 + C_2}$

정전용량이 병렬일 경우 합성정전용량은 합으로 계산된다.
∴ $C_0 = C_1 + C_2$[F]

비교 직렬일 경우
$C_0 = \dfrac{1}{\dfrac{1}{C_1} + \dfrac{1}{C_2}} = \dfrac{C_1 C_2}{C_1 + C_2}$[F]

14

반지름 r[m], 권수 N회의 환상 솔레노이드에 I[A]의 전류가 흐를 때, 그 내부의 자장의 세기가 H[AT/m]는 얼마인가?

① $\dfrac{NI}{r^2}$
② $\dfrac{NI}{2\pi}$
③ $\dfrac{NI}{4\pi r^2}$
④ $\dfrac{NI}{2\pi r}$

환상솔레노이드에 의한 자계 : H[AT/m]
(1) 내부 자계 $H_i = \dfrac{NI}{l} = \dfrac{NI}{2\pi r}$[AT/m]
(2) 외부 자계 $H_o = 0$[AT/m]

15

전류의 발열 작용과 관계가 있는 것은?

① 줄의 법칙
② 키르히호프의 법칙
③ 옴의 법칙
④ 플레밍의 법칙

전류의 열작용이란 "저항이 있는 도선에 전류가 흐르면 도선에서 열이 발생되는 현상"을 말하며 "줄의 법칙"에 의해서 설명된다.

16
전기 분해를 하면 석출되는 물질의 양은 통과한 전기량에 관계가 있다. 이것을 나타낸 법칙은?

① 옴의 법칙 ② 쿨롱의 법칙
③ 앙페르의 법칙 ④ 패러데이의 법칙

전기화학에서 패러데이의 법칙이란 "전기분해에 의해서 석출되는 물질의 양은 전해액을 통과하는 총 전기량과 같으며, 그 물질의 화학당량에 비례한다."는 것을 의미한다.

17
자기 회로의 길이 l[m], 단면적 A[m²], 투자율 μ[H/m]일 때 자기 저항 R[AT/Wb]을 나타낸 것은?

① $R = \dfrac{\mu l}{A}$ ② $R = \dfrac{A}{\mu l}$

③ $R = \dfrac{\mu A}{l}$ ④ $R = \dfrac{l}{\mu A}$

자기저항 R_m, 코일권수 N, 전류 I, 자속 ϕ, 길이 l, 투자율 μ, 단면적을 A라 하면
$$\therefore R_m = \dfrac{NI}{\phi} = \dfrac{l}{\mu A} \text{[AT/Wb]}$$

18
$Z_1 = 5 + j3[\Omega]$과 $Z_2 = 7 - j3[\Omega]$이 직렬 연결된 회로에 $V = 36$[V]를 가한 경우의 전류 [A]는?

① 1   ② 3
③ 6   ④ 10

Z_1, Z_2가 직렬일 때 합성임피던스는
$Z_0 = Z_1 + Z_2 = 5 + j3 + 7 - j3 = 12[\Omega]$이므로
$V = 36$[V]일 때 전류 I는
$$\therefore I = \dfrac{V}{Z_0} = \dfrac{36}{12} = 3\text{[A]}$$

19
다음 중 파형률을 나타낸 것은?

① $\dfrac{\text{실효값}}{\text{평균값}}$ ② $\dfrac{\text{최대값}}{\text{실효값}}$

③ $\dfrac{\text{평균값}}{\text{실효값}}$ ④ $\dfrac{\text{실효값}}{\text{최대값}}$

파고율 = $\dfrac{\text{최대값}}{\text{실효값}}$, 파형률 = $\dfrac{\text{실효값}}{\text{평균값}}$

20
용량을 변화시킬 수 있는 콘덴서는?

① 바리콘   ② 전해 콘덴서
③ 마일러 콘덴서   ④ 세라믹 콘덴서

바리콘콘덴서는 가변용량 콘덴서로서 용량을 임의대로 변화시킬 수 있는 콘덴서이다.

2과목 : 전기 기기

21
변압기의 2차 저항이 $0.1[\Omega]$일 때 1차로 환산하면 $360[\Omega]$이 된다. 이 변압기의 권수비는?

① 30   ② 40
③ 50   ④ 60

권수비(또는 전압비)
$r_2 = 0.1[\Omega]$, $r_1 = 360[\Omega]$일 때 $a = \sqrt{\dfrac{r_1}{r_2}}$ 식에서
$$\therefore a = \sqrt{\dfrac{r_1}{r_2}} = \sqrt{\dfrac{360}{0.1}} = 60$$

해답 16 ④ 17 ④ 18 ② 19 ① 20 ① 21 ④

22

단상 전파 정류 회로에서 교류 입력이 100[V]이면 직류 출력은 약 몇 [V]인가?

① 45
② 67.5
③ 90
④ 135

단상 전파 정류회로
교류전압 E, 직류전압 E_d라 하면
$E_d = \dfrac{2\sqrt{2}}{\pi} E = 0.9E$[V]이므로 $E = 100$[V]일 때
$\therefore E_d = 0.9E = 0.9 \times 100 = 90$[V]

23

동기전동기를 자기기동법으로 가동시킬 때 계자 회로는 어떻게 하여야 하는가?

① 단락시킨다.
② 개방시킨다.
③ 직류를 공급한다.
④ 단상 교류를 공급한다.

동기전동기의 자기기동법이란 동기전동기를 유도전동기로 기동하는 방법으로 기동시 저전압을 가하여 제동권선에 의해서 기동토크를 얻는다. 자기기동법은 기동토크가 작고, 전부하 토크의 40~60[%] 정도이다.

24

퍼센트 저항강하 3[%], 리액턴스 강하 4[%]인 변압기의 최대 전압 변동률[%]은?

① 1
② 5
③ 7
④ 12

$p = 3$[%], $q = 4$[%]일 때
$\delta_m = \%z = \sqrt{p^2 + q^2}$ [%] 식에서
$\therefore \delta_m = \%z = \sqrt{p^2 + q^2} = \sqrt{3^2 + 4^2} = 5$[%]

25

단락비가 큰 동기기에 대한 설명으로 옳은 것은?

① 기계가 소형이다.
② 안정도가 높다.
③ 전압 변동률이 크다.
④ 전기자 반작용이 크다.

동기발전기의 단락비가 큰 경우의 특징
(1) 안정도가 크고, 기계의 치수가 커지며 공극이 넓다.
(2) 철손이 증가하고, 효율이 감소한다.
(3) 동기 임피던스가 감소하고 단락전류 및 단락용량이 증가한다.
(4) 전압변동률이 작고, 전기자 반작용이 감소한다.
(5) 여자전류가 크다.

26

변류기 개방시 2차측을 단락하는 이유는?

① 2차측 절연 보호
② 2차측 과전류 보호
③ 측정오차 감소
④ 변류비 유지

계기용 변류기(CT)
(1) 대전류가 흐르는 고압회로에 전류계를 직접 연결할 수 없을 때 사용하는 기기로서 CT 2차측 단자에는 전류계가 접속된다.
(2) CT 2차측 개방되면 고압이 발생하여 절연이 파괴될 우려가 있기 때문에 시험시 또는 계기 접속시에 CT 2차측은 단락상태로 두어야 한다.

27

다음 중 정류자와 접촉하여 전기자권선과 외부 회로를 연결하는 역할을 하는 것은?

① 계자
② 전기자
③ 브러시
④ 계자철심

브러시는 정류자에 접촉되어 기전력에 의한 전기자 전류를 발전기 외부로 인출하는 부분으로 전기자 권선과 외부회로를 연결해 주는 부분이다.

해답 22 ③ 23 ① 24 ② 25 ② 26 ① 27 ③

28

6극 1,200[rpm] 동기발전기를 병렬운전하는 극수 4의 교류발전기의 회전수는 몇 [rpm]인가?

① 3,600 ② 2,400
③ 1,800 ④ 1,200

동기속도(N_s)
동기발전기의 병렬운전시 주파수가 일정할 경우
$N_s = \frac{120f}{p}$[rpm] 식에서 동기속도는 극수와 반비례하므로
$p=6$극, $N_s=1,200$[rpm], $P'=4$극일 때 N_s'는
∴ $N_s' = \frac{p}{p'}N_s = \frac{6}{4} \times 1,200 = 1,800$[rpm]

29

변압기유의 열화 방지를 위해 사용하는 장치는?

① 부싱   ② 발열기
③ 주름 철판 ④ 콘서베이터

절연유의 열화 방지 대책
(1) 콘서베이터 방식
(2) 질소봉입 방식
(3) 브리더 방식

30

직류 전동기의 회전 방향을 바꾸는 방법으로 옳은 것은?

① 전기자 회로의 저항을 바꾼다.
② 전기자 권선의 접속을 바꾼다.
③ 정류자의 접속을 바꾼다.
④ 브러시의 위치를 조정한다.

직류전동기를 역회전시키기 위해서는 계자전류와 전기자 전류 중 어느 하나의 방향만 바꾸어야 한다.

31

인견 공업에 사용되는 포트 전동기의 속도 제어는?

① 극수 변환에 의한 제어
② 1차 회전에 의한 제어
③ 주파수 변환에 의한 제어
④ 저항에 의한 제어

주파수 제어법은 주파수를 변환하기 위하여 인버터를 사용하고 인버터 장치로 VVVF(가변전압 가변주파수) 장치가 사용되고 있다. 전동기의 고속운전에 필요한 속도제어에 이용되며 선박의 추진 모터나 인견공장의 포트모터 속도제어 방법이다.

32

전기자 반작용이란 전기자 전류에 의해 발생한 기자력이 주자속에 영향을 주는 현상이다. 다음 중 전기자 반작용의 영향이 아닌 것은?

① 전기적 중성축 이동에 의한 정류의 악화
② 기전력의 불균일에 의한 정류자편 간 전압의 상승
③ 주자속 감소에 의한 기전력 감소
④ 자기 포화 현상에 의한 자속의 평균치 증가

직류기의 전기자 반작용에 의하여 주자속이 감소한다.

33

계자권선이 전기자와 접속되어 있지 않은 직류기는?

① 직권기
② 분권기
③ 복권기
④ 타여자기

타여자 발전기는 계자 권선이 전기자 권선과 접속되어 있지 않고 독립된 여자회로를 구성하고 있다.

34
직류를 교류로 변환하는 장치는?

① 정류기　　② 충전기
③ 순변환 장치　④ 역변환 장치

전력변환기기의 종류

구분	기능	용도
컨버터 (순변환 장치)	교류를 직류로 변환	정류기
인버터 (역변환장치)	직류를 교류로 변환	인버터
초퍼	직류를 직류로 변환	직류변압기
사이클로 컨버터	교류를 교류로 변환	주파수변환기

35
정격속도로 운전하는 무부하 분권발전기의 계자 저항이 $60[\Omega]$, 계자전류가 $1[A]$, 전기자저항이 $0.5[\Omega]$이라 하면 유도기전력은 약 몇 [V]인가?

① 30.5　　② 50.5
③ 60.5　　④ 80.5

$R_f = 60[\Omega]$, $I_f = 1[A]$, $R_a = 0.5[\Omega]$일 때
$E = I_f(R_a + R_f)[V]$ 식에서
∴ $E = I_f(R_a + R_f) = 1 \times (0.5 + 60) = 60.5[V]$

36
변압기의 정격 1차 전압이란?

① 정격 출력일 때의 1차 전압
② 무부하에 있어서의 1차 전압
③ 정격 2차 전압×권수비
④ 임피던스 전압×권수비

$N = \dfrac{E_1}{E_2}$ 식에서
∴ 정격 1차 전압 = 정격 2차 전압 × 권수비

37
직류발전기가 있다. 자극 수는 6, 전기자 총 도체수 400, 매극 당 자속 $0.01[Wb]$, 회전수는 $600[rpm]$일 때 전기자에 유기되는 기전력은 몇 [V]인가? (단, 전기자권선은 파권이다.)

① 40　　② 120
③ 160　④ 180

$p = 6$, $Z = 400$, $\phi = 0.01[Wb]$, $N = 600[rpm]$, $a = 2$(파권)일 때
$E = \dfrac{pZ\phi N}{60a} = k\phi N[V]$ 식에서
∴ $E = \dfrac{pZ\phi N}{60a} = \dfrac{6 \times 400 \times 0.01 \times 600}{60 \times 2} = 120[V]$

38
단락비가 1.2인 동기발전기의 % 동기 임피던스는 약 몇 [%]인가?

① 68　　② 83
③ 100　④ 120

$k_s = 1.2$일 때 $k_s = \dfrac{100}{\%Z_s} = \dfrac{I_s}{I_n}$ 식에서
∴ $\%Z_s = \dfrac{100}{k_s} = \dfrac{100}{1.2} = 83[\%]$

39
슬립 $s = 5[\%]$, 2차 저항 $r_2 = 0.1[\Omega]$인 유도 전동기의 등가 저항 $R[\Omega]$은 얼마인가?

① 0.4　　② 0.5
③ 1.9　　④ 2.0

$R = \left(\dfrac{1-s}{s}\right)r_2 = \left(\dfrac{1}{s} - 1\right)r_2[\Omega]$ 식에서
∴ $R = \left(\dfrac{1}{s} - 1\right)r_2 = \left(\dfrac{1}{0.05} - 1\right) \times 0.1 = 1.9[\Omega]$

해답　34 ④　35 ③　36 ③　37 ②　38 ②　39 ③

40

3,000/3,300[V]인 단권변압기의 자기용량은 약 몇 [kVA]인가? (단, 부하 = 1,000[kVA])

① 90   ② 70
③ 50   ④ 30

3,000/3,300[V]의 의미는 저압측 전압이 3,000[V], 고압측 전압이 3,300[V]라는 것이다. 따라서 $V_H = 3,300[V]$, $V_L = 3,000[V]$, $P = 1,000[KVA]$ 일 때

단권변압기 자기용량 = $\frac{V_H - V_L}{V_H} P$ 식에서

∴ $\frac{V_H - V_L}{V_H} P = \frac{3,300 - 3,000}{3,300} \times 1,000$
$= 90[KVA]$

3과목 : 전기 설비

41

금속관에 나사를 내기 위한 공구는?

① 오스터   ② 토치 램프
③ 펜치   ④ 유압식 벤더

오스터는 금속관 끝에 나사를 내는 공구이다.

42

굵은 전선을 절단할 때 사용하는 전기 공사용 공구는?

① 플레셔 툴   ② 녹아웃 펀치
③ 파이프 커터 ④ 클리퍼

클리퍼는 펜치로 절단하기 힘든 굵은 전선을 절단할 때 사용하는 공구이다.

43

설비용량 600[kW], 부등률 1.2, 수용률 0.6일 때 합성 최대전력[kW]은?

① 240   ② 300
③ 432   ④ 833

합성최대수용전력

합성최대수용전력 = $\frac{설비용량 \times 수용률}{부등률}$ [kW]이므로

∴ 합성최대전력 = $\frac{600 \times 0.6}{1.2} = 300[kW]$

44

배전반 및 분전반의 설치 장소로 적합하지 않은 곳은?
[변형문제]

① 접근이 어려운 장소
② 전기회로를 쉽게 조작할 수 있는 장소
③ 개폐기를 쉽게 개폐할 수 있는 장소
④ 안정된 장소

옥내에 시설하는 저압용 배전반과 분전반의 설치 장소
(1) 전기회로를 쉽게 조작할 수 있는 장소
(2) 개폐기를 쉽게 개폐할 수 있는 장소
(3) 노출된 장소
(4) 안정된 장소

45

절연전선 서로를 접속할 때 어느 접속기를 사용하면 접속부분에 절연을 할 필요가 없는가?

① 전선피박이   ② 박스형 커넥터
③ 전선커버   ④ 목대

박스형 커넥터
연결하고자 하는 전선을 박스에 삽입시켜서 접속하는 커넥터로서 별도의 납땜이나 테이프를 이용하여 절연할 필요가 없다.

해답 40 ①   41 ①   42 ④   43 ②   44 ①   45 ②

46
케이블을 조영재에 지지하는 경우에 이용되는 것이 아닌 것은?

① 터미널 캡   ② 클리트(cleat)
③ 스테이플   ④ 새들

케이블공사
(1) 전선을 조영재의 아랫면 또는 옆면에 따라 붙이는 경우에는 전선의 지지점 간의 거리를 케이블은 2[m](사람이 접촉할 우려가 없는 곳에서 수직으로 붙이는 경우에는 6[m]) 이하, 캡타이어 케이블은 1[m] 이하로 하고 또한 그 피복을 손상하지 아니하도록 붙일 것.
(2) 케이블을 조영재에 지지하는 경우 새들, 스테이플, 클리트 등으로 지지한다.
(3) 케이블의 굴곡부 곡률반경은 연피를 갖는 케이블일 때 케이블 외경의 12배, 연피를 갖지 않는 케이블일 때 케이블 외경의 5배 이상으로 하는 것이 바람직하다.

47
금속덕트공사에서 금속덕트에 넣는 전선(절연물 피복 포함)의 단면적의 합계는 덕트 내부 단면적의 몇 [%] 이하로 하는가?

① 10[%]   ② 20[%]
③ 30[%]   ④ 40[%]

금속덕트공사
(1) 금속덕트에 넣은 전선의 단면적(절연피복의 단면적을 포함한다)의 합계는 덕트의 내부 단면적의 20[%](전광표시장치 기타 이와 유사한 장치 또는 제어회로 등의 배선만을 넣는 경우에는 50[%]) 이하일 것.
(3) 폭이 40[mm] 이상, 두께가 1.2[mm] 이상인 철판 또는 동등 이상의 기계적 강도를 가지는 금속제의 것으로 견고하게 제작한 것일 것.
(4) 덕트를 조영재에 붙이는 경우에는 덕트의 지지점 간의 거리를 3[m] 이하로 하고 또한 견고하게 붙일 것.
(5) 덕트의 끝부분은 막을 것
(6) 덕트 안에 먼지가 침입하지 아니하도록 할 것.
(7) 덕트의 본체와 구분하여 뚜껑을 설치하는 경우에는 쉽게 열리지 아니하도록 시설할 것.

48
다음 중 주로 저압 옥내배선에 사용되는 차단기는?

① OCR   ② MCCB
③ VCB   ④ ABB

저압용 차단기의 종류

명칭	약호	비고
기중 차단기	ACB	저압 차단기로 저압 배전반에 수납된다.
배선용 차단기	MCCB 또는 NFB	저압 차단기로 주로 옥내간선 보호용이다.
누전 차단기	ELB	저압 차단기로 누전으로 인한 감전 및 화재를 방지한다.

49
무대, 무대마루 밑, 오케스트라 박스, 영사실, 기타 사람이나 무대 도구가 접촉할 우려가 있는 장소에 시설하는 저압 옥내배선, 전구선 또는 이동전선은 최고 사용전압이 몇 [V] 이하이어야 하는가?

① 100   ② 200
③ 400   ④ 700

무대·무대마루 밑·오케스트라 박스·영사실 기타 사람이나 무대 도구가 접촉할 우려가 있는 곳에 시설하는 저압 옥내배선, 전구선 또는 이동전선은 사용전압이 400[V] 이하이어야 한다.

50
콘크리트에 매입하는 금속관 공사에서 직각으로 배관할 때 사용하는 것은?

① 노멀 밴드   ② 뚜껑이 있는 엘보
③ 서비스 엘보   ④ 유니버설 엘보

노멀밴드는 콘크리트에 매입하는 금속관 공사에서 직각으로 배관할 때 사용하는 공구이다.

51

고압 가공전선로에 시설하는 피뢰기의 접지도체가 그 접지공사 전용의 것인 경우에는 접지저항 값이 몇 [Ω] 이하로 할 수 있는가? [변형문제]

① 10[Ω] ② 20[Ω]
③ 30[Ω] ④ 50[Ω]

피뢰기의 접지
고압 및 특고압의 전로에 시설하는 피뢰기 접지저항 값은 10[Ω] 이하로 하여야 한다. 다만, 고압 가공전선로에 시설하는 피뢰기의 접지도체가 그 접지공사 전용의 것인 경우에는 접지저항 값이 30[Ω] 이하로 할 수 있다.

52

가공 전선로의 지지물이 아닌 것은?

① 목주 ② 지선
③ 철근 콘크리트주 ④ 철탑

지선의 시설
철탑은 지선을 사용하여 그 강도를 분담시켜서는 안된다.

53

특별저압이란 인체에 위험을 초래하지 않을 정도의 저압을 말한다. 이 때 특별저압 계통의 전압한계에 대해서 알맞게 설명한 것은? [변형문제]

① 교류 30[V] 이하, 직류 100[V] 이하
② 교류 50[V] 이하, 직류 100[V] 이하
③ 교류 30[V] 이하, 직류 120[V] 이하
④ 교류 50[V] 이하, 직류 120[V] 이하

특별저압이란 인체에 위험을 초래하지 않을 정도의 저압을 말한다. 특별저압 계통의 전압한계는 교류 50[V], 직류 120[V] 이하를 말한다.

54

합성수지관 배선에서 경질 비닐전선관의 굵기에 해당되지 않는 것은?(단, 관의 호칭을 말한다.) [변형문제]

① 14 ② 16
③ 18 ④ 22

합성수지관공사의 기타 사항
(1) 절연성, 내식성이 뛰어나며 경량이기 때문에 시공이 원활하다.
(2) 누전의 우려가 없고 관 자체에 접지할 필요가 없다.
(3) 기계적 강도가 약하고 온도변화에 대한 신축작용이 크다.
(4) 관 상호간의 접속은 커플링, 박스 커넥터를 사용한다.
(5) 경질 비닐전선관의 호칭은 관 안지름으로 14, 16, 22, 28, 36, 42, 54, 70, 82, 100[mm]의 짝수로 나타낸다.

55

최대사용전압이 66[kV]인 중성점 비접지식 전로의 절연내력 시험전압은 몇 [kV]인가? [변형문제]

① 63.48[kV] ② 82.5[kV]
③ 86.25[kV] ④ 103.5[kV]

저·고압 및 특고압 전로의 절연내력
아래 표에서 정한 시험전압을 연속하여 10분간 가하여 이에 견디어야 한다.

전로의 최대사용전압		시험전압	최저시험전압
7[kV] 이하		1.5배	변압기 또는 기구의 전로인 경우 500[V]
7[kV] 초과 60[kV] 이하		1.25배	10.5[kV]
7[kV] 초과 25[kV] 이하 중성점 다중접지		0.92배	–
60[kV] 초과	비접지	1.25배	–
60[kV] 초과 170[kV] 이하	접지	1.1배	75[kV]
	직접접지	0.72배	–

∴ 시험전압 = 66 × 1.25 = 82.5[V]

56
기구 단자에 전선 접속 시 진동 등으로 헐거워지는 염려가 있는 곳에 사용되는 것은?

① 스프링 와셔 ② 2중 볼트
③ 삼각 볼트   ④ 접속기

스프링 와셔는 전선을 기구 단자에 접속할 때 진동 등의 영향으로 헐거워질 우려가 있는 경우에 사용하는 것이다.

57
과전류 차단기를 시설해야 할 곳은?

① 접지공사의 접지선
② 다선식 전로의 중성선
③ 인입선
④ 저압가공전로의 접지측

과전류 차단기의 시설 제한
(1) 접지공사의 접지도체
(2) 다선식 전로의 중성도체
(3) 전로의 일부에 접지공사를 한 저압 가공전선로의 접지측 전선

58
인입용으로 쓰이는 전선은?

① EV전선   ② DV전선
③ NR전선   ④ OW전선

전선의 약호
① EV 전선 : 폴리에틸렌 절연 비닐 시스 케이블
② DV 전선 : 인입용 비닐절연전선
③ NR 전선 : 450/750[V] 일반용 단심 비닐절연전선
④ OW 전선 : 옥외용 비닐절연전선

59
다음 중 공칭 단면적의 설명과 관계가 없는 것은?

① 계산상의 단면적은 별도로 한다.
② 단위는 [mm²]로 표시한다.
③ 전선의 실제 단면적과 같다.
④ 전선의 굵기를 나타내는 것이다.

공칭단면적은 피복 절연물을 제외한 도체만의 면적으로 전선의 굵기를 표현하는 명칭이다. 소선 수와 소선의 지름으로 나타내며 단위는 지름[mm] 또는 단면적[mm²]를 사용한다. 또한 계산상의 실제단면적은 별도로 하되 공식적으로 사용되는 단면적이며 주로 연선의 굵기를 나타낸다.

60
셀룰로이드, 성냥, 석유류 등 기타 가연성 위험물질을 제조 또는 저장하는 장소의 배선으로 잘못된 배선은? [변형문제]

① 금속관 배선   ② 합성수지관 배선
③ 플로어덕트 배선 ④ 케이블 배선

위험물이 있는 곳의 공사
셀룰로이드 · 성냥 · 석유류 기타 타기 쉬운 위험한 물질을 제조하거나 저장하는 곳에 시설하는 저압 옥내 전기설비의 공사 방법은 금속관공사, 합성수지관공사, 케이블공사에 의할 것.

해답 56 ① 57 ③ 58 ② 59 ③ 60 ③

CBT 03 2021년 제1회 복원기출문제

1과목 : 전기 이론

01
자속밀도 2[Wb/m²]의 평등 자장 안에 길이 60[cm]의 도선을 자장과 30°의 각도로 놓고 5[A]의 전류를 흘리면 도선에 작용하는 힘은 몇 [N]인가?

① 0.1 ② 0.3
③ 1   ④ 3

> 플레밍의 왼손법칙
> $B = 2[Wb/m^2]$, $l = 60[cm]$, $\theta = 30°$, $I = 5[A]$ 일 때
> $F = IBl\sin\theta$[N] 식에서
> ∴ $F = IBl\sin\theta$
> $= 5 \times 2 \times 60 \times 10^{-2} \times \sin 30° = 3[N]$

02
자기저항의 단위는 어느 것인가?

① [H/m]   ② [AT/Wb]
③ [AT/m]   ④ [Wb/m]

> 자기저항의 단위는 [AT/Wb]이다.

03
대칭 3상 교류에서 기전력 및 주파수가 같을 경우 각 상간의 위상차는 얼마인가?

① π   ② $\dfrac{\pi}{2}$
③ $\dfrac{2\pi}{3}$ ④ 2π

> 발전기나 변압기 및 전동기를 3개의 상으로 분할하여 3상 교류 전기기기를 만드는데 3상의 각 상간의 위상차를 120°(또는 $\dfrac{2\pi}{3}$[rad])로 하여 각 상의 크기 및 주파수를 동일하게 하는 교류를 대칭 3상 교류라 한다.

04
그림과 같은 회로에서 합성저항은 몇 [Ω]인가?

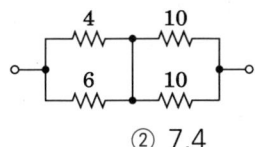

① 6.6   ② 7.4
③ 8.7   ④ 9.4

> 저항 4[Ω]과 6[Ω]의 병렬 합성저항을 R_1이라 하고, 저항 10[Ω]과 10[Ω]의 병렬 합성저항을 R_2라 할 때
> $R_1 = \dfrac{4 \times 6}{4 + 6} = 2.4[\Omega]$, $R_2 = \dfrac{10}{2} = 5[\Omega]$ 이다.
> 그리고 R_1과 R_2는 직렬 접속이므로 회로의 합성저항 R_0는
> ∴ $R_0 = R_1 + R_2 = 2.4 + 5 = 7.4[\Omega]$

05
전류에 의한 자기장의 방향을 결정하는 법칙은?

① 앙페르의 오른나사법칙
② 플레밍의 오른손법칙
③ 플레밍의 왼손법칙
④ 렌츠의 법칙

> 암페어의 오른나사 법칙은 나사의 회전방향과 그 방향에 따른 나사의 진행방향을 전류와 자장의 방향으로 표현한 법칙이다.

해답 01 ④ 02 ② 03 ③ 04 ② 05 ①

06

0.2[μF] 콘덴서와 0.1[μF] 콘덴서를 병렬 연결하여 40[V]의 전압을 가할 때 0.2[F]에 축적되는 전하[μC]의 값은?

① 2
② 4
③ 8
④ 12

$C_1 = 0.2[\mu F]$, $C_2 = 0.1[\mu F]$, $V = 40[V]$일 때 정전용량이 병렬일 때 C_1에 축적되는 전하량 Q_1은

$$Q_1 = C_1 V = \frac{C_2}{C_1 + C_2} Q[C] \text{ 식에서}$$

$\therefore Q_1 = C_1 V = 0.2 \times 10^{-6} \times 40$
$= 8 \times 10^{-6} [C] = 8[\mu C]$

07

용량이 250[kVA]인 단상 변압기 3대를 △결선으로 운전 중 1대가 고장 나서 V결선으로 운전하는 경우 출력은 약 몇 [kVA]인가?

① 144[kVA]
② 353[kVA]
③ 433[kVA]
④ 525[kVA]

변압기 V결선
변압기 1대분 용량 = 250[kVA]일 때
$P = \sqrt{3} \times$변압기 1대분 용량 [kVA] 식에서
$\therefore P = \sqrt{3} \times$변압기 1대분 용량
$= 250\sqrt{3} = 433[kVA]$

08

두 금속을 접속하여 여기에 전류를 통하면, 줄열 외에 그 접점에서 열의 발생 또는 흡수가 일어나는 현상은?

① 펠티에 효과
② 지벡 효과
③ 홀 효과
④ 줄 효과

펠티에 효과(Peltier effect)란 두 종류의 금속을 서로 접속하여 여기에 전류를 흘리면 접속점에서 열의 발생 또는 흡수가 일어나는 현상으로 전류의 방향에 따라 열의 발생 또는 흡수가 다르게 나타나는 현상이다. 또한 "펠티에 효과"는 "전열 효과"라고도 하며 전자냉동기나 전자온풍기 등에 응용된다.

09

전류를 계속 흐르게 하려면 전압을 연속적으로 만들어 주는 어떤 힘이 필요하게 되는데, 이 힘을 무엇이라 하는가?

① 자기력
② 전자력
③ 기전력
④ 전기장

전류를 계속 흐르게 하기 위해 전압을 연속적으로 공급하는 능력을 기전력이라 한다.

10

진공 중에 두 자극 m_1, m_2를 r[m]의 거리에 놓았을 때 작용하는 힘 F의 식으로 옳은 것은?

① $F = K \cdot \dfrac{m_1 m_2}{r}[N]$

② $F = K \cdot \dfrac{m_1 m_2}{r^2}[N]$

③ $F = K \cdot \dfrac{r}{m_1 m_2}[N]$

④ $F = K \cdot \dfrac{r^2}{m_1 m_2}[N]$

쿨롱의 법칙에 의한 두 자극 사이에 작용하는 힘은

$\therefore F = \dfrac{m_1 m_2}{4\pi \mu_0 r^2} = 6.33 \times 10^4 \dfrac{m_1 m_2}{r^2} = k \cdot \dfrac{m_1 m_2}{r^2}[N]$

11

같은 저항 4개를 그림과 같이 연결하여 a-b간에 일정전압을 가했을 때 소비전력이 가장 큰 것은 어느 것인가?

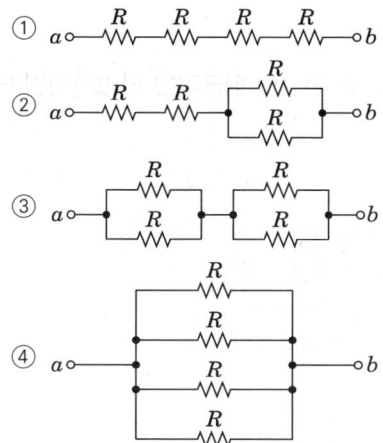

합성저항을 R_0라 할 때 일정전압(V)에서의 소비전력 P는 $P=\dfrac{V^2}{R_0}$[W]이므로 $P \propto \dfrac{1}{R_0}$임을 알 수 있다.
따라서 소비전력이 가장 큰 경우는 합성저항이 가장 작은 경우이다.
각 보기의 합성저항은 다음과 같다.
① $R_0 = 4R\,[\Omega]$
② $R_0 = 2R + \dfrac{R}{2} = 2.5R\,[\Omega]$
③ $R_0 = \dfrac{R}{2} + \dfrac{R}{2} = R\,[\Omega]$
④ $R_0 = \dfrac{R}{4} = 0.25R\,[\Omega]$
∴ 보기 ④번 회로의 소비전력이 가장 크다.

12

20[Ω], 30[Ω], 60[Ω]의 저항 3개를 병렬로 접속하고 여기에 60[V]의 전압을 가했을 때, 이 회로에 흐르는 전체 전류는 몇 [A]인가?

① 3[A] ② 6[A]
③ 30[A] ④ 60[A]

합성저항을 R이라 하면
$R = \dfrac{1}{\dfrac{1}{20}+\dfrac{1}{30}+\dfrac{1}{60}} = 10\,[\Omega]$ 이므로
$V = 60$[V]일 때 회로에 흐르는 전체 전류 I는
∴ $I = \dfrac{V}{R} = \dfrac{60}{10} = 6$[A]

13

다음 물질 중 강자성체로만 짝지어진 것은?

① 철, 니켈, 아연, 망간
② 구리, 비스무트, 코발트, 망간
③ 철, 구리, 니켈, 아연
④ 철, 니켈, 코발트

대표적인 강자성체로는 철, 니켈, 코발트, 망간이 이에 속한다.

14

실효값 5[A], 주파수 f[Hz], 위상 60°인 전류의 순시값 i[A]를 수식으로 옳게 표현한 것은?

① $i = 5\sqrt{2}\sin\left(2\pi ft + \dfrac{\pi}{2}\right)$
② $i = 5\sqrt{2}\sin\left(2\pi ft + \dfrac{\pi}{3}\right)$
③ $i = 5\sin\left(2\pi ft + \dfrac{\pi}{2}\right)$
④ $i = 5\sin\left(2\pi ft + \dfrac{\pi}{3}\right)$

$I = 5$[A], $\theta = 60° = \dfrac{\pi}{3}$[rad]일 때
$I_m = \sqrt{2}\,I$[A], $\omega = 2\pi f$[rad/s]이므로
$i = I_m \sin(\omega t + \theta)$[A] 식에 의해서
∴ $i = 5\sqrt{2}\sin\left(2\pi ft + \dfrac{\pi}{3}\right)$[A]

15

교류회로의 정현파 전압의 평균값이 100[V]일 때 실효값은 몇 [V]인가?

① 63 ② 100
③ 111 ④ 314

교류회로의 정현파에서 파형율은
파형율 $= \dfrac{\text{실효값}}{\text{평균값}} = \dfrac{\pi}{2\sqrt{2}} = 1.11$ 이므로
∴ 실효값 $= 1.11 \times$ 평균값
$= 1.11 \times 100 = 111[V]$

16

전류가 동일하게 흐르는 두 평행 도선이 1[m] 간격을 두고 있을 때 1[m] 길이에 대한 두 도선간 작용력이 1[N] 이였다면 두 도선에 흐르는 전류는 약 몇 [kA]인가?

① 1.2 ② 2.2
③ 3.2 ④ 4.2

평행도선 사이의 작용력
$F = \dfrac{2I_1 I_2}{d} \times 10^{-7} = \dfrac{2I^2}{d} \times 10^{-7}$ [N/m] 식에서
$d = 1[m]$, $F = 1[N/m]$ 이므로
∴ $I = \sqrt{\dfrac{Fd}{2 \times 10^{-7}}} = \sqrt{\dfrac{1 \times 1}{2 \times 10^{-7}}}$
$= 2,200[A] = 2.2[kA]$

17

자극의 세기가 m[Wb]인 길이 l[m]의 막대자석의 자기모멘트는 몇 [Wb·m]인가?

① ml ② ml^2
③ $\dfrac{l}{m}$ ④ $\dfrac{l^2}{m}$

막대자석의 자기모멘트는 자극의 세기와 막대자석의 길이의 곱으로 표현할 수 있다.
∴ $M = ml$ [Wb·m]

18

최대값 10[A]인 교류 전류의 평균값은 약 몇 [A]인가?

① 0.2 ② 0.5
③ 3.14 ④ 6.37

정현파 교류의 평균값
$I_m = 10[A]$일 때 평균값 I_a는
$I_a = 0.637 I_m$[A] 식에서
∴ $I_a = 0.637 I_m = 0.637 \times 10 = 6.37$[A]

19

공기 중 자장의 세기 20[AT/m]인 곳에 8×10^{-3} [Wb]의 자극을 놓으면 작용하는 힘[N]은?

① 0.16 ② 0.32
③ 0.43 ④ 0.56

자장의 세기
$H = \dfrac{m}{4\pi\mu_0 r^2} = 6.33 \times 10^4 \dfrac{m}{r^2} = \dfrac{F}{m}$ [AT/m] 식에서
$H = 20$[AT/m], $m = 8 \times 10^{-3}$[Wb] 이므로
작용하는 힘 F 는
∴ $F = mH = 8 \times 10^{-3} \times 20 = 0.16$[N]

20

히스테리시스 곡선에서 세로축과 만나는 점과 관계 있는 것은?

① 보자력 ② 잔류자기
③ 자속밀도 ④ 기자력

히스테리시스 곡선에서 종축(세로축)과 만나는 점을 잔류자기, 횡축(가로축)과 만나는 점을 보자력이라 한다.

2과목 : 전기 기기

21
직류전동기의 전기자 반작용에 의한 중성축은 이동 방향은 전동기의 회전방향에 대해서 어떠한가?

① 변하지 않는다.
② 회전방향으로 이동한다.
③ 회전방향과 반대방향으로 이동한다.
④ 회전방향에 대해서 수직으로 이동한다.

직류기의 전기자 반작용의 영향은 다음과 같다.
(1) 주자속이 감소하여 직류 발전기에서는 유기기전력(또는 단자전압)이 감소하고 직류 전동기에서는 토크가 감소한다.
(2) 편자작용에 의하여 중성축이 직류 발전기에서는 회전방향으로 이동하고 직류 전동기에서는 회전방향의 반대방향으로 이동한다.
(3) 기전력의 불균일에 의한 정류자 편간전압이 상승하여 브러시 부근의 도체에서 불꽃이 발생하며 정류불량의 원인이 된다.

22
변압기에서 퍼센트 저항강하 3[%], 퍼센트 리액턴스 강하 4[%]일 때 역률 0.8(지상)에서의 전압변동률은?

① 2.4[%]
② 3.6[%]
③ 4.8[%]
④ 6[%]

변압기 전압변동률
$p = 3[\%]$, $q = 4[\%]$, $\cos\theta = 0.8$(지상)일 때
$\delta = p\cos\theta + q\sin\theta[\%]$ 식에서
$\therefore \delta = p\cos\theta + q\sin\theta$
$= 3 \times 0.8 + 4 \times 0.6 = 4.8[\%]$

참고
$\sin\theta = \sqrt{1-\cos^2\theta}$ 이므로 $\cos\theta = 0.8$일 때
$\sin\theta = \sqrt{1-0.8^2} = 0.6$이다.

23
동기발전기의 돌발단락전류를 주로 제한하는 것은?

① 누설 리액턴스
② 역상 리액턴스
③ 동기 리액턴스
④ 권선저항

동기발전기의 돌발 단락전류는 순간 단락전류로서 단락된 순간 단시간동안 흐르는 대단히 큰 전류를 의미한다. 이 전류를 제한하는 값은 발전기의 내부 임피던스(또는 내부 리액턴스)로서 누설 임피던스(또는 누설 리액턴스)뿐이다.

24
3상 변압기의 병렬운전시 병렬운전이 불가능한 결선 조합은?

① △-△ 와 Y-Y
② △-△ 와 △-Y
③ △-Y 와 △-Y
④ △-△ 와 △-△

변압기 병렬운전
변압기 병렬운전이 가능한 경우와 불가능한 경우의 결선

가능	불가능
△-△ 와 △-△	△-△ 와 △-Y
△-△ 와 Y-Y	△-△ 와 Y-△
Y-Y 와 Y-Y	Y-Y 와 △-Y
Y-△ 와 Y-△	Y-Y 와 Y-△

25
동기발전기의 권선을 분포권으로 하면 어떻게 되는가?

① 권선의 리액턴스가 커진다.
② 파형이 좋아진다.
③ 난조를 방지한다.
④ 집중권에 비하여 합성 유도기전력이 높아진다.

동기발전기의 분포권의 특징
(1) 누설리액턴스가 감소한다.
(2) 고조파가 제거되고 기전력의 파형이 좋아진다.
(3) 슬롯 내부와 전기자 권선의 열발산에 효과적이다.
(4) 유기기전력이 감소하고 발전기의 출력이 감소한다.

해답 21 ③ 22 ③ 23 ① 24 ② 25 ②

26

3상 동기발전기를 병렬운전 시키는 경우 고려하지 않아도 되는 것은?

① 주파수가 같을 것 ② 회전수가 같을 것
③ 위상이 같을 것   ④ 전압 파형이 같을 것

동기발전기의 병렬운전 조건
(1) 발전기 기전력의 크기가 같을 것.
(2) 발전기 기전력의 위상가 같을 것.
(3) 발전기 기전력의 주파수가 같을 것.
(4) 발전기 기전력의 파형이 같을 것.
(5) 발전기 기전력의 상회전 방향이 같을 것.

27

2극 60[Hz], 슬립 5[%]인 유도전동기의 회전수는 몇 [rpm]인가?

① 1,836   ② 1,710
③ 1,540   ④ 1,200

유도전동기의 회전자 속도
$p=4$, $f=60[\text{Hz}]$, $s=0.05$일 때 유도전동기의 회전자 속도 N은
$N=(1-s)N_s=(1-s)\dfrac{120f}{p}$ [rpm] 식에서
$\therefore\ N=(1-s)\dfrac{120f}{p}=(1-0.05)\times\dfrac{120\times 60}{4}$
$\qquad =1,710[\text{rpm}]$

28

일정 전압 및 일정 파형에서 주파수가 상승하면 변압기 철손은 어떻게 변하는가?

① 증가한다.
② 감소한다.
③ 불변이다.
④ 어떤 기간 동안 증가한다.

변압기의 손실 중 철손은 히스테리시스손이 거의 대부분을 차지하기 때문에 전압이 일정한 경우 철손은 주파수에 반비례 관계에 있다.
∴ 주파수가 상승한 경우 철손은 감소한다.

29

3상 전파 정류회로에서 출력전압의 평균 전압값은? (단, V는 선간전압의 실효값)

① 0.45 V [V]   ② 0.9 V [V]
③ 1.17 V [V] ④ 1.35 V [V]

3상 전파 정류회로의 출력전압은
$E_d=1.35\,V$[V]이다.

30

농형 유도전동기의 기동법이 아닌 것은?

① Y-△ 기동법
② 기동보상기에 의한 기동법
③ 2차 저항기법
④ 전전압 기동법

농형 유도전동기의 기동법
(1) 전전압 기동법 : 5.5[kW] 이하의 소형에 적용
(2) Y-△ 기동법 : 5.5[kW]를 초과하고 15[kW] 이하에 적용하는 기동법으로 전전압 기동법에 비해 기동전류와 기동토크를 $\dfrac{1}{3}$배로 줄일 수 있다.
(3) 리액터 기동법 : 15[kW]를 넘는 전동기에 적용하며 리액터 전압강하에 의한 감전압 제어를 이용한다.
(4) 기동보상기법 : 15[kW]를 넘는 전동기에 적용하며 단권변압기를 이용하여 전압 조정을 이용한다.

해답 26 ② 27 ② 28 ② 29 ④ 30 ③

31
다음 중 전기 용접기용 발전기로 가장 적당한 것은?

① 직류 분권형 발전기
② 차동 복권형 발전기
③ 가동 복권형 발전기
④ 직류 타여자식 발전기

직류 자여자 복권발전기의 용도

구분	용도
평복권 발전기	부하에 관계없는 정전압 발전기
과복권 발전기	장거리 급전선의 전압강하 보상용
차동 복권 발전기	수하특성을 이용한 정전류 발전기 또는 전기 용접기용 발전기

32
직류전동기의 속도제어 방법이 아닌 것은?

① 전압제어　② 계자제어
③ 저항제어　④ 주파수제어

직류전동기의 속도제어법에는 전압제어법, 계자제어법, 저항제어법이 있다.

33
3상 유도전동기의 1차 입력 60[kW], 1차 손실 1[kW], 슬립 3[%]일 때 기계적 출력[kW]은?

① 62　② 60
③ 59　④ 57

유도전동기의 전력변환
$P_1 = 60[\text{kW}]$, $P_{l1} = 1[\text{kW}]$, $s = 0.03$일 때
1차 출력임과 동시에 2차 입력인 P_2는
$P_2 = P_1 - P_{l1} = 60 - 1 = 59[\text{kW}]$ 이므로
$P_0 = (1-s)P_2 = \frac{1-s}{s}P_{c2}$ 식에서
∴ $P_0 = (1-s)P_2 = (1-0.03) \times 59 = 57[\text{kW}]$

34
직류발전기에서 전압 정류의 역할을 하는 것은?

① 보극　② 탄소브러시
③ 전기자　④ 리액턴스 코일

직류발전기의 정류작용은 다음과 같다.
(1) 전압정류 : 보극을 설치하여 평균 리액턴스 전압을 감소시킨다.
(2) 저항정류 : 코일의 자기 인덕턴스가 원인이므로 접촉저항이 큰 탄소브러시를 채용한다.
(3) 브러시를 새로운 중성축으로 이동 : 발전기는 회전방향, 전동기는 회전방향의 반대방향으로 이동시킨다.
(4) 보극 권선 : 전기자 권선과 직렬로 접속한다.

35
다음 중 제동권선에 의한 기동토크를 이용하여 동기전동기를 기동시키는 방법은?

① 저주파 기동법　② 고주파 기동법
③ 기동 전동기법　④ 자기 기동법

동기전동기의 자기기동법이란 동기전동기를 유도전동기로 기동하는 방법으로 기동시 저전압을 가하여 제동권선에 의해서 기동토크를 얻는다. 자기기동법은 기동토크가 작고, 전부하 토크의 40~60[%] 정도이다.

36
발전기 권선의 층간 단락보호에 가장 적합한 계전기는?

① 차동 계전기　② 방향 계전기
③ 온도 계전기　④ 접지 계전기

차동계전기 또는 비율차동계전기(RDF)의 용도 및 기능
(1) 변압기, 동기기 내부권선의 층간단락 등의 내부고장 보호에 사용되는 계전기
(2) 보호구간에 유입하는 전류와 유출하는 전류의 차에 의해 동작하는 계전기

37
복잡한 전기회로를 등가 임피던스를 사용하여 간단히 변화시킨 회로는?

① 유도회로 ② 전개회로
③ 등가회로 ④ 단순회로

변압기의 등가회로는 권수비에 따라 전압, 전류, 임피던스, 저항, 리액턴스가 변하는 변압기의 특성을 이용하여 복잡한 전기회로를 간단한 등가회로로 바꾸어 해석하는데 이용된다.

38
동기조상기를 부족여자로 운전하면 어떻게 되는가?

① 콘덴서로 작용 ② 뒤진역률 보상
③ 리액터로 작용 ④ 저항손의 보상

역률이 1인 점을 기준으로 왼쪽은 부족여자로서 지상 역률이 되어 리액터로 작용하고 오른쪽은 과여자로서 진상 역률이 되어 콘덴서로 작용한다.

39
3상 동기발전기에 무부하 전압보다 90도 뒤진 전기자 전류가 흐를 때 전기자 반작용은?

① 감자작용을 한다.
② 증자작용을 한다.
③ 교차자화작용을 한다.
④ 자기여자작용을 한다.

동기발전기의 전기자 반작용 중 감자작용은 전기자 전류에 의한 자기장의 축이 주자속의 자극축과 일치하며 주자속을 감소시켜 전기자 전류의 위상이 기전력의 위상보다 $90°(\frac{\pi}{2}[rad])$ 뒤진 지상전류가 흐르게 된다. 그리고 주자속의 감소로 유기기전력은 감소한다.

40
수·변전 설비의 고압회로에 걸리는 전압을 표시하기 위해 전압계를 시설할 때 고압회로와 전압계 사이에 시설하는 것은?

① 관통형 변압기 ② 계기용 변류기
③ 계기용 변압기 ④ 권선형 변류기

계기용 변압기(PT)
(1) 수변전 설비의 고압회로에 걸리는 전압을 표시하기 위해 전압계를 시설할 때 고압회로와 전압계 사이에 시설하는 기기로서 PT 2치측 단자에는 전압계가 접속된다.
(2) 2차측 정격전압 : 110[V]

참고 계기용 변압기 2차측에는 Pilot Lamp를 설치하여 전원의 유무를 표시한다.

3과목 : 전기 설비

41
셀룰로이드, 성냥, 석유류 등 기타 가연성 위험물질을 제조 또는 저장하는 장소에 시설해서는 안 되는 배선은?

① 애자공사 ② 케이블공사
③ 합성수지관공사 ④ 금속관공사

위험물이 있는 곳의 공사
셀룰로이드·성냥·석유류 기타 타기 쉬운 위험한 물질을 제조하거나 저장하는 곳에 시설하는 저압 옥내 전기설비는 다음에 따른다.
(1) 공사 방법 : 금속관공사, 합성수지관공사, 케이블공사에 의할 것.
(2) 금속관공사에 사용하는 금속관은 박강전선관 또는 이와 동등 이상의 강도를 가지는 것일 것.
(3) 합성수지관공사
  ㉠ 두께 2[mm] 미만의 합성수지 전선관 및 난연성이 없는 콤바인덕트(CD)관을 사용하는 것은 제외한다.
  ㉡ 합성수지관 및 박스 기타의 부속품은 손상을 받을 우려가 없도록 시설할 것.

42
전선의 굵기를 측정하는 공구는?

① 권척
② 메거
③ 와이어 게이지
④ 와이어 스트리퍼

와이어 게이지는 전선의 굵기를 측정할 때 사용하는 공구이다.

43
다음 중 금속 전선관의 호칭을 맞게 기술한 것은?

① 박강, 후강 모두 내경으로 [mm]로 나타낸다.
② 박강은 내경, 후강은 외경으로 [mm]로 나타낸다.
③ 박강은 외경, 후강은 내경으로 [mm]로 나타낸다.
④ 박강, 후강 모두 외경으로 [mm]로 나타낸다.

금속관공사의 기타 사항
(1) 금속관 1본의 길이 : 3.6[m]이다.
(2) 관의 종류

종류	규격[mm]	관의 호칭
후강전선관	16, 22, 28, 36, 42, 54, 70, 82, 92, 104의 10종	안지름(내경), 짝수
박강전선관	19, 25, 31, 39, 51, 63, 75의 7종	바깥지름(외경), 홀수

44
전선을 접속할 경우의 설명으로 틀린 것은?

① 접속 부분의 전기저항이 증가되지 않아야 한다.
② 전선의 세기를 80[%] 이상 감소시키지 않아야 한다.
③ 접속 부분은 접속 기구를 사용하거나 납땜을 하여야 한다.
④ 알루미늄 전선과 동선을 접속하는 경우, 전기적 부식이 생기지 않도록 해야 한다.

전선의 세기[인장하중(引張荷重)으로 표시한다]를 20[%] 이상 감소시키지 아니할 것. (또는 80[%] 이상 유지할 것.)

45
한국전기설비규정(KEC)에 의한 보호도체의 색상으로 알맞은 것은?

① 갈색
② 흑색
③ 회색
④ 녹색-노란색

전선의 색상

상(문자)	색상
L1	갈색
L2	흑색
L3	회색
N(중성도체)	청색
보호도체	녹색-노란색

46
가공전선로의 지지물에 시설하는 지선의 시설에서 맞지 않는 것은?

① 지선의 안전율은 2.5 이상일 것
② 지선의 허용 인장하중의 최저는 4.31[kN]으로 할 것
③ 소선의 지름이 1.6[mm] 이상의 동선을 사용한 것일 것
④ 지선에 연선을 사용할 경우에는 소선 3가닥 이상의 연선 일 것

지선의 시설
가공전선로의 지지물에 시설하는 지선은 다음에 따라야 한다.
(1) 지선의 안전율은 2.5 이상. 허용인장하중은 4.31[kN] 이상
(2) 지선에 연선을 사용할 경우에는 다음에 의할 것.
  ㉠ 소선(素線) 3가닥 이상의 연선을 사용
  ㉡ 소선의 지름이 2.6[mm] 이상의 금속선을 사용
  ㉢ 지중부분 및 지표상 30[cm]까지의 부분에는 내식성이 있는 것 또는 아연도금을 한 철봉을 사용하고 쉽게 부식하지 아니하는 근가에 견고하게 붙일 것.

47
펜치로 절단하기 힘든 굵은 전선을 절단할 때 사용하는 공구는?

① 스패너　　② 프레셔 툴
③ 파이프 바이스　　④ 클리퍼

클리퍼는 펜치로 절단하기 힘든 굵은 전선을 절단할 때 사용하는 공구이다.

48
고압 가공인입선이 일반적인 도로 횡단 시 설치 높이는?

① 3[m] 이상　　② 3.5[m] 이상
③ 5[m] 이상　　④ 6[m] 이상

고압 가공인입선의 높이
(1) 도로를 횡단하는 경우 : 지표상 6[m] 이상. 단, 고압 가공인입선이 케이블 이외의 것인 때에는 그 전선의 아래쪽에 위험 표시를 한 경우에는 지표상 3.5[m]까지로 감할 수 있다.
(2) 철도 또는 궤도를 횡단하는 경우 : 레일면상 6.5[m] 이상
(3) 횡단보도교의 위에 시설하는 경우 : 노면상 3.5[m] 이상
(4) (1)에서 (3)까지 이외의 경우 : 지표상 5[m] 이상

49
가스절연개폐기나 가스차단기에 사용되는 가스인 SF_6의 성질이 아닌 것은?

① 같은 압력에서 공기의 2.5~3.5배의 절연 내력이 있다.
② 무색, 무취, 무해 가스이다.
③ 가스압력 3~4[kgf/cm²]에서는 절연내력은 절연유 이상이다.
④ 소호능력은 공기보다 2.5배 정도 낮다.

SF6 가스의 성질
(1) 연소하지 않는 성질이며 무색, 무취, 무독성 가스이다.
(2) 절연유의 $\frac{1}{40}$ 배 정도 가볍지만 공기보다 무겁다
(3) 가스 압력 3~4[kgf/cm²]에서 절연내력은 절연유 이상이다.
(4) 같은 압력에서 공기의 2.5~3.5배 정도 절연내력이 크다.
(5) 소호능력은 공기의 100배 정도 크다.

50
합성수지관 공사에 대한 설명 중 옳지 않은 것은?

① 습기가 많은 장소 또는 물기가 있는 장소에 시설하는 경우에는 방습 장치를 한다.
② 관 상호간 및 박스와는 관을 삽입하는 깊이를 관의 바깥지름의 1.2배 이상으로 한다.
③ 관의 지지점간의 거리는 3[m] 이상으로 한다.
④ 합성수지관 안에는 전선에 접속점이 없도록 한다.

합성수지관공사
합성수지관의 지지점 간의 거리는 1.5[m] 이하로 하고, 또한 그 지지점은 관의 끝·관과 박스의 접속점 및 관 상호 간의 접속점 등에 가까운 곳에 시설할 것.

51
절연전선으로 가선된 배전선로에서 활선 상태인 경우 전선의 피복을 벗기는 것은 매우 곤란한 작업이다. 이런 경우 활선 상태에서 전선의 피복을 벗기는 공구는?

① 전선 피박기　　② 애자커버
③ 와이어 통　　④ 데드엔드 커버

전선 피박기는 절연전선의 피복을 활선 상태에서 벗기는 공구이다.

52
수전설비의 저압 배전반은 배전반 앞에서 계측기를 판독하기 위하여 앞면과 최소 몇 [m] 이상 유지하는 것을 원칙으로 하고 있는가?

① 0.6
② 1.2
③ 1.5
④ 1.7

수전설비의 배전반 등의 최소유지거리

위치별 기기별	앞면 또는 조작·계측면	뒷면 또는 점검면	열상호간 (점검하는 면)
특고압 배전반	1.7[m]	0.8[m]	1.4[m]
고압 배전반	1.5[m]	0.6[m]	1.2[m]
저압 배전반	1.5[m]	0.6[m]	1.2[m]

53
전등 1개를 2개소에서 점멸하고자 할 때 필요한 3로 스위치는 최소 몇 개인가?

① 1개
② 2개
③ 3개
④ 4개

3로 스위치와 4로 스위치

명칭	3로 스위치	4로 스위치
심볼	●₃	●₄
용도	3로 스위치 2개를 이용하면 2개소 점멸이 가능하다.	4로 스위치 1개와 3로 스위치 2개를 이용하면 3개소에서 점멸이 가능하다.

54
합성수지관공사에서 경질 비닐전선관의 굵기에 해당되지 않는 것은?(단, 관의 호칭을 말한다.)

① 14
② 16
③ 18
④ 22

합성수지관공사의 기타 사항
경질 비닐전선관의 호칭은 관 안지름으로 14, 16, 22, 28, 36, 42, 54, 70, 82, 100[mm]의 짝수로 나타낸다.

55
조명용 전등을 관광 진흥법과 공중위생법에 의한 관광숙박업 또는 숙박업(여인숙업은 제외)에 이용되는 객실의 입구등은 최대 몇 분 이내에 소등되는 타임스위치를 시설하여야 하는가?

① 1
② 2
③ 3
④ 4

다음의 경우에는 센서등(타임스위치 포함)을 시설하여야 한다.
(1) 관광숙박업 또는 숙박업에 이용되는 객실의 입구등은 1분 이내에 소등되는 것.
(2) 일반주택 및 아파트 각 호실의 현관등은 3분 이내에 소등되는 것.

56
고압전로에 지락사고가 생겼을 때 지락전류를 검출하는데 사용하는 것은?

① CT
② ZCT
③ MOF
④ PT

고압전로에 지락사고가 생길 경우 지락계전기(GR)와 영상변류기(ZCT)의 조합으로 지락전류를 검출하여 차단기를 동작시킨다.

해답 52 ③ 53 ② 54 ③ 55 ① 56 ②

57

2개의 입력 가운데 앞서 동작한 쪽이 우선하고, 다른 쪽은 동작을 금지 시키는 회로는?

① 자기유지회로 ② 한시운전회로
③ 인터록회로 ④ 비상운전회로

인터록 회로
전동기 정·역 운전 제어회로에서 전자개폐기가 동시에 작동될 경우 단락사고가 발생하게 되는데 이런 경우 선행동작을 우선하거나 또는 상대동작을 금지시킴으로서 동시 동작이나 동시 투입을 방지하기 위한 회로이다.

58

사람이 쉽게 접촉하는 장소에 설치하는 누전차단기의 사용전압 기준은 몇 [V] 초과인가?

① 50 ② 110
③ 150 ④ 220

금속제 외함을 가지는 사용전압이 50[V]를 초과하는 저압의 기계 기구로서 사람이 쉽게 접촉할 우려가 있는 곳에 시설하는 것에 전기를 공급하는 전로에 정격감도전류 30[mA] 이하, 동작시간 0.03초 이하(물기가 있는 장소는 정격감도전류 15[mA] 이하, 동작시간 0.03초 이하)인 인체 감전보호용 누전차단기를 시설하여야 한다.

59

전원의 한 점을 직접 접지하고, 설비의 노출 도전성 부분을 전원계통의 접지극과 별도로 전기적으로 독립하여 접지하는 방식은?

① TT 계통 ② TN-C 계통
③ TN-S 계통 ④ TN-C-S 계통

저압 전기설비의 계통접지 방식
(1) TT 계통 : 전원측의 한 점을 직접접지하고 설비의 노출도전부는 전원의 접지전극과 전기적으로 독립적인 접지극에 접속시키시키는 방식이다.
(2) TN-C 계통 : 계통 전체에 대해 중성선과 보호도체의 기능을 동일도체로 겸용한 PEN 도체를 사용한다.
(3) TN-S 계통 : 계통 전체에 대해 별도의 중성선 또는 PE 도체를 사용한다.
(4) TN-C-S 계통 : 계통의 일부분에서 PEN 도체를 사용하거나, 중성선과 별도의 PE 도체를 사용하는 방식이 있다.

60

금속관 공사에서 금속 전선관의 나사를 낼 때 사용하는 공구는?

① 밴더 ② 커플링
③ 로크너트 ④ 오스터

오스터는 금속관 끝에 나사를 내는 공구이다.

CBT 04 2021년 제3회 복원기출문제

1과목 : 전기 이론

01

L[H]의 코일에 I[A]의 전류가 흐를 때 저축되는 에너지[J]를 나타내는 것은?

① $\frac{1}{2}LI$ ② LI^2
③ LI ④ $\frac{1}{2}LI^2$

코일에 축적되는 자기 에너지 W는
∴ $W = \frac{1}{2}LI^2$[J]이다.

02

용량을 변화시킬 수 있는 콘덴서는?

① 바리콘 ② 마일러 콘덴서
③ 전해 콘덴서 ④ 세라믹 콘덴서

바리콘콘덴서는 가변용량 콘덴서로서 용량을 임의대로 변화시킬 수 있는 콘덴서이다.

03

평균길이 10[cm], 권수 10[회]인 환상 솔레노이드에 3[A]의 전류가 흐르면 그 내부 자장의 세기 [AT/m]는?

① 300 ② 30
③ 3 ④ 0.3

$l = 10$[cm], $N = 10$, $I = 3$[A]일 때
자로(환상 솔레노이드 내부)의 자장의 세기는
$H_{in} = \frac{NI}{l}$[A/m] 식에서
∴ $H_{in} = \frac{NI}{l} = \frac{10 \times 3}{10 \times 10^{-2}} = 300$[A/m]

04

주파수 10[Hz]의 주기는 몇 초인가?

① 0.5 ② 0.3
③ 0.2 ④ 0.1

$f = 10$[Hz]일 때 $T = \frac{1}{f}$ 식에서 주기 T는
∴ $T = \frac{1}{f} = \frac{1}{10} = 0.1$[sec]

05

다음 중 피상전력을 표현하고 있는 것은 어떤 것인가?

① VI ② $VI\tan\theta$
③ $VI\cos\theta$ ④ $VI\sin\theta$

전력의 표현
(1) 피상전력 : $S = VI$[VA]
(2) 유효전력 : $P = VI\cos\theta$[W]
(3) 무효전력 : $Q = VI\sin\theta$[Var]

06

다음 중 전동기의 원리에 적용되는 법칙은?

① 렌츠의 법칙
② 플레밍의 오른손 법칙
③ 플레밍의 왼손 법칙
④ 옴의 법칙

플레밍의 왼손 법칙은 자속밀도 B[Wb/m^2]가 균일한 자기장 내에 있는 어떤 도체에 전류(I)를 흘리면 그 도체에는 전자력(또는 힘) F[N]이 작용하게 되는데 이 힘을 구하기 위한 법칙으로서 전동기의 원리에 적용된다.

해답 01 ④ 02 ① 03 ① 04 ④ 05 ① 06 ③

07

"두 개의 점자극을 일정 거리에 두고 두 자극 사이에 작용하는 힘을 구할 경우 힘의 크기는 두 자극의 곱에 (㉠)하고, 두 자극 사이의 거리의 제곱에 (㉡)한다." ( )에 알맞은 내용을 바르게 나열한 것은?

① ㉠ 비례, ㉡ 비례
② ㉠ 비례, ㉡ 반비례
③ ㉠ 반비례, ㉡ 비례
④ ㉠ 반비례, ㉡ 반비례

정자계의 쿨롱의 법칙
쿨롱의 법칙에 의한 두 자극 사이에 작용하는 힘은
$F = \dfrac{m_1 m_2}{4\pi \mu_0 r^2} = 6.33 \times 10^4 \dfrac{m_1 m_2}{r^2}$ [N] 이므로
∴ 쿨롱의 법칙에 의한 두 자극 사이에 작용하는 힘은 두 자극의 곱에 비례하고 거리의 제곱에 반비례한다.

08

그림과 같이 공기 중에 놓인 2×10^{-8}[C]의 전하에서 2[m] 떨어진 점 P와 1[m] 떨어진 점 Q와의 전위차는?

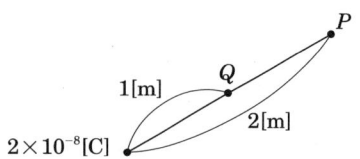

① 80[V]   ② 90[V]
③ 100[V] ④ 110[V]

$Q = 2 \times 10^{-8}$[C], $R_Q = 1$[m], $R_P = 2$[m]일 때
$V = 9 \times 10^9 \dfrac{Q}{R}$ [V] 식에서
$V_Q = 9 \times 10^9 \dfrac{Q}{R_Q} = 9 \times 10^9 \times \dfrac{2 \times 10^{-8}}{1} = 180$[V]
$V_P = 9 \times 10^9 \dfrac{Q}{R_P} = 9 \times 10^9 \times \dfrac{2 \times 10^{-8}}{2} = 90$[V]
두 점의 전위차는 $V_Q - V_P$를 의미하므로
∴ $V_Q - V_P = 180 - 90 = 90$[V]

09

정전기 발생 방지책으로 틀린 것은?

① 배관 내 액체의 흐름 속도 제한
② 대기의 습도를 30[%] 이하로 하여 건조함을 유지
③ 대전 방지제의 사용
④ 접지 및 보호구의 착용

정전기를 방지하기 위해서는 공기 중의 상대습도를 70[%] 이상으로 유지하여야 한다.

10

진공 중에서 같은 크기의 두 자극을 1[m] 거리에 놓았을 때, 그 작용하는 힘이 6.33×10^4[N]이 되는 자극 세기의 크기는?

① 1[Wb]   ② 1[C]
③ 1[A]   ④ 1[W]

정자계의 쿨롱의 법칙
$m_1 = m_2 = m$[Wb], $r = 1$[m], $F = 6.33 \times 10^4$[N] 일 때
$F = 6.33 \times 10^4 \dfrac{m_1 m_2}{r^2} = 6.33 \times 10^4 \dfrac{m^2}{r^2}$ [N] 식에서
∴ $m = \sqrt{\dfrac{Fr^2}{6.33 \times 10^4}} = \sqrt{\dfrac{6.33 \times 10^4 \times 1^2}{6.33 \times 10^4}}$
$= 1$[Wb]

11

연축전지가 완전히 충전되면 양극은 무엇으로 변하는가?

① PbSO₄   ② PbO₂
③ H₂SO₄   ④ Pb

연축전지의 충·방전 반응식

양극 전해액 음극 충전↔방전 양극   음극
PbO₂ + 2H₂SO₄ + Pb   PbSO₄ + 2H₂O + PbSO₄

해답 07 ② 08 ② 09 ② 10 ① 11 ②

12

3개의 저항 R_1, R_2, R_3를 병렬로 접속한 경우 합성 저항으로 옳은 것은?

① $\dfrac{1}{R_1 + R_2 + R_3}$

② $\dfrac{R_1 R_2 R_3}{R_1 R_2 + R_2 R_3 + R_1 R_3}$

③ $\dfrac{R_1 R_2 R_3}{R_1 + R_2 + R_3}$

④ $\dfrac{R_1 + R_2 + R_3}{R_1 R_2 R_3}$

저항의 병렬 접속에 대한 합성저항 R_0는

$\therefore R_0 = \dfrac{1}{\dfrac{1}{R_1} + \dfrac{1}{R_2} + \dfrac{1}{R_3}}$

$= \dfrac{R_1 R_2 R_3}{R_1 R_2 + R_2 R_3 + R_3 R_1}[\Omega]$

13

3상 부하의 출력이 100[kW]이고 변압기의 수전전압이 13,200/200[V]인 경우 저압측에 흐르는 부하전류의 유효분은 약 몇 [A]인가?

① 180[A] ② 210[A]
③ 230[A] ④ 288[A]

$P = 100[\text{kW}]$, $V_1 = 13,200[\text{V}]$, $V_2 = 200[\text{V}]$, $\cos\theta = 1$일 때
$P = \sqrt{3} \, V_2 I_2 \cos\theta \, [\text{W}]$ 식에서
$\therefore I_2 = \dfrac{P}{\sqrt{3} \, V \cos\theta} = \dfrac{100 \times 10^3}{\sqrt{3} \times 200 \times 1} = 288[\text{A}]$

참고
문제 조건에 주어지지 않는 값(역률)은 1로 적용하며 역률이 1인 부하의 피상전류는 유효전류와 같다.

14

환상 솔레노이드에 감겨진 코일에 권회수를 3배로 늘리면 자체 인덕턴스는 몇 배로 되는가?

① $\dfrac{1}{3}$ ② 3
③ $\dfrac{1}{9}$ ④ 9

$L = \dfrac{\mu S N^2}{l}[\text{H}]$ 식에서 자기 인덕턴스는 코일 권수의 제곱에 비례하므로
∴ 권수를 3배 늘리면 자기 인덕턴스는 9배로 된다.

15

저항 50[Ω]인 전구에 $e = 100\sqrt{2} \sin\omega t [\text{V}]$의 전압을 가할 때 순시 전류[A] 값은?

① $\sqrt{2} \sin\omega t$ ② $2\sqrt{2} \sin\omega t$
③ $5\sqrt{2} \sin\omega t$ ④ $10\sqrt{2} \sin\omega t$

$R = 50[\Omega]$일 때 순시전류는
$i = \dfrac{e}{R}[\text{A}]$ 식에서
$\therefore i = \dfrac{e}{R} = \dfrac{100\sqrt{2}}{50} \sin\omega t = 2\sqrt{2} \sin\omega t [\text{A}]$

16

저항 3[Ω], 리액턴스 4[Ω]의 직렬회로에 교류 전압 200[V]를 인가한 경우 소비되는 유효전력은 몇 [W]인가?

① 1,600 ② 3,600
③ 4,800 ④ 5,800

$P = I^2 R = \dfrac{V^2 R}{R^2 + X^2}[\text{W}]$ 식에서
$V = 200[\text{V}]$ 이므로
$\therefore P = \dfrac{V^2 R}{R^2 + X^2} = \dfrac{200^2 \times 3}{3^2 + 4^2} = 4,800[\text{W}]$

해답 12 ② 13 ④ 14 ④ 15 ② 16 ③

17

임피던스 $Z_1 = 12 + j16[\Omega]$, $Z_2 = 8 + j24[\Omega]$이 직렬로 접속된 회로에 전압 $V = 200[V]$를 가할 때 이 회로에 흐르는 전류 [A]는?

① 2.35　　② 4.47
③ 6.02　　④ 10.25

직렬회로의 합성 임피던스 Z_0는
$Z_0 = Z_1 + Z_2 = 12 + j16 + 8 + j24$
$= 20 + j40[\Omega]$ 이므로
$V = 200[V]$일 때
$I = \dfrac{V}{Z}[A]$ 식에서
$\therefore I = \dfrac{V}{Z} = \dfrac{200}{\sqrt{20^2 + 40^2}} = 4.47[A]$

18

도체계에서 임의의 도체를 일정전위(영전위)의 도체로 완전 포위하면 내외공간의 전계를 완전히 차단할 수 있다. 이것을 무엇이라 하는가?

① 표피효과　　② 핀치효과
③ 전자차폐　　④ 정전차폐

폐와 전기효과
(1) 표피효과 : 전선의 중심부로 갈수록 리액턴스가 증가하여 전류가 흐르기 어렵게 되어 전류는 도체 표면으로 갈수록 증가하는 현상을 완전히 차단할 수 있게 되는 현상
(2) 핀치효과 : 유동적인 도체에 대전류가 흐르면 이 전류에 의한 자계와 전류와의 사이에 작용하는 힘이 중심을 향해 발생하여 도전체가 수축하고 저항이 증가되어 결국 전류가 흐르지 못하게 되는 현상
(3) 전자차폐 : 전자유도에 의한 방해작용을 방지할 목적으로 대상이 되는 장치 또는 시설을 투자율이 큰 자성재료를 이용해서 감싸게 되면 전자계의 영향으로부터 차단하게 되는 현상
(4) 정전차폐 : 임의의 도체를 일정 전위의 도체로 완전히 감싸면 내외 공간의 전계를 완전히 차단할 수 있게 되는 현상

19

그림에서 평형 조건이 맞는 식은?

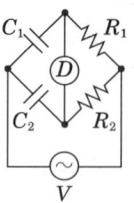

① $C_1 R_1 = C_2 R_2$　　② $C_1 R_2 = C_2 R_1$
③ $C_1 C_2 = R_1 R_2$　　④ $\dfrac{1}{C_1 C_2} = R_1 R_2$

$Z_1 = \dfrac{1}{j\omega C_1}$, $Z_2 = R_1$, $Z_3 = \dfrac{1}{j\omega C_2}$, $Z_4 = R_2$
일 때 휘스톤브리지 평형조건은 $Z_1 Z_4 = Z_2 Z_3$
이므로
$\dfrac{1}{j\omega C_1} \times R_2 = R_1 \times \dfrac{1}{j\omega C_2}$ 식에서
$\therefore \dfrac{R_2}{C_1} = \dfrac{R_1}{C_2}$ 또는 $C_1 R_1 = C_2 R_2$

20

아래 그림에서 두 자극 사이의 작용력은 흡인력이 생기는데 이 관계를 가장 잘 설명하고 있는 법칙은 무엇인가?

① 쿨롱의 법칙
② 암페어의 오른나사 법칙
③ 패러데이 법칙
④ 줄의 법칙

정자계의 쿨롱의 법칙
쿨롱의 법칙에 의한 두 자극 사이에 작용하는 힘은
$F = \dfrac{m_1 m_2}{4\pi\mu_0 r^2} = 6.33 \times 10^4 \dfrac{m_1 m_2}{r^2}[N]$ 이므로
쿨롱의 법칙에 의한 두 자극 사이에 작용하는 힘은 두 자극의 곱에 비례하고 거리의 제곱에 반비례하며 두 자극의 종류가 같으면 반발력, 두 자극의 종류가 다르면 흡인력이 작용하게 된다.

2과목 : 전기 기기

21
다음 중 자기 소호 제어용 소자는?

① SCR   ② TRIAC
③ DIAC   ④ GTO

GTO(Gate Turn Off)
(1) 게이트 신호로도 정지(턴오프 : Turn-Off) 시킬 수 있다.
(2) 자기소호기능을 갖는다.

22
다음은 직권전동기의 특징이다. 틀린 것은?

① 부하전류가 증가할 때 속도가 크게 감소된다.
② 전동기 기동시 기동 토크가 작다.
③ 무부하 운전이나 벨트를 연결한 운전은 위험하다.
④ 계자권선과 전기자 권선이 직렬로 접속되어있다.

직류 직권전동기는 직류전동기 중 기동토크가 가장 크다.

23
4극의 3상 유도전동기가 60[Hz]의 전원에 연결되어 4[%]의 슬립으로 회전할 때 회전수는 몇 [rpm]인가?

① 1,656   ② 1,700
③ 1,728   ④ 1,880

유도전동기의 회전자 속도(N)
$p=4$, $f=60[\text{Hz}]$, $s=0.04$일 때
$N_s = \dfrac{120f}{p}[\text{rpm}]$, $N=(1-s)N_s[\text{rpm}]$ 식에서
$N_s = \dfrac{120f}{p} = \dfrac{120 \times 60}{4} = 1,800[\text{rpm}]$
∴ $N = (1-s)N_s = (1-0.04) \times 1,800 = 1,728[\text{rpm}]$

24
동기발전기의 병렬운전에서 같지 않아도 되는 것은?

① 주파수   ② 전류
③ 전압   ④ 위상

동기발전기의 병렬운전 조건
(1) 발전기 기전력의 크기가 같을 것.
(2) 발전기 기전력의 위상가 같을 것.
(3) 발전기 기전력의 주파수가 같을 것.
(4) 발전기 기전력의 파형이 같을 것.
(5) 발전기 기전력의 상회전 방향이 같을 것.

25
단락비가 큰 동기기는?

① 안정도가 높다.
② 기기가 소형이다.
③ 전압변동률이 크다.
④ 전기자 반작용이 크다.

동기발전기의 단락비가 큰 경우의 특징
(1) 안정도가 크고, 기계의 치수가 커지며 공극이 넓다.
(2) 철손이 증가하고, 효율이 감소한다.
(3) 동기 임피던스가 감소하고 단락전류 및 단락용량이 증가한다.
(4) 전압변동률이 작고, 전기자 반작용이 감소한다.
(5) 여자전류가 크다.

26
부흐홀쯔 계전기로 보호되는 기기는?

① 변압기   ② 발전기
③ 전동기   ④ 회전변류기

부흐홀츠계전기는 변압기 내부고장시 발생하는 가스의 부력과 절연유의 유속을 이용하여 변압기 내부고장을 검출하는 계전기로서 변압기 본체와 콘서베이터 사이에 설치되어 널리 이용되고 있다.

해답 21 ④ 22 ② 23 ③ 24 ② 25 ① 26 ①

27

무부하 전압 104[V], 정격전압 100[V]인 발전기의 전압 변동률은 몇 [%]인가?

① 2
② 4
③ 6
④ 8

전압변동률(δ)
$V_0 = 104[V]$, $V_n = 100[V]$일 때
$\delta = \dfrac{V_o - V_n}{V_n} \times 100[\%]$ 식에서
$\therefore \delta = \dfrac{V_o - V_n}{V_n} \times 100 = \dfrac{104 - 100}{100} \times 100 = 4[\%]$

28

다음 중 유도전동기의 속도 제어에 사용되는 인버터 장치의 약호는?

① CVCF
② VVVF
③ CVVF
④ VVCF

농형 유도전동기의 속도제어법
(1) 주파수 제어법은 주파수를 변환하기 위하여 인버터를 사용하고 인버터 장치로 VVVF(가변전압 가변주파수) 장치가 사용되고 있다. 전동기의 고속운전에 필요한 속도제어에 이용되며 선박의 추진모터나 인견공장의 포트모터 속도제어 방법이다.
(2) 전압 제어법
(3) 극수 변환법

29

직류전동기에서 전부하 속도가 1,500[rpm], 속도변동률이 3[%]일 때 무부하 회전 속도는 몇 [rpm]인가?

① 1,455
② 1,410
③ 1,545
④ 1,590

속도변동률(δ)
$\delta = \dfrac{N_0 - N_n}{N_n} \times 100[\%]$ 식에서
$N_n = 1,500[\text{rpm}]$, $\delta = 3[\%] = 0.03[\text{pu}]$일 때
$N_0 = (1+\delta) N_n [\text{rpm}]$ 이므로
$\therefore N_0 = (1+\delta) N_n = (1+0.03) \times 1,500$
$= 1,545[\text{rpm}]$

30

양방향성 3단자 사이리스터의 대표적인 것은?

① SCR
② SSS
③ DIAC
④ TRIAC

실리콘 제어 정류기(SCR : silicon controlled rectifier)

단자수	단일방향성(역저지)	양방향성
2	Diode	SSS, DIAC
3	SCR, GTO, LASCR	TRIAC
4	SCS	−

31

2극 3,600[rpm]인 동기발전기와 병렬 운전하려는 12극 발전기의 회전수는?

① 600
② 1,200
③ 1,800
④ 3,600

동기발전기를 병렬운전 하기 위해서는 주파수가 일치하여야 하기 때문에 $p = 2$, $N_s = 3,600[\text{rpm}]$인 발전기의 주파수와 $p' = 12$인 발전기의 주파수는 서로 같아야 한다.
$N_s = \dfrac{120 f}{p} [\text{rpm}]$ 식에서
$f = \dfrac{N_s p}{120} = \dfrac{3,600 \times 2}{120} = 60[\text{Hz}]$ 이므로
$\therefore N_s' = \dfrac{120 f}{p'} = \dfrac{120 \times 60}{12} = 600[\text{rpm}]$

32

100[kVA] 단상변압기 2대를 V결선하여 3상 전력을 공급할 때의 출력은?

① 17.3[kVA]   ② 86.6[kVA]
③ 173.2[kVA]   ④ 346.8[kVA]

변압기 V결선
변압기 1대분 용량 = 100[kVA]일 때
$P = \sqrt{3} \times$ 변압기 1대분 용량 [kVA] 식에서
∴ $P = \sqrt{3} \times$ 변압기 1대분 용량
$= 100\sqrt{3} = 173.2$ [kVA]

33

직류전동기에서 무부하가 되면 속도가 대단히 높아져서 위험하기 때문에 무부하 운전이나 벨트를 연결한 운전을 해서는 안 되는 전동기는?

① 직권전동기   ② 복권전동기
③ 타여자전동기 ④ 분권전동기

직류 직권전동기는 무부하 운전시 과속이 되어 위험속도로 운전되기 때문에 직류 직권전동기로 벨트를 걸고 운전하면 안 된다.(벨트가 벗겨지면 위험속도로 운전되기 때문)

34

변압기 철심에는 철손을 적게 하기 위하여 철이 몇 [%]인 강판을 사용하는가?

① 약 50~55[%]   ② 약 60~70[%]
③ 약 76~86[%]   ④ 약 96~97[%]

변압기는 히스테리시스손을 줄이기 위해 철심에 3~4[%] 정도의 규소를 함유한다. 또한 철심을 얇게 성층하여 사용하는 이유는 와류손을 줄이기 위함이다.
∴ 철심의 철의 비중은 약 96~97[%]이다.

35

직류전동기의 속도제어 방법이 아닌 것은?

① 전압제어   ② 계자제어
③ 저항제어   ④ 2차 여자법

직류전동기의 속도제어법
직류전동기의 속도공식은 $N = k\dfrac{V - R_a I_a}{\phi}$ [rps] 이므로 공급전압(V)에 의한 제어, 자속(ϕ)에 의한 제어, 전기자저항(R_a)에 의한 제어 3가지 방법이 있다.
(1) 전압제어법은 정토크 제어로서 전동기의 공급전압 또는 단자전압을 변화시켜 속도를 제어하는 방법이다.
(2) 계자제어법은 정출력 제어로서 계자전류를 조정하여 자속을 직접 제어하는 방법이다.
(3) 저항제어법은 저항손실이 많아 효율이 저하되는 특징을 지닌다.

36

동기기의 손실에서 고정손에 해당되는 것은?

① 계자철심의 철손
② 브러시의 전기손
③ 계자 권선의 저항손
④ 전기자 권선의 저항손

동기발전기의 손실

구분		종류
고정손 (=무부하손)	철손	히스테리시스손과 와류손의 합으로 나타난다.
	기계손	마찰손과 풍손의 합으로 나타난다.
가변손 (=부하손)	동손	전기자 저항에서 나타나기 때문에 저항손이라 표현하기도 한다.
	표유부하손	측정이나 계산으로 구할 수 없는 손실로서 부하 전류가 흐를 때 도체 또는 철심 내부에서 생기는 손실이다.

해답 32 ③ 33 ① 34 ④ 35 ④ 36 ①

37

3상 유도전동기의 회전원리를 설명한 것 중 틀린 것은?

① 회전자의 회전속도가 증가하면 도체를 관통하는 자속수는 감소한다.
② 회전자의 회전속도가 증가하면 슬립도 증가한다.
③ 부하를 회전시키기 위해서는 회전자의 속도는 동기속도 이하로 운전되어야 한다.
④ 3상 교류전압을 고정자에 공급하면 고정자 내부에서 회전 자기장이 발생된다.

3상 유도전동기의 회전 원리
(1) 회전자의 회전속도가 증가할수록 도체를 관통하는 자속수가 감소한다.
(2) 회전자의 회전속도가 증가할수록 슬립은 감소한다.
(3) 부하를 회전시키기 위해서는 회전자의 속도는 동기속도 이하로 운전되어야 한다.

38

유도전동기에 기계적 부하를 걸었을 때 출력에 따라 속도, 토크, 효율, 슬립 등의 변화를 나타낸 출력 특성 곡선에서 슬립을 나타내는 곡선은?

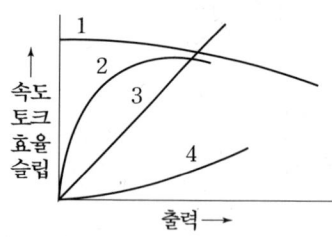

① 1   ② 2
③ 3   ④ 4

유도전동기의 슬립은 $s = \dfrac{N_s - N}{N_s}$ 식에서 회전자 속도(N)가 0에서 동기속도 N_s까지 변하므로 기동부터 운전까지 슬립의 범위는 $1 > s > 0$ 이 된다.
∴ 슬립은 기동시 1에서부터 정상운전시 0으로 변하는 곡선 ①번이다.

39

직류 직권전동기의 회전수(N)와 토크(τ)와의 관계는?

① $\tau \propto \dfrac{1}{N}$

② $\tau \propto \dfrac{1}{N^2}$

③ $\tau \propto N$

④ $\tau \propto N^{\frac{3}{2}}$

분권전동기와 직권전동기의 토크 특성

구분	특성
분권전동기	$\tau \propto I_a,\ \tau \propto \dfrac{1}{N}$
직권전동기	$\tau \propto I_a^2,\ \tau \propto \dfrac{1}{N^2}$

40

동기와트 P_2, 출력 P_0, 슬립 s, 동기속도 N_s, 회전속도 N, 2차 동손 P_{2c}일 때 2차 효율 표기로 틀린 것은?

① $1-s$ ② $\dfrac{P_{2c}}{P_2}$

③ $\dfrac{P_0}{P_2}$ ④ $\dfrac{N}{N_s}$

유도전동기의 2차 효율(η_2)
$\eta_2 = \dfrac{P_0}{P_2} = 1 - s = \dfrac{N}{N_s}$ 이다.

3과목 : 전기 설비

41
보호를 요하는 회로의 전류가 어떤 일정한 값(정정값) 이상으로 흘렀을 때 동작하는 계전기는?

① 과전류 계전기
② 과전압 계전기
③ 차동 계전기
④ 비율차동 계전기

계전기의 용도 및 기능
과전류계전기(OCR)는 일정값 이상의 전류가 흘렀을 때 동작하는 계전기로서 용량이 작은 변압기의 단락 보호용의 주 보호방식으로 사용되는 계전기이다.

42
박강전선관의 표준 굵기가 아닌 것은?

① 16[mm]
② 19[mm]
③ 25[mm]
④ 39[mm]

금속관공사의 기타 사항
(1) 금속관 1본의 길이 : 3.6[m]이다.
(2) 관의 종류

종류	규격[mm]	관의 호칭
후강전선관	16, 22, 28, 36, 42, 54, 70, 82, 92, 104의 10종	안지름(내경), 짝수
박강전선관	19, 25, 31, 39, 51, 63, 75의 7종	바깥지름(외경), 홀수

43
450/750[V] 일반용 단심 비닐 절연전선의 약호는 무엇인가?

① OW
② DV
③ NV
④ NR

전선의 약호
(1) OW : 옥외용 비닐절연전선
(2) DV : 인입용 비닐절연전선
(3) NR : 450/750[V] 일반용 단심 비닐절연전선

44
과전류 차단기를 꼭 설치 해야 하는 곳은?

① 접지 공사의 접지도체
② 저압 옥내 간선의 전원측 전로
③ 다선식 선로의 중성도체
④ 전로의 일부에 접지 공사를 한 저압 가공 전로의 접지측 전선

과전류 차단기의 시설 제한
(1) 접지공사의 접지도체
(2) 다선식 전로의 중성도체
(3) 전로의 일부에 접지공사를 한 저압 가공전선로의 접지측 전선

45
지선의 중간에 넣는 애자는?

① 저압 핀 애자
② 구형애자
③ 인류애자
④ 내장애자

지선의 시설
구형애자(옥애자 또는 지선애자)는 지선의 상부와 하부를 전기적으로 절연하기 위하여 지선 중간에 시설하는 애자

46
하나의 콘센트에 둘 또는 세 가지의 기계기구를 끼워서 사용할 때 사용되는 것은?

① 노출형 콘센트
② 키리스 소켓
③ 멀티 탭
④ 아이언 플러그

멀티탭은 하나의 콘센트로 2개 또는 3개의 기구를 사용할 수 있는 것이고 테이블탭은 코드의 길이가 짧을 때 연장하기 위해 사용되는 것으로 멀티탭과 같이 여러 개의 콘센트 구를 만들어 여러 기구를 사용할 수 있는 것이다.

해답 41 ① 42 ① 43 ④ 44 ② 45 ② 46 ③

47

단면적 6[mm²] 이하의 가는 전선을 직선 접속할 때 어떤 방법으로 하여야 하는가?

① 브리타니어 접속 ② 트위스트 접속
③ 슬리브 접속   ④ 우산형 접속

트위스트 접속과 브리타니아 접속
(1) 트위스트 접속 : 6[mm²] 이하의 가는 선을 접속하는 방법
(2) 브리타니아 접속 : 10[mm²] 이상의 굵은 선을 첨선과 조인트선을 추가하여 접속하는 방법

48

폭연성 분진 또는 화약류의 분말이 전기설비가 발화원이 되어 폭발할 우려가 있는 곳에 시설하는 저압 옥내 전기설비의 저압 옥내배선 공사는?

① 금속관공사   ② 합성수지관공사
③ 가요전선관공사 ④ 애자공사

폭연성 분진 또는 화약류 분말이 존재하는 곳의 공사
폭연성 분진(마그네슘·알루미늄·티탄·지르코늄 등의 먼지가 쌓여있는 상태에서 불이 붙었을 때에 폭발할 우려가 있는 것) 또는 화약류의 분말이 전기설비가 발화원이 되어 폭발할 우려가 있는 곳에 시설하는 저압 옥내 전기설비의 공사는 금속관공사 또는 케이블공사(캡타이어케이블을 사용하는 것은 제외)일 것.

49

절연 전선으로 가선된 배전 선로에서 활선 상태인 경우 전선의 피복을 벗기는 것은 매우 곤란한 작업이다. 이런 경우 활선 상태에서 전선의 피복을 벗기는 공구는?

① 전선 피박기 ② 애자 커버
③ 와이어 통   ④ 데드엔드 커버

전선 피박기는 절연전선의 피복을 활선 상태에서 벗기는 공구이다.

50

셀룰로이드, 성냥, 석유류 등 기타 가연성 위험물질을 제조 또는 저장하는 장소에 시설해서는 안 되는 배선은?

① 애자공사   ② 케이블공사
③ 합성수지관공사 ④ 금속관공사

위험물이 있는 곳의 공사
셀룰로이드·성냥·석유류 기타 타기 쉬운 위험한 물질을 제조하거나 저장하는 곳에 시설하는 저압 옥내 전기설비는 다음에 따른다.
(1) 공사 방법 : 금속관공사, 합성수지관공사, 케이블공사에 의할 것.
(2) 금속관공사에 사용하는 금속관은 박강전선관 또는 이와 동등 이상의 강도를 가지는 것일 것.
(3) 합성수지관공사
  ① 두께 2[mm] 미만의 합성수지 전선관 및 난연성이 없는 콤바인덕트(CD)관을 사용하는 것은 제외한다.
  ② 합성수지관 및 박스 기타의 부속품은 손상을 받을 우려가 없도록 시설할 것.

51

가공전선로의 지지물에 시설하는 지선의 안전율은 2.5 이상으로 시설하여야 한다. 이 경우 허용 인장하중은 몇 [kN] 이상의 것이어야 하는가?

① 5.26[kN] ② 4.31[kN]
③ 3.43[kN] ④ 2.31[kN]

지선의 시설
가공전선로의 지지물에 시설하는 지선은 다음에 따라야 한다.
(1) 지선의 안전율은 2.5 이상. 허용인장하중은 4.31[kN] 이상
(2) 지선에 연선을 사용할 경우에는 다음에 의할 것.
  ㉠ 소선(素線) 3가닥 이상의 연선을 사용
  ㉡ 소선의 지름이 2.6[mm] 이상의 금속선을 사용
  ㉢ 지중부분 및 지표상 30[cm]까지의 부분에는 내식성이 있는 것 또는 아연도금을 한 철봉을 사용하고 쉽게 부식하지 아니하는 근가에 견고하게 붙일 것.

해답 47 ② 48 ① 49 ① 50 ① 51 ②

52
최대사용전압이 70[kV]인 중성점 직접접지식 전로의 절연내력시험전압은 몇 [V]인가?

① 35,000[V]   ② 42,000[V]
③ 44,800[V]   ④ 50,400[V]

저·고압 및 특고압 전로의 절연내력
아래 표에서 정한 시험전압을 연속하여 10분간 가하여 이에 견디어야 한다.

전로의 최대사용전압		시험전압	최저시험전압
7[kV] 이하		1.5배	변압기 또는 기구의 전로인 경우 500[V]
7[kV] 초과 60[kV] 이하		1.25배	10.5[kV]
7[kV] 초과 25[kV] 이하 중성점 다중접지		0.92배	—
60[kV] 초과	비접지	1.25배	—
60[kV] 초과 170[kV] 이하	접지	1.1배	75[kV]
	직접접지	0.72배	—

∴ 시험전압 = $70 \times 10^3 \times 0.72 = 50,400$[V]

53
저압 가공 인입선에서 금속관 공사로 옮겨지는 곳 또는 금속관으로 부터 전선을 뽑아 전동기 단자 부분에 접속할 때 사용하는 것은?

① 엘보   ② 터미널 캡
③ 접지클램프   ④ 엔트런스 캡

배관재료
(1) 엘보 : 노출로 시공하는 금속관 공사에서 관을 직각으로 구부리는 곳에 사용하는 공구
(2) 터미널 캡 : 저압 가공인입선에서 금속관 공사로 옮겨지는 곳 또는 금속관으로부터 전선을 뽑아 전동기 단자 부분에 접속할 때 사용하는 공구
(3) 접지클램프 : 접지선을 금속제의 판이나 홈통에 넣고 압착하여 접촉시키는 공구
(4) 엔트런스 캡(=우에샤 캡) : 금속관 공사의 인입구 관 끝에 사용하는 것으로 전선보호 및 빗물 침입을 방지할 목적으로 사용하는 공구

54
화약고 등의 위험장소에서 전기설비 시설에 관한 내용으로 옳은 것은?

① 전로의 대지전압을 400[V] 이하 일 것
② 전기기계기구는 전폐형을 사용할 것
③ 화약고 내의 전기설비는 화약고 장소에 전용개폐기 및 과전류 차단기를 시설할 것
④ 옥내배선에 캡타이어 케이블공사로 시설할 것.

화약류 저장소 등의 위험장소
(1) 화약류 저장소 안의 조명기구에 전기를 공급하기 위한 전기설비는 다음에 따른다.
 ㉠ 전로의 대지전압은 300[V] 이하일 것.
 ㉡ 전기기계기구는 전폐형의 것일 것.
 ㉢ 옥내배선은 금속관공사 또는 케이블공사(캡타이어케이블은 제외)에 한한다.
(2) 화약류 저장소 안의 전기설비에 전기를 공급하는 전로에는 화약류 저장소 이외의 곳에 전용 개폐기 및 과전류 차단기를 각 극(다선식 전로의 중성극은 제외)에 시설하고 또한 전로에 지락이 생겼을 때에 자동적으로 전로를 차단하거나 경보하는 장치를 시설하여야 한다.

55
가공전선로의 지지물에서 다른 지지물을 거치지 아니하고 수용장소의 인입선 접속점에 이르는 가공전선을 무엇이라 하는가?

① 옥외 배선   ② 연접 인입선
③ 가공 인입선   ④ 관등회로

용어 해설
(1) 옥외배선 : 건축물 외부의 전기사용장소에서 그 전기사용장소에서의 전기사용을 목적으로 고정시켜 시설하는 전선을 말한다.
(2) 연접인입선 : 한 수용장소 붙임점에서 분기하여 지지물을 거치지 아니하고 다른 수용장소의 붙임점에 이르는 가공전선을 말한다.
(3) 가공인입선 : 가공인입선이란 가공전선로의 지지물로부터 다른 지지물을 거치지 아니하고 수용 장소의 붙임점에 이르는 가공전선을 말한다.
(4) 관등회로 : 방전등용 안정기 또는 방전등용 변압기로부터 방전관까지의 전로를 말한다.

56

지중에 매설되어 있는 금속제 수도관로는 대지와의 전기 저항 값이 얼마 이하로 유지되어야 접지극으로 사용할 수 있는가?

① 1[Ω]　　② 3[Ω]
③ 4[Ω]　　④ 5[Ω]

수도관로를 접지극으로 사용하는 경우
지중에 매설되어 있고 대지와의 전기저항 값이 3[Ω] 이하의 값을 유지하고 있는 금속제 수도관로가 다음 조건을 만족하는 경우 접지극으로 사용이 가능하다.

조건
접지도체와 금속제 수도관로의 접속은 안지름 75[mm] 이상인 부분 또는 여기에서 분기한 안지름 75[mm] 미만인 분기점으로부터 5[m] 이내의 부분에서 하여야 한다. 다만, 금속제 수도관로와 대지 사이의 전기저항 값이 2[Ω] 이하인 경우에는 분기점으로부터의 거리는 5[m]을 넘을 수 있다.

57

전주 외등 설치시 조명기구의 인출선은 도체 단면적이 몇 [mm²] 이상의 것이어야 하는가?

① 2.5　　② 1.5
③ 1.0　　④ 0.75

전주외등
이 규정은 대지전압 300[V] 이하의 형광등, 고압방전등, LED등 등을 배전선로의 지지물 등에 시설하는 경우에 적용한다.
(1) 기구는 광원의 손상을 방지하기 위하여 원칙적으로 갓 또는 글로브가 붙은 것.
(2) 기구는 전구를 쉽게 갈아 끼울 수 있는 구조일 것.
(3) 기구의 인출선은 도체단면적이 0.75[mm²] 이상일 것.
(4) 배선은 단면적 2.5[mm²] 이상의 절연전선 또는 이와 동등 이상의 절연효력이 있는 것을 사용하고 케이블공사, 합성수지관공사, 금속관공사에 의하여 시설할 것.
(5) 배선이 전주의 연한 부분은 1.5[m] 이내마다 새들(saddle) 또는 배드로 지지할 것.
(6) 사용전압 400[V] 이하인 관등회로의 배선에 사용하는 전선은 케이블을 사용하거나 동등 이상의 절연성능을 가진 전선을 사용할 것.

58

코드 상호간 또는 캡타이어 케이블 상호간을 접속하는 경우 가장 많이 사용되는 기구는?

① 코드 접속기　　② T형 접속기
③ 와이어 커넥터　　④ 박스용 커넥터

전선의 접속
코드 상호, 캡타이어 케이블 상호 또는 이들 상호를 접속하는 경우에는 코드 접속기·접속함 기타의 기구를 사용할 것.

59

DV 전선을 사용하는 저압 구내 가공인입전선으로 전선의 길이가 15[m]를 초과하는 경우 그 전선의 지름은 몇 [mm] 이상을 사용하여야 하는가?

① 1.6　　② 2.0
③ 2.6　　④ 3.2

저압 가공인입선의 굵기
전선의 굵기는 지름 2.6[mm] 이상의 인입용 비닐절연전선(DV)일 것. 다만, 경간이 15[m] 이하인 경우는 지름 2[mm] 이상의 인입용 비닐절연전선(DV)일 것.

60

접지저항 측정방법으로 가장 적당한 것은?

① 절연저항계
② 전력계
③ 교류의 전압계, 전류계
④ 코올라우시 브리지

계기 및 측정법
(1) 절연저항계 : 옥내에 시설하는 저압전로와 대지 사이의 절연저항 측정에 사용되는 계기
(2) 전력계 : 부하의 소비전력을 측정하는 계기
(3) 교류 전압계 : 교류 전압을 측정하는 계기
(4) 교류 전류계 : 교류 전류를 측정하는 계기
(5) 코올라우시 브리지법 : 접지저항을 측정하는 방법

CBT 05 2022년 제1회 복원기출문제

1과목 : 전기 이론

01
자기 인덕턴스가 각각 L_1, L_2[H]의 두 원통 코일이 서로 직교하고 있다. 두 코일간의 상호 인덕턴스는?

① $L_1 + L_2$
② $L_1 \times L_2$
③ 0
④ $\sqrt{L_1 L_2}$

두 코일이 서로 직교하고 있는 경우에는
$k = 0$이므로
$M = k\sqrt{L_1 L_2}$ [H] 식에서
∴ $M = 0$이다.

02
다음 중 무효전력의 단위는 어느 것인가?

① W
② Var
③ kW
④ VA

무효전력의 단위는 [Var]이다.
참고
[W] 또는 [kW] : 유효전력의 단위
[VA] : 피상전력의 단위

03
반지름 25[cm], 권수 10의 원형 코일에 10[A]의 전류를 흘릴 때 코일 중심의 자장의 세기는 몇 [AT/m]인가?

① 32
② 65
③ 100
④ 200

$a = 25$[cm], $N = 10$, $I = 10$[A]일 때 원형코일 중심에서의 자장의 세기 H_0는
$H_0 = \dfrac{NI}{2a}$ [AT/m] 식에서
∴ $H_0 = \dfrac{NI}{2a} = \dfrac{10 \times 10}{2 \times 25 \times 10^{-2}} = 200$[AT/m]

04
세변의 저항 $R_a = R_b = R_c = 15[\Omega]$인 Y결선 회로가 있다. 이것과 등가인 Δ결선 회로의 각 변의 저항은 몇 $[\Omega]$인가?

① 5
② 10
③ 25
④ 45

Y결선을 Δ결선으로 등가 변환하면 각 상의 임피던스는 3배 된다.
∴ $R_\Delta = 3R_Y = 3 \times 15 = 45[\Omega]$

05
자기 히스테리시스 곡선의 횡축과 종축은 어느 것을 나타내는가?

① 자기장의 크기와 자속밀도
② 투자율과 자속밀도
③ 투자율과 잔류자기
④ 자기장의 크기와 보자력

히스테리시스 곡선은 횡축(가로축)을 자기장의 세기(H), 종축(세로축)을 자속밀도(B)로 취하여 자기장의 세기의 증감에 따라 자성체 내부에서 생기는 자속밀도의 포화특성을 그리는 곡선을 말한다.

06
물질에 따라 자석에 반발하는 물체를 무엇이라 하는가?

① 비자성체
② 상자성체
③ 반자성체
④ 강자성체

반자성체는 외부 자기장에 대해서 반대되는 방향으로 자화되는 물질로서 자석에 반발하는 특성을 갖는다.

해답 01 ③ 02 ② 03 ④ 04 ④ 05 ① 06 ③

07

저항 8[Ω]과 유도 리액턴스 6[Ω]이 직렬로 접속된 회로에 100[V]의 교류 전압을 인가하는 경우 흐르는 전류[A]와 역률[%]은 각각 얼마인가?

① 20[A], 80[%] ② 10[A], 80[%]
③ 20[A], 60[%] ④ 10[A], 60[%]

$R=8[\Omega]$, $X_L=6[\Omega]$, $V=100[V]$일 때
$I=\dfrac{V}{Z}=\dfrac{V}{\sqrt{R^2+X_L^2}}$ [A],
$\cos\theta=\dfrac{R}{Z}=\dfrac{R}{\sqrt{R^2+X_L^2}}$ 식에서
$I=\dfrac{V}{\sqrt{R^2+X_L^2}}=\dfrac{100}{\sqrt{8^2+6^2}}=10$ [A]
$\cos\theta=\dfrac{R}{\sqrt{R^2+X_L^2}}=\dfrac{8}{\sqrt{8^2+6^2}}$
$=0.8[pu]=80[\%]$
∴ $I=10$ [A], $\cos\theta=80$ [%]

08

두 금속을 접속하여 여기에 전류를 통하면, 줄열 외에 그 접점에서 열의 발생 또는 흡수가 일어나는 현상은?

① 펠티에 효과 ② 지벡 효과
③ 홀 효과   ④ 줄 효과

펠티에효과(Peltier effect)란 두 종류의 금속을 서로 접속하여 여기에 전류를 흘리면 접속점에서 열의 발생 또는 흡수가 일어나는 현상으로 전류의 방향에 따라 열의 발생 또는 흡수가 다르게 나타나는 현상이다. 또한 "펠티에효과"는 "전열효과"라고도 하며 전자냉동기나 전자온풍기 등에 응용된다.

09

평형 3상 회로에서 1상의 소비전력이 P라면 3상 회로의 전체 소비전력은?

① P ② $2P$
③ $3P$ ④ $\sqrt{3}\,P$

1상의 소비전력이 P[W]인 경우 3상 전체의 소비전력은 $3P$[W]이다.

10

220[V]용 100[W] 전구와 200[W] 전구를 직렬로 연결하여 220[V]의 전원에 연결하면?

① 두 전구의 밝기가 같다.
② 100[W]의 전구가 더 밝다.
③ 200[W]의 전구가 더 밝다.
④ 두 전구 모두 안 켜진다.

100[W] 전구와 200[W] 전구의 저항값을 각각 R_{100}, R_{200}이라 하면 $P=\dfrac{V^2}{R}$ [W] 식에 의해서
$R_{100}=\dfrac{V^2}{P_{100}}=\dfrac{220^2}{100}=484[\Omega]$,
$R_{200}=\dfrac{V^2}{P_{200}}=\dfrac{220^2}{200}=242[\Omega]$이다.
이 두 전구를 직렬로 연결하면 각 전구의 소비전력 $P_{100}{'}$, $P_{200}{'}$는 $P=I^2R$ [W] 식에 의해서
$P_{100}{'}=\left(\dfrac{220}{484+242}\right)^2\times 484=44.44$ [W],
$P_{200}{'}=\left(\dfrac{220}{484+242}\right)^2\times 242=22.22$ [W]임을 알 수 있다.
∴ $P_{100}{'}>P_{200}{'}$이므로 100[W] 전구가 더 밝다.

해답 07 ② 08 ① 09 ③ 10 ②

11

자기회로의 길이 l [m], 단면적 A [m^2], 투자율 μ [H/m] 일때 자기저항 R [AT/Wb]을 나타내는 것은?

① $R = \dfrac{\mu l}{A}$ [AT/Wb]

② $R = \dfrac{A}{\mu l}$ [AT/Wb]

③ $R = \dfrac{\mu A}{l}$ [AT/Wb]

④ $R = \dfrac{l}{\mu A}$ [AT/Wb]

$S = A$ [m^2]일 때
자기저항은 $R_m = \dfrac{l}{\mu S} = \dfrac{l}{\mu A}$ [AT/Wb]이다.

12

100[V]의 전위차로 가속된 전자의 운동 에너지는 몇 [J]인가?

① 1.6×10^{-20} [J] ② 1.6×10^{-19} [J]
③ 1.6×10^{-18} [J] ④ 1.6×10^{-17} [J]

$V = 100$ [V], $e = -1.602 \times 10^{-19}$ [C]일 때
$W = QV = eV$ [J] 식에서
$W = eV = -1.602 \times 10^{-19} \times 100$
$\quad = -1.602 \times 10^{-17}$ [J]
∴ 1.6×10^{-17} [J]

13

가우스(Gauss)의 정리를 이용하여 구하는 것은?

① 자장의 세기 ② 전하간의 힘
③ 전장의 세기 ④ 전위

가우스(Gauss)의 정리
자유공간에 놓인 폐곡면을 이루고 있는 도체 표면에 전하가 대전된 경우 도체 표면에서 발산된 전기력선의 밀도는 전장의 세기와 같다는 것을 표현한 것이다.

14

공기 중에서 5[cm] 간격을 유지하고 있는 2개의 평행 도선에 각각 10[A]의 전류가 동일한 방향으로 흐를 때 도선 1[m]당 발생하는 힘의 크기[N]는?

① 4×10^{-4} ② 2×10^{-5}
③ 4×10^{-5} ④ 2×10^{-4}

$d = 5$ [cm], $I_1 = I_2 = 10$ [A]일 때
$F = \dfrac{2 I_1 I_2}{d} \times 10^{-7}$ [N/m] 식에서
∴ $F = \dfrac{2 I_1 I_2}{d} \times 10^{-7} = \dfrac{2 \times 10^2}{5 \times 10^{-2}} \times 10^{-7}$
$\quad = 4 \times 10^{-4}$ [N/m]

15

공기 중에 놓인 전하가 250[C]일 때 전하로부터 1[m] 떨어진 점의 전속밀도 D_A와 2[m] 떨어진 점의 전속밀도 D_B는 각각 몇 [C/m^2]인가?

① $D_A = 10$ [C/m^2], $D_B = 10$ [C/m^2]
② $D_A = 10$ [C/m^2], $D_B = 5$ [C/m^2]
③ $D_A = 20$ [C/m^2], $D_B = 10$ [C/m^2]
④ $D_A = 20$ [C/m^2], $D_B = 5$ [C/m^2]

전속밀도(D)
$Q = 250$ [C], $r_A = 1$ [m], $r_B = 2$ [m]일 때
$D = \dfrac{Q}{4\pi r^2}$ [C/m^2] 식에서
$D_A = \dfrac{Q}{4\pi r_A^2} = \dfrac{250}{4\pi \times 1^2} = 20$ [C/m^2]
$D_B = \dfrac{Q}{4\pi r_B^2} = \dfrac{250}{4\pi \times 2^2} = 5$ [C/m^2]
∴ $D_A = 20$ [C/m^2], $D_B = 5$ [C/m^2]

해답 11 ④ 12 ④ 13 ③ 14 ① 15 ④

16
교류회로에서 어드미턴스의 실수부를 무엇이라 하는가?

① 리액턴스   ② 콘덕턴스
③ 저항   ④ 서셉턴스

어드미턴스(Y)
$Y = G + jB[℧]$ 또는 $Y = G - jB[℧]$
(1) Y : 어드미턴스(임피던스의 역수)
(2) G : 콘덕턴스(저항의 역수)
(3) B : 서셉턴스(리액턴스의 역수)
∴ 어드미턴스의 실수부는 콘덕턴스(G)를 의미한다.

17
$\frac{\pi}{6}$[rad]는 몇 도인가?

① 30°   ② 45°
③ 60°   ④ 90°

$\pi = 3.14$[rad]$= 180°$ 이므로 [rad]을 각도로 표현하면
∴ $\frac{\pi}{6} = \frac{180°}{6} = 30°$

18
200[V]에서 1[kW]의 전력을 소비하는 전열기를 100[V]에서 사용하면 소비전력은 몇 [W]인가?

① 150   ② 250
③ 400   ④ 1,000

$V = 200$[V]에서 $P = 1$[kW]라며 $V' = 100$[V]일 때의 전력 P'는
$P = \frac{V^2}{R}$[W] 식에서
$R = \frac{V^2}{P} = \frac{200^2}{1,000} = 40[\Omega]$ 이므로
∴ $P' = \frac{(V')^2}{R} = \frac{100^2}{40} = 250$[W]

19
다음 중 전기력선의 성질로 틀린 것은?

① 전기력선은 양전하에서 나와 음전하에서 끝난다.
② 전기력선의 접선 방향이 그 점의 전장의 방향이다.
③ 전기력선의 밀도는 전기장의 크기를 나타낸다.
④ 전기력선은 서로 교차한다.

전기력선은 서로 반발하여 교차하지 않는다.

20
그림의 회로에서 모든 저항값은 2[Ω]이고, 전체전류 I는 6[A]이다. I_1에 흐르는 전류는?

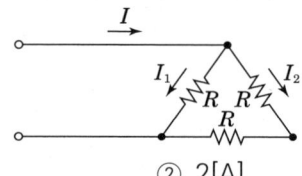

① 1[A]   ② 2[A]
③ 3[A]   ④ 4[A]

등가회로를 그려보면 오른쪽 그림과 같으므로 저항의 병렬접속의 전류분배공식을 적용하면
$I_1 = \frac{2R}{R + 2R} I$
$= \frac{2}{3} I$[A] 이다.
$R = 2[\Omega]$, $I = 6$[A]일 때
∴ $I_1 = \frac{2}{3} I = \frac{2}{3} \times 6 = 4$[A]

해답 16 ② 17 ① 18 ② 19 ④ 20 ④

2과목 : 전기 기기

21
동기발전기의 전기자 권선을 단절권으로 하면?

① 역률이 좋아진다. ② 절연이 잘된다.
③ 고조파를 제거한다. ④ 기전력을 높인다.

동기발전기의 단절권의 특징
(1) 권선이 절약되고 코일 길이가 단축되어 기기가 축소된다.
(2) 고조파가 제거되고 기전력의 파형이 좋아진다.
(3) 유기기전력이 감소하고 발전기의 출력이 감소한다.

22
3상 유도전동기에서 2차측 저항을 2배로 하면 그 최대토크는 어떻게 되는가?

① 변하지 않는다. ② 2배로 된다.
③ $\sqrt{2}$ 배로 된다. ④ $\frac{1}{2}$ 배로 된다.

비례추이원리의 특징
(1) 2차 저항에 비례하여 변화시키는 값은 슬립이다.
(2) 2차 저항을 변화시켜 기동전류를 억제하고 기동토크를 증대시키기는 것이 목적이다.
(3) 2차 저항이 변화하여도 최대토크는 변하지 않는다.

23
15[kW], 60[Hz], 4극의 3상 유도전동기가 있다. 전부하가 걸렸을 때의 슬립이 4[%]라면 이 때의 2차(회전자)측 동손은 약 몇 [kW]인가?

① 1.2 ② 1.0
③ 0.8 ④ 0.6

$P_0 = 15[\text{kW}]$, $f = 60[\text{Hz}]$, $p = 4$, $s = 0.04$ 일 때
$P_{c2} = sP_2 = \frac{s}{1-s}P_0$ 식에서
$\therefore P_{c2} = \frac{s}{1-s}P_0 = \frac{0.04}{1-0.04} \times 15 = 0.6[\text{kW}]$

24
변압기의 원리는 어느 작용을 이용한 것인가?

① 전자유도작용 ② 정류작용
③ 발열작용 ④ 화학작용

변압기는 1차측과 2차측의 코일 권수를 조정하여 전압을 변압하는 전기기기로서 전압과 전류가 함께 바뀌게 되며 이러한 현상은 전자유도작용의 원리에 의한 것이다.

25
동기발전기의 돌발단락전류를 주로 제한하는 것은?

① 누설 리액턴스 ② 역상 리액턴스
③ 동기 리액턴스 ④ 권선저항

동기발전기의 돌발 단락전류는 순간 단락전류로서 단락된 순간 단시간동안 흐르는 대단히 큰 전류를 의미한다. 이 전류를 제한하는 값은 발전기의 내부 임피던스(또는 내부 리액턴스)로서 누설 임피던스(또는 누설 리액턴스)뿐이다.

26
50[Hz]의 변압기에 60[Hz]의 같은 전압을 가했을 때 자속 밀도는 50[Hz] 때의 몇 배인가?

① $\frac{6}{5}$ ② $\frac{5}{6}$
③ $\left(\frac{6}{5}\right)^2$ ④ $\left(\frac{6}{5}\right)^{1.6}$

$E = 4.44 f \phi N k_w [\text{V}]$, $\phi = BS[\text{Wb}]$ 식에서
$E = 4.44 f \phi N k_w = 4.44 f B S N k_w [\text{V}]$ 이므로
자속밀도는 주파수와 반비례 관계에 있다.
$f = 50[\text{Hz}]$일 때 자속밀도 B, $f' = 60[\text{Hz}]$일 때 자속밀도 B'라 하면
$\therefore B' = \frac{f}{f'}B = \frac{50}{60}B = \frac{5}{6}B$

해답 21 ③ 22 ① 23 ④ 24 ① 25 ① 26 ②

27

10극의 직류 파권 발전기의 전기자 도체수 400, 매극의 자속수 0.02[Wb], 회전수 600[rpm]일 때 기전력은 몇 [V]인가?

① 200
② 220
③ 380
④ 400

$p = 10$, $a = 2$(파권), $Z = 400$, $\phi = 0.02$[Wb], $N = 600$[rpm]일 때

$E = \dfrac{pZ\phi N}{60a} = k\phi N$ [V] 식에서

$\therefore E = \dfrac{pZ\phi N}{60a} = \dfrac{10 \times 400 \times 0.02 \times 600}{60 \times 2} = 400$ [V]

28

변압기 내부고장 시 발생하는 기름의 흐름 변화를 검출하는 부흐홀츠 계전기의 설치 위치로 알맞은 것은?

① 변압기 본체
② 변압기의 고압측 부싱
③ 컨서베이터 내부
④ 변압기 본체와 컨서베이터를 연결하는 파이프

부흐홀츠계전기는 변압기 본체(주 탱크)와 콘서베이터 사이에 설치되어 널리 이용되고 있다.

29

동기전동기의 자기기동에서 계자권선을 단락하는 이유는?

① 기동이 쉽다.
② 기동권선으로 이용
③ 고전압 유도에 의한 절연파괴 위험 방지
④ 전기자 반작용을 방지한다.

동기전동기의 자기기동법에서 기동할 때 회전자 속에 의해서 계자권선 안에는 고압이 유도되어 절연을 파괴할 우려가 있으므로 기동할 때에는 계자권선을 단락시킨다.

30

일정한 주파수의 전원에서 운전하는 3상 유도전동기의 전원 전압이 80[%]가 되었다면 토크는 약 몇 [%]가 되는가?(단, 회전수는 변하지 않는 상태로 한다.)

① 55
② 64
③ 76
④ 82

유도전동기의 토크는 전압의 제곱에 비례하므로 전압이 80[%]가 되었다면 토크는
$\therefore 0.8^2 = 0.64$[pu] $= 64$[%]

31

농형 회전자에 비뚤어진 홈을 쓰는 이유는?

① 출력을 높인다.
② 회전수를 증가시킨다.
③ 소음을 줄인다.
④ 미관상 좋다.

농형 유도전동기의 회전자는 홈(슬롯)을 축방향과 나란하게 사용하지 않고 비스듬하게 설치하는 스큐 슬롯(사슬롯)으로 채용하여 사용한다. 이유는 고조파를 제거하여 파형을 개선하고 또한 소음을 줄일 수 있기 때문이다.

32

변압기 V결선의 특징으로 틀린 것은?

① 고장시 응급처치 방법으로 쓰인다.
② 단상변압기 2대로 3상 전력을 공급한다.
③ 부하증가시 예상되는 지역에 시설한다.
④ V결선시 출력은 △결선시 출력과 그 크기가 같다.

V결선의 출력비란 △결선일 때에 대해서 V결선으로 운전할 경우의 변압기 출력을 비교한 값으로 △결선의 $\dfrac{1}{\sqrt{3}}$ 배에 해당하는 값이다.

해답 27 ④ 28 ④ 29 ③ 30 ② 31 ③ 32 ④

33
속도를 광범위하게 조정할 수 있으므로 압연기나 엘리베이터 등에 사용되는 직류전동기는?

① 직권 전동기　② 분권 전동기
③ 타여자 전동기　④ 가동 복권 전동기

직류 타여자전동기는 부하변동에 대해서 속도변화가 거의 없는 정속도 특성이 있으며 또한 속도를 광범위하게 조정할 수 있어서 대형 압연기나 엘리베이터 등에 사용된다.

34
변압기 2대를 V결선 했을 때의 이용률은 몇 [%]인가?

① 57.7[%]　② 70.7[%]
③ 86.6[%]　④ 100[%]

V결선의 출력비는 57.7[%], 이용률은 86.6[%]이다.

35
직류전동기에서 무부하가 되면 속도가 대단히 높아져서 위험하기 때문에 무부하 운전이나 벨트를 연결한 운전을 해서는 안 되는 전동기는?

① 직권전동기　② 복권전동기
③ 타여자전동기　④ 분권전동기

직류 직권전동기는 무부하 운전시 과속이 되어 위험속도로 운전되기 때문에 직류 직권전동기로 벨트를 걸고 운전하면 안 된다.(벨트가 벗겨지면 위험속도로 운전되기 때문)

36
다음 중 전력 제어용 반도체 소자가 아닌 것은?

① LED　② TRIAC
③ GTO　④ IGBT

발광 다이오드(LED) : 전기신호를 빛으로 바꿔서 램프의 기능으로 사용하는 반도체 소자로서 전력 제어용 소자로 사용되지 않는다.

37
분권발전기의 회전 방향을 반대로 하면?

① 전압이 유기된다.
② 발전기가 소손된다.
③ 고전압이 발생한다.
④ 잔류 자기가 소멸된다.

직류 자여자 발전기는 회전방향을 반대로 하여 역회전하면 전기자전류와 계자전류의 방향이 바뀌게 되어 잔류자기가 소멸되고 더 이상 발전이 되지 않는다. 따라서 자여자 발전기는 역회전하면 안 된다.

38
단락비가 큰 동기기는?

① 안정도가 높다.
② 기기가 소형이다.
③ 전압변동률이 크다.
④ 전기자 반작용이 크다.

동기발전기의 단락비가 큰 경우의 특징
(1) 안정도가 크고, 기계의 치수가 커지며 공극이 넓다.
(2) 철손이 증가하고, 효율이 감소한다.
(3) 동기 임피던스가 감소하고 단락전류 및 단락용량이 증가한다.
(4) 전압변동률이 작고, 전기자 반작용이 감소한다.
(5) 여자전류가 크다.

해답　33 ③　34 ③　35 ①　36 ①　37 ④　38 ①

39

선풍기, 드릴, 믹서, 재봉틀 등에 주로 사용되는 전동기는?

① 단상 유도전동기 ② 권선형 유도전동기
③ 동기전동기   ④ 직류 직권전동기

단상 유도전동기는 주로 가정용으로서 선풍기, 드릴, 믹서, 재봉틀 등에 사용된다.

40

다이오드를 사용한 정류회로에서 다이오드를 여러 개 직렬로 연결하여 사용하는 경우의 설명으로 가장 옳은 것은?

① 다이오드를 과전류로부터 보호할 수 있다.
② 다이오드를 과전압으로부터 보호할 수 있다.
③ 부하출력의 맥동률을 감소시킬 수 있다.
④ 낮은 전압 전류에 적합하다.

다이오드는 과전압 및 과전류에서 파괴될 우려가 있으므로 과전압으로부터 보호하기 위해서는 다이오드 여러 개를 직렬로 접속하고 과전류로부터 보호하기 위해서는 다이오드 여러 개를 병렬로 접속한다.

3과목 : 전기 설비

41

점유 면적이 좁고 운전 보수에 안전하며 공장, 빌딩 등의 전기실에 많이 사용되는 배전반은 어떤 것인가?

① 데드 프런트형   ② 수직형
③ 큐비클형   ④ 라이브 프런트형

폐쇄식 배전반
(1) 큐비클형 배전반
(2) 점유 면적이 좁고 운전, 보수에 안전하므로 공장, 빌딩 등의 전기실에 많이 사용되고 있다.

42

박강전선관의 표준 굵기가 아닌 것은?

① 25[mm]   ② 37[mm]
③ 51[mm]   ④ 75[mm]

금속관공사의 기타 사항
(1) 금속관 1본의 길이 : 3.6[m]이다.
(2) 관의 종류

종류	규격[mm]	관의 호칭
후강전선관	16, 22, 28, 36, 42, 54, 70, 82, 92, 104의 10종	안지름(내경), 짝수
박강전선관	19, 25, 31, 39, 51, 63, 75의 7종	바깥지름(외경), 홀수

43

옥외용 비닐절연전선의 약호는?

① OW   ② DV
③ NR   ④ VV

전선의 약호

약호	명칭
OW	옥외용 비닐절연전선
DV	인입용 비닐절연전선
NR	450/750[V] 일반용 단심 비닐절연전선
VV	0.6/1[kV] 비닐 절연 비닐 시스 케이블

44

전선을 기구 단자에 접속할 때 진동 등의 영향으로 헐거워질 우려가 있는 경우에 사용하는 것은?

① 압착단자   ② 코드 페스너
③ 십자머리 볼트 ④ 스프링 와셔

전선과 기구단자와의 접속
(1) 스프링 와셔 : 전선을 기구 단자에 접속할 때 진동 등의 영향으로 헐거워질 우려가 있는 경우에 사용하는 것.
(2) 프레셔 툴 : 전선에 압착단자 접속시 사용되는 공구
(3) 동관단자 : 전선과 기계기구의 단자를 접속할 때 사용하는 것.

해답 39 ① 40 ② 41 ③ 42 ② 43 ① 44 ④

45

화약류 저장소에서 백열전등이나 형광등 또는 이들에 전기를 공급하기 위한 전기설비를 시설하는 경우 전로의 대지전압은?

① 100[V] 이하　② 150[V] 이하
③ 220[V] 이하　④ 300[V] 이하

화약류 저장소 등의 위험장소
화약류 저장소 안의 조명기구에 전기를 공급하기 위한 전기설비는 전로의 대지전압이 300[V] 이하일 것.

46

가연성 분진에 전기설비가 발화원이 되어 폭발의 우려가 있는 곳에 시설하는 저압 옥내배선 공사방법이 아닌 것은?

① 금속관 공사　② 케이블 공사
③ 애자 공사　　④ 합성수지관 공사

가연성 분진이 존재하는 곳의 공사
가연성 분진(소맥분·전분·유황 기타 가연성의 먼지로 공중에 떠다니는 상태에서 착화하였을 때에 폭발할 우려가 있는 것)에 전기설비가 발화원이 되어 폭발할 우려가 있는 곳에 시설하는 저압 옥내 전기설비의 공사는 합성수지관공사(두께 2[mm] 미만의 합성수지 전선관 및 난연성이 없는 콤바인덕트관을 사용하는 것을 제외)·금속관공사 또는 케이블공사에 의할 것.

47

다음 중 전선의 브리타니아 직선접속에 사용되는 것은?

① 조인트선　② 파라핀선
③ 바인드선　④ 에나멜선

브리타니아 접속
10[mm²] 이상의 굵은 선을 첨선과 조인트선을 추가하여 접속하는 방법

48

콘크리트 직매용 케이블 배선에서 일반적으로 케이블을 구부릴 때 피복이 손상되지 않도록 그 굴곡부 안쪽의 반경은 케이블 외경의 몇 배 이상으로 하여야 하는가?(단, 단심이 아닌 경우이다.)

① 2배　② 3배
③ 6배　④ 12배

콘크리트 직매용 케이블 배선
케이블을 구부릴 때는 피복이 손상되지 않도록 그 굴곡부 안쪽의 반경은 케이블 외경의 6배(단심인 것은 8배) 이상으로 하여야 한다.

49

아웃렛 박스 등의 녹아웃의 지름이 관의 지름보다 클 때에 관을 박스에 고정 시키기 위해 쓰는 재료의 명칭은?

① 터미널캡　② 링리듀서
③ 엔트랜스캡　④ 유니버설

링 리듀서는 금속관을 박스에 고정할 때 노크아웃 구멍이 금속관보다 커서 로크너트만으로 고정하기 어려운 경우에 사용하는 공구이다.

50

철근 콘크리트주의 길이가 12[m]인 지지물을 건주하는 경우 땅에 묻히는 깊이는 최소 길이는 얼마인가?(단, 설계하중은 6.8[kN] 이하이다.)

① 2.0[m]　② 1.5[m]
③ 1.2[m]　④ 1.0[m]

지지물이 땅에 매설되는 깊이

설계하중 전장	6.8[kN] 이하	6.8[kN] 초과 9.8[kN] 이하	지지물
15[m] 이하	전장 × $\frac{1}{6}$ 이상	–	철근 콘크리트주

∴ 매설깊이 = $12 \times \frac{1}{6} = 2$[m]

해답 45 ④　46 ③　47 ①　48 ③　49 ②　50 ①

51
보호를 요하는 회로의 전류가 어떤 일정한 값(정정값) 이상으로 흘렀을 때 동작하는 계전기는?

① 과전류 계전기　② 과전압 계전기
③ 차동 계전기　　④ 비율차동 계전기

계전기의 용도 및 기능
과전류계전기(OCR)는 일정값 이상의 전류가 흘렀을 때 동작하는 계전기로서 용량이 작은 변압기의 단락 보호용의 주 보호방식으로 사용되는 계전기이다.

52
과전류 차단기로 저압 전로에 사용하는 주택용 배선용차단기의 정격전류가 40[A]일 때 차단기의 동작전류가 58[A]이었다면 차단기의 동작시간은 몇 분이겠는가?

① 10분　② 60분
③ 120분　④ 180분

주택용 배선용차단기

정격전류의 구분	시간	정격전류의 배수 (모든 극에 통전)	
		부동작전류	동작전류
63 [A] 이하	60분	1.13배	1.45배
63 [A] 초과	120분	1.13배	1.45배

동작전류 = 40 × 1.45 = 58[A]
∴ 정격전류는 63[A] 이하로서 동작전류가 정격전류의 1.45배 이므로 동작시간은 60분이다.

53
나전선 상호를 접속하는 경우 일반적으로 전선의 세기를 몇 [%] 이상 감소시키지 아니하여야 하는가?

① 2[%]　② 3[%]
③ 20[%]　④ 80[%]

나전선 상호 또는 나전선과 절연전선 또는 캡타이어 케이블과 접속하는 경우
(1) 전선의 세기[인장하중(引張荷重)으로 표시한다]를 20 [%] 이상 감소시키지 아니할 것. (또는 80 [%] 이상 유지할 것.)
(2) 접속부분은 접속관 기타의 기구를 사용할 것.

54
변압기, 동기기 등의 층간 단락 등의 내부고장 보호에 사용되는 계전기는?

① 비율차동계전기　② 접지계전기
③ 과전압계전기　　④ 역상계전기

차동계전기 또는 비율차동계전기(RDF)의 용도 및 기능
(1) 변압기, 동기기 내부권선의 층간단락 등의 내부고장 보호에 사용되는 계전기
(2) 보호구간에 유입하는 전류와 유출하는 전류의 차에 의해 동작하는 계전기

55
다음 중 옥내에 시설하는 저압 전로와 대지 사이의 절연저항 측정에 사용되는 계기는?

① 멀티 테스터　② 메거
③ 어스 테스터　④ 훅 온 미터

메거(절연저항계)는 옥내에 시설하는 저압전로와 대지 사이의 절연저항 측정에 사용되는 계기이다.

56
캡타이어 케이블을 조영재의 옆면에 따라 시설하는 경우 지지점 간의 거리는 얼마이하로 하는가?

① 2[m]　② 3[m]
③ 1[m]　④ 1.5[m]

케이블공사
(1) 전선을 조영재의 아랫면 또는 옆면에 따라 붙이는 경우에는 전선의 지지점 간의 거리를 케이블은 2 [m](사람이 접촉할 우려가 없는 곳에서 수직으로 붙이는 경우에는 6 [m]) 이하, 캡타이어 케이블은 1 [m] 이하로 하고 또한 그 피복을 손상하지 아니하도록 붙일 것.
(2) 케이블을 조영재에 지지하는 경우 새들, 스테이플, 클리트 등으로 지지한다.
(3) 케이블의 굴곡부 곡률반경은 연피를 갖는 케이블일 때 케이블 외경의 12배, 연피를 갖지 않는 케이블일 때 케이블 외경의 5배 이상으로 하는 것이 바람직하다.

해답 51 ① 52 ② 53 ③ 54 ① 55 ② 56 ③

57
전선의 약호 중 형광방전등용 비닐전선에 해당되는 것은 어떤 것인가?

① DV　　② FL
③ MI　　④ NR

전선의 약호

약호	명칭
DV	인입용 비닐절연전선
FL	형광방전등용 비닐전선
MI	미네랄 인슈레이션 케이블
NR	450/750[V] 일반용 단심 비닐절연전선

58
수변전 설비의 고압회로에 걸리는 전압을 표시하기 위해 전압계를 시설할 때 고압회로와 전압계 사이에 시설하는 것은?

① 관통형 변압기　　② 계기용 변류기
③ 계기용 변압기　　④ 권선형 변류기

계기용 변압기(PT)
(1) 수변전 설비의 고압회로에 걸리는 전압을 표시하기 위해 전압계를 시설할 때 고압회로와 전압계 사이에 시설하는 기기로서 PT 2차측 단자에는 전압계가 접속된다.
(2) 2차측 정격전압 : 110[V]

참고 계기용 변압기 2차측에는 Pilot Lamp를 설치하여 전원의 유무를 표시한다.

59
고장시 흐르는 전류를 안전하게 통할 수 있는 것으로서 특고압·고압 전기설비용 접지도체는 단면적 몇 [mm²] 이상의 연동선 또는 동등 이상의 단면적 및 강도를 가져야 하는가?

① 6[mm²]　　② 10[mm²]
③ 16[mm²]　　④ 25[mm²]

접지도체의 최소 단면적
고장시 흐르는 전류를 안전하게 통할 수 있는 것으로서 특고압·고압 전기설비용 접지도체는 단면적 6 [mm²] 이상의 연동선 또는 동등 이상의 단면적 및 강도를 가져야 한다.

60
교통신호등의 제어장치로부터 신호등의 전구까지의 전로에 사용하는 전압은 몇 [V] 이하인가?

① 60　　② 100
③ 300　　④ 440

교통신호등의 시설
(1) 교통신호등 제어장치의 2차측 배선의 최대사용전압은 300[V] 이하이어야 한다.
(2) 교통신호등의 전구에 접속하는 인하선의 지표상의 높이는 2.5[m] 이상일 것.
(3) 교통신호등의 제어장치 전원측에는 전용 개폐기 및 과전류 차단기를 각 극에 시설하여야 한다.
(4) 교통신호등 회로의 사용전압이 150[V]를 넘는 경우에는 전로에 지락이 생겼을 경우 자동적으로 전로를 차단하는 누전차단기를 시설할 것.

해답 57 ②　58 ③　59 ①　60 ③

CBT 06 | 2022년 제3회 복원기출문제

1과목 : 전기 이론

01
다음 중 반자성체는?

① 구리　　② 알루미늄
③ 코발트　④ 니켈

자성체의 종류
(1) 강자성체 : 철, 니켈, 코발트, 망간
(2) 상자성체 : 텅스텐, 산소, 백금, 알루미늄
(3) 반자성체 : 수소, 구리, 탄소, 안티몬, 비스무드

02
단면적 4×10^{-4}[m²], 자기 통로의 평균 길이 0.4[m], 코일 감은 횟수 1,000회, 비투자율 1,000인 환상 솔레노이드가 있다. 이 솔레노이드의 자체 인덕턴스는?
(단, 진공 중의 투자율 $\mu_0 = 4\pi \times 10^{-7}$임)

① 약 1.26[H]　② 약 2.26[H]
③ 약 3.26[H]　④ 약 4.26[H]

$S = 4 \times 10^{-4}$[m²], $l = 0.4$[m], $N = 1,000$, $\mu_s = 1,000$일 때

$L = \dfrac{\mu S N^2}{l} = \dfrac{\mu_0 \mu_s S N^2}{l}$ [H] 식에서

$\therefore L = \dfrac{\mu_0 \mu_s S N^2}{l}$

$= \dfrac{4\pi \times 10^{-7} \times 1,000 \times 4 \times 10^{-4} \times 1,000^2}{0.4}$

$= 1.26$[H]

03
저항 도선에 흐르는 전류에 의한 열량을 올바르게 설명한 것은?

① 전류에 비례한다.
② 전류에 반비례한다.
③ 전류의 제곱에 비례한다.
④ 전류의 제곱에 반비례한다.

열량(H)
$H = 0.24 I^2 R t$[cal] 식에서
∴ 열량은 전류의 제곱에 비례한다.

04
전하의 성질에 대한 설명 중 옳지 않은 것은?

① 전하는 가장 안정한 상태를 유지하려는 성질이 있다.
② 같은 종류의 전하끼리는 흡인하고 다른 종류의 전하끼리는 반발한다.
③ 낙뢰는 구름과 지면 사이에 모인 전기가 한꺼번에 방전되는 현상이다.
④ 대전체의 영향으로 비대전체에 전기가 유도된다.

전하의 성질은 같은 종류의 전하끼리는 반발력이 작용하고, 다른 종류의 전하끼리는 흡인력이 작용한다.

해답 01 ① 02 ① 03 ③ 04 ②

05

그림의 회로에서 소비전력은 몇 [W]인가?

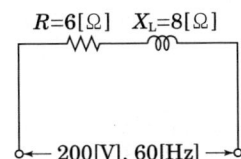

① 1,200
② 2,400
③ 3,600
④ 4,800

$R-X$ 직렬 회로에서
$R=6[\Omega]$, $X_L=8[\Omega]$, $V=200[V]$일 때
$P=I^2R=\dfrac{V^2R}{R^2+X_L^2}[W]$ 이므로
$\therefore P=\dfrac{V^2R}{R^2+X_L^2}=\dfrac{200^2\times 6}{6^2+8^2}=2,400[W]$

06

비유전율이 9인 물질의 유전율은 약 얼마인가?

① 80×10⁻¹²[F/m]
② 80×10⁻⁶[F/m]
③ 1×10⁻¹²[F/m]
④ 1×10⁻⁶[F/m]

$\epsilon_s=9$일 때 $\epsilon=\epsilon_0\epsilon_s$[F/m] 식에서
$\therefore \epsilon=\epsilon_0\epsilon_s=8.855\times 10^{-12}\times 9$
$\qquad =80\times 10^{-12}[F/m]$

07

권선수 50인 코일에 5[A]의 전류가 흘렀을 때 10^{-3} [Wb]의 자속이 코일 전체를 쇄교하였다면 이 코일의 자체 인덕턴스는?

① 10[mH]
② 20[mH]
③ 30[mH]
④ 40[mH]

$N=50$, $I=5[A]$, $\phi=10^{-3}[Wb]$일 때
$L=\dfrac{N\phi}{I}[H]$ 식에서
$\therefore L=\dfrac{N\phi}{I}=\dfrac{50\times 10^{-3}}{5}=10\times 10^{-3}[H]$
$\qquad =10[mH]$

08

Wb는 무엇의 단위인가?

① 기자력
② 자기장의 세기
③ 자속
④ 자속밀도

단위
① 기자력 : [AT]
② 자기장의 세기 : [AT/m]
③ 자속 : [Wb]
④ 자속밀도 : [Wb/m²]

09

$R=3[\Omega]$, $\omega L=8[\Omega]$, $\dfrac{1}{\omega C}=4[\Omega]$인 RLC 직렬 회로의 임피던스는 몇 [Ω]인가?

① 5
② 8.5
③ 12.4
④ 15

$Z=\sqrt{R^2+(X_L-X_C)^2}$
$\quad =\sqrt{R^2+\left(\omega L-\dfrac{1}{\omega C}\right)^2}$[Ω] 식에서
$\therefore Z=\sqrt{R^2+\left(\omega L-\dfrac{1}{\omega C}\right)^2}=\sqrt{3^2+(8-4)^2}$
$\qquad =5[\Omega]$

10

저항 3[Ω], 유도 리액턴스 8[Ω], 용량 리액턴스 4[Ω]이 직렬로 된 회로에서의 역률은 얼마인가?

① 0.8
② 0.7
③ 0.6
④ 0.5

$R=3[\Omega]$, $X_L=8[\Omega]$, $X_C=4[\Omega]$ 직렬 회로일 때 역률 $\cos\theta$는
$\cos\theta=\dfrac{R}{Z}=\dfrac{R}{\sqrt{R^2+(X_L-X_C)^2}}$ 식에서
$\therefore \cos\theta=\dfrac{R}{\sqrt{R^2+(X_L-X_C)^2}}$
$\qquad =\dfrac{3}{\sqrt{3^2+(8-4)^2}}=0.6$

해답 05 ② 06 ① 07 ① 08 ③ 09 ① 10 ③

11

기전력 1.5[V], 내부저항 0.5[Ω]의 전지 20개를 직렬로 접속한 전원에 저항 5[Ω]의 전구를 접속하면 전구에 흐르는 전류는 몇[A]가 되겠는가?

① 1
② 2
③ 5
④ 7

$E=1.5[V]$, $r=0.5[Ω]$, $n=20$, $R=5[Ω]$일 때 전류 I는
$I=\dfrac{nE}{nr+R}$[A] 식에서
$\therefore I=\dfrac{nE}{nr+R}=\dfrac{20\times1.5}{20\times0.5+5}=2[A]$

12

그림과 같이 공기 중에 놓인 2×10^{-8}[C]의 전하에서 2[m] 떨어진 점 P와 1[m] 떨어진 점 Q와의 전위차는?

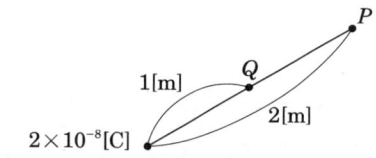

① 80[V]
② 90[V]
③ 100[V]
④ 110[V]

$Q=2\times10^{-8}$[C], $R_Q=1$[m], $R_P=2$[m]일 때
$V=9\times10^9\dfrac{Q}{R}$[V] 식에서
$V_Q=9\times10^9\dfrac{Q}{R_Q}=9\times10^9\times\dfrac{2\times10^{-8}}{1}=180$[V]
$V_P=9\times10^9\dfrac{Q}{R_P}=9\times10^9\times\dfrac{2\times10^{-8}}{2}=90$[V]
두 점의 전위차는 V_Q-V_P를 의미하므로
$\therefore V_Q-V_P=180-90=90$[V]

13

다음 중 비유전율이 가장 작은 것은?

① 종이
② 공기
③ 운모
④ 산화티탄 자기

비유전율의 크기는 산화티탄자기>염화비닐>운모>수정>종이(고무)>진공(공기) 순이다.

14

단면적 25[cm²], 길이 1[m], 비투자율 10^3인 환상 철심에 500회의 권선을 감고 이것에 0.25[A]의 전류를 흐르게 한 경우 기자력은?

① 100[AT]
② 125[AT]
③ 150[AT]
④ 200[AT]

$S=25$[cm²], $l=1$[m], $\mu_s=10^3$, $N=500$, $I=0.25$[A]일 때
$F=NI$[AT] 식에서
$\therefore F=NI=500\times0.25=125$[AT]

15

다음 중 콘덴서 접속법에 대한 설명으로 알맞은 것은?

① 직렬로 접속하면 용량이 커진다.
② 병렬로 접속하면 용량이 적어진다.
③ 콘덴서는 직렬 접속만 가능하다.
④ 직렬로 접속하면 용량이 적어진다.

정전용량 C가 n개 직렬일 때 합성 정전용량 C_s와 병렬일 때 합성 정전용량 C_p는 각각
$C_s=\dfrac{C}{n}$, $C_p=nC$ 이므로
$\therefore$ 정전용량은 직렬로 접속하면 감소하고 병렬로 접속하면 증가한다.

해답 11 ② 12 ② 13 ② 14 ② 15 ④

16

$R-L$ 직렬회로에서 전압과 전류의 위상차 $\tan\theta$는?

① $\dfrac{L}{R}$ ② ωRL
③ $\dfrac{\omega L}{R}$ ④ $\dfrac{R}{\omega L}$

RL 직렬회로의 전압과 전류의 위상차 $\tan\theta$는
∴ $\tan\theta = \dfrac{X_L}{R} = \dfrac{\omega L}{R}$ 이다.

17

100[V], 5[A]의 전열기를 사용하여 2리터의 물을 20[℃]에서 100[℃]로 올리는데 필요한 시간[sec]은 약 얼마인가?(단, 열량은 전부 유효하게 사용됨)

① 1.33×10^3 ② 1.33×10^4
③ 1.33×10^5 ④ 1.33×10^6

$V = 100[\text{V}]$, $I = 5[\text{A}]$, $m = 2[\text{L}]$,
$\theta = 100° - 20° = 80°$, $\eta = 1$일 때
$P = VI = 100 \times 5 = 500[\text{W}] = 0.5[\text{kW}]$ 이므로
$H = 860 P T \eta = Cm\theta [\text{kcal}]$ 식에서
$T = \dfrac{Cm\theta}{860 P\eta} = \dfrac{1 \times 2 \times 80}{860 \times 0.5 \times 1} = \dfrac{16}{43}$ [h]이다.
∴ $T = \dfrac{16}{43} \times 3{,}600 = 1.33 \times 10^3 [\text{sec}]$

참고
(1) 특히 단위에 주의하여야 한다.
(2) 열량이 전부 유효하게 사용되었다는 것은 효율이 100[%]라는 의미이다.($\eta = 1$)

18

비유전율이 큰 산화티탄 등을 유전체로 사용한 것으로 극성이 없으며 가격에 비해 성능이 우수하여 널리 사용되고 있는 콘덴서의 종류는?

① 마일러 콘덴서 ② 마이카 콘덴서
③ 전해 콘덴서 ④ 세라믹 콘덴서

세라믹콘덴서는 비유전율이 큰 산화티탄 등을 유전체로 사용한 것으로 극성이 없으며 가격에 비해 성능이 우수하여 널리 사용되고 있는 콘덴서이다.

19

최대값이 200[V]인 사인파 교류의 평균값은?

① 약 70.7[V] ② 약 100[V]
③ 약 127.4[V] ④ 약 141.4[V]

정현파(사인파) 교류의 평균값 V_a는
$V_a = \dfrac{2V_m}{\pi} = 0.637 V_m [\text{V}]$ 식에서
$V_m = 200[\text{V}]$ 이므로
∴ $V_a = 0.637 V_m = 0.637 \times 200 = 127.4[\text{V}]$

20

$R = 4[\Omega]$, $X_L = 15[\Omega]$, $X_C = 12[\Omega]$의 RLC 직렬 회로에 100[V]의 교류전압을 가할 때 전류와 전압의 위상차는 약 얼마인가?

① 0° ② 37°
③ 53° ④ 90°

직렬 회로에서 전류와 전압의 위상차는 임피던스의 위상각과 같으므로
$\theta = \tan^{-1}\left(\dfrac{X_L - X_C}{R}\right)$ 식에서
∴ $\theta = \tan^{-1}\left(\dfrac{X_L - X_C}{R}\right) = \tan^{-1}\left(\dfrac{15-12}{4}\right)$
  $= 37°$

2과목 : 전기 기기

21
동기전동기 중 안정도 증진법으로 틀린 것은?

① 전기자 저항 감소
② 관성 효과 증대
③ 동기 임피던스 증대
④ 속응 여자 채용

동기기의 안정도 증진법
(1) 단락비를 크게 한다.
(2) 동기 임피던스(또는 전기자 저항) 및 정상 임피던스의 감소
(3) 속응여자방식의 채용
(4) 회전부의 관성 모멘트의 증대
(5) 플라이휠 효과 증대
(6) 역상 및 영상 임피던스의 증대

22
변압기유가 구비해야 할 조건으로 틀린 것은?

① 절연 내력이 클 것
② 비열이 커 냉각 효과가 클 것
③ 응고점이 높을 것
④ 절연재료 및 금속재료에 화학작용을 일으키지 않을 것

절연유가 갖추어야 할 성질
(1) 절연내력이 커야 한다.
(2) 인화점은 높고 응고점은 낮아야 한다.
(3) 비열이 커서 냉각효과가 커야 한다.
(4) 점도가 낮아야 한다.
(5) 절연재료 및 금속재료에 화학작용을 일으키지 않아야 한다.
(6) 산화하지 않아야 한다.

23
직류발전기의 철심을 규소강판으로 성층하여 사용하는 주된 이유는?

① 브러시에서의 불꽃방지 및 정류개선
② 와전류손과 히스테리시스손의 감소
③ 전기자 반작용의 감소
④ 기계적 강도 개선

전기자 철심을 규소강판으로 성층하여 사용하면 히스테리시스손과 와류손을 모두 줄일 수 있으므로 결국 철손을 줄일 수 있다.

24
전기자 저항이 0.2[Ω], 전류 100[A], 전압 120[V]일 때 분권전동기의 발생 동력[kW]은?

① 5   ② 10
③ 14   ④ 20

$R_a = 0.2[\Omega]$, $I_a = 100[A]$, $V = 120[V]$일 때
$P = EI_a[W]$, $E = V - R_a I_a[V]$ 식에서
$E = V - R_a I_a = 120 - 0.2 \times 100$
$= 100[V]$ 이므로
$\therefore P = EI_a = 100 \times 100 = 10,000[W]$
$= 10[kW]$

25
3상 변압기의 병렬운전이 불가능한 결선 방식으로 짝지은 것은?

① △-△ 와 Y-Y   ② △-Y 와 △-Y
③ Y-Y 와 Y-Y   ④ △-△ 와 △-Y

변압기 병렬운전 조합

가능	불가능
△-△ 와 △-△	△-△ 와 △-Y
△-△ 와 Y-Y	△-△ 와 Y-△
Y-Y 와 Y-Y	Y-Y 와 △-Y
Y-△ 와 Y-△	Y-Y 와 Y-△

해답 21 ③   22 ③   23 ②   24 ②   25 ④

26
단상 유도전동기에 보조권선을 사용하는 주된 이유는?

① 회전자장을 얻는다.
② 기동 전류를 줄인다.
③ 속도제어를 한다.
④ 역률개선을 한다.

단상 유도전동기는 회전자계가 없으므로 회전력을 발생하지 않는다. 이 때문에 주권선(또는 운동권선) 외에 보조권선(또는 기동권선)을 삽입하여 보조권선으로 회전자기장을 발생시키고 또한 회전력을 얻는다. 주로 가정용으로서 선풍기, 드릴, 믹서, 재봉틀 등에 사용된다.

27
유도전동기의 장점이 아닌 것은?

① 값이 저렴
② 구조가 복잡하다.
③ 전원을 쉽게 얻음
④ 조작이 쉽다.

유도전동기의 장점
(1) 전원을 쉽게 얻을 수 있고 취급이 간단하다.
(2) 구조가 간단하고 튼튼하며 값이 싸다.
(3) 정속도 특성을 지니며 부하 변동에 대하여 속도의 변화가 적다.

28
변압기의 권수비가 60일 때 2차측 저항이 0.1[Ω]이다. 이것을 1차로 환산하면 몇 [Ω]인가?

① 310
② 360
③ 390
④ 410

$N=60$, $R_2=0.1[\Omega]$일 때
$$N=\frac{N_1}{N_2}=\frac{E_1}{E_2}=\frac{I_2}{I_1}=\sqrt{\frac{Z_1}{Z_2}}=\sqrt{\frac{R_1}{R_2}}=\sqrt{\frac{X_1}{X_2}}$$
식에서
$N^2=\dfrac{R_1}{R_2}$ 이므로
∴ $R_1=N^2 R_2=60^2 \times 0.1=360[\Omega]$

29
자동제어 장치의 특수 전기기기로 사용되는 전동기는?

① 전기 동력계
② 3상 유도전동기
③ 직류 스테핑 모터
④ 초동기 전동기

스테핑 모터와 서보 모터는 자동제어 장치의 특수 전동기이다.

30
직류전동기의 제어에 널리 응용되는 직류-직류 전압 제어장치는?

① 인버터
② 컨버터
③ 초퍼
④ 전파정류

전력변환기기의 종류

구분	기능	용도
컨버터 (순변환 장치)	교류를 직류로 변환	정류기
인버터 (역변환장치)	직류를 교류로 변환	인버터
초퍼	직류를 직류로 변환	직류변압기
사이클로 컨버터	교류를 교류로 변환	주파수변환기

31
동기발전기의 병렬운전 중 기전력의 위상차가 생기면 어떤 현상이 나타나는가?

① 전기자반작용이 발생한다.
② 동기화 전류가 흐른다.
③ 단락사고가 발생한다.
④ 무효순환전류가 흐른다.

동기발전기의 병렬운전 중 기전력의 위상이 다른 경우 유효순환전류(또는 동기화전류)가 흘러 동기화력이 생기게 되고 두 기전력이 동상이 되도록 작용한다.

해답 26 ① 27 ② 28 ② 29 ③ 30 ③ 31 ②

32

1대의 출력이 100[kVA]인 단상 변압기 2대로 V결선하여 3상 전력을 공급할 수 있는 최대전력은 몇 [kVA]인가?

① 100
② $100\sqrt{2}$
③ $100\sqrt{3}$
④ 200

V결선의 출력은 변압기 1대 용량의 $\sqrt{3}$ 배이므로
∴ $100\sqrt{3}$ [kVA]이다.

33

일정한 주파수의 전원에서 운전하는 3상 유도전동기의 전원 전압이 80[%]가 되었다면 토크는 약 몇 [%]가 되는가?(단, 회전수는 변하지 않는 상태로 한다.)

① 55
② 64
③ 76
④ 82

유도전동기의 토크는 전압의 제곱에 비례하므로 전압이 80[%]가 되었다면 토크는
∴ $0.8^2 = 0.64 [pu] = 64[\%]$

34

단상 전파 사이리스터 정류회로에서 부하가 큰 인덕턴스가 있는 경우, 점호각이 60°일 때의 정류 전압은 약 몇 [V]인가?(단, 전원측 전압의 실효값은 100[V]이고 직류측 전류는 연속이다.)

① 141
② 100
③ 85
④ 45

$E = 100[V], \alpha = 60°$일 때
$E_d = 0.9 E \cos\alpha [V]$ 식에서
∴ $E_d = 0.9 E \cos\alpha = 0.9 \times 100 \times \cos 60° = 45[V]$

35

전력계통에 접속되어 있는 변압기나 장거리 송전시 정전용량으로 인한 충전특성 등을 보상하기 위한 기기는?

① 유도전동기
② 동기발전기
③ 유도발전기
④ 동기조상기

동기조상기란 동기전동기의 위상특성을 이용하여 전력계통 중간에 동기전동기를 무부하로 운전하는 위상조정 및 전압조정 목적으로 사용되는 조상설비 중 하나이다.

36

직류전동기 운전 중에 있는 기동 저항기에서 정전이거나 전원 전압이 저하되었을 때 핸들을 정지 위치에 두는 역할을 하는 것은?

① 무전압 계전기
② 계자제어
③ 기동저항
④ 과부하 개방기

무전압계전기는 직류전동기 운전 중에 있는 기동 저항기에서 정전이거나 전원 전압이 저하되었을 때 핸들을 정지 위치에 두는 역할을 한다.

37

동기기의 전기자 권선법이 아닌 것은?

① 전절권
② 분포권
③ 2층권
④ 중권

동기기의 전기자 권선법은 고상권, 폐로권, 2층권, 중권과 파권, 그리고 단절권과 분포권을 주로 채용되고 있다. 이 외에 환상권과 개로권, 단층권과 전절권 및 집중권도 있지만 이 권선법은 사용되지 않는 권선법이다.

38
3상 유도전동기의 원선도를 그리는데 필요하지 않은 것은?

① 저항측정　　② 무부하시험
③ 구속시험　　④ 슬립측정

원선도를 그리기 위한 시험
(1) 무부하시험
(2) 구속시험
(3) 권선저항 측정시험

39
직류기의 전기자 철심을 규소 강판으로 성층하여 만드는 이유는?

① 가공하기 쉽다.
② 가격이 염가이다.
③ 철손을 줄일 수 있다.
④ 기계손을 줄일 수 있다.

전기자 철심을 규소강판으로 성층하여 사용하면 히스테리시스손과 와류손을 모두 줄일 수 있으므로 결국 철손을 줄일 수 있다.

40
동기발전기의 병렬운전 조건이 아닌 것은?

① 기전력의 주파수가 같은 것
② 기전력의 크기가 같은 것
③ 기전력의 위상이 같은 것
④ 발전기의 회전수가 같은 것

동기발전기의 병렬운전 조건
(1) 발전기 기전력의 크기가 같을 것.
(2) 발전기 기전력의 위상가 같을 것.
(3) 발전기 기전력의 주파수가 같을 것.
(4) 발전기 기전력의 파형이 같을 것.
(5) 발전기 기전력의 상회전 방향이 같을 것.

3과목 : 전기 설비

41
옥외용 비닐절연전선의 약호(기호)는?

① VV　　② DV
③ OW　　④ NR

전선의 약호

약호	명칭
VV	0.6/1[kV] 비닐 절연 비닐 시스 케이블
DV	인입용 비닐절연전선
OW	옥외용 비닐절연전선
NR	450/750[V] 일반용 단심 비닐절연전선

42
큰 건물의 공사에서 콘크리트에 구멍을 뚫어 드라이브 핀을 경제적으로 고정하는 공구는?

① 스패너　　② 드라이브이트 툴
③ 오스터　　④ 록아웃 펀치

드리이브이트 툴은 콘크리트 조영재에 구멍을 뚫어 볼트를 시설할 때 필요한 공구이다.

43
고압 가공전선로의 지지물로 철탑을 사용하는 경우 경간은 몇 [m] 이하로 제한하는가?

① 150　　② 300
③ 500　　④ 600

가공전선로의 지지물의 경간

구분 지지물 종류	저·고압 및 특고압 표준경간	저·고압 보안공사
A종주, 목주	150[m]	100[m]
B종주	250[m]	150[m]
철탑	600[m] 단, 특고압 기공전선로의 경간으로 철탑이 단주인 경우에는 400[m]	400[m]

해답　38 ④　39 ③　40 ④　41 ③　42 ②　43 ④

44

보호를 요하는 회로의 전류가 어떤 일정한 값(정정값) 이상으로 흘렀을 때 동작하는 계전기는?

① 과전류 계전기   ② 과전압 계전기
③ 차동 계전기   ④ 비율차동 계전기

계전기의 용도 및 기능
과전류계전기(OCR)는 일정값 이상의 전류가 흘렀을 때 동작하는 계전기로서 용량이 작은 변압기의 단락 보호용의 주 보호방식으로 사용되는 계전기이다.

45

일반적으로 저압 가공인입선이 도로를 횡단하는 경우 노면상 시설하여야 할 높이는?

① 4[m] 이상   ② 5[m] 이상
③ 6[m] 이상   ④ 6.5[m] 이상

저압 가공인입선의 높이
(1) 도로를 횡단하는 경우 : 노면상 5[m](기술상 부득이한 경우에 교통에 지장이 없을 때에는 3[m]) 이상
(2) 철도 또는 궤도를 횡단하는 경우 : 레일면상 6.5[m] 이상
(3) 횡단보도교의 위에 시설하는 경우 : 노면상 3[m] 이상
(4) (1)에서 (3)까지 이외의 경우 : 지표상 4[m](기술상 부득이한 경우에 교통에 지장이 없을 때에는 2.5[m]) 이상

46

변류기 개방시 2차측을 단락하는 이유는?

① 2차측 절연보호   ② 2차측 과전류 보호
③ 측정오차 감소   ④ 변류비 유지

계기용 변류기(CT)
(1) 대전류가 흐르는 고압회로에 전류계를 직접 연결할 수 없을 때 사용하는 기기로서 CT 2차측 단자에는 전류계가 접속된다.
(2) CT 2차측 개방되면 고압이 발생하여 절연이 파괴될 우려가 있기 때문에 시험시 또는 계기 접속시에 CT 2차측은 단락상태로 두어야 한다.

47

금속덕트 공사에 관한 사항이다. 다음 중 금속덕트의 시설로서 옳지 않은 것은?

① 덕트의 끝부분은 막을 것
② 덕트의 철판 두께는 1.6[mm] 이상일 것
③ 덕트를 조영재에 붙이는 경우에는 덕트의 지지점간의 거리를 3[m] 이하로 하고 견고하게 붙일 것
④ 덕트의 뚜껑은 쉽게 열리지 않도록 시설할 것

금속덕트공사
(1) 금속덕트에 넣은 전선의 단면적(절연피복의 단면적을 포함한다)의 합계는 덕트의 내부 단면적의 20[%](전광표시장치 기타 이와 유사한 장치 또는 제어회로 등의 배선만을 넣는 경우에는 50[%]) 이하일 것.
(2) 폭이 40[mm] 이상, 두께가 1.2[mm] 이상인 철판 또는 동등 이상의 기계적 강도를 가지는 금속제의 것으로 견고하게 제작한 것일 것.
(3) 덕트를 조영재에 붙이는 경우에는 덕트의 지지점 간의 거리를 3[m] 이하로 하고 또한 견고하게 붙일 것.
(4) 덕트의 끝부분은 막을 것
(5) 덕트 안에 먼지가 침입하지 아니하도록 할 것.
(6) 덕트의 본체와 구분하여 뚜껑을 설치하는 경우에는 쉽게 열리지 아니하도록 시설할 것.

48

S형 슬리브에 의한 직선접속에서 비틀림 횟수를 몇 회 이상으로 정하고 있는가?

① 2회   ② 3회
③ 5회   ④ 6회

S형 슬리브에 의한 직선접속은 슬리브의 양단을 비트는 공구로 물리고 완전히 2회 이상 비틀어 접속하여야 한다.

해답 44 ① 45 ② 46 ① 47 ② 48 ①

49

터널, 갱도 기타 이와 유사한 장소에서 사람이 상시 통행하는 터널 내의 배선방법으로 적절하지 않은 것은?(단, 사용전압은 저압이다.)

① 라이팅덕트 공사   ② 금속관 공사
③ 합성수지관 공사   ④ 케이블 공사

터널. 갱도 기타 이와 유사한 장소
사람이 상시 통행하는 터널 안의 배선은 그 사용전압이 저압의 것에 한하고 또한 합성수지관공사(방습장치를 할 것), 금속관공사(방습장치를 할 것), 케이블공사에 의하여 시설하여야 한다. 애자공사의 경우는 전선에 사람이 접촉할 우려가 없도록 하기 위해 이것을 노면상 2.5[m] 이상의 높이로 유지하도록 정하고 있다.

50

비접지식 고압전로에 시설하는 금속제 외함에 실시하는 접지공사의 접지극으로 사용할 수 있는 건물의 철골 기타의 금속제는 대지와의 사이에 전기저항 값을 얼마 이하로 유지하여야 하는가?

① 2[Ω]   ② 3[Ω]
③ 5[Ω]   ④ 10[Ω]

철골 기타 금속제를 접지극으로 사용하는 경우
건축물·구조물의 철골 기타의 금속제는 대지와의 사이에 전기저항 값이 2[Ω] 이하인 값을 유지하는 경우에 이를 비접지식 고압전로에 시설하는 기계기구의 철대 또는 금속제 외함의 접지공사 또는 비접지식 고압전로와 저압전로를 결합하는 변압기의 저압전로의 접지공사의 접지극으로 사용할 수 있다.

51

선로의 도중에 설치하여 회로에 고장전류가 흐르게 되면 자동적으로 고장전류를 감지하여 스스로 차단하는 차단기의 일종으로 단상용과 3상용으로 구분되어 있는 것은?

① 리클로저   ② 선로용 퓨즈
③ 섹셔널 라이저   ④ 자동구간 개폐기

리클로저
선로의 중간에 설치하여 선로에 고장전류가 흐르게 되면 자동적으로 고장전류를 감지하여 스스로 차단하는 차단기의 일종으로 단상용과 3상용으로 구분되어 있다.

52

과전류에 대한 보호장치 중 분기회로의 과부하 보호장치는 전원측에서 보호장치의 분기점 사이에 다른 분기회로 또는 콘센트의 접속이 없고, 단락의 위험과 화재 및 인체에 대한 위험성이 최소화 되도록 시설된 경우, 분기회로의 보호장치는 분기회로의 분기점으로부터 몇 [m]까지 이동하여 설치할 수 있는가?

① 2 [m]   ② 3 [m]
③ 5 [m]   ④ 8 [m]

과부하 보호장치의 설치 위치의 예외
분기회로의 보호장치는 전원측에서 보호장치의 분기점 사이에 다른 분기회로 또는 콘센트의 접속이 없고, 단락의 위험과 화재 및 인체에 대한 위험성이 최소화 되도록 시설된 경우, 분기회로의 보호장치는 분기회로의 분기점으로부터 3 [m]까지 이동하여 설치할 수 있다.

해답 49 ① 50 ① 51 ① 52 ②

53

티탄을 제조하는 공장으로 먼지가 쌓여진 상태에서 착화된 때에 폭발할 우려가 있는 곳에 저압 옥내배선을 설치하고자 한다. 알맞은 공사 방법은?

① 합성수지몰드 공사 ② 라이팅덕트 공사
③ 금속몰드 공사 ④ 금속관 공사

> **폭연성 분진 또는 화약류 분말이 존재하는 곳의 공사**
> 폭연성 분진(마그네슘·알루미늄·티탄·지르코늄 등의 먼지가 쌓여있는 상태에서 불이 붙었을 때에 폭발할 우려가 있는 것) 또는 화약류의 분말이 전기설비가 발화원이 되어 폭발할 우려가 있는 곳에 시설하는 저압 옥내 전기설비의 공사는 금속관공사 또는 케이블공사(캡타이어케이블을 사용하는 것은 제외)일 것.

54

수전전력 500[kW] 이상인 고압 수전설비의 인입구에 낙뢰나 혼촉 사고에 의한 이상전압으로부터 선로와 기기를 보호할 목적으로 시설하는 것은?

① 단로기(DS)
② 배선용 차단기(MCCB)
③ 피뢰기(LA)
④ 누전 차단기(ELB)

> **피뢰기의 기능**
> 직격뢰 등에 의한 충격파 전압(이상전압)을 대지로 방전시켜 전로 및 기기를 보호하고 속류를 차단한다.

55

전로에 시설하는 기계기구의 철대 및 금속제 외함에는 접지공사를 하여야 하나 그렇지 않은 경우가 있다. 접지공사를 하지 않아도 되는 경우에 해당되는 것은?

① 철대 또는 외함의 주위에 적당한 절연대를 설치하는 경우
② 사용전압이 직류 300[V]인 기계기구를 습한 곳에 시설하는 경우
③ 교류 대지전압이 300[V]인 기계기구를 건조한 곳에 시설하는 경우
④ 저압용의 기계기구를 사용하는 전로에 지기가 생겼을 때 그 전로를 자동적으로 차단하는 장치가 없는 경우

> **기계기구의 철대 및 외함의 접지**
> 다음의 어느 하나에 해당하는 경우에는 기계기구의 철대 및 외함의 접지를 하지 아니할 수 있다.
> (1) 사용전압이 직류 300[V] 또는 교류 대지전압이 150[V] 이하인 기계기구를 건조한 곳에 시설하는 경우
> (2) 철대 또는 외함의 주위에 적당한 절연대를 설치하는 경우
> (3) 물기 있는 장소 이외의 장소에 시설하는 저압용의 개별 기계기구에 전기를 공급하는 전로에 「전기용품 및 생활용품 안전관리법」의 적용을 받는 인체감전보호용 누전차단기(정격감도전류가 30 [mA] 이하, 동작시간이 0.03초 이하의 전류동작형에 한한다)를 시설하는 경우
> (4) 외함을 충전하여 사용하는 기계기구에 사람이 접촉할 우려가 없도록 시설하거나 절연대를 시설하는 경우

해답 53 ④ 54 ③ 55 ①

56

과전류차단기로서 저압전로에 사용하는 산업용 배선용차단기의 정격전류가 30[A]일 때 동작전류가 39[A]이다. 이 차단기의 동작시간은 몇 분에 동작하여야 하는가?

① 30분 ② 60분
③ 100분 ④ 120분

산업용 배선용차단기

정격전류의 구분	시간	정격전류의 배수(모든 극에 통전)	
		부동작 전류	동작 전류
63[A] 이하	60분	1.05배	1.3배
63[A] 초과	120분	1.05배	1.3배

동작전류 = 30 × 1.3 = 39[A]
∴ 정격전류는 63[A] 이하로서 동작전류가 정격전류의 1.3배 이므로 동작시간은 60분이다.

57

다음 중 지중전선로의 매설 방법이 아닌 것은?

① 관로식 ② 암거식
③ 직접 매설식 ④ 행거식

지중전선로의 시설
지중전선로는 전선에 케이블을 사용하고 또한 관로식·암거식(暗渠式) 또는 직접매설식에 의하여 시설하여야 한다.

58

금속관 공사에서 금속 전선관의 나사를 낼 때 사용하는 공구는?

① 밴더 ② 커플링
③ 로크너트 ④ 오스터

오스터는 금속관 끝에 나사를 내는 공구이다.

59

교통신호등의 제어장치로부터 2차측 배선의 최대 사용전압은 몇 [V] 이하인가?

① 60 ② 100
③ 300 ④ 440

교통신호등의 시설
(1) 교통신호등 제어장치의 2차측 배선의 최대사용전압은 300[V] 이하이어야 한다.
(2) 교통신호등의 전구에 접속하는 인하선의 지표상의 높이는 2.5[m] 이상일 것.
(3) 교통신호등의 제어장치 전원측에는 전용 개폐기 및 과전류 차단기를 각 극에 시설하여야 한다.
(4) 교통신호등 회로의 사용전압이 150[V]를 넘는 경우에는 전로에 지락이 생겼을 경우 자동적으로 전로를 차단하는 누전차단기를 시설할 것.

60

합성수지관 상호 및 관과 박스는 접속 시에 삽입하는 깊이를 관 바깥지름의 몇 배 이상으로 하여야 하는가?(단, 접착제를 사용하는 경우이다.)

① 0.6배 ② 0.8배
③ 1.2배 ④ 1.6배

합성수지관공사
합성수지관 상호 간 및 박스와는 관을 삽입하는 깊이를 관의 바깥지름의 1.2배(접착제를 사용하는 경우에는 0.8배) 이상으로 하고 또한 꽂음 접속에 의하여 견고하게 접속할 것.

해답 56 ② 57 ④ 58 ④ 59 ③ 60 ②

CBT 07 2023년 제1회 복원기출문제

1과목 : 전기 이론

01
0.2[℧]의 컨덕턴스를 가진 저항체에 3[A]의 전류를 흘리려면 몇 [V]의 전압을 가하면 되겠는가?

① 5 ② 10
③ 15 ④ 20

옴의 법칙
$G=0.2[℧]$, $I=3[A]$일 때 전압 V는
$V=\dfrac{I}{G}$[V] 식에서
∴ $V=\dfrac{I}{G}=\dfrac{3}{0.2}=15$[V]

02
유효전력의 식으로 맞는 것은?(단, 전압은 E, 전류는 I, 역률은 $\cos\theta$이다.)

① $EI\cos\theta$ ② $EI\sin\theta$
③ $EI\tan\theta$ ④ EI

전력의 표현
(1) 피상전력 : $S=EI$[VA]
(2) 유효전력 : $P=S\cos\theta=EI\cos\theta$[W]
(3) 무효전력 : $Q=S\sin\theta=EI\sin\theta$[Var]

03
10[A]의 전류로 6시간 방전할 수 있는 축전지의 용량은?

① 2[Ah] ② 15[Ah]
③ 30[Ah] ④ 60[Ah]

축전지 용량
$I=10$[A], $t=6$[h]일 때
$C=It$[Ah] 식에서
∴ $C=It=10\times6=60$[Ah]

04
400회 감은 코일에 2.5[A]의 전류가 흐른다면 기자력은 몇 [AT]이겠는가?

① 250 ② 500
③ 1,000 ④ 2,000

기자력
$N=400$, $I=2.5$[A]일 때
$F=NI$[AT] 식에서
∴ $F=NI=400\times2.5=1,000$[AT]

해답 01 ③ 02 ① 03 ④ 04 ③

05

그림과 같은 회로를 고주파 브리지로 인덕턴스를 측정하였더니 그림 (a)는 40[mH], 그림 (b)는 24[mH] 이었다. 이 회로상의 상호 인덕턴스 M은?

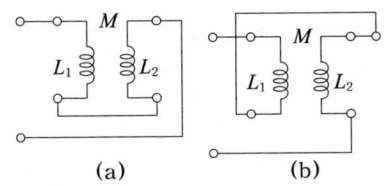

① 2[mH]
② 4[mH]
③ 6[mH]
④ 8[mH]

상호 인덕턴스
그림 (a)와 (b) 중 큰 값이 가동결합이고 작은 값이 차동결합 이므로
가동결합 : $L_{01} = L_1 + L_2 + 2M = 40$ [mH],
차동결합 : $L_{02} = L_1 + L_2 - 2M = 24$ [mH]이다.
$L_{01} - L_{02} = 4M = 40 - 24$일 때
상호 인덕턴스 M은
$\therefore M = \dfrac{40-24}{4} = 4$[mH]

06

그림의 회로에서 모든 저항값은 2[Ω]이고, 전체 전류 I는 6[A]이다. I_1에 흐르는 전류는?

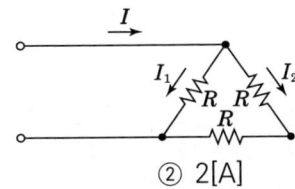

① 1[A]
② 2[A]
③ 3[A]
④ 4[A]

저항의 직·병렬 접속
등가회로를 그려보면 오른쪽 그림과 같으므로 저항의 병렬접속의 전류분배공식을 적용하면
$I_1 = \dfrac{2R}{R+2R} \times I$ [A]이다.
$R = 2$[Ω], $I = 6$[A]일 때
$\therefore I_1 = \dfrac{2 \times 2}{2 + 2 \times 2} \times 6 = 4$[A]

07

그림과 같은 회로 AB에서 본 합성저항은 몇 [Ω]인가?

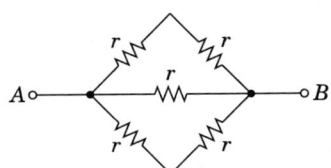

① $\dfrac{r}{2}$
② r
③ $\dfrac{3r}{2}$
④ $2r$

저항의 직·병렬 접속
회로에서 A, B 수평선을 기준으로 위쪽에 접속된 2개의 저항 r은 직렬 접속되어 있어 $2r$[Ω]이 되고, 또한 아래쪽에 접속된 2개의 저항 r도 직렬 접속되어 있어 $2r$[Ω]이 된다. $2r$과 r, 그리고 $2r$이 모두 병렬로 접속되어 있기 때문에 AB에서 본 합성저항 R_{AB}는
$\therefore R_{AB} = \dfrac{1}{\dfrac{1}{2r} + \dfrac{1}{r} + \dfrac{1}{2r}} = \dfrac{r}{2}$[Ω]

08

자극의 세기가 20[Wb]인 길이 15[cm]의 막대자석의 자기모멘트는 몇 [Wb·m]인가?

① 0.45   ② 1.5
③ 3.0   ④ 6.0

자기모멘트
$m = 20[\text{Wb}]$, $\delta = 15[\text{cm}]$일 때 자기모멘트 M은
$M = m\delta[\text{Wb} \cdot \text{m}]$ 식에서
$\therefore M = m\delta = 20 \times 15 \times 10^{-2} = 3[\text{Wb} \cdot \text{m}]$

09

3상 유도전동기의 출력이 10[kW], 전압 200[V], 역률과 효율이 각각 85[%]일 때 전동기의 선전류는 약 몇 [A]인가?

① 40   ② 35
③ 30   ④ 25

3상 유도전동기의 선전류
$P = 10[\text{kW}]$, $V = 200[\text{V}]$, $\cos\theta = 0.85$, $\eta = 0.85$일 때
$P = \sqrt{3}\,VI\cos\theta[\text{W}]$ 식에서
$\therefore I = \dfrac{P}{\sqrt{3}\,V\cos\theta\,\eta} = \dfrac{10 \times 10^3}{\sqrt{3} \times 200 \times 0.85 \times 0.85}$
$= 40[\text{A}]$

10

$R = 5[\Omega]$, $L = 30[\text{mH}]$의 RL 직렬회로에 $V = 200[\text{V}]$, $f = 60[\text{Hz}]$의 교류전압을 가할 때 전류의 크기는 약 몇 [A]인가?

① 8.67   ② 11.42
③ 16.17   ④ 21.25

R-L 직렬회로의 전류
$X_L = \omega L = 2\pi f L[\Omega]$,
$I = \dfrac{V}{Z} = \dfrac{V}{\sqrt{R^2 + X_L^2}}[\text{A}]$ 식에서
$X_L = 2\pi f L = 2\pi \times 60 \times 30 \times 10^{-3}$
$= 11.31[\Omega]$
$\therefore I = \dfrac{V}{\sqrt{R^2 + X_L^2}} = \dfrac{200}{\sqrt{5^2 + 11.31^2}}$
$= 16.17[\text{A}]$

11

두 콘덴서 C_1, C_2가 병렬로 접속되어 있을 때의 합성 정전용량은?

① $C_1 + C_2$ ② $\dfrac{1}{C_1} + \dfrac{1}{C_2}$
③ $\dfrac{C_1 C_2}{C_1 + C_2}$ ④ $\dfrac{C_1 + C_2}{C_1 C_2}$

합성 정전용량
$C_0 = C_1 + C_2[\text{F}]$이다.

12

진공의 투자율 $\mu_0[\text{H/m}]$는?

① 6.33×10^4 ② 8.55×10^{-12}
③ $4\pi \times 10^{-7}$ ④ 9×10^9

진공 중의 투자율
진공 또는 공기 중의 투자율인 μ_0는
$\mu_0 = 4\pi \times 10^{-7} = 12.57 \times 10^{-7}[\text{H/m}]$이다.

해답   08 ③   09 ①   10 ③   11 ①   12 ③

13

10[V/m]의 전장에 어떤 전하를 놓으면 0.1[N]의 힘이 작용한다. 전하의 양은 몇 [C]인가?

① 10^2 ② 10^{-4}
③ 10^{-2} ④ 10^4

전장의 세기
$E = 10$[V/m], $F = 0.1$[N]일 때
$E = \dfrac{F}{Q}$[V/m] 식에서 전하 Q는
$\therefore Q = \dfrac{F}{E} = \dfrac{0.1}{10} = 0.01 = 10^{-2}$[C]

14

전압이 $v = V_m \cos\left(\omega t - \dfrac{\pi}{6}\right)$[V]일 때 전압보다 위상이 $\dfrac{\pi}{3}$[rad]만큼 뒤진 전류의 순시값은 어떻게 표현되는가?

① $I_m \cos\left(\omega t - \dfrac{\pi}{6}\right)$ ② $I_m \cos\left(\omega t - \dfrac{\pi}{3}\right)$
③ $I_m \sin \omega t$ ④ $I_m \sin\left(\omega t - \dfrac{\pi}{3}\right)$

전류의 순시값
전압보다 $\dfrac{\pi}{3}$[rad]만큼 뒤진 전류의 순시값은
$i = I_m \cos\left(\omega t - \dfrac{\pi}{6} - \dfrac{\pi}{3}\right) = I_m \cos\left(\omega t - \dfrac{\pi}{2}\right)$[A]이다.
$\cos\left(\omega t - \dfrac{\pi}{2}\right) = \sin\left(\omega t - \dfrac{\pi}{2} + \dfrac{\pi}{2}\right) = \sin \omega t$ 이므로
$\therefore i = I_m \cos\left(\omega t - \dfrac{\pi}{2}\right) = I_m \sin \omega t$[A]

참고 $\sin \omega t$와 $\cos \omega t$의 비교
$\cos \omega t = \sin(\omega t + 90°)$

15

일반적으로 절연체를 서로 마찰시키면 이들 물체는 전기를 띠게 된다. 이와 같은 현상은?

① 분극(polarization)   ② 대전(electrification)
③ 정전(electrostatic)   ④ 코로나(corona)

대전현상
"어떤 물질이 정상 상태보다 전자의 수가 많거나 적어져서 전기를 띠는 현상" 또는 "절연체를 서로 마찰시키면 이들 물체가 전기를 띠는 현상"을 대전이라 한다.

16

어느 회로의 전류가 다음과 같을 때, 이 회로에 대한 전류의 실효값은?

$$i = 3 + 10\sqrt{2} \sin\left(\omega t - \dfrac{\pi}{6}\right) + 5\sqrt{2} \sin\left(3\omega t - \dfrac{\pi}{3}\right)[A]$$

① 11.6[A]   ② 23.2[A]
③ 32.2[A]   ④ 48.3[A]

비정현파의 실효값
$I = \sqrt{I_0^2 + \left(\dfrac{I_{m1}}{\sqrt{2}}\right)^2 + \left(\dfrac{I_{m3}}{\sqrt{2}}\right)^2}$[A] 식에서
$I_0 = 3$[A], $I_{m1} = 10\sqrt{2}$[A], $I_{m3} = 5\sqrt{2}$[A]일 때 전류의 실효값 I는
$\therefore I = \sqrt{I_0^2 + \left(\dfrac{I_{m1}}{\sqrt{2}}\right)^2 + \left(\dfrac{I_{m3}}{\sqrt{2}}\right)^2}$
$= \sqrt{3^2 + \left(\dfrac{10\sqrt{2}}{\sqrt{2}}\right)^2 + \left(\dfrac{5\sqrt{2}}{\sqrt{2}}\right)^2} = 11.6$[A]

17

다음 중 전기력선의 성질로 틀린 것은?

① 전기력선은 양전하에서 나와 음전하에서 끝난다.
② 전기력선의 접선 방향이 그 점의 전장의 방향이다.
③ 전기력선의 밀도는 전기장의 크기를 나타낸다.
④ 전기력선은 서로 교차한다.

전기력선의 성질
전기력선은 서로 반발하여 교차하지 않는다.

18

두 종류의 금속 접합부에 전류를 흘리면 전류의 방향에 따라 줄열 이외의 열의 흡수 또는 발생 현상이 생긴다. 이러한 현상을 무엇이라 하는가?

① 제벡 효과   ② 페란티 효과
③ 펠티에 효과   ④ 초전도 효과

펠티에 효과
펠티에 효과(Peltier effect)란 두 종류의 금속을 서로 접속하여 여기에 전류를 흘리면 접속점에서 열의 발생 또는 흡수가 일어나는 현상으로 전류의 방향에 따라 열의 발생 또는 흡수가 다르게 나타나는 현상이다. 또한 "펠티에 효과"는 "전열 효과"라고도 하며 전자 냉동기나 전자온풍기 등에 응용된다.

19

단상 전력계 2대를 사용하여 2전력계법으로 3상 전력을 측정하고자 한다. 두 전력계의 지시 값이 각각 P_1, P_2[W]이었다. 3상 전력 P[W]를 구하는 식으로 옳은 것은?

① $P = \sqrt{3}(P_1 \times P_2)$
② $P = P_1 - P_2$
③ $P = P_1 \times P_2$
④ $P = P_1 + P_2$

2전력계법
2전력계법에서 3상 전력은
$P = W_1 + W_2 = \sqrt{3}\,VI\cos\theta$[W] 이므로
∴ $P = P_1 + P_2$[W]

20

자체 인덕턴스가 100[H]가 되는 코일에 전류를 1초 동안 0.1[A]만큼 변화시켰다면 유도 기전력 [V]은?

① 1[V]   ② 10[V]
③ 100[V]   ④ 1,000[V]

유도기전력(e)
$L = 100$[H], $dt = 1$[sec], $di = 0.1$[A]일 때
$e = L\dfrac{di}{dt}$[V] 식에 의해서
∴ $e = L\dfrac{di}{dt} = 100 \times \dfrac{0.1}{1} = 10$[V]

해답 17 ④   18 ③   19 ④   20 ②

2과목 : 전기 기기

21

상전압 300[V]의 3상 반파 정류회로의 직류 전압은 약 몇 [V]인가?

① 520[V]   ② 350[V]
③ 260[V]   ④ 50[V]

3상 반파정류회로
$E = 300$[V]일 때 $E_{do} = 1.17E$[V] 식에서
∴ $E_d = 1.17E = 1.17 \times 300 = 350$[V]

22

20[kVA] 단상변압기 2대를 V결선하여 3상 전력을 공급할 때의 출력은?

① 17.3[kVA]   ② 28.3[kVA]
③ 34.6[kVA]   ④ 40[kVA]

V결선의 출력
변압기 1대분 용량 = 20[kVA]일 때
$P = \sqrt{3} \times$ 변압기 1대분 용량[kVA] 식에서
∴ $P = \sqrt{3} \times$ 변압기 1대분 용량
    $= 200\sqrt{3} = 34.6$[kVA]

23

동기발전기의 전기자 권선을 단절권으로 하면?

① 고조파를 제거한다.   ② 절연이 잘 된다.
③ 역률이 좋아진다.   ④ 기전력을 높인다.

동기발전기의 단절권의 특징
(1) 권선이 절약되고 코일 길이가 단축되어 기기가 축소된다.
(2) 고조파가 제거되고 기전력의 파형이 좋아진다.
(3) 유기기전력이 감소하고 발전기의 출력이 감소한다.

24

1차 권수 3,000, 2차 권수 100인 변압기에서 이 변압기의 전압비는 얼마인가?

① 20   ② 30
③ 40   ④ 50

변압기 권수비
$N_1 = 3,000$, $N_2 = 100$일 때
$N = \dfrac{N_1}{N_2} = \dfrac{E_1}{E_2} = \dfrac{I_2}{I_1} = \sqrt{\dfrac{Z_1}{Z_2}} = \sqrt{\dfrac{R_1}{R_2}} = \sqrt{\dfrac{X_1}{X_2}}$
식에서
∴ $N = \dfrac{N_1}{N_2} = \dfrac{3,000}{100} = 30$

25

권선형 유도전동기의 기동법에 사용되는 것은?

① Y - △ 기동법   ② 리액터 기동법
③ 기동보상기법   ④ 2차 저항 기동법

권선형 유도전동기의 기동법
(1) 2차 저항 기동법 : 회전자 권선에 2차 저항을 접속하여 비례추이원리를 이용한 기동법이다.
(2) 2차 임피던스 기동법
(3) 게르게스 기동법

26

회전자 입력 10[kW], 슬립 4[%]인 3상 유도전동기의 2차 동손은 몇 [W]인가?

① 960   ② 400
③ 300   ④ 200

유도전동기의 전력변환
$P_2 = 10$[kW], $s = 0.04$일 때
$P_{c2} = sP_2 = \dfrac{s}{1-s}P_0$ 식에서
∴ $P_{c2} = sP_2 = 0.04 \times 10 \times 10^3 = 400$[W]

해답 21 ② 22 ③ 23 ① 24 ② 25 ④ 26 ②

27

무부하에서 119[V]되는 분권발전기의 전압 변동률이 6[%]이다. 정격 전부하 전압은 약 몇 [V]인가?

① 110.2 ② 112.3
③ 122.5 ④ 125.3

전압 변동률
$V_0 = 119[V]$, $\epsilon = 6[\%] = 0.06[pu]$일 때
$V_0 = (1+\epsilon) \times V_n[V]$ 식에서 정격전압 V_n은
$\therefore V_n = \dfrac{V_0}{1+\epsilon} = \dfrac{119}{1+0.06} = 112.3[V]$

28

2대의 동기발전기 A, B가 병렬운전하고 있을 때 A기의 여자전류를 증가시키면 어떻게 되는가?

① A기의 역률은 낮아지고 B기의 역률은 높아진다.
② A기의 역률은 높아지고 B기의 역률은 낮아진다.
③ A, B 양 발전기의 역률이 높아진다.
④ A, B 양 발전기의 역률이 낮아진다.

동기발전기의 병렬운전
동기발전기의 병렬운전시 어느 한쪽 발전기의 여자전류를 증가시키면 그 발전기의 역률은 저하하고 다른쪽 발전기의 역률은 좋아진다.
∴ A기 여자전류를 증가시키면 A기의 역률은 낮아지고, B기의 역률은 높아진다.

29

다음 그림의 직류 전동기는 어떤 전동기인가?

① 직권 전동기
② 타여자 전동기
③ 분권 전동기
④ 복권 전동기

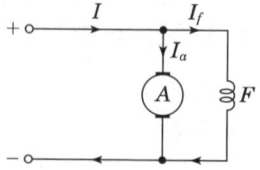

직류 분권전동기
직류 분권전동기는 계자권선이 전기자권선과 병렬로만 접속되어 있다.

30

200[V], 50[Hz], 8극, 15[KW]의 3상 유도전동기에서 전부하 회전수가 720[rpm]이면 이 전동기의 2차 효율은 몇 [%]인가?

① 86   ② 96
③ 98   ④ 100

유도전동기의 2차 효율
$V = 200[V]$, $f = 50[Hz]$, $p = 8$, $P_0 = 15[kW]$,
$N = 720[rpm]$일 때
$N_s = \dfrac{120f}{p}[rpm]$, $\eta_2 = \dfrac{P_0}{P_2} = 1-s = \dfrac{N}{N_s}$ 식에서
$N_s = \dfrac{120 \times 50}{8} = 750[rpm]$ 이므로
$\therefore \eta_2 = \dfrac{N}{N_s} = \dfrac{720}{750} = 0.96[pu] = 96[\%]$

31

전기기계의 철심을 성층하는 가장 적절한 이유는?

① 기계손을 적게 하기 위하여
② 표유부하손을 적게 하기 위하여
③ 히스테리시스손을 적게 하기 위하여
④ 와류손을 적게 하기 위하여

전기자 철심을 규소강판으로 사용하는 것은 히스테리시스손실을 줄이기 위해서이고 철심을 성층하는 이유는 와류손을 줄이기 위해서이다.

32
동기전동기의 장점이 아닌 것은?

① 직류 여자기가 필요하다.
② 전부하 효율이 양호하다.
③ 역률 1로 운전할 수 있다.
④ 동기 속도를 얻을 수 있다.

동기전동기의 장점
(1) 여자전류에 관계없이 일정한 속도로 운전할 수 있다.
(2) 진상 및 지상으로 역률조정이 쉽고 역률을 1로 운전할 수 있다.
(3) 전부하 효율이 좋다.
(4) 공극이 넓어 기계적으로 견고하다.
∴ 직류여자기가 필요하다는 것은 단점에 해당된다.

33
다음 중 변압기 무부하손의 대부분을 차지하는 것은?

① 유전체손　② 동손
③ 철손　　　④ 저항손

무부하손
부하손은 거의 대부분 동손이 차지하며, 무부하손은 거의 대부분 철손이 차지한다.

34
다이오드를 사용한 정류회로에서 다이오드를 여러 개 직렬로 연결하여 사용하는 경우의 설명으로 가장 옳은 것은?

① 다이오드를 과전류로부터 보호할 수 있다.
② 다이오드를 과전압으로부터 보호할 수 있다.
③ 부하출력의 맥동률을 감소시킬 수 있다.
④ 낮은 전압 전류에 적합하다.

다이오드는 과전압 및 과전류에서 파괴될 우려가 있으므로 과전압으로부터 보호하기 위해서는 다이오드 여러 개를 직렬로 접속하고 과전류로부터 보호하기 위해서는 다이오드 여러 개를 병렬로 접속한다.

35
철심에 권선을 감고 전류를 흘려서 공극(air gap)에 필요한 자속을 만드는 것은?

① 정류자　② 계자
③ 회전자　④ 전기자

계자는 계자 철심과 계자 권선, 자극편으로 구성되고 주자속을 만든다.

36
3상 동기발전기에 무부하 전압보다 90도 뒤진 전기자 전류가 흐를 때 전기자 반작용은?

① 감자작용을 한다.
② 증자작용을 한다.
③ 교차자화작용을 한다.
④ 자기여자작용을 한다.

동기발전기의 전기자 반작용
동기발전기의 전기자 반작용 중 감자작용은 전기자 전류에 의한 자기장의 축이 주자속의 자극축과 일치하며 주자속을 감소시켜 전기자 전류의 위상이 기전력의 위상보다 $90°(\frac{\pi}{2}[\text{rad}])$ 뒤진 지상전류가 흐르게 된다.

37
부흐홀츠 계전기의 설치위치로 가장 적당한 곳은?

① 콘서베이터 내부
② 변압기 고압측 부싱
③ 변압기 주 탱크 내부
④ 변압기 주 탱크와 콘서베이터 사이

부흐홀츠계전기는 변압기 내부고장시 발생하는 가스의 부력과 절연유의 유속을 이용하여 변압기 내부고장을 검출하는 계전기로서 변압기 본체와 콘서베이터 사이에 설치되어 널리 이용되고 있다.

해답 32 ① 33 ③ 34 ② 35 ② 36 ① 37 ④

38

역률과 효율이 좋아서 가정용 선풍기, 전기세탁기, 냉장고 등에 주로 사용되는 것은?

① 분상 기동형 전동기
② 반발 기동형 전동기
③ 콘덴서 기동형 전동기
④ 셰이딩 코일형 전동기

콘덴서 기동형 단상 유도전동기는 분상 기동형이나 또는 영구 콘덴서 전동기에 기동 콘덴서를 병렬로 접속하여 역률과 효율을 개선할 뿐만 아니라 기동토크 또한 크게 할 수 있다.

39

인버터(inverter)란?

① 교류를 직류로 변환
② 직류를 교류로 변환
③ 교류를 교류로 변환
④ 직류를 직류로 변환

전력변환장치

종류	전력변환
컨버터=정류기=순변환장치	교류(AC) → 직류(DC)
인버터=역변환장치	직류(DC) → 교류(AC)
사이클로컨버터	교류(AC) → 교류(AC)
초퍼	직류(DC) → 직류(DC)

40

직류 발전기에서 전기자 반작용을 없애는 방법으로 옳은 것은?

① 브러시 위치를 전기적 중성점이 아닌 곳으로 이동시킨다.
② 보극과 보상 권선을 설치한다.
③ 브러시의 압력을 조정한다.
④ 보극은 설치하되 보상 권선은 설치하지 않는다.

직류발전기에서 전기자 반작용의 대책
(1) 계자극 표면에 보상권선을 설치하여 전기자전류와 반대방향으로 전류를 흘리면 교차기자력을 줄일 수 있다.
(2) 보극을 설치하여 평균리액턴스전압을 없애고 정류작용을 양호하게 한다.
(3) 브러시를 새로운 중성축으로 이동시킨다. 직류발전기는 회전방향으로 이동시키고 직류전동기는 회전반대방향으로 이동시킨다.

3과목 : 전기 설비

41

전압의 구분에서 저압 직류전압은 몇 [V] 이하인가?

① 400
② 600
③ 1,000
④ 1,500

전압의 구분
(1) 저압 : 교류는 1[kV] 이하, 직류는 1.5[kV] 이하인 것.
(2) 고압 : 교류는 1[kV]를, 직류는 1.5[kV]를 초과하고, 7[kV] 이하인 것.
(3) 특고압 : 7[kV]를 초과하는 것

42

옥내의 건조하고 전개된 장소에서 사용전압이 400[V] 초과인 경우에는 시설할 수 없는 배선공사는?

① 애자사용공사　② 금속덕트공사
③ 버스덕트공사　④ 금속몰드공사

금속몰드공사
금속몰드공사는 사용전압이 400[V] 이하 건조한 장소로서 옥내의 노출장소 및 점검 가능한 은폐장소에 한하여 시설할 수 있다.

43

대지전압 300[V] 이하의 조명기기를 배전선로의 지지물에 시설하는 전주 외등의 배선은 단면적 몇 [mm²] 이상의 절연전선을 사용하여야 하는가?

① 2.0[mm²]　② 2.5[mm²]
③ 6[mm²]　④ 16[mm²]

전주 외등의 시설
배전선로의 지지물 등에 조명기기를 시설하는 경우에 대지전압은 300[V] 이하로 하여야 하며 배선은 단면적 2.5[mm²] 이상의 절연전선을 사용하여야 한다.

44

점유 면적이 좁고 운전, 보수에 안전하므로 공장, 빌딩 등의 전기실에 많이 사용되며, 큐비클형이라고 불리는 배전방식은?

① 라이브 프런트식　② 데드 프런트식
③ 포우스트형　④ 폐쇄식

폐쇄식 배전반
(1) 큐비클형 배전반
(2) 점유 면적이 좁고 운전, 보수에 안전하므로 공장, 빌딩 등의 전기실에 많이 사용되고 있다.

45

다음 중 금속 전선관을 박스에 고정 시킬 때 사용되는 것은 어느 것인가?

① 새들　② 부싱
③ 로크너트　④ 클램프

로크너트는 금속관 공사에서 관을 박스에 고정시킬 때 사용하는 공구이다.

46

KEC에서 규정하고 있는 보호도체의 전선 색상은?

① 갈색　② 흑색
③ 청색　④ 녹색-노란색

전선의 색상

상(문자)	색상
L1	갈색
L2	흑색
L3	회색
N(중성도체)	청색
보호도체	녹색-노란색

47

저압 가공전선과 고압 가공전선을 동일 지지물에 시설하는 경우 상호 이격거리는 몇 [cm] 이상이어야 하는가?

① 20[cm]　② 30[cm]
③ 40[cm]　④ 50[cm]

가공전선의 병행설치(병가)
(1) 저압 가공전선과 고압 가공전선을 동일 지지물에 시설하는 경우 전선 상호간의 이격거리는 0.5[m] 이상일 것. 단, 고압 가공전선에 케이블을 사용하는 경우 0.3[m] 이상으로 한다.
(2) 35[kV] 이하인 특고압 가공전선과 저·고압 가공전선을 동일 지지물에 시설하는 경우 전선 상호간의 이격거리는 1.2[m] 이상일 것. 단, 특고압 가공전선에 케이블을 사용하는 경우 0.5[m] 이상으로 한다.

48
DV 전선을 사용하는 저압 구내 가공인입전선으로 전선의 길이가 15[m]를 초과하는 경우 그 전선의 지름은 몇 [mm] 이상을 사용하여야 하는가?

① 1.6 ② 2.0
③ 2.6 ④ 3.2

저압 가공인입선의 굵기
전선의 굵기는 지름 2.6[mm] 이상의 인입용 비닐절연전선(DV)일 것. 다만, 경간이 15[m] 이하인 경우는 지름 2[mm] 이상의 인입용 비닐절연전선(DV)일 것.

49
다음 중 전선의 굵기를 측정할 때 사용 되는 것은?

① 와이어 게이지 ② 파이어 포트
③ 스패너   ④ 프레셔 툴

와이어 게이지는 전선의 굵기를 측정할 때 사용하는 공구이다.

50
폭연성 분진이 존재하는 위험장소의 금속관공사에 있어서 관 상호 및 관과 박스 기타의 부속품이나 풀박스 또는 전기기계기구와의 접속은 몇 턱 이상의 나사 조임으로 접속하여야 하는가?

① 2턱 ② 3턱
③ 4턱 ④ 5턱

폭연성 분진 또는 화약류 분말이 존재하는 곳의 공사
폭연성 분진이 존재하는 위험장소의 금속관공사에 있어서 관 상호 및 관과 박스 기타의 부속품이나 풀박스 또는 전기기계기구와는 5턱 이상의 나사 조임으로 견고하게 접속하여야 한다.

51
지중전선로 시설 방식이 아닌 것은?

① 직접매설식 ② 관로식
③ 행거식   ④ 암거식

지중전선로의 시설
지중전선로는 전선에 케이블을 사용하고 또한 관로식·암거식(暗渠式) 또는 직접매설식에 의하여 시설하여야 한다.

52
일반적으로 가공전선로의 지지물에 취급자가 오르고 내리는데 사용하는 발판 볼트 등은 지표상 몇 [m] 미만에 시설하여서는 아니 되는가?

① 1.2 ② 1.4
③ 1.6 ④ 1.8

가공전선로 지지물의 철탑오름 및 전주오름 방지
가공전선로의 지지물에 취급자가 오르고 내리는데 사용하는 발판 볼트 등을 지표상 1.8[m] 미만에 시설하여서는 아니 된다.

53
가공전선로의 지지물에 지선을 사용해서는 안 되는 곳은?

① 목주   ② A종 철근 콘크리트주
③ A종 철주   ④ 철탑

지선의 시설
철탑은 지선을 사용하여 그 강도를 분담시켜서는 안된다.

해답 48 ③ 49 ① 50 ④ 51 ③ 52 ④ 53 ④

54

전등 한 개를 2개소에서 점멸하고자 할 때 옳은 배선은?

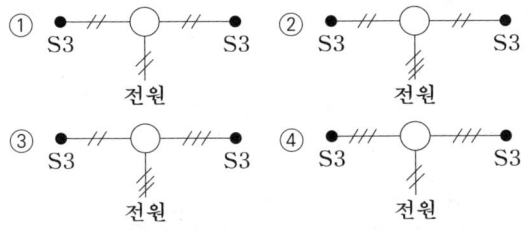

3로 스위치를 이용한 2개소 점멸회로 배관도면

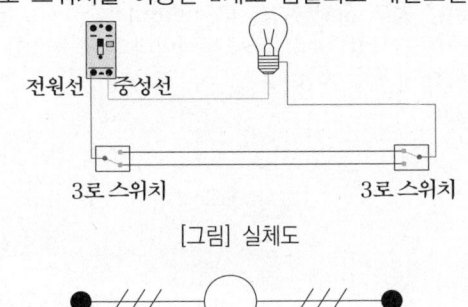

[그림] 실체도

[그림] 배관도면

55

버스덕트 공사에 의한 저압 옥내배선 공사에 대한 설명으로 틀린 것은?

① 덕트 상호간 및 전선 상호간은 견고하고 또한 전기적으로 완전하게 접속 할 것
② 덕트를 조영재에 붙이는 경우에는 덕트의 지지점 간의 거리를 2[m] 이하로 하여야 한다.
③ 덕트(환기형의 것을 제외한다.)의 끝 부분은 막을 것
④ 습기가 많은 장소 또는 물기가 있는 장소에 시설하는 경우에는 옥외용 버스덕트를 사용할 것

버스덕트공사
(1) 덕트 상호 간 및 전선 상호 간은 견고하고 또한 전기적으로 완전하게 접속할 것.
(2) 덕트를 조영재에 붙이는 경우에는 덕트의 지지점 간의 거리를 3 [m] 이하로 하고 또한 견고하게 붙일 것.
(3) 덕트(환기형의 것을 제외한다)의 끝부분은 막을 것.
(4) 습기가 많은 장소 또는 물기가 있는 장소에 시설하는 경우에는 옥외용 버스덕트를 사용하고 버스덕트 내부에 물이 침입하여 고이지 아니하도록 할 것.

56

과전류차단기로서 저압전로에 사용하는 100 [A] 주택용 배선용차단기를 120분 동안 시험할 때 부동작 전류와 동작 전류는 각각 정격전류의 몇 배인가?

① 1.05배, 1.3배
② 1.05배, 1.45배
③ 1.13배, 1.3배
④ 1.13배, 1.45배

주택용 배선용차단기

정격전류의 구분	시간	정격전류의 배수 (모든 극에 통전)	
		부동작전류	동작전류
63 [A] 이하	60분	1.13배	1.45배
63 [A] 초과	120분	1.13배	1.45배

해답 54 ④ 55 ② 56 ④

57
선택지락계전기의 용도는?

① 단일회선에서 접지전류의 대소의 선택
② 단일회선에서 접지전류의 방향의 선택
③ 단일회선에서 접지사고 지속시간의 선택
④ 다회선에서 접지고장 회선의 선택

계전기의 용도 및 기능
선택지락계전기(SGR)는 다회선에서 접지고장 회선만을 선택 차단하는 계전기이다.

58
접지저항 측정방법으로 가장 적당한 것은?

① 절연저항계
② 전력계
③ 교류의 전압계, 전류계
④ 코올라우시 브리지

계기 및 측정법
(1) 절연저항계 : 옥내에 시설하는 저압전로와 대지 사이의 절연저항 측정에 사용되는 계기
(2) 전력계 : 부하의 소비전력을 측정하는 계기
(3) 교류 전압계 : 교류 전압을 측정하는 계기
(4) 교류 전류계 : 교류 전류를 측정하는 계기
(5) 코올라우시 브리지법 : 접지저항을 측정하는 방법

59
전자 접촉기 2대를 이용하여 유도 전동기 1대를 정·역 운전하고 있는 시설에서 전자 접촉기 2대가 동시에 여자 되어 상간 단락되는 것을 방지하기 위하여 구성하는 회로는?

① 자기 유지 회로
② 순차 제어 회로
③ Y-△ 기동 회로
④ 인터로크 회로

인터록 회로
전동기 정·역 운전 제어회로에서 전자개폐기가 동시에 작동될 경우 단락사고가 발생하게 되는데 이런 경우 선행동작을 우선하거나 또는 상대동작을 금지시킴으로서 동시 동작이나 동시 투입을 방지하기 위한 회로이다.

60
저압전로에서 정전이 어려운 경우 등 절연저항 측정이 곤란한 경우에는 누설전류를 몇 [mA] 이하로 유지해야 하는가?

① 1[mA]
② 2[mA]
③ 3[mA]
④ 4[mA]

전로의 절연저항 측정
저압 전로에서 정전이 어려운 경우 등 절연저항 측정이 곤란한 경우에는 누설전류를 1[mA] 이하이면 그 전로의 절연성능은 적합한 것으로 본다.

해답 57 ④ 58 ④ 59 ④ 60 ①

2023년 제3회 복원기출문제

1과목 : 전기 이론

01

기전력 1.5[V], 내부저항 0.2[Ω]인 전지 5개를 직렬로 접속하여 단락시켰을 때의 전류[A]는?

① 1.5[A]　　② 2.5[A]
③ 6.5[A]　　④ 7.5[A]

전지의 접속
$E=1.5[V]$, $r=0.2[\Omega]$, $n=5$일 때 전류 I는
$I=\dfrac{nE}{nr}[A]$ 식에서
$\therefore I=\dfrac{nE}{nr}=\dfrac{5\times1.5}{5\times0.2}=7.5[A]$

02

$v=V_m\sin(\omega t+\dfrac{\pi}{6})[V]$, $i=I_m\sin(\omega t+\dfrac{\pi}{3})[A]$일 때 전압과 전류의 위상관계는 어떻게 되는가?

① 전류의 위상이 전압보다 $\dfrac{\pi}{6}$[rad]만큼 앞선다.
② 전류의 위상이 전압보다 $\dfrac{\pi}{6}$[rad]만큼 뒤진다.
③ 전류의 위상이 전압보다 $\dfrac{\pi}{3}$[rad]만큼 앞선다.
④ 전류의 위상이 전압보다 $\dfrac{\pi}{3}$[rad]만큼 뒤진다.

위상차
전압의 위상은 $\dfrac{\pi}{6}$[rad]=30°이고,
전류의 위상은 $\dfrac{\pi}{3}$[rad]=60° 이므로
∴ 전류의 위상이 전압보다 $\dfrac{\pi}{6}$[rad]만큼 앞선다.

03

유효전력의 식으로 맞는 것은?(단, 전압은 E, 전류는 I, 역률은 $\cos\theta$이다.)

① $EI\cos\theta$　　② $EI\sin\theta$
③ $EI\tan\theta$　　④ EI

전력의 표현
(1) 피상전력 : $S=EI[VA]$
(2) 유효전력 : $P=S\cos\theta=EI\cos\theta[W]$
(3) 무효전력 : $Q=S\sin\theta=EI\sin\theta[Var]$

04

온도변화에도 용량의 변화가 적으며, 극성이 있고 비교적 가격이 비싸나 온도에 의한 용량변화가 엄격한 회로, 어느 정도 주파수가 높은 회로 등에 사용되고 있는 콘덴서는?

① 탄탈 콘덴서　　② 마일러 콘덴서
③ 세라믹 콘덴서　　④ 바리콘

탄탈 콘덴서는 용량의 변화가 적고 극성이 있으며 가격이 비싼 편이다. 또한 주파수가 높은 회로 등에 사용된다.

해답　01 ④　02 ①　03 ①　04 ①

05

공기 중에 10[μC]과 20[μC]를 1[m] 간격으로 놓을 때 발생되는 정전력[N]은?

① 1.8 　　② 2.2
③ 4.4 　　④ 6.3

쿨롱의 법칙
$F = 9 \times 10^9 \dfrac{Q_1 Q_2}{r^2}$ [N] 식에서
$Q_1 = 10[\mu C]$, $Q_2 = 20[\mu C]$, $r = 1[m]$일 때
$F = 9 \times 10^9 \dfrac{Q_1 Q_2}{r^2}$
$= 9 \times 10^9 \times \dfrac{10 \times 10^{-6} \times 20 \times 10^{-6}}{1^2} = 1.8[N]$

06

영구자석의 재료로서 적당한 것은?

① 잔류자기가 적고 보자력이 큰 것
② 잔류자기와 보자력이 모두 큰 것
③ 잔류자기와 보자력이 모두 작은 것
④ 잔류자기가 크고 보자력이 작은 것

영구자석의 성질
(1) 강자성체일 것
(2) 잔류자기와 보자력이 모두 클 것
(3) 히스테리시스 곡선의 면적이 클 것

07

자기회로의 길이 l[m], 단면적 A[m²], 투자율 μ [H/m]일 때 자기저항 R[AT/Wb]을 나타내는 것은?

① $R = \dfrac{\mu l}{A}$ 　　② $R = \dfrac{A}{\mu l}$
③ $R = \dfrac{\mu A}{l}$ 　　④ $R = \dfrac{l}{\mu A}$

자기저항
$S = A[m^2]$일 때
자기저항은 $R_m = \dfrac{l}{\mu S} = \dfrac{l}{\mu A}$ [AT/Wb]이다.

08

그림의 휘트스톤브리지의 평형조건은?

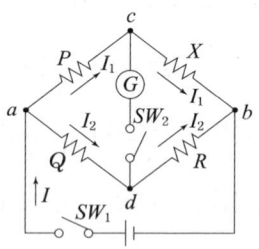

① $X = \dfrac{Q}{P} R$ 　　② $X = \dfrac{P}{Q} R$
③ $X = \dfrac{Q}{R} P$ 　　④ $X = \dfrac{P^2}{R} Q$

휘스톤 브리지 평형조건
$PR = XQ$ 식에서
$\therefore X = \dfrac{P}{Q} R[\Omega]$

해답 05 ① 06 ② 07 ④ 08 ②

09

선간전압 210[V], 선전류 10[A]의 Y-Y 회로가 있다. 상전압과 상전류는 각각 얼마인가?

① 약 121[V], 5.77[A]
② 약 121[V], 10[A]
③ 약 210[V], 5.77[A]
④ 약 210[V], 10[A]

Y결선에서 $V_L = 210[V]$, $I_L = 10[A]$일 때
$V_L = \sqrt{3} V_P [V]$, $I_L = I_P [A]$ 이므로
∴ $V_P = \dfrac{V_L}{\sqrt{3}} = \dfrac{210}{\sqrt{3}} = 121[A]$
∴ $I_P = I_L = 10[A]$

10

전기장(電氣場)에 대한 설명으로 옳지 않은 것은?

① 대전(帶電)된 무한장 원통의 내부 전기장은 0이다.
② 대전된 구(球)의 내부 전기장은 0이다.
③ 대전된 도체 내부의 전하(電荷)및 전기장은 모두 0이다.
④ 도체 표면의 전기장은 그 표면에 평행이다.

전기장의 성질
(1) 대전된 모든 도체(구도체 또는 원통도체 등) 내부에는 전하, 전기장, 전속밀도 모두 0이다.
(2) 대전된 도체 표면에서 전기장은 표면에 수직이다.

11

기본파의 3[%]인 제3고조파와 4[%]인 제5고조파를 포함하는 전압파의 왜형율은?

① 2[%]   ② 5[%]
③ 7[%]   ④ 12[%]

비정현파 왜형률
$\epsilon = \sqrt{\epsilon_3^2 + \epsilon_5^2}$ 식에서
3고조파의 왜형률 $\epsilon_3 = 3[\%]$,
5고조파의 왜형률 $\epsilon_5 = 4[\%]$일 때
∴ $\epsilon = \sqrt{\epsilon_3^2 + \epsilon_5^2} = \sqrt{3^2 + 4^2} = 5[\%]$

12

같은 저항 4개를 그림과 같이 연결하여 a-b간에 일정전압을 가했을 때 소비전력이 가장 큰 것은 어느 것인가?

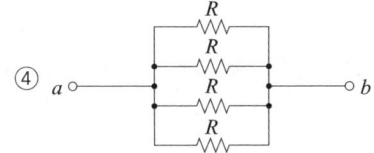

합성저항을 R_0라 할 때 일정전압(V)에서의 소비전력 P는 $P = \dfrac{V^2}{R_0}[W]$이므로 $P \propto \dfrac{1}{R_0}$ 임을 알 수 있다.
따라서 소비전력이 가장 큰 경우는 합성저항이 가장 작은 경우이다.
각 보기의 합성저항은 다음과 같다.
① $R_0 = 4R [\Omega]$
② $R_0 = 2R + \dfrac{R}{2} = 2.5R [\Omega]$
③ $R_0 = \dfrac{R}{2} + \dfrac{R}{2} = R [\Omega]$
④ $R_0 = \dfrac{R}{4} = 0.25R [\Omega]$
∴ 보기 ④번 회로의 소비전력이 가장 크다.

13
다음 중 비유전율이 가장 큰 것은?
① 종이
② 공기
③ 운모
④ 산화티탄 자기

비유전율
비유전율의 크기는 산화티탄자기>염화비닐>운모>수정>종이(고무)>진공(공기) 순이다.

14
자기 히스테리시스 곡선의 횡축과 종축은 어느 것을 나타내는가?
① 자기장의 크기와 자속밀도
② 투자율과 자속밀도
③ 투자율과 잔류자기
④ 자기장의 크기와 보자력

히스테리시스 곡선
히스테리시스 곡선은 횡축(가로축)을 자기장의 세기(H), 종축(세로축)을 자속밀도(B)로 취하여 자기장의 세기의 증감에 따라 자성체 내부에서 생기는 자속밀도의 포화특성을 그리는 곡선을 말한다.

15
코일의 자체 인덕턴스(L)와 권수(N)의 관계로 옳은 것은?
① $L \propto N$
② $L \propto N^2$
③ $L \propto N^3$
④ $L \propto \dfrac{1}{N}$

자기 인덕턴스
$L = \dfrac{\mu S N^2}{l}$ [H] 식에서 자기 인덕턴스는 코일 권수의 제곱에 비례한다.
$\therefore L \propto N^2$

16
일반적으로 절연체를 서로 마찰시키면 이들 물체는 전기를 띠게 된다. 이와 같은 현상은?
① 분극(polarization)
② 대전(electrification)
③ 정전(electrostatic)
④ 코로나(corona)

대전현상
"어떤 물질이 정상 상태보다 전자의 수가 많거나 적어져서 전기를 띠는 현상" 또는 "절연체를 서로 마찰시키면 이들 물체가 전기를 띠는 현상"을 대전이라 한다.

17
어느 회로의 전류가 다음과 같을 때, 이 회로에 대한 전류의 실효값은?

$$i = 3 + 10\sqrt{2}\sin\left(\omega t - \dfrac{\pi}{6}\right) + 5\sqrt{2}\sin\left(3\omega t - \dfrac{\pi}{3}\right)[A]$$

① 11.6[A]
② 23.2[A]
③ 32.2[A]
④ 48.3[A]

비정현파 실효값
$I = \sqrt{I_0^2 + \left(\dfrac{I_{m1}}{\sqrt{2}}\right)^2 + \left(\dfrac{I_{m3}}{\sqrt{2}}\right)^2}$ [A] 식에서
$I_0 = 3$[A], $I_{m1} = 10\sqrt{2}$ [A], $I_{m3} = 5\sqrt{2}$ [A]일 때 전류의 실효값 I는
$\therefore I = \sqrt{I_0^2 + \left(\dfrac{I_{m1}}{\sqrt{2}}\right)^2 + \left(\dfrac{I_{m3}}{\sqrt{2}}\right)^2}$
$= \sqrt{3^2 + \left(\dfrac{10\sqrt{2}}{\sqrt{2}}\right)^2 + \left(\dfrac{5\sqrt{2}}{\sqrt{2}}\right)^2} = 11.6$[A]

해답 13 ④ 14 ① 15 ② 16 ② 17 ①

18
교류회로의 정현파 전압의 평균값이 100[V]일 때 실효값은 몇 [V]인가?

① 63 ② 100
③ 111 ④ 314

파형률
교류회로의 정현파에서 파형률은
파형률 = $\dfrac{실효값}{평균값}$ = $\dfrac{\pi}{2\sqrt{2}}$ = 1.11 이므로
∴ 실효값 = 1.11 × 평균값
= 1.11 × 100 = 111[V]

19
도체가 운동하는 경우 유도 기전력의 방향을 알고자 할 때 유용한 법칙은?

① 렌쯔의 법칙
② 플레밍의 오른손 법칙
③ 플레밍의 왼손 법칙
④ 비오-사바르의 법칙

플레밍의 오른손 법칙
플레밍의 오른손 법칙은 자속밀도 B[Wb/m²]가 균일한 자기장 내에서 도체가 속도 v[m/s]로 운동하는 경우 도체에 발생하는 유기기전력 e[V]의 크기를 구하기 위한 법칙으로서 발전기의 원리에 적용된다.

20
다음 중 콘덴서 접속법에 대한 설명으로 알맞은 것은?

① 직렬로 접속하면 용량이 커진다.
② 병렬로 접속하면 용량이 적어진다.
③ 콘덴서는 직렬 접속만 가능하다.
④ 직렬로 접속하면 용량이 적어진다.

콘덴서의 직·병렬 접속
정전용량 C가 n개 직렬일 때 합성 정전용량 C_s와 병렬일 때 합성 정전용량 C_p는 각각
$C_s = \dfrac{C}{n}$, $C_p = nC$ 이므로
∴ 정전용량은 직렬로 접속하면 감소하고 병렬로 접속하면 증가한다.

2과목 : 전기 기기

21
계자권선이 전기자와 접속되어 있지 않은 직류기는?

① 직권기 ② 분권기
③ 복권기 ④ 타여자기

타여자 발전기는 계자 권선이 전기자 권선과 접속되어 있지 않고 독립된 여자회로를 구성하고 있다.

해답 18 ③ 19 ② 20 ④ 21 ④

22

변압기에서 퍼센트 저항강하 3[%], 퍼센트 리액턴스강하 4[%]일 때 역률 0.8(지상)에서의 전압변동률은?

① 2.4[%] ② 3.6[%]
③ 4.8[%] ④ 6.0[%]

변압기의 전압변동률
$p=3[\%]$, $q=4[\%]$, $\cos\theta=0.8$(지상)일 때
$\delta = p\cos\theta + q\sin\theta[\%]$ 식에서
∴ $\delta = p\cos\theta + q\sin\theta$
$= 3\times 0.8 + 4\times 0.6 = 4.8[\%]$

참고
$\sin\theta = \sqrt{1-\cos^2\theta}$ 이므로 $\cos\theta = 0.8$일 때
$\sin\theta = \sqrt{1-0.8^2} = 0.6$이다.

23

변압기 내부고장 시 발생하는 기름의 흐름 변화를 검출하는 부흐홀츠 계전기의 설치 위치로 알맞은 것은?

① 변압기 본체
② 변압기의 고압측 부싱
③ 컨서베이터 내부
④ 변압기 본체와 컨서베이터를 연결하는 파이프

부흐홀츠계전기는 변압기 본체(주 탱크)와 콘서베이터 사이에 설치되어 널리 이용되고 있다.

24

유도전동기의 동기속도 N_s, 회전속도 N일 때 슬립은?

① $s = \dfrac{N_s - N}{N}$ ② $s = \dfrac{N - N_s}{N}$
③ $s = \dfrac{N_s - N}{N_s}$ ④ $s = \dfrac{N_s + N}{N_s}$

유도전동기의 슬립은
∴ $s = \dfrac{N_s - N}{N_s}$ 이다.

25

변압기 V결선의 특징으로 틀린 것은?

① 고장시 응급처치 방법으로 쓰인다.
② 단상변압기 2대로 3상 전력을 공급한다.
③ 부하증가시 예상되는 지역에 시설한다.
④ V결선시 출력은 △결선시 출력과 그 크기가 같다.

변압기 V결선
V결선의 출력비란 △결선일 때에 대해서 V결선으로 운전할 경우의 변압기 출력을 비교한 값으로 △결선의 $\dfrac{1}{\sqrt{3}}$ 배에 해당하는 값이다.

26

3상 유도전동기의 원선도를 그리는데 필요하지 않은 것은?

① 저항측정 ② 무부하시험
③ 구속시험 ④ 슬립측정

원선도를 그리기 위한 시험
(1) 무부하시험
(2) 구속시험
(3) 권선저항 측정시험

27
동기기의 전기자 권선법이 아닌 것은?

① 전절권 ② 분포권
③ 2층권 ④ 중권

동기기의 전기자 권선법은 고상권, 폐로권, 2층권, 중권과 파권, 그리고 단절권과 분포권을 주로 채용되고 있다. 이 외에 환상권과 개로권, 단층권과 전절권 및 집중권도 있지만 이 권선법은 사용되지 않는 권선법이다.

28
변압기유가 구비해야 할 조건으로 틀린 것은?

① 절연 내력이 클 것
② 비열이 커서 냉각 효과가 클 것
③ 점도가 높을 것
④ 절연재료 및 금속재료에 화학작용을 일으키지 않을 것

절연유가 갖추어야 할 성질
(1) 절연내력이 커야 한다.
(2) 인화점은 높고 응고점은 낮아야 한다.
(3) 비열이 커서 냉각효과가 커야 한다.
(4) 점도가 낮아야 한다.
(5) 절연재료 및 금속재료에 화학작용을 일으키지 않아야 한다.
(6) 산화하지 않아야 한다.

29
직류전동기에서 무부하가 되면 속도가 대단히 높아져서 위험하기 때문에 무부하 운전이나 벨트를 연결한 운전을 해서는 안 되는 전동기는?

① 직권전동기 ② 복권전동기
③ 타여자전동기 ④ 분권전동기

직류 직권전동기는 무부하 운전시 과속이 되어 위험속도로 운전되기 때문에 직류 직권전동기로 벨트를 걸고 운전하면 안 된다.(벨트가 벗겨지면 위험속도로 운전되기 때문)

30
60[Hz]의 동기전동기가 2극일 때 동기속도는 몇 [rpm]인가?

① 7,200 ② 4,800
③ 3,600 ④ 2,400

동기속도
$f = 60$[Hz], $p = 2$일 때
$N_s = \dfrac{120f}{p}$[rpm] $= \dfrac{2f}{p}$[rps] 식에서
$\therefore N_s = \dfrac{120f}{p} = \dfrac{120 \times 60}{2} = 3,600$[rpm]

31
직류발전기에서 전압 정류의 역할을 하는 것은?

① 보극 ② 탄소브러시
③ 전기자 ④ 리액턴스 코일

직류발전기의 정류작용은 다음과 같다.
(1) 전압정류 : 보극을 설치하여 평균 리액턴스 전압을 감소시킨다.
(2) 저항정류 : 코일의 자기 인덕턴스가 원인이므로 접촉저항이 큰 탄소브러시를 채용한다.
(3) 브러시를 새로운 중성축으로 이동 : 발전기는 회전방향, 전동기는 회전방향의 반대방향으로 이동시킨다.
(4) 보극 권선 : 전기자 권선과 직렬로 접속한다.

32
단상 전파 정류 회로에서 교류 입력이 100[V]이면 직류 출력은 약 몇 [V]인가?

① 45 ② 67.5
③ 90 ④ 135

단상 전파 정류회로
교류전압 E, 직류전압 E_d라 하면
$E_d = \dfrac{2\sqrt{2}}{\pi} E = 0.9E$[V]이므로 $E = 100$[V]일 때
$\therefore E_d = 0.9E = 0.9 \times 100 = 90$[V]

해답 27 ① 28 ③ 29 ① 30 ③ 31 ① 32 ③

33

그림은 전력제어 소자를 이용한 위상제어 회로이다. 전동기의 속도를 제어하기 위해서 '가' 부분에 사용되는 소자는?

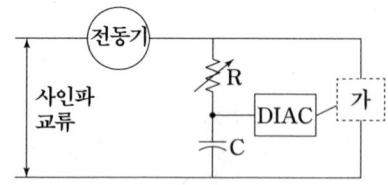

① 전력용 트랜지스터
② 제너다이오드
③ 트라이액
④ 레귤레이터 78XX 시리즈

위상제어를 이용한 전동기 속도 제어회로에 사용되는 전력제어 소자는 DIAC과 TRIAC이 이용되기 때문에 ㉮에 사용되는 것은 TRIAC이다.

34

직류발전기가 있다. 자극 수는 6, 전기자 총 도체수 400, 매극 당 자속 0.01[Wb], 회전수는 600[rpm]일 때 전기자에 유기되는 기전력은 몇 [V]인가? (단, 전기자권선은 파권이다.)

① 40 ② 120
③ 160 ④ 180

직류기의 유기기전력
$p=6$, $Z=400$, $\phi=0.01$[Wb], $N=600$[rpm], $a=2$(파권)일 때
$E = \dfrac{pZ\phi N}{60a} = k\phi N$[V] 식에서
$\therefore E = \dfrac{pZ\phi N}{60a} = \dfrac{6 \times 400 \times 0.01 \times 600}{60 \times 2} = 120$[V]

35

동기발전기의 병렬운전 중 기전력의 크기가 다른 경우 어떤 현상이 나타나는가?

① 주파수가 변한다.
② 동기화 전류가 흐른다.
③ 난조 현상이 발생한다.
④ 무효순환전류가 흐른다.

동기발전기의 병렬운전
동기발전기의 병렬운전 중 기전력의 크기가 다른 경우 무효순환전류가 흘러 권선이 가열되고 감자작용이 생긴다.

36

다이오드를 사용한 정류회로에서 다이오드를 여러 개 병렬로 연결하여 사용하는 경우의 설명으로 가장 옳은 것은?

① 다이오드를 과전류로부터 보호할 수 있다.
② 다이오드를 과전압으로부터 보호할 수 있다.
③ 부하출력의 맥동률을 감소시킬 수 있다.
④ 낮은 전압 전류에 적합하다.

다이오드는 과전압 및 과전류에서 파괴될 우려가 있으므로 과전압으로부터 보호하기 위해서는 다이오드 여러 개를 직렬로 접속하고 과전류로부터 보호하기 위해서는 다이오드 여러 개를 병렬로 접속한다.

37

출력 10[kW], 슬립 4[%]로 운전되고 있는 3상 유도전동기의 2차 동손은 약 몇 [W]인가?

① 250 ② 315
③ 417 ④ 620

유도전동기의 2차 동손
$P_0 = 10$[kW], $s = 0.04$일 때
$P_{c2} = sP_2 = \dfrac{s}{1-s}P_0$ 식에서
$\therefore P_{c2} = \dfrac{s}{1-s}P_0 = \dfrac{0.04}{1-0.04} \times 10 \times 10^3$
$= 417$[W]

38
분권발전기의 회전 방향을 반대로 하면?

① 전압이 유기된다.
② 발전기가 소손된다.
③ 고전압이 발생한다.
④ 잔류 자기가 소멸된다.

직류 자여자 발전기는 회전방향을 반대로 하여 역회전하면 전기자전류와 계자전류의 방향이 바뀌게 되어 잔류자기가 소멸되고 더 이상 발전이 되지 않는다. 따라서 자여자 발전기는 역회전하면 안 된다.

39
단락비가 큰 동기기는?

① 안정도가 높다.
② 기기가 소형이다.
③ 전압변동률이 크다.
④ 전기자 반작용이 크다.

동기발전기의 단락비가 큰 경우의 특징
(1) 안정도가 크고, 기계의 치수가 커지며 공극이 넓다.
(2) 철손이 증가하고, 효율이 감소한다.
(3) 동기 임피던스가 감소하고 단락전류 및 단락용량이 증가한다.
(4) 전압변동률이 작고, 전기자 반작용이 감소한다.
(5) 여자전류가 크다.

40
반파 정류회로에서 변압기 2차 전압의 실효치를 E [V]라 하면 직류 전류 평균치는?(단, 정류기의 전압강하는 무시한다.)

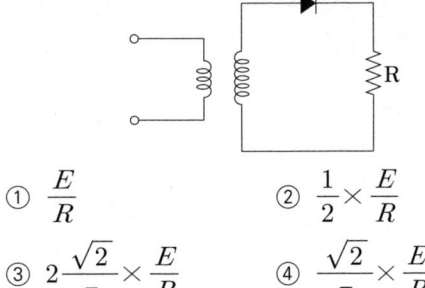

① $\dfrac{E}{R}$
② $\dfrac{1}{2} \times \dfrac{E}{R}$
③ $2\dfrac{\sqrt{2}}{\pi} \times \dfrac{E}{R}$
④ $\dfrac{\sqrt{2}}{\pi} \times \dfrac{E}{R}$

단상 반파정류회로
단상 반파정류회로의 직류 전류의 평균값은
$I_d = \dfrac{\dfrac{\sqrt{2}}{\pi}E - e}{R} = \dfrac{0.45E - e}{R}$ [A] 식에서
$\therefore I_d = \dfrac{\sqrt{2}}{\pi} \times \dfrac{E}{R}$ [A]

3과목 : 전기 설비

41
점유 면적이 좁고 운전, 보수에 안전하므로 공장, 빌딩 등의 전기실에 많이 사용되며, 큐비클(cubicle)형이라고 불리는 배전반은?

① 라이브 프런트식 배전반
② 데드 프런트식 배전반
③ 포우스트형 배전반
④ 폐쇄식 배전반

폐쇄식 배전반
(1) 큐비클형 배전반
(2) 점유 면적이 좁고 운전, 보수에 안전하므로 공장, 빌딩 등의 전기실에 많이 사용되고 있다.

42
다음 중 금속 전선관의 호칭을 맞게 기술한 것은?

① 박강, 후강 모두 내경으로 [mm]로 나타낸다.
② 박강은 내경, 후강은 외경으로 [mm]로 나타낸다.
③ 박강은 외경, 후강은 내경으로 [mm]로 나타낸다.
④ 박강, 후강 모두 외경으로 [mm]로 나타낸다.

금속관공사의 기타 사항
(1) 금속관 1본의 길이 : 3.6[m]이다.
(2) 관의 종류

종류	규격[mm]	관의 호칭
후강전선관	16, 22, 28, 36, 42, 54, 70, 82, 92, 104의 10종	안지름(내경), 짝수
박강전선관	19, 25, 31, 39, 51, 63, 75의 7종	바깥지름(외경), 홀수

43
옥내배선 공사에서 절연전선의 피복을 벗길 때 사용하면 편리한 공구는?

① 드라이버 ② 플라이어
③ 압착펜치 ④ 와이어 스트리퍼

와이어 스트리퍼는 옥내배선 공사에서 절연전선의 피복을 벗길 때 사용하는 공구이다.

44
선택지락계전기의 용도는?

① 단일회선에서 접지전류의 대소의 선택
② 단일회선에서 접지전류의 방향의 선택
③ 단일회선에서 접지사고 지속시간의 선택
④ 다회선에서 접지고장 회선의 선택

계전기의 용도 및 기능
선택지락계전기(SGR)는 다회선에서 접지고장 회선만을 선택 차단하는 계전기이다.

45
한국전기설비규정(KEC)에서 교통신호등 회로의 사용전압이 몇 [V]를 초과하는 경우에는 지락 발생시 자동적으로 전로를 차단하는 장치를 시설하여야 하는가?

① 50 ② 100
③ 150 ④ 200

교통신호등의 시설
교통신호등 회로의 사용전압이 150[V]를 넘는 경우에는 전로에 지락이 생겼을 경우 자동적으로 전로를 차단하는 누전차단기를 시설할 것.

해답 42 ③ 43 ④ 44 ④ 45 ③

46

전로에 시설하는 기계기구의 철대 및 금속제 외함에는 접지공사를 하여야 하나 그렇지 않은 경우가 있다. 접지공사를 하지 않아도 되는 경우에 해당되는 것은?

① 철대 또는 외함의 주위에 적당한 절연대를 설치하는 경우
② 사용전압이 직류 300[V]인 기계기구를 습한 곳에 시설하는 경우
③ 교류 대지전압이 300[V]인 기계기구를 건조한 곳에 시설하는 경우
④ 저압용의 기계기구를 사용하는 전로에 지기가 생겼을 때 그 전로를 자동적으로 차단하는 장치가 없는 경우

기계기구의 철대 및 외함의 접지
다음의 어느 하나에 해당하는 경우에는 기계기구의 철대 및 외함의 접지를 하지 아니할 수 있다.
(1) 사용전압이 직류 300[V] 또는 교류 대지전압이 150[V] 이하인 기계기구를 건조한 곳에 시설하는 경우
(2) 철대 또는 외함의 주위에 적당한 절연대를 설치하는 경우
(3) 물기 있는 장소 이외의 장소에 시설하는 저압용의 개별 기계기구에 전기를 공급하는 전로에 「전기용품 및 생활용품 안전관리법」의 적용을 받는 인체감전보호용 누전차단기(정격감도전류가 30 [mA] 이하, 동작시간이 0.03초 이하의 전류동작형에 한한다)를 시설하는 경우
(4) 외함을 충전하여 사용하는 기계기구에 사람이 접촉할 우려가 없도록 시설하거나 절연대를 시설하는 경우

47

고압 가공전선로의 지지물로 철탑을 사용하는 경우 경간은 몇 [m] 이하로 제한하는가?

① 150
② 300
③ 500
④ 600

가공전선로의 지지물의 경간

구분 지지물 종류	저·고압 및 특고압 표준경간	저·고압 보안공사
A종주, 목주	150[m]	100[m]
B종주	250[m]	150[m]
철탑	600[m] 단, 특고압 가공전선로의 경간으로 철탑이 단주인 경우에는 400[m]	400[m]

48

고장시 흐르는 전류를 안전하게 통할 수 있는 것으로서 특고압·고압 전기설비용 접지도체는 단면적 몇 [mm²] 이상의 연동선 또는 동등 이상의 단면적 및 강도를 가져야 하는가?

① 6[mm²]
② 10[mm²]
③ 16[mm²]
④ 25[mm²]

접지도체의 최소 단면적
고장시 흐르는 전류를 안전하게 통할 수 있는 것으로서 특고압·고압 전기설비용 접지도체는 단면적 6 [mm²] 이상의 연동선 또는 동등 이상의 단면적 및 강도를 가져야 한다.

49
전선을 기구 단자에 접속할 때 진동 등의 영향으로 헐거워질 우려가 있는 경우에 사용하는 것은?

① 압착단자　② 코드 페스너
③ 십자머리 볼트　④ 스프링 와셔

전선과 기구단자와의 접속
(1) 스프링 와셔 : 전선을 기구 단자에 접속할 때 진동 등의 영향으로 헐거워질 우려가 있는 경우에 사용하는 것.
(2) 프레셔 툴 : 전선에 압착단자 접속시 사용되는 공구
(3) 동관단자 : 전선과 기계기구의 단자를 접속할 때 사용하는 것.

50
조명용 전등을 관광 진흥법과 공중위생법에 의한 관광숙박업 또는 숙박업(여인숙업은 제외)에 이용되는 객실의 입구등은 최대 몇 분 이내에 소등되는 타임스위치를 시설하여야 하는가?

① 1　② 2
③ 3　④ 4

센서등(타임스위치)
다음의 경우에는 센서등(타임스위치 포함)을 시설하여야 한다.
(1) 관광숙박업 또는 숙박업에 이용되는 객실의 입구등은 1분 이내에 소등되는 것.
(2) 일반주택 및 아파트 각 호실의 현관등은 3분 이내에 소등되는 것.

51
전선의 접속이 불완전하여 발생할 수 있는 사고로 볼 수 없는 것은?

① 감전　② 누전
③ 화재　④ 절전

전선의 접속이나 전선과 기구단자의 접속이 불완전 할 경우 누전, 감전, 화재, 과열, 전파잡음 등과 같은 현상이 발생한다.

52
옥내전로의 대지전압이 300[V] 이하인 주택의 전로 인입구에 설치하여야 하는 것은 무엇인가?

① 감전보호용 누전차단기
② 배선용 차단기
③ 퓨즈
④ 개폐기

주택의 옥내전로의 대지전압은 300[V] 이하이어야 하며 다음에 따라 시설하여야 한다.
(1) 사용전압은 400[V] 이하이어야 한다.
(2) 주택의 전로 인입구에는 감전보호용 누전차단기를 시설하여야 한다. 다만, 전로의 전원측에 정격용량이 3[kVA] 이하인 절연변압기(1차 전압이 저압이고 2차 전압이 300[V] 이하인 것에 한한다)를 사람이 쉽게 접촉할 우려가 없도록 시설하고 또한 그 절연변압기의 부하측 전로를 접지하지 않는 경우에는 예외로 한다.
(3) 백열전등의 전구 소켓은 키나 그 밖의 점멸기구가 없는 것이어야 한다.
(4) 정격 소비전력 3[kW] 이상의 전기기계기구에 전기를 공급하기 위한 전로에는 전용의 개폐기 및 과전류 차단기를 시설하고 그 전로의 옥내배선과 직접 접속하거나 적정 용량의 전용콘센트를 시설하여야 한다.

53
폭연성 분진 또는 화약류의 분말이 전기설비가 발화원이 되어 폭발할 우려가 있는 곳에 시설하는 저압 옥내 전기설비의 저압 옥내배선 공사는?

① 금속관공사
② 합성수지관공사
③ 금속제 가요전선관공사
④ 애자공사

폭연성 분진 또는 화약류 분말이 존재하는 곳의 공사
폭연성 분진(마그네슘·알루미늄·티탄·지르코늄 등의 먼지가 쌓여있는 상태에서 불이 붙었을 때에 폭발할 우려가 있는 것) 또는 화약류의 분말이 전기설비가 발화원이 되어 폭발할 우려가 있는 곳에 시설하는 저압 옥내 전기설비의 공사는 금속관공사 또는 케이블공사(캡타이어케이블을 사용하는 것은 제외)일 것.

54
옥외용 비닐절연전선을 나타내는 약호는?

① OW ② EV
③ DV ④ NV

전선약호
① 옥외용 비닐절연전선
② 폴리에틸렌절연 비닐시스 케이블
③ 인입용 비닐절연전선
④ 비닐절연 네온전선

55
콘크리트 직매용 케이블 배선에서 일반적으로 케이블을 구부릴 때 피복이 손상되지 않도록 그 굴곡부 안쪽의 반경은 케이블 외경의 몇 배 이상으로 하여야 하는가?(단, 단심이 아닌 경우이다.)

① 2배 ② 3배
③ 6배 ④ 12배

콘크리트 직매용 케이블 배선
케이블을 구부릴 때는 피복이 손상되지 않도록 그 굴곡부 안쪽의 반경은 케이블 외경의 6배(단심인 것은 8배) 이상으로 하여야 한다.

56
7 [kV] 이하인 고압전로의 중성점 접지용 접지도체는 공칭단면적 몇 [mm²] 이상의 연동선 또는 동등 이상의 단면적 및 강도를 가져야 하는가?

① 6 [mm²] ② 10 [mm²]
③ 16 [mm²] ④ 25 [mm²]

접지도체의 최소 단면적
중성점 접지용 접지도체는 16[mm²] 이상의 연동선이어야 한다. 다만, 다음의 경우에는 공칭단면적 6[mm²] 이상의 연동선을 사용한다.
㉠ 7[kV] 이하의 전로
㉡ 사용전압이 25[kV] 이하인 중성선 다중접지식의 것으로서 전로에 지락이 생겼을 때 2초 이내에 자동적으로 이를 전로로부터 차단하는 장치가 되어 있는 특고압 가공전선로

57
다음 중 옥내에 시설하는 저압 전로와 대지 사이의 절연저항 측정에 사용되는 계기는?

① 멀티 테스터 ② 메거
③ 어스 테스터 ④ 훅 온 미터

메거(절연저항계)는 옥내에 시설하는 저압전로와 대지 사이의 절연저항 측정에 사용되는 계기이다.

58
다음 중 접지의 목적으로 알맞지 않은 것은?

① 감전의 방지
② 전로의 대지 전압 상승
③ 보호 계전기의 동작 확보
④ 이상 전압의 억제

접지의 목적
접지의 근본적인 목적은 인체의 감전사고를 방지함에 있다. 이 외에도 보호계전기의 동작을 확보하고 이상전압을 억제함과 동시에 대지전압의 저하를 목적으로 하고 있다.

59
전자접촉기 2개를 이용하여 유도전동기 1대를 정·역 운전하고 있는 시설에서 전자접촉기 2대가 동시에 여자 되어 상간 단락되는 것을 방지하기 위하여 구성하는 회로는?

① 자기유지회로 ② 순차제어회로
③ Y-Δ기동회로 ④ 인터록회로

인터록 회로
전동기 정·역 운전 제어회로에서 전자개폐기가 동시에 작동될 경우 단락사고가 발생하게 되는데 이런 경우 선행동작을 우선하거나 또는 상대동작을 금지시킴으로서 동시 동작이나 동시 투입을 방지하기 위한 회로이다.

해답 54 ① 55 ③ 56 ① 57 ② 58 ② 59 ④

60

분기회로의 단락보호장치 설치점과 분기점 사이에 다른 분기회로 또는 콘센트의 접속이 없고 단락, 화재 및 인체에 대한 위험성이 최소화 되도록 시설된 경우, 분기회로의 단락 보호장치는 분기회로의 분기점으로부터 몇 [m]까지 이동하여 설치할 수 있는가?

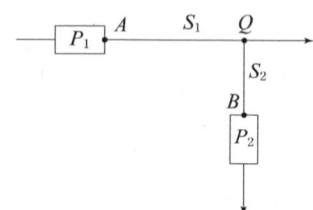

① 2 [m] ② 3 [m]
③ 5 [m] ④ 8 [m]

단락 보호장치의 설치 위치
분기회로의 보호장치는 전원측에서 보호장치의 분기점 사이에 다른 분기회로 또는 콘센트의 접속이 없고, 단락의 위험과 화재 및 인체에 대한 위험성이 최소화 되도록 시설된 경우, 분기회로의 보호장치는 분기회로의 분기점으로부터 3 [m]까지 이동하여 설치할 수 있다.

CBT 09 | 2024년 제1회 복원기출문제

1과목 : 전기 이론

01

일반적으로 절연체를 서로 마찰시키면 이들 물체는 전기를 띠게 된다. 이와 같은 현상은?

① 분극(polarization)
② 대전(electrification)
③ 정전(electrostatic)
④ 코로나(corona)

"어떤 물질이 정상 상태보다 전자의 수가 많거나 적어져서 전기를 띠는 현상" 또는 "절연체를 서로 마찰시키면 이들 물체가 전기를 띠는 현상"을 대전이라 한다.

02

평균 반지름 r[m]의 환상 솔레노이드에 I[A]의 전류가 흐를 때, 내부 자계가 H[AT/m]이었다. 권수 N은?

① $\dfrac{HI}{2\pi r}$
② $\dfrac{2\pi r}{HI}$
③ $\dfrac{2\pi r H}{I}$
④ $\dfrac{I}{2\pi r H}$

환상 솔레노이드의 내부 자계(H)
$H = \dfrac{NI}{2\pi r}$ [A/m] 식에서
∴ $N = \dfrac{2\pi r H}{I}$ [A]

03

20[Ω]의 저항을 갖는 전선의 길이를 2배로 늘리면 저항은 몇 배가 되는가?(단, 체적은 일정하다.)

① 40
② 60
③ 80
④ 100

체적이 일정하다는 것은 전선의 길이(l)가 2배 늘어날 경우 전선의 단면적(A)은 2배 감소되어야 한다는 것을 의미하기 때문에
$R = 20[\Omega]$, $l' = 2l$[m], $A' = \dfrac{1}{2}A$[m²]일 때
$R = \rho \dfrac{l}{A}$ [Ω] 식에서
$R' = \rho \dfrac{l'}{A'} = \rho \dfrac{2l}{\frac{1}{2}A} = 4 \cdot \rho \dfrac{l}{A} = 4R$[Ω]이 된다.
∴ $R' = 4R = 4 \times 20 = 80$[Ω]

04

서로 인접한 두 개의 코일 L_1, L_2를 직렬로 접속하여 합성 인덕턴스를 구하면 어떻게 되는가? (단, 두 개의 코일은 자속을 서로 주고 받지 않는다고 한다.)

① $L_1 \cdot L_2$
② $L_1 + L_2$
③ $\dfrac{L_1}{L_2}$
④ $L_1^2 \cdot L_2^2$

두 코일이 자속을 서로 주고받지 않는다는 것은 미결합 상태를 의미하므로 $k=0$, $M=0$이 된다.
$L_0 = L_1 + L_2 \pm 2M$[H] 식에서
∴ $L_0 = L_1 + L_2$[H]

해답 01 ② 02 ③ 03 ③ 04 ②

05

그림과 같은 회로 AB에서 본 합성저항은 몇 [Ω]인가?

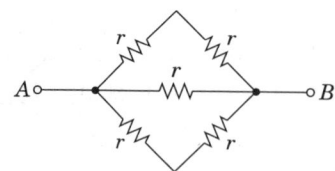

① $\dfrac{r}{2}$ ② r

③ $\dfrac{3r}{2}$ ④ $2r$

회로에서 A, B 수평선을 기준으로 위쪽에 접속된 2개의 저항 r은 직렬 접속되어 있어 $2r[\Omega]$이 되고, 또한 아래쪽에 접속된 2개의 저항 r도 직렬 접속되어 있어 $2r[\Omega]$이 된다. $2r$과 r, 그리고 $2r$이 모두 병렬로 접속되어 있기 때문에 AB에서 본 합성저항 R_{AB}는

$$\therefore R_{AB} = \dfrac{1}{\dfrac{1}{2r}+\dfrac{1}{r}+\dfrac{1}{2r}} = \dfrac{r}{2}[\Omega]$$

06

3상 기전력을 2개의 전력계, W_1, W_2로 측정해서 W_1의 지시값이 P_1, W_2의 지시값이 P_2라고 하면 3상 전력은 어떻게 표현되는가?

① $P_1 - P_2$ ② $3(P_1 - P_2)$
③ $P_1 + P_2$ ④ $3(P_1 + P_2)$

2전력계법
(1) 전전력
 $P = P_1 + P_2$ [W]
(2) 무효전력
 $Q = \sqrt{3}(P_1 - P_2)$ [Var]
(3) 피상전력
 $S = 2\sqrt{P_1^2 + P_2^2 - P_1 P_2}$ [VA]
(4) 역률
 $\cos\theta = \dfrac{P_1 + P_2}{2\sqrt{P_1^2 + P_2^2 - P_1 P_2}}$

07

두 개의 서로 다른 금속의 접속점에 온도차를 주면 열기전력이 생기는 현상은?

① 홀 효과 ② 줄 효과
③ 압전기 효과 ④ 제벡 효과

제벡효과(Seebeck effect)란 두 종류의 금속을 서로 접속하여 접속점에 온도차를 주게 되면 열기전력이 발생하여 전류가 흐르는 현상으로서 열기전력의 크기와 방향은 두 금속 사이의 온도차에 의해 정해진다. 또한 "제벡효과"는 두 종류 금속의 열전대를 조합한 장치로서 "열전효과"라고도 하며 열전온도계나 태양열발전 등에 응용된다.

08

$R = 4[\Omega]$, $\omega L = 3[\Omega]$의 직렬 회로에 $v = 100\sqrt{2}\sin\omega t + 30\sqrt{2}\sin 3\omega t$[V]의 전압을 가할 때 전력은 약 몇 [W]인가?

① 1,170 ② 1,563
③ 1,637 ④ 2,116

비정현파의 소비전력
기본파 전압의 실효값 V_1, 3고조파 전압의 실효값 V_3라 하면

$$P = \dfrac{V_1^2 R}{R^2 + (\omega L)^2} + \dfrac{V_3^2 R}{R^2 + (3\omega L)^2} \text{[W]이므로}$$

$$V_1 = \dfrac{V_{m1}}{\sqrt{2}} = \dfrac{100\sqrt{2}}{\sqrt{2}} = 100\text{[V]}$$

$$V_3 = \dfrac{V_{m3}}{\sqrt{2}} = \dfrac{30\sqrt{2}}{\sqrt{2}} = 30\text{[V]일 때}$$

$$\therefore P = \dfrac{100^2 \times 4}{4^2 + 3^2} + \dfrac{30^2 \times 4}{4^2 + (3 \times 3)^2} = 1,637\text{[W]}$$

09

부하의 결선방식에서 Y결선에서 Δ결선으로 변환하였을 때의 임피던스는?

① $Z_\Delta = \sqrt{3} Z_Y$　　② $Z_\Delta = \dfrac{1}{\sqrt{3}} Z_Y$

③ $Z_\Delta = 3Z_Y$　　④ $Z_\Delta = \dfrac{1}{3} Z_Y$

Y결선을 Δ결선으로 등가 변환하면 각 상의 임피던스는 3배 된다.
∴ $Z_\Delta = 3Z_Y$

10

전압이 $v = V_m \cos\left(\omega t - \dfrac{\pi}{6}\right)$[V]일 때 전압보다 위상이 $\dfrac{\pi}{3}$[rad]만큼 뒤진 전류의 순시값은 어떻게 표현되는가?

① $I_m \cos\left(\omega t - \dfrac{\pi}{6}\right)$　　② $I_m \cos\left(\omega t - \dfrac{\pi}{3}\right)$

③ $I_m \sin \omega t$　　④ $I_m \sin\left(\omega t - \dfrac{\pi}{3}\right)$

전압보다 $\dfrac{\pi}{3}$[rad]만큼 뒤진 전류의 순시값은
$i = I_m \cos\left(\omega t - \dfrac{\pi}{6} - \dfrac{\pi}{3}\right) = I_m \cos\left(\omega t - \dfrac{\pi}{2}\right)$[A]이다.
$\cos\left(\omega t - \dfrac{\pi}{2}\right) = \sin\left(\omega t - \dfrac{\pi}{2} + \dfrac{\pi}{2}\right) = \sin \omega t$ 이므로
∴ $i = I_m \cos\left(\omega t - \dfrac{\pi}{2}\right) = I_m \sin \omega t$[A]

참고 $\sin \omega t$와 $\cos \omega t$의 비교
$\cos \omega t = \sin(\omega t + 90°)$

11

전압계 및 전류계의 측정 범위를 넓히기 위하여 사용하는 배율기와 분류기의 접속 방법은?

① 배율기는 전압계와 병렬접속, 분류기는 전류계와 직렬접속
② 배율기는 전압계와 직렬접속, 분류기는 전류계와 병렬접속
③ 배율기 및 분류기 모두 전압계와 전류계에 직렬접속
④ 배율기 및 분류기 모두 전압계와 전류계에 병렬접속

배율기와 분류기
배율기는 전압계와 직렬 접속, 분류기는 전류계와 병렬로 접속한다.

12

전류와 자계의 관계로 해석되는 법칙과 관계없는 것은?

① 암페어의 오른나사의 법칙
② 비오-사바르의 법칙
③ 줄의 법칙
④ 플레밍의 왼손 법칙

전류의 열작용이란 "저항이 있는 도선에 전류가 흐르면 도선에서 열이 발생되는 현상"을 말하며 "줄의 법칙"에 의해서 설명된다.

13

반도체로 만든 PN 접합은 무슨 작용을 하는가?

① 정류 작용　　② 발진 작용
③ 증폭 작용　　④ 변조 작용

PN 접합 다이오드는 순방향 저항은 작고, 역방향 저항은 매우 크게 작용하여 대표적으로 교류를 직류로 변환하는 정류작용에 응용된다.

14

정현파 전압이 $v = V_m \sin(\omega t + \frac{\pi}{6})$[V]일 때 전압의 순시값이 전압의 최대값과 같아지는 순간의 ωt는 몇 [rad]인가?

① 90° ② 60°
③ 45° ④ 30°

순시값의 특성
$v = V_m \sin(\omega t + \frac{\pi}{6})$[V]식에서
순시값 v, 최대값 V_m일 때 $v = V_m$이기 위해서는
$\sin(\omega t + \frac{\pi}{6}) = 1$이 되어야 하므로 $\omega t + \frac{\pi}{6} = \frac{\pi}{2}$
[rad]임을 알 수 있다.
$\therefore \omega t = \frac{\pi}{2} - \frac{\pi}{6} = \frac{\pi}{3}$[rad]$= 60°$

15

전기 분해에서 석출한 물질의 양을 W, 시간을 t, 전류를 I 라고 하면 그 관계식은?

① $W = KIt$ ② $W = \frac{KI}{t}$
③ $W = KI^2t$ ④ $W = \frac{Kt}{I}$

패러데이 법칙
전극에 석출된 물질의 양(W)은 전기량(Q)에 비례하고 그 물질의 화학당량(K)에 비례한다.
$\therefore W = KQ = KIt$[g]

16

3상 220[V], △ 결선에서 1상의 부하가 Z=8+j6[Ω]이면 선전류[A]는?

① 11 ② $22\sqrt{3}$
③ 22 ④ $\frac{22}{\sqrt{3}}$

△결선의 선전류(I_Δ)
$V_L = 220$[V], $Z = 8 + j6$[Ω]일 때
$I_\Delta = \frac{\sqrt{3}\, V_L}{Z}$[A] 식에 의해서
$\therefore I_\Delta = \frac{\sqrt{3}\, V_L}{Z} = \frac{\sqrt{3} \times 220}{\sqrt{8^2 + 6^2}} = 22\sqrt{3}$[A]

17

평행한 두 개의 도선이 아래 그림과 같이 설치되어 있을 때 두 도선 사이에 작용하는 힘은 어떠한가?

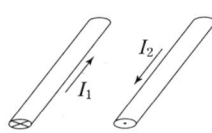

① 흡인력이 작용한다.
② 반발력이 작용한다.
③ 힘의 합이 0이 된다.
④ 흡인력과 반발력이 주기적으로 나타난다.

평행 도선 사이의 작용력 및 방향
작용력 F는
$F = \frac{\mu_0 I_1 I_2}{2\pi d} = \frac{2 I_1 I_2}{d} \times 10^{-7}$[N]
식에서 두 도선 I_1, I_2에 흐르는 자계의 방향은 H_1, H_2와 같은 극성을 갖기 때문에 서로 반발력이 작용한다.

18
비사인파의 일반적인 구성이 아닌 것은?

① 삼각파　　② 고조파
③ 기본파　　④ 직류분

비정현파의 일반적인 구성은 "직류분+기본파+고조파"로 이루어져 있다.

19
평형 3상 교류 회로에서 △ 결선 할 때 선전류 I_L 과 상전류 I_P 와의 관계 중 옳은 것은?

① $I_L = 3I_P$　　② $I_L = 2I_P$
③ $I_L = \sqrt{3}\,I_P$　　④ $I_L = I_P$

△결선의 전압, 전류 관계
(1) 전압관계 : $V_l = V_P$[V]
(2) 전류관계 : $I_l = \sqrt{3}\,I_P$

20
4[μF]의 콘덴서를 4,000[V]로 충전하면 축적되는 에너지는 몇 [J]인가?

① 16　　② 32
③ 36　　④ 42

축적에너지(W)
$C = 4[\mu F]$, $V = 4,000[V]$일 때 축적에너지는
$W = \frac{1}{2}CV^2$[J] 식에서
$\therefore W = \frac{1}{2}CV^2 = \frac{1}{2} \times 4 \times 10^{-6} \times 4{,}000^2$
　　$= 32[J]$

2과목 : 전기기기

21
변압기 내부고장 보호에 쓰이는 계전기로서 가장 적당한 것은?

① 차동계전기　　② 접지계전기
③ 과전류계전기　　④ 역상계전기

차동계전기 또는 비율차동계전기(RDF)의 용도 및 기능
(1) 변압기, 동기기 내부권선의 층간단락 등의 내부고장 보호에 사용되는 계전기
(2) 보호구간에 유입하는 전류와 유출하는 전류의 차에 의해 동작하는 계전기

22
3상 동기기에 제동 권선을 설치하는 주된 목적은?

① 출력 증가　　② 효율 증가
③ 역률 개선　　④ 난조 방지

제동권선은 동기기의 난조 방지의 가장 유효한 대책이다.

23
역률과 효율이 좋아서 가정용 선풍기, 전기세탁기, 냉장고 등에 주로 사용되는 것은?

① 분상 기동형 전동기
② 반발 기동형 전동기
③ 콘덴서 기동형 전동기
④ 셰이딩 코일형 전동기

콘덴서 기동형 단상 유도전동기는 분상 기동형이나 또는 영구 콘덴서 전동기에 기동 콘덴서를 병렬로 접속하여 역률과 효율을 개선할 뿐만 아니라 기동 토크 또한 크게 할 수 있다.

해답　18 ①　19 ③　20 ②　21 ①　22 ④　23 ③

24

그림은 전력제어 소자를 이용한 위상제어 회로이다. 전동기의 속도를 제어하기 위해서 '가' 부분에 사용되는 소자는?

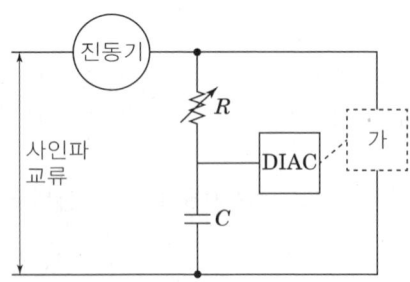

① 전력용 트랜지스터
② 제너다이오드
③ 트라이액
④ 레귤레이터 78XX 시리즈

위상제어를 이용한 전동기 속도 제어회로에 사용되는 전력제어 소자는 DIAC과 TRIAC이 이용되기 때문에 ㉮에 사용되는 것은 TRIAC이다.

25

동기발전기의 돌발단락전류를 주로 제한하는 것은?

① 누설 리액턴스   ② 역상 리액턴스
③ 동기 리액턴스   ④ 권선저항

동기발전기의 돌발 단락전류는 순간 단락전류로서 단락된 순간 단시간동안 흐르는 대단히 큰 전류를 의미한다. 이 전류를 제한하는 값은 발전기의 내부 임피던스(또는 내부 리액턴스)로서 누설 임피던스(또는 누설 리액턴스)뿐이다.

26

교류 동기 서보모터에 비하여 효율이 훨씬 좋고 큰 토크를 발생하여 입력되는 각 전기 신호에 따라 규정된 각도만큼씩 회전하며 회전자는 축 방향으로 자화된 영구 자석으로서 보통 50개 정도의 톱니로 만들어져 있는 것은?

① 전기동력계   ② 유도전동기
③ 스테핑모터   ④ 동기전동기

직류 스테핑 모터(DC stepping motor)
(1) 교류 동기 서보모터에 비하여 효율이 좋고 기동 토크 또한 크다.
(2) 입력되는 전기신호에 따라 규정된 각도 만큼씩만 회전한다.
(3) 전동기의 출력으로 속도, 거리, 방향 등을 정확하게 제어할 수 있다.
(4) 입력으로 펄스신호를 가해주고 속도를 입력 펄스의 주파수에 의해 조절한다.
참고 스테핑 모터와 서보 모터는 자동제어 장치의 특수 전동기이다.

27

농형 유도전동기의 기동법과 가장 거리가 먼 것은?

① 기동보상기법   ② 2차 저항 기동법
③ 전전압 기동법   ④ Y-△ 기동법

권선형 유도전동기의 기동법
(1) 2차 저항 기동법 : 회전자 권선에 2차 저항을 접속하여 비례추이원리를 이용한 기동법이다.
(2) 2차 임피던스 기동법
(3) 게르게스 기동법

28

3상 유도전동기의 회전방향을 바꾸기 위한 방법으로 옳은 것은?

① 전원의 전압과 주파수를 바꾸어 준다.
② Δ-Y 결선으로 결선법을 바꾸어 준다.
③ 기동보상기를 사용하여 권선을 바꾸어 준다.
④ 전동기의 1차 권선에 있는 3개의 단자 중 어느 2개의 단자를 서로 바꾸어 준다.

유도전동기의 역회전 방법
(1) 3상 유도전동기의 역회전
　3상의 3선 중 어느 2선의 접속을 바꿔주면 전동기는 역회전 운전한다.
(2) 단상 유도전동기의 역회전
　주권선 외에 보조권선을 접속하여 보조권선에서 기동토크와 회전자계를 발생시키므로 보조권선의 접속을 바꿔주면 전동기는 역회전 운전한다.

29

단락비가 큰 동기 발전기를 설명하는 말 중 틀린 것은?

① 동기 임피던스가 작다.
② 단락 전류가 크다.
③ 전기자 반작용이 크다.
④ 공극이 크고 전압 변동률이 작다.

동기발전기의 단락비가 큰 경우의 특징
(1) 안정도가 크고, 기계의 치수가 커지며 공극이 넓다.
(2) 철손이 증가하고, 효율이 감소한다.
(3) 동기 임피던스가 감소하고 단락전류 및 단락용량이 증가한다.
(4) 전압변동률이 작고, 전기자 반작용이 감소한다.
(5) 여자전류가 크다.

30

동기기의 전기자 권선법이 아닌 것은?

① 2층 분포권　　② 단절권
③ 중권　　　　　④ 전절권

동기기의 전기자 권선법은 고상권, 폐로권, 2층권, 중권과 파권, 그리고 단절권과 분포권을 주로 채용되고 있다. 이 외에 환상권과 개로권, 단층권과 전절권 및 집중권도 있지만 이 권선법은 사용되지 않는 권선법이다.

31

출력 10[kW], 효율 80[%]인 기기의 손실은 약 몇 [kW]인가?

① 0.6[kW]　　② 1.1[kW]
③ 2.0[kW]　　④ 2.5[kW]

직류기의 효율
$\eta = \dfrac{출력}{출력+손실} \times 100[\%]$ 식에서
출력 = 10[kW], η = 80[%]일 때
∴ 손실 = $\dfrac{출력}{\eta} \times 100 - 출력$
= $\dfrac{10}{80} \times 100 - 10 = 2.5[kW]$

32

권수비 30인 변압기의 1차에 6,600[V]를 가할 때 2차 전압은?

① 220[V]　　② 380[V]
③ 420[V]　　④ 660[V]

$N = \dfrac{V_1}{V_2}$ 식에서
$N = 30$, $V_1 = 6,600[V]$ 이므로
∴ $V_2 = \dfrac{V_1}{N} = \dfrac{6,600}{30} = 220[V]$

해답　28 ④　29 ③　30 ④　31 ④　32 ①

33

다이오드를 사용한 정류회로에서 다이오드를 여러 개 직렬로 연결하여 사용하는 경우의 설명으로 가장 옳은 것은?

① 다이오드를 과전류로부터 보호할 수 있다.
② 다이오드를 과전압으로부터 보호할 수 있다.
③ 부하출력의 맥동률을 감소시킬 수 있다.
④ 낮은 전압 전류에 적합하다.

다이오드는 과전압 및 과전류에서 파괴될 우려가 있으므로 과전압으로부터 보호하기 위해서는 다이오드 여러 개를 직렬로 접속하고 과전류로부터 보호하기 위해서는 다이오드 여러 개를 병렬로 접속한다.

34

무부하 전압 103[V], 정격전압 100[V]인 발전기의 전압 변동률은 몇 [%]인가?

① 3　　② 4
③ 5　　④ 6

전압변동률(ϵ)
$V_0 = 103[V]$, $V_n = 100[V]$일 때
$\epsilon = \dfrac{V_0 - V_n}{V_n} \times 100 = \left(\dfrac{V_0}{V_n} - 1\right) \times 100[\%]$ 식에서
$\therefore \epsilon = \dfrac{103 - 100}{100} \times 100 = 3[\%]$

35

계자권선이 전기자에 병렬로만 접속된 직류기는?

① 타여자기　　② 직권기
③ 분권기　　　④ 복권기

직류기의 구조에 따른 분류
(1) 타여자발전기 : 계자권선과 전기자권선이 별도로 독립되어 있는 직류기
(2) 분권발전기 : 계자권선이 전기자에 병렬로만 접속된 직류기
(3) 직권발전기 : 계자권선이 전기자에 직렬로만 접속된 직류기
(4) 복권발전기 : 계자권선이 전기자권선과 직·병렬로 접속된 직류기

36

동기전동기의 특징으로 잘못된 것은?

① 일정한 속도로 운전이 가능하다.
② 난조가 발생하기 쉽다.
③ 역률을 조정하기 힘들다.
④ 공극이 넓어 기계적으로 견고하다.

동기전동기의 특징

장점	단점
① 속도가 일정하다.	① 기동토크가 작다.
② 역률 조정이 가능하다.	② 속도조정이 곤란하다.
③ 효율이 좋다.	③ 직류여자기가 필요하다.
④ 공극이 크고 튼튼하다.	④ 난조 발생이 빈번하다.
⑤ 역률을 항상 1로 운전할 수 있다.	

해답　33 ②　34 ①　35 ③　36 ③

37

변압기의 권수비가 60일 때 2차측 저항이 0.1[Ω]이다. 이것을 1차로 환산하면 몇 [Ω]인가?

① 310 ② 360
③ 390 ④ 410

변압기 권수비(a)
$$a = \frac{N_1}{N_2} = \frac{E_1}{E_2} = \frac{I_2}{I_1} = \sqrt{\frac{Z_1}{Z_2}}$$
$$= \sqrt{\frac{r_1}{r_2}} = \sqrt{\frac{x_1}{x_2}} = \sqrt{\frac{L_1}{L_2}}$$ 식에서
$a = 60$, $r_2 = 0.1[\Omega]$ 때
∴ $r_1 = a^2 \cdot r_1 = 60^2 \times 0.1 = 360[\Omega]$

38

3상 100[kVA], 13,200/200[V] 변압기의 저압측 선전류의 유효분은 약 몇 [A]인가?(단, 역률은 80[%]이다.)

① 100 ② 173
③ 230 ④ 260

$P = 100[kVA]$, $V_1 = 13,200[V]$, $V_2 = 200[V]$, $\cos\theta = 0.8$일 때
$P = \sqrt{3} V_1 I_1 = \sqrt{3} V_2 I_2 [VA]$ 식에서 저압측 선전류는 $I_2[A]$를 의미하며 전류의 유효분은 $I_2 \cos\theta$ [A]를 의미한다.
$I_2 = \frac{P}{\sqrt{3} V_2} = \frac{100 \times 10^3}{\sqrt{3} \times 200} = 288.68[A]$ 이므로
∴ $I_2 \cos\theta = 288.68 \times 0.8 = 230[A]$

39

전기 기계에 있어 와전류손(eddy current loss)을 감소하기 위한 적합한 방법은?

① 규소 강판에 성층 철심을 사용한다.
② 보상 권선을 설치한다.
③ 교류 전원을 사용한다.
④ 냉각 압연한다.

전기자 철심을 규소강판으로 사용하는 것은 히스테리시스손실을 줄이기 위해서이고 철심을 성층하는 이유는 와류손을 줄이기 위해서이다.

40

어떤 변압기에서 임피던스 강하가 5[%]인 변압기가 운전 중 단락되었을 때 그 단락전류는 정격전류의 몇 배인가?

① 5   ② 20
③ 50   ④ 200

$\%z = 5[\%]$일 때
$I_s = \frac{100}{\%z} I_n [A]$ 식에서
$I_s = \frac{100}{\%z} I_n = \frac{100}{5} I_n = 20 I_n [A]$ 이므로
∴ 단락전류(I_s)는 정격전류(I_n)의 20배이다.

3과목 : 전기 설비

41
철근 콘크리트주의 길이가 12[m]인 지지물을 건주하는 경우에 땅에 묻히는 최소의 길이는 얼마인가?

① 1.0[m]　② 1.2[m]
③ 1.5[m]　④ 2.0[m]

지지물이 땅에 매설되는 깊이

전장 \ 설계하중	6.8[kN] 이하	6.8[kN] 초과 9.8[kN] 이하	지지물
15[m] 이하	① 전장×$\frac{1}{6}$ 이상	–	목주, 철주, 철근 콘크리트주
15[m] 초과 16[m] 이하	② 2.5[m] 이상	–	
16[m] 초과 20[m] 이하	2.8[m] 이상	–	철근 콘크리트주
14[m] 초과 20[m] 이하		①, ②항 +30[cm]	

∴ 매설 깊이 = $12 \times \frac{1}{6} = 2.0[m]$

42
옥내에 시설하는 저압전로와 대지 사이의 절연저항 측정에 쓰이는 계기는?

① 코올라시 브리지　② 어스 테스터
③ 검전기　　　　　④ 메거

측정계기
① 접지저항 측정　② 접지저항 측정
③ 충전유무 검사　④ 절연저항 측정

43
조명용 백열 전등을 호텔 또는 여관 객실의 입구에 설치할 때나 일반 주택 및 아파트 현관에 설치할 때에 시설해야 할 스위치는?

① 타임 스위치　② 텀블러 스위치
③ 버튼 스위치　④ 로터리 스위치

직류기의 구조에 따른 분류
(1) 타임스위치 : 조명용 백열 전등을 호텔 또는 여관 객실의 입구에 설치할 때나 일반 주택 및 아파트 현관에 설치하는 스위치로서 자동 점멸되는 스위치이다.
(2) 텀블러 스위치 : 옥내에서 전등이나 소형전기 기계기구의 점멸에 사용되는 스위치로서 일반 가정이나 사무실에서 많이 사용하고 매입형과 노출형이 있다.
(3) 버튼스위치 : 수동으로 동작시키고 접점의 복귀는 자동으로 되는 것이 일반적이며 소세력회로나 전동기 기동, 정지 스위치로 사용되고 또한 매입형에만 사용한다.
(4) 로터리 스위치 : 손으로 직접 좌·우로 회전시켜서 ON, OFF시키거나 발열량 조절 및 광도를 조절하는 회전스위치이다.

44
옥측 또는 옥외에 시설하는 방전등에는 어떠한 형태의 장치를 하여야 되는가?

① 방수형　② 방폭형
③ 내진형　④ 내열형

방전등의 시설
물기 등이 유입될 수 있는 곳에 시설할 경우는 누전 예방 및 누전에 의한 감전사고 방지를 위한 것으로 방수형의 것을 사용하여야 한다. 따라서 옥측 또는 옥외에 시설하는 방전등은 방수형의 것을 사용하여야 한다.

45

절연 전선의 피복에 "15KV NRV"라고 표시되어 있다. 여기서 "NRV"는 무엇을 나타내는 약호인가?

① 형광등 전선
② 고무절연 클로로프렌 시스 네온전선
③ 고무절연 비닐 시스 네온전선
④ 폴리에틸렌 절연 비닐 시스 네온전선

전선의 약호
(1) 형광등 전선 : FL
(2) 고무절연 클로로프렌 시스 네온전선 : NRC
(3) 고무절연 비닐 시스 네온전선 : NRV
(4) 폴리에틸렌 절연 비닐 시스 네온전선 : NEV

46

화약류 저장소의 배선공사에서 전로의 대지전압은 몇 [V] 이하로 되어 있는가?

① 400
② 300
③ 150
④ 100

화약류 저장소 등의 위험장소
화약류 저장소 안의 조명기구에 전기를 공급하기 위한 전기설비는 전로의 대지전압이 300[V] 이하일 것.

47

합성수지 전선관의 표준 규격품 1본의 길이는 몇 [m]인가?

① 3.0[m]
② 3.6[m]
③ 4.0[m]
④ 4.5[m]

합성수지관공사의 기타 사항
경질 비닐전선관의 1본의 길이는 4[m]이다.

48

낙뢰, 수목 접촉, 일시적인 섬락 등 순간적인 사고로 계통에서 분리된 구간을 신속히 계통에 투입시킴으로써 계통의 안정도를 향상시키고 정전 시간을 단축시키기 위해 사용되는 계전기는?

① 차동 계전기
② 과전류 계전기
③ 거리 계전기
④ 재폐로 계전기

재폐로계전기는 낙뢰, 수목접촉, 일시적인 섬락 등 순간적인 사고로 계통에서 분리된 구간을 신속하게 계통에 재투입시킴으로써 계통의 안정도를 향상시키고 정전시간을 단축시키기 위해 사용되는 계전기이다.

49

가공 전선로의 지지물을 지선으로 보강하여서는 안되는 것은?

① 목주
② A종 철근콘크리트주
③ B종 철근콘크리트주
④ 철탑

지선의 시설
철탑은 지선을 사용하여 그 강도를 분담시켜서는 안된다.

50

금속관을 가공할 때 절단된 내부를 매끈하게 하기 위하여 사용하는 공구의 명칭은?

① 리머
② 프레셔 툴
③ 오스터
④ 녹아웃 펀치

리머는 금속관을 가공할 때 절단된 내부를 매끈하게 하기 위해서 사용하는 공구이다.

해답 45 ③ 46 ② 47 ③ 48 ④ 49 ④ 50 ①

51

합성수지제 가요전선관(PF관 및 CD관)의 호칭에 포함되지 않는 것은?

① 16　　② 28
③ 38　　④ 42

전선관의 규격
(1) 합성수지제 가요전선관[mm]
　14, 16, 18, 22, 28, 36, 42, 54, 70, 82, 100
(2) 경질 비닐전선관[mm]
　14, 16, 22, 28, 36, 42, 54, 70, 82, 100

52

전선을 접속할 경우의 설명으로 틀린 것은?

① 접속 부분의 전기 저항이 증가되지 않아야 한다.
② 전선의 세기를 80[%] 이상 감소시키지 않아야 한다.
③ 접속 부분은 접속 기구를 사용하거나 납땜을 하여야 한다.
④ 알루미늄 전선과 동선을 접속하는 경우, 전기적 부식이 생기지 않도록 해야 한다.

나전선 상호 또는 나전선과 절연전선 또는 캡타이어 케이블과 접속하는 경우
(1) 전선의 세기[인장하중(引張荷重)으로 표시한다]를 20[%] 이상 감소시키지 아니할 것. (또는 80[%] 이상 유지할 것.)
(2) 접속부분은 접속관 기타의 기구를 사용할 것.

53

피뢰기의 약호는 무엇인가?

① LA　　② DS
③ LS　　④ SA

약호
① LA(Lightning Arrester) : 피뢰기
② DS(Disconnecting Switch) : 단로기
③ LS(Line Switch) : 선로개폐기
④ SA(Surge Absorber) : 서지흡수기

54

버스덕트 공사에 의한 저압 옥내배선 공사에 대한 설명으로 틀린 것은?

① 덕트 상호간 및 전선 상호간은 견고하고 또한 전기적으로 완전하게 접속 할 것
② 덕트를 조영재에 붙이는 경우에는 덕트의 지지점 간의 거리를 2[m] 이하로 하여야 한다.
③ 덕트(환기형의 것을 제외한다.)의 끝 부분은 막을 것
④ 습기가 많은 장소 또는 물기가 있는 장소에 시설하는 경우에는 옥외용 버스덕트를 사용할 것

버스덕트공사
(1) 덕트 상호 간 및 전선 상호 간은 견고하고 또한 전기적으로 완전하게 접속할 것.
(2) 덕트를 조영재에 붙이는 경우에는 덕트의 지지점 간의 거리를 3[m] 이하로 하고 또한 견고하게 붙일 것.
(3) 덕트(환기형의 것을 제외한다)의 끝부분은 막을 것.
(4) 습기가 많은 장소 또는 물기가 있는 장소에 시설하는 경우에는 옥외용 버스덕트를 사용하고 버스덕트 내부에 물이 침입하여 고이지 아니하도록 할 것.

55

인체 보호용 누전차단기의 정격감도전류 및 동작시간은 각각 어떻게 되는가?

① 10[mA] 이하, 0.3초 이내
② 30[mA] 이하, 0.3초 이내
③ 10[mA] 이하, 0.03초 이내
④ 30[mA] 이하, 0.03초 이내

누전차단기의 시설
전로에 누설전류가 흐르는 경우 화재 및 인체의 감전사고를 유발할 수 있으므로 정격감도전류 30[mA] 이하, 동작시간 0.03초 이하에서 동작할 수 있는 전류동작형 누전차단기를 설치하여야 한다. 만약 욕실 등 인체가 물에 젖어있는 상태에서 물을 사용하는 장소에서 전기기구를 사용하는 경우에는 정격감도전류 15[mA] 이하, 동작시간 0.03초 이하에서 동작할 수 있는 전류동작형 누전차단기를 설치하여야 한다.

56

건축물에 고정되는 본체부와 제거할 수 있거나 개폐할 수 있는 커버로 이루어지며 절연전선, 케이블 및 코드를 완전하게 수용할 수 있는 구조의 배선설비의 명칭은?

① 케이블 래더   ② 케이블 트레이
③ 케이블 트렁킹   ④ 케이블 브라킷

케이블트렁킹 시스템
건축물에 고정되는 본체부와 제거할 수 있거나 개폐할 수 있는 커버로 이루어지며 절연전선, 케이블, 코드를 완전하게 수용할 수 있는 크기의 것으로서 금속트렁킹공사, 금속몰드공사, 합성수지몰드공사 등이 있다.

57

발, 변전소나 개폐소의 모선, 단로기 기타의 기기를 지지하거나 연가용 철탑 등에서 점퍼선을 지지하기 위해서 사용되는 애자의 종류는 무엇인가?

① 지지애자   ② 현수애자
③ 핀애자   ④ 구형애자

애자의 종류 및 특징
(1) 지지애자 : 발, 변전소나 개폐소의 모선, 단로기 기타의 기기를 지지하거나 연가용 철탑 등에서 점퍼선을 지지하기 위해서 사용되는 애자
(2) 현수애자 : 수 개 또는 수십 개를 일련으로 하여 애자련으로 사용하며 송전전압에 맞는 애자의 수를 가감하면서 사용한다.
(3) 핀애자 : 2~4층의 갓 모양의 자기편을 시멘트로 접착하고 그 자기를 주철제 베이스로 지지한다.
(4) 구형애자 : 지선 중간에 삽입하는 애자

58

저압 전선로의 누설전류는 최대공급전류에 대하여 얼마로 제한하고 있는가?

① $\frac{1}{1,000}$ 이하   ② $\frac{1}{2,000}$ 이하
③ $\frac{1}{3,000}$ 이하   ④ $\frac{1}{4,000}$ 이하

전선로의 절연성능
저압 전선로 중 절연 부분의 전선과 대지 사이 및 전선의 심선 상호 간의 절연저항은 사용전압에 대한 누설전류가 최대공급전류의 $\frac{1}{2000}$ 을 넘지 않도록 하여야한다.

해답 55 ④ 56 ③ 57 ① 58 ②

59

지중에 매설되어 있는 금속제 수도 관로는 대지와의 전기 저항값이 얼마 이하로 유지되어야 접지극으로 사용할 수 있는가?

① 1[Ω] ② 3[Ω]
③ 4[Ω] ④ 5[Ω]

지중에 매설되어 있고 대지와의 전기저항 값이 3[Ω] 이하의 값을 유지하고 있는 금속제 수도관로는 접지공사의 접지극으로 사용할 수 있다.

60

인입용 비닐절연전선을 나타내는 약호는?

① OW ② EV
③ DV ④ NV

전선의 약호
(1) OW : 옥외용 비닐절연전선
(2) EV : 폴리에틸렌절연 비닐시스 케이블
(3) DV : 인입용 비닐절연전선
(4) NV : 비닐절연 네온전선

CBT 10   2024년 제3회 복원기출문제

1과목 : 전기 이론

01

기전력 1.5[V], 내부저항 0.5[Ω]의 전지 10개를 직렬로 접속한 전원에 저항 25[Ω]의 전구를 접속하면 전구에 흐르는 전류는 몇[A]가 되겠는가?

① 0.5
② 1.5
③ 2.5
④ 3.5

$E=1.5[V]$, $r=0.5[\Omega]$, $n=10$인 전지를 직렬 접속하고 $R=25[\Omega]$인 저항을 부하로 접속한 경우 회로에 흐르는 전류 I는

$I = \dfrac{nE}{nr+R}$ [A] 식에서

∴ $I = \dfrac{nE}{nr+R} = \dfrac{10 \times 1.5}{10 \times 0.5 + 25} = 0.5[A]$

02

자체 인덕턴스가 L_1, L_2인 두 코일을 직렬로 접속하였을 때 상호간에 유도 작용이 없다면 합성 인덕턴스를 나타내는 식은? (단, 두 코일간의 상호 인덕턴스는 M이라고 한다.)

① $L_1 + L_2 + M$
② $L_1 + L_2$
③ $L_1 + L_2 + 2M$
④ $L_1 + L_2 - 2M$

두 코일 상호간에 유도 작용이 없다는 것은 미결합 상태를 의미하므로 $k=0$, $M=0$이 된다.
$L_0 = L_1 + L_2 \pm 2M$[H] 식에서
∴ $L_0 = L_1 + L_2$[H]

03

권선수 50인 코일에 5[A]의 전류가 흘렀을 때 10^{-3}[Wb]의 자속이 코일 전체를 쇄교하였다면 이 코일의 자체 인덕턴스는?

① 10[mH]
② 20[mH]
③ 30[mH]
④ 40[mH]

자기 인덕턴스 : L[H]
$N=50$, $I=5$[A], $\phi=10^{-3}$[Wb]일 때
$LI = N\phi$ 식에 의해서
∴ $L = \dfrac{N\phi}{I} = \dfrac{50 \times 10^{-3}}{5} = 10 \times 10^{-3}$[H]
$= 10$[mH]

04

전류가 흐르는 도선을 자기장 내에 두면 도선에 전자력이 발생하는 원리를 이용하여 응용한 대표적인 것은?

① 전동기
② 전열기
③ 축전기
④ 전등

플레밍의 왼손 법칙은 자속밀도 B[Wb/m^2]가 균일한 자기장 내에 있는 어떤 도체에 전류(I)를 흘리면 그 도체에는 전자력(또는 힘) F[N]이 작용하게 되는데 이 힘을 구하기 위한 법칙으로서 전동기의 원리에 적용된다.

05

두 콘덴서 C_1, C_2를 직렬접속하고 양단에 $V[V]$의 전압을 가할 때 C_1에 걸리는 전압은?

① $\dfrac{C_1}{C_1 + C_2} V[V]$ ② $\dfrac{C_2}{C_1 + C_2} V[V]$

③ $\dfrac{C_1 + C_2}{C_1} V[V]$ ④ $\dfrac{C_1 + C_2}{C_2} V[V]$

콘덴서의 직렬연결
콘덴서 C_1, C_2 각각에 걸리는 전압을 V_1, V_2라 하면
$V_1 = \dfrac{C_2}{C_1 + C_2} V[V]$, $V_2 = \dfrac{C_1}{C_1 + C_2} V[V]$ 이다.
$\therefore V_1 = \dfrac{C_2}{C_1 + C_2} V[V]$

06

저항 $4[\Omega]$과 유도 리액턴스 $3[\Omega]$이 직렬로 접속된 회로에 $100[V]$의 교류 전압을 인가하는 경우 흐르는 전류[A]와 역률[%]은 각각 얼마인가?

① 20[A], 80[%]   ② 10[A], 80[%]
③ 20[A], 60[%]   ④ 10[A], 80[%]

$R = 4[\Omega]$, $X_L = 3[\Omega]$, $V = 100[V]$일 때
$I = \dfrac{V}{Z} = \dfrac{V}{\sqrt{R^2 + X_L^2}} [A]$,
$\cos\theta = \dfrac{R}{Z} = \dfrac{R}{\sqrt{R^2 + X_L^2}}$ 식에서
$I = \dfrac{V}{\sqrt{R^2 + X_L^2}} = \dfrac{100}{\sqrt{4^2 + 3^2}} = 20[A]$
$\cos\theta = \dfrac{R}{\sqrt{R^2 + X_L^2}} = \dfrac{4}{\sqrt{4^2 + 3^2}}$
$\qquad = 0.8[pu] = 80[\%]$
$\therefore I = 20[A]$, $\cos\theta = 80[\%]$

07

두 개의 평행한 도체가 진공 중(또는 공기 중)에 $20[cm]$ 떨어져 있고, $100[A]$의 같은 크기의 전류가 흐르고 있을 때 두체 사이에 $1[m]$ 당 작용하는 힘 $[N]$은?

① 20   ② 40
③ 0.01   ④ 0.1

평행 도선 사이에 작용하는 힘(F)
$F = \dfrac{2I_1 I_2}{d} \times 10^{-7} [N/m]$ 식에서
$d = 20[cm]$, $I_1 = I_2 = 100[A]$ 이므로
$\therefore F = \dfrac{2I_1 I_2}{d} \times 10^{-7} = \dfrac{2 \times 100^2}{20 \times 10^{-2}} \times 10^{-7}$
$\qquad = 0.01[N/m]$

08

$R_1[\Omega]$, $R_2[\Omega]$, $R_3[\Omega]$의 저항 3개를 병렬 접속했을 때의 합성저항$[\Omega]$은?

① $R = R_1 + R_2 + R_3$

② $R = \dfrac{R_1 + R_2 + R_3}{R_1 \cdot R_2 \cdot R_3}$

③ $R = R_1 \cdot R_2 \cdot R_3$

④ $R = \dfrac{R_1 R_2 R_3}{R_1 R_2 + R_2 R_3 + R_3 R_1}$

합성저항
R_1, R_2, R_3 3개의 저항이 병렬로 접속된 회로의 합성저항 R_0는
$R_0 = \dfrac{1}{\dfrac{1}{R_1} + \dfrac{1}{R_2} + \dfrac{1}{R_3}} [\Omega]$ 식에서

$\therefore R_0 = \dfrac{R_1 R_2 R_3}{R_1 R_2 + R_2 R_3 + R_3 R_1} [\Omega]$

해답 05 ② 06 ① 07 ③ 08 ④

09

줄의 법칙에서 발생하는 열량의 계산식이 옳은 것은?

① $H = 0.24RI^2 t$ [cal]
② $H = 0.024RI^2 t$ [cal]
③ $H = 0.24RI^2$ [cal]
④ $H = 0.024RI^2$ [cal]

$$H = 0.24W = 0.24Pt = 0.24VIt$$
$$= 0.24I^2 Rt = 0.24\frac{V^2}{R}t \text{ [cal]}$$

10

50회 감은 코일과 쇄교하는 자속이 0.5[sec] 동안 0.1[Wb]에서 0.2[Wb]로 변화하였다면 기전력의 크기는?

① 5[V] ② 10[V]
③ 12[V] ④ 15[V]

$N = 50$, $dt = 0.5$[sec], $d\phi = 0.2 - 0.1$일 때
$e = N\dfrac{d\phi}{dt}$ [V] 식에 의해서
$\therefore e = N\dfrac{d\phi}{dt} = 50 \times \dfrac{0.2 - 0.1}{0.5} = 10$[V]

11

2[Ω]의 저항과 3[Ω]의 저항을 직렬로 접속할 때 합성 컨덕턴스는 몇 [℧]인가?

① 5   ② 2.5
③ 1.5 ④ 0.2

2[Ω]과 3[Ω]이 직렬일 때 합성저항은
$R_0 = 2 + 3 = 5$[Ω] 이므로
합성 콘덕턴스 G_0는
$\therefore G_0 = \dfrac{1}{R_0} = \dfrac{1}{5} = 0.2$[℧]

12

전류를 계속 흐르게 하려면 전압을 연속적으로 만들어 주는 어떤 힘이 필요하게 되는데, 이 힘을 무엇이라 하는가?

① 자기력   ② 전자력
③ 기전력   ④ 전기장

전류를 계속 흐르게 하기 위해 전압을 연속적으로 공급하는 능력을 기전력이라 한다.

13

"같은 전기량에 의해서 여러 가지 화합물이 전해될 때 석출되는 물질의 양은 그 물질의 화학당량에 비례한다." 이 법칙은?

① 렌츠의 법칙   ② 패러데이의 법칙
③ 앙페르의 법칙 ④ 줄의 법칙

패러데이법칙이란 전극에 석출된 물질의 양(W)은 전기량(Q)에 비례하고 그 물질의 화학당량(k)에 비례한다는 것을 말한다.

14

1대의 출력이 100[kVA]인 단상변압기 2대로 V결선하여 3상 전력을 공급할 수 있는 최대전력은 몇 [kVA]인가?

① 17.3[kVA]   ② 86.6[kVA]
③ 173.2[kVA]   ④ 346.8[kVA]

V결선의 출력
V결선의 출력(P_v)은 변압기 한 대의 용량(P)의 $\sqrt{3}$ 배이므로 $P = 100$[kVA]일 때
$\therefore P_v = \sqrt{3}P = \sqrt{3} \times 100 = 173.2$[kVA]

해답 09 ① 10 ② 11 ④ 12 ③ 13 ② 14 ③

15

직사각형파의 전개식에서 전압의 최대값이 $V_m = 20$[V]이고, 주기가 $T = 10$[ms]일 때 이 파형의 주파수는?

① 10[Hz] ② 100[Hz]
③ 60[Hz] ④ 600[Hz]

주파수 f는 주기 T와 역수이므로
$T = 10$[ms]일 때
$\therefore f = \dfrac{1}{T} = \dfrac{1}{10 \times 10^{-3}} = 100$[Hz]

16

전압의 순시값이 $v = 250\sqrt{2}\sin\left(\omega t + \dfrac{\pi}{2}\right)$[V]인 경우 이를 복소수로 알맞게 표현한 것은 어떤 것인가?

① $250 + j250$
② $j250$
③ $250\sqrt{2} + j250\sqrt{2}$
④ $250 - j250$

교류의 실효값 표현
$v = V_m \sin(\omega t + \theta)$
$\quad = 250\sqrt{2}\sin\left(\omega t + \dfrac{\pi}{2}\right)$[V]일 때
전압의 최대값 $V_m = 250\sqrt{2}$[V],
위상각 $\theta = \dfrac{\pi}{2} = 90°$
이므로 이를 복소수로 표현하기 위해서는 실효값(V)으로 바꾸어 정리하여야 한다.
$V = \dfrac{V_m}{\sqrt{2}} \angle \theta = \dfrac{250\sqrt{2}}{\sqrt{2}} \angle 90° = 250 \angle 90°$[V]
$\therefore V = 250(\cos 90° + j\sin 90°) = j250$[V]

17

평형 3상 회로에서 임피던스를 △결선에서 Y결선으로 하면 소비전력은 몇 배가 되는가?

① 3 ② $\sqrt{3}$
③ $\dfrac{1}{3}$ ④ $\dfrac{1}{\sqrt{3}}$

3상 소비전력(P)
각 상의 저항 R, 리액턴스 X, 선간전압 V_L이라 하면
Y결선의 소비전력 P_Y, △결선의 소비전력 $P_\triangle$는 각각
$P_Y = \dfrac{V_L^2 R}{R^2 + X^2}$[W], $P_\triangle = \dfrac{3V_L^2 R}{R^2 + X^2}$[W] 식에서
△결선의 소비전력이 Y결선의 소비전력보다 3배 크기 때문에 △결선에서 Y결선으로 하면
$\therefore$ 소비전력은 $\dfrac{1}{3}$배로 감소한다.

18

콘덴서의 정전용량 C[F]에 정격전압 V[V]를 가하여 정전에너지 W[J]를 충전한 경우 정격전압을 구하는 식으로 옳은 것은?

① $V = \sqrt{\dfrac{2W}{C}}$ ② $V = \sqrt{\dfrac{W}{C}}$
③ $V = \dfrac{2W}{C}$ ④ $V = \dfrac{W}{V}$

정전에너지(W)
$W = \dfrac{1}{2}QV = \dfrac{Q^2}{2C} = \dfrac{1}{2}CV^2$[J] 식에서 정전용량($C$)과 정전에너지($W$)에 관계된 정격전압($V$) 공식은
$\therefore V^2 = \dfrac{2W}{C}$ 또는 $V = \sqrt{\dfrac{2W}{C}}$ 이다.

19

반지름 r[m], 권수 N회의 환상 솔레노이드에 I[A]의 전류가 흐를 때, 그 내부의 자장의 세기 H[AT/m]는 얼마인가?

① $\dfrac{NI}{r^2}$　　② $\dfrac{NI}{2\pi}$

③ $\dfrac{NI}{4\pi r^2}$　　④ $\dfrac{NI}{2\pi r}$

환상솔레노이드에 의한 자계 : H[AT/m]
(1) 내부 자계 $H_i = \dfrac{NI}{l} = \dfrac{NI}{2\pi r}$[AT/m]
(2) 외부 자계 $H_o = 0$[AT/m]

20

다음 중 반자성체는?

① 구리　　② 철
③ 코발트　　④ 니켈

자성체의 종류
(1) 강자성체 : 철, 니켈, 코발트
(2) 상자성체 : 텅스텐, 산소, 백금, 알루미늄
(3) 반자성체 : 수소, 구리, 탄소, 안티몬, 비스무트

2과목 : 전기 기기

21

직류를 교류로 변환하는 장치는?

① 정류기　　② 충전기
③ 순변환 장치　　④ 인버터

역변환 장치
(1) 인버터 : 직류를 교류로 변환하는 역변환장치이다.
(2) 인버터 제어 : 반도체 사이리스터를 이용한 전동기 속도제어 중 주파수제어에 적용한다.

22

3상 유도전동기에서 2차측 저항을 2배로 하면 그 최대 토크는 어떻게 되는가?

① 변하지 않는다.　　② 2배로 된다.
③ $\sqrt{2}$배로 된다.　　④ $\dfrac{1}{2}$배로 된다.

비례추이의 원리
2차 저항(r_2)을 m배 증가시키면 최대토크는 변하지 않고 최대토크가 발생하는 슬립(s_t)이 m배 증가하여 토크 곡선이 오른쪽 그래프와 같아진다. 그래프에서 슬립의 증가에 따라 기동토크가 τ_s점에서 τ_s'점으로 증가함을 알 수 있으며 결국 기동토크 또한 2차 저항에 따라 증가함을 알 수 있다. 이것을 토크의 비례추이라 하며 2차 저항을 증감시키기 위해서 유도전동기 2차 외부회로에 가변저항기(기동저항기)를 접속하게 된다. 비례추이의 원리는 권선형 유도전동기의 토크 및 속도제어에 사용된다.

23

주파수 60[Hz]의 회로에 접속되어 슬립 3[%], 회전수 1,164[rpm]으로 회전하고 있는 유도전동기의 극수는?

① 5극 ② 6극
③ 7극 ④ 10극

회전자 속도(N)
$f=60[\text{Hz}],\ s=0.03,\ N=1,164[\text{rpm}]$일 때
$N=N_s-sN_s=(1-s)N_s=(1-s)\dfrac{120f}{p}$ 식에서
$\therefore p=(1-s)\dfrac{120f}{N}=(1-0.03)\times\dfrac{120\times 60}{1,164}$
　　$=6$극

24

동기 발전기에서 전기자 전류가 무부하 유도 기전력보다 $\dfrac{\pi}{2}$[rad] 앞서 있는 경우에 나타나는 전기자 반작용은?

① 증자 작용 ② 감자 작용
③ 교차 자화 작용 ④ 직축 반작용

동기발전기 전기자반작용
(1) 교차자화작용(=횡축반작용)
　㉠ 기전력과 같은 위상의 전류가 흐른다.
　　〈동상전류 : R부하 특성〉
　㉡ 감자효과로 기전력이 감소한다.
(2) 감자작용(=직축반작용)
　㉠ 기전력보다 90° 늦은 전류가 흐른다.
　　〈지상전류 : L부하 특성〉
　㉡ 감자작용으로 기전력이 감소한다.
(3) 증자작용(=자화작용)
　㉠ 기전력보다 90° 앞선 전류가 흐른다.
　　〈진상전류 : C부하 특성〉
　㉡ 증자작용으로 기전력이 증가한다.

25

동기전동기를 자체 기동법으로 기동시킬 때 계자 회로는 어떻게 하여야 하는가?

① 단락시킨다.
② 개방시킨다.
③ 직류를 공급한다.
④ 단상교류를 공급한다.

동기전동기의 자기기동법
계자권선을 농형유도권선으로 단락시키는 이유는 계자권선에 고전압이 유도되는 현상을 방지하기 위함이다.

26

다음의 변압기 극성에 관한 설명에서 틀린 것은?

① 우리나라는 감극성이 표준이다.
② 1차와 2차 권선에 유기되는 전압이 극성이 서로 반대이면 감극성이다.
③ 3상 결선시 극성을 고려해야 한다.
④ 병렬 운전시 극성을 고려해야 한다.

가극성과 감극성

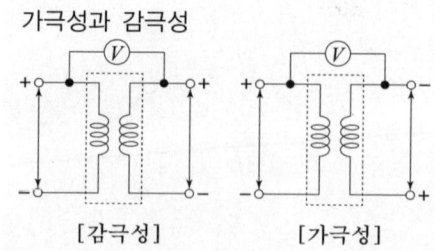

(1) 감극성 : Ⓥ$=V_1-V_2$
(2) 가극성 : Ⓥ$=V_1+V_2$

27
낙뢰, 수목 접촉, 일시적인 섬락 등 순간적인 사고로 계통에서 분리된 구간을 신속히 계통에 투입시킴으로써 계통의 안정도를 향상시키고 정전 시간을 단축시키기 위해 사용되는 계전기는?

① 차동 계전기 ② 과전류 계전기
③ 거리 계전기 ④ 재폐로 계전기

재폐로계전기
순간정전사고를 계통에서 분리시킨 후 재투입시켜 정전시간을 단축시키기 위한 계전기

28
동기기의 전기자 권선법이 아닌 것은?

① 2층 분포권 ② 단절권
③ 중권 ④ 전층권

동기기의 전기자 권선법으로는 고상권, 폐로권, 2층권, 중권과 파권, 분포권, 단절권을 채용하고 있다.

29
동기전동기의 자기기동에서 계자권선을 단락하는 이유는?

① 기동이 쉽다.
② 기동권선으로 이용한다.
③ 고전압 유도에 의한 절연파괴위험을 방지한다.
④ 전기자 반작용을 방지한다.

동기전동기의 자기기동법
회전자(계자) 표면에 단락하게 한 권선(농형유도권선 또는 제동권선)을 설치하여 고정자권선에 의한 회전자계와 농형유도권선에 유도되는 전류 사이의 전자력으로 기동토크를 얻게 하는 방법을 자기기동법이라 한다. 여기서 계자권선을 농형유도권선으로 단락시키는 이유는 계자권선에 고전압이 유도되는 현상을 방지하기 위함이다.

30
보극이 없는 직류기 운전 중 중성점의 위치가 변하지 않는 경우는?

① 과부하 ② 전부하
③ 중부하 ④ 무부하

직류기에서 중성점의 위치가 변하는 것은 전기자 반작용에 의해서 나타나는 현상으로 전기자전류가 그 원인이 된다. 따라서 중성점의 위치가 변하지 않는 경우는 전기자전류가 흐르지 않는 경우이므로 무부하조건일 때이다.

31
단상유도전압 조정기의 단락권선의 역할은?

① 철손 경감 ② 절연보호
③ 전압조정 용이 ④ 전압강하 경감

단상유도전압 조정기의 단락권선의 역할은 전압강하를 경감시키기 위함이다.

32
직류발전기의 단자전압을 조정하려면 다음 어느 것을 조정하는가?

① 전기자 저항 ② 기동 저항
③ 방전 저항 ④ 계자 저항

직류발전기의 전압조정
직류발전기의 단자전압을 조정하는 방법은 계자전류를 조정하여 유기기전력에 의해 흐르는 전기자전류가 전압강하를 발생시켜 결국 단자전압이 변하게 된다. 계자전류는 계자저항의 크기에 따라 변하므로 단자전압은 계자저항에 의해 조정되는 것임을 알 수 있다.

해답 27 ④ 28 ④ 29 ③ 30 ④ 31 ④ 32 ④

33

직류 발전기 전기자의 주된 역할은?

① 기전력을 유도한다.
② 자속을 만든다.
③ 정류 작용을 한다.
④ 회전자와 외부 회로를 접속한다.

직류기의 구성과 역할

구성	역할
계자	주자속(자기장)을 발생시킨다.
전기자	유기기전력을 발생시킨다.
정류자	교류를 직류로 바꿔준다.
브러시	내부와 외부회로를 연결해준다.

34

200[V], 50[Hz], 8극, 15[kW]의 3상 유도 전동기에서 전부하 회전수가 720[rpm]이면 이 전동기의 2차 효율은 몇 [%]인가?

① 86   ② 96
③ 98   ④ 100

유도전동기의 2차 효율(η_2)

$\eta_2 = \dfrac{P_o}{P_2} = 1-s = \dfrac{N}{N_s}$ 식에서

$V=200$[V], $f=50$[Hz], 극수 $p=8$,
기계적 출력 $P_o=15$[kW], $N=720$[rpm] 일 때

$N_s = \dfrac{120f}{p} = \dfrac{120 \times 50}{8} = 750$[rpm] 이므로

$\therefore \eta_2 = \dfrac{N}{N_s} = \dfrac{720}{750} \times 100 = 96$[%]

35

어느 일정 방향으로 일정 값 이상의 단락전류가 흘렀을 때 동작하는 보호계전기는 무엇인가?

① 과전압계전기   ② 과전류계전기
③ 단락방향계전기   ④ 선택지락계전기

보호계전기의 종류 및 기능
(1) 과전압계전기(OVR) : 일정 값 이상의 전압이 걸렸을 때 동작하는 계전기
(2) 과전류계전기(OCR) : 일정 값 이상의 전류가 흘렀을 때 동작하는 계전기로 주로 과부하 또는 단락보호용으로 쓰인다.
(3) 단락방향계전기(DSR) : 어느 일정 방향으로 일정 값 이상의 단락전류가 흘렀을 때 동작하는 계전기
(4) 선택지락계전기(SGR) : 다회선 사용시 지락고장 회선만을 선택하여 신속히 차단할 수 있도록 하는 계전기

36

자동제어 장치의 특수 전기기기로 사용되는 전동기는?

① 전기 동력계   ② 3상 유도전동기
③ 직류 스테핑 모터   ④ 초동기 전동기

직류 스테핑 모터(DC stepping motor)
(1) 교류 동기 서보모터에 비하여 효율이 좋고 기동 토크 또한 크다.
(2) 입력되는 전기신호에 따라 규정된 각도 만큼씩만 회전한다.
(3) 전동기의 출력으로 속도, 거리, 방향 등을 정확하게 제어할 수 있다.
(4) 입력으로 펄스신호를 가해주고 속도를 입력 펄스의 주파수에 의해 조절한다.
참고 스테핑 모터와 서보 모터는 자동제어 장치의 특수 전동기이다.

37
계자권선이 전기자에 병렬로만 접속된 직류기는?

① 타여자기　　② 직권기
③ 분권기　　　④ 복권기

직류기의 종류와 구분
(1) 분권기 : 계자권선과 전기자권선이 병렬로만 접속된 직류기
(2) 직권기 : 계자권선과 전기자권선이 직렬로만 접속된 직류기
(3) 복권기 : 계자권선과 전기자권선이 병렬접속과 직렬접속을 모두 갖는 직류기

38
변압기의 권수비가 60일 때 2차측 저항이 $0.1[\Omega]$이다. 이것을 1차로 환산하면 몇 $[\Omega]$인가?

① 310　　② 360
③ 390　　④ 410

변압기 권수비(a)
$$a = \frac{N_1}{N_2} = \frac{E_1}{E_2} = \frac{I_2}{I_1} = \sqrt{\frac{Z_1}{Z_2}}$$
$$= \sqrt{\frac{r_1}{r_2}} = \sqrt{\frac{x_1}{x_2}} = \sqrt{\frac{L_1}{L_2}}$$ 식에서
$a = 60$, $r_2 = 0.1[\Omega]$ 때
$\therefore r_1 = a^2 \cdot r_2 = 60^2 \times 0.1 = 360[\Omega]$

39
변압기 내부 고장 시 급격한 유류 또는 gas의 이동이 생기면 동작하는 계전기는?

① 부흐홀츠계전기　　② 과전압계전기
③ 임피던스계전기　　④ 과전류계전기

부흐홀츠 계전기
변압기 내부고장시 절연유와 가스의 급격한 변화를 검출하여 동작하는 계전기로 변압기 본체와 콘서베이터 사이에 설치한다.

40
슬립 $s = 5[\%]$, 2차 저항 $r_2 = 0.1[\Omega]$인 유도 전동기의 등가 저항 $R[\Omega]$은 얼마인가?

① 0.4　　② 0.5
③ 1.9　　④ 2.0

유도전동기의 등가저항(R)
$R = \left(\frac{1}{s} - 1\right)r_2[\Omega]$ 식에서
$\therefore R = \left(\frac{1}{s} - 1\right)r_2 = \left(\frac{1}{0.05} - 1\right) \times 0.1 = 1.9[\Omega]$

해답　37 ③　38 ②　39 ①　40 ③

4과목 : 전기 설비

41

전선과 기구 단자 접속시 나사를 덜 죄었을 경우 발생할 수 있는 위험과 거리가 먼 것은?

① 누전
② 화재 위험
③ 과열 발생
④ 저항 감소

전선의 접속이나 전선과 기구단자의 접속이 불완전 할 경우 누전, 감전, 화재, 과열, 전파잡음 등과 같은 현상이 발생한다.

42

인체 보호용 누전차단기의 정격감도전류 및 동작시간은 각각 어떻게 되는가?

① 10[mA] 이하, 0.3초 이내
② 30[mA] 이하, 0.3초 이내
③ 10[mA] 이하, 0.03초 이내
④ 30[mA] 이하, 0.03초 이내

누전차단기의 시설
전로에 누설전류가 흐르는 경우 화재 및 인체의 감전사고를 유발할 수 있으므로 정격감도전류 30[mA] 이하, 동작시간 0.03초 이하에서 동작할 수 있는 전류동작형 누전차단기를 설치하여야 한다. 만약 욕실 등 인체가 물에 젖어있는 상태에서 물을 사용하는 장소에서 전기기구를 사용하는 경우에는 정격감도전류 15[mA] 이하, 동작시간 0.03초 이하에서 동작할 수 있는 전류동작형 누전차단기를 설치하여야 한다.

43

교류 배전반에서 전류가 많이 흘러 전류계를 직접 주회로에 연결할 수 없을 때 사용하는 기기는?

① 전류 제한기
② 계기용 변압기
③ 계기용 변류기
④ 전류계용 절환 개폐기

계기용 변류기(CT)
(1) 대전류가 흐르는 고압회로에 전류계를 직접 연결할 수 없을 때 사용하는 기기로서 CT 2차측 단자에는 전류계가 접속된다.
(2) CT 2차측이 개방되면 고압이 발생하여 절연이 파괴될 우려가 있기 때문에 시험시 또는 계기 접속시에 CT 2차측은 단락상태로 두어야 한다.

44

한국전기설비규정에서 정하고 있는 옥내배선 공사에서 셀룰로이드, 성냥, 석유류 등 기타 가연성 위험 물질을 제조 또는 저장하는 장소에 시설해서는 안 되는 배선은?

① 애자공사
② 케이블공사
③ 합성수지관공사
④ 금속관공사

위험물이 있는 곳의 공사
셀룰로이드 · 성냥 · 석유류 기타 타기 쉬운 위험한 물질을 제조하거나 저장하는 곳에 시설하는 저압 옥내 전기설비는 다음에 따른다.
(1) 공사 방법 : 금속관공사, 합성수지관공사, 케이블공사에 의할 것.
(2) 금속관공사에 사용하는 금속관은 박강전선관 또는 이와 동등 이상의 강도를 가지는 것일 것.
(3) 합성수지관공사
  ㉠ 두께 2[mm] 미만의 합성수지 전선관 및 난연성이 없는 콤바인덕트(CD)관을 사용하는 것은 제외한다.
  ㉡ 합성수지관 및 박스 기타의 부속품은 손상을 받을 우려가 없도록 시설할 것.

해답 41 ④   42 ④   43 ③   44 ①

45
경질 비닐전선관의 설명으로 틀린 것은?

① 1본의 길이는 3.6[m]가 표준이다.
② 굵기는 관 안지름의 크기에 가까운 짝수[mm]로 나타낸다.
③ 금속관에 비해 절연성이 우수하다.
④ 금속관에 비해 내식성이 우수하다.

경질 비닐전선관
(1) 절연성, 내식성이 뛰어나며 경량이기 때문에 시공이 원활하다.
(2) 누전의 우려가 없고 관 자체에 접지할 필요가 없다.
(3) 기계적 강도가 약하고 온도변화에 대한 신축작용이 크다.
(4) 관 상호간의 접속은 커플링, 박스 커넥터를 사용한다.
(5) 관의 호칭은 관 안지름으로 14, 16, 22, 28, 36, 42, 54, 70, 82, 100[mm]의 짝수로 나타낸다.
(6) 전선관 1본의 길이는 4[m]이다.

46
한국전기설비규정에서 정하고 있는 옥내배선 공사에서 가연성 가스가 새거나 체류하여 전기설비가 발화원이 되어 폭발할 우려가 있는 곳에 있는 저압 옥내전기설비의 시설 방법으로 가장 적합한 것은?

① 애자공사   ② 합성수지관공사
③ 셀룰러덕트공사   ④ 금속관공사

가연성 가스가 있는 곳의 공사
가연성 가스 또는 인화성 물질의 증기가 누출되거나 체류하여 전기설비가 발화원이 되어 폭발할 우려가 있는 곳에 있는 저압 옥내 전기설비의 공사 방법은 금속관공사 또는 케이블공사에 의할 것.

47
수·변전 설비의 인입구 개폐기로 많이 사용되고 있으며 전력 퓨즈의 용단시 결상을 방지하는 목적으로 사용되는 개폐기는?

① 부하 개폐기
② 선로 개폐기
③ 자동 고장 구분 개폐기
④ 기중부하 개폐기

개폐기의 종류
(1) 부하개폐기 : 수변전 설비 인입구 개폐기로서 전력퓨즈 용단 시 결상을 방지할 목적으로 사용하는 개폐기
(2) 선로개폐기 : 주로 66[kV] 이상의 수전실 구내 인입구에 사용하는 개폐기
(3) 자동고장 구분개폐기 : 22.9[kV-Y] 전기사업자 배전계통에서 부하용량 4,000[kVA] 이하의 분기점 또는 7,000[kVA] 이하의 수전실 인입구에 설치하는 개폐기
(4) 기중 부하개폐기 : 수변전 설비 인입구 개폐기로서 부하전류만의 개폐를 필요로 하는 장소인 구내 선로의 간선 및 분기선에 시설하는 개폐기

48
한국전기설비규정에서 고압 및 특고압 가공전선로에서 공급을 받는 수용 장소의 인입구 또는 가공전선로와 지중전선로가 접속되는 곳에 시설하는 피뢰기의 접지저항은 몇 [Ω] 이하로 정하고 있는가?

① 100   ② 50
③ 30   ④ 10

피뢰기의 접지
고압 및 특고압의 전로에 시설하는 피뢰기 접지저항 값은 10[Ω] 이하로 하여야 한다. 다만, 고압 가공전선로에 시설하는 피뢰기의 접지도체가 그 접지공사 전용의 것인 경우에는 접지저항 값이 30[Ω] 이하로 할 수 있다.

해답 45 ① 46 ④ 47 ① 48 ④

49
다음 중 접지의 목적으로 알맞지 않은 것은?

① 감전의 방지
② 전로의 대지 전압 상승
③ 보호 계전기의 동작 확보
④ 이상 전압의 억제

접지의 목적
(1) 이상전압을 억제한다.
(2) 1선 지락사고시 건전상의 전위상승을 억제한다.
(3) 지락사고시 보호계전기의 동작을 확실하게 한다.
(4) 인체가 기기외함에 접촉시 누전으로 인한 감전 사고를 방지한다.

50
옥내배선공사에 사용되는 공구의 설명 중 잘못된 것은?

① 합성수지관의 굽힘 작업에 사용하는 공구는 토치램프를 사용한다.
② 전선관의 나사를 내는 작업에 녹아웃 펀치를 사용한다.
③ 전선관을 절단하는 공구에는 쇠톱 또는 파이프 커터를 사용한다.
④ 금속관의 굽힘 작업에 사용하는 공구는 스프링 벤더를 사용한다.

옥내배선공사에 사용되는 공구
(1) 녹아웃 펀치 : 스위치 박스에 전선관용 구멍을 뚫기 위한 공구이다.
(2) 오스터 : 금속관 끝에 나사를 낼 때 사용하는 공구이다.

51
한국전기설비규정에서 정하는 저압 가공전선 또는 고압 가공전선이 도로를 횡단하는 경우 전선의 지표상 최소 높이는?

① 2[m]　② 3[m]
③ 5[m]　④ 6[m]

가공전선의 높이

구분	시설장소		전선의 높이
저·고압	도로 횡단시		지표상 6[m] 이상
	철도 또는 궤도 횡단시		레일면상 6.5[m] 이상
	횡단 보도교	저압	노면상 3.5[m] 이상(단, 절연전선, 다심형 전선, 케이블 사용시 3[m] 이상)
		고압	노면상 3.5[m] 이상

52
설치면적과 설치비용이 많이 들지만 가장 이상적이고 효과적인 진상용 콘덴서 설치 방법은?

① 수전단 모선에 설치
② 수전단 모선과 부하측에 분산하여 설치
③ 부하측에 분산하여 설치
④ 가장 큰 부하측에만 설치

진상용 콘덴서(전력용 콘덴서 : SC)
(1) 설치 목적 : 부하의 역률 개선
(2) 설치 방법 : 부하측에 분산하여 설치
(3) 역률 개선 효과
　㉠ 전력손실과 전압강하가 감소한다.
　㉡ 설비용량의 이용률이 증가한다.
　㉢ 전력요금이 감소한다.

해답　49 ②　50 ②　51 ④　52 ③

53
과전류 차단기로 시설하는 퓨즈 중 고압전로에 사용하는 포장 퓨즈는 정격전류의 몇 배의 전류에 견디어야 하는가?

① 1배 ② 1.25배
③ 1.3배 ④ 3배

고압전로의 과전류 차단기
(1) 포장 퓨즈 : 정격전류의 1.3배에 견디고, 2배의 전류로 120분 안에 용단되는 것.
(2) 비포장 퓨즈 : 정격전류의 1.25배에 견디고, 2배의 전류로 2분 안에 용단되는 것.

54
인입용 비닐절연전선을 나타내는 약호는?

① OW ② EV
③ DV ④ NV

전선이 약호
(1) OW : 옥외용 비닐절연전선
(2) EV : 폴리에틸렌절연 비닐시스 케이블
(3) DV : 인입용 비닐절연전선
(4) NV : 비닐절연 네온전선

55
전선로 자재 중 래크(Rack)를 사용하는 전선로는?

① 저압 지중전선로 ② 저압 가공전선로
③ 고압 가공전선로 ④ 고압 지중전선로

래크(Rack)
저압 배전선로에서 전선을 수직으로 지지할 때 사용되는 장주용 자재이다.

56
한국전기설비규정에서 정하고 있는 저압 가공인입전선으로 그 전선의 지름은 몇 [mm] 이상을 사용하여야 하는가? (단, 전선의 길이가 15[m]를 초과하는 경우이다.)

① 1.6 ② 2.0
③ 2.6 ④ 3.2

저압 가공인입선은 전선이 케이블인 경우 이외에는 인장강도 2.30[kN] 이상의 것 또는 지름 2.6[mm] 이상의 인입용 비닐절연전선일 것. 다만, 경간이 15[m] 이하인 경우는 인장강도 1.25[kN] 이상의 것 또는 지름 2[mm] 이상의 인입용 비닐절연전선일 것

57
다음 중 버스덕트가 아닌 것은?

① 케이블 버스 덕트
② 피더 버스 덕트
③ 탭붙이 버스 덕트
④ 플러그인 버스 덕트

버스덕트의 종류
버스덕트의 종류로는 피더 버스덕트, 익스팬션 버스덕트, 탭붙이 버스덕트, 트랜스포지션 버스덕트, 플러그인 버스덕트, 트롤리 버스덕트 등이 있다.

58
굵은 전선을 절단할 때 사용하는 전기 공사용 공구는?

① 플레셔 툴 ② 녹아웃 펀치
③ 파이프 커터 ④ 클리퍼

클리퍼
클리퍼란 펜치로 절단하기 힘든 굵은 전선이나 볼트 등을 절단할 때 사용되는 공구이다.

해답 53 ③ 54 ③ 55 ② 56 ③ 57 ① 58 ④

59

절연전선으로 가선된 배전선로에서 활선 상태인 경우 전선의 피복을 벗기는 것은 매우 곤란한 작업이다. 이런 경우 활선 상태에서 전선의 피복을 벗기는 공구는?

① 전선 피박기 ② 애자커버
③ 와이어 통 ④ 데드엔드 커버

전선 피박기는 절연전선의 피복을 활선 상태에서 벗기는 공구이다.

60

전기저항이 작으며 부드러운 성질이 있고, 구부리기가 용이하여 주로 옥내배선에 사용하는 구리선의 명칭은?

① 경동선 ② 연동선
③ 합성연선 ④ 중동연선

연동선
전기저항이 작고 가요성이 크기 때문에 주로 일반 옥내배선에 사용한다.

무료강의제공
전기기능사 필기 3주완성

定價 27,000원

저 자 이승원 · 김승철
       윤종식
발행인 이 종 권

2018年 11月 19日 초 판 발 행
2021年 1月 7日 4차개정발행
2022年 1月 10日 5차개정발행
2023年 1月 19日 6차개정발행
2023年 9月 6日 7차개정발행
2025年 1月 8日 8차개정발행

發行處 (주) 한솔아카데미

(우)06775 서울시 서초구 마방로10길 25 트윈타워 A동 2002호
TEL : (02)575-6144/5   FAX : (02)529-1130
〈1998. 2. 19 登錄 第16-1608號〉

※ 본 교재의 내용 중에서 오타, 오류 등은 발견되는 대로 한솔아카데미 인터넷 홈페이지를 통해 공지하여 드리며 보다 완벽한 교재를 위해 끊임없이 최선의 노력을 다하겠습니다.
※ 파본은 구입하신 서점에서 교환해 드립니다.
www.inup.co.kr / www.bestbook.co.kr

ISBN 979-11-6654-540-5 13560

전기 5주완성 시리즈

전기기사 5주완성
전기기사수험연구회
1,688쪽 | 42,000원

전기산업기사 5주완성
전기산업기사수험연구회
1,568쪽 | 42,000원

전기공사기사 5주완성
전기공사기사수험연구회
1,688쪽 | 41,000원

전기공사산업기사 5주완성
전기공사산업기사수험연구회
1,606쪽 | 41,000원

전기(산업)기사 실기
대산전기수험연구회
766쪽 | 42,000원

전기기사실기 20개년 과년도
대산전기수험연구회
992쪽 | 36,000원

전기기사 완벽대비 시리즈

정규시리즈①
전기자기학

전기기사수험연구회
4×6배판 | 반양장
404쪽 | 19,000원

정규시리즈②
전력공학

전기기사수험연구회
4×6배판 | 반양장
324쪽 | 19,000원

정규시리즈③
전기기기

전기기사수험연구회
4×6배판 | 반양장
430쪽 | 19,000원

정규시리즈④
회로이론

전기기사수험연구회
4×6배판 | 반양장
380쪽 | 19,000원

정규시리즈⑤
제어공학

전기기사수험연구회
4×6배판 | 반양장
248쪽 | 18,000원

정규시리즈⑥
전기설비기술기준

전기기사수험연구회
4×6배판 | 반양장
326쪽 | 19,000원

QNA e-learning Academy

무료동영상 교재
전기시리즈①
전기자기학

김대호 저
4×6배판 | 반양장
20,000원

무료동영상 교재
전기시리즈②
전력공학

김대호 저
4×6배판 | 반양장
20,000원

무료동영상 교재
전기시리즈③
전기기기

김대호 저
4×6배판 | 반양장
20,000원

무료동영상 교재
전기시리즈④
회로이론

김대호 저
4×6배판 | 반양장
20,000원

무료동영상 교재
전기시리즈⑤
제어공학

김대호 저
4×6배판 | 반양장
20,000원

무료동영상 교재
전기시리즈⑥
전기설비기술기준

김대호 저
4×6배판 | 반양장
20,000원

전기(산업)기사 실기·기능사

전기(산업)기사 실기 모의고사 100선

김대호 저
4×6배판 | 반양장
296쪽 | 24,000원

전기기능사 필기

이승원, 김승철, 윤종식 공저
4×6배판 | 반양장
532쪽 | 27,000원

2025년 전기기사 · 산업기사 실기 완벽대비

전기기사 실기 기본서

김대호 저
반양장
964쪽 | 36,000원

전기기사 실기 20개년 기출문제

김대호 저
반양장
1,352쪽 | 42,000원

전기산업기사 실기 기본서

김대호 저
반양장
920쪽 | 36,000원

전기산업기사 실기 20개년 기출문제

김대호 저
반양장
1,076쪽 | 40,000원